高等学校自动化类专业系列教材

工业生产过程自控工程设计

侍洪波　孙自强　何衍庆　编著

化学工业出版社
·北京·

内容简介

本书以最新版本的工程设计标准和规范为蓝本，对工业生产过程自控工程设计的整体内容进行了全面介绍，主要目的是使自动化专业的本专科学生能够有全面的自控工程设计的概念，掌握自控工程设计的方法，并了解自控工程设计有关的标准和规范，以期对自控工程设计有全面、深入的了解，并能够与其他专业设计人员协调工作，完成整个工程项目的设计和施工，直至应用开车。

本书主要内容包括：自控工程设计的基本任务、基本程序，自控工程设计术语，自控专业与其他专业的设计条件及分工，工程设计的质量保证体系；自控工程设计中使用的图形符号和文字代号；管道仪表流程图，仪表的选型，控制室设计，信号报警和安全联锁控制系统设计，仪表功能系统设计，仪表配管和配线设计，仪表设备安全设计，自控设计中的计算，常用工程设计软件；集散控制系统和可编程控制器系统的设计；工程施工验收；最后，提供了毕业设计的有关内容，可供指导教师根据毕业设计要求，为有关专业学生毕业设计使用。

为适应工程应用的要求，本书提供了大量习题和思考题。其中，计算题中将设计条件分为不同类的数值，教师可根据不同类的数值为学生提供不同设计条件，仅该类题型就可为近百位学生提供不同设计条件，使学生可独立完成各自设计任务。

本书可作为高等学校自动化、测控技术与仪器等相关专业学生的教材，也可供工业生产过程控制领域和设计部门的工程技术人员、设计人员和施工安装、维护人员作为参考书。

图书在版编目（CIP）数据

工业生产过程自控工程设计/侍洪波，孙自强，何衍庆编著.—北京：化学工业出版社，2023.7
高等学校自动化类专业系列教材
ISBN 978-7-122-43326-8

Ⅰ.①工… Ⅱ.①侍… ②孙… ③何… Ⅲ.①生产过程-工业自动控制-工程设计-高等学校-教材 Ⅳ.①TP273

中国国家版本馆 CIP 数据核字（2023）第 069379 号

责任编辑：郝英华　　　　文字编辑：师明远
责任校对：刘曦阳　　　　装帧设计：史利平

出版发行：化学工业出版社（北京市东城区青年湖南街 13 号　邮政编码 100011）
印　　装：三河市双峰印刷装订有限公司
787mm×1092mm　1/16　印张 24½　字数 645 千字　2024 年 3 月北京第 1 版第 1 次印刷

购书咨询：010-64518888　　　　售后服务：010-64518899
网　　址：http://www.cip.com.cn
凡购买本书，如有缺损质量问题，本社销售中心负责调换。

定　　价：88.00 元

前言

为适应高等工程教育改革，满足社会对工程应用型自动化专业人才的需要，特编写了本书。

本书从实际工业生产过程的应用出发，结合过程控制和生产过程工艺技术，全面介绍工业生产过程中自控工程设计的相关内容，包括自控专业和工艺、系统、管道、电气、电信、机泵、安全、消防、建筑、结构、给排水、暖通、总图等专业的分工和协调，自控工程设计符号，管道仪表流程图，结合工艺过程的仪表选型、控制室设计，信号报警和安全联锁控制系统设计，仪表供气、供电、伴热和绝热保温设计，仪表配管、配线和敷设设计，仪表设备的安全设计等内容，还包括自控工程设计中的节流装置设计计算和执行器设计计算等内容。此外，除了对集散控制系统、可编程控制器系统设计进行介绍外，还对 MES 和 ERP 设计等有关内容进行了讨论。最后，对自控工程的施工和验收及质量保证等内容作了说明。

本书的目的是使自动化专业和相关专业的本专科学生能够有全面的自控工程设计的概念，掌握自控工程设计的方法，并了解自控工程设计有关标准和规范，从而对自控工程设计有全面、深入的了解，并能够与其他专业设计人员协调工作，完成整个工程项目的设计和施工，直至应用开车。本书可作为自动化专业和相关专业本专科学生的专业教材，也可作为设计单位和施工单位有关技术人员的参考资料。

本书共分 6 章。第 1 章是自控工程设计概述，介绍工程设计基本任务、基本程序和自控专业设计人员与其他专业设计人员的相互协调关系，以保证工程设计的质量。第 2 章以国家标准和有关国际标准和规范为依据，介绍在自控工程设计中使用的图形符号和文字代号，包括过程检测和控制流程图用图形符号和文字代号、仪表常用电气元件和逻辑图的图形符号和文字代号、仪表位置图及桥架布置图的图形符号、显示屏上过程设备和仪表的图形符号、OPC UA 的图形符号。第 3 章是自控工程设计的主要内容，涉及仪表选型、控制室设计、信号报警和安全联锁控制系统设计、供能设计、配管和配线设计、仪表设备安全设计等，还介绍了节流装置和执行器的设计计算，对常用工程设计软件也作了简单说明。第 4 章是集散控制系统、可编程控制器系统的设计规范，同时介绍了 MES 和 ERP 等标准。第 5 章是工程施工和验收，介绍工业自动化仪表工程施工及验收规范和质量检验评定标准等。第 6 章是毕业设计，提供了有关毕业设计的应用课题。

为适应工程应用的要求，本书提供了大量习题和思考题。其中，计算题中将设计条件分为不同类的数值，指导教师可根据不同类的数值为不同学生提供不同设计条件，仅该类题型就可为近百位学生提供不同设计条件，使学生可独立完成各自设计任务。教师也可增加类的数值，从而扩展计算应用的范围。对学有余力的学生，还可全面进行计算，获得有关参数改变对设计计算影响等的结果。

工程设计图纸和表格至少为 A4 图幅，由于受纸张的限制，本书幅面不能将设计图纸全面呈现给读者，为此，本书采用二维码，将有关设计图纸和表格以二维码形式呈现给读者，读者只需扫有关二维码，就可查阅和缩放有关图纸和表格，从而清楚地获得有关信息。为仪表选型所需，本书还以二维码形式提供部分仪表彩色外形图，便于读者对该仪表有较直观的认识。

本书配套 PPT 课件给使用本书作为教材的院校参考，如有需要可登录 www. cipedu. com. cn 注册后下载。

本书由侍洪波、孙自强、何衍庆编著，编写工作得到华东理工大学信息科学与工程学院等单位的积极支持和帮助，钱锋、王慧锋、王华忠、朱宁、叶简萍、余新华、秦晓敏、施赟雅、刘旻哲、侍敏莉等给予了热情指导和关怀。彭瑜、邱宣振、黄道、俞金寿、吴勤勤、杜文莉、金晶、顾幸生、彭亦功、刘济、刘笛、吴坚刚、王强、李冰、缪玲梅、陈春雷、丁兰蓉、邵阳、盛良、丁永超、黄静雯、季建华、彭秀姣、陈新、阎新华、阮晓辰、黄士玥、孙士超、周漪、王吉英、宋怡菁、蒋臻、何乙平、王朋、陈积玉、戴自祥、杨洁、王为国等提供了大量资料和关心帮助。此外，梁茹、张华、范秀兰等先生也积极支持并提供了许多帮助。本书的出版还得到化学工业出版社的大力支持和帮助，谨在此一并表示衷心感谢和诚挚谢意。本书在编写过程中，参考了有关专业书籍、国家标准和行业标准及产品说明书，在此向有关作者和单位表示衷心感谢，也对使用和阅读本书的教师、学生和有关技术人员表示衷心感谢。

由于编著者水平所限，书中不足之处在所难免，恳请广大读者不吝指正。

编著者

2023 年 10 月

目录

第1章 自控工程设计概述

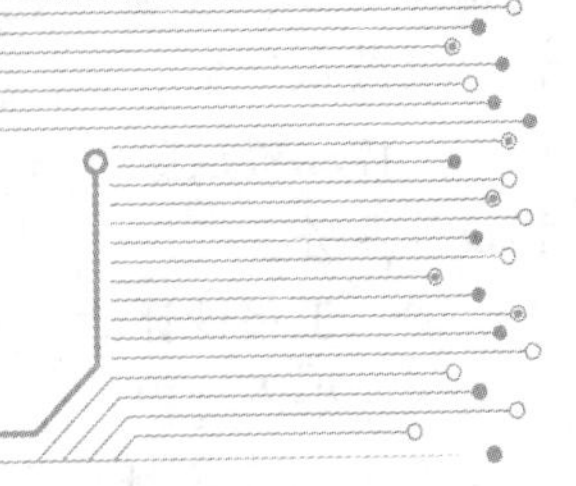

1.1 工程设计的基本任务

(1) 工程设计的特点

工业生产过程工程设计是将有关生产过程中的科研成果、新技术付诸生产实践的过程，是建立工业企业的必经之路。

工程设计通常分为通用工程设计、改造扩建工程设计、新建项目工程设计和引进项目配套工程设计等。通用工程设计即定型设计，它有定型的设计图纸，仅在生产规模上有一些改动，例如大型合成氨装置、原油常减压蒸馏装置、乙烯裂解装置等。改造扩建工程设计是在原有生产过程设备的基础上，针对出现的问题进行改造或扩大规模的工程设计。新建项目工程设计是在没有通用工程设计的情况下，根据其工艺过程特点进行的工程设计，例如一些精细化工产品生产的设计。引进项目配套工程设计是针对引进项目主装置，配套一些辅助设备的工程设计，例如供气、供电的工程设计等。

正确的设计思想和相应设计技术不仅体现在新建的工程项目过程中，也对已经投产的装置如何发现和解决生产过程中存在的问题、改进工艺、提高生产率、促进科研成果转化、搞好施工建设有重要意义。

工业生产过程工程设计的特点如下：

① 各专业集体设计。工程设计是各专业相互协同合作的过程。工艺专业是起龙头作用的专业，其他专业在工艺专业的统一指挥下，进行各专业的交流，达到既分工又合作的目的。

② 以设计图纸、设计文件（说明书和表格等）作为设计的最终成果，并作为建设单位、施工单位的工业生产过程实现的依据。

③ 它是以新技术和新信息为依据，成熟地应用各种实践生产过程的操作经验完成的设计过程。

(2) 工程设计的资质

工业生产过程工程设计是工业生产过程得以实现的重要环节。精心设计是工程质量的灵魂，规范施工是工程质量的基础，严格管理是工程质量的关键，政府监督是工程质量的保证。工程设计是工业生产过程实现的首要条件，因此，工程设计单位必须具有工程设计资质。

根据《建设工程勘察设计管理条例》和《建设工程勘察设计资质管理规定》，从事建设工程勘察、工程设计活动的企业，应当按照其拥有的资产、专业技术人员、技术装备和勘察设计业绩等条件申请资质，经审查合格，取得建设工程勘察、工程设计资质证书后，方可在资质许可的范围内从事建设工程勘察、工程设计活动。工程勘察资质分为工程勘察综合资质、工程勘察专业资质、工程勘察劳务资质。工程设计资质分为工程设计综合资质、工程设计行业资质、工程设计专业资质和工程设计专项资质。

取得工程设计综合资质的企业，可以承接各行业、各等级的建设工程设计业务；取得工程设计行业资质的企业，可以承接相应行业相应等级的工程设计业务及本行业范围内同级别的相应专业、专项（设计施工一体化资质除外）工程设计业务；取得工程设计专业资质的企业，可以承接本专业相应等级的专业工程设计业务及同级别的相应专项工程设计业务（设计施工一体化资质除外）；取得工程设计专项资质的企业，可以承接本专项相应等级的专项工程设计业务。

(3) 工程设计的基本任务

工业生产过程工程设计的基本任务如下：

① 根据国家计划建设的工程项目任务书，遵循国家标准的图形符号和文字符号规定，将工程项目用有关的设计图纸、设计文件形式体现出来。

② 供上级机关对该工程项目进行审批。

③ 作为施工安装单位施工安装的依据，实现有关工程项目。

④ 作为建设单位对生产过程操作和进一步改进的依据，实现优化生产。

工程设计资料的特点如下：

① 标准性。设计资料遵循国家标准，符合国际规范。

② 可靠性。工程设计应建立在可靠性的基础上，因此，应对同类工程进行调研，选用可靠性高、实践证明有效的工艺流程、设备和自动化控制方案等。

③ 经济性。工程设计中应加强经济观念，既要有先进性，又要兼顾国情，合理取舍，使设计的项目具有一定的经济性。

1.2 工程设计的基本程序

工程设计分为基础工程设计（初步设计）和详细工程设计。

根据经验，工程设计阶段，P&ID（管道仪表流程图）发布 7 版，设备布置图发布 4 版；管道布置图发布 4 版。根据工程项目特点和设计人员的熟悉程度可增或减。

其中，基础工程设计分 4 版：初版（A 版）、内部审查版（B 版）、用户审查版（C 版）及确认版（D 版）；详细工程设计分 3 版：详 1 版（研究版，E 版）、详 2 版（设计版，F 版）、施工版（G 版）。基础工程设计与详细工程设计之间有一版，称为 DI 版，用于危险与可操作性（HAZOP）分析，也属于基础工程设计。

1.2.1 基础工程设计

基础工程设计是在设计合同、批准的总体设计或可行性研究报告、工艺包和设计基础资料等基础上开展的设计。技术原则、方案、概算等应在基础工程设计阶段确定。基础工程设计文件深度应满足用户审查、工程物资采购准备和施工准备、开展详细工程设计的要求，同时应满足供政府审查的《消防设计专篇》《环境保护专篇》《安全设施设计专篇》《职业卫生专篇》《节能专篇》《抗震设防专篇》的设计文件的编制要求。

(1) 设计开工前的准备

根据工艺装置生产规模、流程特点、操作要求、过程控制方案及仪表选型等，收集有关技术资料、仪表产品说明书、样本等。

根据需要，对有关生产厂、研究单位、制造厂进行调研，解决先期设计中遗留的技术问题。

(2) 编制仪表设计规定

根据工程项目特点和现有行业标准，征求用户意见，编制“仪表设计规定”。“仪表设计规定”是工程项目中自控专业设计的统一规定，设计人员在设计工作中应遵循该规定。

(3) 编制专业执行计划

① 根据工程项目规模、技术特点、主要仪表选型及现行行业标准编制工程设计文件目录。

② 根据数据文件的数量估算设计工作量。它包括提交与接受的设计提交及设计评审、设计验证所需设计，并根据设计定额估算所需用的人工时。

③ 根据需用人工时及设计进度要求，编制自控专业设计进度和人力需求计划。组织设计力量，合理安排人力，确保按时完成设计任务。

(4) 配合协调有关专业完成 P&ID 的 A、B 版，并参加 B 版内审会

① 在系统专业提交的 P&ID 的 A 版原图上，自控专业应审查主要检测、控制、联锁系统设置是否合理可行，仪表功能代号是否准确，完成 P&ID 的 A 版。该版用于有关专业作设备布置、管道走向、特殊管道和管架研究，也是自控专业及其他专业开展基础工程设计的主要依据之一。

② 在系统专业提交的 P&ID 的 B 版原图上，自控专业应审查全部检测、控制、联锁系统设置是否齐全，编制仪表回路位号，完成 P&ID 的 B 版。该版用于设计单位内部审核。

③ 自控专业设计和校审人员应参加 P&ID 的 B 版内审会。主要审查检测、控制、联锁系统设置及控制方案是否合理可行。

(5) 接受和提交设计条件

① 自控专业应接受各专业提交的设计条件：详见下述。

② 自控专业向有关专业提交的设计条件：详见下述。

(6) 配合系统专业完成 P&ID 的 C、D 版

① 在系统专业根据内审会修改意见完成 P&ID 的 C 版原图上，自控专业应详细标注仪表回路组成、仪表型式等，完成 P&ID 的 C 版。该版用于用户审查。因此，应有 95%的完整性和准确性。

② 根据用户设计审查会提出的审查意见，系统专业修改后完成的 P&ID 的 D 版，需经自控专业审查确认，作为 P&ID 的 D 版（确认版）。

(7) 参加 HAZOP 分析、SIL 分析和 SIS 系统分析会

① 自控专业应参加 HAZOP（Hazard and Operability，危险与可操作性）分析会。

② 自控专业应根据项目需要参加 SIL（Safety Integrity Level，安全完整性等级）分析会，并根据 SIL 分析报告和 SIS 安全设计要求，开展 SIS 系统设计工作，以满足规定的安全完整性等级。

(8) 配合系统专业完成 P&ID 的 DI 版

根据 HAZOP 审查会提出的审查意见，系统专业修改 P&ID 的 D 版形成 P&ID 的 DI 版原图，自控专业同时根据 HAZOP 分析报告、SIL 分析报告和 SIS 安全设计要求等进行修改，审查确认以后，配合系统专业完成 P&ID 的 DI 版（即 HAZOP 版）。

(9) 提出分包项目实际要求

主体设计方应提出成套包设计规定，确定设计分工、供货范围、仪表选型，及分包方设计文件内容深度和交付时间等问题，以便于双方开展工作。

(10) 编制基础工程设计文件

自控专业在 P&ID 的 B 版发表后，逐步开展基础工程设计，并为仪表采购工作创造条件。工程设计文件应符合现行行业标准。

基础工程设计文件内容包括：仪表设计规定、仪表设计说明、在线分析仪小屋技术规格书、仪表盘（柜）技术规格书、DCS技术规格书、SIS技术规格书、设计文件目录、仪表索引、仪表数据表、仪表及主要材料汇总表、联锁系统逻辑图、顺序控制系统程序图、复杂控制回路图（必要时）、控制系统配置图、控制室布置图、仪表电缆桥架布置总图、可燃/有毒气体探测器布置图。

1.2.2 详细工程设计

详细工程设计是基础工程设计的继续和深化。其内容和深度应满足设备及材料制造、工程施工及装置投产运行要求。

(1) 提交仪表连接、安装设计条件

自控专业向下列专业提交有关仪表连接和安装的设计条件：

① 向系统、管道专业提交仪表接管条件，主要包括控制阀、各种流量计的接管尺寸。对管道上的温度、压力、流量、分析等参数的取源和采样根部元件或阀门，由自控专业向管道专业提出自控安装条件。

② 向设备专业提交仪表容器连接简图。对需要安装根部阀的测量点，应在向设备专业提交数据条件的同时，还需向管道专业提交设计条件。

③ 向建筑、结构专业提交仪表安装条件，包括现场仪表、仪表保温（保护）箱、电缆桥架等安装支架的预埋件设计条件，控制室仪表盘（柜）或DCS操作台、机柜等的基础设计条件。

④ 联锁系统的发信端是工艺参数，执行端是电气设备时，自控专业应向电气专业提交执行联锁动作的接点条件。联锁系统发信端是电气参数时，电气专业应向自控专业提交执行联锁动作的接点条件，当需要单独设置仪表接地装置时，由自控专业提出仪表接地设计条件，电气专业负责接地装置设计。

(2) 接受管道平面图和分包方技术文件

① 在接受管道平面图后，自控专业应绘制仪表位置图、仪表电缆及桥架布置图、现场仪表配线图等。

② 一般情况下，分包方只负责随机仪表及表盘的设计、供货，而表盘的安装及仪表电源、信号电缆电线的设计、供货由主体设计方负责。自控专业应接受分包方技术文件，完善与之相关的详细工程设计文件。

(3) 配合系统专业完成P&ID的E、F和G版

① 在系统专业P&ID的DI版基础上，根据供货厂商提供的最终版资料及管道、自控专业的变动和修改意见后，自控专业配合系统专业完成P&ID的E版。该版用于管道和设备布置图的P&ID的F版绘图。

② 如果管道、仪表、机泵等供货厂商资料修改幅度较大，根据需要，自控专业配合系统专业完成P&ID的F版。

③ 自控专业配合系统专业完成P&ID的G版，即施工版。该版是用于施工、安装、编制工艺操作手册及开车、生产、事故处理的依据。

(4) 完成详细工程设计文件

自控专业编制的详细工程设计文件应符合现行行业标准，内容如下：

① 文字、表格类文件。包括：仪表设计规定、仪表技术说明书、仪表设计说明、在线分析仪小屋技术规格书、仪表盘（柜）技术规格书、DCS技术规格书、SIS技术规格书、设计文件目录、仪表索引、仪表数据表、报警联锁设定值表、电缆表、端子连接表、仪表伴热绝热表、仪表空气分配器连接表、仪表安装材料表、DCS I/O表、SIS I/O表、DCS监控数

据表、现场总线通信段表，及按工艺条件要求提交的 DCS 操作组分配表、DCS 趋势组分配表、DCS 生产报表。必要时可提交铭牌表、电缆分盘表、保温（护）箱一览表、接线箱一览表、通信光缆/电缆一览表。设计中间文件有仪表请购单和仪表设计条件表。

② 图纸类文件。包括：联锁系统逻辑图、顺序控制系统程序图、复杂控制回路图、控制系统配置图、工艺流程视屏显示图（组态商按 P&ID 绘制提交）、仪表供电系统图、供电箱接线图、控制室布置图、仪表位置图、仪表电缆及桥架布置图、仪表空气管道平面图（或系统图）、仪表接地系统图、仪表安装图、可燃/有毒气体探测器布置图、仪表盘（柜）布置图、仪表盘（柜）端子配线图、端子（安全栅）柜布置图等。必要时提交继电器联锁原理图、仪表回路图、继电器箱布置图、控制室电缆布置图、仪表电缆桥架布置总图、现场仪表配线图、半模拟盘流程图和半模拟盘接线图。

由于计算机控制装置大量应用，上述一些图纸文件已经不用，例如半模拟盘流程图、继电器联锁原理图等。自控工程设计文件内容的设计深度见下述。

1.2.3　自控方案

自控专业工程设计的核心内容是完成管道仪表流程图。管道仪表流程图的主要内容是自控方案的确定。

(1) 自动控制系统品质指标的确定

自控专业设计人员要深入了解工业生产过程，了解被控对象的特征，合理确定被控变量的类型和对它的控制精度要求，研究和分析外部干扰的特点和对被控对象的影响。

根据被控对象的特征及干扰的特点，自控专业设计人员要与工艺和系统专业设计人员一起选择合适的自动控制方案，包括被控变量的检测、控制规律及执行器的选择等，组成能够满足工艺应用要求的合理的自动控制系统。

自动控制系统的品质指标包括系统运行的稳定性、对扰动的快速响应性及对设定信号的偏离度。稳定性是自动控制系统的基本要求，即选用的控制系统能够长期稳定运行。对扰动的快速响应性是能够及时克服扰动影响的重要指标，即选用的控制系统能够对扰动做出快速响应，及时采取有效措施，使扰动的影响在其“萌芽”状态下就被克服。对设定信号的偏离度要求被选用控制系统在运行期间，被控变量与设定的偏离程度尽可能小，偏离时间尽可能短，即偏差的积分指标（例如 ITAE、ISE 等）尽可能小。

确定自动控制方案的原则如下：

① 简单性原则。在能够满足应用要求的前提下控制方案越简单越好。但在集散控制系统和可编程控制器系统设计中，这个设计原则并不合适。例如，某串级控制系统的副被控变量已经被引入到控制系统中显示，而该变量又是有较大的和频繁的波动，这时，采用主被控变量组成简单控制回路，就被认为是不合适的。因为组成串级控制系统并不会增加投资成本，而组成串级控制系统后将可大大改善整个控制系统的控制品质。又例如，选择性控制系统的超驰控制，如果正常控制器和超驰控制器的过程参数已经被引入，这时，组成超驰控制系统，就可以减少停车次数，延长运行时间。需要说明的是控制方案的设置还需要与操作人员的技能结合。如果操作人员对这些复杂控制系统不熟悉，也可能出现设计的控制系统很好，但实际情况是由于操作员技能差，常常被切换到手动操作，使好的控制系统不能真正被实现。

② 安全性原则。事故发生（例如气源中断）时，控制系统应处于安全状态；故障的状态能被传递到下游模块或设备，以保证控制系统的安全运行。

③ 稳定运行准则。在扰动或设定变化时，控制系统静态稳定运行条件是控制系统各环

节增益之积基本不变；控制系统动态稳定运行条件是控制系统总开环传递函数的模基本不变。

④ 关联性原则。各控制系统之间的关联尽量小。必要时，可采用前馈控制或解耦控制系统。

⑤ 先入为主原则。对组成的控制系统，应与工艺设计人员充分讨论，根据操作人员的技能确定控制方案。并以先入为主方式培训操作人员，制定有关操作规程，避免控制方案被操作人员切换到手动。例如，上述的串级控制系统或超驰控制系统，只有先入为主，操作人员只能按有关操作规程操作，这样，才能保证控制方案的落实。实践中已经证明这是能使设计的控制方案真正实现的重要设计原则。

⑥ 降低操作技能的设计原则。例如，采用人工智能的方法，将操作人员的技能要求尽可能降低，从而避免事故发生或操作失控。例如，采用黑屏操作，由 DCS 实现自动过程监控，一旦报警时才显示与报警信号有关的操作画面，便于操作员的调整和控制。

(2) 仪表选型

仪表选型包括检测仪表、显示仪表、控制仪表和执行器等。对本安系统，应考虑增加安全栅的选用。

检测仪表和传感器用于现场检测被测介质的过程参数，例如温度、压力、液位、流量和组分等，在运动控制系统中包括位置（轴位移）、速度、加速度和力（或力矩）等。选用检测仪表和传感器时，应满足苛刻应用环境条件下具有良好的稳定运行能力，并具有足够精度以满足所需的检测精度要求。其测量范围应满足被测介质的变化范围。因此，仪表选型时，其规格并没有标准答案。例如，某操作压力设计的检测值是 0.6MPa，选用的压力表量程可以是 0～1MPa，也可选用 0～1.6MPa。选用压力表工作范围的要求是被检测压力在量程的 1/3～2/3。通常，自控设计人员要深入了解工艺生产过程，例如，该检测点如果是机泵出口压力，而机泵的 H～Q 曲线表明，该机泵的出口压力可达 1.2MPa，因此，选用压力表量程 0～1.6MPa 比较合适。如果该检测点位于一个控制阀出口，用于控制阀后压力，则为提高检测精度，拟选用 0～1MPa 量程的压力表作为现场显示仪表。

仪表的其他基本特性及选用在后述章节介绍。

采用集散控制系统或可编程控制器系统时，显示和控制仪表都在集散控制系统或可编程控制器系统中实现。因此，目前的自控工程设计中已经不选用常规显示和控制仪表。仅少量就地仪表盘有应用，也都选用智能型显示仪表和控制仪表。

早期执行器的选用只有控制阀。随着对能耗要求的提升，国家已规定机泵、压缩机等系统都应采用变频器，因此，现在执行器有控制阀和变频器两种。其中，执行器由自控专业设计人员选型，变频器由电气专业设计人员选型。此外，还有这两种执行器混合应用的情况，以保证升扬高度等控制要求。

(3) 安全运行

为保证工业生产过程的安全运行，必须建立一套安全保护系统，即声光报警系统、安全仪表系统及其他安全联锁控制系统等。

(4) 自控方案的确定

确定自控系统方案应兼顾下列要求：

① 可靠性和先进性。确定的控制方案应已经在实际实践中被证明是有效的。因此，设计前需要了解同类生产过程的控制方案、设计方案的不足和经验，使本设计确定的控制方案是可靠和有效的。此外，确定的控制方案应具有一定的先进性，由于集散控制系统和计算机控制装置的广泛应用，一些复杂控制系统在不增加投资的情况下可方便地实施，一些先进控

制系统（例如预测控制、优化控制、推断控制等）已经成功应用于一些工业生产过程，并取得明显的经济效益。因此，确定控制方案时应兼顾可靠性和先进性。例如，为实现先进性而留有备用接口，便于一些过程参数的引入；为提高可靠性，设置一些冗余结构等。

② 工艺、系统和自控的关系。通常，工艺和系统专业提出控制方案，自控专业提供仪表位号和仪表选型等，因此，一些先进的行之有效的控制方案未被采用，使自动化水平不够先进有效。随自控专业设计人员对生产过程工艺的深入了解，现在，一些自控专业已经能够大胆提出先进或合理的控制方案。例如，锅炉控制中的提量和减量逻辑控制方案、选择性控制方案等，它对长期稳定运行既是合理的，也是有效的。

③ 经济性。早期，自控工程设计并不被重视，因此，建设单位需要减投资时，通常是先减仪表投资，从而使自动化水平不能提高，操作人员劳动强度仍很大。随着计算机控制的普及和提高，这种情况已经大大改善。因为，建设单位已经认识到这些投资是先期的，但后期的人工支出是长期的，它的费用高于先期投资。为此，一些建设单位对项目的自动化水平的重视程度大大提高。例如，一些节能控制系统的应用，提高冗余控制系统的投入等。从投资的比例看，自控的投资占总投资的比例已经越来越高，反映了建设单位对自动化要求认识的提高。

从自控专业设计看，仍应坚持在满足应用要求的前提下，兼顾操作技能、控制方案越简单越好的设计原则，既要具有一定的先进性，也要有一定的经济性。不搞“花架子”，选用合理有效的控制方案，既便于维护，又能够实现长期、稳定、安全运行的目标。

1.2.4　自控工程设计文件的内容深度

表 1-1 列出了工程设计阶段自控工程主要设计文件的内容深度要求。

表 1-1　工程设计阶段自控工程主要设计文件的内容深度要求

文件名称	文件内容深度要求
仪表设计规定	说明工程设计项目的设计范围、现场条件、控制方案和控制室组成等。并对设计采用的标准及规范、仪表编号原则、仪表和控制系统选用原则、安全及防护措施、材料选择原则、动力要求、仪表连接与安装要求、分工及技术接口关系、设计文件组成等做出规定
仪表技术说明书	包括各类仪表及仪表安装材料的技术说明书。主要内容包括装置简述、供货范围、通用技术要求、厂商文件要求、遵循的标准和规范、技术条件、检验和试验、备品备件和消耗品等
仪表设计说明	基础工程设计阶段：包括仪表和控制系统的要求、自动化水平、计量要求、检测和控制方案、控制室及辅助设施设置方案、公用工程要求、安全设计、仪表防护措施、随设备成套供应的仪表及控制系统范围等。 详细工程设计阶段：说明控制室及辅助设施设计方案、对基础工程设计变更、仪表动力及公用工程要求、特殊施工要求、专业间分工和配合、施工检验标准等
在线分析仪小屋技术规格书	说明分析仪小屋内安装的各类分析仪表的数量和技术规格要求；成套供应的取样系统、预处理系统、排放回收系统、公用工程、空调设备、电气设备的数量和技术规格要求
DCS 技术规格书	包括工程项目简介、厂商责任、系统总体要求、硬件组成及技术要求、应用软件说明、文件交付、工程技术服务与培训、质量保证、检验及验收、备品备件与消耗品、计划进度，并附 I/O 清单和初步 DCS 系统配置图
SIS 技术规格书	包括工程项目简介、厂商责任、系统总体要求、硬件组成及技术要求、应用软件说明、文件交付、工程技术服务与培训、质量保证、检验及验收、备品备件与消耗品、计划进度等，并附 I/O 清单和初步 SIS 系统配置图
仪表索引	以一个仪表回路及其附属回路为单元，按被测变量英文字母代号顺序列出所有构成检测/控制系统的仪表回路编号和用途，并列出回路中所有仪表设备（功能）位号、用途、名称、信号类型、安装位置、仪表流程图图号、供电要求、供货部门、相关设计文件号

续表

文件名称	文件内容深度要求
仪表数据表	按仪表类型列出仪表规格和数量，包括位号、名称、用途、所在管道及仪表流程图图号、管道号或设备号、管道等级、工艺操作条件、类型、材质、测量范围、精度、信号种类、防爆等级、电源、过程连接、电气连接、附件等
报警联锁设定值表	列出仪表位号、报警联锁信号用途、工艺操作正常值、报警值和联锁值等
电缆表	列出主电缆和支电缆编号、规格、长度、敷设起点和终点、电缆保护管规格和长度、是否需要挠性管等
端子连接表	以接线箱或主电缆为单位，分别列出仪表信号起点和终点的连接，包括现场仪表位号及端子号、支电缆编号及规格、支电缆接线号、接线箱号及端子号、主电缆编号及规格、主电缆线对号及接线号、控制室盘柜号及端子号等
仪表伴热绝热表	列出伴热绝热仪表的位号、被测介质名称、伴热型式、绝热材料、伴热介质分配台号、收集站号等
DCS I/O 表	列出与 DCS 监视/控制仪表位号、名称、安装位置、输入/输出信号规格、I/O 类型等，及 I/O 冗余、I/O 隔离装置和供电等需求
SIS I/O 表	列出与 SIS 连接的仪表位号、名称、安装位置、输入/输出信号规格、I/O 类型等，及 I/O 冗余、I/O 隔离装置和供电等需求
DCS 监控数据表	列出检测/控制回路仪表位号、用途、测量范围、控制与报警联锁设定值、控制正反作用与参数、信号处理要求、控制阀正反作用、关联回路及其他要求
通信电(光)缆一览表	列出通信系统电缆、光缆编号、规格及长度、起点和终点位置等
现场总线通信段表	以一个现场总线通信段为单位，标注出现场总线通信段编号和本安要求，并通过列出通信段上各仪表及电缆的相关参数，计算确认本通信段的电缆长度和供电能力能否满足所连接各仪表正常运行的需求
联锁系统逻辑图	采用逻辑符号表示出联锁系统的逻辑关系，包括输入、逻辑功能、输出三部分，必要时可附简要联锁说明
顺序控制系统程序图	以表格、逻辑符号或流程框图形式表示出顺序控制系统的工艺操作、执行器和时间(或条件)的程序动作或逻辑关系
复杂控制回路图	采用仪表功能符号表示复杂控制回路的构成和原理。应在图中表示各功能符号的计算公式，转换系数和设定参数，必要时可另附文字说明
仪表回路图	采用仪表回路图图形符号表示一个或几个检测/控制回路的构成。并标注该回路的全部仪表设备位号及端子号和接线。对复杂的检测/控制系统，必要时可另附原理图或系统图、运算式、动作原理等加以说明
控制系统配置图	采用图形符号和文字代号表示由操作站、控制站和通信总线等组成的控制系统的结构及其信号关联，及其他硬件配置等
仪表供电系统图	以方块图形式表示供电设备之间的连接系统，并标注供电设备的编号、型号(如需要)、输入/输出的电源种类、电压等级、容量、供电回路号和电缆规格等
控制室布置图	表示控制室(现场机柜间)的组成、尺寸、地面标高，及室内所有仪表设备的安装位置及尺寸、电缆进口、安装基座支架等
仪表接地系统图	表示控制室和现场仪表设备的接地系统，包括接地点位置、分类、接地电缆的敷设及规格与数量。当自控专业单独设置接地板时，应表示出接地板的埋设和接地电缆阻值等
仪表安装图	表示现场仪表、检测元件在设备或管道上的安装及管路连接，包括过程连接图、测量管线或导压配管连接图、电缆保护和连接图、气动仪表管路连接安装图、伴热管路连接安装图等，并标注仪表或检测元件位号、所在设备位号和管道号，及安装用材料代码、名称及规格、材质、标准号或图号和数量等
可燃/有毒气体探测器布置图	采用仪表位置图图形符号表示现场可燃/有毒气体探测器、现场报警设施的安装位置和标高。应列出可燃/有毒气体探测器一览表，包括位号、探测器种类、所检测气体等

此外，还有仪表盘（柜）技术规格书、铭牌表、仪表空气分配器连接表、仪表安装材料表、仪表及主要材料汇总表、电缆分盘表、保温（护）箱一览表、接线箱一览表、DCS 操作组分配表、DCS 趋势组分配表、DCS 生产报表、仪表电伴热一览表、继电器联锁原理图、辅操台布置图、工艺流程视屏显示图、仪表盘（柜）布置图、仪表盘（柜）端子配线图、端子（安全栅）柜布置图、继电器箱布置图、供电箱接线图、控制室电缆布置图、仪表位置图、仪表电缆桥架布置总图、仪表电缆及桥架布置图、现场仪表配线图、仪表空气管道平面图、半模拟流程图、半模拟盘接线图等设计文件内容深度要求，详见有关规范。

1.3　自控工程设计术语

根据 HG/T 20699—2014《自控设计常用名词术语》规定，下面列出部分常用自控工程设计术语。

(1) 测量和仪表特性术语

表 1-2 是主要测量和仪表特性术语。详细内容见上述规定。

表 1-2　测量和仪表特性术语

中文	英文	含义
仪表	Instrumentation	对被测变量和被控变量进行测量和控制的装置和系统的总称
测量	Measurement	以确定量值为目的的一组操作
变量	Variable	其值可变且通常是可测出的量或状态
单位	Unit	为定量表示具有相同量纲的量，所约定选取的特定量
单位制	System of units	为给定量制建立的一组单位，例如，国际单位制(SI)、CGS 单位制等
被测量	Measured quantity	受到测量的量
被测变量	Measured variable	被测的量、特性或状态，例如温度、压力、流量、位移、力、力矩、速度、加速度等
输入变量	Input variable	输入到仪表的变量
输出变量	Output variable	由仪表输出的变量
被测值	Measured value	根据测量装置在规定条件下的某个指定瞬间获取的信号得出，并以数字和计量单位表示的数量
信号	signal	可以表示的一个或多个参数信息的一个物理变量
测量信号	Measurement signal	测量系统内表示被测量的一种信号
模拟信号	Analog signal	信息参数可表现为给定范围内所有值的信号
数字信号	Digital signal	信息参数可表现为用数字表示的一组离散值中任一值的信号
标准信号	Standardized signal	物理量形式和数值范围都符合国际标准的信号值，例如，4～20mA DC，20～100kPa
输入信号	Input signal	送入装置、元件或系统输入端的信号
输出信号	Output signal	装置、元件或系统送出的信号
量化信号	Quantified signal	具有量化信息参数的信号
二进制信号	Binary signal	仅有两个值的量化信号
测量精度	Accuracy of measurement	被测量的测量结果与(约定)真值间的一致程度
测量重复性	Repeatability of measurement	相同测量方法、相同观测者、相同测量仪器、相同场所、相同工作条件和短时期内重复的条件下，对同一被测量进行多次连续测量所得结果之间的一致程度

续表

中文	英文	含义
误差	Error	被测变量的被测值与真值之间的代数差，被测值大于真值，误差为正，反之，误差为负
绝对误差	Absolute error	测量结果减去被测量的(约定)真值
相对误差	Relative error	绝对误差除以被测量的(约定)真值
随机误差	Random error	同一被测量的多次测量过程中，其变化是不可预计的测量误差的一部分
系统误差	Systematic error	相同条件下对同一给定值进行多次测量过程中，绝对值和符号保持不变或在条件变化时按固定规律变化的误差
性能特性	Performance characteristics	静态或动态条件下或作为特定试验的结果，确定装置功能和能力的有关参数及其定量表述
范围	Range	所研究量的上、下限所限定的数值区间
测量范围	Measuring range	满足精度要求，仪表所能够测量的最小与最大值的范围被称为该仪表的测量范围
测量范围下限值	Measuring range lower limit	装置能够调整到并按规定精度进行测量的被测变量最低值
测量范围上限值	Measuring range higher limit	装置能够调整到并按规定精度进行测量的被测变量最高值
量程	Span	给定范围上下限值之间的代数差，例如，范围是－30～120℃，量程是150℃
标度	Scale	构成指示装置一部分的一组有序的标记及所有有关的数字
线性标度	Linear scale	标度中各分格间距与对应的分格值呈常数比例关系的标度
非线性标度	Nonlinear scale	标度中各分格间距与对应的分格值呈非常数比例关系的标度。例如开方标度
测量仪表的零位	Zero of a measuring instrument	测量仪表工作所需的任何辅助能源都接通和被测量值为零时，仪表的直接示值
仪表常数	Instrument constant	为求得测量仪表的示值，必须对直接示值相乘的一个系数
特性曲线	Characteristic curve	表明系统或装置的输出变量稳态值与一个输入量之间函数关系的曲线，气体输入变量均保持在规定的恒定值
校准曲线	Calibration curve	规定条件下表述被测量值的与装置实际测出的相应值之间关系的曲线
灵敏度	Sensitivity	测量仪表响应的变化除以相应的激励变化
精度等级	Accuracy class	仪器仪表按照精度高低分成的等级
基本误差	Intrinsic error	固有误差。指参比条件下仪表的示值误差
一致性	Conformity	校准曲线接近规定特性曲线的吻合程度。分独立一致性、端基一致性、零基一致性等
回差	Hysteresis	装置或仪表根据施加输入值的方向顺序给出对应于其输入值的不同输出值的特性
滞环误差	Hysteresis error	全范围上行程和下行程移动减去死区值后得到的被测量值变量两条校准曲线间的最大偏差
线性度	Linearity	校准曲线接近规定直线时的吻合程度
死区	Dead band	输入变量的变化不致引起输出变量有任何可觉察变化的有限数值区间
分辨率	Resolution	仪器仪表指示装置可有意义地辨别被指示量两紧邻值的能力
稳定性	Stability	规定工作条件下，仪表性能指标在规定时间内保持不变的能力
可靠性	Reliability	规定条件下和规定时间内装置完成规定功能的能力

续表

中文	英文	含义
漂移	Drift	一段时间内，并非由于外界影响作用于装置而引起装置输入输出关系发生不希望有的逐渐变化
重复性	Repeatability	同一工作条件下，仪表对同一输入按同一方向连续多次测量的输出值间的相互一致程度
平均故障间隔时间	Mean time between failures	MTBF。功能单元的额定寿命期间，在规定条件下，相邻故障间隔时间长度的平均值
平均修复时间	Mean time to repair	MTTR。故障修复所需的平均时间
失效	Failure	功能单元实现其规定功能的能力的终止
故障	Fault	导致功能单元不能实现其规定功能的意外状态
功能	Function	装置所完成的目的或动作
采样	Sampling	以一定时间间隔对被测量进行取值的过程
采样周期	Sampling period	周期性采样控制系统中二次实测的间隔时间
时滞	Dead time	死时。输入量产生变化的瞬间起到仪表输出量开始变化的瞬间为止的时间
时间常数	Time constant	阶跃或脉冲输入引起的一阶线性系统中，输出完成总上升或总下降的63.2%所需的时间
阻尼	Damping	运动过程中系统能量的耗散作用，分欠阻尼和过阻尼
阻尼因数	Damping factor	二阶线性系统的自由振荡中，输出在最终稳态值附近的一对（方向相反）连续摆动的较大幅值与较小幅值之比
噪声	Noise	叠加在信号上导致其成分被掩盖的有害扰动
输入阻抗	Input impedance	仪表输入端之间的阻抗
输出阻抗	Output impedance	仪表输出端之间的阻抗

(2) 过程控制术语

主要过程控制术语见表 1-3。详细内容见上述标准。

表 1-3　过程控制术语

中文	英文	含义
控制	Control	为达到规定目标，在系统上或系统内的有目的的作用
过程控制	Process control	为达到规定目标而影响过程状况的变量的操纵
自动控制	Automatic control	无需人直接或间接操纵终端执行元件的控制
手动控制	Manual control	由人直接或间接操纵终端执行元件的控制
监视	Monitoring	观察系统或系统部分的工作，以确认正确的运行和检出不正确的运行。它通过测量系统的一个或多个变量，并将被测量值与规定值比较来完成
监控	Supervision	系统的控制和监视操作，必要时包括保证可靠性和安全保护的操作
回路	Loop	两个或多个仪表或控制功能的组合，并在其间传递信号，从而进行过程变量的测量和控制
控制算法	Control algorithm	需执行控制作用的数学表示法
性能指标	Performance index	规定条件下表征控制质量的数学表述
控制系统	Control system	通过精确指导或操纵一个或多个变量以达到预定状态的系统
自动控制系统	Automatic control system	无需人干预其运行的控制系统，分主控系统和被控系统

续表

中文	英文	含义
主控系统	Controlling system	由控制被控系统的全部元件组成的系统，反馈控制中，包括反馈通路的全部元件
被控系统	Controlled system	接受控制的系统，分直接被控系统和间接被控系统
反馈元件	Feedback element	控制系统中反馈通路中的元件
比较元件	Comparing element	具有两个输入和一个输出，输出信号是两个输入信号经逻辑或运算比较后的功能块
实时控制系统	Real time control system	能对输入作出快速响应(快速检测和快速处理)，并能及时提供输出操作信号的计算机控制系统
控制回路	Control loop	由比较元件、相应正向通路和相应反馈通路组成的元件组合
正向通道	Forward path	将比较元件输出连接到被控系统输入的功能链
反馈通道	Feedback path	将被控系统输出连接到相关比较元件的一个输入上的功能链
开环	Open loop	没有反馈的信号通路
主回路	Master loop	对主被控变量进行控制的控制回路。其主控制器的输出变量作为副控制器的参比(给定)变量
副回路	Slave loop	由副控制器对副被控变量进行控制的回路
实际值	Actual value	给定瞬间的变量值
预期值	Desired value	规定条件下，给定瞬间所要求的变量值
给定值	Set point	代表参比变量的预期值
被控变量	Controlled variable	被控系统的输出变量，是需要控制的过程变量，分直接被控变量和间接被控变量
操纵变量	Manipulated variable	主控系统的输出变量，即被控系统的输入变量
参比变量	Reference variable	供主控系统设定被控变量预期值的输入变量，可手动、自动或程序设定
扰动	Disturbance	除了参比变量外，输入变量中非期望的通常难以预料的变化
控制范围	Control range	规定工作条件下，直接被控变量所能达到的两个极限值限定的区间
校正范围	Correcting range	操纵变量所能达到的两个极限值所限定的区间
正作用	Direct action	输出随输入的增加而增加的控制作用
反作用	Reverse action	输出随输入的增加而减小的控制作用
控制模式	Control mode	控制作用的类型，有比例、积分和微分控制作用及其组合
比例作用	Proportional action	输出变量变化与输入变量变化成比例的控制作用，造成的输出变化与输入变化之比是比例增益
积分作用	Integral action	输出变量变化率(时间导数)与相应输入变量值(即控制系统的系统偏差)成比例的控制作用
微分作用	Derivative action	输出变量与输入变量(即控制器的系统偏差)变化率(一阶时间导数)成比例的控制作用
微分作用增益	Derivative action gain	比例微分控制作用得到的最大增益与单纯比例控制作用的增益之比
切换值	Switching value	位式作用元件中，输出变量值发生变化时的任何输入变量值
位式作用	Step action	输出变量值只取限定数目，叫做“位”的作用。例如两位作用、多位控制等
上(下)限控制	High(low)limiting control	只有当给定的过程变量高于(低于)预定上限(下限)时才起作用的控制

续表

中文	英文	含义
变化率极限控制	Rate of change limiting control	防止被控变量的变化率超过预定上限的控制
逻辑控制	Logic control	通过逻辑(布尔)运算由二进制输入信号产生二进制输出信号的控制
开环控制	Open loop control	输出变量不会持久影响其本身具有的控制作用的控制
闭环控制	Closed loop control	也称为反馈控制。使控制作用持久地取决于被控变量测量结果的控制
定值控制	Control with fixed set point	使被控变量保持基本恒定的反馈控制
随动控制	Follow up control	使被控变量随参比变量的变化而变化的反馈控制
前馈控制	Feedforward control	被控变量的一个或多个影响条件的信息转换为反馈回路以外的附加作用的控制,附加作用使被控变量与预期值的偏差减至最小。附加控制作用可施加在开环或闭环控制
串级控制	Cascade control	一个控制器的输出是其他控制器的参比变量的控制
分程控制	Split ranging control	一个输入信号按不同功能产生两个或多个输出信号的作用
比值控制	Ratio control	实现两个或两个以上参数符合预先设定比例关系的控制
选择性控制	Selective control	当过程趋向限制条件时,一个用于不安全状况的控制方式取代正常状况下的控制方式,直到生产操作重新回到安全状态并恢复正常状态下的控制方式。分为被控变量和操纵变量的选择性控制
顺序控制	Sequence control	执行顺序程序的控制。顺序程序按预定次序规定系统上的作用,有些作用取决于前面一些作用的执行情况或某些条件的实现,分时间顺序、逻辑顺序和条件顺序等控制
批量控制	Batch control	具有反馈控制、顺序控制和逻辑控制综合控制功能的一种控制
自适应控制	Adaptive control	控制系统能自行调整参数或产生控制作用,使系统按某一性能指标运行在最佳状态的一种控制方法。它能修正自己的特性以适应对象和扰动的动态特性的变化
最优控制	Optimal control	规定限度下,使被控系统的性能指标达到最佳状态的控制
采样控制	Sampling control	时间上不连续地(采样)取得参比和被控变量,使用具有保持作用的元件产生操纵变量的控制
遥控	Remote control	也称为远程控制,是由远程的装置进行的控制
先进过程控制	Advanced process control	APC。动态环境中,基于模型、借助计算机的充分计算能力实现的控制算法。该控制策略实施后,装置运行在最佳工况
衰减	Attenuation	表示同一信号曲线上两个不同信号的幅值或频率的减小值,它是增益的倒数
偏差	Deviation	给定瞬间变量的预期值与实际值之差
闭环增益	Closed loop gain	规定频率下,输出的直接被控变量的变化与输入的参比变量的变化之比
开环增益	Open loop gain	规定频率下,反馈信号变化的绝对量与其相应偏差信号的变化之比
增益裕度	Gain margin	绝对稳定的反馈系统中,相角达到 π 弧度的频率上的开环增益的倒数
相位裕度	Phase margin	绝对稳定的反馈系统中,开环增益为 1 的频率上 π 弧度与开环相角绝对值之差

(3) 工业自动化仪表术语

主要工业自动化仪表术语见表 1-4。详细内容见上述标准。

表 1-4　工业自动化仪表术语

中文	英文	含义
自动化仪表	Process measurement and control instrument	也称为过程检测控制仪表。它是对工业过程进行检测、显示、控制、执行等仪表的总称
检测元件	Sensor	测量链中的一次元件，也称为传感元件。它将输入变量转换成宜于测量的信号
传感器	Transducer	接受物理或化学变量(输入变量)形成的信息，并按一定规律将其转换成同种或别种性质输出变量的装置
变送器	Transmitter	输出为标准化信号的一种测量传感器
计(表)	Meter;Gauge	测量和指示被测量的装置，只作为修饰语，例如流量计、压力表等
指示仪	Indicator	提供被测变量直观示值的装置
记录仪	Recorder	记录其输入信号相关值的装置
总计仪表	Totalizing instrument	通过对被测量的各部分值求和来确定被测量值的测量仪表，各部分值可同时或依次从一个或多个来源获得
计算装置	Computing device	能完成一个或多个计算和(或)逻辑操作，输出一个或多个经计算后的信号的装置或功能
信号选择器	Signal selector	从两个或多个输入信号中选择预期信号的装置。例如高选、低选
自动/手动操作器	Automatic/manual station	能由过程操作员在自动和手动之间切换及手动控制一个或多个终端控制元件的装置
手动操作器	Manual station	仅有手动操作输出，用于操纵一个或多个远程仪表的装置
报警单元	Alarm unit	具有可听和/或可视输出，以表明设备或控制系统不正常或超出极限状态的装置
指示灯	Pilot light	用于指示系统或装置处于正常工况的灯，而报警灯用于指示工况异常
双金属温度计	Bimetallic thermometer	利用双金属元件作为检测元件测量温度的仪表
充灌式感温系统	Filled thermal system	由充有感温流体的温包、毛细管和压力敏感元件构成的全金属组件
热电偶	Thermocouple	一端互相连接(测量端或热端)，另一端(参比端或冷端)连接到测量电动势的装置，由于塞贝克效应在电路中产生电动势的一对不同材料的导电体
热电阻	Resistance thermometer	电阻随温度变化的导电元件，例如 Pt100 等
温度计套管	Thermometer well	具有与容器或管道气密连接安放温度检测元件的压力密封套管
压力表	Pressure gauge	利用弹性元件作为检测元件测量压力的仪表
压力传感器	Pressure transducer	能感受压力并将其转换成测量信号的装置
压力变送器	Pressure transmitter	输出为标准信号的压力传感器
压力开关	Pressure switch	由所施加压力的变化驱动的开关
压力隔离装置	Pressure seal	将过程流体与变送器本体隔离且不影响压力测量的腔室
流量计	Flowmeter	同时指示被测流量和/或选定时间间隔内的总量的流量测量装置
节流装置 差压装置	Throttling device Differential pressure device	差压流量计的一次装置，包括节流件、取压装置及前后毗连的配管。流体流经该装置，在节流件上下游两侧产生与流量有确定数值关系的差压
孔板	Orifice plate	安装在流经封闭管道的流体中具有规定开孔的板产生差压的流量检测元件

续表

中文	英文	含义
流量喷嘴	Flow nozzle	利用嵌装在流经封闭管道的流体中的渐缩装置产生差压的流量检测元件。该渐缩装置纵断面呈连续曲线状，可形成一个圆筒形喉部
文丘里管	Venture tube	利用异形管使流经该装置流体的速度发生变化从而产生差压的流量检测元件。该管由圆筒形入口部分、渐缩部分、圆筒形喉部和渐扩部分组成
皮托管	Pitot tube	顺流体流动方向安装的两根直管产生差压的流速检测元件。两管作为一个整体同轴安装，其中，一管端部开口，用于测量流体的滞止压力。另一管前端封闭但沿管身开孔，用于测量流体静压
可变面积式流量计	Variable area flowmeter	安装在封闭管道中，由一根上宽下窄的锥形测量管和浮子组成，流体流动产生上升力支承浮子的位置指示通过管子的流量，也称为浮子流量计
容积式流量计	Positive displacement flowmeter	安装在封闭管道中，由若干已知容积的测量室和一个机械装置组成，流体流动压力驱动机械装置，并借此使测量室反复地充满和排放流体，从而测量出流体体积流量的装置
椭圆齿轮流量计	Oval wheel flowmeter	通过计算安装在圆柱形测量室内的一对椭圆齿轮的旋转次数来测量流经测量室的液体或气体的体积流量的装置
腰轮流量计	Roots flowmeter	由测量室中一对腰轮的旋转次数来测量流经测量室的气体或液体体积总量的流量计
刮板流量计	Licking vane rotary flowmeter	由测量室中带动刮板(滑动叶片)的转子的旋转次数来测量流经圆筒测量室的液体体积总量的流量计
涡轮流量传感器	Turbine flow transducer	用旋转速度与流量成正比的多叶片转子测量封闭管道中流体流量的传感器，转子转速由安装在管道外的转子检测
涡街流量传感器	Vortex flow transducer	通过检测流体中一个特殊形状的阻流体(称为非流线型旋涡发生体)释放出旋涡的频率测量管道内流体速度的传感器
磁性流量传感器	Magnetic flow transducer	非磁性管道中测量导电流体平均速度的传感器。在垂直于流动轴线和电极的磁场作用下，导致垂直于流动轴线的两个电极处产生电动势(EMF)，它与流体的平均速度成正比，因此，测量电动势可确定流体平均速度
超声流量传感器	Ultrasonic flow transducer	通过检测超声声能束与运动流体的相互作用来测量运动流体流速的传感器
热式流量计	Thermal flowmeter	利用流动流体传递热量改变测量管管壁温度分布，是热传导分布效应的热分布式流量计
质量流量计	Mass flowmeter	利用流体质量流量与 Coriolis 力的关系来测量质量流量的流量计，也称为 Coriolis 流量计
玻璃液位计	Glass level gauge	利用虹吸原理通过玻璃管或玻璃板内所示液位的位置来观察容器内液位位置的仪表
浮子液位计	Float level meter	通过检测浮子位置来检测液位的仪表
超声物位计	Ultrasonic levermeter	通过测量一束超声声能发射导物料表面或界面，并反射回来所需的时间确定物料(液体或固体)物位的仪表
γ射线液位计	Gamma-ray level meter	利用物料处于射线源与检测器之间时吸收γ射线的原理测量物料(液体或固体)物位的仪表

续表

中文	英文	含义
电容物位计	Electrical capacitance level meter	通过检测物料两侧两个电极间的电容来测量物料(液体或固体)物位的仪表
吹气管	Bubble tube	用于液位或密度测量的辅助装置。空气或气体从吹气管吹入液体,避免检测元件直接接触可能有腐蚀性或黏性的被测液体。吹气管内压力事实上与液体压头(吹气管浸入长度与密度之积)相等
称重传感器	Load cell	产生的信号与所施加的力有特定关系的装置,也称为负载传感器
电子皮带秤	Electronic conveyer belt scale	由称重传感器、速度传感器、称重框架、显示仪表组成的称重装置,用于连续自动测量胶带运输机输送散装物料的瞬时重量和累计重量
转速传感器	Revolution speed transducer	能感受旋转速度并将其转换成可测信号输出的传感器
位移传感器	Displacement transducer	能感受位移量并将其转换成可测信号输出的传感器
分析仪(分析器)	Analyzer	用于分析物质组分、浓度或物化性能的仪器
气相色谱仪	Gas chromatograph	试样组分在分析器吸收柱中分离后进行检测的气体分析仪
质谱仪	Mass spectrograph	将被分析物质能被电离的离子按质荷比(m/o)进行分离,并列出谱线,与标准谱线图相比而对物质进行定性分析的仪器
热导气体分析器	Thermal conductivity gas analyzer	利用在气体中热丝电阻的变化测量一种或几种组分浓度的气体分析器
顺磁式氧分析器	Paramagnetic oxygen analyzer	在磁场中利用具有极高顺磁性的原理制成的一类测量气体中氧含量的仪器
固体电解质氧分析器	Solid electrolyte oxygen analyzer	利用高温下氧化锆等固体的电化学特性测量流体中氧含量的分析器,也称为氧化锆氧分析器
pH 复合电极	pH electrode assembly	通常由一个测量电极和一个参比电极组成,产生的电信号是水溶液中氢离子活度函数的传感器
可燃气体检测器	Combustible gas detector	用于测量空气或其他气体混合物中可燃气体含量的分析器
控制阀	Control valve	构成工业过程控制系统终端元件的动力操作装置,由阀内件和阀体组成。阀体组件连接一个或多个执行机构响应控制元件发出的信号
电磁阀	Solenoid valve	利用线圈通电激磁产生的电磁力驱动阀芯开关的阀
自力式调节阀	Self-regulator valve	无需外加动力源,只依靠被控流体能量自行操作并保持被控变量恒定的阀
调节机构	Correcting element	由执行机构驱动直接改变操纵变量的机构
执行机构	Actuator	将信号转换成相应运动的机构,分气动、电动、液动、电液执行机构等
直行程阀	Linear motion valve	具有直线移动式节流件的阀
角行程阀	Rotary motion valve	具有旋转式节流件的阀
柱塞阀	Globe valve	具有球形阀体,其截流件垂直于阀座平面移动的阀
蝶阀	Butterfly valve	由圆环形阀体和一个以转轴支承旋转动作的圆板形截流件构成的阀
偏心旋转阀	Rotary eccentric plug valve	阀芯绕偏心轴旋转动作的阀,也称为凸轮挠曲阀
球阀	Ball valve	用与转轴同心的内部有通道的球体或部分球体作为截流件的阀
隔膜阀	Diaphragm valve	用使阀内流体与执行机构隔离的挠性成形膜片作为截流件的阀

续表

中文	英文	含义
旋塞阀	Plug valve	用旋转动作内部有通道的圆柱体、圆锥体或偏心的部分球体作为截流件的阀
闸阀	Gate valve	用直线移动的，穿过阀座面的平板或楔形阀板作为截流件的阀
角形阀	Angle valve	进出口接管的轴线相互垂直的阀
分体阀	Split-body valve	阀体由两半合成以利于衬里和拆装的阀
低噪声阀	Low noise valve	对降低流体流动噪声具有特殊效果的阀
防空化阀	Anti-cavitation valve	可防止流过的液体产生空化现象的阀
手轮机构	Hand wheel	用于手动操作控制阀附件的装置，分侧装和顶装两种
定位器	Positioner	根据标准化信号确定执行机构输出杆位置的装置。定位器将输入信号与执行机构机械反馈连杆相比较，然后提供必要的能量推动执行机构输出杆，直到输出杆位置反馈与信号值相当
开关	Switch	用于接通或断开或将某物理量从一种状态转变到另一种状态的装置
保位阀	Air lock	气源压力降到低于规定值时，能把气信号闭锁而保持原有阀位的一种控制阀附件
增强器	Booster	信号增益为 1 的功率放大器，也称为继动器
继电器	Relay	输入量(激励量)变化达到规定要求时，电气输出电路中使被控量发生预定阶跃变化的一种电器
信号转换器	Signal converter	将一种标准传输信号转换为另一种标准传输信号的专用变送器。如 I/P、V/I 等
阀内件	Trim	阀内与流体接触并可拆卸的、起改变节流面积和截流件导向等作用的零件总称
阀体	Valve body	提供流体流路和管道连接端的，阀的主要承压零件
阀芯	Valve plug	塞式截流件。例如柱塞形阀芯、盘式阀芯、多级阀芯、圆锥型阀芯、平衡型阀芯等
阀板	Disc	蝶阀或闸阀的节流件
阀座	Valve seat	阀关闭时与节流件完全接触的密封面
阀轴	Valve shaft	角行程阀中连接节流件与执行机构并使节流件定位的零件
导向	Guiding	用于使阀芯与阀座同轴的一种结构。例如顶导向、顶底导向、阀口导向、套筒导向等
套筒	Cage	一种起阀芯导向、固定阀座和决定流量特性等作用的圆筒形阀内件
阀杆	Valve stem	直行程阀中连接截流件和执行机构并使截流件定位的零件
薄膜执行机构	Diaphragm actuator	利用气压在膜片上产生的力，通过输出杆驱动阀或其他调节机构的一种机构
活塞执行机构	Piston actuator	利用气压在活塞上所产生的力，通过输出杆驱动阀或其他调节机构的一种机构

(4) 数字技术和控制系统术语

主要数字技术和控制系统术语见表 1-5。表中内容部分来自 DCS、PLC 和 OPAS 的标准。

表 1-5　数字技术和控制系统术语

中文	英文	含义
数字式	Digital	用于信号或装置，以二进制为基础的数字来表示连续的值或离散的状态
二进制	Binary	用于仅有两个离散位置或状态的信号或装置。相对模拟信号，二进制信号表示不连续变化的量
位	Bit	二进制数字缩写；二进制数中的一个字符；脉冲组的一个脉冲；存储装置信息容量的一个单位
字节	Byte	作为一个单位处理的一组相邻位。一个字节通常由 8 位组成
字符	Character	为表示信息而确定的称为字符集的一组有限个不同元素的元素。通常用字母、数字或符号表示
字	Word	占有一个存储单元，并由计算机电路作为一个单位处理和传输的一组字符
字长	Word length	一个机器字中字符或位的数量，字长有固定的或可变的，随不同计算机而定
地址	Address	设别寄存器、特定存储器特定部件或某些其他数据源或数据目的地的一个或一组字符
存取	Access	确定数据或指令字在存储器中的位置，并将其传送到运算单元或相反的过程
语句	Statement	计算机程序设计中，可描述或规定操作的一种有意义的表达式，或自动编码中的一条广义指令
指令	instruction	规定一种操作及其操作数的值或地址的语句
共用控制器	Shared controller	装有算法程序的控制器。这些算法通常是可接近的、可组态的和可指派的，它允许由单个装置来控制若干过程变量
共用显示器	Shared display	操作员接口装置(通常指显示屏幕)。用于显示在操作员命令下来自若干信息源的过程控制信息
分散型控制系统	Distributed control system	DCS。一种控制功能分散、操作显示集中，采用分级结构的智能站网络。其目的在于控制或控制管理一个工业生产过程或工厂。也称为集散控制系统
现场总线控制系统	Fieldbus control system	FCS。基于现场总线的自动控制系统，是 DCS 的更新换代产品
过程控制级	Process control level	DCS 的最基础的一级。它由各种形式过程控制站，如数据采集站、直接数字控制站、顺序控制站和批量控制站等组成。各控制站直接与检测仪表和执行器相连，完成工艺过程数据采集和处理，及对工艺过程进行控制和监视
监控级	Supervision level	分散型控制系统或安全系统 PLC 分级体系结构中过程控制级的上一级。由监控计算机、显示操作装置及有关外围设备组成。主要完成监督控制和优化控制，及集中监视操作处理等功能
管理级	Management level	分散型控制系统中最上的一级。由管理计算机等组成。该机以综合信息管理与处理功能为主，包括生产调度、系统协调、质量控制、制作管理报表文件、收集运行数据和进行综合分析、提供决策支持等。
可编程控制器	Programmable logic controller	PLC。采用可以编制程序的存储器，用来在执行存储逻辑运算和顺序控制、定时、计数和算术运算等操作的指令，并通过数字或模拟的输入(I)和输出(O)接口，控制各种类型的机械设备或生产过程的一种数字运算操作的电子系统

续表

中文	英文	含义
工业控制计算机	Process control computer	具有采集来自过程的模拟和/或数字量数据的能力，并能向工业过程提供模拟式或数字式控制信号，以实现工业过程控制和/或监视过程单元运行的数字计算机
输入输出端口	Input/output port	中央处理机与外围设备之间的数据通路，可以是实际通路，也可以是程序编制的通路
接口	Interface	共同的边界。它可以是连接两个设备的硬件，或两个或多个计算机程序共同访问的存储器或寄存器等
人机通信	Man-machine communication	人通过输入装置给计算机输入各种数据和命令，以进行操纵和控制，而计算机将计算、处理和控制情况及时显示，供人观察了解的过程
过程输入输出通道	Process input/output channel	过程通道。直接与过程相连的输入和输出功能部件的总称
优先级，优先权	Priority	当一个目标上几个平行动作同时请求时，为确定这些动作的次序，给予其中一个优先处理的权利
总线	Bus	连接若干个节点的通信媒介，通过电子导体或光纤串行或并行传输数据
现场总线	Field bus	安装在生产过程区域，在现场智能设备/仪表与自动化控制系统之间的一种串行、数字式、双向、多节点通信的数据总线
安全仪表系统	Safety instrumented system	实现一个或几个安全仪表功能的仪表系统。由传感器、逻辑运算器、最终元件及相关软件组成
安全仪表功能	Safety instrumented function	SIF。根据安全完整性等级(SIL)，用一个或多个传感器、逻辑运算器、最终元件等实现仪表安全保护功能和仪表安全控制功能，防止或减少危险事件发生或保持过程安全状态
服务器	Server	向局域网上其他数据站提供服务的一种数据站。数据站是数据终端设备、数据电路终接设备及公用接口组成的成套功能单元
客户端	Client	与服务器相对应，为客户提供本地服务的程序，指连入网络的计算机，它接受网络服务器的控制和管理，能够共享网络上的各种资源
硬件配置	Configuration of hardware	计算机系统设计中的一个步骤。选择组成部分，指定其位置及确定它们之间的连接
软件组态	Software configuration	在 DCS、安全型 PLC 硬件和系统软件基础上，将系统提供的功能块用软件组态形式连接起来，达到对过程进行控制的目的
容错	Tolerance	系统在各种异常条件下提供继续操作的能力
基本过程控制系统	Basic process control system	BPCS。对来自过程的与该系统相关设备的及操作员的输入信号进行响应，并产生输出信号使过程及与该系统相关设备按要求方式运行的系统。该系统不应执行 SIL 1 以上要求的 SIF
人机接口，人机界面	Human machine interface	HMI。操作员与计算机之间建立联系、交换信息的输入/输出设备的接口，这些设备包括操作员站、灯屏、键盘、显示器、音响、报警器、打印机、鼠标器等，完成信息形式转换和信息传输的控制
联锁系统	Interlock system	过程参数越限、设备等状态异常及操作员输入信号时，执行预先设定要求的系统，由传感器和/或发讯器、逻辑控制器、最终元件组成，分安全联锁和非安全联锁两种
信号报警系统	Signal alarm system	以声、光等形式表示过程参数越限、设备等状态异常的系统
数据库	Data base	数据的集合，它是另一个数据集合的一部分或全部，并至少由一个文件组成，对给定目的或数据处理系统而言，它是足够的

续表

中文	英文	含义
操作系统	Operating system	计算机系统内负责控制和管理处理机、主存、辅存、远程I/O设备的文件等资源的程序模块
边缘计算	Edge Computing	在靠近物或数据源头的一侧，采用网络、计算、存储、应用核心能力为一体的开放平台，便于提供最近端的服务
生命周期	Life cycle	从工艺概念设计开始到该生产过程或系统、部件的功能停止使用的全部时间
连接性框架	Open Connectivity Framework	OCF。一个免版税的安全、可互操作的硬件和软件通信框架规范
分布式控制框架	Distributed Control Framework	DCF。它是为通过一组接口执行应用提供的环境，在该环境中，应用能够在DCN之间移动
先进计算平台	Advanced Computing Platform	ACP。一个实现DCN功能，并具有可伸缩计算资源(存储，盘，CPU核)来处理应用和服务的计算平台
分布式控制节点	Distributed Control Node	DCN。一类连接到OCF的设备。例如，带或不带物理I/O的DCN、先进计算平台、网关或DCS，PLC，分析仪等包括一个或多个嵌入式DCF的设备
分布式控制平台	Distributed Control Platform	DCP。一个DCN的硬件和系统软件的平台。它为DCF和应用提供环境，也提供物理基础设施和互换性能力
工业互联网平台	Industrial Internet Platform	面向工业过程的数字化、网络化、智能化需求，构建基于海量数据采集、汇聚、分析的服务体系，能够支撑制造资源泛在连接、弹性供给、高效配置的工业云平台

(5) 自控设计术语

主要自控设计术语见表1-6。详细内容见上述标准。

表1-6 自控设计术语

中文	英文	含义
工作条件	Operating condition	除了由装置处理的变量外，装置所经受的所有其他条件，例如环境压力、温度、电磁场、重力、电源变化、冲击、振动和辐射等(静态和动态变化都应考虑)。工作条件分参比、正常和极限等
储存和运输条件	Storage and transportation condition	装置在制造后至投入使用的时间段内可能经受的规定条件
就地	Local	指在测量点或操纵点附近的现场
腐蚀	Corrosion	由生物、有机物和固态、液态或气态无机物本身或作为催化剂通过化学反应能引起或诱发物质逐渐毁坏的现象
侵蚀	Erosion	由生物、有机物和固态、液态或气态无机物的物理特性及其所处状态使各种物质结构机械损坏或改变的现象
污染	Contamination	因不希望有的人为或自然影响，如汽车废气、火山灰等，使环境洁净程度降低或受到破坏
爆炸性环境	Explosive atmosphere	含有爆炸性混合物的环境
防爆类别	Group of an instrument for explosive atmosphere	根据仪表使用的爆炸性环境而划分的类别。该类别可再划分为级别
最高表面温度	Maximum surface temperature	仪表在允许范围内的最不利条件下运行时，暴露于爆炸性混合物的任何表面的任何部分，不可能引起仪表周围爆炸性混合物爆炸的最高温度

续表

中文	英文	含义
温度组别	Temperature class	按仪表最高表面温度划分的组别
引燃温度	Ignition temperature	按照标准试验方法试验时，引燃爆炸性混合物的最低温度
爆炸性混合物	Explosive mixture	大气条件下，气体、蒸汽、薄雾、粉尘或纤维状易燃物质与空气混合，点燃后燃烧将在整个范围内传播的混合物
最小点燃电流	Minimum igniting current	MIC。规定试验条件下，能点燃最易点燃混合物的最小电流
最大试验安全间隙	Maximum experimental safe gap	MESG。标准试验条件下（0.1MPa，20℃）火焰不能通过的最小狭缝宽度（狭缝长 25mm）
爆炸危险场所	Hazardous area	爆炸性混合物出现的或预期可能出现的数量达到须对仪表结构、安装和使用采取预防措施的场所
非爆炸危险场所	Non-hazardous area	爆炸性混合物预期可能出现的数量无须对仪表结构、安装和使用采取预防措施的场所
区	zone	爆炸危险场所的全部或部分。按爆炸性混合物出现频率和持续时间分不同危险程度的若干区
保护箱	Protecting box	构成遮蔽区、内装就地仪表或变送器的箱子
保温箱	Heating box	带绝热层的保护箱，箱内可装加热元件
绝热	Insulation	为减少设备和管线内介质热量或冷量损失，防止人体烫伤、稳定操作等，在其外壁或内壁设置绝热层，以减少热传导的措施，是保温和保冷的统称
保温	Heat insulation	为减少设备和管线及附件向周围环境散发热量，对其外表面采取的包覆措施
保冷	Cold insulation	为减少周围环境中热量传入低温设备和管线内部，防止低温设备和管线外壁凝露，对其外表面所采取的包覆措施
伴热	Tracing	采用电、蒸汽或其他热载体使仪表和管线保持一定温度的措施，以保证测量和控制正常进行
汇线桥架	Cable tray	敷设和保护电缆的槽型制成品，包括槽体，盖板和各种组件
补偿导线	Thermocouple extension wire	连接热电偶用的一对导线，使冷端从热电偶接线盒移到补偿导线另一端，该端温度恒定，变化不大或装有冷端补偿器
取源部件	Tap	测量过程变量用的一种附件，直接与设备或管道连接
测量管线	Impulse line	也称为脉冲管线。用于压力、流量、液位的检测导压管，用于分析仪表的采样管及隔离、吹洗管道，同时包括导压管路系统使用的阀门、管件和辅助容器等
流量系数 K_v	Flow coefficient K_v	国际单位制的流量系数。数值上等于 5～40℃ 水在 10^5Pa 压降下 1h 内流过阀的立方米数
空化	Cavitation	液体通过阀节流后，缩流断面处静压降低到等于或低于该液体在阀入口温度下的饱和蒸汽压时，部分液体气化形成气泡，继而静压又恢复到该饱和蒸汽压，气泡溃裂回复为液相的现象
闪蒸	Flashing	液体通过阀节流后，缩流断面至阀出口的静压降低到等于或低于该液体在阀入口温度下的饱和蒸汽压时，部分液体气化使阀后形成气液两相的现象
气蚀	Cavitation erosion	空化作用对材料的侵蚀
声压级	Sound pressure level	噪声声压与基准声压之比的对数量，以分贝 dB(A) 为单位表示噪声的大小

续表

中文	英文	含义
公称压力	Nominal pressure rating	阀耐压等级的数字标志。是仅供参考的圆整数，常用 ISO 的 Pa 为单位，冠以 PN 表示
公称通经	Nominal size	阀尺寸的数字标志。是近似接管内径的圆整数，常用 mm 为单位，冠以 DN 表示具体规格
气开	Air to open	随操作压力增大，阀截流件趋于开启的动作方式，也称为故障时关闭(FC)
气关	Air to close	随操作压力增大，阀截流件趋于关闭的动作方式，也称为故障时打开(FO)
耗气量	Air consumption	稳态时，仪表在其工作范围内所消耗气体的最大流量，以(标准状态)m^3/h 表示
不间断电源	Uninterrupted power system	由电力变流器、储能装置(如蓄电池)和开关等组合而成。供电中断后能持续一定供电时间的电源设备，分交流不间断电源和直流不间断电源
电源瞬断时间	Momentary power failure	电源切换过程中所产生的瞬时供电中断时间
仪表耗电量	Electrical power consumption	稳态时，仪表在其工作范围内所需用的最大电功率
工作接地	Working grounding	仪表及控制系统正常工作所要求的接地
保护接地	Safety grounding	为保护仪表和人身安全的接地
屏蔽接地	Shielding grounding	为避免电磁场对仪表和信号的干扰而采取的接地
本安接地	Intrinsically safe grounding	本质安全仪表正常工作时所需要的接地
防雷接地	Lightning protection grounding	防止雷电对仪表及控制系统的干扰及损坏采取的接地
等电位连接	Equipotential bonding	各个导电体被连接，并和大地电位相等的连接
接地电阻	Grounding resistance	接地极对地电阻与接地连接电阻之和。连接电阻是仪表和设备接地端子到接地极之间导线与连接点的电阻总和
控制室	Control room	位于工厂装置内具有生产操作、过程控制、先进控制与优化、安全保护、仪表维护等功能的建筑物
中心控制室	Central control room	位于工厂装置内具有全厂性生产操作、过程控制、先进控制与优化、安全保护、仪表维护、仿真培训、生产管理及信息管理等功能的综合性建筑物，也称为中央控制室
现场控制室	Local control room	位于工厂装置内公用工程、储运系统、辅助单元、成套设备的现场，具有生产操作、过程控制、安全保护等功能的建筑物
现场机柜室	Field auxiliary room	位于工厂现场，用于安装控制系统机柜及其他设备的建筑物
工厂验收	Factory acceptance test	FAT。控制系统出厂前，在制造厂进行的检查试验与验收，包括外观、硬件和软件检验
现场验收	Site acceptance test	SAT。控制系统在现场安装调试后所进行的最终检查试验与验收
工艺流程图	Process flow diagram	PFD。图示方法把建立工艺装置所需主要设备、管道按工艺要求组合，并在图中表示物流点编号
管道仪表流程图	Piping and instrument diagram	P&ID。借助统一规定的图形符号和文字代号，用图示方法把建立工艺装置所需全部设备、仪表、管道、阀门及主要管件，按各自功能及工艺要求组合，起到描述工艺装置结构和功能的作用
电磁屏蔽	Electromagnetic shielding	采用能够减少电磁场通过的材料对所保护目标的屏障
雷电电涌	Lightning surge	由雷电电磁感应产生的沿导电线路传导的脉冲形态的电流、电压，也称为雷电浪涌

续表

中文	英文	含义
共用接地系统	Common earthing system	将包括防雷系统及低压配电系统接地的各类接地设施、接地连接、接地设备、等电位联结系统及接地装置连接成一个接地系统，合用接地装置
电涌保护器	Surge protective device	SPD。用于限制瞬态过电压和分流电涌电流，保护电气或电子设备的器件，也称为浪涌保护器

1.4　自控专业与其他专业的设计条件及分工

工程设计是多学科的协同工作的过程。因此，各专业设计人员之间需要分工和协调。根据 HG/T 20636.2《自控专业与其他专业的设计条件及分工》规定，自控专业与其他专业的设计人员各自通过提供设计条件进行协调和分工。

1.4.1　自控专业与工艺、系统专业的设计条件及分工

工艺专业是整个工程设计的指挥，工艺专业应根据工艺过程的设计要求向自控专业设计人员提供下列设计条件：

- 工艺流程图（PFD，Program Flow Diagram）、工艺流程说明书和物性参数表。
- 物料平衡表。
- 工艺设备数据表（包括容器、塔器、换热器、工业炉和特殊设备）和设备简图。
- 特殊检测仪表设计要求和条件表。
- 复杂控制系统、操作联锁和顺序控制系统的设计说明及其要求。
- 安全仪表系统（SIS）的设计说明及其要求。
- 联合装置的顺序停车（即非紧急停车）设计说明。
- 安全备忘录（包括可燃气体检测、有毒气体检测等危险释放源的检测报警）。
- 建议的设备平面布置图。

自控专业设计人员提出设计条件包括确认控制回路的构成。

系统专业设计人员向自控专业设计人员提供下列设计条件：

- 管道仪表流程图（P&ID，Piping and Instrument Diagram）和管道命名表。
- 换热器、容器、塔器、工业炉及特殊设备接管汇总表。
- 在线检测仪表（温度仪表、压力仪表、流量计、液位计、料位计、分析仪表、称重仪等）、自动控制阀门、手动遥控（就地或远程）阀门工艺参数数据表。
- 安装在中心控制室辅助操作台上的报警灯、按钮及开关等仪表的设计条件表。
- 成套机组设备的控制系统设计要求（远程集中货就地集中控制等）。
- 电气设备联锁及辅助信号条件。
- 界区条件表。
- 系统专业对装置内公用工程测量控制系统特殊要求的说明。
- 需要时，系统专业提出对噪声控制的设计规定。
- 对集散控制系统操作站数量设置的特殊要求。

自控专业设计人员向系统专业设计人员提出的设计条件如下：

- 管道仪表流程图中仪表图例符号及说明。
- 配合系统专业设计人员完成各版管道仪表流程图。

- 成套机组设备或装置的随机仪表及控制系统的设计要求。
- 仪表在各类设备上的接口条件。
- 仪表空气消耗量条件。
- 在线安装的流量计和控制阀的口径数据。

1.4.2 自控专业与管道专业的设计条件及分工

自控专业与管道专业应共同确定现场仪表的取源及连接部件的设计分工，主要内容如下。

① 按管道应为封闭系统确定现场仪表的取源及连接部件。通常，仪表取源部件根部阀及安装法兰、垫片、紧固件为封闭系统内的备件，由管道专业设计及安装。封闭系统外的仪表安装材料例如导压管、排放阀等由自控专业负责。例外情况可由双方设计人员协商确定。表 1-7 为仪表取源及连接部件的分工表。扫二维码了解专业设计分工，下同。

表 1-7 仪表取源及连接部件的分工表

类别			分工情况*				备注
			1	2	3	4	
温度仪表	温度计套管					●	
	温度检测元件(热电偶、热电阻)					●	
	就地温度计(双金属,压力式)					●	
	基地式温度控制器					●	
	表面温度计	仪表基座			●		
		仪表				●	
压力仪表	压力变送器		●	●			
	就地压力控制器		●				
	压力开关		●				
	压力表(含真空表)		●	●			
流量仪表	节流装置-差压式流量计(各种取压模式,喷嘴、差压变送器等)		●				
	面积式流量计			●			
	容积式流量计			●			
	电磁式流量计			●			
	涡街流量计			●			
	靶式流量计			●			
	内藏式孔板流量计			●			
	质量流量计			●			
	超声流量计			●			
	流量开关			●			
	皮托管流量元件			●			
	限流孔板			●			

续表

类别			分工情况*				备注
			1	2	3	4	
物位仪表	差压式液位计	一般式,法兰平面式	●				
		法兰插入式,隔膜密封式		●			
	浮筒式液位计			●			
	钢带液位计(带传送机构)			●			
	吹洗式液位计		●				
	浮球式液位开关			●			
	电极式液位开关			●			
	电容式料位计			●			
	音叉式料位计			●			
	超声波液位计			●			
	辐射型液位计				●		
	浆式液位计		●				
	声定位型液位计				●		
分析仪表	自动气体分析仪			●	●		
	pH 计			●	●		
	浊度计			●	●		
	密度计			●	●		
	黏度计			●	●		
	电导仪			●	●		
	荧光 X 射线分析仪			●	●		
阀门	控制阀			●			
	自力式调节阀			●			
其他	火焰探测器				●		
	气体探测器					●	
	称重仪(料斗秤、皮带秤、称重传感器等)				●		
	测振仪				●		
	转速表				●		

*：设计分工情况分四种。1：仪表导压管安装场所，仪表和封闭系统以外的安装材料统一由自控专业负责；2：在线式安装仪表、仪表本体由自控专业负责，安装材料由管道专业负责；3：仪表本体由自控专业负责，安装材料具体分工根据实际情况协商确定；4：仪表本体及安装材料全部由自控专业负责。

●：分别对应表示设计分工的四种情况。

② 现场仪表在管道平面图上的位置由管道专业根据自控专业提供的仪表安装条件确定。管道专业应在管道平面图、空视图或三维模型图上标注上述仪表的安装位置。自控专业应结合总图及设备平面布置，向管道专业提出在线分析仪小屋、就地仪表盘（柜）的数量、外形尺寸及建议的安装地点条件表。

③ 仪表电缆汇线槽在管廊上的安装位置由自控专业向管道专业提出设计条件（包括汇线槽规格、截面尺寸、质量、走向和标高等）；管道专业应将仪表电缆汇线槽、就地仪表盘、柜和仪表箱安装位置标注在管道平面图。当采用三维模型设计时，自控专业应配合管道专业完成上述工作，也可由自控专业自己完成上述工作。

④ 仪表空气总管或支干管及取源阀应由管道专业负责设计。取源阀到用气仪表之间的支管和安装材料由自控专业负责设计。取源阀位置及技术规格由自控专业提出条件。采用空气分配器时，自控专业应提出设计条件，并负责空气分配器气源截止阀出口到用气仪表之间的供气管线及安装材料的设计。管道专业则负责仪表空气总管到空气分配器之间的支干管、空气分配器进出口配套气源截止阀的设计。

⑤ 管道上安装的检测元件、变送器、流量计、控制阀及仪表夹套管等的绝热、伴热和保温设备由自控专业提出设计条件，管道专业统一负责设计。仪表测量管路的绝热、伴热及保温箱内伴热设备由自控专业设计。

⑥ 采用蒸汽（或热水）分配站和回水收集站时，自控专业向管道专业提出设计条件，负责从分配器截止阀出口到伴热仪表之间的蒸汽（或热水）支管和安装材料的设计；负责从回水收集站截止阀入口到伴热仪表之间的回水支管和安装材料的设计；如果需要时，负责蒸汽伴热回水支管上的疏水器设计。伴热管线设计分工请扫二维码。

⑦ 管道专业负责从热源总管到蒸汽（或热水）分配站之间的支管设计；负责从收集站到回水总管之间的支管设计；负责蒸汽（或热水）分配站和回水收集站的设计和选型，并确定其安装位置；负责蒸汽（或热水）分配站和回水收集站进出口配套的截止阀设计和选型。

⑧ 从蒸汽（或热水）总管引出的干管及支管，用于离线安装仪表或仪表保温箱的蒸汽（或热水）伴热设计分工原则如下。自控专业向管道专业提出合理设置蒸汽（或热水）管线上仪表取源点的位置和数量，及回水管线上回水返回点的位置和数量，使仪表伴热及回水管线全部或局部自成系统；自控专业负责从取源点截止阀到伴热仪表之间的蒸汽（或热水）支管和安装材料的设计；负责从伴热仪表到回水管线截止阀之间的回水支管和安装材料的设计；负责蒸汽伴热回水支管上疏水器设计。管道专业则负责蒸汽（或热水）管线上预留仪表取源点，包括截止阀；负责回水管线上预留回水返回点，包括截止阀。

⑨ 仪表及测量管线的绝热、保温材料（包括保温棉毡、镀锌铁皮等）由自控专业按照单元或装置分类提出总用量条件，由管道专业负责统一设计和采购。

⑩ 仪表及测量管线的电伴热根据自控专业与电气专业设计分工规定。

⑪ 规定管道材料专业向自控专业提供管道材料等级表设计规定。

1.4.3 自控专业与电气专业的设计条件及分工

(1) 仪表电源

① 仪表用的380V AC/220V AC/50Hz或110V AC/50Hz交流电源由自控专业提出设计条件，电气专业负责设计。

② 自控专业提出仪表用不间断电源（UPS）设计条件，电气专业负责设计。电气专业应负责将电源电缆送指定的仪表电源柜或仪表供电箱的接线端子侧，包括中心控制室、现场机柜室、在线分析仪小屋、就地控制室或双方协商确定的地点。

③ 仪表用48V DC及以下直流电源，由自控专业负责设计。48V DC以上直流电源，由自控专业提出设计条件，电气专业负责设计。

(2) 联锁系统

① 联锁系统发信端是工艺参数（例如流量、压力、温度、液位、组分等），执行端是仪

表设备（例如控制阀等）时，联锁控制系统由自控专业设计。

② 联锁系统发信端是电气参数（例如电压、电流、功率、功率因数、电机运行状态、电源状态等），执行端是电气设备（例如电机等）时，联锁控制系统由电气专业设计。

③ 联锁系统发信端是电气参数（例如接点、模拟量信号等），执行端是仪表设备时，联锁控制系统由自控专业设计。当电气专业提供无源接点时，其容量和通断状态应满足自控专业要求。

④ 联锁系统发信端是工艺参数、执行端是电气设备时，联锁控制系统由自控专业设计。自控专业向电气专业提供无源接点，其接点容量和通断状态应满足电气专业要求。如果对发出的控制接点在电气侧有自保持要求，应向电气专业提出设计条件。

⑤ 自控专业与电气专业之间用于联锁系统的电缆，应采用“发送制”设计分工原则，即由提供控制接点的一方负责电缆设计、采购和敷设，将电缆送到接收方的指定地点，并提供电缆编号，接收方提供端子编号。

(3) 仪表接地系统

① 仪表接地系统包括保护接地和工作接地。仪表工作接地包括本安接地、屏蔽接地及控制系统的系统接地。

② 现场仪表（包括用电仪表、接线箱、电缆桥架、电缆保护管、铠装电缆等）的保护接地，其接地体和接地网干线由电气专业设计。现场仪表到就近电气接地网之间接地线由自控专业设计。

③ 中心控制室、现场机柜室、在线分析仪小屋、就地控制室分别设置仪表总接地板、仪表保护总接地板和仪表工作总接地板。仪表总接地板由电气专业负责设计；仪表保护总接地板和仪表工作总接地板由自控专业负责设计。自控专业提出仪表接地系统的设计条件（包括接地电阻数值、在控制室内的交接点位置）。电气专业负责从仪表总接地板引到装置（或全厂）总接地网的接地干线（电缆）的设计；控制室内其他分支接地电缆由自控专业负责设计。

④ 按照不带电金属导体（仪表设备）均应进行可靠接地的设计原则，仪表设备及 DCS 人机界面操作区域应采用仪表防静电接地措施。自控专业向电气专业提出仪表防静电接地设计条件，电气专业统一负责设计。现场仪表的分支接地线材料由自控专业负责设计。

(4) 共用操作盘（台/柜）

① 电气设备（220V AC 及 48V DC 以下）和仪表设备混合安装在共用操作盘（台/柜）时，应根据双方设备数量及操作重要性协商确定主设计方和辅助设计方。辅助设计方应向主设计方提出安装在共用操作盘（台/柜）的设备、型号、外形尺寸、开孔尺寸、原理图和接线草图等条件，主设计方负责共用操作盘（台/柜）的布置和背面接线设计和材料统计。如果有成套、采购和安装的要求，应以主设计方为主。

② 共用操作盘（台/柜）内的电气设备在 380V AC 及 48V DC 等级以上，对应的电气设备背面接线设计和材料统计由电气专业负责。

③ 电气和仪表盘（台/柜）同室安装时，双方应协调外形尺寸、色标号和排列方式，保持风格一致。

(5) 信号转换与照明、伴热电源

① 需要送控制室进行在线监视的电气参数（电压、电流、功率等），电气专业应在电气侧将其转换为 4～20mA DC 标准信号或通信信号，送控制室双方协商确定的地点，自控专业在控制室仪表侧设计对应的信号隔离器。

② 现场仪表、就地盘等需要局部照明时，自控专业应向电气专业提出设计条件，电气

专业负责设计。

③ 需要电伴热的现场仪表、仪表保温箱和测量管路，自控专业向电气专业提出设计条件，电气专业负责配电系统的设计。

(6) 其他

① 自控专业应向电气专业提出控制室（含中心控制室、现场控制室、现场机柜室）内仪表机柜平面布置图。

② 自控专业应向电气专业提出照明采光、应急事故电源、电源插座规格及电源插座分布等要求。

1.4.4 自控专业与电信、机泵及安全（消防）专业的设计条件及分工

(1) 自控专业与电信专业的设计条件和分工

① 控制室（或现场机柜间）内安装通信设备（火警设备、工业电视闭路监视系统、扩音对讲系统、电话系统）时，电信专业应向自控专业提出设计条件，经自控专业确认后，由自控专业统一负责控制室的布置，并负责向土建专业提出设计条件。通信设备、火警设备的设计、采购和安装应由电信专业负责。

② 通信设备用 UPS 电源由电信专业直接向电气专业提出设计条件。

③ 用于监视生产操作和安全的工业电视系统及用于生产调度和厂区安防任务的闭路电视监视系统由电信专业负责设计。

④ 自控专业的有关通信要求应向电信专业提出设计条件，由电信专业负责设计。

⑤ 当仪表信号（例如可燃或有毒气体探测器）需要引入火灾报警系统时，自控专业应将信号转换为无源接点信号后再送入火灾报警系统，自控专业提出设计条件。

⑥ 大屏幕电视监视系统由电信专业负责设计。

(2) 自控专业与机泵专业的设计条件和分工

① 机泵设备询价阶段，机泵专业向自控专业提出机泵内部的检测/控制要求，包括轴振动、轴位移、轴温、转速、抗喘振、吸入罐液位及各油路系统和动力系统，自控专业应向机泵专业提出机泵的控制系统要求和仪表选型原则。

② 采购阶段，自控专业应参加合同结束附件谈判工作，确定工作范围、供货范围及各交接点界面的划分，并负责审查制造厂技术文件中有关仪表和自动控制部分。

③ 成套动设备制造厂供货范围以内的检测/控制仪表或控制系统（包括就地盘）应由制造厂负责设计、供货、安装和调试。其电缆与外部的连接应以成套接线箱或就地盘为界面。制造厂供货范围外的检测/控制仪表或控制系统由自控专业负责设计。

(3) 自控专业与安全（消防）专业的设计条件和分工

① 消防系统用检测仪表、控制阀和联锁系统应由自控专业负责设计。安全专业向自控专业提出设计条件。

② 消防系统的控制盘如果作为成套设备购买，应由安全（消防）专业负责。需要时，自控专业协助进行询价、技术评标和对制造厂技术文件审查等工作。

③ 消防系统的设备安装在控制室（包括现场机柜室 FAR）时，安全（消防）专业应向自控专业提出设计条件。消防系统的电缆（大于 220V AC）需要在自控专业电缆汇线槽内敷设时，应向自控专业提出设计条件，由自控专业在相应仪表电缆汇线槽内预留敷设空间。

④ 自控专业应向安全（消防）专业提出控制室（含现场机柜室 FAR）内设备的消防要求，由安全（消防）专业负责设计。

⑤ 可燃或有毒气体检测报警系统的设置，安全专业应会同相关专业提出潜在泄漏点位

置及设置要求的条件，自控专业负责仪表选型及气体检测报警系统的设计工作。

⑥ 如果洗眼器需要将报警信号引入 DCS 进行报警，安全专业应提供洗眼器的平面布置图。报警信号类型应为无源干接点。

⑦ 根据工程项目执行实际情况，安全专业提出生产装置的 HAZOP 分析报告及控制回路的 SIL 等级评估结果，由自控专业负责有关安全仪表系统 SIS 的设计工作。

⑧ 中心控制室及现场机柜室（包括现场控制室）建筑物的抗爆设计技术参数由安全专业负责提出，自控专业结合建筑（结构）专业的建筑物抗爆措施及方案进行有关设计工作。

1.4.5　自控专业与建筑、结构、给排水、暖通专业的设计条件及分工

(1) 自控专业与建筑专业的设计条件及分工

自控专业向建筑专业至少提出下列设计条件：

① 需要安装仪表和自控系统设备的建筑物设计条件，包括中心控制室、现场机柜室、就地控制室等。建筑物设计条件包括：建筑面积、层数及耐火等级要求；是否有屏蔽要求；墙面及地面要求及门窗吊顶要求；地板荷载条件；各仪表功能间的相对平面位置及面积要求等。

② 仪表电缆（或光缆）地沟的敷设路由及制作条件。

③ 建筑物墙体预埋件、开槽埋管及开孔条件。

建筑专业应向自控专业提供建筑物平面图、立面图及剖面图。

(2) 自控专业与结构专业的设计条件及分工

自控专业向结构专业至少提出下列设计条件：

① 楼板（或盖板）荷载、开孔及埋管条件，楼板（或盖板）及柱体预埋件条件。

② 仪表电缆（或光缆）地沟及过路埋管的预制件条件。

③ 在线分析仪小屋、就地仪表盘、桥架支撑等地面基础预制条件。

结构专业向自控专业提供建筑物的模板图。

(3) 自控专业与给排水专业的设计条件及分工

自控专业向给排水专业至少提出下列设计条件：仪表电缆（或光缆）地沟及直埋电缆的敷设条件；仪表井的设计条件；仪表电缆（或光缆）地沟的排水设计条件。

给排水专业向自控专业提供仪表井平面位置分布图，并应反馈室外地下管道平面敷设图(包括敷设深度)。

(4) 自控专业与暖通专业的设计条件及分工

自控专业向暖通专业提出下列设计条件：提出中心控制室、现场机柜室、就地控制室内的与仪表自控设备相关的功能间的温度、湿度设计要求、空气净度要求和仪表自控设备的散热量。

暖通专业向自控专业提出下列设计条件：

① 如果需要应提供带仪表点的系统流程图。

② 成套设备供货范围外的仪表及控制系统设计条件，包括仪表工艺数据表和联锁控制系统控制要求。

③ 与防火阀、可燃/有毒气体检测系统、火灾报警系统及通风电气设备等相互关联的联锁设计条件。

④ 建筑物内风管尺寸及平面敷设图。

⑤ 需要自控专业配接电缆的仪表检测点、阀门及控制盘（箱）的平面布置图。

需要时，自控专业可参与暖通成套设备的技术附件谈判工作。

1.4.6 自控专业与总图专业的设计条件及分工

自控专业向总图专业至少提出下列设计条件：

① 中心控制室、现场机柜室、就地控制室、仪表值班室等占地面积设计条件。

② 协助总图专业确定联合装置中心控制室的相对位置。

③ 仪表电缆（或光缆）沟的平面敷设路由及具体型式。

④ 室外直埋电缆（或光缆）敷设路由条件。

⑤ 仪表电缆（或光缆）井的平面位置。

总图专业向自控专业提供全厂（装置）区域平面布置图。

1.4.7 自控专业与采购专业的分工

工程设计过程中，自控专业要及时与工程采购专业密切沟通。采购工作主要内容如下：

① 提交采购用的技术文件（通称 MR），包括仪表设计规定、仪表技术说明书、仪表数据表、仪表检验和试验规定等。

② 按现行行业标准，编制仪表请购单，作为编制询价书的依据。

③ 参加供货厂商报价技术评审，提出技术评审意见，并签订技术协议。

④ 参加采购部门召开的仪表供货厂商协调会和开工会，澄清技术问题，审查和确认供货厂商提供的技术文件。

⑤ 配合采购专业进行仪表的工厂检验工作。

1.4.8 设计条件表

根据 HG/T 20639.2—2017《自控专业工程设计用典型条件表》规定，自控专业接受的设计条件表和自控专业提交的设计条件表见表 1-8。

表 1-8 自控专业接受的设计条件表和自控专业提交的设计条件表

序号	表编号	文件名称	文件代码
自控专业接受的设计条件表			
1	表 A.1	流量监控条件表	INST.214-101
2	表 A.2	液位监控条件表	INST.214-102
3	表 A.3	压力监控条件表	INST.214-103
4	表 A.4	温度监控条件表	INST.214-104
5	表 A.5	分析监控条件表	INST.214-105
6	表 A.6	控制阀条件表	INST.214-106
7	表 A.7	联锁条件表	INST.214-107
自控专业提交的设计条件表			
1	表 B.1	压缩空气条件表	INST.214-201
2	表 B.2	保温蒸汽条件表	INST.214-202
3	表 B.3	用水及排水条件表	INST.214-203
4	表 B.4	节流装置安装条件表	INST.214-204
5	表 B.5	带直管段及连接法兰节流装置安装条件表	INST.214-205
6	表 B.6	转子流量计安装条件表	INST.214-206
自控专业提交的设计条件表			
7	表 B.7	插入式流量计安装条件表	INST.214-207
8	表 B.8	管道式流量计安装条件表	INST.214-208
9	表 B.9	气动薄膜控制阀安装条件表	INST.214-209
10	表 B.10	气动球阀安装条件表	INST.214-210
11	表 B.11	三通控制阀安装条件表	INST.214-211
12	表 B.12	自力式调节阀安装条件表	INST.214-212
13	表 B.13	气动偏心旋转控制阀安装条件表	INST.214-213
14	表 B.14	气动(电动)蝶阀安装条件表	INST.214-214
15	表 B.15	电导率变送器安装条件表	INST.214-215

续表

序号	表编号	文件名称	文件代码	序号	表编号	文件名称	文件代码
自控专业提交的设计条件表				24	表 B. 23	暖通设计条件表	INST. 214-223
16	表 B. 16-1	法兰接管管道条件表	INST. 214-21601	25	表 B. 24	电信用户条件表	INST. 214-224
17	表 B. 16-2	接管管道条件表	INST. 214-21602	26	表 B. 25	消防设计条件表	INST. 214-225
18	表 B. 17	电动控制阀安装条件表	INST. 214-217	27	表 B. 26-1	自控设备概算条件表	INST. 214-22601
19	表 B. 18	气动长行程执行机构安装条件表	INST. 214-218	28	表 B. 26-2	自控材料概算条件表	INST. 214-22602
20	表 B. 19	高压管道上仪表设计条件表	INST. 214-219	29	表 B. 27-1	金属分析小屋仪表电源(供电)设计条件表	INST. 214-22701
21	表 B. 20	仪表与设备连接设计条件表	INST. 214-220	30	表 B. 27-2	金属分析小屋土建设计条件表	INST. 214-22702
22	表 B. 21	仪表电源(供电)设计条件表	INST. 214-221	31	表 B. 27-3	金属分析小屋公用工程条件表	INST. 214-22703
				32	表 B. 28	______条件表	INST. 214-228
23	表 B. 22	土建设计条件表	INST. 214-222				

注：控制室平面布置图和桥架布置图不包括在本条件表中。

(1) 流量监控条件表

表 1-9 是流量监控条件表。

表 1-9　流量监控条件表

单位名称	工程名称 PROJECT		流量监控条件表 PROCESS DATA LIST OF FLOW	设计 PRE'D			编号 No.	版次 REV
	设计项目 SECTION			校核 CHK'D				
	设计阶段 STAGE			审核 APP'D			第　页共　页	

序号	控制点			被测介质																		监控要求			安装位置				备注
	仪表位号或回路号	名称或用途	数量	名称或成分	物料状态	设计温度/℃	操作温度/℃	设计压力(G)/MPa	操作压力(G)/MPa	密度 kg/m³		黏度		流量 气体/(Nm³/h) 蒸汽/(kg/h) 液体/(m³/h)			电导率/(μS/cm)	相对湿度/%	允许压降/kPa	L DCS SIS LP	I R C A S	报警值或联锁值	PID号	管道号	管道规格	管道压力等级	材质	
										标准状态	操作状态	动力黏度/(MPa·s)	运动黏度 10^{-6} m³/s	最大	正常	最小												

注：L—就地安装；DCS—集散控制系统；SIS—安全仪表系统；LP—就地盘；I—指示；R—记录；C—控制；A—报警；S—联锁。

(2) 压力监控条件表

表 1-10 是压力监控条件表。

表 1-10　压力监控条件表

<table>
<tr><td rowspan="3">单位名称</td><td>工程名称 PROJECT</td><td></td><td rowspan="3">压力监控条件表
PROCESS DATA
LIST OF PRESSURE</td><td>设计 PRE'D</td><td></td><td></td><td rowspan="2">编号
No.</td><td>版次 REV</td></tr>
<tr><td>设计项目 SECTION</td><td></td><td>校核 CHK'D</td><td></td><td></td><td></td></tr>
<tr><td>设计阶段 STAGE</td><td></td><td>审核 APP'D</td><td></td><td></td><td colspan="2">第　页共　页</td></tr>
</table>

<table>
<tr><td rowspan="3">序号</td><td colspan="3">控制点</td><td colspan="7">被测介质</td><td colspan="6">监控要求</td><td colspan="6">安装位置</td><td rowspan="3">备注</td></tr>
<tr><td rowspan="2">仪表位号或回路号</td><td rowspan="2">名称或用途</td><td rowspan="2">数量</td><td rowspan="2">名称或成分</td><td rowspan="2">物料状态</td><td rowspan="2">设计温度/℃</td><td rowspan="2">操作温度/℃</td><td rowspan="2">设计压力(G)/MPa</td><td rowspan="2">操作压力(G)/MPa</td><td rowspan="2">密度/(kg/m³)</td><td rowspan="2">L
DCS
SIS
LP</td><td rowspan="2">I
R
C
A
S</td><td colspan="4">报警值或联锁值</td><td rowspan="2">PID号</td><td rowspan="2">管线号或设别号</td><td rowspan="2">管道规格</td><td rowspan="2">管道压力等级</td><td rowspan="2">材质</td><td rowspan="2">绝热或伴热厚度/mm</td></tr>
<tr><td>高高
HH</td><td>高
H</td><td>低
L</td><td>低低
LL</td></tr>
<tr><td></td><td></td><td></td><td></td><td></td><td></td><td></td><td></td><td></td><td></td><td></td><td></td><td></td><td></td><td></td><td></td><td></td><td></td><td></td><td></td><td></td><td></td><td></td><td></td></tr>
<tr><td></td><td></td><td></td><td></td><td></td><td></td><td></td><td></td><td></td><td></td><td></td><td></td><td></td><td></td><td></td><td></td><td></td><td></td><td></td><td></td><td></td><td></td><td></td><td></td></tr>
<tr><td></td><td></td><td></td><td></td><td></td><td></td><td></td><td></td><td></td><td></td><td></td><td></td><td></td><td></td><td></td><td></td><td></td><td></td><td></td><td></td><td></td><td></td><td></td><td></td></tr>
<tr><td></td><td></td><td></td><td></td><td></td><td></td><td></td><td></td><td></td><td></td><td></td><td></td><td></td><td></td><td></td><td></td><td></td><td></td><td></td><td></td><td></td><td></td><td></td><td></td></tr>
<tr><td></td><td></td><td></td><td></td><td></td><td></td><td></td><td></td><td></td><td></td><td></td><td></td><td></td><td></td><td></td><td></td><td></td><td></td><td></td><td></td><td></td><td></td><td></td><td></td></tr>
</table>

注：应说明被测介质是否易结晶、凝固，是否脏污、黏稠。操作温度和压力可视最大、正常、最小三种情况填写。

(3) 控制阀条件表

表 1-11 是控制阀条件表。

表 1-11　控制阀条件表

<table>
<tr><td rowspan="3">单位名称</td><td>工程名称 PROJECT</td><td></td><td rowspan="3">控制阀条件表
PROCESS DATA LIST
OF CONTROL VALVE</td><td>设计 PRE'D</td><td></td><td></td><td rowspan="2">编号
No.</td><td>版次 REV</td></tr>
<tr><td>设计项目 SECTION</td><td></td><td>校核 CHK'D</td><td></td><td></td><td></td></tr>
<tr><td>设计阶段 STAGE</td><td></td><td>审核 APP'D</td><td></td><td></td><td colspan="2">第　页共　页</td></tr>
</table>

<table>
<tr><td rowspan="4">序号</td><td colspan="3">控制点</td><td colspan="16">调节介质</td><td colspan="3">监控要求</td><td colspan="5">安装位置</td><td rowspan="4">备注</td></tr>
<tr><td rowspan="3">仪表位号或回路号</td><td rowspan="3">名称或用途</td><td rowspan="3">数量</td><td rowspan="3">介质或成分</td><td rowspan="3">物料状态</td><td rowspan="3">密度/(kg/m³)</td><td rowspan="3">设计温度/℃</td><td rowspan="3">操作温度/℃</td><td rowspan="3">设计压力(G)/MPa</td><td rowspan="3">关闭时最大压差/MPa</td><td rowspan="3">阀前压力(G)/MPa</td><td rowspan="3">阀后压力(G)/MPa</td><td colspan="3">流量</td><td rowspan="3">压缩系数</td><td rowspan="3">动力黏度/(MPa·s)</td><td rowspan="3">临界压力p_c/kPa</td><td rowspan="3">饱和蒸汽压p_v/kPa</td><td rowspan="3">故障时阀状态
FO
FC
FLC
FLO</td><td rowspan="3">DCS
SIS</td><td rowspan="3">泄漏等级</td><td rowspan="3">PID号</td><td rowspan="3">管线号</td><td rowspan="3">管道规格</td><td rowspan="3">管道压力等级</td><td rowspan="3">材质</td></tr>
<tr><td colspan="3">气体/(Nm³/h)
蒸汽/(kg/h)
液体/(m³/h)</td></tr>
<tr><td>最大</td><td>正常</td><td>最小</td></tr>
<tr><td></td><td></td><td></td><td></td><td></td><td></td><td></td><td></td><td></td><td></td><td></td><td></td><td></td><td></td><td></td><td></td><td></td><td></td><td></td><td></td><td></td><td></td><td></td><td></td><td></td><td></td><td></td><td></td><td></td></tr>
<tr><td></td><td></td><td></td><td></td><td></td><td></td><td></td><td></td><td></td><td></td><td></td><td></td><td></td><td></td><td></td><td></td><td></td><td></td><td></td><td></td><td></td><td></td><td></td><td></td><td></td><td></td><td></td><td></td><td></td></tr>
<tr><td></td><td></td><td></td><td></td><td></td><td></td><td></td><td></td><td></td><td></td><td></td><td></td><td></td><td></td><td></td><td></td><td></td><td></td><td></td><td></td><td></td><td></td><td></td><td></td><td></td><td></td><td></td><td></td><td></td></tr>
<tr><td></td><td></td><td></td><td></td><td></td><td></td><td></td><td></td><td></td><td></td><td></td><td></td><td></td><td></td><td></td><td></td><td></td><td></td><td></td><td></td><td></td><td></td><td></td><td></td><td></td><td></td><td></td><td></td><td></td></tr>
<tr><td></td><td></td><td></td><td></td><td></td><td></td><td></td><td></td><td></td><td></td><td></td><td></td><td></td><td></td><td></td><td></td><td></td><td></td><td></td><td></td><td></td><td></td><td></td><td></td><td></td><td></td><td></td><td></td><td></td></tr>
<tr><td></td><td></td><td></td><td></td><td></td><td></td><td></td><td></td><td></td><td></td><td></td><td></td><td></td><td></td><td></td><td></td><td></td><td></td><td></td><td></td><td></td><td></td><td></td><td></td><td></td><td></td><td></td><td></td><td></td></tr>
</table>

注：切断阀应在备注栏注明阀开启或关闭时间。特殊要求需在条件表说明

(4) 其他条件表

其他条件表和需要提交的条件表的表格形式见标准。

1.5　工程设计的质量保证体系

工程设计的质量保证体系是工程设计阶段实施设计控制及编制工程设计文件时需要遵循的质量保证程序，是质量保证工作贯彻实施的导则，是确保设计质量的基本措施。

1.5.1　各级人员的质量保证职责

(1) 设计、校核、审核人员的质量保证职责

① 设计人员：遵循设计程序、设计标准和规范；根据相关依据开展设计工作，并对其设计质量负责。

② 校核人员：应由经本单位职能部门批准，具有校核资格的人员担任；应参加设计方案评审、遵守现行行业标准的规定，校核工程设计文件，做好设计质量评定工作，并对校核成果的质量负责。

③ 审核人员：应由经本单位职能部门批准，具有审核资格的人员担任；应参加设计方案评审、遵守现行行业标准的规定，校核工程设计文件，做好设计质量评定工作，并对审核成果的质量负责。

(2) 专业负责人、专业室主任或主任工程师的质量保证职责

① 专业负责人：审查接受和提出设计条件；负责制订“仪表设计规定”；组织制订设计方案，落实关键技术问题；执行工程设计文件的质量保证程序；负责本工程项目的设计质量。

② 专业室主任或主任工程师：负责安排具有资格且业务素质符合工程项目要求的人员担任专业负责、设计、校核、审核工作；参与大型工程项目设计方案制订和评审，督促重大技术问题落实；负责组织工程项目设计质量的中间检查，督促设计质量保证程序的执行；根据需要担任工程项目的审核工作；做好设计质量评定工作。

1.5.2　设计控制的质量保证

(1) 设计控制范围

设计控制范围：设计技术接口、设计评审、设计验证和设计变更等环节。设计控制是对上述各环节的质量控制。

(2) 设计技术接口

设计技术接口分本专业接受的设计条件和提交的设计条件。

① 接受的设计条件。按设计进度计划表，向提供条件的专业或部门催取文件和数据，分发有关人员，并按现行行业标准建立工程档案，便于管理和查阅；接受的全部设计条件应是经提交专业或部门校核人员校核和签署的文件；对接受的设计文件应逐项评审，并填写评审意见，返回原提交条件的专业补充修改，必要时报设计经理；应检查接受条件的版次，保证有关人员所接受的条件是最新版次的条件。

② 提交的设计条件：提交的设计文件应是已按设计质量保证程序进行校审、审核和签署的条件。应对所提出条件的正确性、合理性负责；该条件应由专业负责人或指定人员保管原稿及一份复制件和文件发送单。

(3) 设计评审

① 设计评审是对某一阶段设计结果的正式、系统的评审，用以识别并预测问题和不足，提出并采取改进措施。设计评审包括自控设计方案、基础工程设计和详细工程设计等的评审。

② 设计方案的评审是部室级的评审，主要针对其设计方案的可靠性、合理性、先进性、经济性和能否满足合同要求进行评审。对采取或开发的新技术、新装备等重大技术方案，必要时需设计经理和技术主管部门组织有关人员进行论证、评审，并做出评审结果的纪要，由参加评审人员签署，有关设计人员应根据纪要内容对方案进行补充或修改。

③ 工程设计评审应对工程设计是否满足设计输入要求、设计深度、设计文件完整性、标准规范、设计文件标识是否符合规定进行评审。

④ 基础工程设计文件应进行部室级评审，对是否满足合同和法规要求进行全面评审，并做纪要，由主审人签发，设计人员应根据纪要内容对方案进行补充或修正，重新完成校审和签署。

⑤ 详细工程设计文件应进行部室级评审，再经有关部室（如设计经理、技术部门、计划管理部门、档案资料室）用会签方式评审，评审合格后，办理入库发送。

(4) 设计验证

① 设计验证应通过校核和审核实施，确保设计输出满足设计输入要求。

② 设计验证可通过下列方法进行：同已经开车验收或确认的设计进行比较；用实验结果进行证实设计；必要时变换方法进行计算或核算；对发放前的设计阶段文件进行评审；模型审查；图纸会签。

③ 校核和审核时，除在文件上做校审标记外，应填写设计文件校审纪录。

(5) 设计变更

① 设计变更是设计成品已输出后，因设计不当、设计改进、设备供货改变、法规及标准变更、设计接口条件改变等原因引起，必须进行的设计修改。由设计人员完成变更并按图纸修改规定在文件中做相应标识，经校审后发出设计变更。

② 现场设计变更应符合下列规定：

a. 授权的自控专业代表在现场发现设计需要变更时，应由专业负责人或现场授权代表以“设计变更通知单”方式，经设计经理或现场总代表批准签发，通知业主或分承包方修改。“设计变更通知单”中的重大问题应由现场代表负责汇编，返回设计部门进行分析，分析结论报公司质量保证部门。

b. 对分承包方提出的问题（如安装困难、要求代材等），应判明问题是否确实存在，授权人确认需变更的属于设计问题，按上款执行。属于分承包方问题由分承包方提出“技术变更核定单”，由现场负责人和本专业现场代表确认分承包方的更改，必要时需业主批准后实施。

c. 业主要求的设计更改应由业主以文件形式提出，经项目经理或设计经理确认后，按设计程序更改。需要时应签订补充合同或修改合同。

1.5.3 工程设计文件的质量保证

工程设计文件的质量保证是通过对接受及提交设计文件、编制设计文件、校审设计成品等主要环节进行程序化运行实现的，它是确保设计质量的基本要求。

设计文件质量保证程序表见 HG/T 20636.5—2017 附录 B。

自控专业工程设计文件校核、审核安排表见表 1-12。

表 1-12　自控专业工程设计文件校核、审核安排表

序号	文件代号		文件名称	校核	审核	备注
1	文字类文件	INST. 101	仪表设计规定	√	√	
2		INST. 102	仪表校审说明书	√	√	仅审核重要仪表部分
3		INST. 103	仪表设计说明	√	√	
4		INST. 104	在线分析仪小屋技术规格书	√	√	
5		INST. 105	仪表盘(柜)技术规格书	√	√	
6		INST. 106	DCS 技术规格书	√	√	
7		INST. 107	SIS 技术规格书	√	√	
1	表格类文件	NST. 200	设计文件目录	√	√	
2		INST. 201	仪表索引	√	√	仅审核部分内容
3		INST. 202	仪表数据表	√	√	
4		INST. 203	报警联锁设定值表	√		
5		INST. 204	电缆表	√		
6		INST. 205	端子连接表	√		
7		INST. 206	铭牌表	√		
8		INST. 207	仪表伴热绝热表	√		
9		INST. 208	仪表空气分配器连接表	√		
10		INST. 209	仪表安装材料表	√	√	
11		INST. 210	仪表及主要材料汇总表	√	√	
12		INST. 211	电缆分盘表	√		
13		INST. 212	保温(护)箱一览表	√		
14		INST. 213	接线箱一览表	√		
15		INST. 214	DCS I/O 表	√	√	
16		INST. 215	SIS I/O 表	√	√	
17		INST. 216	DCS 监控数据表	√	√	仅审核部分内容
18		INST. 217	通信电缆、光缆一览表	√		
19		INST. 218	现场总线通信段表	√		
20		INST. 219	DCS 操作组分配表	√		
21		INST. 220	DCS 趋势组分配表	√		
22		INST. 221	DCS 生产报表	√		
23		INST. 222	仪表电伴热一览表	√		
24		INST. 223	仪表请购单	√	√	
25		INST. 224	仪表设计条件表	√		
1	图纸类文件	INST. 301	联锁系统逻辑图	√	√	
2		INST. 302	顺序控制系统程序图	√	√	
3		INST. 303	继电器联锁原理图	√	√	
4		INST. 304	复杂控制回路图	√	√	
5		INST. 305	仪表回路图	√		

续表

序号	文件代号		文件名称	校核	审核	备注
6	图纸类文件	INST. 306	控制系统配置图	√	√	
7		INST. 307	辅助操作台布置图	√	√	
8		INST. 308	工艺流程视屏显示图	√		
9		INST. 309	仪表盘(柜)布置图	√	√	
10		INST. 310	仪表盘(柜)端子配线图	√		
11		INST. 311	端子(安全栅)柜布置图	√		
12		INST. 312	继电器箱布置图	√		
13		INST. 313	仪表供电系统图	√	√	
14		INST. 314	供电箱接线图	√		
15		INST. 315	控制室布置图	√	√	
16		INST. 316	控制室电缆布置图	√		
17		INST. 317	仪表位置图	√		
18		INST. 318	仪表电缆桥架布置总图	√	√	
19		INST. 319	仪表电缆及桥架布置图	√		
20		INST. 320	现场仪表配线图	√		
21		INST. 321	仪表空气管道平面图(或系统图)	√		
22		INST. 322	仪表接地系统图	√	√	
23		INST. 323	仪表安装图	√	√	
24		INST. 324	可燃/有毒气体探测器布置图	√	√	
25		INST. 325	半模拟盘流程图	√		
26		INST. 326	半模拟盘接线图	√		

并不是所有工程设计都包括上述文件。一些设计项目可将部分内容合并，也可删除有关内容。

习题和思考题

1-1　试说明工程设计的基本任务。

1-2　描述基础工程设计的主要内容。

1-3　详细工程设计要完成哪些任务?

1-4　描述自控专业设计人员与其他专业设计人员之间的关系。

1-5　工程设计中是如何保证工程设计质量的?

第2章 自控工程设计图形符号和文字代号

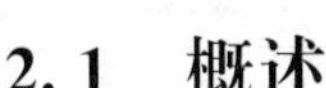

2.1 概述

2.1.1 标准化

(1) 标准化和相关活动的通用术语

标准化（standardization）是为了在既定范围内获得最佳秩序，促进共同效益，对现实问题或潜在问题确定共同使用和重复使用的条款及编制、发布和应用文件的活动。由标准化活动确定的条款，可形成标准化文件，包括标准和其他标准化文件。标准化的主要效益在于为了产品、过程或服务的预期目的和改进它们的适用性，促进贸易、交流及技术合作。

标准化层次分为国际标准化（所有国家有关机构均可参与的标准化，例如 ISO 标准）、区域标准化（仅世界某个地理、政治或经济区域内的国家有关机构可参与的标准化，例如 IEC 标准）、国家标准化（在国家层次上进行的标准化，例如 GB 标准）、地方标准化（在国家的某个地区层次上进行的标准化，例如 HG 标准）。

标准（standard）是通过标准化活动，按照规定的程序经协商一致制定，为各种活动或其结果提供规则、指南和特性，供共同使用或重复使用的文件。标准分为国际标准、区域标准、国家标准、行业标准、地方标准和试行标准及规范、规程和法规等。

规范是规定产品、过程或服务应满足的技术要求的文件。规范可以是标准、标准的一个部分或标准以外的其他标准化文件。规程是为产品、过程或服务全生命周期的有关阶段推荐的良好惯例或程序的文件，它也可以是标准法规、标准的一个部分或标准以外的其他标准化文件。法规是由权力机关通过的具有约束力的法律性文件。

(2) 标准化的目的

标准化的目的可能包括但不限于品种控制、可用性、兼容性、互换性、健康、安全、环境保护、产品防护、相互理解、经济绩效、贸易等，这些目的可能相互重叠。

品种控制是为满足主导需求，对产品、过程或服务的规格或类型数量的最佳选择。可用性即适用性，它指产品、过程或服务在具体条件下适用规定用途的能力。兼容性是诸多产品、过程或服务在特定条件下一起使用时，各自满足相应要求，彼此间不引起不可接受的相互干扰的适应能力。互换性是某一产品、过程或服务能用于代替另一产品、过程或服务并满足同样要求的能力。安全是免除不可接受的伤害风险状态，标准化考虑产品、过程或服务的安全时，通常是为了获得包括诸如人类行为等非技术因素在内的若干因素的最佳平衡，将伤害到人员和物品的可避免风险消除到可接受的程度。环境保护是使环境免除产品的使用、过程的操作或服务的提供所造成的不可接受的损害。产品防护是使产品在使用、运输或贮存过程中免受气候或其他不利条件造成的损害。

(3) 常见标准的类别

常见标准的类别有基础标准、术语标准、符号标准、分类标准、试验标准、规范标准、规程标准、指南标准、产品标准、过程标准、服务标准、接口标准和数据待定标准等。

我国的国家标准分为强制性国家标准、推荐性国家标准和指导性技术文件等。对保障人身健康和生命财产安全、国家安全、生态环境安全以及满足经济社会管理基本需要的技术要求，应当制定强制性国家标准。对于满足基础通用、与强制性国家标准配套、对各有关行业起引领作用等需要的技术要求，可以制定推荐性国家标准。

国际标准由国际标准化组织（ISO）理事会审查，ISO 理事会接纳国际标准并由中央秘书处颁布。我国国家标准由国务院标准化行政主管部门制定，行业标准由国务院有关行政主管部门制定。

(4) 自控工程设计的有关标准和规范

我国自控工程设计的标准化工作始于 1980 年，根据“引进消化，洋为中用”的指导思想，化工部对 ISA S5.1—1973《仪表符号和标志》进行分析，为了通用性，化工部组织人员制订了化工部标准 CD50A1—80《过程检测和控制系统用文字代号和图形符号》（现已废止），2009 年 ISA S5.1 标准改版后，化工部的改版于 2014 年颁布。目前我国采用的版本是 2014 年化工部颁布的 HG/T 20505—2014 版本。此外，石油化工部也有相等效的标准颁布，不另述。

HG/T 20505—2014 版本《过程测量与控制仪表的功能标志和图形符号》还包括一系列有关标准。例如，HG/T 20507—2014《自动化仪表选型设计规定》、HG/T 20508—2014《控制室设计规定》、HG/T 20509—2014《仪表供电设计规定》、HG/T 20510—2014《仪表供气设计规范》、HG/T 20511—2014《信号报警及联锁系统设计规范》、HG/T 20512—2014《仪表配管配线设计规范》、HG/T 20513—2014《仪表配管配线设计规范》、HG/T 20514—2014《仪表配管配线设计规范》、HG/T 20515—2014《仪表隔离和吹洗设计规定》、HG/T 20516—2014《自动分析器室设计规范》及 HG/T 20700—2014《可编程序控制器系统工程设计规范》等。

自控安装图册也进行了改版。2012 年由我国工业和信息化部颁布化工部标准 HG/T 21581—2012《自控安装图册》。此外，还修订颁布了化工部标准 HG/T 20573—2012《分散型控制系统工程设计规范》。

工业和信息化部 2017 年颁布 HG/T 20636～20639—2017《化工装置自控专业设计管理规范》。

(5) 工程设计标准化的目的

工程设计标准化的目的如下：

① 工程设计标准化是用设计图纸、文字符号等资料作为一种沟通的方式，在特定范围内表达设计思想、设计意图，沟通设计人员、操作人员、管理人员和维护人员之间的思想，实现特定思想的传递和交流；

② 工程设计标准化是建设单位、设计单位和施工安装单位之间联系的重要纽带，是科研、生产和使用三者之间的桥梁；

③ 工程设计标准化有利于新技术应用和推广，采用标准化安装图纸等有利于降低成本和提高生产效率，工程设计标准化还可减少大量重复劳动，例如，可采用复用图纸等。

因此，标准化工程设计的优点如下：

① 保证设计质量，有利于提高工程质量；

② 减少重复劳动，加快设计进度；

③ 有利于新技术开发和推广；

④ 有利于实现组件生产的工厂化、装配化和施工的机械化，提高劳动生产率，加快建设进度；

⑤ 有利于降低工程造价，提高经济效益。

2.1.2　自控专业工程设计规范和标准

(1) 一般标准

2017年工业和信息化部颁布《化工装置自控专业设计管理规范》(HG/T 20636)，见表2-1。

表2-1　化工装置自控专业设计管理规范

标准号	标准名称
HG/T 20636.1—2017	自控专业的职责范围
HG/T 20636.2—2017	自控专业与其他专业的设计条件及分工
HG/T 20636.3—2017	自控专业工程设计的任务
HG/T 20636.4—2017	自控专业工程设计的程序
HG/T 20636.5—2017	自控专业工程设计质量保证程序
HG/T 20636.6—2017	自控专业工程设计文件的校审提要
HG/T 20636.7—2017	自控专业工程设计文件的控制程序

同年颁布的还有《化工装置自控专业工程设计文件的编制规范》(HG/T 20637)、《化工装置自控工程设计文件深度规范》(HG/T 20638) 和《化工装置自控专业工程设计用典型图表及标准目录》(HG/T 20639)。分别见表2-2～表2-4。

表2-2　化工装置自控专业工程设计文件的编制规范

标准号	标准名称
HG/T 20637.1—2017	自控专业工程设计文件的组成和编制
HG/T 20637.2—2017	自控专业工程设计用图形符号和文字代号
HG/T 20637.3—2017	仪表设计规定的编制
HG/T 20637.4—2017	仪表设计说明的编制
HG/T 20637.5—2017	仪表请购单的编制
HG/T 20637.6—2017	仪表技术说明书的编制
HG/T 20637.7—2017	仪表安装材料的统计
HG/T 20637.8—2017	仪表辅助设备及电缆的编号

表2-3　化工装置自控工程设计文件深度规范

标准号	标准名称
HG/T 20638—2017	化工装置自控工程设计文件深度规范

表2-4　化工装置自控专业工程设计用典型图表及标准目录

标准号	标准名称
HG/T 20639.1—2017	自控专业工程设计用典型表格
HG/T 20639.2—2017	自控专业工程设计用典型条件表
HG/T 20639.3—2017	自控专业工程设计用标准目录

(2) 行业标准

自控工程设计有关的行业标准，见表2-5。

表 2-5 自控工程设计的行业标准

标准号	标准名称
HG/T 20507—2014	自动化仪表选型设计规范
SH/T 3005—2016	石油化工自动化仪表选型设计规范
DL/T 5000—2000	火力发电厂设计技术规程
DL/T 5175—2019	火力发电厂热工自动化接地设备安装管路及电缆设计技术规定
DL/T 5227—2016	火力发电厂辅助系统热工自动化设计技术规定
DRZ/T 01—2004	火力发电厂锅炉汽包水位测量系统技术规定
SH/B-Z01—1995	石油化工自控专业工程设计施工图深度导则
SH/T 3174—2013	石油化工在线分析仪系统设计规范
HG/T 20508—2014	控制室设计规范
HG/T 20509—2014	仪表供电设计规范
SH/T 3082—2019	石油化工仪表供电设计规范
HG/T 20510—2014	仪表供气设计规范
SH/T 3020—2013	石油化工仪表供气设计规范
HG/T 20511—2014	信号报警及联锁系统设计规范
HG/T 20512—2014	仪表配管配线设计规范
SH/T 3019—2016	石油化工仪表管道线路设计规范
HG/T 20513—2014	仪表系统接地设计规范
SH/T 3081—2019	石油化工仪表接地设计规范
SH/T 3097—2017	石油化工静电接地设计规范
HG/T 20514—2014	仪表及管线伴热和绝热保温设计规范
SH/T 3126—2013	石油化工仪表及管道伴热和绝热设计规范
HG/T 20515—2014	仪表隔离和吹洗设计规范
SH/T 3021—2013	石油化工仪表及管道隔离和吹洗设计规范
HG/T 20516—2014	自动分析器室设计规范
HG/T 20573—2012	分散型控制系统工程设计规范
SH/T 3092—2013	石油化工分散控制系统设计规范
HG/T 20700—2014	可编程控制器系统设计规范
SH/T 3164—2012	石油化工仪表系统防雷设计规范
SH/T 3018—2003	石油化工安全仪表系统设计规范
SHB-Z06—1999	石油化工紧急停车及安全连锁系统设计导则
SH/T 3209—2020	石油化工企业供配电系统自动装置设计规范
GB/T 50493—2019	石油化工可燃和有毒气体检测报警设计标准
GB/T 13284.1—2008	核电厂安全系统 第一部分 设计准则
GB/T13624—2008	核电厂安全参数显示系统的功能设计准则
GB50267—2019	核电厂抗震设计标准

(3) 图形符号标准

部分图形符号标准见表 2-6。

表 2-6　部分图形符号标准

标准号	标准名称
GB/T 2625—1981	过程检测和控制流程图用图形符号和文字代号
HG/T 20505—2014	过程测量与控制仪表的功能标志及图形符号
SHB-Z02—1995	仪表符号和标志
SHB-Z03—1995	过程用二进制逻辑图
SHB-Z04—1995	分散控制/集中显示仪表、逻辑控制及计算机系统用流程图符号
SHB-Z05—1995	仪表回路图
SH/T 3052—2014	石油化工配管工程设计图例
JB/T 5539—1991	分散型控制系统硬件设备的图形符号
GB/T 5465.2—2008	电气设备用图形符号 第 2 部分 图形符号
SH/T 3072—1995	石油化工企业电气图图形和文字符号
GB/T 18135—2008	电气工程 CAD 制图规则

2.2　过程检测和控制流程图用文字代号

与 HG/T 20505—2000 比较，HG/T 20505—2014 版增加的内容有："术语""仪表回路号"的相关内容、安全仪表系统的标识、信号处理功能图形符号、二进制逻辑图形符号、电气元件图形符号和图形符号尺寸说明等内容。它补充了仪表功能标志字母在应用中的组合形式；删除了字母 Y 的附加功能符号的内容；调整和补充了部分仪表的图形符号；修改和删减了部分示例。该标准源于 ISA S5.1—2009。

2.2.1　仪表功能标志字母

(1) 仪表功能标志构成

仪表功能标志由首位字母（回路标志字母）和后继字母（功能字母和功能修饰字母）构成。表 2-7 是仪表功能标志字母的规定。

表 2-7　仪表功能标志字母

	首位字母		后继字母		
	被测或引发变量	修饰词	读出功能	输出功能	修饰词
A	分析		报警		
B	烧嘴、火焰		供选用	供选用	供选用
C	电导率			控制	关位
D	密度	差			偏差
E	电压(电动势)		检测元件,一次元件		
F	流量,流率	比率(比值)			
G	可燃气体或有毒气体		玻璃、视镜、观察		

续表

	首位字母		后继字母		
	被测或引发变量	修饰词	读出功能	输出功能	修饰词
H	手动				高
I	电流		指示		
J	功率		扫描		
K	时间、时间程序	变化速率		手-自动操作器	
L	物位		指示灯		低
M	水分、湿度				中、中间
N	供选用		供选用	供选用	供选用
O	供选用		孔板，限制		开位
P	压力、真空		连续或测试点		
Q	数量	积算、累积	积算、累积		
R	核辐射		记录、DCS趋势记录		运行
S	速度、频率	安全		开关	停止
T	温度			变送、传送	
U	多变量		多功能	多功能	
V	振动、机械监视分析			阀、风门、百叶窗	
W	重量、力		套管，取样器		
X	未分类	*X* 轴	附属设备，未分类	未分类	未分类
Y	事件、状态	Y 轴		辅助设备	
Z	位置、尺寸	*Z* 轴		驱动器、执行元件，未分类最终控制元件	

仪表功能标志字母排列按表 2-7 次序，从左到右排列。仪表功能标志使用一个读出功能或一个输出功能来标识回路中每个设备或功能。描述仪表设备和仪表功能的功能特性时，仪表功能标志字母的个数不宜超过 8。功能修饰字母用于对被测/引发变量会引发的动作或功能（读出功能/输出功能）的含义进行说明。

（2）仪表回路编号

仪表回路编号由回路标志字母和仪表顺序的数字编号组成。它在一个工程项目中是唯一的，被赋予每个监测回路、控制回路，用于标志被监测、检测或控制的变量。

仪表回路标志字母应符合下列要求：

① 选用的标志字母表示一个被测或引发变量的字母，例如，分析用 A，流量用 F，压力用 P，位置用 Z 等。也可以是一个被测或引发变量字母的修饰字母，即首位字母中的修饰字母。例如，累积流量用 FQ，压力差用 PD 等。

② 标志字母的选择应与被测或引发变量相对应。例如，经孔板测量获得流量的回路应标志为流量 F，而不采用孔板两端测量所得的压差标志 PD。用气体流量控制容器内压力的回路应标志为压力 P，而不是气体流量标志 F。用差压测量容器液位的回路应标志为物位 L，而不能标志为压力 P 或压差 PD 等。

仪表顺序的数字编号应符合下列要求：

① 根据整个工程规模的大小，确定数字编号的位数，一般大于等于 3 位。最高位（1～2 位）是工程的单元号、车间编号。例如，第一车间用 1，第二车间用 2，下面都用 * 表示。后面的数字编号则根据被测或引发变量，按流程顺序用流水号表示。

② 也可用其他方式表示数字编号。除了采用上述的并列方式，将相同的数字序列编号用于每一种回路标志字母外，对小型工程项目，采用连续方式编号，即不考虑回路标志字母，按数字序列统一编号。

③ 最高位 0 或 00 等常用于特殊、重大或关键的回路，因此，一般不宜使用。

④ 任何形式序列的数字编号都可留有空号。例如，通常将进入 DCS 或 PLC 的仪表回路数字编号列在前面，而将就地仪表回路的数字编号列在后面，在它们之间留有空号，便于扩展应用时插入。

⑤ 多个同类型设备中仪表回路数字编号可采用添加前缀或后缀的方式。前缀是数字或字母和数字的任意组合，用于标志所在位置，如联合体、工艺装置或单元。例如，001F-001，前面的 001 表示设备号，后面的 001 表示该流量回路的流水号。相同工艺单元的同样设备以设备号加后缀表示，一个仪表回路号的后缀可添加到相关仪表回路号里，用于识别相同工艺单元同样设备的同样回路。例如，同一个容器出口的两个泵的出口压力，一个用后缀 A，一个用后缀 B。一个分程控制系统中的两个控制阀，其后缀分别是 1 和 2。后缀可以是字母或数字，它添加在仪表回路号的后面，详见表 2-10。

⑥ 仪表回路号的编制有并列方式和连续方式两种。回路标志字母是一个被测变量或引发变量字母，或是一个被测变量或引发变量字母附带修饰字母时，其数字编号可采用并列方式或连续方式。

(3) 仪表位号

① 每个仪表在该工程项目中具有唯一的仪表位号。它用于表示该仪表在监测或控制回路中每个设备和/或功能的用途。

② 仪表位号采用仪表回路号的标志字母后增加变量修饰字母和后继字母实现。可选择添加后缀和间隔符。例如，TT-2003-A 和 TT-2003-B 分别表示用于测量温度的两个变送器，它们用于某反应器内同一层不同位置的两个温度点的温度测量。

③ 现场总线系统的现场仪表，为表示其所含的功能，也可用仪表位号的后缀方式表示。例如 FT-101-PID，FT 表示现场总线流量变送器，101 是流水号，而 PID 是该仪表含有的 PID 功能块。

④ 出现两个或以上类似仪表设备或功能，又有重复的情况下，可添加附加后缀。

(4) 间隔符

① 间隔符采用英文的连字符，用于分隔仪表回路中的有关内容。

② 间隔符用于下列位置：

a. 首位字母与回路流水号之间，例如 10F-0001。

b. 当前缀为字母时，为与首位字母分隔，在字母前缀与首位字母之间宜使用间隔符，例如 AB-P-001。前缀是数字时，为与首位字母分隔，在字母前缀与首位字母之间可使用间隔符，例如 10-F-0001。

c. 回路号数字编号与数字表示的后缀之间宜使用间隔符，例如 F-001-2。回路号数字编号与仪表位号后缀之间可使用间隔符，例如 10-F-0001-1A1。

d. 回路号后缀与仪表位号后缀之间可使用间隔符，例如 10-F-0001-1-A1。

③ 下列位置不宜使用间隔符：

a. 回路号数字编号与字母形式的仪表回路号后缀之间。例如 10F-001A，001 与 A 之间不宜用间隔符。

b. 仪表位号后缀与附加仪表位号后缀之间。例如 10FT-001A-A1A，A1 与 A 之间不宜使用间隔符。

④ 在文字性文件中，斜线用于描述多功能仪表设备，其位置在功能标志字母之间。例如，TR/TSH-001 表示该温度记录仪同时具有上限开关，可用于上限报警。

(5) 多变量、多功能和多点回路

多变量指两个及以上类型相同或不同的检测变量或引发变量产生一个输出和一个或多个读出功能。例如多点报警仪，它有 8 个报警回路，可分别连接诸如温度、压力、流量等报警点，用于报警时提供闪光报警。

多功能指一个检测或引发变量产生两个及以上输出或读出功能。例如电接点压力表，它既具有检测压力，又具有上下限报警功能。

多点回路指两个及以上类型相同或不同的检测变量或引发变量产生两个及以上读出功能。例如带报警功能的双笔记录仪，它用于记录两个不同被测变量，同时可提供报警功能。

(6) 就地仪表、辅助仪表设备和附属仪表设备

就地仪表安装在现场，一般具有观察功能，因此，后继读出功能字母常用 G 表示，就地显示功能的仪表用后继读出字母 I 表示。例如，就地液位计用 LG，就地温度计用 TG，就地流量指示仪表用 FI 表示。

辅助仪表设备用后继字母输出功能字母 Y 表示。例如，流量回路中的电磁阀用 FY 表示。

附属仪表设备一般以就地仪表单独编号。例如，某压力变送器 PT-103 的用于吹扫的转子流量计用 FI-101 表示。

2.2.2 仪表功能标志字母的说明

表 2-7 中仪表功能标志字母在使用时应注意下列事项：

① 首位字母可以是被测变量或引发变量，也可以是被测变量/引发变量附带修饰字母。例如，P 表示被测变量或引发变量是压力，而 PD 表示被测变量或引发变量是压差，PS 表示被测变量或引发变量是安全压力。首位字母的含义不应改变表中已指定的含义。

② 被测变量/引发变量 A 表示各种分析，例如，表中未予规定的分析项目的过程流体组分和物理特性分析。例如天然气的组分分析等。为说明分析的组分，应在仪表位号的图形符号外注明，例如，图形符号外右上部注明 pH，表示该仪表具有 pH 检测功能；注明 CO，表示具有 CO 组分分析功能等。对机械或机器上的振动等被测变量的分析，不应采用 A 作为首位字母，而应采用 V 表示，例如轴振动监测。虽然字母 C、D 和 M 用于分析电导率、密度和湿度，但它们作为单独的分析项，不在分析 A 的范围内。

③ 表中的“供选用”指这类字母未在本表规定其含义，由用户根据需要确定其含义，但一旦规定其含义，则在该工程项目中要有其唯一的含义。例如，用户可定义 N 表示被测或引发变量是弹性系数，而后继字母 N 则表示示波器等。

④ 直接测量变量，应认为是回路编号中的被测或引发变量，包括但不仅限于：

· 差 D：压差 PD、温差 TD；

· 累积 Q：流量累积器 FQ，例如，直接使用容积式流量计测量累积流量；

· X、Y、Z 轴：轴振动（首位字母为 V）、轴应力（首位字母为 W）、轴位置（首位字母为 Z）等。

⑤ 从其他直接测量变量推导或计算出的变量，不应被认为是回路编号中的被测变量或引发变量，包括但不仅限于：

· 差 D、温差 TD、重量差 WD；

· 比率 F、流量比率 FF、压力比率 PF 或温度比率；

· 变化速率 K、压力变化速率 PK、温度变化速率 TK 或重量变化速率 WK。

⑥首位字母的修饰字母 K 作为变化速率功能时，表示被测变量或引发变量的变化速率。例如温度变化速率 TK。

⑦ S 字母不能用于安全仪表系统和组件的编号。采用修饰字母 Z 表示安全仪表系统时，它不表示直接测量变量，只用于标识安全仪表系统的组成部分，但不能用于下列情况：

a. 首位字母的修饰字母 S 作为安全功能时，不能用于直接测量变量，而用于自驱动紧急保护一次元件和最终控制元件。与流量 F、压力 P、温度 T 字母配合时，应被认为是被测变量或引发变量。

b. 流量安全阀 FSV 仪表功能标志用于防止出现紧急过流或流量紧急损失。压力安全阀 PSV 和温度安全阀 TSV 的使用目的是用于防止出现压力和温度的紧急情况。安全阀、减压阀或安全减压阀编号原则应贯穿阀门制造至阀门使用的整个过程。

c. 自驱动压力阀门通过从流体系统中释放出流体来阻止流体系统中产生高于需要的压力时，称为“背压调节阀”，用 PCV 表示。自驱动压力阀门用于防止出现紧急情况，以保护人员和/或设备时，称为“压力安全阀”，用 PSV 表示。

d. 压力爆破片 PSE 和温度熔丝 TSE 用于防止出现压力和温度的紧急情况。

e. 安全仪表系统用 Z 字母修饰。可与其配合的有：分析 A、烧嘴、火焰 B、电导率 C、密度 D、电压（电动势）E、流量 F、可燃和有毒气体 G、手动 H、电流 I、功率 J、物位 L、水分或湿度 M、压力 P、核辐射 R、速度 S、温度 T、多变量 U、振动 V（含 X、Y 和 Z 轴）、重量、力 W、事件和状态 Y，及含 X、Y 和 Z 轴的轴位。例如，AZ 表示 SIS 系统的分析仪表，详见表 2-11 和表 2-12。

f. V、W 和 Z 用于安全仪表系统时，VZ、WZ 和 ZZ 不用于表示轴向的被测变量或引发变量。它们必须添加轴名称，即 VZX、VZY、VZZ、WZX、WZY、WZZ 和 ZZX、ZZY、ZZZ。

⑧ 字母 S 作为被测变量或引发变量时，只能与流量 F、压力 P、温度 T 组合才被作为被测或引发变量。即 S 的安全功能不用于直接测量的变量。

⑨ 字母 U 作为被测变量或引发变量时，表示需要多点输入来产生一点或多点输出的仪表或回路。例如，一台 PLC，它接收多个压力和温度信号后，控制多个切断阀的开关。

⑩ 表中的“未分类”指这类字母未在本表规定其含义，由用户根据需要确定其含义。适用于在一个设计中仅一次或有限次的使用。为表示 X 的含义，应在仪表位号图形符号外注明 X 的含义。例如，XR-003 是压力记录仪，其图形符号外应注明“应力”；EX-105 是电压示波器，则其图形符号外应注明“示波器”。未分类字母 X 作为附属设备读出功能时，用于定义仪器仪表正常使用过程中不可缺少的硬件或设备，但不参与测量和控制。例如，测量蒸汽流量时采用的隔离容器，可用 FX 表示。

⑪ 后继字母的含义可根据需要更改。例如，字母 I 可表示具有指示功能，也可表示指示仪表。在 DCS 中表示在显示屏上显示的实际测量值，例如 TI、PI 等；而在手操器中用于表示生成的输出信号，例如 HIC。

⑫ 读出功能字母 G 用于对工艺过程进行观察的就地仪表，例如就地压力表 PG、流量视镜 FG 等。有时，读出功能字母 I 也被用于表示就地指示仪表，例如就地转子流量计

FI 等。

⑬ 读出功能字母 R 与读出功能字母 I 的区别是 R 是记录功能，即信息在任何永久或半永久的电子或纸质数据存储媒介上的记录功能，或用于以容易检索方式记录的数据。记录功能包含指示功能，而 I 是指示功能，它的数据不被保存。

⑭ 读出功能字母 J 表示扫描功能，用于指示非连续的定期读数或多个相同或不同的被测变量或引发变量。例如多点测温指示仪 TI，其各测温点用后缀表示。

⑮ 读出功能字母 L 表示灯，用于指示正常操作状况的设备或功能。例如，电动机的启停或执行器的位置，用于报警时应采用读出功能字母 A。

⑯“多功能”字母 U 可作为读出功能，也可作为输出功能，它用于：

a. 具有多个指示/记录和控制功能的控制回路，例如多点报警仪 UA。

b. 为在图纸上节省空间而不采用相切圆形式的图形符号显示每个功能的仪表位号。例如，串级控制系统中，主被控变量和副被控变量在同一台仪表记录，则用 UR 表示。

c. 如果需要对多功能说明，应在图纸上提供各个功能的注释。

⑰ 使用读出功能字母 C（控制）、S（开关）、V（阀、风门、百叶窗）和 Y（辅助设备）时需注意下列事项：

a. 控制功能字母 C 用于自动设备或功能。它自动接收被测变量或引发变量产生的输入信号，并根据预定的设定，为达到正常过程控制的目的，生成用于调节或切换“阀、风门、百叶窗”（V）或“辅助设备”Y 的输出信号。因此，CV 表示自力式调节阀。

b. 开关功能字母 S 指连接、断开或传输一路或多路气动、电子、电动、液动或电流信号的设备或功能，例如手动开关 HS。

c. 阀、风门、百叶窗功能字母 V 是接收控制 C、开关 S 和辅助设备 Y 产生的输出信号，对过程流体进行调整、切换或通断动作的设备。

d. 输出功能字母 Y 在上一版本中表示继电器、继动器等辅助设备，在本版本是指控制 C、变送 T 和开关 S 信号驱动的设备或功能，用于连接、断开、传输、计算和/或转换气动、电子、电动、液动或电流信号。因此，其含义不仅限于电磁阀、继动器、计算器（功能）和转换器（功能）。Y 字母用于计算或转换功能时，其图形符号外应注明其具体功能，见表 2-8。例如，开方功能用√注明，高选功能用 HS 或>注明。

⑱ 输出功能字母 K 表示操作器。它可用于带自动控制器的操作器，该操作器上不能带可操作的自动/手动和控制模式切换开关；也用于分体式或现场总线控制设备，这些设备的控制器功能在操作站远程运行。

⑲ 修饰字母 H、M 和 L 用于阀门或其他开关设备位置指示时，字母 H 可表示阀门已经或接近全开位置，因此，也可用修饰字母开位 O 替换；字母 L 可表示阀门已经或接近全关位置，因此，也可用修饰字母关位 C 替换。字母 M 表示阀门行程或位置处于全开和全关之间。当修饰字母 H、M 和 L 用于表示被测量值对应的高、中和低位置时，它并非与仪表输出的信号值相对应。它是同一测量变量获得的被测变量，当有高限和高高限时，分别用 H 和 HH 表示；同样，低限和低低限用 L 和 LL 表示，在高低限之间用 HL。

⑳ 修饰字母 D 表示差或偏差，当它与读出功能报警 A 或读出功能开关 S 组合时，表示一个测量变量与控制器或其他设定值的偏差超过预期。例如，PDA 表示压力偏差超过预期的报警功能。如果涉及重要参数，功能字母组合中还需要增加高 H 或低 L 表示高于设定的偏差极限或低于设定的偏差极限，也可表示正向偏差或反向偏差。

㉑ 被测变量或引发变量字母和修饰字母的组合根据测量介质特性变化选择。

㉒ 本标准与 ISA S5. 1—2009 的区别是：ISA 标准中将首位字母 C、D、G 和 M 都作为

“供选用”，我国标准则分别赋予各自的含义。

2.2.3　后继字母输出功能字母 Y 的附加功能

HG/T 20505—2014 对后继字母中输出功能 Y 在管道仪表流程图中的附加功能未详细说明。表 2-8 是后继字母中输出功能 Y 的附加功能。根据需要，图形符号外的框线可以不画出。

表 2-8　输出功能字母 Y 的附加功能

图形符号	功能	输出信号	图形符号	功能	输出信号
Σ	和	输入信号的代数和	$f/(x)$	函数	输入信号的非线性函数
Σ/n	平均值	输入信号的均值	$f/(t)$	时间函数	输入信号的时间函数
Δ	差	输入信号的代数差	$>$	高选	输入信号的最大值
k	比	与输入信号成正比	$<$	低选	输入信号的最小值
$\int$	积分	输入信号的时间积分	$\not>$	上限	输入信号上限限幅
d/d	微分	输入信号的变化率	$\not<$	下限	输入信号下限限幅
$\times$	乘	输入信号的乘积	$-$k	反比	输入信号的反比
$\div$	除	输入信号之商	$+$ $-$ $\pm$	偏置	加或减一个偏置值
$\sqrt[n]{}$	方根	输入信号的 n 次方根	*/*	转换	信号的转换
X^n	指数	输入信号的 n 次幂	SW	切换	信号的切换

2.2.4　仪表功能标志字母示例

(1) 仪表回路号和仪表位号形式的示例

表 2-9 是仪表回路号和仪表位号形式的示例。表中，-是间隔符。* 是数字编号。

表 2-9　仪表回路号和仪表位号形式的示例

示例	含义	说明
10-T-*01A	温度仪表回路	10:仪表回路前缀;T:被测变量是温度;*01:仪表回路数字编号;A:仪表回路号后缀
AB-TD-*01B	温差仪表回路	AB:仪表回路前缀;TD:被测变量是温差;*01:仪表回路数字编号;B:仪表回路号后缀
10-TAH-*02A-1A2	温度高限报警仪表回路	10:仪表回路前缀;T:被测变量是温度;A:后继字母报警;H:高限报警;*02:仪表回路数字编号;A:仪表回路号后缀;1A2 中的 1:第 1 仪表位号后缀,A2:附加仪表位号后缀

(2) 仪表回路标志字母组合与数字编号方式的示例

表 2-10 是仪表回路标志字母组合与数字编号方式的示例。表中有四种编制方式，其中，并列方式两种，连续方式两种。表中带修饰词的仅以一个修饰词为例。标准版扫右面二维码。

表 2-10 仪表回路标志字母组合与数字编号方式的示例（简化）

首位字母 被测变量/引发变量 带/不带修饰词			并列方式			连续方式	
			编制方式 1	编制方式 2		编制方式 3	编制方式 4
首字母	不带/可带的修饰词	含义	不带修饰词	带修饰词		不带修饰词	带修饰词
A	/Z(SIS)	分析	A-＊01	AZ-＊02	AZ-＊01	A-＊01	AZ-＊2
B	/Z(SIS)	烧嘴	B-＊01	BZ-＊02	BZ-＊01	B-＊02	BZ-＊4
C	/Z(SIS)	电导率	C-＊01	CZ-＊02	CZ-＊01	C-＊03	CZ-＊6
D	/Z(SIS)	密度	D-＊01	DZ-＊02	DZ-＊01	D-＊04	DZ-＊8
E	/Z(SIS)	电压	E-＊01	EZ-＊02	EZ-＊01	E-＊05	EZ-＊10
F	/F、Q、S、Z(SIS)	流量	F-＊01	FF-＊02	FF-＊01	F-＊06	FF-＊12
G	/Z(SIS)	可燃气体和有毒气体	G-＊01	GZ-＊02	GZ-＊01	G-＊07	GZ-＊17
H	/Z(SIS)	手动	H-＊01	HZ-＊02	HZ-＊01	H-＊08	HZ-＊19
I	/Z(SIS)	电流	I-＊01	IZ-＊02	IZ-＊01	I-＊09	IZ-＊21
J	/ Q、Z(SIS)	功率	J-＊01	JQ-＊02	JQ-＊01	J-＊09	JQ-＊23
K	/ Q	时间	K-＊01	KQ-＊02	KQ-＊01	K-＊11	KQ-＊26
L	/Z(SIS)	物位	L-＊01	LZ-＊02	LZ-＊01	L-＊12	LZ-＊28
M	/Z(SIS)	水分，湿度	M-＊01	MZ-＊02	MZ-＊01	M-＊13	MZ-＊30
N	/	供选用	N-＊01	N-＊01	N-＊01	N-＊14	N-＊31
O	/	供选用	O-＊01	O-＊01	O-＊01	O-＊15	O-＊32
P	/ D、F、K、S、Z(SIS)	压力	P-＊01	PD-＊02	PD-＊01	P-＊16	PD-＊34
Q	/Q	数量	Q-＊01	QQ-＊02	QQ-＊01	Q-＊17	QQ-＊40
R	/ Q、Z(SIS)	核辐射	R-＊01	RQ-＊02	RQ-＊01	R-＊18	RQ-＊42
S	/Z(SIS)	速度、频率	S-＊01	SZ-＊02	SZ-＊01	S-＊19	SZ-＊45
T	/ D、F、K、S、Z(SIS)	温度	T-＊01	TD-＊02	TD-＊01	T-＊20	TD-＊47
U	/Z(SIS)	多变量	U-＊01	UZ-＊02	UZ-＊01	U-＊21	UZ-＊53
V	/Z(SIS)、X、Y、Z、ZX、ZY、ZZ	振动、机械监视	V-＊01	VZ-＊02	VZ-＊01	V-＊22	VZ-＊55
W	/ D、F、K、Q、X、Y、Z、Z(SIS)、ZX、ZY、ZZ	重量，力	W-＊01	WD-＊02	WD-＊01	W-＊23	PD-＊64
X	/	未分类	X-＊01	X-＊01	X-＊01	X-＊24	X-＊74
Y	/Z(SIS)	事件，状态	Y-＊01	YZ-＊02	YZ-＊01	Y-＊25	YZ-＊76
Z	/ Z(SIS)、X、Y、Z、ZX、ZY、ZZ、D、DX、DY、DZ	位置，尺寸	Z-＊01	ZZ-＊02	ZZ-＊01	Z-＊22	ZZ-＊78

注：修饰词含义见表 2-7；根据标准规定，＊表示 0～9 的数字或多位数字的组合；表 2-7 中未定义的空格内，用户可根据需要，自定义有关功能；SIS 可作为安全仪表系统标志，在仪表回路标志字母中作为前缀或后缀标志。例如，SIS-FZ-＊01 或 FZ-＊01-SIS，余可扫表外二维码。

(3) 后继字母中读出功能字母的允许组合形式

表 2-11 和表 2-12 是后继字母中读出功能和输出功能允许组合的形式。本版本扩展了原来版本的不足。

表 2-11　后继字母中读出功能允许组合的形式

首位字母 被测/引发变量 带/不带修饰词		A			B	E	G	I	L	N	O	P	Q	R	W	X
		绝对报警	功能修饰词	偏差报警	供选用	一次元件	视镜观察	指示	灯	供选用	孔板或限制	连接或测试点	积算或累计	记录	套管或取样器	未分类
		A	[*]	AD												
A	分析	AA[*]		AAD[*]		AE	—	AI	AL		—	AP	—	AR	AW	AX
AZ	分析(SIS)	AZA[*]		—		AEZ	—	AZI	AZL		—	AZP	—	AZR	AZW	—
B	烧嘴,火焰	BA		BAD[*]		BE	BG	BI	BL		—	BP	—	BR	BW	BX
BZ	烧嘴,火焰(SIS)	BZA		—		BZE	—	BZI	BZL		—	BZP	—	BZR	BZW	—
C	电导率	CA		CAD[*]		CE	—	CI	CL		—	CP	—	CR	CW	CX
CZ	电导率(SIS)	CZA		—		CZE	—	CZI	CZL		—	CZP	—	CZR	CZW	—
D	密度	DA		DAD[*]		DE	—	DI	DL		—	DP	—	DR	DW	DX
DZ	密度(SIS)	DZA		—		DZE	—	DZI	DZL		—	DZP	—	DZR	DZW	—
E	电压(电动势)	EA		EAD[*]		EE	EG	EI	EL		EO	EP	—	ER	—	EX
EZ	电压(电动势)(SIS)	EZA		—		EZE	—	EZI	EZL		—	EZP	—	EZR	—	—
F	流量	FA		FAD[*]		FE	—	FI	FL		FO	FP	FQ	FR	—	FX
FF	流量比率	FFA		FFAD[*]		FFE	—	FFI	—		—	—	—	FFR	—	FFX
FQ	流量累计	FQA		FQAD[*]		FQE	—	FQI	—		—	—	—	FQR	—	FQX
FS	流量安全	—		—		FSE	—	—	—		—	—	—	—	—	—
FZ	流量(SIS)	FZA		—		FZE	—	FZI	FZL		—	FZP	—	FZR	—	—
G	可燃气体和有毒气体	GA		GAD[*]		GE	—	GI	GL		—	GP	—	GR	—	GX
GZ	可燃气体和有毒气体(SIS)	GZA		—		GZE	—	GZI	GZL		—	GZP	—	GZR	—	—
H	手动	HA		HAD[*]		HE	—	HI	—		—	—	—	HR	—	HX
HZ	手动(SIS)	HZA		—		HZE	—	—	—		—	—	—	HZR	—	—
I	电流	IA		IAD[*]		IE	IG	II	IL		—	IP	—	IR	—	IX
IZ	电流(SIS)	IZA		—		IZE	—	IZI	IZL		—	IZP	—	IZR	—	—
J	功率	JA		JAD[*]		JE	JG	JI	JL		JO	JP	JQ	JR	—	JX
JQ	功率累计	JQA		—		JQE	—	JQI	JQL		—	JQP	—	JQR	—	JQX
JZ	功率(SIS)	JZA		—		JZE	—	JZI	JZL		—	JZP	—	JZR	—	—
K	时间,时间程序	KA		KAD[*]		KE	KG	KI	KL		—	—	KQ	KR	—	KX
KQ	时间累计	KQA		—		KQE	KQG	KQI	KQL		—	—	—	KQR	—	KQX
L	物位	LA[*]		LAD[*]		LE	LG	LI	LL		—	LP	—	LR	LW	LX
LZ	物位(SIS)	LZA[*]		—		LZE	—	LZI	LZL		—	LZP	—	LZR	LZW	—

续表

首位字母		A			B	E	G	I	L	N	O	P	Q	R	W	X
被测/引发变量	带/不带修饰词	绝对报警	功能修饰词	偏差报警	供选用	一次元件	视镜观察	指示	灯	供选用	孔板或限制	连接或测试点	积算或累计	记录	套管或取样器	未分类
		A	[*]	AD												
M	水分或湿度	MA[*]		MAD[*]		ME	—	MI	ML		—	MP	—	MR	MW	MX
MZ	水分或湿度(SIS)	MZA[*]		—		MZE	—	MZI	MZL		—	MZP	—	MZR	MZW	—
N	供选用												—			
O	供选用												—			
P	压力	PA[*]		PAD[*]		PE	PG	PI	PL		—	PP	—	PR	—	PX
PD	压差	PDA[*]		PDAD[*]		PDE	PDG	PDI	PDL		—	—	—	PDR	—	PDX
PF	压力比率	PFA[*]		PFAD[*]		PFE	—	PFI	—		—	—	—	PFR	—	PFX
PK	压力变化率	PKA[*]		PKAD[*]		PKE	—	PKI	PKL		—	—	—	PKR	—	PKX
PS	压力安全	—		—		PSE	—	—	—		—	—	—	—	—	—
PZ	压力(SIS)	PZA[*]		—		PZE	—	PZI	PZL		—	PZP	—	PZR	—	—
Q	数量	QA[*]		QAD[*]		QE	—	QI	QL		—	—	QQ	QR	—	QX
QQ	数量累计	QQA[*]		—		QQE	—	QQI	QQL		—	—	—	QQR	—	QQX
R	核辐射	RA[*]		RAD[*]		RE	RG	RI	RL		—	RP	RQ	RR	—	RX
RQ	辐射累计	RQA[*]		—		RQE	—	RQI	RQL		—	—	—	RQR	—	RQX
RZ	核辐射(SIS)	RZA[*]		—		RZE	—	RZI	RZL		—	RZP	—	RZR	—	—
S	速度,频率	SA[*]		SAD[*]		SE	SG	SI	SL		—	SP	—	SR	—	SX
SZ	速度,频率(SIS)	SZA[*]		—		SZE	—	SZI	SZL		—	SZP	—	SZR	—	—
T	温度	TA[*]		TAD[*]		TE	TG	TI	TL		—	TP	—	TR	—	TX
TD	温差	TDA[*]		TDAD[*]		TDE	TDG	TDI	TDL		—	—	—	TDR	—	TDX
TF	温度比率	TFA[*]		TFAD[*]		TFE	—	TFI	—		—	—	—	TFR	—	TFX
TK	温度变化率	TKA[*]		TKAD[*]		TKE	—	TKI	—		—	—	—	TKR	—	TKX
TS	温度安全	—		—		TSE	—	—	—		—	—	—	—	—	—
TZ	温度(SIS)	TZA[*]		—		TZE	—	TZI	TZL		—	TZP	—	TZR	TZW	—
U	多变量	UA[*]		—		—	—	UI	—		—	—	—	UR	—	UX
UZ	多变量(SIS)	UZA[*]		—		—	—	UZI	—		—	—	—	UZR	—	—
V	振动,机械监视	VA[*]		VAD[*]		VE	VG	VI	VL		—	VP	—	VR	—	VX
VZ	振动(SIS)	VZA[*]		—		VZE	—	VZI	VZL		—	VZP	—	VZR	—	—
VX	X 轴振动	VXA[*]		VXAD[*]		VXE	VXG	VXI	VXL		—	VXP	—	VXR	—	VXX
VY	Y 轴振动	VYA[*]		VYAD[*]		VYE	VYG	VYI	VYL		—	VYP	—	VYR	—	VYX
VZ	Z 轴振动	VZA[*]		VZAD[*]		VZE	VZG	VZI	VZL		—	VZP	—	VZR	—	VZX

续表

首位字母 被测/引发变量 带/不带修饰词		A			B	E	G	I	L	N	O	P	Q	R	W	X
		绝对报警	功能修饰词	偏差报警	供选用	一次元件	视镜观察	指示	灯	供选用	孔板或限制	连接或测试点	积算或累计	记录	套管或取样器	未分类
		A	[*]	AD												
VZX	X 轴振动(SIS)	VZXA[*]		—		VZXE	—	VZXI	VZXL		—	VZXP	—	VZXR	—	—
VZY	Y 轴振动(SIS)	VZYA[*]		—		VZYE	—	VZYI	VZYL		—	VZYP	—	VZYR	—	—
VZZ	Z 轴振动(SIS)	VZZA[*]		—		VZZE	—	VZZI	VZZL		—	VZZP	—	VZZR	—	—
W	重量,力	WA[*]		WAD[*]		WE	WG	WI	WL		—	—	WQ	WR	WQ	WX
WZ	重量,力(SIS)	WZA[*]		—		WZE	—	—	—		—	—	—	WZR	—	—
WD	重量差	WDA[*]		WDAD[*]		WDE	—	WDI	WDL		—	—	—	WDR	—	WDX
WF	重量比率	WFA[*]		WFAD[*]		WFE	—	WFI	—		—	—	—	WFR	—	WFX
WK	重量变化率	WKA[*]		WKAD[*]		WKE	—	WKI	—		—	—	—	WKR	—	WKX
WQ	重量累计	WQA[*]		WQAD[*]		WQE	—	WQI	WQL		—	—	—	WQR	—	WQX
WX	X 轴向力	WXA[*]		WXAD[*]		WXE	—	WXI	WXL		—	—	—	WXR	—	WXX
WY	Y 轴向力	WYA[*]		WYAD[*]		WYE	—	WYI	WYL		—	—	—	WYR	—	WYX
WZ	Z 轴向力	WZA[*]		WZAD[*]		WZE	—	WZI	WZL		—	—	—	WZR	—	WZX
WZX	X 轴向力(SIS)	WZXA[*]		—		WZXE	—	WZXI	WZXL		—	—	—	WZXR	—	—
WZY	Y 轴向力(SIS)	WZYA[*]		—		WZYE	—	WZYI	WZYL		—	—	—	WZYR	—	—
WZZ	Z 轴向力(SIS)	WZZA[*]		—		WZZE	—	WZZI	WZZL		—	—	—	WZZR	—	—
X	未分类	XA[*]		XAD[*]		XE	XG	XI	XL		—	—	—	XR	—	XX
Y	事件,状态	YA[*]		—		YE	—	YI	YL		—	—	—	YR	—	YX
YZ	事件,状态(SIS)	YZA[*]		—		YZE	—	YZI	YZL		—	—	—	YZR	—	YZX
Z	位置,尺寸	ZA[*]		ZAD[*]		ZE	ZG	ZI	ZL		—	—	—	ZR	—	ZX
ZZ	位置(SIS)	ZZA[*]		—		ZZE	—	ZZI	ZZL		—	—	—	ZZR	—	—
ZX	X 轴位	ZXA[*]		ZXAD[*]		ZXE	ZXG	ZXI	ZXL		—	—	—	ZXR	—	ZXX
ZY	Y 轴位	ZYA[*]		ZYAD[*]		ZYE	ZYG	ZY	ZYL		—	—	—	ZYR	—	ZYX
ZZ	Z 轴位	ZZA[*]		ZZAD[*]		ZZE	ZZG	ZZI	ZZL		—	—	—	ZZR	—	ZZX
ZZX	X 轴位(SIS)	ZZXA[*]		—		ZZXE	—	ZZXI	ZZXL		—	—	—	ZZXR	—	—
ZZY	Y 轴位(SIS)	ZZYA[*]		—		ZZYE	—	ZZYI	ZZYL		—	—	—	ZZYR	—	—
ZZZ	Z 轴位(SIS)	ZZZA[*]		—		ZZZE	—	ZZZI	ZZZL		—	—	—	ZZZR	—	—
ZD	位置差	ZDA[*]		ZD AD[*]		ZDE	ZDG	ZDI	ZDL		—	—	—	ZDR	—	ZDX
ZDX	X 轴位位置差	ZDXA[*]		ZDX AD[*]		ZDXE	ZDXG	ZDXI	ZDXL		—	—	—	ZDXR	—	ZDXX
ZDY	Y 轴位位置差	ZDYA[*]		ZDYAD[*]		ZDYE	ZDYG	ZDYI	ZDYL		—	—	—	ZDYR	—	ZDYX
ZDZ	Z 轴位位置差	ZDZA[*]		ZDZAD[*]		ZDZE	ZDZG	ZDZI	ZDZL		—	—	—	ZDZR	—	ZDZX

注：表中的“—”表示不应有的组合；功能修饰词字母增加在功能字母后；PSE 和 TSE 是防止出现压力和温度紧急情况的压力爆破片和温度爆破片。

表 2-12　后继字母中输出功能允许组合的形式

首位字母 被测/引发变量 带/不带修饰词		C				K	N	S	T			U	V	X	Y	Z
		控制 C	指示控制 IC	记录控制 RC	控制阀 CV	操作器	供选用	开关+功能修饰词 S[*]	传送变送 T	指示变送 IT	记录变送 RT	多功能	阀、风门、百叶窗	未分类	辅助设备	驱动器，执行元件
A	分析	AC	AIC	ARC	—	AK		AS[*]	AT	AIT	ART	AU	AV	AX	AY	AZ
AZ	分析(SIS)	AZC	AZIC	AZRC	—	—		AZS[*]	AZT	—	—	AZU	AZV	—	AZY	AZZ
B	烧嘴，火焰	BC	BIC	BRC	—	BK		BS[*]	BT	BIT	BRT	BU	BV	BX	BY	BZ
BZ	烧嘴，火焰(SIS)	BZC	BZIC	BZRC	—	—		BZS[*]	BZT	—	—	BZU	BZV	—	BZY	BZZ
C	电导率	CC	CIC	CRC	—	CK		CS[*]	CT	CIT	CRT	CU	CV	CX	CY	CZ
CZ	电导率(SIS)	CZC	CZIC	CZRC	—	—		CZS[*]	CZT	—	—	CZU	CZV	—	CZY	CZZ
D	密度	DC	DIC	DRC	—	DK		DS[*]	DT	DIT	DRT	DU	DV	DX	DY	DZ
DZ	密度(SIS)	DZC	DZIC	DZRC	—	—		DZS[*]	DZT	—	—	DZU	DZV	—	DZY	DZZ
E	电压(电动势)	EC	EIC	ERC	—	EK		ES[*]	ET	EIT	ERT	EU	—	EX	EY	EZ
EZ	电压(电动势)(SIS)	EZC	EZIC	EZRC	—	—		EZS[*]	EZT	—	—	EZU	—	EZX	EZY	EZZ
F	流量	FC	FIC	FRC	FCV	FK		FS[*]	FT	FIT	FRT	FU	FV	FX	FY	—
FF	流量比率	FFC	FFIC	FFRC		FFK		FFS[*]	FFT	FFIT	FFRT	FFU	FFV	FFX	FFY	—
FQ	流量累计	FQC	FQIC	FQRC	FQCV	FQK		FQS[*]	FQT	FQIT	FQRT	FQU	FQV	FQX	FQY	—
FS	流量安全	—	—	—	—	—		—	—	—	—	—	—	—	—	—
FZ	流量(SIS)	FZC	FZIC	FZRC	—	—		FZS[*]	FZT	—	—	FZU	FZV	—	FZY	—
G	可燃气体和有毒气体	GC	GIC	GRC	—	GK		GS[*]	GT	GIT	GRT	GU	GV	GX	G	GZ
GZ	可燃气体和有毒气体(SIS)	GZC	GZIC	GZRC	—	—		GZS[*]	GZT	—	—	GZU	GZV	—	GZY	GZZ
H	手动	HC	HIC	HRC	HCV	—		HS[*]	—	—	—	HU	HV	HX	HY	HZ
HZ	手动(SIS)	HZC	HZIC	HZRC	—	—		HZS[*]	—	—	—	HZU	HZV	—	HZY	HZZ
I	电流	IC	IIC	IRC	—	IK		IS[*]	IT	IIT	IRT	IU	—	IX	IY	IZ
IZ	电流(SIS)	IZC	IZIC	IZRC	—	—		IZS[*]	IZT	—	—	IZU	—	IZX	IZY	IZZ
J	功率	JC	JIC	JRC	—	JK		JS[*]	JT	JIT	JRT	JU	—	JX	JY	JZ
JQ	功率累计	JQC	JQIC	JQRC	—	JQK		JQS[*]	JQT	JQIT	JQRT	JQU	—	JQX	JQY	JQZ
JZ	功率(SIS)	JZC	JZIC	JZRC	—	—		JZS[*]	JZT	—		JZU	—	JZX	JZY	JZZ
K	时间，时间程序	KC	KIC	KRC	—	KK		KS[*]	—	—	—	KU	—	KX	KY	KZ
KQ	时间累计	KQC	KQIC	KQRC	—	—		KQS[*]	—	—	—	KQ	KQV	KQX	KQY	KQZ
L	物位	LC	LIC	LRC	LCV	LK		LS[*]	LT	LIT	LRT	LU	LV	LX	LY	LZ
LZ	物位(SIS)	LZC	LZIC	LZRC	—	—		LZS[*]	LZT	—	—	LZU	LZV	LZX	LZY	LZZ
M	水分或湿度	MC	MIC	MRC	—	MK		MS[*]	MT	MIT	MRT	MU	MV	MX	MY	MZ

续表

首位字母 被测/引发变量 带/不带修饰词		C				K	N	S	T			U	V	X	Y	Z
		控制	指示控制	记录控制	控制阀	操作器	供选用	开关+功能修饰词	传送变送	指示变送	记录变送	多功能	阀、风门、百叶窗	未分类	辅助设备	驱动器，执行元件
		C	IC	RC	CV			S[＊]	T	IT	RT					
MZ	水分或湿度(SIS)	MZC	MZIC	MZRC	—	—		MZS[＊]	MZT	—	—	MZU	MZV	MZX	MZY	MZZ
N	供选用															
O	供选用															
P	压力	PC	PIC	PRC	PCV	PK		PS[＊]	PT	PIT	PRT	PU	PV	PX	PY	PZ
PD	压差	PDC	PDIC	PDRC	PDCV	PDK		PDS[＊]	PDT	PDIT	PDRT	PDU	PDV	PDX	PDY	PDZ
PF	压力比率	PFC	PFIC	PFRC		PFK		PFS[＊]	—	—	—	PFU	PFV	PFX	PFY	PFZ
PK	压力变化率	PKC	PKIC	PKRC		PKK		PKS[＊]	—	—	—	PKU	PKV	PKX	PKY	PKZ
PS	压力安全	—	—	—	PSV	—		—	—	—	—	—	PSV			
PZ	压力(SIS)	PZC	PZIC	PZRC	—	—		PZS[＊]	PZT	—	—	PZU	PZV	PZX	PZY	PZZ
Q	数量	QC	QIC	QRC	—	QK		QS[＊]	QT	QIT	—	QU	QV	QX	QY	QZ
QQ	数量累计	QQC	QQIC	QQRC	—	QQK		QQS[＊]	QQT	QQIT	—	QQU	QQV	QQX	QQY	QQZ
R	核辐射	RC	RIC	RRC	—	RK		RS[＊]	RT	RIT	RRT	RU	RV	RX	RY	RZ
RQ	辐射累计	RQC	RQIC	RQRC	—	RQK		RQS[＊]	RQT	—	—	RQU	RQV	RQX	RQY	RQZ
RZ	核辐射(SIS)	RZC	RZIC	RZRC	—	—		RZS[＊]	RZT	—	—	RZU	RZV	RZX	RZY	RZZ
S	速度，频率	SC	SIC	SRC	SCV	SK		SS[＊]	ST	SIT	SRT	SU	SV	SX	SY	SZ
SZ	速度，频率(SIS)	SZC	SZIC	SZRC	SZCV	—		SZS[＊]	SZT	—	—	SZU	SZV	SZX	SZY	SZZ
T	温度	TC	TIC	TRC	TCV	TK		TS[＊]	TT	TIT	TRT	TU	TV	TX	TY	TZ
TD	温差	TDC	TDIC	TDRC	—	TDK		TDS[＊]	TDT	TDIT	TDRT	TDU	TDV	TDX	TDY	TDZ
TF	温度比率	TFC	TFIC	TFRC	—	TFK		TFS[＊]	—	—	—	TFU	TFV	TFX	TFY	TFZ
TK	温度变化率	TKC	TKIC	TKRC	—	TKK		TKS[＊]	—	—	—	TKU	TKV	TKX	TKY	TKZ
TS	温度安全	—	—	—	TSV	—		—	—	—	—	—	TSV	—	—	—
TZ	温度(SIS)	TZC	TZIC	TZRC		—		TZS[＊]	TZT	—	—	TZU	TZV	TZX	TZY	TZZ
U	多变量	UC	UIC	URC		—		US[＊]	—	—	—	UU	UV	UX	UY	UZ
UZ	多变量(SIS)	UZC	UZIC	UZRC		—		UZS[＊]	—	—	—	UZU	UZV	UZX	UZY	UZZ
V	振动，机械监视	VC	VIC	VRC		—		VS[＊]	VT	VIT	VRT	VU	—	VX	VY	—
VZ	振动(SIS)	VC	VZIC	VRC		—		VZS[＊]	VZT	—		VZU	—	VZX	VZY	—
VX	X 轴振动	VXC	VXIC	VXRC		—		VXS[＊]	VXT	VXIT	VXRT	VXU	—	VXX	VXY	—
VY	Y 轴振动	VYC	VYIC	VYRC		—		VYS[＊]	VYT	VYIT	VYRT	VYU	—	VYX	VYY	—
VZ	Z 轴振动	VZC	VZIC	VZRC		—		VZS[＊]	VZT	VZIT	VZRT	VZU	—	VZX	VZY	—
VZX	X 轴振动(SIS)	VZXC	VZXIC	VZXRC		—		VZXS[＊]	VZXT	—	—	VZXU	—	VZXX	VZXY	—
VZY	Y 轴振动(SIS)	VZYC	VZYIC	VZYRC		—		VZYS[＊]	VZYT	—	—	VZYU	—	VZYX	VZYY	—

续表

首位字母 被测/引发变量 带/不带修饰词		C				K	N	S	T			U	V	X	Y	Z
		控制	指示控制	记录控制	控制阀	操作器	供选用	开关+功能修饰词	传送变送	指示变送	记录变送	多功能	阀、风门、百叶窗	未分类	辅助设备	驱动器，执行元件
		C	IC	RC	CV			S[*]	T	IT	RT					
VZZ	Z轴振动(SIS)	VZZC	VZZIC	VZZRC		—		VZZS[*]	VZZT	—	—	VZZU	—	VZZX	VZZY	—
W	重量，力	WC	WIC	WRC	WCV	WK		W S[*]	WT	WIT	WRT	WU	WV	WX	WY	WZ
WZ	重量，力(SIS)	WZC	WZIC	WZRC		—		WZS[*]	WZT	—	—	WZU	WZV	WZX	WZY	WZZ
WD	重量差	WDC	WDIC	WDRC		WDK		WDS[*]	WDT	WDIT	WDRT	WDU	WDV	WDX	WDY	WDZ
WF	重量比率	WFC	WFIC	WFRC		WFK		WFS[*]	—	—	—	WFU	WFV	WFX	WFY	WFZ
WK	重量变化率	WKC	WKIC	WKRC		WKK		WKS[*]	WKT	WKIT	WKRT	WKU	WKV	WKX	WKY	WKZ
WQ	累积重量	WQC	WQIC	WQRC		WQK		WQS[*]	—	—	—	WQU	WQV	WQX	WQY	WQZ
WX	X轴向力	WXC	WXIC	WXRC		WXK		WXS[*]	WXT	WXIT	WXRT	WXU	WXV	WXX	WXY	WXZ
WY	Y轴向力	WYC	WYIC	WYRC		WYK		WY S[*]	WYT	WYIT	WYRT	WYU	WYV	WYX	WYY	WYZ
WZ	Z轴向力	WZC	WZIC	WZRC		WZK		WZ S[*]	WZT	WZIT	WZRT	WZU	WZV	WZX	WZY	WZZ
WZX	X轴向力(SIS)	WZXC	WZXIC	WZXRC		—		WZXS[*]	WZXT	—	—	WZXU	WZXV	WZXX	WZXY	WZXZ
WZY	Y轴向力(SIS)	WZYC	WZYIC	WZYRC		—		WZYS[*]	WZYT	—	—	WZYU	WZYV	WZYX	WZYY	WZYZ
WZZ	Z轴向力(SIS)	WZZC	WZZIC	WZZRC		—		WZZS[*]	WZZT	—	—	WZZU	WZZV	WZZX	WZZY	WZZZ
X	未分类	XC	XIC	XRC		XK		XS[*]	XT	XIT	XRT	XU	XV	XX	XY	XZ
Y	事件，状态	YC	YIC	YRC		YK		YS[*]	YT	YIT	YRT	YU	YV	YX	YY	YZ
YZ	事件，状态(SIS)	YZC	YZIC	YZRC		—		YZS[*]	YZT	—	—	YZU	YZV	YZX	YZY	YZZ
Z	位置，尺寸	ZC	ZIC	ZRC		ZK		ZS[*]	ZT	ZIT	ZRT	ZU	ZV	ZX	ZY	ZZ
ZZ	位置(SIS)	ZZC	ZZIC	ZZRC		—		ZZS[*]	ZZT	—	—	ZZU	ZZV	ZZX	ZZY	ZZZ
ZX	X轴位	ZXC	ZXIC	ZXRC		ZXK		ZXS[*]	ZXT	ZXIT	ZXRT	ZXU	ZXV	ZXX	ZXY	ZXZ
ZY	Y轴位	ZYC	ZYIC	ZYRC		ZYK		ZYS[*]	ZYT	ZYIT	ZYRT	ZYU	ZYV	ZYX	ZYY	ZYZ
ZZ	Z轴位	ZZC	ZZIC	ZZRC		ZZK		ZZS[*]	ZZT	ZZIT	ZZRT	ZZU	ZZV	ZZX	ZZY	ZZZ
ZZX	X轴位(SIS)	ZZXC	ZZXIC	ZZXRC		—		ZZXS[*]	ZZXT	—	—	ZZXU	ZZXV	ZZXX	ZZXY	ZZXZ
ZZY	Y轴位(SIS)	ZZYC	ZZYIC	ZZYRC		—		ZZYS[*]	ZZYT	—	—	ZZYU	ZZYV	ZZYX	ZZYY	ZZYZ
ZZZ	Z轴位(SIS)	ZZZC	ZZZIC	ZZZRC		—		ZZZS[*]	ZZZT	—	—	ZZZU	ZZZV	ZZZX	ZZZY	ZZZZ
ZD	位置差	ZDC	ZDIC	ZDRC		ZDK		ZDS[*]	ZDT	ZDIT	ZDRT	ZDU	ZDV	ZDX	ZDY	ZDZ
ZDX	X轴位位置差	ZDXC	ZDXIC	ZDXRC		ZDXK		ZDXS[*]	ZDXT	ZDXIT	ZDXRT	ZDXU	ZDXV	ZDXX	ZDXY	ZDXZ
ZDY	Y轴位位置差	ZDYC	ZDYIC	ZDYRC		ZDYK		ZDYS[*]	ZDYT	ZDYIT	ZDYRT	ZDYU	ZDYV	ZDYX	ZDYY	ZDYZ
ZDZ	Z轴位位置差	ZDZC	ZDZIC	ZDZRC		ZDZK		ZDZS[*]	ZDZT	ZDZIT	ZDZRT	ZDZU	ZDZV	ZDZX	ZDZY	ZDZZ

注："—"表示不应有的组合；功能修饰词字母增加在功能字母后；PSV和TSV是防止出现压力和温度紧急情况的压力安全阀和温度安全阀。

表2-11和表2-12中，[*]表示报警和其他功能修饰词，即允许字母为：无、高高HH、高H、中间M、低L、低低LL、开位O、关位C、运行R、停止S、未分类X。

CV 列的字母组合表明构成自力式调节阀功能标志的字母应遵循的排列顺序。IC 和 RC 列的字母组合表明构成仪表功能标志的字母应遵循的排列顺序。

根据需要，用户可自定义下列字母：

a. 供选用的功能字母 N 和 O；

b. 表 2-7 中后继字母的读出功能和修饰词中未注明功能的字母。

(4) 仪表回路号和仪表位号后缀的示例

表 2-13 是仪表回路号和仪表位号后缀的示例。

表 2-13 仪表回路号和仪表位号后缀的示例

仪表回路号后缀(斜体部分)			仪表位号后缀(带下画线部分)情况 1:不同的用途					
			两个仪表设备(对应不同回路后缀形式)			四个仪表设备(对应不同回路后缀形式)		
后缀形式	位于回路数字编号后	位于回路标志字母后	仪表位号后缀-数字形式			仪表位号后缀和附加后缀		
			后缀形式	数字编号后	标志字母后	后缀形式	数字编号后	标志字母后
无	F*01		FV*01-1			FV*01-1A FV*01-1B		
			FV*01-2			FV*01-2A FV*01-2B		
字母形式	F*01A	F-A-*01		FV*01-A-1	FV-A-*01-1		FV*01-A-1A FV*01-A-1B	FV-A-*01-1A FV-A-*01-1B
				FV*01-A-2	FV-A-*01-2		FV*01-A-2A FV*01-A-2B	FV-A-*01-2A FV-A-*01-2B
	F*01B	F-B-*01		FV*01-B-1	FV-B-*01-1		FV*01-B-1A FV*01-B-1B	FV-B-*01-1A FV-B-*01-1B
				FV*01-B-2	FV-B-*01-2		FV*01-B-2A FV*01-B-2B	FV-B-*01-2A FV-B-*01-2B
数字形式	F*01-1	F-1-*01		FV*01-1-1	FV-1-*01-1		FV*01-1-1A FV*01-1-1B	FV-1-*01-1A FV-1-*01-1B
				FV*01-1-2	FV-1-*01-2		FV*01-1-2A FV*01-1-2B	FV-1-*01-2A FV-1-*01-2B
	F*01-2	F-2-*01		FV*01-2-1	FV-2-*01-1		FV*01-2-1A FV*01-2-1B	FV-2-*01-1A FV-2-*01-1B
				FV*01-2-2	FV-2-*01-2		FV*01-2-2A FV*01-2-2B	FV-2-*01-2A FV-2-*01-2B
仪表回路号后缀(斜体部分)			仪表位号后缀(下画线部分)情况 2:相同的用途					
			仪表位号后缀-字母形式			仪表位号后缀和附加后缀		
无	F*01		FV*01-A			FV*01-A1 FV*01-A2		
			FV*01-B			FV*01-B1 FV*01-B2		

续表

仪表回路号后缀(斜体部分)			仪表位号后缀(下画线部分)情况2:相同的用途					
			仪表位号后缀-字母形式			仪表位号后缀和附加后缀		
字母形式	F*01A	F-A-*01		FV*01A-A	FV-A-*01-A		FV*01A-A1 FV*01A-A2	FV-A-*01-A1 FV-A-*01-A2
				FV*01A-B	FV-A-*01-B		FV*01A-B1 FV*01A-B2	FV-A-*01-B1 FV-A-*01-B2
	F*01B	F-B-*01		FV*01B-A	FV-B-*01-A		FV*01B-A1 FV*01B-A2	FV-B-*01-A1 FV-B-*01-A2
				FV*01B-B	FV-B-*01-B		FV*01B-B1 FV*01B-B2	FV-B-*01-B1 FV-B-*01-B2
数字形式	F*01-1	F-1-*01		FV*01-1-A	FV-1-*01-A		FV*01-1-A1 FV*01-1-A2	FV-1-*01-A1 FV-1-*01-A2
				FV*01-1-B	FV-1-*01-B		FV*01-1-B1 FV*01-1-B2	FV-1-*01-B1 FV-1-*01-B2
	F*01-2	F-2-*01		FV*01-2-A	FV-2-*01-A		FV*01-2-A1 FV*01-2-A2	FV-2-*01-A1 FV-2-*01-A2
				FV*01-2-B	FV-2-*01-B		FV*01-2-B1 FV*01-2-B2	FV-2-*01-B1 FV-2-*01-B2

注：根据规定，表中的*可表示为0～9的数字或多位数字的组合。情况1和情况2的编号方式可互换，也可只用其中一种方式。位于回路标志字母后的情况仅适用于用户或信息系统不允许将回路号后缀放置在回路数字编号后的情况。

2.2.5 缩写字母

(1) 常用缩写字母

除了仪表功能标志外，常用缩写字母见表2-14。

(2) 仪表辅助设备的缩写字母

HG/T 20637.2—2017《自控专业工程设计用图形符号和文字代号》规定仪表辅助设备的缩写字母（文字代号）见表2-15。

(3) 电缆、电线的缩写字母

表2-16是电缆、电线的缩写字母（文字代号）。

(4) 管路的缩写字母

表2-17是管路的缩写字母（文字代号）。

(5) 系统的缩写字母

系统的缩写字母（文字代号）见表2-18。

表 2-14　常用缩写字母

缩写字母	英文	中文	缩写字母	英文	中文
A	Analog signal	模拟信号	GC	Gas chromatograph	气相色谱仪
AC	Alternating current	交流电	H	Hydraulic signal;High	液压信号;高
ACS	Analyzer control system	分析仪控制系统	HH	High-High	高高
A/D	Analog/Digital	模拟/数字	I	Electric current signal; Interlock; Integrate	电流信号;联锁;积分控制
A/M	Automatic/Manual	自动/手动			
AND	AND gate	“与”门	IA	Instrument air	仪表空气
AVG	Average	平均	IFO	Internal orifice plate	内藏孔板
BMS	Burner management system	燃烧管理系统	IN	Input;Inlet	输入;入口
BPCS	Basic process control system	基本过程控制系统	IP	Instrument panel	仪表盘
CCS	Computer control system Compressor control system	计算机控制系统 压缩机控制系统	L	Low	低
			L-COMP	Lag compensation	滞后补偿
D	Derivative control mode Digital signal	微分控制模式 数字信号	LB	Local board	就地盘
			LL	Low-Low	低低
D/A	Digital/Analog	数字/模拟	M	Motor operated actuator;Middle	电动执行机构;中
DC	Direct current	直流电	MAX	Maximum	最大
DCS	Distributed control system	分散控制系统	MIN	Minimum	最小
DIFF	Subtract	减	MMS	Machine monitoring system	机器监测系统
DIR	Direct-acting	正作用	NOR	Normal;NOR gate	正常;“或非”门
E	Voltage signal;Electric signal	电压信号,电信号	NOT	NOT gate	“非”门
ESD	Emergency shutdown	紧急停车	ON-OFF	Connect-disconnect (automatically)	通-断(自动地)
FFC	Feedforward control mode	前馈控制模式	OPT	Optimizing control mode	优化控制模式
FFU	Feedforward unit	前馈单元	OR	OR gate	“或”门

续表

缩写字母	英文	中文	缩写字母	英文	中文
OUT	Output;Outlet	输出;出口	REV	Reverse-acting	反作用(反向)
P	Pneumatic signal; Proportion control mode; Instrument panel; Purge flushing device	气动信号,比例控制模式;仪表盘;吹气或冲洗装置	RTD	Resistance temperature detector	热电阻
			S	Solenoid actuator	电磁执行机构
			SIS	Safety instrumented system	安全仪表系统
PCD	Process control diagram	工艺控制图	SP	Set point	设定点
P&ID	Piping and instrument diagram(PID)	管道仪表流程图	SQRT	Square root	平方根
PLC	Programmable logic controller	可编程控制器	TC	Thermocouple	热电偶
P. T-COMP	Pressure temperature compensation	压力温度补偿	XR	X-ray	X射线
R	Reset of fail-locked device;Resistance	故障保位复位装置;电阻信号			

表 2-15 仪表辅助设备的缩写字母

缩写字母	英文	中文	缩写字母	英文	中文
AC	Auxiliary cabinet	辅助柜	MC	Marshaling terminal cabinet	编组端子柜
AD	Air distributor	空气分配器	PAC	Alternating current power supply cabinet	交流供电柜
BC	Safety barrier cabinet	安全栅柜	PDC	Direct current power supply cabinet	直流供电柜
CD	Console desk(independent)	操作台(独立)	PB	Protect box	保护箱
FCB	Fieldbus connector box	总线接线箱	PX	Terminal block for power supply	电源接线端子板
GP	Semi-graphic panel	半模拟盘	RC	Relay cabinet	继电器柜
IB	Instrument box	仪表箱	RB	Relay box	继电器箱
IC	Instrument cabinet	仪表柜	RX	Terminal block for relay	继电器接线端子板
IP	Instrument panel	仪表盘	SB	Power supply box	供电箱
IPA	Instrument panel accessory	仪表盘附件	SC	System cabinet	系统机柜

续表

缩写字母	英文	中文	缩写字母	英文	中文
IR	Instrument rack	仪表盘后框架	SX	Terminal block for signal	信号接线端子板
IX	Terminal block for intrinsic-safety signal	本安信号接线端子板	TC	Terminal cabinet	端子柜
JB$#*	Junction box	接线箱(盒)	UPS	Uninterruptable power supplies	不间断电源
LP	Local panel	就地盘	WB	Winterizing box	保温箱

注：$是连接系统标识，D 表示 DCS；Z 表示 SIS；P 表示 PLC；C 表示 CCS；G 表示 GDS，见表 2-18。

#是仪表防爆类别，i 表示 Exi；d 表示 Exd；e 表示 Exe；不标注表示非防爆，见表 3-3。

*是仪表信号类型。S 表示 4～20mA DC 标准信号；C 表示触点信号；R 表示热电阻；T 表示热电偶；P 表示脉冲；E 表示电源。

设计人员可根据项目具体情况确定是否采用连接系统标识和防爆类别。

表 2-16　电缆、电线的缩写字母

缩写字母	英文	中文	缩写字母	英文	中文
BC	Bus cable	总线电缆	PiC	Pulse signal intrinsic safety cable	脉冲信号本安电缆
CC	Contact signal cable(wire)	接点信号电缆(电线)	RC	RTD signal cable(wire)	热电阻信号电缆(电线)
CiC	Contact signal intrinsic safety cable	接点信号本安电缆	RiC	RTD signal intrinsic safety cable	热电阻信号本安电缆
EC	Electric supply cable(wire)	电源电缆(电线)	SC	Signal cable(wire)	标准信号电缆(电线)
FOC	Fiber optic cable	光纤	SiC	Signal intrinsic safety cable	标准信号本安电缆
GC	Ground cable(wire)	接地电缆(电线)	TC	T/C compensating cable(conductor)	热电偶补偿电缆(导线)
MC	MODBUS cable	MODBUS 通信电缆	TiC	T/C compensating intrinsic safety cable	热电偶补偿本安电缆
PC	Pulse signal cable(wire)	脉冲信号电缆(电线)			

表 2-17　管路的缩写字母

缩写字母	英文	中文	缩写字母	英文	中文
AP	Air supply pipeline	空气源管路	MP	Pulse pipeline	测量管路(脉冲管路)
HP	Hydra pipeline	液压管路	NP	Nitrogen supply pipeline	氮气源管路

表 2-18 系统的缩写字母

缩写字母	英文	中文	缩写字母	英文	中文
ADP	Alarm data panel	报警盘	ICSS	Integrated control and safety system	一体化控制安全系统
AMS	Asset management system	设备管理系统	MCC	Motor control center	电机控制中心
APC	Advanced process control	先进控制系统	MES	Manufacturing execution system	生产管理系统
BMS	Burner management system	燃烧管理系统	MMS	Machine monitoring system	机械监控系统
CCS	Compressor control system	压缩机控制系统	OWS	Operator work station	操作员站
CCTV	Closed circuit television system	电视监控系统	OLE	Object linking and embedding	对象连接与嵌入
DCS	Distributed control system	集散控制系统	OPA	Open Process Automation	开放过程自动化
EPMS	Electrical power management system	供电管理系统	OPC	OLE for process control	用于过程控制的 OLE
ERP	Enterprise resource planning system	企业资源计划系统	PAS	Process analysis system	过程分析系统
ESD	Emergency shutdown system	紧急停车系统	PCN	Process control network	过程控制网络
EWS	Engineer work station	工程师站	PDP	Power distribution panel	电源配电盘
FACP	Fire and gas alarm control panel	火气报警控制盘	PLC	Programmable logic controller	可编程控制器
FAT	Factory acceptance test	工厂验收测试	PMS	Power management system	电源管理系统
FGS	Fire alarm and gas detector system	火警和气检系统	SAT	Site acceptance test	现场验收测试
GDS	Gas detection system	可燃/有毒气体探测系统	SIS	Safety instrumented system	安全仪表系统
HART	Highway addressable remote transducer	可寻址远传高速公路	SOE	Sequence of event	事件顺序
HMI	Human machine interface	人机接口	TGS	Tank gauging system	罐表系统
HVAC	Heat ventilation and air condition	采暖通风与空调	VMS	Vibration monitoring system	振动监控系统

注：过程控制网络英文缩写，HG/T 20637.2-2017 标准中为 PVC，应改为 PCN（Process control network）

2.3　过程检测和控制流程图用图形符号

2.3.1　仪表设备与功能图形符号

仪表设备与功能图形符号适用于管道仪表流程图等图纸类文件的编制。仪表图形符号应包括对连接端、能源（电源、气源、液压源）的描述。

(1) 仪表设备与功能的图形符号

表 2-19 是仪表设备与功能的图形符号。

表 2-19　仪表设备与功能的图形符号

安装位置	位于现场	控制室，控制盘(台)正面	控制室，控制盘(台)背面	现场控制盘（正面）	现场控制盘（背面）
首选和基本过程控制系统（DCS 或 PLC）					
备选或安全仪表系统(SIS)					
计算机系统及软件					
单台仪表设备或功能					
可视性	非仪表盘(柜)、控制台安装；现场可视	盘正面或视频显示器上可视	盘正面或视频显示器上不可视	盘正面或视频显示器上可视	位于现场机柜内。盘正面或视频显示器上不可视
可接近性	通常允许	通常允许	通常不允许	通常允许	通常不允许

注：可接近性通常指设备或功能的一种特性，交互共享系统功能的一种特性，或操作员以实现控制操作为目的的可进行使用或观察的一种特性。

盘后指操作员通常不允许接近的地方，例如，仪表或控制盘的背面，封闭式仪表机架或机柜，或仪表机柜间内放置盘柜的区域。

① 仪表设备和功能的图形符号规定：常规仪表图形符号是圆圈；共享控制、共享显示功能的图形符号是正方形；逻辑功能图形符号是菱形；计算机的图形符号是正六边形。随 DCS 的应用日益广泛，采用常规仪表的工程设计已逐步减少。因此，主选或基本过程控制系统（BPCS）等具有共享控制、共享显示的系统和仪表设备图形符号由细实线正方形与内切圆组成，常表示连续控制应用。备选、可编程控制器或安全仪表系统的图形符号由细实线正方形与内接菱形组成，常表示离散逻辑控制应用。计算机的图形符号由细实线正六边形组成。单台仪表的图形符号由细实线的圆圈组成。共享控制是控制设备或功能的一种特性，含有预先设置的算法程序，这些算法可检索、可配置、可连接，允许用户自定义控制策略和功能，经常被用于描述 DCS、PLC 或基于其他微处理器的系统的控制特征。共享显示是操作员接口装置，可能是屏幕、发光二极管、液晶或其他显示单元，用于根据操作员指令显示来

自若干信息源的过程控制信息，经常被用于描述 DCS、PLC 或基于其他微处理器的系统的显示特征。

② 圆圈的图形符号直径原规定为 10mm，随着仪表设备的功能字母增加，规定改用 13mm，现统一改为 12mm，并允许功能字母覆盖部分图形（即可以超出图形）。正方形的边长规定为 12mm，圆或菱形内切正方形表示共享显示和共享控制功能。正六边形的平行边之间距离为 12mm。

③ 安装在现场时，仪表图形符号中间是不添加任何线的。安装在中央控制室的仪表盘正面或在共用显示视屏显示的仪表设备或功能，图形符号中间添加一条水平细实线。实线表示这些仪表是可视的，可接近的。安装在中央控制室的仪表盘背面或不能在共用显示视屏显示的仪表设备或功能，图形符号中间添加一条水平细虚线。虚线表示它们是操作人员不可视和不允许接近的。安装在现场控制室的仪表盘正面或在现场共用显示视屏显示的仪表设备或功能，图形符号中间添加两条水平的细实线。安装在现场控制室的仪表盘背面或不能在现场共用显示视屏显示的仪表设备或功能，图形符号中间添加两条水平的细虚线。两条线表示现场控制室，一条线表示中央控制室。计算机系统和单台仪表中间的线形也与上述规定一致。

④ 联锁逻辑系统的图形符号是细实线的菱形。中间标注字母“I”（Interlock）。局部联锁逻辑系统较多时，应对联锁逻辑系统编号。

⑤ 信号处理功能的图形符号是细实线正方形或矩形，如表 2-8 所示。它位于仪表设备或功能图形符号外，并与之相连接。

⑥ 两个或多个变量，或处理一个变量但有多个功能的复式仪表（同一壳体仪表，例如现场总线变送器加 PID 功能模块），采用相切的细实线圆圈表示。如果两个测量点距离较远或不在同一张图纸上，则分别在两处用两个相切的实线圆圈和虚线圆圈表示，实线圆圈表示本测量点，虚线圆圈表示远端测量点。

⑦ 当仪表位号的功能字母多于 5 个时，在图形符号中功能字母可将图形符号作断线处理，也可加大图形符号处理。

(2) 仪表设备及功能图形符号的示例

表 2-20 是仪表设备及功能图形符号的示例。

表 2-20　仪表设备及功能图形符号的示例

示例名称	表示方法	示例名称	表示方法
安装在现场的温度检测元件，检测元件插入设备中	TE 101	DCS 温度控制器输出送现场安装的电气阀门定位器，其输出送气动控制阀（气开）	TIC 104 → TY 104 I/P
温度检测元件连接到盘后安装的温度变送器	TE 102 → TT 102	DCS 输出送现场气动控制阀（气开），阀上安装电气阀门定位器	TIC 105
盘后安装的温度变送器连接到 DCS 的温度控制器，操作员可接近	TT 103 → TIC 103	现场安装的温度变送器输出送 DCS 的温度控制器，带高高、高、低、低低限报警	TT 106 → TICA 106 HH H L LL

续表

示例名称	表示方法	示例名称	表示方法
现场管道采样的气体送现场安装的二氧化碳成分分析仪	AT 107 CO_2	安装在现场的压力变送器和安装在盘后的温度变送器输出送双笔记录仪	TT 109　PT 110　PR 110　TR 109
现场安装的分析仪输出送 DCS 的分析仪滞后补偿单元，操作员不可视	AT 108　AY 108 L-COMP	流量控制回路中的现场总线执行器，带电气阀门定位器及控制功能	FC 111

注：箭头表示信号流向，允许不绘制。测量点引出线不绘制箭头。

(3) 连接线的图形符号

由于现场总线仪表及无线仪表的应用，连接线的图形符号有所增加，见表 2-21。

表 2-21　仪表连接线及仪表与工艺过程的连接线的图形符号

序号	图形符号	描述	序号	图形符号	描述
1	IA ————	仪表空气，可为 PA(过程空气)、NS(氮气)等，根据要求注明气压	10	或	电磁、辐射、热、光、声波等信号线(无导向) 无线通信连接
2	ES ————	仪表电源，根据要求注明电源电压和类型等	11	—○—○—○—	DCS、PLC、PC 等的通信连接和内部系统总线(软件或数据链)
3	HS ————	液压源，注明液压源压力	12	—●—●—●—	连接两个及以上独立微处理器或计算机为基础的系统通信连接或系统总线
4	—/—/—/—/—	用于信号类型无关紧要的场合，PFD 图，表示未定义的信号	13	—◇—◇—◇—	现场总线系统设备和功能间通信连接和系统总线； 与高智能设备的连接
5	—//—//—//—	气动信号线	14	--○---○---○--	一个设备与一个远程调校设备或系统间的通信连接； 与智能设备的连接
6	- - - - - - - 或 —///—///—///—	电动信号线	15	—⊙—⊙—⊙—	机械连接
7	—×—×—×—	导压毛细管	16	- - - - - - - -	二进制信号或电子、电气连续变量
8	—L—L—L—	液压信号线	17	—XX—XX—XX—	二进制气信号(通断信号) 本版未采用
9	∿∿∿	电磁、辐射、热、光、声波等信号线(有导向) 光缆	18	——→ —○—○→	需要时，标注信号线的流向

续表

序号	图形符号	描述	序号	图形符号	描述
19		信号线交叉	27		仪表与工艺过程管线或设备的连接方式:承插焊连接
20		信号线连接	28		仪表与工艺过程管线或设备的连接方式:焊接连接
21		仪表与工艺过程的连接测量管线,连续变量信号	29	# ## # ##	图纸之间的信号连接,左→右 #:发送或接收信号的仪表位号 ##发送或接收信号的图号/页号
22	----- (ST) -----	伴热(伴冷)的测量管线 伴热(伴冷)类型:电(ET)、蒸汽(ST)、冷水(CW)等	30	# ## # ##	图纸之间的信号连接,右→左 #:发送或接收信号的仪表位号 ##发送或接收信号的图号/页号
23		伴热(伴冷)仪表测量管线通用型式,工艺过程管线或设备可能不伴热(伴冷)	31	(*)	内部功能。逻辑或梯形图信号连接,信号源去一个或多个信号接收器,(*)连接标识符
24		伴热(伴冷)的仪表 仪表测量管线可能不伴热(伴冷)	32	(*)	内部功能。逻辑或梯形图信号连接,一个或多个信号接收器接收一个信号源的信号,(*)连接标识符
25		仪表与工艺过程管线或设备的连接方式:螺纹连接	33	(*)	至逻辑图的信号输入 (*)是输入描述、来源或仪表位号
26		仪表与工艺过程管线或设备的连接方式:法兰连接	34	(*)	来自逻辑图的信号输出 (*)是输出描述、终点或仪表位号

仪表连接线用于工艺参数测量点与检测装置或仪表之间的连接,仪表与仪表能源之间的连接。

在管道仪表流程图上,仪表连接线可采用简化画法。即不画出变送器等检测仪表图形符号,工艺参数测量点与控制室监控仪表直接用细实线连接,如下述。

有必要表明信号的流向时,可在信号线上加流向箭头。信号线的交叉为断线,信号线相连不打点。

仪表能源的源连接线如果与通常使用的仪表能源不同,当仪表设备需要独立仪表能源及控制器或开关动作会影响仪表能源时,需要表示能源连接线,并注明电压等级及类型。

表 2-21 中,序号 11 表示专用系统内部设备和功能之间的通信连接。例如,DCS、PLC 或 PC 等的内部通信连接。序号 12 表示两个及以上以独立的微处理器或计算机为基础的系

统之间的通信连接，例如，高速 FF HSE 与 FF H1 之间的通信连接。序号 13 是连接于高智能仪表设备之间、高智能仪表设备与总线系统之间的通信连接。例如，现场总线变送器与现场总线执行器之间的通信连接等。序号 14 是连接智能仪表设备与仪表系统的输入信号端之间的通信连接。例如，带 HART 的智能仪表设备，它的输出信号叠加了可用于仪表诊断和校准等的数字信号。

仪表连接线的通用图形符号是细实线。当需要声明其信号类型时，可按表 2-21 中所描述，采用不同类型的信号线，例如，气动信号、电气信号、通信链信号或无线仪表信号等。

2.3.2　检测元件和检测仪表图形符号

(1) 测量点图形符号

测量点是工艺设备或管道上用于检测某过程参数的点，通常包括检测仪表及检测元件。仪表一次测量元件与变送器通用的图形符号见表 2-22。测量元件（早期称为检出元件或检测元件）通常用小圆点表示，也可直接用细实线从有关工艺设备或管道引出，细实线连接到检测仪表。

表 2-22　仪表一次测量元件与变送器通用的图形符号

图形符号	含义	图形符号	含义
□E (*)	通用一次检测元件图形符号 □是被测变量或引发变量字母。一次检测元件字母用 E 或 O。 (*)是元件类型注释的标识	□T (*)	通用变送器仪表图形符号。 □是被测变量或引发变量字母。变送器、传送器字母用 T。包括一体化温度检出元件等。 (*)是元件类型注释的标识
□E (*) □T	一次检测元件与变送器分体安装。 (*)是元件类型注释的标识	# □T	一体化变送器，一次检测元件直接安装在工艺管道或设备上，#表示一次检测元件图形符号
# □T	一体化变送器和一次检测元件分体安装，一次检测元件直接安装在工艺管道或设备上，#表示一次检测元件图形符号		通用测量点的图形符号

注：一次测量元件除了可与变送器（T）连接外，也可与记录仪（R）、控制器（C）、指示仪（I）或开关（S）连接。表中以变送器为例。

一次测量元件安装位置和类型不同，其图形符号也可不同。表 2-23 是一次测量元件的图形符号。

表 2-23　一次测量元件的图形符号

图形符号	描述	图形符号	描述
	单传感器探头，电导、湿度等探头		双传感器探头，pH、ORP 等电极
	光纤传感器探头		紫外线火焰检测器，火焰电视监视器

(2) 流量检测元件图形符号

表 2-24 是节流装置图形符号，表 2-25 是非差压型流量测量仪表图形符号。

表 2-24　节流装置图形符号

图形符号	描述	图形符号	描述	图形符号	描述	图形符号	描述
FE 101	流量检测元件通用图形符号	FI 102	差压式指示流量计 法兰或角接取压孔板	FP 103	法兰或角接取压测试接头，不带孔板	FE 104 VC	理论取压孔板
FT 105	理论取压、径距取压或管道取压孔板，差压式流量变送器	FP 106A RAD FP 106B	径距取压测试接头，不带孔板	FE 107	快速更换装置中的孔板	FE 108	皮托管或文丘里-皮托管
FE 109	文丘里管，流量喷嘴，流量测量管	FE 110	均速管	FE 111	堰式节流装置	FE 112	流量喷嘴
FE 113	同心圆孔板，限流孔板	FE 114	偏心圆孔板	FE 115	1/4 圆孔板	FE 116	A+K 平衡流量计
FE 117	多孔孔板	FE 118	文丘里管	FE 119	流量喷嘴	FE 120	流量测量管
FE 121	锥形元件，环形节流元件，V 锥流量计	FE 122	流量孔板，限流孔板				

表 2-25　非差压型流量测量仪表图形符号

图形符号	描述	图形符号	描述	图形符号	描述	图形符号	描述
FE 201	涡轮或旋翼式	FI 202	转子流量计	FQI 203	位移式流量积算指示器，容积式流量计	FE 204 FC 204	流量控制器
FE 205	超声流量计	FE 206	旋涡流量计传感器	FE 206	旋涡流量计	FE 207 M	电磁流量计（EMF）
FE 208	靶式流量计	FE 209 ΔT	热式流量计	FE 210	科里奥利质量流量计	FE 211	声波流量计，超声波流量计
FE 212	可变面积式流量计，浮子流量计	FE 213	明渠堰	FE 214	明渠水槽	FX 215	流量调整器
FT 216	流量元件和变送器组成一体						
FT 217	流量检测变送器通用型式						

流量计注释见下表

注释符号	含义	注释符号	含义	注释符号	含义	注释符号	含义
A+K	平衡流量计	LAM	层流	OP-VC	理论取压	THER	热式
CFR	恒定流量调节器	MAG	电磁	PV	文丘里-皮托管	TTS	声时传播
CONE	锥体	OP	孔板	OP-P	管道取压	TUR	涡轮
COR	科里奥利	OP-CQ	四分之一圆	PD	容积	US	超声波
DOP	多普勒	OP-E	偏心	PT	皮托管	VENT	文丘里管
DSON	声学多普勒	OP-MH	多孔	SNR	声纳	VOR	漩涡
FLN	流量喷嘴	OP-CT	角接取压	SON	声波	WDG	楔形
FLT	流量测量管	OP-FT	法兰取压	TAR	靶式		

(3) 其他检测仪表图形符号

① 就地压力表和压力变送器的图形符号。就地压力表和压力变送器的图形符号见表2-26。就地安装的压力表或真空表都用PG表示其被测变量和安装位置。压力变送器一般安装在就地压力检测点附近，其被测变量和后继字母组合表示为PT。

② 就地物位仪表和物位变送器的图形符号。就地物位仪表和物位变送器的图形符号见表2-26。根据物位检测原理的不同，其图形符号也有所不同。物位变送器也根据检测原理不同而有不同的图形符号。

③ 就地温度仪表和温度变送器的图形符号。就地温度仪表和温度变送器的图形符号见表2-26。就地温度计有带套管的温度计、温包等。温度测量元件常用热电阻和热电偶。温度变送器可与测量元件一体化安装在现场，也可经信号线连接到接收器，例如，安装在控制室盘后的温度变送器或控制室机柜内的温度变送器，也可直接连接到DCS等计算装置的热电阻/热电偶输入单元等。

④ 分析仪的图形符号。分析仪可安装在现场在线分析仪小屋，也有直接安装在现场的变送器，通常将传感器输出数据传送到DCS或专用设备。图形符号见表2-26。

表 2-26　其他检测仪表的图形符号

图形符号	描述	图形符号	描述
	插入式探头，例如，温度检出元件插入到设备中，取样分析管插入到工艺管道中等	PG 101	就地安装的压力表
PT 102	就地安装的压力变送器	PIA 103 H	就地安装的电接点压力表，带上限报警
PG 104　PT 105	同一取压点引出的测量管线，连接一个就地压力表，和连接一个压力变送器，虽然是从一个取压点引出的压力，但压力表和压力变送器有不同的流水号	PDT 106	测量设备压差的就地安装的差压变送器
PT 107 ABS	图示为绝对压力变送器。ABS注释表示绝对压力。其他注释见下表		

注释符号	含义	注释符号	含义	注释符号	含义	注释符号	含义
ABS	绝对压力	DRF	风压计	P-V	压力-真空	VAC	真空
AVG	平均压力	MAN	压力计	SG	变形测量器		

图形符号	描述	图形符号	描述
LT 201	浮筒式液位计	LG 202	就地安装的液位计，例如，玻璃板(管)液位计，就地检测仪表都具有现场指示功能，因此，I功能字母可不标注
LS 203	浮球式液位开关。 浮球安装在设备内，或设备顶部，输出液位的开关信号	LG 204	带导向丝的浮子液位计，例如，钢带液位计就地安装，需注明指示表头位置：地面、设备顶部或从梯子可接近的位置。 导向丝可取消
LT 205 MS	磁致伸缩液位变送器。MS注释表示磁致伸缩。其他注释见下表		

注释符号	含义	注释符号	含义	注释符号	含义	注释符号	含义
CAP	电容式	GWR	导波雷达	MS	磁致伸缩	RES	电阻
d/p 或 DP	差压式	LSR	激光	NUC	核辐射	SON	声波
DI	介电常数	MAG	磁性	RAD	雷达	US	超声波

续表

图形符号	描述	图形符号	描述
TG 301	就地安装温度计。例如双金属温度计、玻璃温度计、套管式温度计等	TG 302 RAD	现场检测高炉温度的辐射温度计
RTD TW 303 TE 303 TT 303	一体化温度变送器,温度检测元件是热电阻,注释 RTD 表示热电阻。其他注释见下表		

注释符号	含义	注释符号	含义	注释符号	含义	注释符号	含义
BM	双金属	RP	辐射高温计	THRM	热敏电阻	TCE	热电偶 E 型
IR	红外	RTD	热电阻	TMP	温差电堆	TCJ	热电偶 J 型
RAD	辐射	TC	热电偶	TRAN	晶体管	TCK	热电偶 K 型
						TCT	热电偶 T 型

图形符号	描述	图形符号	描述
AX 401 COND	电导率分析仪,X 字母定义为安装在现场的电导率电极	AE 402 pH	现场安装的 pH 检测电极,pH 外可加框或不加框

除了上述的电导率和 pH 分析的注释外,其他分析测量仪表的注释见下表

注释符号	含义	注释符号	含义	注释符号	含义	注释符号	含义	注释符号	含义
CO	一氧化碳	GC	气相色谱	LC	液相色谱	OP	浊度	TDL	可调二极管激光器
CO_2	二氧化碳	H_2O	水	MS	质谱	ORP	还原氧	UV	紫外线
COL	颜色	H_2S	硫化氢	NIR	近红外	REF	折射计	VIS	可见光
COMB	易燃	HUM	湿度	MOIST	湿度	RI	折射率	VISC	黏度
DEN	密度	IR	红外	O_2	氧气	TC	导热性		

图形符号	描述	图形符号	描述
M ST 501 VEL	电机转速检测传感器,就地安装	QQ 502 PE	现场安装的光电计数累积仪

其他注释见下表

	注释符号	含义	注释符号	含义	注释符号	含义	注释符号	含义	注释符号	含义
燃烧	FR	火柱	IGN	点火器	IR	红外	TV	电视	UV	紫外
位	CAP	电容	EC	涡流	IND	感应	LAS	激光	MAG	电磁
	METH	机械	OPT	光学	RAD	雷达				
数量	PE	光电	TOG	切换						
辐射	α	α 射线	β	β 射线	γ	γ 射线	n	核辐射		
速度	ACC	加速度	EC	涡流	PROX	接近	VEL	速度		
重量	LC	负载传感器	SG	应变仪	WS	称重仪				

2.3.3 执行器图形符号

执行器通常指控制阀、电磁阀和电机（含变频设备）等。控制阀由执行机构和最终控制元件组成。

(1) 执行机构图形符号

控制阀由执行结构和调节机构组成。表 2-27 是执行机构图形符号。

表 2-27　执行机构图形符号

图形符号	描述	图形符号	描述	图形符号	描述	图形符号	描述
	通用型执行机构，带弹簧的薄膜执行机构		不带弹簧的薄膜执行机构，压力平衡式薄膜执行机构		直行程气动活塞式执行机构(单作用，弹簧复位)		直行程气动活塞式执行机构(双作用)
E/H	电液直行程或角行程执行机构	M	电机(回旋马达)操作执行机构，直行程或角行程，电动，气动，液动	S	可调节的电磁执行机构，自动复位开关型电磁执行机构		波纹管弹簧复位执行机构
D	数字执行机构		角行程活塞执行机构，可单作用(弹簧复位)或双作用		带定位器的角行程活塞执行机构		带阀门定位器的执行机构(以气动薄膜执行机构为例)
	带电气阀门定位器的执行机构(以气动薄膜执行机构为例)		带阀门定位器的直行程活塞执行机构	S	带远程部分行程测试设备的执行机构		带手动部分行程测试设备的执行机构
	带侧装手轮的执行机构(以气动薄膜执行机构为例)		带顶装手轮的执行机构(以气动薄膜执行机构为例)		手动执行机构	S R	手动或远程复位开关型电磁执行机构
S R R	手动和远程复位开关型电磁执行机构		弹簧或重力泄压或安全阀执行机构	P	先导操作泄压或安全阀调节器，如传感元件在内部，取消先导压力传感的连接线		

（2）最终控制元件图形符号

最终控制元件（也称为调节机构）图形符号见表 2-28。

表 2-28　最终控制元件图形符号

图形符号	描述	图形符号	描述	图形符号	描述	图形符号	描述
	通用型两通阀，直通截止阀，闸阀		通用型两通角阀，角形截止阀，安全角阀		通用型三通阀，三通截止阀		通用型四通阀，四通旋塞阀或球阀
	球阀		蝶阀		隔膜阀		旋塞阀，闸阀

续表

图形符号	描述	图形符号	描述	图形符号	描述	图形符号	描述
	旋塞阀		偏心旋转阀		夹管阀		波纹管密封阀
X	其他型式的阀(X表示什么型式的阀)		四通五端口开关电磁阀	并行型 对称型 通用型			风门或百叶窗

注：箭头表示故障或未激励时流路。

(3) 自力式最终控制元件图形符号

自力式最终控制元件图形符号见表 2-29。

表 2-29 自力式最终控制元件图形符号

图形符号	描述	图形符号	描述	图形符号	描述	图形符号	描述
FCV 101	不带指示的自动流量调节器，带指示用 FICV	FICV 102	与手动调节阀一体的可变面积流量计		左图中分列各组件的仪表位号：FE-102 和 FCV-102	FICV 103	恒定流量调节器
FG 104	流量观察用视镜，应注明视镜类型	FO 105	通用型限流元件单级孔板，多级孔板或毛细管类型需注明	FO 106	在阀塞上钻孔的限流孔板，阀门有位号，则孔板位号不注		液位调节器 浮球和机械联动装置
	背压(阀前压力)调节阀 内部取压		背压(阀前压力)调节阀，外部取压		背压(阀后压力)调节阀，内部取压		背压(阀后压力)调节阀，外部取压
	差压调节阀 外部取压		差压调节阀，内部取压	PG 105	减压调节阀，带一体化泄压出口和压力表		温度调节阀

(4) 控制阀能源中断时控制阀位置的图形符号

控制阀能源中断时控制阀位置的图形符号见表 2-30。

表 2-30 控制阀能源中断时控制阀位置的图形符号

图形符号	描述	图形符号	描述	图形符号	描述
FO	能源中断时，控制阀打开(FO)，常称为气关阀	FC	能源中断时，控制阀关闭(FC)，常称为气开阀	FL	能源中断时，控制阀保持原位置(FL)，常称为保位阀
FL/DO	能源中断时，控制阀保持原位置，趋于开(FL/DO)	FL/DC	能源中断时，控制阀保持原位置，趋于关(FL/DC)	FI	能源中断时，控制阀位置不定(FI)
A B C	能源中断时三通阀流体流通方向是 A→C，正常时是 A→B	A B C D	能源中断时四通阀流体流通方向是 A→C 和 D→B，正常时是 A→B 和 D→C		

(5) 辅助仪表设备和附属仪表设备的图形符号

辅助仪表设备和附属仪表设备的图形符号见表 2-31。

表 2-31 辅助仪表设备和附属仪表设备的图形符号

图形符号	描述	图形符号	描述	图形符号	描述
AW 101	法兰连接插入式取样探头；法兰连接式取样短管；也可表示其连接类型，如螺纹连接图形符号	AX 102	法兰连接式样品处理单元或其他分析仪附件；代表单个或多个设备；也可表示其连接类型，如螺纹连接的图形符号	TW 103	法兰连接式温度外保护套管；法兰连接式测试外保护套管；如连接到其他仪表，细实线圆可省略；也可表示其连接类型，如螺纹连接的图形符号
P	仪表吹扫或流体冲洗； 仪表吹扫或设备冲洗； 需在图形符号图纸中显示组件装配细节		隔膜密封，焊接式连接 具体连接形式见表 2-21		隔膜密封，法兰、螺纹、承插焊或焊接式连接；如需要说明连接类型，见表 2-21
KI 101	时钟的图形符号		指示灯	R	复位装置

2.3.4 信号处理功能图形符号

(1) 信号处理功能图形符号

信号处理功能图形符号见表 2-32。

表 2-32　信号处理功能图形符号

序号	功能	符号	数学方程式	图形描述	功能说明
1	和	Σ	$M=\sum_{i=1}^{n} x_i$	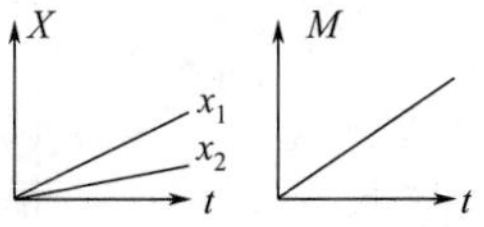	输出等于各输入的代数和，输入可以有正、负号
2	平均	Σ/n	$M=\frac{1}{n}\sum_{i=1}^{n} x_i$	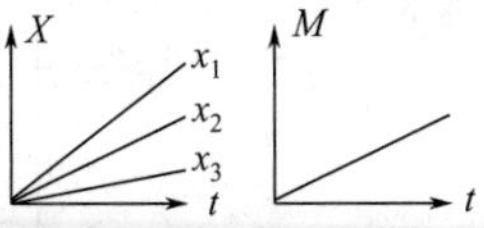	输出等于各输入的代数和除以输数量数(即平均值)
3	差	Δ	$M=x_1-x_2$	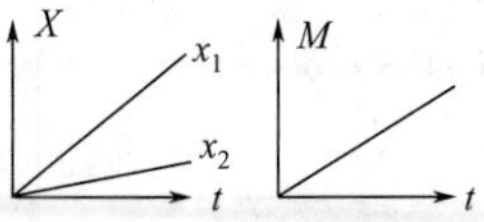	输出等于两个输入的代数差
4	乘	$\times$	$M=x_1 x_2$	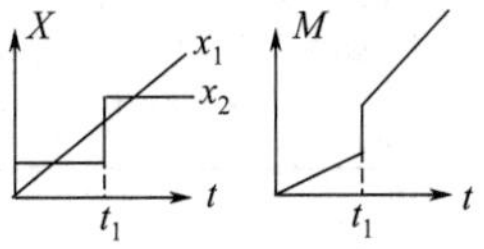	输出等于两个输入的乘积
5	除	$\div$	$M=\frac{x_1}{x_2}$	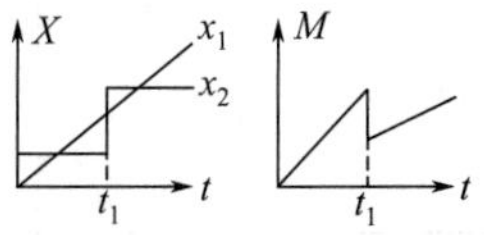	输出等于两个输入的商
6	幂指数	x^n	$M=x^n$	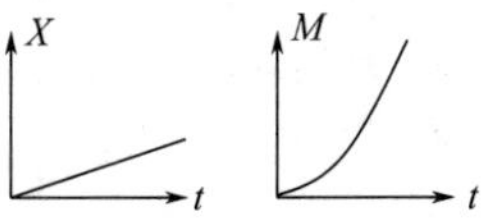	输出等于输入的 n 次幂
7	求根	$\sqrt[n]{\ }$	$M=\sqrt[n]{x}$	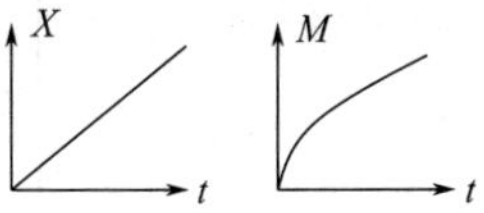	输出等于输入的根(即三次方根，四次方根，2/3 次方根等)，n 不标注表示平方根
8	正比	K P	$M=Kx$ 或 $M=Px$	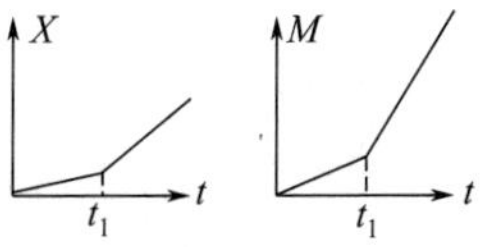	输出与输入成正比。 对容积放大器，K 或 P 替换成 1∶1。 对整数增益，K 或 P 替换为 2∶1、3∶1 等
9	反比	$-K$ $-P$	$M=-Kx$ 或 $M=-Px$	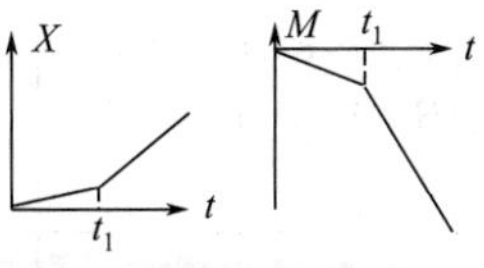	输出与输入成反比。 对容积放大器，$-K$ 或 $-P$ 替换成 -1∶1。 对整数增益，$-K$ 或 $-P$ 替换为 -2∶1、-3∶1 等
10	积分	$\int$ I	$M=\frac{1}{T_I}\int x\,dt$	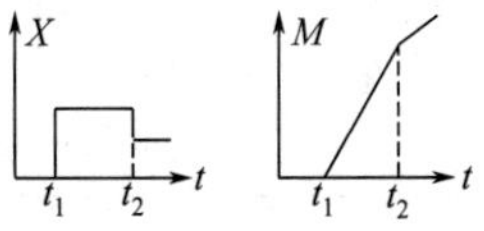	输出随输入的幅度及持续时间而变化，输出与输入的时间积分成比例，T_I 是积分时间常数
11	微分	d/dt D	$M=T_D\frac{dx}{dt}$	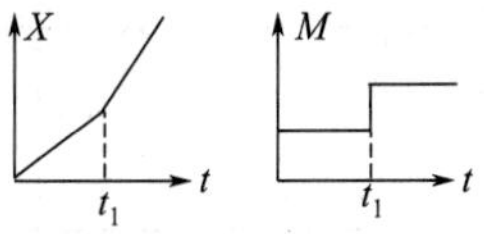	输出与输入的变化率成比例，T_D 是微分时间常数

续表

序号	功能	符号	数学方程式	图形描述	功能说明
12	未定义函数	$f(x)$	$M=f(x)$	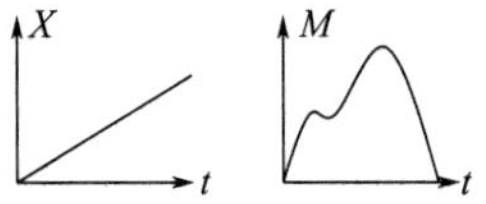 X, t; M, t	输出是输入的某种非线性或未定义函数，函数在注释或其他文本中定义
13	转换	I/P	$I=P, P=I$ 等	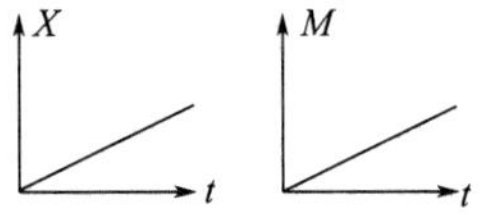 X, t; M, t	输出信号类型不同于输入信号类型； 输入信号在左边，输出信号在右边。 输入 I 和输出 P 的类型如下： A：模拟；B：二进制；D：数字； E：电压；F：频率；H：液压； I：电流；O：电磁，声音； P：气压；R：电阻
14	时间函数	$f(t)$	$M=xf(t)$ $M=f(t)$	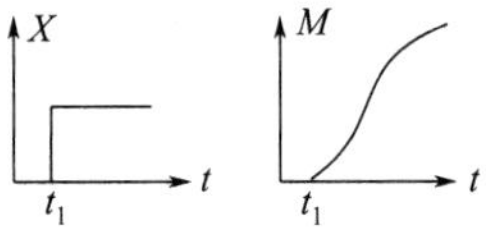 X, t, t_1; M, t, t_1	输出等于某种非线性或未定义时间函数乘输入，输出是某种非线性或未定义的时间函数，函数在注释或其他文本中定义
15	高选	$>$	$M=\begin{cases}x_1, 当\ x_1 \geqslant x_2 \\ x_2, 当\ x_1 \leqslant x_2\end{cases}$	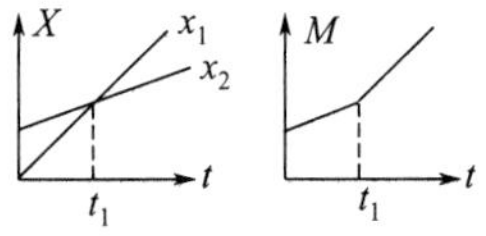 X, x_1, x_2, t, t_1; M, t, t_1	输出等于两个或多个输入中的最大值
16	信号中选	M	$M=\mathrm{MID}(x_1, x_2, x_3, \cdots)$	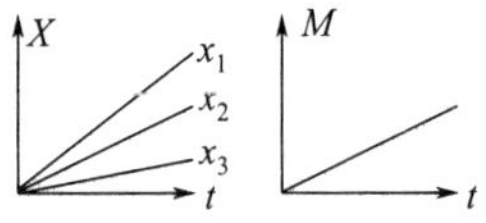 X, x_1, x_2, x_3, t; M, t	输出等于三个或多个输入中的中间值
17	低选	$<$	$M=\begin{cases}x_1, 当\ x_1 \leqslant x_2 \\ x_2, 当\ x_1 \geqslant x_2\end{cases}$	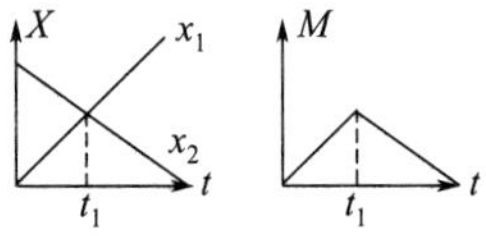 X, x_1, x_2, t, t_1; M, t, t_1	输出等于两个或多个输入中的最小值
18	高限	$\not>$	$M=\begin{cases}x, 当\ x \leqslant H \\ H, 当\ x \geqslant H\end{cases}$	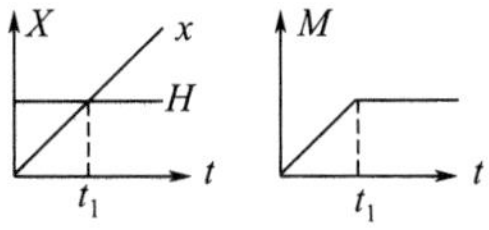 X, x, H, t, t_1; M, t, t_1	输入小于高限值时，输出等于输入 输入大于高限值时，输出等于高限
19	低限	$\not<$	$M=\begin{cases}L, 当\ x \leqslant L \\ x, 当\ x \geqslant L\end{cases}$	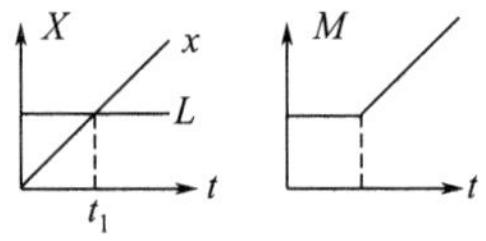 X, x, L, t, t_1; M, t	输入小于低限值时，输出等于低限 输入大于低限值时，输出等于输入
20	正偏置	$+$	$M=x_1+b$ $M=[-]x_2+b$	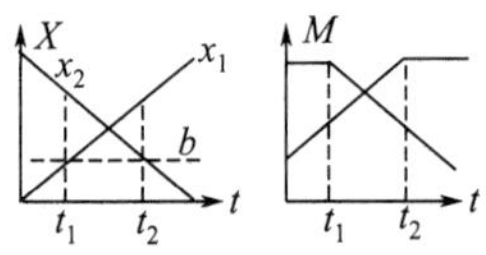 X, x_2, x_1, b, t, t_1, t_2; M, t, t_1, t_2	输出等于输入加上某一任意值 b

续表

序号	功能	符号	数学方程式	图形描述	功能说明
21	负偏置	−	$M=x_1-b$ $M=[-]x_2-b$	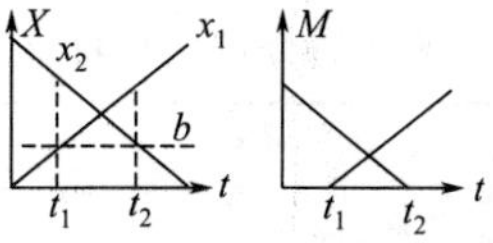	输出等于输入减去某一任意值 b
22	速度限制器	∀ V⊁	$\frac{dM}{dt}=\begin{cases}\frac{dx}{dt},当\frac{dx}{dt}\leqslant H 与 M=x\\ H,当\frac{dx}{dt}\geqslant H 或 M\neq x\end{cases}$	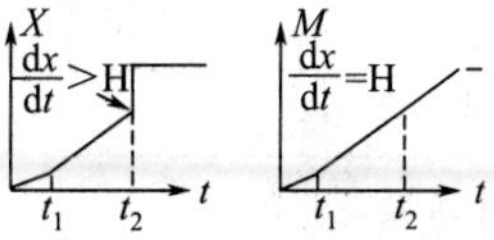	在输入变化率不超过限值时(限值 H,确定了输出的变化率,直到输出再次等于输入),输出等于输入
23	高信号监视器	H	状态一:当 $x\leqslant H,M=0$ 状态二:当 $x>H,M=1$ (被激发或报警状态)	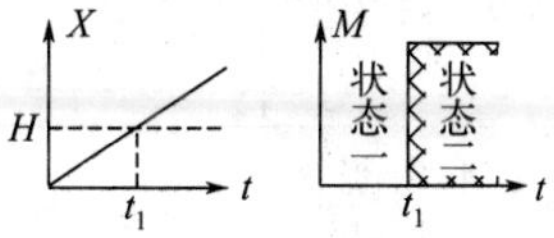	输出状态依赖于输入值,当输入等于或高于某一任意高限值时,输出状态发生改变
24	低信号监视器	L	状态一:当 $x\leqslant L,M=1$ (被激发或报警状态) 状态二:当 $x>L,M=0$	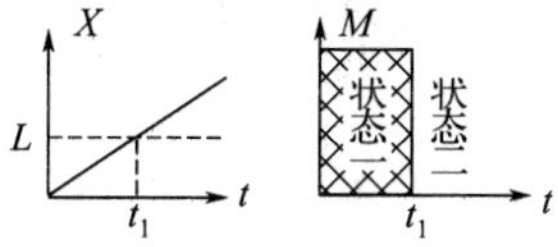	输出状态依赖于输入值,当输入等于或低于某一任意高限值时,输出状态发生改变
25	高/低信号监视器	HL	状态一:当 $x\leqslant L,M=1$ (M1 被激发或报警状态) 状态二:当 $H>x>L,M=0$ (输出不起作用或未被激发) 状态三:当 $x\geqslant H,M=1$ (M2 被激发或报警状态)	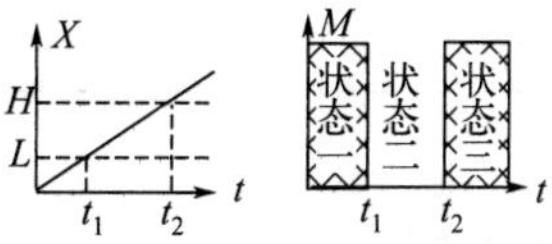	输出状态依赖于输入值,当输入等于或低于某一任意高限值或高于某一任意高限值时,输出状态发生改变
26	信号传输	T	状态 1:$M=x_1$ 状态 2:$M=x_2$	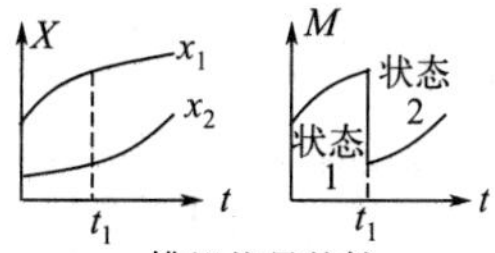 模拟信号传输 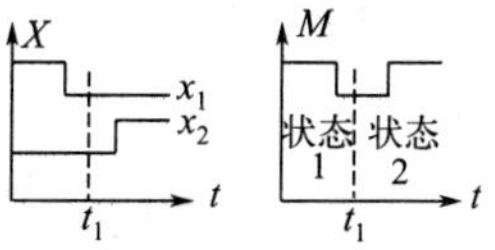 二进制信号传输	输出等于传感器选择的输入,传输由外部信号动作
27	模拟信号发生器	A	无方程式	无图形	输出等于一个可变的模拟信号,它由下列两个方式产生: 自动并且操作员不可调, 手动并且操作员可调
28	二进制信号发生器	B	无方程式	无图形	输出等于一个开关二进制信号,它由下列两个方式产生: 自动并且操作员不可调, 手动并且操作员可调

注：读出功能“辅助设备”字母 Y 用于信号计算或转换等功能时，仪表图形符号外标注信号处理功能图形符号。标注位置在仪表图形符号外的右上角或左上角（四分之一象限内），当影响到连接线时，可紧贴仪表图形符号外绘制。工程的相关文件，如设计规定、设计说明书中应说明哪些图形符号被选用。

(2) 信号处理功能图形符号示例

表 2-33 是信号处理功能图形符号及仪表和功能图形符号结合的示例。

表 2-33 信号处理功能图形符号及仪表和功能图形符号结合的示例

名称	常规仪表		DCS/PLC		SIS	
运算器	FY 101 Σ	流量回路，加法器，安装在中央控制室仪表盘后，操作员不可接近	FY 201 K	流量回路，比值设定器，在中央控制室显示视屏显示，操作员可调节	FY 301 √	流量回路，开方功能，在中央控制室显示视屏显示，操作员不可接近
	FY 102 √	流量回路，开方器，安装在中央控制室仪表盘后，操作员不可接近	FY 202 √	流量回路，开方功能，在中央控制室显示视屏显示，操作员不可接近	PY 302 Σ	压力回路，加法功能，在中央控制室显示视屏显示，操作员不可接近
选择器	TY 103 <	温度回路，低选器，安装在中央控制室仪表盘后，操作员不可接近	TY 203 <	温度回路，低选功能，在中央控制室显示视屏显示，操作员不可接近	TY 303 <	温度回路，低选功能，在中央控制室显示视屏显示，操作员不可接近
	TY 104 >	温度回路，高选器，安装在中央控制室仪表盘后，操作员不可接近	TY 204 >	温度回路，高选功能，在中央控制室显示视屏显示，操作员不可接近	TY 304 >	温度回路，高选功能，在中央控制室显示视屏显示，操作员不可接近
转换器	PY 105 I/P	压力回路，电气转换器或电气阀门定位器，安装在现场	LY 205 A/D	液位回路，模数转换功能，中央控制室显示视屏显示，操作员不可接近	LY 305 I/F	液位回路，变频功能，中央控制室显示视屏显示，操作员不可接近
	LY 106 I/H	液位回路，电液转换器，安装在现场	FY 206 I/F	流量回路，变频功能，中央控制室显示视屏显示，操作员不可接近	PY 306 A/D	压力回路，模数转换功能，中央控制室显示视屏显示，操作员不可接近
函数发生器			FY 207 f(x)	流量回路，函数功能，例如前馈算法。中央控制室显示视屏显示，操作员不可调节	FY 307 f(x)	流量回路，函数功能，例如前馈算法。中央控制室显示视屏显示，操作员不可调节
			TY 208 f(t)	温度回路，时间函数，例如定时功能，中央控制室显示视屏显示，操作员不可调节	AY 308 f(t)	分析回路，时间函数，例如延时功能，中央控制室显示视屏显示，操作员不可调节

2.4 仪表常用电气元件和逻辑图图形符号和文字代号

2.4.1 常用电气元件图形符号和文字代号

仪表常用电气元件图形符号和文字代号适用于自控专业工程设计文件的编制。文字代号也可表示在仪表或电气设备装置和元器件上或附近，以表明仪表、电气设备、装置和元器件的名称、功能、状态和特征。文字代号用拉丁字母大写正体字。表 2-34 是仪表常用电气元件图形符号和文字代号。

表 2-34　仪表常用电气元件图形符号和文字代号

文字代号	名称		图形符号	文字代号	名称		图形符号
	中文	英文			中文	英文	
R	电阻器	Resistor		CB	断路器	Circuit breaker	
R	变阻器	Adjustable resistor		IS	隔离器	Isolator	
C	电容器	Capacitor		SA	自动复位的手动按钮开关	Push-button switch automatic return	
L	电感线圈	Coil		SA	手动操作开关	Manually operated switch	
G	蓄电池	Secondary ceil		SA	自动复位的手动拉拨开关	Pulling switch automatic return	
A	报警器	Siren		SA	无自动复位的手动旋转开关	Turning switch stay-put	
HH	音响信号	Acoustic signaling		SA	多位开关	Multi-position switch maximum four positions	
HB	蜂鸣器	Buzzer		SIL	钥匙开关	Key switch	
HL	控制盘上的指示灯	Indicating lamp on control panel		SEG	紧急开关（蘑菇头安全按钮）	Emergency switch (mushroom-head safety feature)	
HL	控制盘上的报警灯	Alarming lamp on control panel		SQ	常开触点的位置开关	Make contact position switch	
HL	DCS 上的状态指示	State indicating on DCS		SQ	常闭触点的位置开关	Break contact position switch	
HL	DCS 上的状态报警	State alarming on DCS		KA	中间继电器线圈	Auxiliary relay coil	
TC	热电偶	Thermocouple		KA	静态继电器	Static relay	
V	半导体二极管	Semiconductor diode		NO	常开触点	Make contact	
J	整流结	Rectifying junction		NC	常闭触点	Break contact	
T	双绕组变压器	Transformer with two windings		CO	先断后合的转换触点	Change-over break before make contact	
F	熔断器	Fuse		ADO	延迟闭合的常开触点	Make contact delayed closed	
U	整流器	Rectifier		RDO	延迟断开的常开触点	Make contact delayed opening	

续表

文字代号	名称		图形符号	文字代号	名称		图形符号
	中文	英文			中文	英文	
ADC	延迟断开的常闭触点	Break contact delayed opening		KT	延时继电器线圈	Relay coil of a slow-operating and slow-operating relay	
RDC	延迟闭合的常闭触点	Break contact delayed closed		EDO	常开故障检出开关	Make contact emergency detector switch	
KT	缓慢释放的继电器线圈	Relay coil of a slow-releasing relay		EDC	常闭故障检出开关	Break contact emergency detector switch	
KT	缓慢吸合的继电器线圈	Relay coil of a slow-operating relay					

2.4.2 逻辑图图形符号

根据 HG/T 20637.2《自控专业工程设计用图形符号和文字代号》的规定，逻辑图图形符号用于自控工程设计中表示生产过程和设备的启动、操作、报警和停车等二进制联锁和程序控制系统的绘制，也适用于在逻辑图中表示逻辑功能，及表示能执行这些逻辑功能的物理器件和用于任何种类的硬件。

(1) 符号的组成

在逻辑图中的符号是由方框或方框的组合及一个或多个限定符号组成的，见图 2-1。

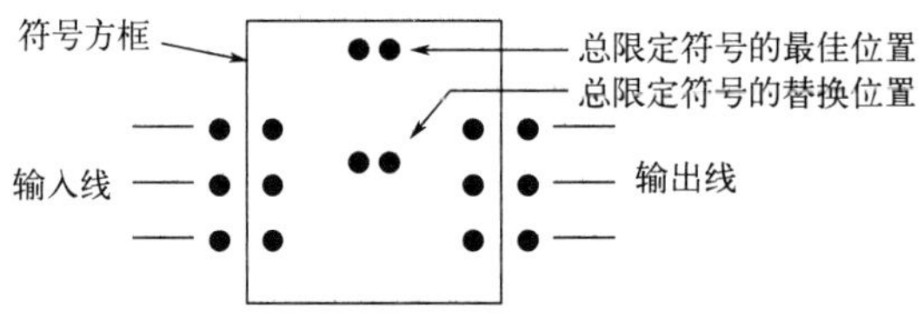

图 2-1　符号的组成

符号使用时要附加输入线和输出线。单个的小黑圆表示与输入/输出有关的限定符号的放置位置。总限定符号可放置在方框符号内的顶部（最佳位置）或中部（替换位置）。当且仅当元件的功能完全由输入/输出有关的限定符号决定时，才不需要总限定符号。符号的大小可根据内部标注所需空间及输入/输出线的数量及其间隔确定。一些图中，把不是符号组成的部分的小写字母标在框外，其目的仅是说明该符号使用时便于区分其输入和输出的数量。

在符号外标注的字母（输入 I 和输出 O）不是符号的组成部分，它仅作为说明逻辑元件输入端和输出端的参考。

(2) 符号的使用

① 逻辑系统可仅使用“基本”符号所构成的最基本逻辑方框图来描述。在表 2-35 中用粗线框表示“基本”符号。为使所绘制的逻辑系统图清楚易懂、简单明了，也可使用供任选的非“基本”符号。本版本较前版本，增加了真值表和时序图等。

表 2-35　二进制逻辑符号

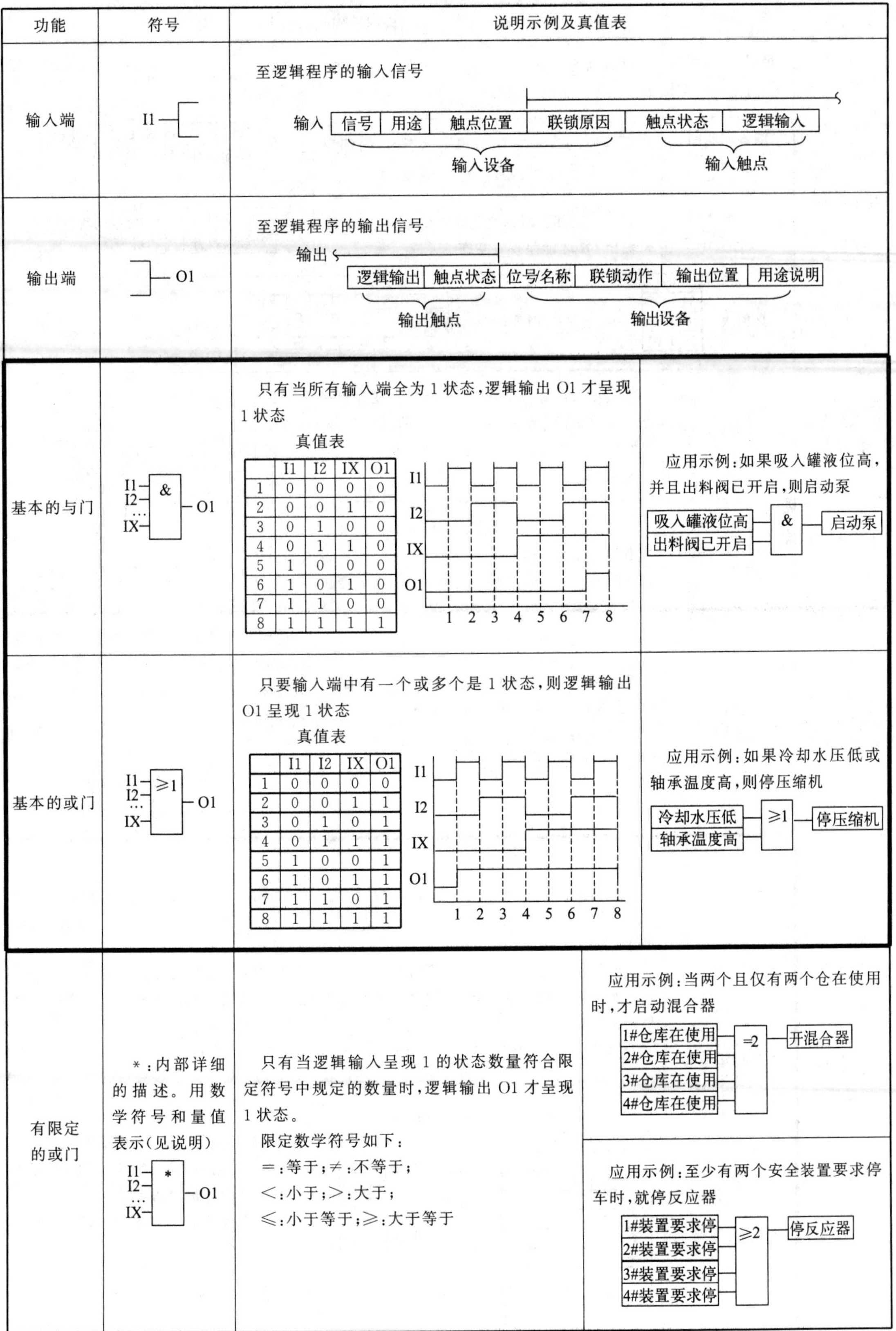

功能	符号	说明示例及真值表
输入端	I1	至逻辑程序的输入信号 输入：信号、用途、触点位置、联锁原因（输入设备）；触点状态、逻辑输入（输入触点）
输出端	O1	至逻辑程序的输出信号 输出：逻辑输出、触点状态（输出触点）；位号名称、联锁动作、输出位置、用途说明（输出设备）
基本的与门	I1、I2、…、IX — & — O1	只有当所有输入端全为 1 状态，逻辑输出 O1 才呈现 1 状态 真值表（见下） 应用示例：如果吸入罐液位高，并且出料阀已开启，则启动泵 吸入罐液位高、出料阀已开启 — & — 启动泵
基本的或门	I1、I2、…、IX — ≥1 — O1	只要输入端中有一个或多个是 1 状态，则逻辑输出 O1 呈现 1 状态 真值表（见下） 应用示例：如果冷却水压低或轴承温度高，则停压缩机 冷却水压低、轴承温度高 — ≥1 — 停压缩机
有限定的或门	*：内部详细的描述。用数学符号和量值表示（见说明） I1、I2、…、IX — * — O1	只有当逻辑输入呈现 1 的状态数量符合限定符号中规定的数量时，逻辑输出 O1 才呈现 1 状态。 限定数学符号如下： =：等于；≠：不等于； <：小于；>：大于； ≤：小于等于；≥：大于等于 应用示例：当两个且仅有两个仓在使用时，才启动混合器 1#仓库在使用、2#仓库在使用、3#仓库在使用、4#仓库在使用 — =2 — 开混合器 应用示例：至少有两个安全装置要求停车时，就停反应器 1#装置要求停、2#装置要求停、3#装置要求停、4#装置要求停 — ≥2 — 停反应器

基本的与门 真值表

	I1	I2	IX	O1
1	0	0	0	0
2	0	0	1	0
3	0	1	0	0
4	0	1	1	0
5	1	0	0	0
6	1	0	1	0
7	1	1	0	0
8	1	1	1	1

基本的或门 真值表

	I1	I2	IX	O1
1	0	0	0	0
2	0	0	1	1
3	0	1	0	1
4	0	1	1	1
5	1	0	0	1
6	1	0	1	1
7	1	1	0	1
8	1	1	1	1

续表

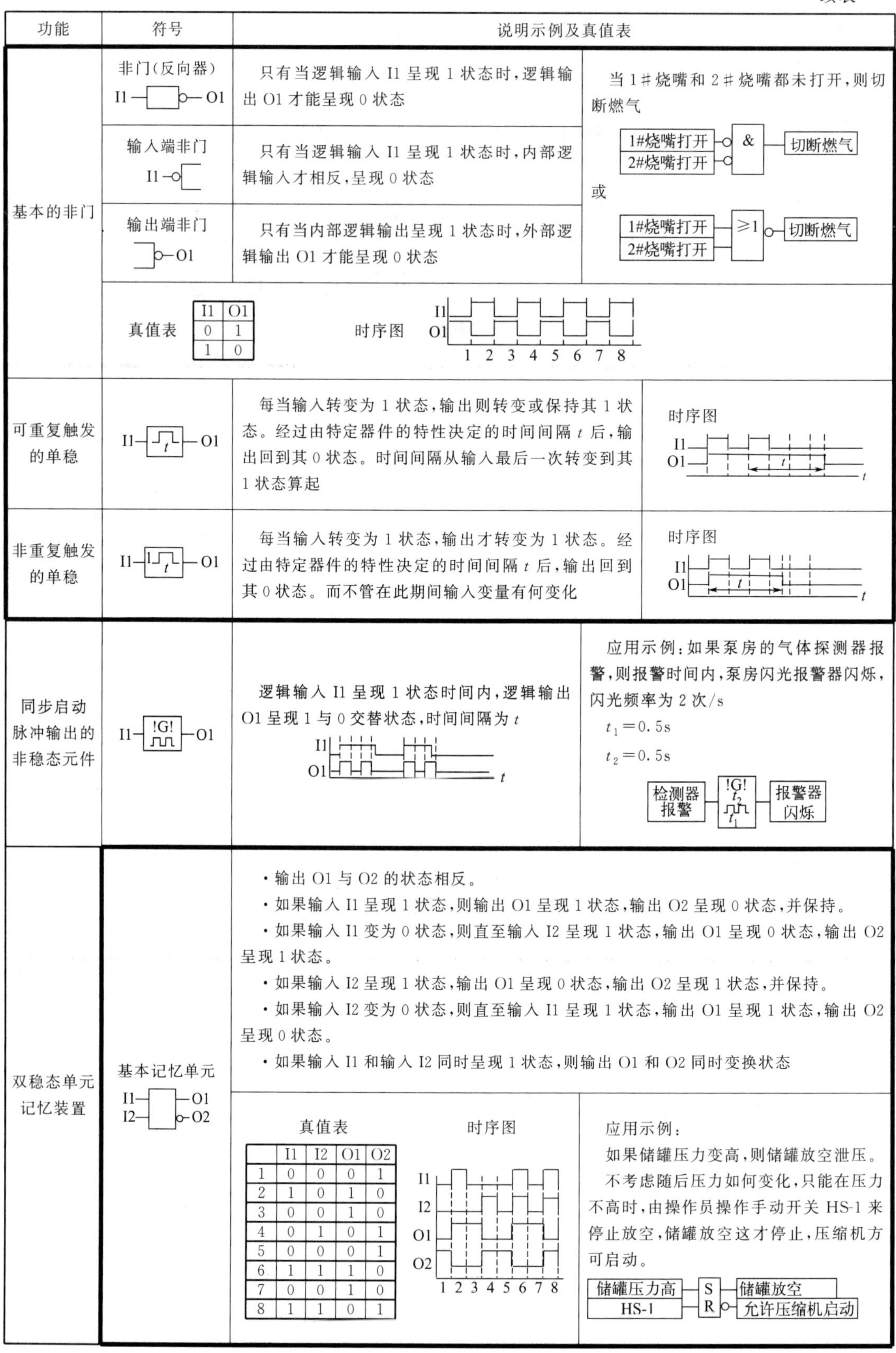

功能	符号	说明	示例
基本的非门	非门(反向器) I1—□o—O1	只有当逻辑输入I1呈现1状态时，逻辑输出O1才能呈现0状态	当1＃烧嘴和2＃烧嘴都未打开，则切断燃气 1#烧嘴打开、2#烧嘴打开 —o & — 切断燃气 或 1#烧嘴打开、2#烧嘴打开 — ≥1 o— 切断燃气
	输入端非门 I1 —o□	只有当逻辑输入I1呈现1状态时，内部逻辑输入才相反，呈现0状态	
	输出端非门 □o—O1	只有当内部逻辑输出呈现1状态时，外部逻辑输出O1才能呈现0状态	
	真值表（见下）	时序图：I1、O1；1 2 3 4 5 6 7 8	
可重复触发的单稳	I1—[t]—O1	每当输入转变为1状态，输出则转变或保持其1状态。经过由特定器件的特性决定的时间间隔t后，输出回到其0状态。时间间隔从输入最后一次转变到其1状态算起	时序图：I1、O1、t
非重复触发的单稳	I1—[t]—O1	每当输入转变为1状态，输出才转变为1状态。经过由特定器件的特性决定的时间间隔t后，输出回到其0状态。而不管在此期间输入变量有何变化	时序图：I1、O1、t
同步启动脉冲输出的非稳态元件	I1—[!G!]—O1	逻辑输入I1呈现1状态时间内，逻辑输出O1呈现1与0交替状态，时间间隔为t I1、O1、t	应用示例：如果泵房的气体探测器报警，则报警时间内，泵房闪光报警器闪烁，闪光频率为2次/s $t_1=0.5s$ $t_2=0.5s$ 检测器报警 — !G! t_2 t_1 — 报警器闪烁
双稳态单元记忆装置	基本记忆单元 I1—□—O1 I2—□o—O2	·输出O1与O2的状态相反。 ·如果输入I1呈现1状态，则输出O1呈现1状态，输出O2呈现0状态，并保持。 ·如果输入I1变为0状态，则直至输入I2呈现1状态，输出O1呈现0状态，输出O2呈现1状态。 ·如果输入I2呈现1状态，输出O1呈现0状态，输出O2呈现1状态，并保持。 ·如果输入I2变为0状态，则直至输入I1呈现1状态，输出O1呈现1状态，输出O2呈现0状态。 ·如果输入I1和输入I2同时呈现1状态，则输出O1和O2同时变换状态	
		真值表（见下） 时序图：I1、I2、O1、O2；1 2 3 4 5 6 7 8	应用示例： 如果储罐压力变高，则储罐放空泄压。 不考虑随后压力如何变化，只能在压力不高时，由操作员操作手动开关HS-1来停止放空，储罐放空这才停止，压缩机方可启动。 储罐压力高 — S — 储罐放空 HS-1 — R o— 允许压缩机启动

基本的非门 真值表：

I1	O1
0	1
1	0

双稳态单元记忆装置 真值表：

	I1	I2	O1	O2
1	0	0	0	1
2	1	0	1	0
3	0	0	1	0
4	0	1	0	1
5	0	0	0	1
6	1	1	1	0
7	0	0	1	0
8	1	1	0	1

续表

功能	符号	说明示例及真值表
双稳态单元记忆装置	设置记忆单元（置位优先） I1—S1—O1 I2—R○—O2	·输出 O1 与 O2 的状态相反。 ·如果输入 I1 呈现 1 状态，则输出 O1 呈现 1 状态，输出 O2 呈现 0 状态，并保持。 ·如果输入 I1 变为 0 状态，则直至输入 I2 呈现 1 状态，输出 O1 呈现 0 状态，输出 O2 呈现 1 状态 ·如果输入 I2 呈现 1 状态，输出 O1 呈现 0 状态，输出 O2 呈现 1 状态，并保持。 ·如果输入 I2 变为 0 状态，则直至输入 I1 呈现 1 状态，输出 O1 呈现 1 状态，输出 O2 呈现 0 状态。 ·如果输入 I1 和输入 I2 同时呈现 1 状态，则输出 O1 呈现 1 状态，输出 O2 呈现 0 状态

真值表

	I1	I2	O1	O2
1	0	0	0	1
2	1	0	1	0
3	0	0	1	0
4	0	1	0	1
5	0	0	0	1
6	1	1	1	0
7	0	0	1	0
8	1	1	1	0

时序图

I1
I2
O1
O2
1 2 3 4 5 6 7 8

应用示例：

如果火灾报警信号为真，则消防水泵自动运转。不管是否已经消除火灾报警信号。由消防员手动按 HS-2 停止消防水泵的运转

火灾报警为真 —S1— 消防水泵启动
HS-2 —R○— 报警声响

功能	符号	说明示例及真值表
双稳态单元记忆装置	复位记忆单元（复位优先） I1—S—O1 I2—R1○—O2	·输出 O1 与 O2 的状态相反。 ·如果输入 I1 呈现 1 状态，则输出 O1 呈现 1 状态，输出 O2 呈现 0 状态，并保持。 ·如果输入 I1 变为 0 状态，则直至输入 I2 呈现 1 状态，输出 O1 呈现 0 状态，输出 O2 呈现 1 状态。 ·如果输入 I2 呈现 1 状态，输出 O1 呈现 0 状态，输出 O2 呈现 1 状态，并保持。 ·如果输入 I2 变为 0 状态，则直至输入 I1 呈现 1 状态，输出 O1 呈现 1 状态，输出 O2 呈现 0 状态。 ·如果输入 I1 和输入 I2 同时呈现 1 状态，则输出 O1 呈现 0 状态，输出 O2 呈现 1 状态

真值表

	I1	I2	O1	O2
1	0	0	0	1
2	1	0	1	0
3	0	0	1	0
4	0	1	0	1
5	0	0	0	1
6	1	1	0	1
7	0	0	0	1
8	1	1	0	1

时序图

I1
I2
O1
O2
1 2 3 4 5 6 7 8

应用示例：

常用的电机启保停，常用本逻辑功能

当手动按下启动 START，则电机启动运转

当手动按下停止 STOP，则电机停止运转

START —S— 电机运转
STOP —R1○— 运转灯亮

功能	符号	说明示例及真值表
双稳单元记忆装置	初始 0 状态	·如果输入 I1 呈现 1 状态，输出 O1 呈现 1 状态，并保持。 ·如果输入 I1 变为 0 状态，则直至输入 I2 呈现 1 状态，输出 O1 呈现 0 状态。 ·如果输入 I2 呈现 1 状态，输出 O1 呈现 0 状态，并保持。 ·如果输入 I2 变为 0 状态，则直至输入 I1 呈现 1 状态，输出 O1 呈现 1 状态。 ·在电源接通瞬间，输出处于其内部呈现 0 状态
	初始 1 状态	·如果输入 I1 呈现 1 状态，输出 O1 呈现 1 状态，并保持。 ·如果输入 I1 变为 0 状态，则直至输入 I2 呈现 1 状态，输出 O1 呈现 0 状态。 ·如果输入 I2 呈现 1 状态，输出 O1 呈现 0 状态，并保持。 ·如果输入 I2 变为 0 状态，则直至输入 I1 呈现 1 状态，输出 O1 呈现 1 状态。 ·在电源接通瞬间，输出处于其内部呈现 1 状态

续表

功能	符号	说明示例及真值表	
双稳单元记忆装置	非易失的状态	·如果输入I1呈现1状态，输出O1呈现1状态，并保持。 ·如果输入I1变为0状态，则直至输入I2呈现1状态，输出O1呈现0状态。 ·如果输入I2呈现1状态，输出O1呈现0状态，并保持。 ·如果输入I2变为0状态，则直至输入I1呈现1状态，输出O1呈现1状态。 ·在失电时记忆装置仍然保持记忆，即电源接通瞬间，输出的内部逻辑状态与电源断开时的状态相同	应用示例：如果备用泵已启动，即使逻辑电源失电，泵将仍然运行。直到过程程序终了才停止。如果启动和停止命令同时出现，泵将运行 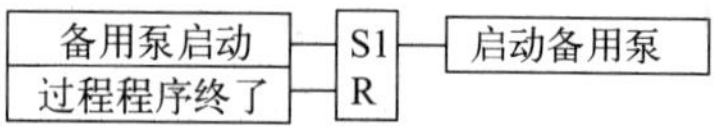 备用泵启动 — S1 — 启动备用泵 过程程序终了 — R
基本的延时装置	延时关 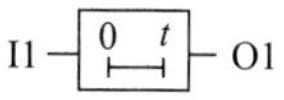 I1 — 0 t — O1	逻辑输入I1呈现1状态，而不论其随后如何变化，逻辑输出O1则立即呈现1状态，当延迟t时间后，逻辑输出O1才转换为0状态 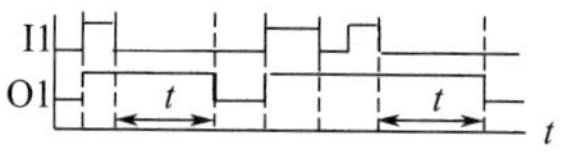 I1 O1 t t t	应用示例：如果容器吹扫在任何时间周期内出现故障，则开动抽气泵3min，然后停泵 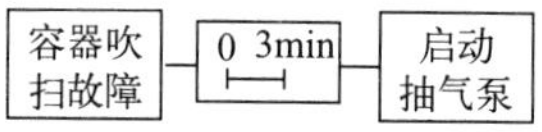 容器吹扫故障 — 0 3min — 启动抽气泵
	延时开 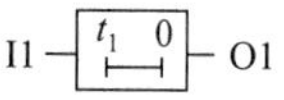 I1 — t_1 0 — O1	逻辑输入I1呈现1状态，并且保持t时间以上，则逻辑输出O1才转换为1状态 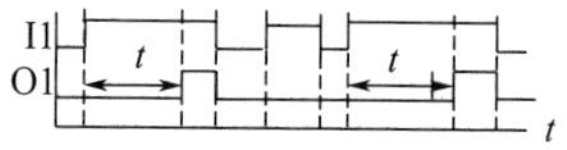 I1 O1 t t t	应用示例：如果系统压力降到下限，并持续10s，则立即启动压缩机 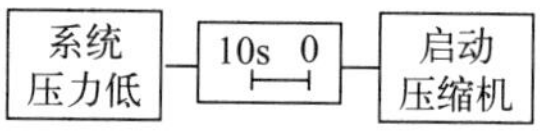 系统压力低 — 10s 0 — 启动压缩机
	延时单元 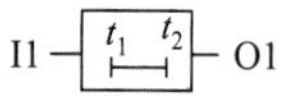 I1 — t_1 t_2 — O1	输出端发生从内部0状态到内部1状态的转换。相对输入端发生同样的转换延迟t_1； 输出端发生从内部1状态到内部0状态的转换。相对输入端发生同样的转换延迟t_2 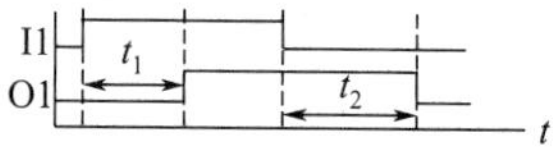 I1 t_1 O1 t_2 t	应用示例：如果系统压力降到下限，并持续10s，则立即启动压缩机，当压力不低于下限并持续50s后才停止压缩机 系统压力低 — 10s 50s — 启动压缩机 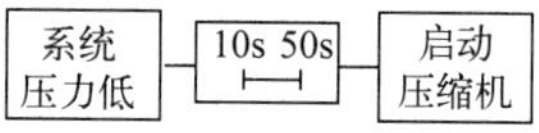

② 逻辑图的设计深度取决于使用意图。为使逻辑图表达更清楚，可包括一些辅助的、实际上是非逻辑的信息。对安全联锁系统的设计应遵循故障安全原则，即故障时系统处于安全状态。

③ 信号流宜由表达逻辑关系的信号流线表示。默认的流向是从左到右或自上而下。为清晰起见，可在流线上添加箭头，但在与上述默认流向不同的流线上，则应加箭头来表示其流向。

④ 逻辑图设计应考虑逻辑组件或系统失电及电源恢复的后果。可将通电或失电作为逻辑信号输入到逻辑组件或系统的必要条件。记忆装置的电源可按上述方法考虑，或按表2-35要求的符号来表示记忆装置发生电源失电时记忆消失。

⑤ 反馈路径有显式和隐式两种。不宜采用显式表示记忆装置，而应采用隐式方式。图2-2是反馈路径的显式和隐式表示。

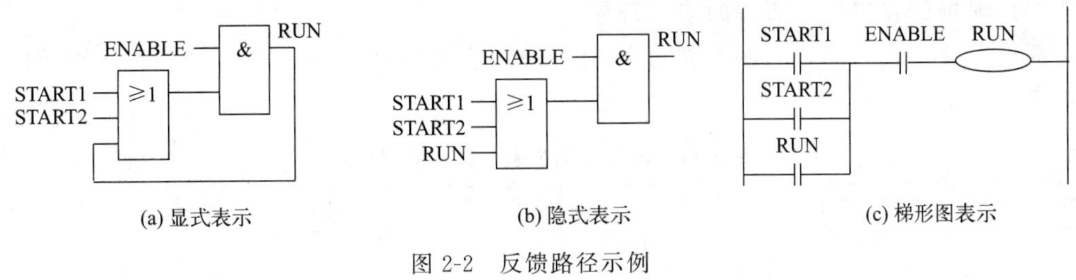

(a) 显式表示　　(b) 隐式表示　　(c) 梯形图表示

图 2-2　反馈路径示例

2.5　仪表位置图及桥架布置图的图形符号

仪表位置图及桥架布置图的图形符号用于仪表位置图、可燃气体/有毒气体探测器布置图、仪表电缆桥架布置总图、仪表电缆及桥架布置图、现场仪表配线图等自控专业设计文件。

汇线桥架、仪表盘（箱）、继电器箱、保温箱、保护箱的图形符号宜按实物的比例绘制。所有图形符号宜用细线绘制。

(1) 仪表电缆、光纤、汇线桥架敷设用图形符号

表 2-36 是仪表电缆、光纤、汇线桥架敷设用图形符号。

表 2-36　仪表电缆、光纤、汇线桥架敷设用图形符号

图形符号	说明	图形符号	说明
	单根电缆或光纤(缆)		平行敷设的电缆、光纤(缆)、汇线桥架
	平行敷设带分支的电缆、光纤(缆)、汇线桥架		向下带分支的电缆、光纤(缆)、汇线桥架
	同一平面，从低向高敷设的电缆、光纤(缆)、汇线桥架		同一平面，向下敷设的电缆、光纤(缆)、汇线桥架
	同一平面，从高向低敷设的电缆、光纤(缆)、汇线桥架		同一平面，向上敷设的电缆、光纤(缆)、汇线桥架
	穿管埋入地下或直埋地下的电缆、光纤(缆)、电缆沟		向上带分支的电缆、光纤(缆)、汇线桥架

(2) 仪表位置图中现场各种盘（箱）的图形符号

仪表位置图中现场各种盘（箱）的图形符号见表 2-37。

表 2-37　现场各种盘（箱）的图形符号

图形符号	说明	图形符号	说明	图形符号	说明	图形符号	说明
	仪表盘(箱)、继电器箱，5×11(供参考)		接线箱，5×11，3×7		保护箱	R=3.5 5	空气分配器
	供电箱，5×11		无接线端子的分线箱(盒)，$\Phi3$		保温箱		

注：粗实线是盘（箱）正面。仪表盘（箱）、继电器箱、保温箱、保护箱的尺寸按实物比例绘制，表中尺寸供参考。

(3) 现场安装仪表、部件的图形符号

现场安装仪表、部件的图形符号见表2-38。仪表位号及标高见表中变送器的示例。尺寸可参考规范。

表2-38 现场安装仪表、部件的图形符号

图形符号	说明	图形符号	说明	图形符号	说明	图形符号	说明	图形符号	说明
●	测量点 $\Phi3$	PT-102 EL+6.00	变送器仪表位号及标高		现场闪光报警灯		蜂鸣器		现场指示电流表
	气动控制阀	M	电动控制阀	HD	液动控制阀	S	过程直接作用式电磁阀	S	先导式电磁阀

2.6 显示视屏上过程设备和仪表的图形符号

DCS或PLC的显示视屏上过程设备和仪表的图形符号应根据屏幕画面的大小和分辨率确定。为说明过程设备的类型和内部结构，可绘制设备内部相关部件。设备图形符号可适当旋转，以最佳方式描述工艺生产过程。但为不分散操作员的注意力，对设备不宜过分细化。DCS或PLC制造商通常提供过程设备和仪表的图形符号库，用户只需要调用有关图库，就可直接将有关图形符号粘贴到显示画面。

(1) 一般规定

显示视屏上显示的设备和仪表图形符号的亮度、尺寸、颜色、充填色、文字和数据的显示是静态和动态效果、对比度等都应合理综合考虑，其设计原则是便于操作人员的搜索和模式识别，不易发生误操作。

设备轮廓线和设备图形的填充形式可显示设备的状态。也可采用闪烁、颜色、亮度变化显示特性来表示工艺设备的状态。设备图形符号的部分或全部充满可表示容器内物料物位或温度等特性。

常用设备宜用的图形符号见表2-39。

表2-39 常用设备宜用的图形符号

图形符号	名称/文字代号/应用	图形符号	名称/文字代号/应用	图形符号	名称/文字代号/应用
	精馏塔，DTWR，用于分离的填料或板式精馏塔		反应器，RCTR，化学反应器		容器，VSSL，容器或分离器，可用于表示有压容器，可水平或垂直设置
	带夹套的容器（槽），JVSL，有加热或冷却夹套的容器		常压储罐（锥顶罐），ATNK，常压下用于物料储存的容器		有压储罐，PVSL，储存气体和液体的有压球罐

续表

图形符号	名称/文字代号/应用	图形符号	名称/文字代号/应用	图形符号	名称/文字代号/应用
	料仓,BINN,储存固体或颗粒物料的容器,容器底部出料		称重罐,WHPR,称料用的料仓		换热器,XCHG,换热设备
	工业炉,FURN,过程加热器或加热炉		冷却塔(交换器),CTWR,通过强制的汽化在常压下冷却水的暖通和空调设备		蒸发器,EVPR,液体或气体与冷却剂之间进行热交换的暖通和空调设备
	输送机(传送带装置),CNVR,皮带传送、链式传送和滚筒传送装置		旋转给料机,RFDR,输送干粉状物料从一处到另一处的回转加料器		泵,PUMP,通过内部的旋转作用,传送悬浮液或液体的一类设备
	压缩机,CMPR,在高压下输送气体的设备		透平,TURB,用气体膨胀的力去推动旋转设备的装置	S	执行开关,ACTR,最终控制元件。能从两种状态中确定其状态。 M:电动机;S:电磁阀;H:液动;A:气动
	执行机构,ACTR,薄膜式执行机构		阀门,VLVE,表示球阀、闸阀、浮球阀和针型阀等。可与各种执行机构的图形符号组合		蝶阀,BVLV,蝶阀、挡板、风门或者舵。用于流经管道、通路或者烟囱的流体的节流
1　2 3	三通阀,VLV3,用于选择流路的阀。 通路上的数字不属于图形符号	或 M 用于过程画面　用于电路图	电动机,MOTR,交流或直流电动机		

注：本表未提供的工艺设备图形符号，可按实物相对尺寸绘制，宜保持设备的纵横比例关系。

(2) 颜色设置

画面中各种设备和管线的配色应简单明确，色调协调，前后一致。颜色和数据的数量不宜过多，避免引起操作人员的视觉疲劳。典型应用中，四种颜色已能适应需要，一般不宜超过六种。过程流程图背景色宜采用浅灰色；亮色宜作为报警或重要提示；除了报警时数据颜色变为红色外，不应采用数据的颜色改变来表示数据的变化；颜色匹配应符合颜色的相容性，例如黑色和黄色、白色和红色、白色和蓝色、白色和绿色等，不宜采用白色和黄色、绿色和黄色、深红色和红色、绿色和深蓝色等色差不大的颜色匹配；颜色的组合应具有良好的对比度；一般情况下，红色宜作为安全色，橙色和黄色宜作为故障色，蓝色宜作为提示色，灰色宜作为正常操作色。颜色亮度要与环境亮度相匹配，作业面亮度一般应是环境亮度的2～3倍。

(3) 线条设置

设备轮廓线、工艺管线及仪表信号线应采用颜色、宽度及线型区分。通常，设备轮廓线宜采用细实线，主物料宜采用深灰色粗线；次物料宜用次深灰色稍细线，公用工程物料宜使用灰色细线；仪表信号线宜采用虚实线。工艺管线应加箭头表示物料流向，通常，主物料流向是从左向右，回流物料流向是从右向左，垂直流向与物理特性应保持一致。对并行设备，流向也宜并行，方向相同，也可列表显示。

(4) 数据字符的设置

数据设置应靠近被检测点或被操纵点，也可在标有相应仪表位号的方框内或方框旁边。数据的文字应便于操作人员识别，数据字符的高度不宜小于 3.8mm，为不使显示视屏的信息量减少，数据字符的高度也不宜过大，一般不宜高于 5.7mm。文字和有关提示要简单明了，不会造成歧义。数据的长度和它的工程单位有关，选择合适的工程单位，来减少数据的长度。数据和文字的颜色应清晰易读，对并行设备采用列表方式显示时，每个设备的有关数据应便于识别。

(5) 数据显示的设置

设备外轮廓线颜色和内部填充色的改变是动态画面设计内容之一。动态数据显示方式有数据显示、文字显示和图形显示等三种。数据显示方式用于需要定量显示检测结果的场合，例如显示被测变量、被控变量、设定值和控制器输出值、报警值和警告值等。文字显示方式用于显示动设备的开停、操作提示和操作说明，例如，顺序逻辑控制系统中正在进行的操作步。文字显示方式也用于操作警告和报警等场合，例如，根据大数据分析，在故障发生时提供故障原因、处理建议等文字信息。操作人员误操作时提醒操作员，减少操作失误的发生。当需要定性了解过程的运行情况，而不需要定量数据时，可采用图形显示方式，例如，概貌画面通常采用图形显示方式将大量过程信息集中显示。图形显示方式有棒图显示、颜色改变、高亮显示、颜色充填、闪烁或反相显示等形式。例如，两位式设备常用红色或颜色充填表示运行，绿色或不充填表示停止。超限时改变颜色也是警告或报警的一种方式，颜色改变可降低操作员的精神压力。

(6) 趋势曲线显示

趋势显示分实时趋势显示和历史趋势显示。通常，一幅趋势显示画面有多个变量的趋势变化，因此，应合理使用变量的显示颜色和显示标尺的范围，使显示数据能够明显变化。应选用相互有影响的变量集中显示在多变量趋势曲线中。

2.7 OPC UA 的图形符号

随着不同类型的计算机系统组成的互联网的发展，各个操作平台之间要实现互联互操作。因此，OPC UA 升级成为各类设备之间信号通信的标准。根据 OPC 基金会最新颁布的有关标准，例如基本标准扩展为 OPC 10000.1～OPC 10000.22；针对 IEC 61131-3 的 OPC 30000 P2C 模型等。图 2-3 是 OPC UA 的网络模型。

图中，一些 OPC UA 客户端和服务器在系统主机上，能更容易地避免外部攻击。一些客户端和服务器在系统工作网络上的不同主机上，可通过安全边界保护避免外部攻击，安全边界保护将工作网络与外部网络隔离。一些 OPC UA 应用在相对开放的环境下运行，这时，用户和应用可能难以控制。其他应用嵌入到控制系统中，这些控制系统与外部系统没有直接的电子连接。

OPC UA 应用可能运行在不同环境中的不同地点。客户端和服务器可能在高防护控制网络上的系统主机或主机间通信。但 OPC UA 客户端和服务器也可能在互联网上很开放的环境下通信。站点向 OPC UA 应用运行的系统部分提供的任何安全控制保护，可保护 OPC UA 的活动。

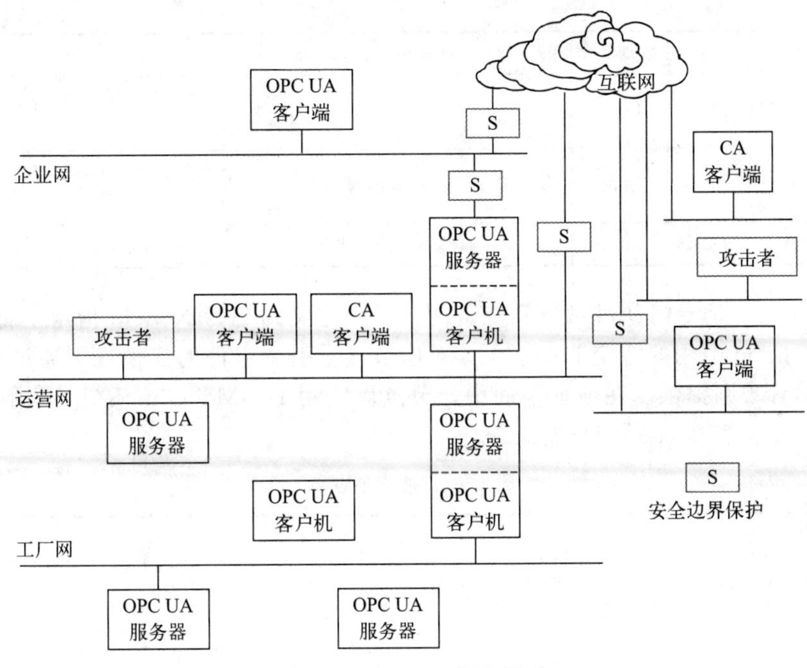

图 2-3　OPC UA 网络模型

2.7.1　OPC UA 的信息模型

OPC UA（Unified Architecture）是 OPC（OLE for Process Control）基金会开发的 OPC 统一体系结构，它是不依赖任何平台的标准，通过确认客户端和服务器的身份和自动抵御攻击实现稳定安全的通信。OPC UA 定义一系列服务器所能提供的服务，特定的服务器需向客户端详细说明它们所支持的服务。信息通过使用标准和宿主程序定义的数据类型进行表达。服务器定义客户端可识别的对象模型，提供查看实时数据和历史数据的接口，通过报警和事件通知客户端的重要变量或事件变化。OPC UA 已作为 IEC 62541 标准发布。

OPC UA 的信息模型是一个组织框架，定义、特征和涉及一个给定系统或一组系统的信息资源。内核地址空间模型支持地址空间内的信息模型的表达。

(1) 公用元素

OPC UA 信息模型用于描述服务器地址空间的标准化节点。因此，信息模型定义一个空的 OPC UA 服务器的地址空间。但是，它不是对所有预期的服务器提供所有这些节点。

① 数据类型：它是为变量而定义。“［<number>］”表示一个一维数组。若为多维数组，则采用多个维度表示（例如［2］［3］是一个二维数组）。表 2-40 是数据类型的示例。

表 2-40　数据类型的示例

符号	数据类型	ValueRank	ArrayDiemensions	描述
Int32	Int32	−1	忽略或为 NULL	一个 Int32 的标量
Int32[]	Int32	1	忽略或{0}	一个 Int32 的一维数组且不限长度
Int32[][]	Int32	2	忽略或{0,0}	一个 Int32 的二维数组，且二个维度都不限长度
Int32[3][]	Int32	2	(3,0)	一个 Int32 的二维数组，第一维度为 3，第二维度不限长度

续表

符号	数据类型	ValueRank	ArrayDiemensions	描述
Int32[5][3]	Int32	2	{5,3}	一个 Int32 的二维数组，第一维度为 5，第二维度为 3
Int32{Any}	Int32	-2	忽略或为 NULL	一个维度未知的 Int32，可能是标量或维度任意的数组
Int32{ScalarOrOneDiemension}	Int32	-3	忽略或为 NULL	一个 Int32 的标量或一维数组

② 类型定义：是专门针对对象和变量的。类型定义列是为 NodeId 指定了符号。例如，HasTypeDefinition 引用的特定节点指向其对应节点。引用组件的建模规则通过建模规则列的专用符号名称规则提供。在地址空间中，节点应使用 HasModellingRule 引用以指向相应的建模规则对象。表 2-41 是类型定义表。

表 2-41　类型定义表

属性	值				
属性名称	属性值。如果是可选属性，并且尚未设置，使用"—"表示				
引用	节点类	浏览名	数据类型	类型定义	建模规则
引用类型名称	目标节点的节点类	目标节点的浏览名，如引用通过服务器实例化，目标节点的浏览名使用"—"表示	引用节点的属性针对变量和对象		引用对象引用的建模跪下

③ 通用属性：通用属性是针对所有节点的属性。表 2-42 是通用节点属性。属性是一个节点的原始特征。OPC UA 定义所有属性，属性是地址空间允许具有数据值的唯一元素。

表 2-42　通用节点属性

属性		值
DisplayName	显示名	显示名是区域文本。每个服务器应针对区域标识"en"提供与节点浏览名一致的显示名。服务器是否向其他区域标识提供译名取决于供应商
Description	描述	提供供应商特定的描述(可选)
NodeClass	节点类	反映节点的节点类
NodeId	节点标识符	节点标识通过 4.1 节和 IEC 62541-6 定义的浏览名进行描述
WriteMask	写入掩码	提供写入掩码属性(可选)。如果提供该属性，则供应商不能将所有属性设置为可写，例如，由于服务器提供了节点发服务器特定描述，描述属性应设置为可写。节点标识应不可写，因此，本部分对每个节点已定义
UserWriteMask	用户写入掩码	提供用户的写入掩码属性，与写入掩码属性适用相同的规则

④ 对象：节点用于表示一个系统的一个物理或抽象元素。对象用 OPC UA 对象模型建模。系统、子系统和设备是对象的示例。一个对象可被定义为一个对象类型的实例。表 2-43 是所有对象的通用属性。

表 2-43　通用对象属性

属性		值
EventNotifier	事件通知	节点是否用于订阅事件取决于供应商

⑤ 变量：通用变量属性见表 2-44。

表 2-44　通用变量属性

属性		值
MinimumSamplingInterval	最小采样间隔	提供供应商指定的最小采样间隔(可选)
AccessLevel	访问级别	用于类型定义的变量访问级别,为供应商指定。对本部分中定义的其他变量,访问级别应为当前值可读,其他设置由供应商指定
UserAccessLevel	用户访问级别	用户访问级别由供应商指定。假设所有变量可被至少一个用户访问
Value	值	对用于实例声明的变量,其值是供应商指定的,否则需要代表文本中的描述值
ArrayDiemensions	数组维度	如 ValueRank(即≤0)无法规定数组维度,则该值设为 null 或属性忽略,该行为由供应商指定 如 ValueRank(即>0)规定数组特定维度,则该值应符合表中规定以定义变量

⑥ 节点和节点类：节点是地址空间的基本组件。节点类是地址空间的节点的类。节点类定义 OPC UA 对象模型组件的元数据，也定义用于组织地址空间的构架，如视图。OPC UA 定义八种节点类，用于表示地址空间的组成。它们包括对象、变量、方法、对象类型、数据类型、引用类型和视图等。

(2) OPC UA 的图形符号

OPC UA 采用表 2-45 所示的图形符号表示节点类和引用。

表 2-45　OPC UA 的图形符号

图形符号	含义	图形符号	含义
Object	对象类节点	HasComponent	有组件
Variable	变量类节点	HasInputVars	有输入变量
Method	方法类节点	HasProperty	有属性
Object Type	对象类型节点	HasTypeDefinition	有类型定义
Variable Type	变量类型节点	HasSubType	有子类型
Data Type	数据类型节点	Hierachical Reference	分层引用
Reference Type	引用类型节点	NonHierachical Reference	无分层引用

(3) OPC UA 在 IEC 61131-3 中的应用示例

用于 IEC 61131-3 的 OPC UA 信息模型是为标准编程语言的应用而开发的 OPC 统一体系结构。它是 IEC 61131-3 软件模型的 OPC 信息表达。因此，用于 IEC 61131-3 的 OPC UA 信息模型可为可编程逻辑控制器的供应商降低成本来控制 OPC UA 的服务器。

① 控制变量：在 OPC UA 信息模型中，通常用控制作为前缀，例如控制变量、控制配置等。控制变量是在控制配置、控制资源或控制程序中仅分配其显式硬件地址的变量。控制变量的应用范围限于被声明的组织单元，例如就地的控制变量，这表示它的名称可用于其他地方而不会发生错误。如果控制变量是全局范围有效的，则应在全局变量声明段声明。控制变量可在变量声明段设置用户的初始值，用于冷启动和启动时作为初始值。

② 控制配置、控制资源、控制任务和控制程序：控制配置是在控制系统的特定类型定义的，它包括硬件的配置，即处理的资源、用于 I/O 通道的存储器地址和系统的功能等。

在控制配置中可定义一个或多个控制资源，控制资源是处理设施，能够执行控制程序。

一个控制资源中可定义一个或多个控制任务，控制任务用于控制一组控制程序和/或一组控制功能块的执行。控制任务可以周期执行，也可以由事件触发执行。

控制程序由定义的编程语言的不同软件元素编写。通常，一个控制程序由控制函数和控制功能块的网络组成，它能够交换数据。控制函数和控制功能块是基本的模块，它包含数据结构和一个算法。

③ 控制程序组织单元：控制函数、控制功能块和控制程序组成控制程序组织单元。

标准顺序功能表图（SFC）被定义作为一个结构工具。

a. 控制函数：有标准的控制函数和用户定义的控制函数。标准控制函数是 ADD、ABS 等。用户定义的控制函数一旦被定义，就可以重复使用。

b. 控制功能块：用于表示一个专门的控制功能，像集成电路一样。与控制函数不同，它包含数据算法，有一个良好定义的接口和隐含的内部功能，就像一个黑箱。例如 PID 控制功能块，一旦被定义，它就可用于不同项目的不同控制程序，即它是高度可复用的。用户定义的控制功能块是基于已定义的标准控制功能块、控制函数等的控制功能块。

控制函数和控制功能块的接口用同样方法描述。

c. 控制程序：是控制函数、控制功能块的网络。一个控制程序可用任何已定义的可编程语言编写。

2.7.2 OPC UA 的应用示例

(1) 整数加计数器功能块

下面示例说明对象类型是控制功能块类型的一个整数加计数器功能块。

可用 OPC UA 表示该控制功能块。对象类型 CTU _ INT 是对象类型控制功能块类型的子类型，它的组件由实例声明，并使用引用 HasInputVar，HasLocalVar 和 HasOutputVar。如图 2-4 所示。

在 OPC UA 信息模型中，需要一个控制功能块类型 CTU _ INT 的声明。它有三个控制变量输入，即计数输入 CU、复位 R 和设定 PV。一个就地控制变量 PVmax 用于设置最大计数值。有两个控制变量输出，即计数值到 Q 和当前计数值 CV。采用结构化文本编程语言编写控制功能块类型 CTU _ INT 程序如下：

```
FUNCTION_BLOCK CTU_INT
  VAR_INPUT
    CU:BOOL;
    R:BOOL;
    PV:INT;
  END_VAR
  VAR
```

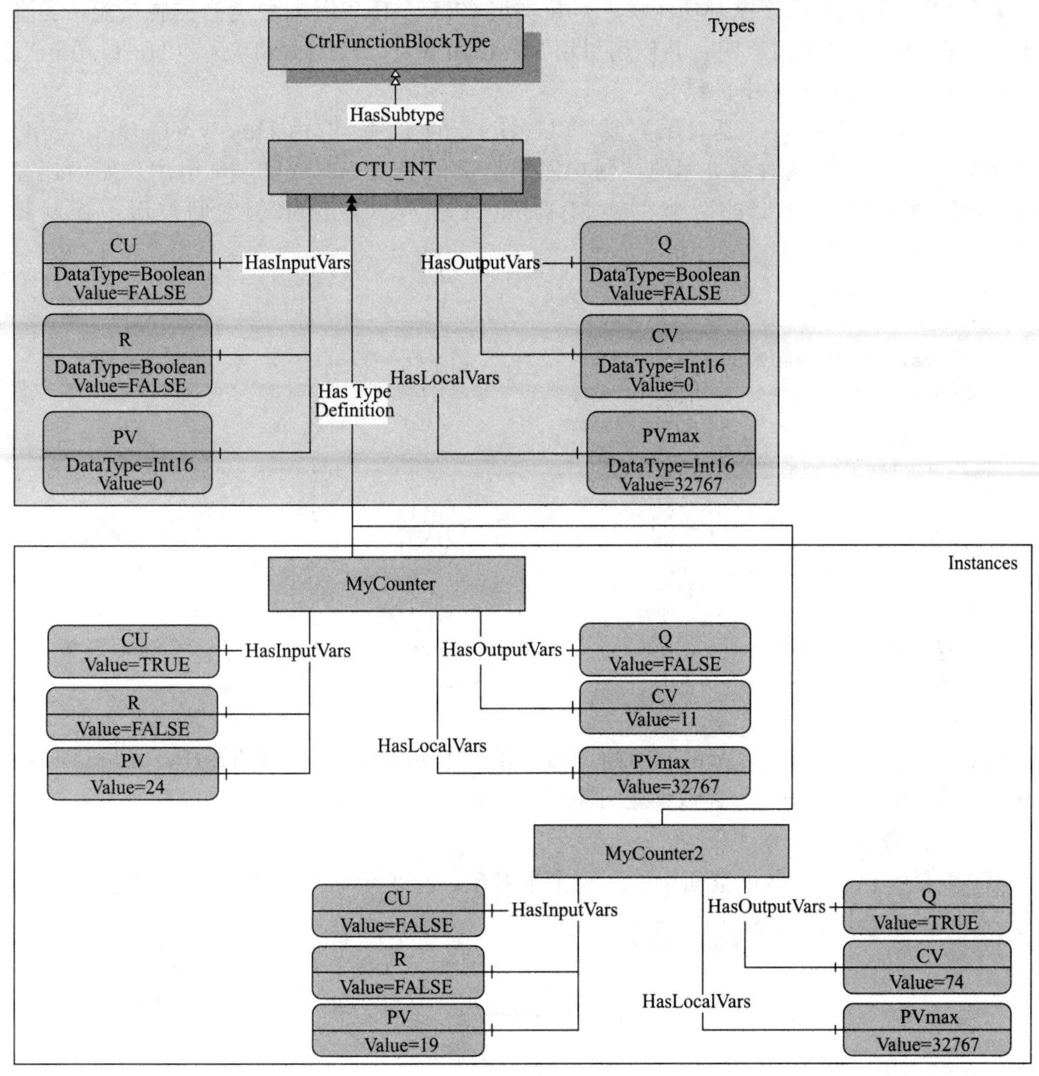

图 2-4　OPC UA 表示的 CTU _ INT 和它的两个实例

```
    PVmax:INT:= 32767;
  END_VAR
  VAR_OUTPUT
    Q:BOOL;
    CV:INT;
  END_VAR
        // 本体程序如下
  IF R THEN
    CV:= 0;
  ELSIF CU AND(CV<PVmax)THEN
    CV:= CV + 1;
  END_IF;
  Q:= (CV >= PV);

END_FUNCTION_BLOCK
```

可用 OPC UA 表示该控制功能块。对象类型 CTU _ INT 是对象类型控制功能块类型的子类型，它的组件由实例声明，并使用引用 HasInputVar，HasLocalVar 和 HasOutputVar。图 2-4 显示它在 OPC UA 中的结构。

图 2-4 中，对象 Object 是对象类型 CTU _ INT 的实例，它由 HasTypeDefinition 引用。对象类型 CTU _ INT 从对象类型的控制功能块衍生，它由 HasSubType 引用。图中还显示了控制功能块 CTU _ INT 的两个实例 MyCounter 和 MyCounter2。它们被用于控制程序 MyTestProgram，即：

```
PROGRAM MyTestProgram
   VAR_INPUT
     Signal:BOOL;Signal2:BOOL;
   END_VAR
   VAR
     MyCounter:CTU_INT;MyCounter2:CTU_INT;
   END_VAR
   VAR_TEMP
     QTemp:BOOL;CVTemp:INT;
   END_VAR
MyCounter(CU:= Signal,R:= FALSE,PV:= 24);QTemp:= MyCounter.Q;CVTemp:= MyCounter.CV;
MyCounter2(CU:= Signal2,R:= FALSE,PV:= 19);QTemp:= MyCounter2.Q;CVTemp:= MyCounter2.CV;
END_PROGRAM
```

图 2-4 显示它在 OPC UA 中的结构。图中没有表示控制程序 MyTestProgram。计数信号分别是 Signal 和 Signal2。计数设定分别是 24 和 19。

(2) 加热器对象

图 2-5 是 OPC UA 地址空间中的一个基本对象，它表示一个加热器。

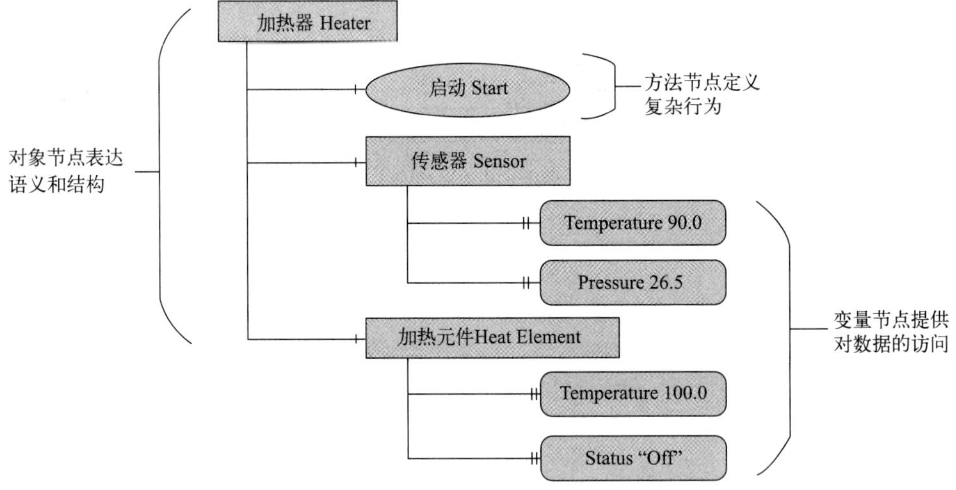

图 2-5　OPC UA 地址空间中的一个基本对象

图 2-5 中，加热器对象有两个组件对象：传感器和加热元件。它也有一个组件方法，用于实现启动的行为（图中，从一个对象到一个它的组件的关系线有一个切断标志在组件的末端）。

传感器组件对象有两个输入变量：温度和压力。加热元件组件对象也有两个输入变量：温度和状态（图中，从一个对象到它的输入变量之一的关系线是有两个切断标志在变量端）。

图 2-5 中，显示加热元件的温度是 100.0，而加热元件的状态显示为“Off”，这表示加热元件处于离线状态，其温度是离线时的温度。同样，对传感器对象，其温度变量的显示值是 90.0，而压力变量的显示值是 26.5，这是实际的被测量值。温度和压力的数值也说明它们的数据类型，即为浮点数据类型。

(3) 锅炉单元

图 2-6 是锅炉单元的示例，用于说明锅炉类型的定义。

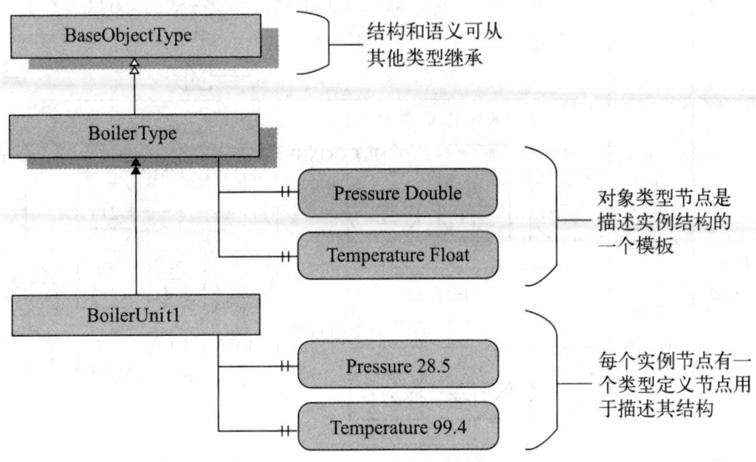

图 2-6 类型定义和实例之间的关系

锅炉类型（BoilerType）是基本对象类型（BaseObjectType）的子类型。它有一个锅炉单元 1（BoilerUnit1）的对象，例如，某电厂的一个锅炉。

锅炉类型（BoilerType）定义了两个属性：压力和温度，其中，压力是双精度数据类型，温度是浮点数据类型。锅炉单元 1 作为它的实例，同样继承了它的属性，因此，也有两个变量，其实际值是压力为 28.5，温度是 99.4。图中省略了用于变量类型的类型定义。

2.8 应用示例

2.8.1 控制室监控仪表图形符号的应用示例

表 2-46 是控制室监控仪表图形符号的应用示例。DCS 和 PLC 内的信号连接也可用通信链图形符号。

表 2-46 控制室监控仪表图形符号的应用示例

序号	被测变量	控制室仪表	仪表	功能说明	简化示例	详细示例
1	流量	常规仪表	差压变送器	指示	FI 101 FI 101	FI 101 FT 101
			旋涡流量变送器	记录报警	FRA 102 L	FT 102 FRA 102 L

续表

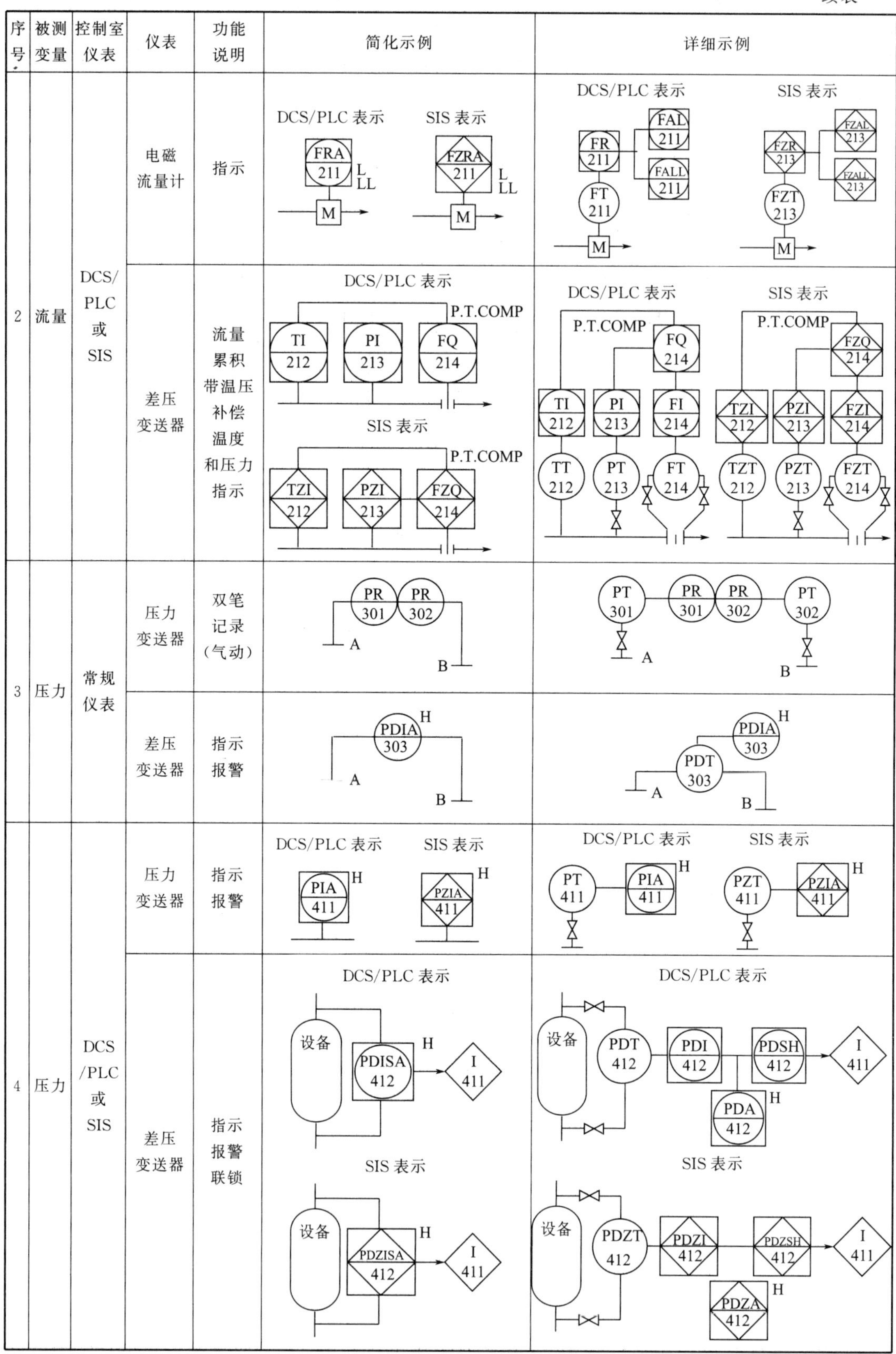

序号	被测变量	控制室仪表	仪表	功能说明	简化示例	详细示例
2	流量	DCS/PLC或SIS	电磁流量计	指示	DCS/PLC 表示 FRA 211 L LL M；SIS 表示 FZRA 211 L LL M	DCS/PLC 表示 FR 211 FAL 211 FALL 211 FT 211 M；SIS 表示 FZR 213 FZAL 213 FZALL 213 FZT 213 M
			差压变送器	流量累积带温压补偿温度和压力指示	DCS/PLC 表示 P.T.COMP TI 212 PI 213 FQ 214；SIS 表示 P.T.COMP TZI 212 PZI 213 FZQ 214	DCS/PLC 表示 P.T.COMP FQ 214 TI 212 PI 213 FI 214 TT 212 PT 213 FT 214；SIS 表示 P.T.COMP FZQ 214 TZI 212 PZI 213 FZI 214 TZT 212 PZT 213 FZT 214
3	压力	常规仪表	压力变送器	双笔记录（气动）	PR 301 PR 302 A B	PT 301 PR 301 PR 302 PT 302 A B
			差压变送器	指示报警	PDIA 303 H A B	PDIA 303 H PDT 303 A B
4	压力	DCS/PLC或SIS	压力变送器	指示报警	DCS/PLC 表示 PIA 411 H；SIS 表示 PZIA 411 H	DCS/PLC 表示 PT 411 PIA 411 H；SIS 表示 PZT 411 PZIA 411 H
			差压变送器	指示报警联锁	DCS/PLC 表示 设备 PDISA 412 H I 411；SIS 表示 设备 PDZISA 412 H I 411	DCS/PLC 表示 设备 PDT 412 PDI 412 PDSH 412 I 411 PDA 412 H；SIS 表示 设备 PDZT 412 PDZI 412 PDZSH 412 I 411 PDZA 412 H

续表

序号	被测变量	控制室仪表	仪表	功能说明	简化示例	详细示例
5	物位	常规仪表	浮筒	指示	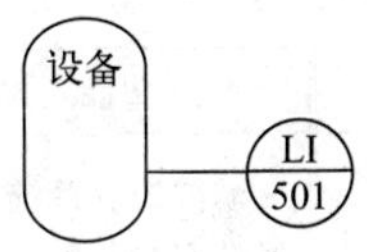 设备 LI 501	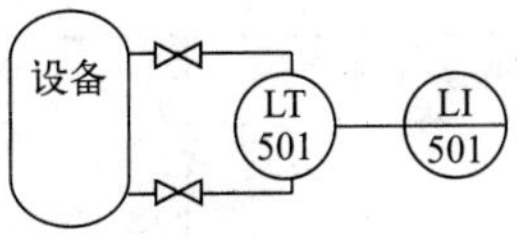 设备 LT 501 LI 501
			差压变送器	记录报警	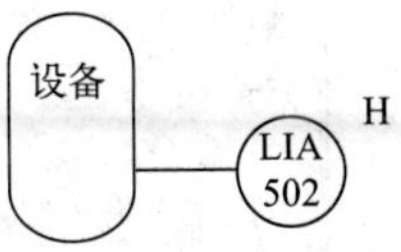 设备 LIA 502 H	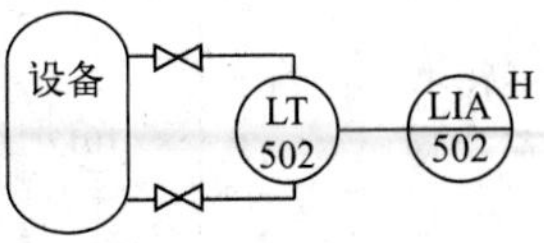 设备 LT 502 LIA 502 H
6	物位	DCS/PLC 或 SIS	差压变送器	指示带吹洗管线	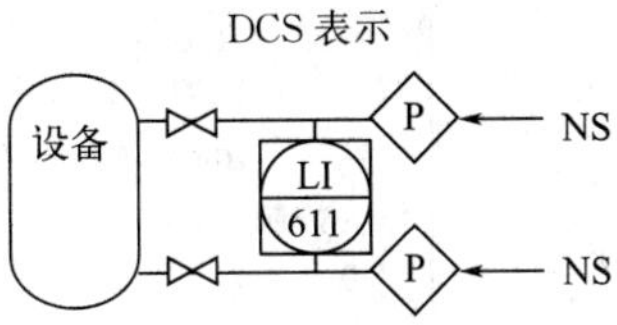 DCS 表示 设备 LI 611 P NS P NS	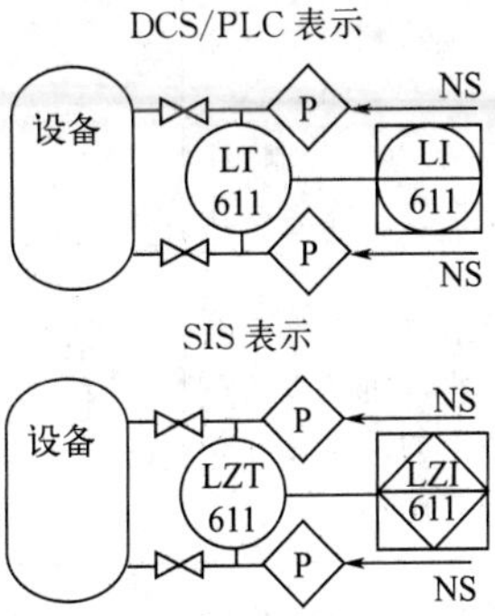 DCS/PLC 表示 设备 LT 611 P NS LI 611 P NS SIS 表示 设备 LZT 611 P NS LZI 611 P NS
			差压变送器	指示报警	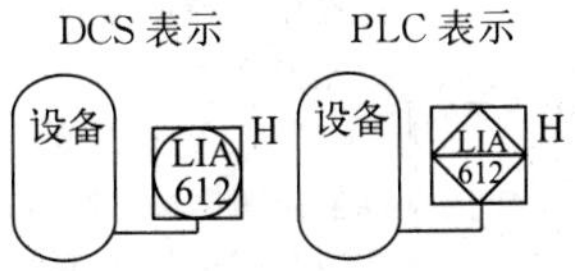 DCS 表示　PLC 表示 设备 LIA 612 H　设备 LIA 612 H	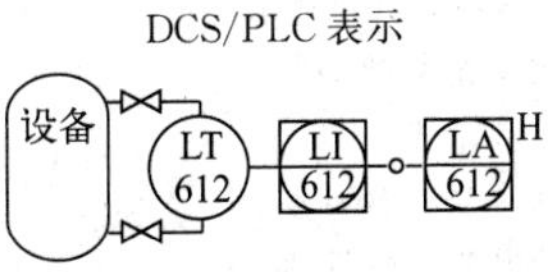 DCS/PLC 表示 设备 LT 612 LI 612 LA 612 H
7	温度	常规仪表	热电偶	记录报警	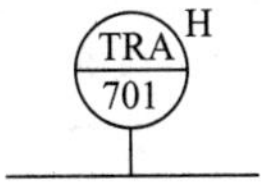 TRA 701 H	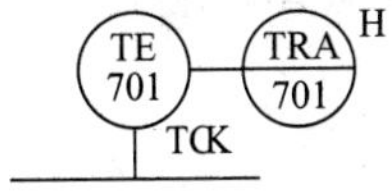 TE 701 TRA 701 H TCK
			双支热电偶	指示报警联锁	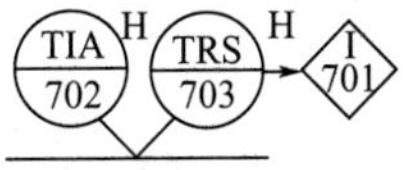 TIA 702 H TRS 703 H I 701	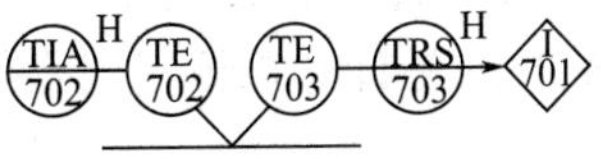 TIA 702 H TE 702 TE 703 TRS 703 H I 701
			热电阻	多点温度巡检指示报警联锁	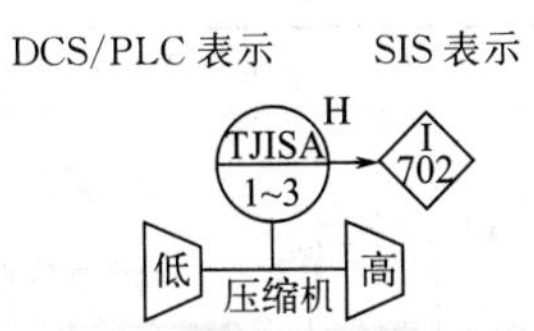 DCS/PLC 表示　SIS 表示 TJISA 1~3 H I 702 低 压缩机 高	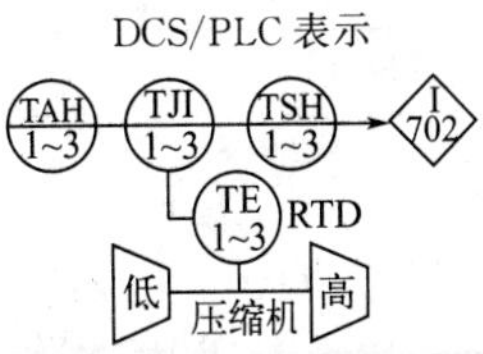 DCS/PLC 表示 TAH 1~3 TJI 1~3 TSH 1~3 I 702 TE 1~3 RTD 低 压缩机 高
8	温度	DCS/PLC 或 SIS	一体化温度变送器	记录报警联锁（趋势记录）	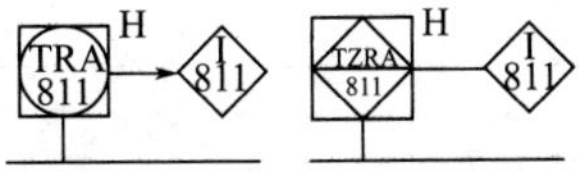 TRA 811 H I 811　TZRA 811 H I 811	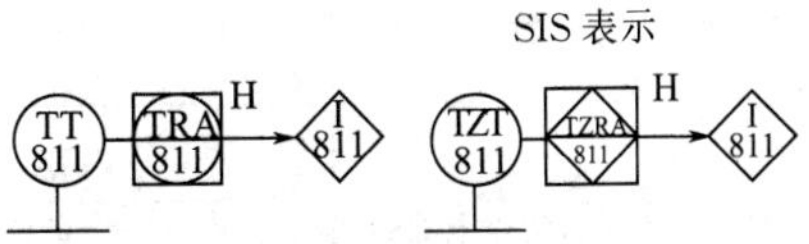 TT 811 TRA 811 H I 811 SIS 表示 TZT 811 TZRA 811 H I 811
			毛细管温度变送器	温差指示	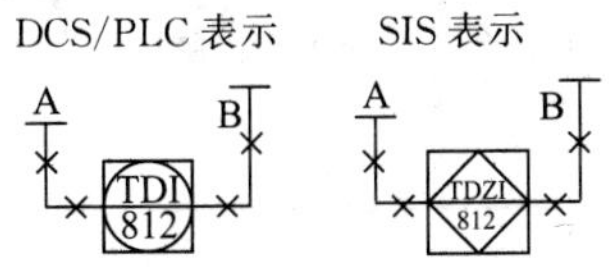 DCS/PLC 表示　SIS 表示 A B TDI 812　A B TDZI 812	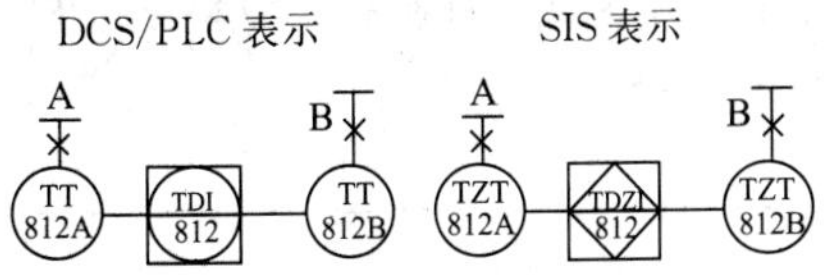 DCS/PLC 表示　SIS 表示 A TT 812A TDI 812 B TT 812B　A TZT 812A TDZI 812 B TZT 812B

2.8.2 共享显示、共享控制、分散控制图形符号的应用示例

表 2-47 是共享显示、共享控制、分散控制图形符号的应用示例，用 DCS/PLC 实现。

表 2-47 共享显示、共享控制、分散控制图形符号的应用示例

功能及说明	图形符号示例	功能及说明	图形符号示例
共享显示/共享控制系统，无后备	PIC 101, PT 101, PY 101, I/P	模拟控制系统，模拟控制器带有与共用显示/共用控制系统的接口作为控制器后备。 控制室安装的模拟控制器用于压力控制系统，共用显示和共用控制系统作为该模拟控制器的后备	PIC 102, PIC 102, PT 102, PY 102, I/P
共享显示/共享控制，带操作员辅助接口作为控制器后备。 共享显示/共享控制系统作为控制器，它带有安装在辅助设备上的操作员可监控的控制器后备	PIC 103, PIC 103, PT 103, PY 103, I/P	共享显示/共享控制，带有模拟控制器作为后备。 共享显示/共享控制系统作为控制器，它带有安装在主设备上的操作员可监控的控制器后备	PIC 104, PIC 104, PT 104, PY 104, I/P
模拟控制系统，现场模拟盲控制器带有与共享显示/共享控制系统的接口作为控制器后备。 安装在现场的操作员不能监控的模拟控制器，带共享显示/共享控制系统的控制器作为其后备	PC 105, PIC 105, PT 105, PY 105, I/P	盲共享控制，盲控制器带有操作员辅助接口作为盲控制器后备。 安装在现场的操作员不能监控的模拟控制器，带有安装在辅助设备上的共享显示/共享控制的控制器作为其后备	PIC 106, PIC 106, PT 106, PY 106, I/P

2.8.3 计算机控制图形符号的应用示例

表 2-48 是计算机控制图形符号的应用示例。

表 2-48 计算机控制图形符号的应用示例

功能及说明	图形符号示例	功能及说明	图形符号示例
计算机控制，公用显示，无后备	FIC 201, FT 201, FY 201, I/P	计算机控制，带模拟控制器作为后备	FIC 202, FIC 202, FT 202, FY 202, I/P
计算机控制，集散控制系统作为全后备，计算机使用仪表系统通信链	FIC 203, FIK 203, FT 203, FY 203, I/P	计算机控制，设定值跟踪的全模拟控制器作为后备	FIC 204, SPT, FIC 204, FT 204, FY 204, I/P

2.8.4　设定值监督控制和现场总线控制图形符号的应用示例

表 2-49 是设定值监督控制和现场总线控制图形符号的应用示例。

表 2-49　设定值监督控制和现场总线控制图形符号的应用示例

功能及说明	设定值监督控制图形符号示例	功能及说明	现场总线控制图形符号示例
设定值监督控制，安装在控制室仪表盘上的模拟控制器控制压力，通过计算机通信链实现其设定值的监督控制。 * 用户的标志是可选择的	PIC 301　I/P　S.P.　PY 301　PT 301　*	现场总线控制系统，控制器功能模块内置在执行器，共享显示/共享控制系统（DCS）用于显示和控制（可减少现场总线的通信量）	PT 401　PIC 401　PC 401　PV 401
设定值监督控制，安装在控制室仪表盘上的模拟控制器控制压力，计算机通过硬接线实现对其设定值的监督控制。 * 用户的标志是可选择的	PIC 302　I/P　S.P.　PY 302　PT 302　*	现场总线控制系统，控制器功能模块位于共享显示/共享控制系统（DCS）	PIC 402　PT 402　PV 402
设定值监督控制，共享显示/共享控制（DCS），计算机的所有信息都通过通信链传送。 * 用户的标志是可选择的	PIC 303　I/P　S.P.　PY 303　PT 303　*	现场总线控制系统，控制器功能模块内置在检测变送器，共享显示/共享控制系统（DCS）用于显示和控制	PC 403　PT 403　PIC 403　PV 403

2.8.5　仪表之间连接信号的示例

当需要详细说明连接线的特性时，需要用有关连接线图形符号。表 2-50 是仪表之间连接信号的示例。

表 2-50　仪表之间连接信号的示例

功能说明	图形符号	功能说明	图形符号
气动离散仪表	FT 101　FRC 101　FV 101	电动离散仪表	FT 102　FRC 102　FV 102
共享显示、共享控制仪表	FT 103　FRC 103　FV 103	共享显示、共享控制仪表，带现场接线的诊断和校准总线	FT 104　FRC 104　FV 104
共享显示、共享控制仪表，无线仪表	FT 105　FRC 105　FV 105		

续表

功能说明	图形符号	功能说明	图形符号
共享显示、共享控制仪表，主系统和替换系统，无总线间通信	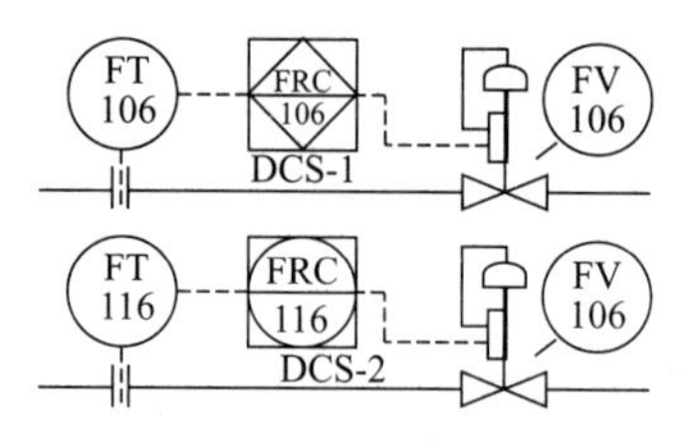 FT 106, FRC 106, FV 106, DCS-1; FT 116, FRC 116, FV 106, DCS-2	共享显示、共享控制仪表，主系统和替换系统，带现场总线通信	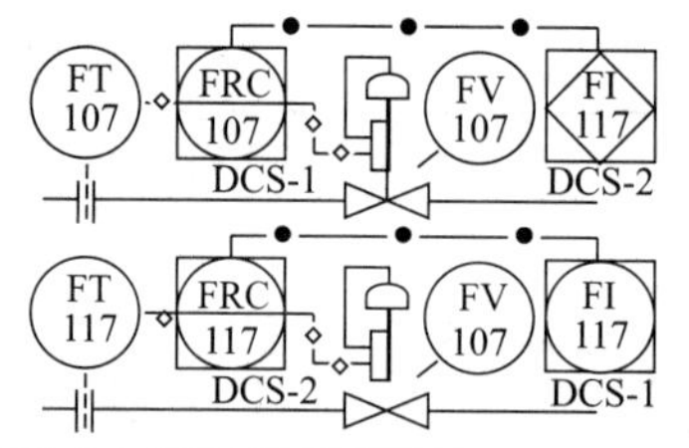 FT 107, FRC 107, FV 107, FI 117, DCS-1, DCS-2; FT 117, FRC 117, FV 107, FI 117, DCS-2, DCS-1
共享显示、共享控制仪表和现场总线仪表，带总线通信。现场总线变送器和电动阀门定位器	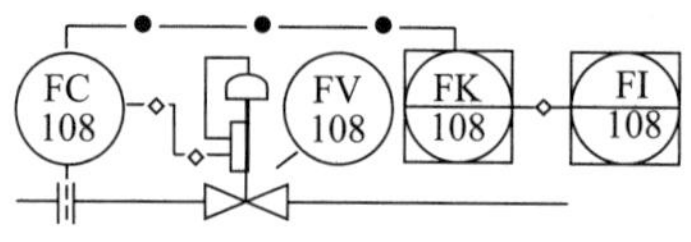 FC 108, FV 108, FK 108, FI 108	共享显示、共享控制仪表和现场总线仪表，带总线通信。现场总线定位器/控制器和电气传感器	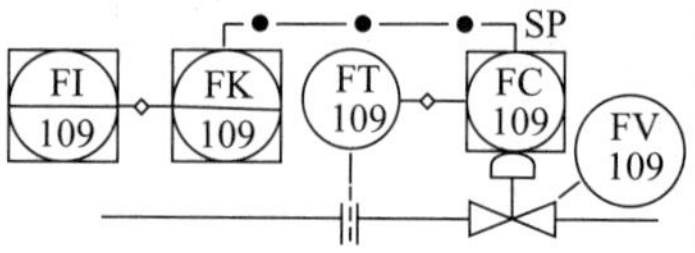 FI 109, FK 109, FT 109, SP, FC 109, FV 109
共享显示、共享控制仪表和现场总线仪表，带总线通信。现场总线传感器和阀门定位器/控制器	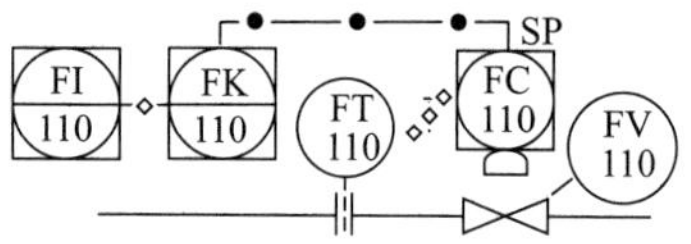 FI 110, FK 110, FT 110, SP, FC 110, FV 110		
现场总线控制系统，现场总线阀门定位器/控制器，传感器和指示仪	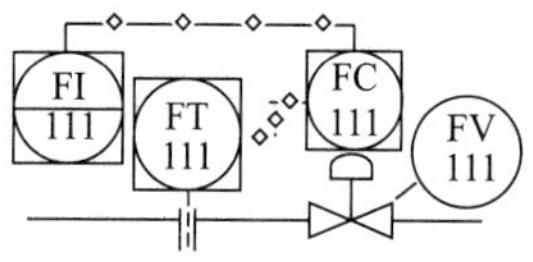 FI 111, FT 111, FC 111, FV 111	现场总线控制系统，现场总线集成传感器、控制器和阀门定位器	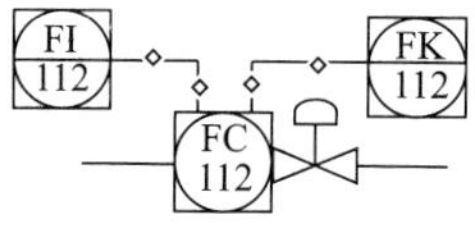 FI 112, FK 112, FC 112

2.9 SAMA 图

2.9.1 SAMA 图的图形符号

美国科学仪器制造协会（SAMA，Scientific Apparatus Maker Association）颁布的图例SAMA 图是目前世界上广泛使用的控制工程图例之一，它被广泛应用于火电厂热控系统的工程设计中。

表 2-51 是 SAMA 图基本图形符号。

表 2-51 SAMA 图基本图形符号

图形符号	功能	图形符号	功能	图形符号	功能	图形符号	功能
 ○	圆形框表示测量或信号读出功能	□	矩形框表示自动信号处理功能	 ◇	正菱形框表示手动信号处理功能	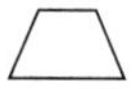 ⏢	等腰梯形框表示最终控制装置，如执行机构等

描述系统功能图的形式有垂直图和水平图两种。水平图中，被测量的量被画在左边，流程从左向右。垂直图中，被测量的量被画在上面，流程从上而下。不论采用哪种形式，凡是辅助功能，如手动操作、设定值、偏置值等都与主信号垂直。画图时可不考虑设备。

表 2-52 是部分 SAMA 图基本图形符号的示例。

表 2-52　部分 SAMA 图基本图形符号的示例

图形符号	功能说明	图形符号	功能说明	图形符号	功能说明	图形符号	功能说明	图形符号	功能说明
测量变送、显示操作类									
FE	流量检测元件	PT	压力变送器	TT	温度变送器	LT	液位变送器	ZT	位置指示器
I	指示仪	R	记录仪	T	继电器线圈	AT	分析变送器	ST	速度变送器
信号运算类									
Σ	加法器	Δ	比较器，减法器，偏差	×	乘法器	÷	除法器	∫ I	积分控制器
Σ/*t*	积算器	±	偏置器，加或减	P	比例控制器	d/d*t*	微分控制器	√	开方器
Σ/*n*	平均值	*F*/(*t*)	时间函数	*F*/(*x*)	函数	URG	斜坡信号发生器		非线性控制器
报警限幅和选择类									
≯	高限限幅器	≮	低限限幅器	>	高选器	<	低选器	<>	中值选择器
H/	高限报警	/L	低限报警	HH/	高高限报警	/LL	低低限报警	≮≯	高、低限限制器
V≯	速度限制器	H/L	高、低限报警						
转换类									
I/V	电流-电压转换器	E/P	电气转换器	R/I	电阻-电流转换器	F/V	频率-电压转换器	R/V	电阻-电压转换器
V/I	电压-电流转换器	P/I	气压-电流转换器	mV/V	热电势-电压转换器	V/P	电压-气压转换器	D/L	数字-逻辑转换器
V/V	电压-电压转换器	P/V	气压-电压转换器	L/D	逻辑-数字转换器	C/L	触点-逻辑转换器	A/D	模-数转换器
V/F	电压-频率转换	⎍/⎍	脉冲-脉冲转换器	⎍/V	脉冲-电压转换器	D/A	数-模转换器	M/P	脉冲-气压转换器
显示操作类									
A/M	自动-手动切换	T	转换或跳闸继电器	TIM	时间继电器	S	电磁线圈驱动器	TR	跟踪
◇T	自动-手动切换	◇A	模拟信号发生器	◇	手操信号发生器	⊣⊢	继电器常开触点	⊣/⊢	继电器常闭触点
	指示灯		气源						
最终执行装置									
MO	电动执行机构	EH	液动执行机构	HO	液动执行机构		气动执行机构	*f*(*x*)	未注明的执行机构
	角阀		旋转球阀		直行程阀		三通阀		
连接和信号线									
A	本图内连接符号		信号来源	I	与逻辑图连接符号	→	模拟信号线	---→	逻辑电平信号线

2.9.2 SAMA 图应用示例

(1) 单冲量控制系统的 SAMA 图

电厂中一些控制系统，例如，锅炉液位的单冲量控制、凝汽器水位控制、轴封压力控制、冷凝器压力控制、高加水位控制、低加水位控制、二抽母管压力控制、轴封漏汽压力控制、稳压箱水位控制、吹灰给水控制、暖风器水位控制等，都属于单回路控制系统，在电厂称为单冲量控制系统。图 2-7 是单冲量控制系统的 SAMA 图描述。

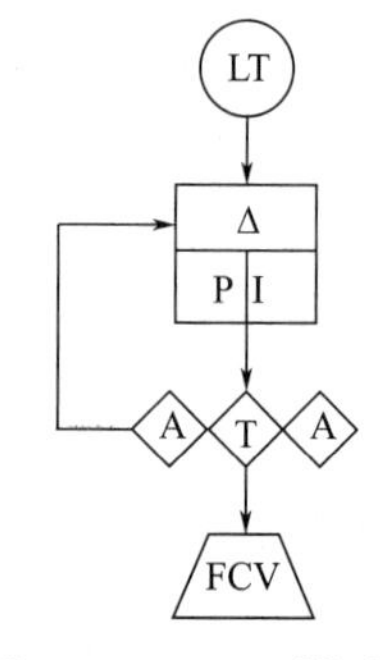

图 2-7 SAMA 图示例

ISA 5.1—2009 版中将偏差、比例和积分的方框合并，使图形简化。

图 2-7 中，左面菱形 A 的输出作为 PI 控制器的设定值。Δ 表示偏差，是设定值与从 LT 液位变送器来的测量值之间的差值。P 表示比例控制，I 表示积分控制。中间菱形 T 表示自动-手动切换器。右面的菱形 A 用于手动输出控制执行器 FCV。FCV 表示流量控制阀。

当 LT 改为 FT 时，表示流量控制系统，改为 TT，则组成温度控制系统。其余的类推。

(2) 一个储罐液位控制的 SAMA 图实例

图 2-8 是一个简单的储罐液位控制的管道仪表流程图，采用常规仪表实现。

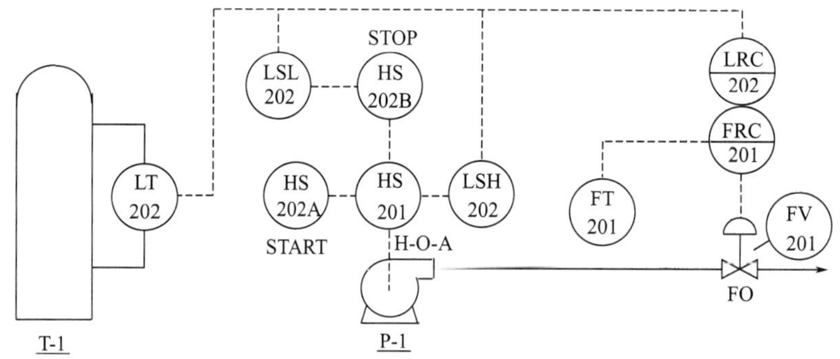

图 2-8 简单的储罐液位控制的管道仪表流程图

图 2-8 中，储罐 T-1 的液位经 LT-202 检测变送后送位于控制室仪表盘上的双笔记录仪中的液位控制器 LRC-202。液位信号还送到液位开关 LSL（低限）和 LSH（高限），如果液位低于低限，则自动经 HS 停止泵 P-1，如果液位高于高限，则自动经 HS 启动泵。泵输出的流体被流量检测和变送器 FT-201 检测，并送流量控制器 FRC-201，液位控制器 LRC-202 与流量控制器 FRC-201 组成串级控制系统，其输出控制气动直通阀 FV-201。带 PID 控制器的双笔记录仪用于液位和流量的记录和控制。

泵 P-1 通过一个三通手动开关 H-O-A 进行切换。其三个位置是：手动（H）、关闭（O）和自动（A）。泵在自动位置时，液位低限以下自动停泵，液位高于高限自动启动泵。关闭位置时停止泵的运转。手动位置则经手动的启动和停止按钮来控制泵的启动和停止。

图 2-9 是储罐液位控制的 SAMA 图描述。图中，实线是模拟量信号，虚线是逻辑量信号。OL 是泵电机过载信号，通常采用热继电器输出触点。LT-202 是液位变送器，FT-201 是流量变送器，FV-201 是控制阀。液位控制器输出作为流量控制器的设定，组成串级控制系统。图 2-10 是泵电机控制逻辑原理。

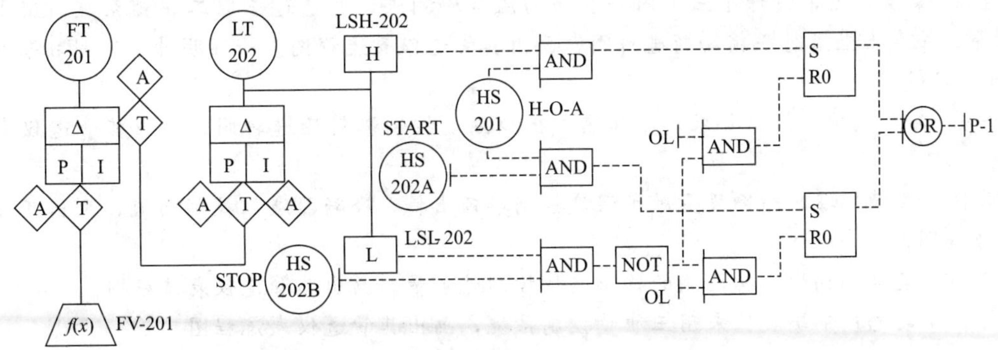

图 2-9　储罐液位控制的 SAMA 图描述

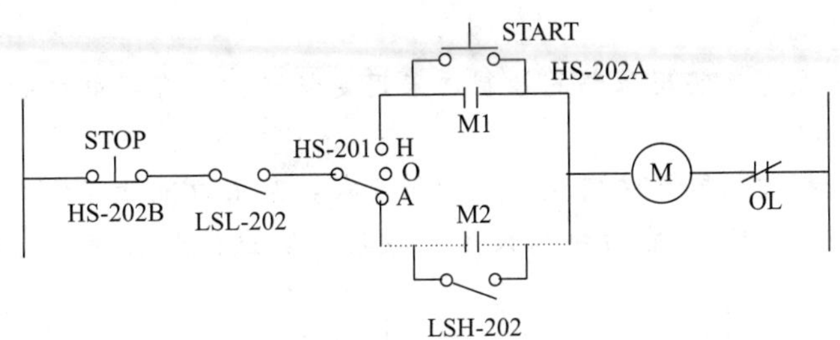

图 2-10　泵电机控制逻辑原理

习题和思考题

2-1　下列文字代号分别表示什么含义？

AI；BK；CR；DP；ERT；FI；FFRC；FQRI；FZT；GA；HIC；IZI；JQI；KI；LG；PDT；PZS；QQ；RQR；SE；TG；TDI；TKR；UA；VXI；WE；WFI；ZZZI；ZDZ。

2-2　某差压变送器用于差压测量检测回路，应如何描述其仪表位号？如用于液位检测回路，应如何描述其仪表位号？如用于节流装置的流量检测回路，应如何描述其仪表位号？

2-3　两台机泵出口压力检测，如何描述其仪表位号？

2-4　某厂有五套相同的反应器，每套反应器有三个温度检测点、一个压力检测点和一个液位检测点，它们的仪表位号应如何描述？

2-5　本安电缆分哪几类？用什么缩写字母表示？

2-6　下列缩写字母分别表示什么含义？DCS；PLC；SIS；SOE；ESD；FAT；HART；AMS；APC。

2-7　画出下列仪表的图形符号：

① 集散控制系统中的一个安装在现场的测量流量的差压变送器；

② 集散控制系统中的一个安装在现场的，用于控制温度的操纵流量大小的气动控制阀；

③ 集散控制系统中的一个用于液位检测的差压变送器；

④ 集散控制系统中一个在控制室显示屏显示的用于压力控制的 PID 功能模块；

⑤ 集散控制系统中的一个安装在现场控制室盘后的温度变送器；

⑥ 可编程控制器系统中的一个在控制室显示屏显示的用于温度控制的 PID 功能模块；

⑦ 安全仪表系统中的一个在控制室显示屏显示的液位上限报警模块。

2-8 某反应器，设计了三个同一层面的温度检测点，并通过三取二联锁系统，用于上限报警，并在上上限时联锁切断进料阀，画出其管道仪表流程图。除注明外，下列习题都采用 DCS 实现。

2-9 某加热炉，控制要求是：加热炉出口温度控制燃料油进料阀，画出其管道仪表流程图。

2-10 某精馏塔，精馏段灵敏板温度控制塔顶出料，冷凝器液位控制回流，画出其管道仪表流程图。

2-11 某电厂锅炉，其检测的锅炉液位控制进水量，画出其管道仪表流程图。

2-12 某电厂锅炉液位采用三冲量控制系统，画出其管道仪表流程图。

2-13 某加热器，采用载热体流量的调节来控制被加热物料出口温度，由于载热体流量波动较大，拟采用载热体流量作为副被控变量，组成串级控制系统。画出其管道仪表流程图。

2-14 某机械装置，为实现位移的控制，采用变频器控制直线电机的转速。画出其管道仪表流程图。

2-15 采用可编程控制器系统实现下列控制要求：泵出口流量经检测后，输出信号送变频器，与变频器内置的 PID 功能模块的设定比较后，输出信号改变泵电机的转速。画出其管道仪表流程图。

2-16 某减压塔，采用塔顶压力（真空度）控制抽气管路的节流阀，画出其管道仪表流程图。

2-17 常压炉的出口温度与炉膛温度组成串级控制系统，控制燃料量，画出其管道仪表流程图。

2-18 某油品调合控制系统，它用催化汽油量作为主动量，按比例分别控制重整汽油、烷基化油及 MTBE（甲基叔丁基醚）（作为从动量）以生产标号汽油。其管道流程图如图 2-11 所示。画出管道仪表流程图。

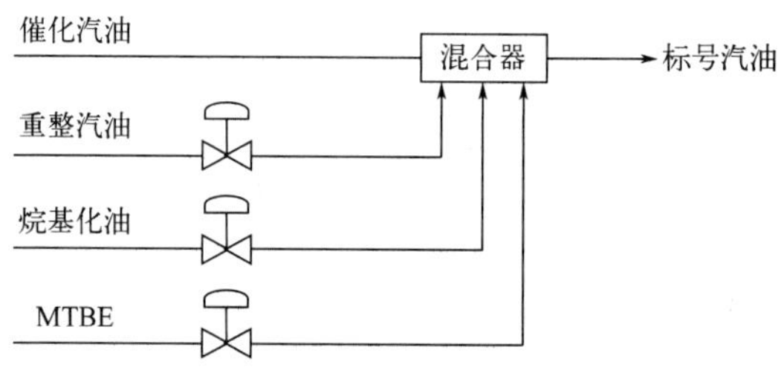

图 2-11 油品调合系统管道流程图

2-19 画出某压力单回路控制系统的 SAMA 图。其中，输出设置高低限限幅，限幅值可手动设置。

2-20 画出某温度为主被控变量、流量为副被控变量的串级控制系统的 SAMA 图。温度设定值需要有变化率限制，限制值由手动设置。

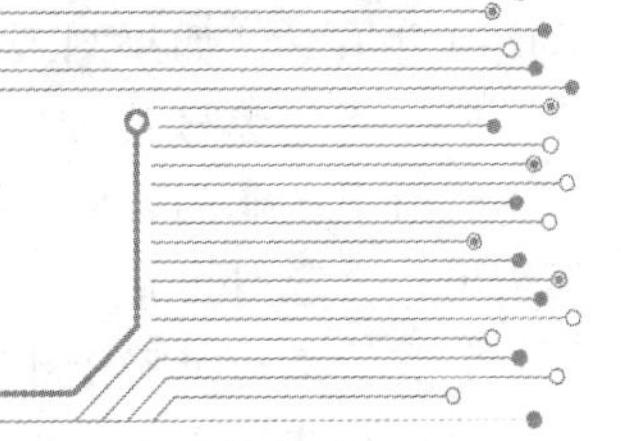

第3章 自控工程设计

3.1 管道仪表流程图

3.1.1 管道仪表流程图的分类

管道仪表流程图是在工艺设计基础上开展的一项重要工作环节，是工程设计各有关专业进行设计工作的主要依据。

管道仪表流程图在设计过程中逐步加深和完善，它是分阶段、分版次分别发表的。按管道中物料类别可分为：工艺管道仪表流程图（通常称为工艺PI图）和辅助物料、公用物料管道仪表流程图（简称公用物料系统流程图）。二维码显示某天然气压缩机气路系统管道仪表流程图，它包括成套的压缩机及气液分离器和需配套的换热器设备等。

工艺管道仪表流程图是以工艺管道和仪表为主体的流程图。辅助物料、公用物料管道仪表流程图是包括辅助系统和公用系统的管道仪表流程图。其中，辅助系统包括正常开停车过程所需的仪表空气、工厂空气、加热用燃料、致冷剂、脱吸及置换用惰性气、机泵润滑油及密封油、废气、放空系统等。公用系统包括自来水、循环水、软水、冷冻水、低温水、蒸汽、废水系统等。

工艺管道仪表流程图用图示方法将生产过程工艺流程和所需全部设备、机器、管道、阀门及管件和仪表表示出来。它是设计和施工的依据，也是开停车、操作运行、事故处理及维修检修的指南。

对自控专业设计人员，上述两类图纸都属于管道仪表流程图。

3.1.2 管道仪表流程图内容

(1) 设备绘制和标注

① 设备和机器：管道仪表流程图需按实物比例绘出工艺设备一览表中所列的所有设备和装置。未规定的设备、机器的图形可按实际外形和内部结构特性绘制，按相对大小，不按实物比例。

设备、机器上的所有接口宜全部画出，对与配管有关及与外界有关的管口必须画出。设备位号可标注在图的上方或下方，尽可能正对设备，设备位号下注明设备名称。也可在设备内或附近标注设备位号。

需要绝热的设备和机器应在相应部位画出一段表示绝热层的图例，伴热设备也应画出一段伴热管，注明伴热类型和伴热介质代号等。

地下或半地下设备和机器应画出一段相关的地面。复用的原有设备、机器及其管道可用框图注明其范围，并用文字标注。设备和机器自身的附属部件，如果对生产操作和检测有关，应画出。

② 管道、阀门和管件：需要绘制和标注所有管道、阀门和管件（含附件）。

工艺管道包括正常操作所有的物料管道、排放系统管道、开停车和必要的临时管道。管道应有管道号。如果图纸中的管道与其他图纸有关，应在图的左方或右方用空心箭头注明物流方向，管道编号及所来自或去往的设备或机器的位号等。

管道上的阀门、管道附件应注明公称通径，必要时注出它们的型号。管道的伴热管应全部绘出，夹套管可在两端只画出一小段。

分支管道应准确绘出总管和分支管位置，并与管道布置图一致。

(2) 仪表绘制和标注

在管道仪表图上应绘出和标注所有检测仪表、调节控制系统和分析取样系统，包括与工艺有关的检测仪表、调节控制系统、分析取样点和取样阀（组），其符号和表示方法符合自控专业的有关规定。

对检测仪表、调节控制系统和分析取样系统，可采用简化的方法绘制，见第 2 章表 2-22～表 2-26 及表 2-46。

对流量测量仪表，有前后直管段要求的，应注明其直管段长度的要求。一些有管线坡度要求的应注明，以保证流路的畅通。

检测仪表的测量点应符合实际应用要求，例如，设备出口温度测量点的位置应尽量靠近设备出口管道处。控制阀自身特性应标注，例如，气开或气关特性用图形符号中的箭头表示，或用文字代号 FC 或 FO 表示等。如果带阀门定位器，应注明有关图形符号。对液动、气动或电动类型除了用图形符号描述外，还需说明阀本体或阀组是否有排放阀、是否带手动执行机构等特性。

对现场总线仪表，除注明其安装位置外，还需注明其所用现场总线类型，例如是 FF 还是 Profinet 等。对无线仪表，也需注明其采用的无线通信类型，例如 WirelessHART、One Wireless 等。

分析取样点的位置应注明其取样的管道编号和设备位置，取样冷却器也应绘制和标注。

(3) 成套设备绘制和标注

成套设备由制造厂商供货，在管道仪表流程图上用双点画线框图表示其供货范围，需要外界连接的管道和仪表管线应标注有关连接的关系。

对特殊设计要求应附注说明，例如，可燃气体探测器的安装位置和离开有关设备或管道的距离等。对有压设备的液封应注明其至少应具有的 U 形管高度等。

3.1.3 管道仪表流程图版本

管道仪表流程图共发表 7 版，其中，设备布置图 4 版，管道布置图 4 版。根据工程项目特点和设计人员的熟悉程度可增或减。

3.2 仪表的选型

3.2.1 检测仪表一般特性

检测仪表是能确定所感受的被测变量大小的仪表。它可以是传感器、变送器和自身兼有测量元件和显示装置的仪表。传感器是能接收被测信息，并按一定规律将其转换成同种或别种性质的输出变量的仪表。变送器是输出为标准信号的传感器。

工业生产过程中的被测变量有：流量、压力、液位、温度、位移、速度、力、力矩等物理量；也有气体分析、水分分析、微量元素分析等化学量和微生物、免疫抗原等生物量。

传感器通常由直接对被测量响应的敏感元件、产生可用信号输出的转换元件及相应的电子线路组成。如果进一步对传感器的输出信号进行处理，将输出信号转换成标准信号（例如：4～20mA 或 1～5V，0～10mA 或 0～5V，或标准气压信号等），通常称这类传感器为变送器。传感器和变送器通称为检测仪表。

测量是利用专用装置，采用实验方法对某一被检测量进行检测，获得其量值的过程。测量是一种比较过程，它将被测量与测量单位比较，确定其量值。传感器检测被测对象时，需要对传感器有一定的静态和动态特性要求。基本要求是准确、迅速和可靠。准确指检测元件和传感器能正确反映被测量，误差应小；迅速指应能及时反映被测量的变化；可靠是检测元件和传感器应能在环境工况下长期稳定运行。

(1) 静态特性

传感器的静态特性是传感器输入输出之间不随时间变化所测得的特性，它包括测量范围、线性度、迟滞、灵敏度、重复性等。

① 测量范围（Measuring range）：也称为量程。它是传感器允许测量的最小值和最大值确定的区间。选用的传感器测量范围应稍大于实际测量范围，才能保证一定的测量精度。

② 测量精度（Accuracy of measurement）：被测量的测量结果与（约定）真值间的一致程度。

③ 范围度（Rangeability）：仪表或装置能被校准到规定精确度等级内的最大量程与最小量程之比。

④ 线性度（Linear error）：线性度通常用相对误差表示，即在静态标准条件下，最大非线性偏差与输出满量程之比。线性度表示为：

$$\text{线性度误差}\ \delta_f = \pm\frac{\text{最大非线性偏差}}{\text{输出满量程}}\times 100\% \tag{3-1}$$

静态标准条件指没有加速度、振动和冲击情况下，在标准大气压［（760±60）mmHg］、环境温度（20±5)℃、相对湿度不大于 85%RH 的测试条件。

在输入量变化范围内，用直线拟合检测系统的输入输出特性曲线，该直线称为理想拟合曲线。传感器输入输出特性实测曲线与理想拟合曲线之间的最大差值，称为非线性偏差。

图 3-1 是线性度的图形表示。可见，理论线性度用理想直线 $y=kx$ 表示线性度，因此，称为绝对线性度。端基线性度的拟合方法简单，但拟合精度低。图中，F. S. 是满量程。

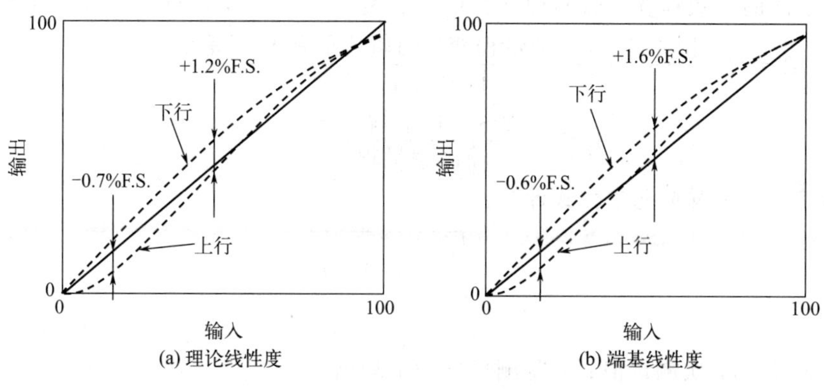

图 3-1　线性度的图形表示

⑤ 迟滞（Hysteresis）：传感器输入增加和减少时，输入输出特性曲线的不重合程度称为迟滞，也称为回差。图 3-2 是迟滞的图形表示，图 3-3 是重复性的迟滞的图形表示。迟滞表示为：

$$迟滞\ \delta_t=\frac{上行与下行时的最大偏差}{输出满量程}\times 100\% \tag{3-2}$$

产生迟滞的原因是检测系统存在机械摩擦、间隙等。

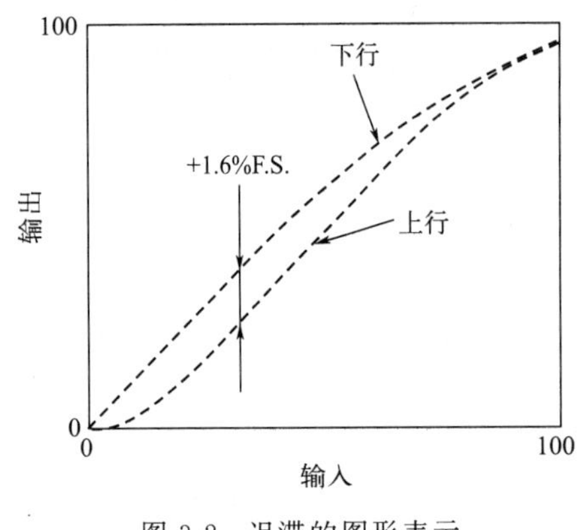

图 3-2 迟滞的图形表示

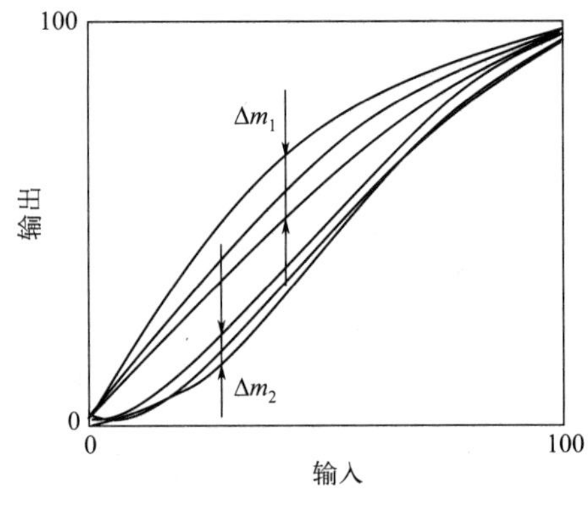

图 3-3 重复性的迟滞的图形表示

⑥ 灵敏度（Sensibility）：在稳态条件下，输出的变化量 Δy 与输入的变化量 Δx 之比，称为该传感器的灵敏度。它表示为：

$$k=\frac{\Delta y}{\Delta x} \tag{3-3}$$

例如，温度每变化 1℃，铂热电阻 Pt100 的电阻变化量是 0.391Ω。因此，灵敏度是 0.391Ω/℃。不同规格热电阻的灵敏度不同。

线性传感器的灵敏度是输入输出特性曲线的斜率。非线性传感器的灵敏度随输入信号的不同而变化，例如，差压变送器输出的差压 Δp 开方值与被测流量 Q 之间成正比，即：

$$Q=k\sqrt{\Delta p} \tag{3-4}$$

因此，在小流量和大流量时，差压变送器有不同的灵敏度。

⑦ 死区（Dead band）：仪表输入量变化不会引起输出量有任何可察觉的变化的有限区间，又称为仪表的不灵敏区。

⑧ 重复性（Repeatability）：在同一工作条件下，对同一输入信号值按同方向连续测试多次的输出值间的一致程度。有两种计算重复性误差 δ_z 的方法，见式(3-5) 和式(3-6)。

$$\delta_z=\pm\frac{同方向输入作满量程变化时输出间的最大偏差\ \Delta m}{输出满量程}\times 100\% \tag{3-5}$$

$$\delta_z=\pm\frac{(2\sim3)标准偏差\ \sigma}{输出满量程}\times 100\% \tag{3-6}$$

标准偏差 σ 可根据贝塞尔公式计算：

$$\sigma=\sqrt{\frac{\sum_{i=1}^{n}(y_i-\overline{y})^2}{n-1}} \tag{3-7}$$

式中，y_i 是第 i 次测量值；$\overline{y}$ 是测量值的平均值。

(2) 动态特性

传感器的动态特性是传感器输出与输入之间随时间变化的关系。除了传感器的传递函数外，零点时间漂移、零点温度漂移、灵敏度漂移等也是传感器的动态特性。

① 传感器传递函数（Transfer function）：传感器传递函数 $H(s)$ 是传感器在初始条件

为零时，其输出的拉氏变换 Y（s）与输入的拉氏变换 X（s）之比。表示为：

$$H(s)=\frac{Y(s)}{X(s)} \tag{3-8}$$

工业生产过程中常采用阶跃输入信号作用下传感器的响应特性表示传感器的动态特性。典型传感器动态特性是自衡非振荡特性。能自发地趋于新稳态值的特性称为自衡性。这类传感器可用下列传递函数描述。

$$G(s)=\frac{K}{Ts+1}\mathrm{e}^{-s\tau} \tag{3-9}$$

式中，K 是传感器增益或放大系数；T 是时间常数；τ 是时滞。时间常数 T 反映传感器的响应速度，时间常数越小，动态响应越快。传感器的时滞 τ 一般较小。检测气体成分的传感器由于传输线路长，传输速度慢，时滞较大。

② 零点时间漂移（Time drift）：传感器在恒定温度环境，零点输出信号随时间而改变的特性称为零点时间漂移，或零漂。一般用 8h 内零点输出信号的变化量表示。

③ 零点温度漂移（Temperature drift）：传感器零点输出随温度变化的特性称为零点温度漂移。一般用温度变化 10℃引起的零点输出变化量相对最大输出的百分比表示。实际应用中，时间漂移和温度漂移同时存在。

④ 灵敏度漂移（Sensitivity drift）：传感器灵敏度随温度而变化的特性称为灵敏度漂移。一般用温度变化 10℃引起的传感器灵敏度的相对变化率表示。

(3) 安全特性

① 防爆等级：化学工业中约有 80%以上生产车间区域存在爆炸性物质。煤矿井下大部分场所存在爆炸性物质，因此，在这些场所使用的检测仪表应具有相应的防爆等级。

a. 危险场所分类：危险场所分气体爆炸危险场所、粉尘爆炸危险场所等。表 3-1 是危险场所的分区和区域定义。EPL（Equipment protection level）是电气设备保护级别。它是根据设备成为点燃源的可能性和爆炸性气体环境、爆炸性粉尘环境及煤矿甲烷爆炸性环境所具有的不同特征而对设备规定的保护级别。

表 3-1　危险场所的分区和区域定义

爆炸性物质	区域定义	国标	EPL
气体爆炸（类Ⅰ/Ⅱ）	连续出现或长时间出现爆炸性气体混合物的环境，电气设备保护级别 Ga，有关示例见标准 GB 3836	0 区	Ga
	正常运行时，可能出现爆炸性气体混合物的环境。电气设备保护级别 Ga 或 Gb，有关示例见标准 GB 3836	1 区	Ga 或 Gb
	正常运行时，不太可能出现爆炸性气体混合物的环境，如果出现也是偶尔发生且仅是短时间存在的爆炸性气体混合物的环境。电气设备保护级别 Ga、Gb 或 Gc，有关示例见标准 GB 3836	2 区	Ga、Gb 或 Gc
爆炸性粉尘爆炸（类Ⅲ）	空气中可燃性粉尘云持续、长期或频繁地出现于爆炸性环境中的区域。电气设备保护级别 Da。例如，粉尘容器内部场所；筒仓、旋风集尘器和过滤器；搅拌机、粉碎机、干燥机、装料设备；粉尘传送系统等	20 区	Da
	正常运行时，空气中的可燃性粉尘云很可能偶尔出现于爆炸性环境中的区域。电气设备保护级别 Da 或 Db。例如，粉尘容器内部出现爆炸性粉尘/空气混合物时，为操作而频繁移动或打开最邻近进出门的粉尘容器的外部场所；未采取防止爆炸性粉尘/空气混合物形成的措施时，最接近装料和卸料点、送料皮带、取样点、卡车卸载站、皮带卸载点等粉尘容器的外部场所；可能出现爆炸性粉尘云（但既不持续也不是长时间及不经常）的粉尘容器内部场所等	21 区	Da 或 Db

续表

爆炸性物质	区域定义	国标	EPL
爆炸性粉尘爆炸（类Ⅲ）	正常运行时，空气中的可燃性粉尘云一般不可能出现于爆炸性环境中的区域，即使出现，持续时间也是短暂的。电气设备保护级别 Da、Db 或 Dc。例如，来自集尘袋式过滤器通风机的排气口，如果出现故障，可能逸出爆炸性粉尘/空气混合物；很少时间打开的设备附近场所或根据经验由于高于环境压力粉尘喷出而易形成泄漏的设备附近场所；装有很多粉状产品的存储袋，操作时，存储袋可能出现故障引起粉尘扩散；当采取措施防止爆炸性粉尘/空气混合物形成时，一般划分为 21 区的场所可以降为 22 区场所；形成可控制的粉尘层有可能被扰动而产生爆炸性粉尘/空气混合物的场所等	22 区	Da、Db 或 Dc

最高表面温度是仪表在允许范围内的最不利条件下运行时，暴露于爆炸性混合物的电气设备任何表面的任何部分，不可能引起仪表周围爆炸性混合物爆炸的最高温度，用温度代码表示，见表 3-2。表面温度<100℃的任何设备，不需要标温度代码。如果某设备没有认证的温度代码标记，表示温度代码是 T5。

表 3-2　最高表面温度和温度代码对应表

温度代码	T1	T2	T2A	T2B	T2C	T2D	T3	T3A	T3B	T3C	T4	T4A	T5	T6
表面温度/℃	450	300	280	260	230	215	200	180	165	160	135	120	100	85

注：国家标准温度代码用粗体表示，它没有设置 A、B、C 等细分项，其他代码是美国标准温度代码。

b. 仪表的防爆型式：仪表的防爆型式见表 3-3。防爆标志按防爆型式、类别、级别和温度组别依次表示。例如，Ex d ⅡB T3 表示用于Ⅱ类 B 组的隔爆型电气设备，温度代码为 T3，即 200℃以下温度的环境。

表 3-3　仪表的防爆型式

防爆型式	代号	国家标准	防爆措施	适用区域
隔爆型	d	GB 3836.2	一类外壳保护型仪表和电气设备。外壳能把气体或蒸汽的爆炸控制在其内部	1 区，2 区
增安型	e	GB 3836.3	采用各种措施，使正常工作条件下，能降低电气设备内部或外部超高温度，防止产生电弧或火花	1 区，2 区
本安型	ia	GB 3836.4	正常或非正常条件下，这类仪表和电气设备中的电气设备无法释放足够的电能或热能，引起特定的危险大气混合物达到其最容易点燃浓度时的燃点。 ia 级设备是正常工作条件下，一个和两个故障时均不能点燃爆炸性混合物的电气设备；ib 级设备是一个故障时不能点燃爆炸性混合物的电气设备	0 区，1 区，2 区
	ib	GB 3836.4		1 区，2 区
正压型	p	GB 3836.5	在外壳内部充入正压的洁净空气、惰性气体，或连续通入洁净空气或不燃性气体，使壳体内部保护性气体压力大于周围环境大气压力，从而阻止外部爆炸性混合物进入仪表内部	1 区，2 区
油浸型	o	GB 3836.6	电气设备的全部或部分浸在油内，使可能产生的电弧、火花或危险温度的部件不能点燃油面上部的爆炸性混合物	1 区，2 区
充砂型	q	GB 3836.7	电气设备的外壳内部充填砂粒材料，使可能产生的电弧、火花或危险温度的部件不能点燃砂层以外的爆炸性混合物	1 区，2 区
无火花型	n	GB 3836.8	在正常或非正常条件下，这类仪表中的电气设备不具有由于电弧或热量引起特定易燃性气体或蒸汽与空气的混合物使其爆炸的能力	2 区

续表

防爆型式	代号	国家标准	防爆措施	适用区域
浇封型	m	GB 3836.9	在正常或非正常条件下，这类仪表中的电气设备被浇封，使不产生点燃源，分 ma、mb 两类	1 区，2 区
气密型	h	GB 3836.10	在正常或非正常条件下，这类仪表中的电气设备被气密，使不产生点燃源	1 区，2 区
外壳保护型	tD	GB 12476.5	能防止所有可见粉尘颗粒进入尘密外壳或不完全阻止粉尘进入但其进入量不足以影响设备安全运行的外壳	20 区，21 区，22 区
本安型	iD	GB 12476.4	通过限制设备内部和暴露于爆炸性环境中的连接导线所产生的任何电火花或热效应，使其产生的能量低于可引起点燃的能量	20 区，21 区，22 区
浇封保护型	mD	GB 12476.6	将可能产生点燃爆炸性环境的火花或发热部件封入复合物中，使它们在运行或安装条件下避免点燃粉尘层或粉尘云	20 区，21 区，22 区
正压保护型	pD	GB 12476.7	保持外壳内部高于周围环境的过压，以避免在外壳内部形成爆炸性粉尘环境的方法	21 区，22 区

爆炸性环境内电气设备保护级别的选择、电气设备保护级别与电气设备防爆结构的关系见表 3-4 和表 3-5，详见有关标准。

表 3-4　电气设备保护级别的选择

危险区域	0 区	1 区	2 区	20 区	21 区	22 区
设备保护级别(EPL)	Ga	Ga 或 Gb	Ga 或 Gb 或 Gc	Da	Da 或 Db	Da 或 Db 或 Dc

表 3-5　电气设备保护级别与电气设备防爆结构的关系

EPL	电气设备防爆结构	防爆型式	EPL	电气设备防爆结构	防爆型式
Ga	本质安全型 浇封型 两种独立防爆类型组成的设备，每种类型达 Gb 本质安全型光辐射式设备和传输系统的保护	ia ma — op is	Da	本质安全型 浇封保护型 外壳保护型	iD mD tD
Gb	隔爆型 增安型 本质安全型 浇封型 油浸型 正压型、 充砂型 本安现场总线概念(FISCO) 保护型光辐射式设备和传输系统的保护	d e ib mb o px，py q — op pr	Db	本质安全型 浇封保护型 外壳保护型 正压型	iD mD tD pD
Gc	本质安全型 浇封型 无火花型 限制呼吸 限能 火花保护 正压型 非可燃现场总线概念(FNICO) 带联锁装置的光辐射式设备和传输系统的保护	ic mc n，nA nR nL nC pz — op sh	Dc	本质安全型 浇封保护型 外壳保护型 正压型	iD mD tD pD

设备保护级别 EPL 的重要技术特征是根据设备内在点燃危险，识别和标志爆炸性环境用设备而制订，因此，EPL 的引入不仅有利于开展设备防爆符合性的危险评定，也为现有防爆设备选型增添了可选择的方法。它既反映设备适用的爆炸性环境，也表征设备适用的区域。

选用仪表设备时，防爆标志表示有两种表示方法。传统防爆标志后增加 EPL 符号方法和传统防爆标志方法，但使用基于 EPL 防爆型式的新符号。

a. 传统防爆标志后增加 EPL 符号方法是在原国家标准 GB/T 3836 防爆标志后，添加基于 EPL 的符号。

b. 使用基于 EPL 防爆型式的新符号的传统防爆标志方法是在传统防爆型式符号后，根据其实际适用区域，加上 a、b 或 c，以表示其适用区域是 0 区、1 区或 2 区。

防爆标志应用示例：

Ex d Ⅰ Mb 或 Ex db Ⅰ：易产生瓦斯的煤矿用的隔爆外壳（EPL Mb）。

Ex d Ⅱ氨（NH_3）Gb 或 Ex db Ⅱ氨（NH_3）：用于除易产生瓦斯的煤矿外的，仅存在氨气爆炸性气体环境用的隔爆外壳电气设备（EPL Gb）。

Ex ma ⅢC T 120℃ Da 或 Ex ma ⅢC T 120℃ IP68：用于具有导电性粉尘的爆炸性粉尘环境ⅢC 等级浇封型电气设备 ma（EPL Da），最高表面温度低于 120℃。

② 防护等级：防护等级 IP（Ingress Protection）指设备外壳的防护等级。防护等级系统采用 IEC 60529 标准，对应的国标是 GB/T 4208，其含义见表 3-6。它将电器依其防尘防湿气的特性加以分级，IP 代码用 IP＋第一位特征数字＋第二位特征数字＋附加字母＋补充字母组成。代码中，第 1 位特征数字表示电器防尘、防止外物侵入的等级（这里所指的外物含工具，人的手指等均不可接触到电器之内带电部分，以免触电）。第 2 位特征数字表示电器防湿气、防水浸入的密闭程度，数字越大表示其防护等级越高。

表 3-6　防护等级

第 1 位数字	对设备防护的含义 防止固体异物进入	对人员防护的含义 防止接近危险部件	第 2 位数字	对设备防护的含义 防止进水造成有害影响	对人员防护的含义
0	无防护	无防护	0	无防护	没有专门的防护
1	≥直径 50mm	手背	1	垂直滴水	
2	≥直径 12.5mm	手指	2	15°滴水	
3	≥直径 2.5mm	工具	3	淋水(60°范围内)	
4	≥直径 1.0mm	金属线	4	溅水(各方向溅水)	
5	防尘	金属线	5	喷水(各方向喷水)	
6	尘密	金属线	6	猛烈喷水	
			7	短时间浸水	
			8	连续浸水	
			9	高温/高压喷水(各方向喷水)	
附加字母（可选）	对设备防护的含义	对人员防护的含义 防止接近危险部件	补充字母（可选）	对设备防护的含义 专门补充的信息	对人员防护的含义
A		手背 50mm 球	H	高压设备	
B		手指 12mm 直径 80mm 长	M	做防水试验时试样运动	
C		工具 2.5mm 直径 100mm 长	S	做防水试验时试样静止	
D		金属线 1mm 直径 100mm 长	W	规定的气候条件	

注：不要求规定特征数字时，用 X 字母代替，如果两个数字都省略，用 XX 表示。

美国电气制造商协会（NEMA）的外壳防护标准与 IP 等级的近似对应关系见表 3-7。

表 3-7　外壳防护等级的对应关系（E+H 提供）

NEMA	1	2	3	3R	3S	4	4X	5	6	6P	12,12K	13
IP	IP10	IP11	IP54	IP14	IP54	IP55	IP55	IP52	IP67	IP67	IP52	IP54

防护等级应用示例：

IP34：防止人手持直径不小于 2.5mm 的工具接近危险部件；防止直径不小于 2.5mm 的固体异物进入设备外壳内；防止在外壳各方向溅水对设备造成的有害影响。

IP65：无尘埃进入，防止金属线接近危险部件；对任何方向的喷水无有害影响。

NEMA 6 型：室内和室外用外壳防护等级。提供下列防护功能：防止人接近危险部件，防止落尘等固体异物进入设备；防止进水（软管喷水或有限深度的偶尔浸入）和外部结冰造成对设备的有害影响。

③ 安全完整性等级：SIL 是 IEC 61508 功能安全标准首先提出的，它是功能安全等级的一种划分。IEC 61058 将 SIL 分为四级，即 SIL1、SIL2、SIL3 和 SIL4。通过分析风险后果的严重程度、风险暴露时间和频率、不能避开风险的概率及不期望事件发生概率四个因素确定 SIL 等级。

安全完整性指在规定条件下和规定时间内，安全相关系统成功实现所要求安全功能的概率。因此，控制系统的安全完整性由硬件安全完整性和系统安全完整性组成。硬件完整性是在危险失效模式中对应于安全相关系统安全完整性的硬件随机失效的部分，可用硬件安全功能失效率量化。系统安全完整性是危险失效模式中对应安全相关系统安全完整性的系统失效的部分，它包括软件失效。

不同领域有进一步的安全规范。例如，IEC 61511（GB/T 21109）用于过程功能安全；IEC 61508（GB/T 20438）用于电子/电气/可编程电子安全相关系统的功能安全；IEC 62061 用于机械功能安全；IEC 61513 用于核电功能安全；IEC 60601（GB/T 9706）用于医疗电气设备功能安全等。

在 IEC 61511 标准中，安全仪表系统 SIS（Safety Instrument System）是指能实现一个或多个仪表安全功能的仪表系统。通常，安全仪表系统和紧急停车系统 ESD（Emergency Shutdown Device）、安全联锁系统 SIS（Safety Interlocks System）、仪表保护系统 IPS（Instrumented Protective System）统称为安全相关系统 SRS（Safety Related System）。安全相关系统满足两项要求：执行要求的安全功能足以实现或保持 EUC 的安全状态；并且自身或与其他 E/E/PE 安全相关系统及其他风险降低措施一起，能够实现要求的安全功能所需的安全完整性。

安全仪表系统是一种可编程控制系统，它对生产装置或设备可能发生的危险采取紧急措施，并对继续恶化的状态进行及时响应，使其进入一个预定义的安全停车工况，从而使危险和损失降到最低程度，保证生产设备、环境和人员安全。

安全完整性等级越高的安全相关系统，其执行所要求的安全功能的概率越高。IEC 61508 规定了低要求操作模式和高要求操作（连续）模式下安全完整性的目标失效概率，见表 3-8。

表 3-8　安全完整性的目标失效概率

SIL 等级	低要求操作模式下		高要求(或连续)操作模式下	
	目标平均失效概率 p	目标风险降低因子 k	目标平均失效概率(每小时)	平均发生 1 次失效的年数
SIL4	$10^{-5} \leqslant p < 10^{-4}$	$10^4 < k \leqslant 10^5$	$10^{-9} \leqslant p < 10^{-8}$	11400～114000
SIL3	$10^{-4} \leqslant p < 10^{-3}$	$10^3 < k \leqslant 10^4$	$10^{-8} \leqslant p < 10^{-7}$	1140～11400

续表

SIL 等级	低要求操作模式下		高要求(或连续)操作模式下	
	目标平均失效概率 p	目标风险降低因子 k	目标平均失效概率(每小时)	平均发生1次失效的年数
SIL2	$10^{-3} \leqslant p < 10^{-2}$	$10^2 < k \leqslant 10^3$	$10^{-7} \leqslant p < 10^{-6}$	114～1140
SIL1	$10^{-2} \leqslant p < 10^{-1}$	$10^1 < k \leqslant 10^2$	$10^{-6} \leqslant p < 10^{-5}$	11.4～114

生产过程所需要的安全完整性等级由专门的生产工艺公司来评估确定。自控专业选用仪表要高于等于所需的安全完整性等级。例如，生产过程所需安全等级是SIL2，则选用的仪表安全完整性等级至少应为SIL2或SIL3。核电站的控制阀一般选用SIL4。

3.2.2 检测仪表选型原则

(1) 技术要求

① 综合考虑。仪表选型应根据工艺要求的操作条件、设计条件、精确度等级、工艺介质特性、检测点环境、配管材料等级规定及安全环保要求等因素综合考虑，以满足工程项目对仪表选型的总体技术水平要求。仪表选型应安全可靠、技术先进、经济合理。仪表选型在性能要求上应根据测量用途、测量范围、范围度、精确度、灵敏度、分辨率、重复性、线性度、可调比、死区、永久压损、输出信号特性、响应时间、控制系统要求、安全系统要求、防火要求、环保要求、节能要求、可靠性及经济性等因素综合考虑。

② 标准化。选用的仪表应是经国家授权机构批准并取得制造许可证的合格产品，选用制造商的标准系列产品，不得选用未经工业鉴定的研制仪表。

a. 用于爆炸危险区域的仪表应具有国家授权防爆认证机构颁发的《产品防爆合格证》。防爆设计应执行GB 3836的有关系列标准。

b. 用于计量的仪表应取得国家授权机构颁布的《制造计量器具许可证》或《计量器具型式批准证书》。

c. 火灾、可燃气体探测及报警类仪表应取得公安部消防产品合格评定中心颁发的《中国国际强制性产品认证证书》或《产品型式认可证书》。

d. 仪表计量单位应符合GB 3100—1993规定的法定计量单位，或ISO 1000标准规定的国际单位制。

e. 模拟信号首选4～20mA DC带HART的智能现场仪表，也可选FF、Profinet等现场总线仪表和工业无线仪表。气动仪表信号为20kPa (G) ～100kPa (G)。

f. 现场安装的电子式仪表防护等级不应低于IP65；气动仪表及就地仪表不低于IP55；安装在仪表井、阀门井和水池的仪表应为IP68。

③ 仪表的过程连接。仪表的过程连接通径应符合配管材料等级规定，不使用1¼″、2½″、3½″及4″以上奇数通径。除孔板法兰应使用ASME CL300等级外，其余节流装置、流量计、控制阀等安装在管道上的在线仪表的过程连接等级应符合配管材料等级规定。测量仪表接触被测介质的测量元件材质最低选用316SS，仪表本体及过程接口材质应等于或高于配管材料等级规定材料的材质。仪表承压部件不得采用低熔点材质，如铅、锌、铝及其合金；含乙炔场合的仪表材质不应含铜及铜合金。

④ SIS输入信号源。连续信号源首选变送器。当要求选择开关型仪表时，接点宜采用双刀双掷 (DPDT) 干接点型或NUMUR型。若开关接点不支持DPDT，应选用具有两个SPDT接点的仪表，所有开关型仪表的接点应采用密封结构。用于SIS的变送器宜不带就地显示表。其他用途变送器宜带就地显示表。

⑤ 用于SIS和GDS系统的变送器应具有自诊断功能，变送器故障时能根据内置故障选择开关的设定将输出信号自动变为最高、最低或保持状态。仪表规格书应规定变送器的故障输出模式。

⑥ 智能变送器选型注意事项：

a. 智能变送器响应时间不能满足工艺对仪表的快速响应要求时，应选用4～20mA DC常规变送器。

b. 智能变送器造成其安全性与可用性/可操作性发生矛盾时，应首先确保其安全性。

c. 智能变送器故障时的最后输出信号值应使工艺过程处于安全状态。

d. 智能变送器内存储器应具有写保护功能。

⑦ 用于精确计量的流量仪表，除选用质量流量计外的其他流量仪表应进行温度、压力或密度补偿。安装在工艺管道上的温度计套管和插入式流量计应做振动频率及应力计算，并根据计算结果采取防冲折断措施。管道振动较强，介质高温或低温，以及位置难以靠近的工艺管线上安装的在线流量计应选用分体式流量变送器。

⑧ 检测仪表应满足一定的静态和动态特性要求。主要内容有线性度、测量范围、灵敏度、分辨率、重复性等静态性能要求和响应速度、稳定性、可靠性等动态性能要求。此外，需考虑应用环境的要求，例如防爆型式、保护等级和安全完整性等级等。特殊测量仪表按相关标准或制造商要求选型。

⑨ 仪表零部件选用。严禁选用石棉、汞等环保法规禁用的材料作为仪表零部件及填充材料。

⑩ 应考虑传感器性能，如精确度与准确度、稳定性和可靠性、灵敏度和分辨率、响应速度、输入输出信号间线性关系、单调或多值、传感器对被测对象的干扰大小和输入信号过量的保护、校验周期长短等。

(2) 使用环境要求

检测仪表使用环境包括环境温度、湿度、振动、磁场、电场、周围气体环境等，它们对检测仪表的使用精度、寿命等有影响，应予考虑。

(3) 电源要求

电源要求包括电源电压等级、形式和纹波系数等，一些应用场合还需考虑频率的影响。

(4) 安全要求

它包括安装场所的安全性、是否需要采用本安设备、隔爆或采取其他安全措施，此外，也需要考虑操作人员的安全，例如，对检测仪表外壳防护等级的考虑等。

(5) 维护和管理的要求

要考虑维护的方便性、备品备件的可获得性、是否有自诊断功能、是否采用模块结构、是否有设备管理软件支持等。

(6) 性能价格比的要求

在满足检测要求的前提下，应具有较高性能价格比，较长平均无故障时间，较短平均维修时间等。

(7) 与交货期有关的要求

应考虑购买产品的交货期、保修期和备件的交货期等。

表3-9是常用传感器的比较表。应根据被检测量的检测范围、环境要求等确定传感器结构形式和类型。

表 3-9 常用传感器的比较

类型	示值范围	示值误差	对环境要求	特点	应用场合
触点	0.2～1mm	±(1～2)μm	对振动敏感,需密封结构	开关量检测,响应快,结构简单,要输入功率	自动分选、检测和报警
电位器	1～300mm 滑线 1～100mm 旋转	直线性±0.1%	对振动敏感,需密封结构	结构简单,操作方便,模拟量检测	直线位移和角位移
应变片	250μm 以下	直线性±1%	成本低,测量范围大,不受温湿度的影响	应变检测,动静态检测,电路复杂	力、速度、加速度、应力、小位移
自感 互感	±(0.003～0.3)mm	±(0.05～0.5)μm	对环境要求低,抗扰性强,需密封结构	灵敏度高,使用方便,寿命较长,可给多组信号	一般检测,不适合高频检测
涡流	1.5～2.5mm	直线性 0.3%～1%		非接触,响应快	一般检测
电容	±(0.003～0.3)mm	±(0.05～0.5)μm	易受外界影响,需屏蔽和密封	差动输入,经放大可达高灵敏度,频率特性好	一般检测,介电常数检测
光电	根据应用要求		受外界光干扰,需保护罩	非接触检测,响应快	检测外孔、小孔、复杂形状
压电	0～500μm	直线性±0.1%		分辨率高,响应快	检测粗糙度、振动
霍尔	0～2mm	直线性±1%	易受外界磁场和温度影响	响应快	检测速度、转速、位移、磁场
气动	±(0.02～0.25)mm	±(0.2～1)μm	本安,对好久要求低	非接触检测,响应较慢,压缩空气要净化	各种形状尺寸检测
核辐射	0.005～300mm	$\pm(1\mu m + L\times10^{-2})$	易受温度影响,需特殊防护	非接触检测	轧制板、带厚度检测,料位检测
激光	大位移	$\pm0.1(1\mu m + L\times10^{-6})$	易受温湿度影响,受气流影响	易数字化,精度高,环境条件要好	精度要求高的场合
光栅	大位移	$\pm0.21(1\mu m + L\times10^{-5})$	受环境油污、灰尘影响,需防护罩	易数字化,精度较高	大位移、动态检测,数控机床

3.2.3 流量检测仪表的选型

单位时间内流体流经管道某一截面的体积或质量称为体积流量或质量流量。流体流量的测量可按工作原理分为面积式、差压式、流速式和容积式等类型。对固体流量的测量常用称重式、冲量式和电子皮带式等类型。部分流量检测仪表的外形图可扫二维码。

(1) 流量检测仪表的分类

图 3-4 是封闭管道流量仪表主要类型。图 3-5 是敞开管道流量仪表主要类型。

(2) 流量检测仪表选型基本原则

流量检测仪表选型的基本原则如下：

① 必要性原则。是否要设置流量计应根据工艺操作的要求。例如，是否有流量可选用流量开关，也可用流量视窗，选型时应考虑和分析设置流量检测的必要性。

② 重要性原则。流量是生产过程中物料平衡计算的基础，因此，对重要应用场所应选用可记录的高精度的流量计产品，必要时还需要附加补偿功能。而对要求不高的应用场所，则可选用现场流量仪表，以降低成本和节省维护费用。

③ 配套性原则。流量一次仪表与配套的二次仪表应有合适的精度，以保证所需的测量不确定度。例如，在满足直管段要求的前提下，正常工况下标准孔板的测量精度为 0.5%。

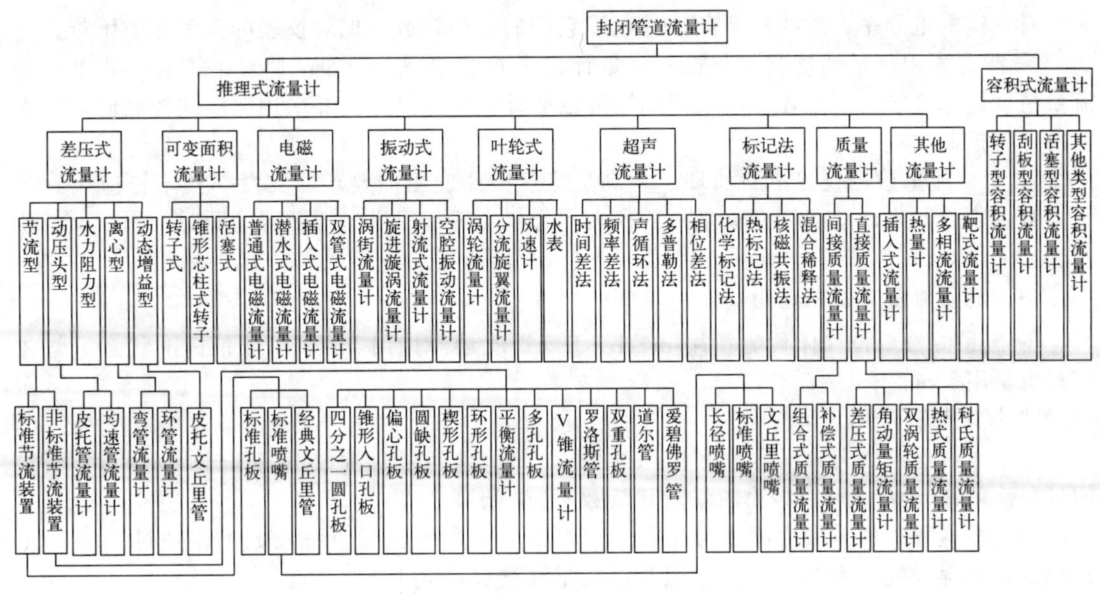

图 3-4 封闭管道流量仪表分类

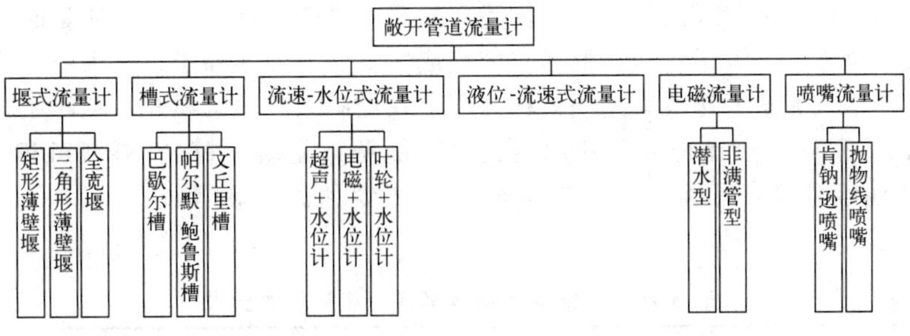

图 3-5 敞开管道流量仪表分类

而随着变送器精度的提高，高精度差压变送器可达 0.05%。这种配套结果，虽然整体检测精度有所提高，但成本也相应提高。

④ 安全性原则。应考虑安装环境和应用条件下流量仪表的安全性，及当流量仪表故障时对生产过程的风险。

⑤ 综合性原则。适合某种应用的流量仪表类型可有多种，这时，应综合各种因素，按重要性和经济性等排序，进行综合考虑，选出较合适的流量仪表。

⑥ 经济性原则。选用仪表同样应考虑经济性。应选用适合工业环境应用要求，满足应用精度和性能要求的检测和控制仪表，并具有较高的性价比。此外，仪表的维护成本应较低。

与其他热工检测仪表选型比较，流量检测仪表选型有下列难点：

① 流量检测仪表的类型多。流量计的类型越多，选型考虑的因素就越多，选型也就越困难。

② 物料的特性多样。由于被检测流体的特性多样，对流量检测的要求也各不相同。例如，有单相流体，如液体、气体和蒸汽；也有多相流体，例如气-固、气-液、气-液-固等。而其他热工检测仪表对物流的特性要求不高。

③ 受物性参数的影响大。由于物料的密度受到温度、压力等参数变化的影响，因此，一些流量计要对它们的变化进行补偿；一些流体组分变化，对混合物的密度影响大，例如，天然气流量测量，通常要用有关标准规定的补偿方法进行超压缩因子的补偿计算等。

④ 对检测条件要求苛刻。一些流量检测仪表对检测条件要求苛刻，例如，涡轮流量计只能用于洁净流体；一些流量检测仪表要求有足够的上下游直管段；一些流量检测仪表要求

流体有一定的电导率；这些检测条件限制了它们的应用领域，也对仪表的选型造成困难。

⑤ 注意累积流量计量误差与瞬时流量计量误差的差别。例如，贸易结算时，要求累积流量精度达 0.2 级，因此，常选用带温度补偿的计量级流量计，并采用两段式控制阀，实现精准计量控制。

⑥ 新型流量检测仪表不断涌现。为满足流量检测应用的要求，大量新技术被应用到流量检测仪表，并出现众多新型流量检测仪表，为仪表选型提供广阔视野的同时，也增加了仪表选型的困难。

(3) 流量测量方法的选用

① 流量测量单位：体积流量用 m^3/h、L/h；质量流量用 kg/h、t/h；标准状态下气体体积流量用 Nm^3/h。

② 仪表量程选用：

a. 方根量程：如满量程读数为 0～10 方根，最大流量量程读数不应超过 9.5，正常流量的量程读数在 6.0～8.5，最小流量量程读数不应小于 3。

b. 线性量程：如满量程读数为 0%～100%线性，最大流量量程读数不应超过 90%，正常流量的量程读数在 40%～70%，最小流量量程读数不应小于 10%。

c. 差压式流量计测量气体、蒸汽流量时，差压流量变送器宜选用方根量程，开方运算及温压补偿宜在计算机计算装置或流量计算机内完成。差压式流量计测量液体流量时，差压流量变送器宜选用线性量程，开方运算宜在变送器内完成，不需要温压补偿。选用差压式流量计作为特殊应用时，差压式流量变送器宜选用方根量程，在控制系统内实现开方及温压补偿。

③ 流量仪表精确度选择符合下列规定：用于能源计量时应符合 GB 17167—2006 规定，见表 3-10。其他流量仪表精确度的选择应满足工艺专利商对装置过程控制、监测、计量及性能考核的要求。

表 3-10 对能源计量器具精确度等级的要求

计量器具名称	分类及用途	精确度等级(测量回路的系统继电器等级)
各种衡器	进出用能单位的燃料静态计量 进出用能单位的燃料动态计量 用于车间(班组)、工艺过程技术经济分析的动态计量	0.1 0.5 0.5～2.0
油流量仪表(装置)	进出用能单位的液体能源计量 用于车间(班组)、重点用能设备及工艺过程控制计量 用于贸易结算计量	原油、成品油:0.5;重油、渣油:1.0 1.5 成品油:0.2;原油:0.2
气体、蒸汽流量仪表(装置)	进出用能单位的气体、蒸汽能源计量	煤气:2.0;天然气:2.0;蒸汽:2.5
	用于贸易结算计量(天然气)(见 GB/T 18603—2014)	流量≥50000m^3:0.75; 5000～50000m^3:1.0; 500～5000m^3:1.5
水流量仪表(装置)	进出用能单位的水量计量	DN≤250:2.5;DN>250:1.5
温度仪表	用于液态、气态能源计量的温度测量 与气体、蒸汽质量计算相关的温度测量	2.0 1.0
压力仪表	用于液态、气态能源计量的温度测量 与气体、蒸汽质量计算相关的温度测量	2.0 1.0
其他含能工质	(如压缩空气、氧、氮、氢等)	2.0

④ 表 3-11 是根据流量测量方法的选型方案。它根据流量检测仪表使用的环境和应用条件进行选型。

表 3-11　流量测量方法选用

符号说明 ●:最适用 √:通常适用 ⊙:一定条件下适用 ×:不适用 输出特性 S:开方; L:线性 其他 S:小;M:中;L:大 L:低;M:中;H:高		流体特性和工艺过程条件																				测量性能								安装条件	
		液体														气体															
		清洁	脏污	含颗粒纤维浆	腐蚀性浆	腐蚀性	黏性	非牛顿流体	液液混合	液气混合	高温	低温	小流量	大流量	脉动流	一般	小流量	大流量	腐蚀性	高温	蒸汽	精确度	最低雷诺数	范围度	压力损失	输出特性	高精度瞬时流量适用性	高精度累积流量适用性	公称通径范围/mm	传感器安装方位和流向	上游直管段长度要求
差压式	孔板	●	●	×	×	√	●	⊙	●	√	●	●	√	●	⊙	●	√	√	√	●	●	M	2E4	S	M	S	⊙	×	50～1000	任意	长
	喷嘴	●	⊙	×	×	√	√	⊙	●	√	●	⊙	×	●	⊙	●	√	√	√	●	●	M	1E4	S	M	S	⊙	×	50～500	任意	长
	文丘里管	●	√	×	×	√	√	⊙	●	√	●	⊙	×	●	⊙	●	√	√	√	●	●	M	7.5E4	S	S	S	⊙	×	50～1200	任意	中
	A+K 平衡流量计	●	●	⊙	⊙	√	●	⊙	●	√	●	●	√	●	⊙	●	√	√	√	●	●	H	3E4	M	S	S	√	×	15～3000	任意	短
	弯管	●	√	√	√	√	×	⊙	●	√	●	⊙	×	●	⊙	●	×	×	√	⊙	⊙	L	1E4	S	S	S	×	×	10～2000	任意	中
	楔式流量计	●	●	●	●	√	●	⊙	●	√	√	√	×	×	⊙	×	×	×	×	×	×	LM	300	S	S	S	×	×	25～300	任意	中
	均速管	●	×	×	×	√	×	×	●	√	●	●	×	●	⊙	●	×	●	√	●	●	L	1E4	S	S	S	×	×	>15	任意	中
	V 锥流量计	●	●	⊙	⊙	√	●	⊙	●	√	●	●	√	●	⊙	●	√	√	√	●	●	H	8000	M	S	S	√	×	15～3000	任意	短
变面积	玻璃锥管	●	×	×	×	√	√	×	×	×	×	×	●	×	×	●	●	×	√	×	×	LM	1E4	M	M	L	×	×	1.5～100	垂直向上	无
	金属锥管	●	×	×	×	√	√	×	×	×	√	×	●	×	×	●	●	×	√	×	●	M	1E4	M	M	L	⊙	×	10～150		无
电磁流量计		●	●	●	●	●	●	●	●	⊙	×	⊙	●	●	●	×	×	×	×	×	×	MH	无限制	L	无	L	●	●	1～3000	任意	无
振动式	涡街流量计	●	√	√	×	⊙	×	×	√	×	●	●	×	×	×	●	×	●	×	●	●	M	2E4	L	S	L	⊙	×	15～800	任意	长
	旋进漩涡流量计	●	×	×	×	×	×	×	×	×	×	×	×	×	×	●	×	×	×	×	×	M	1E4	L	M	L	⊙	×	25～500	任意	短
叶轮式	涡轮流量计	●	×	×	×	×	⊙	×	√	√	×	●	×	●	×	●	×	×	×	×	×	MH	1E4	M	M	L	●	●	5～760	水平	无
	分流旋翼式流量计	●	×	×	×	×	×	×	×	×	×	×	×	×	×	●	×	●	×	●	●	M	1E4	M	M	L	●	●	10～400	水平	无
	速度式水表	●	×	×	×	×	×	×	×	×	×	×	×	×	×	●	×	×	×	×	×	M	1E4	M	M	L	●	●		水平	无
质量	科氏质量流量计	●	●	√	×	⊙	●	●	√	⊙	⊙	⊙	×	×	⊙	⊙	×	×	⊙	×	×	H	无数据	M	L	L	●	√	1.5～150	任意	无
	热式质量流量计	●	×	×	×	×	×	×	×	×	×	×	●	×	×	●	×	×	×	×	×	M	100	M	M	L	×	×	4～30	任意	短

续表

符号说明 ●:最适用 √:通常适用 ⊙:一定条件下适用 ×:不适用 输出特性 S:开方; L:线性 其他 S:小;M:中;L:大 L:低;M:中;H:高		流体特性和工艺过程条件																				测量性能								安装条件	
		液体														气体															
		清洁	脏污	含颗粒纤维浆	腐蚀性浆	腐蚀性	黏性	非牛顿流体	液液混合	液气混合	高温	低温	小流量	大流量	脉动流	一般	小流量	大流量	腐蚀性	高温	蒸汽	精确度	最低雷诺数	范围度	压力损失	输出特性	高精度瞬时流量适用性	高精度累积流量适用性	公称通径范围/mm	传感器安装方位和流向	上游直管段长度要求
超声	传播时间法	●	×	×	×	×	⊙	⊙	√	●	⊙	⊙	×	●	●	⊙	×	●	⊙	×	●	MH	5E3	M	无	L	×	×	25～3000	任意	长
	多普勒法	●	●	●	●	●	×	⊙	●	√	⊙	×	×	√	×	×	×	×	×	×	×	L	5E3	M	无	L	⊙	×	10～3000	任意	中
容积式	齿轮流量计	●	×	×	×	×	√	×	√	×	⊙	×	●	×	×	×	×	×	×	×	×	MH	100	M	L	L	●	●	6～400	水平或垂直	无
	腰轮流量计	●	×	×	×	×	√	×	√	×	⊙	×	×	●	×	●	×	×	×	×	×	MH	100	M	L	L	●	●	15～300		
	活塞流量计	●	×	×	×	×	×	×	×	×	×	×	×	×	×	×	×	×	×	×	×	MH	100	M	L	L	●	●	15～800		
	双转子流量计	●	×	×	×	×	√	×	×	×	×	×	×	×	×	×	×	×	×	×	×	MH	100	M	M	L	●	●	8-400		
	刮板流量计	●	×	×	×	×	√	×	√	×	×	×	×	×	×	×	×	×	×	×	×	MH	1E3	M	L	L	●	●	25～300		
	膜式燃气表	×	×	×	×	×	×	×	×	×	×	×	×	×	×	●	●	×	×	×	×	M	250	L	S	L	×	●	15～100	水平	无
靶式流量计		●	●	×	×	×	⊙	⊙	●	√	⊙	×	×	×	⊙	×	×	×	×	×	×	LM	2E3	L	M	S	⊙	×	15～600	任意	中
明渠	堰式流量计	●	√	√	√	√	⊙	⊙	×	×	×	×	×	●	×	√	×	●	√	×	×	L		L	M	L	●	●	1～40000	水平	中
	槽式流量计	●	√	√	√	√	⊙	⊙	×	×	×	×	×	●	×	√	×	●	√	×	×	L		L	M	L	●	×	50～32750	水平	中
插入式	点流速型	●	√	√	×	×	×	×	⊙	⊙	⊙	×	●	×	●	×	●	×	×	×	×	L	无数据	L	S	L	×	×	>100	规定	长
	径流速型	●	√	√	×	×	×	×	⊙	⊙	⊙	×	●	×	●	×	●	×	×	×	×	L	无数据	L	S	L	×	×	>100	规定	长
层流流量计		●	×	×	×	×	×	×	×	×	⊙	⊙	●	⊙	●	×	●	×	×	×	×	M	<2300	S	S	L	×	×	25～500	任意	
热量表		●	×	×	×	×	×	×	×	×	⊙	⊙	●	√	×	√	×	×	×	×	×	L		S	S	L	√	●		水平	

注：堰式和槽式流量计的口径项数据是流量范围，单位 kg/h。插入式流量计根据测量头类型不同，热量表根据其流量检测方式的不同，适用的流体特性等性能也不同。

(4) 常用流量检测仪表的性能比较

仪表的各项性能指标是相互影响的，设计选型时应询问制造商了解其制约关系，需注意，一些制造商提供的性能可能是极限值或参比条件，应详细了解其参数的定义和使用范围，便于分析和选型时综合考虑。

表 3-12 列出常用流量检测仪表的性能比较，供选型时综合考虑。表 3-13 是各类流量计的优缺点。

表 3-12　常用流量检测仪表的性能比较

类型		适用流体	典型精度	重复性	检测范围	最小 Re	管径/mm	最高温度/℃	最高压力/MPa	压损	直管段（前/后）
孔板		液，气，蒸汽	0.6%～2%F.S.	0.5% R.	3∶1～10∶1	5000	1～1000	1000	50	最大	40D/10D
文丘里管		液，气	0.6%～2% F.S.	0.5% R.	4∶1～10∶1	10000	25～4000	1000	60	中等	20D/5D
浮子流量计		液，气	2% F.S.	1% R.	10∶1	—	2～150	450	10	较小	0/0
容积式流量计		液，气	<0.1%～2%R.	0.02% R.	高达 50∶1	>100	5～400	250	5	小	3D/2D
涡轮流量计		液，气，蒸汽	0.1%～2% R.	0.02% R.	25∶1	5000	5～800	500	300	小	20D/5D
涡流流量计		液，气，蒸汽	0.5%～1% R.	0.2% R.	15∶1	5000	15～400	400	25	小	25D/5D
电磁流量计		液	0.2%～1% R.	0.1% R.	超过 100∶1	2000	1～3000	250	15	接近零	10D/5D
超声流量计	多普勒	液，气	1% R.	0.5% R.	超过 20∶1	5000	>5	200	20	接近零	20D/5D
	时差	液，气，蒸汽	0.5% R.	0.25% R.	超过 20∶1	10000	>2	200	20	接近零	15D/5D
科里奥利质量流量计		液，气，蒸汽	0.1%～0.5% R.	0.02% R.	超过 100∶1	1000	1～150	400	40	最大	0/0
热式质量流量计		液，气，蒸汽	0.5% R.	0.5% R.	超过 100∶1	5000	1～2500	300	10	小	20D/5D
相关流量计		液，固	0.5% R.	0.5% R.	100∶1	5000	25～300	250	15	接近零	15D/5D
微量检测		液，气，蒸汽	1%～2% R.	1% R.	超过 1000∶1	—	无限制	无限制	—	接近零	80D/0

注：F.S. 表示满量程；R. 表示相对误差；压损 $=u^2/2g$，指最大流量时的压损。

表 3-13　各类流量计的优缺点

类型	优点	缺点
椭圆齿轮流量计，摆动活塞流量计	高精度；适合高黏度流体流量测量；可双向测量。 不受上、下游直管段长度影响，没有流量分布的影响。 无需外部供能，直接应用流体能量。 获得测量和称重委员会的认可	只能获得液体的体积累积量；高压降。 有移动部件；需过滤装置；对污染物和过载敏感。 由于低黏度时间隙流过的流量增大使精度下降。 零流量时，固体杂物堵塞造成卡死；监视和维护不方便
叶轮流量计	对气体的测量精度很高。 无需上、下游直管段；无需外部供能，直接应用流体能量。 获得测量和称重委员会的认可	只能获得气体的体积累积量。 有移动部件；需过滤装置；监视不方便。 零流量时，固体杂物堵塞造成卡死。 流量因高压差、超速而快速变化时不灵敏

续表

类型	优点	缺点
涡轮流量计	无需外部供能，直接应用流体能量。 获得测量和称重委员会对水和气体流体的认可。 适合低温液体、极端温度和压力流体的流量测量	受材料限制；仅用于低黏度流体；有运动部件。 对污染物和振动敏感；轴流累加器对流动面敏感。 对进、出口直管段有要求。 高压和危险超速过载的快速变化有影响
涡街流量计	无移动部件；结构坚固耐用；不受温度压力和密度影响。 适合液体、气体和蒸汽；易于消毒，适用于食品等行业。 流量和被测量值具有线性关系	对进、出口直管段有要求。 受最小雷诺数限制
旋进漩涡流量计	无移动部件；上、下游直管段短 3D/1D。 适合液体、气体和蒸汽流量测量。 重复性好；不受压力、温度和密度影响	压力降高。 受最小雷诺数限制
差压流量计	对液体、气体和蒸汽是通用的。 适用于极端情况，例如，适用于各种不同的黏度。 可对不常用条件进行计算。 适用于极端温度和压力。 对喷嘴具有低压损特性	流量与差压之间的非线性关系，尤其在小量程。 受压力、温度和密度的影响。 安装和变送器等配件费用贵；需有安装经验；维护成本高。 对孔板，其永久压损大；需要足够长的上、下游直管段。 为保证孔板边缘的锐度，必须保证无固体和污染物
变面积流量计	价廉；结构简单，易于安装和维护。 就地指示不需要外部供能；不需要上、下游直管段。 适合液体、气体和蒸汽流量测量。 对不透明流体可指示其流量。 可采用金属锥管，容易消毒和 CIP 测试	必须垂直安装；有恒定压降。 受温度、密度和黏度改变的影响。 固体磨损浮子边缘或使其污染。 受脉动流和振动影响。 为防腐蚀需选用昂贵材料
电磁流量计	流道无突出部件；无移动部件；不需要额外压力降。 只需短的上、下游直管段。 不受温度、密度、黏度、浓度和电导率的影响。 适合固体的液力输送和腐蚀性流体流量测量。 容易消毒和 CIP 测试；流量和被测量值具有线性关系。 可双向测量；测量范围可优化设置。 维护成本低，易于维护；获得测量和称重委员会的认可	仅用于液体流量测量。 不能用于电导率低于 0.05μS/cm 流体测量。 夹带气体造成测量误差
超声流量计	流道无突出部件；无移动部件；不需要额外压力降。 适用于腐蚀性流体流量测量。 流量和被测量值具有线性关系。 可双向测量；可在已经安装的管道安装和校验。 维护成本低。 传输时间法不受温度、密度和浓度变化的影响	对液体和气体的测量仍存在问题；气泡导致测量误差。 声束必须遍历代表的横截面，需要足够的上、下游直管段。 传输时间法仅适用于清洁液体。 多普勒法仅适用于轻微污染或少量气泡的液体。 多普勒法在温度、密度和浓度变化时影响瞬时速度的变化。 不适用于重度污染的液体

续表

类型	优点	缺点
科氏质量流量计	实现真正的质量流量测量;测量精度高。 可实现额外的温度和密度测量,密度测量精度高。 不受温度、压力和黏度的影响。 不需要上、下游直管段。 可双向测量。 容易消毒,CIP测试和EHEDG认证。 可优化设置流量和密度测量范围。 自排放	受夹带的气体杂物影响。 对振动敏感。 受材料选择的限制。 顶部公称直径的限制
热式质量流量计	直接对气体质量流量测量;无移动部件;结构坚固耐用。 不需要温度和压力补偿;易于消毒。 非常低的压力降;响应时间短。 测量精度高;大的量程范围	仅适用于气体质量流量测量。 需要足够长的上、下游直管段
堰式流量计	结构简单;建设成本低。 测量点的最小空间需求	需要筑坝,需要较高测量点上游的空间。 堰上游的存液造成的风险,因此,不适合废水流量测量。 必须确保通风实现流体的分离。 受大型浮吊等项目影响
文丘里槽流量计	与堰式流量计比较,不需要位能差。 低压降;适合于不洁废水流量测量。 易于维护	流量特性非线性。 流道收缩;导致流速降低时筑坝源头和存储风险。 受大型浮吊等项目影响。 当存在回流时不能测量其反流。 安装成本高;测量质量和可靠性取决于传感器

(5) 各类流量计的选型

确定流量检测仪表选型型式应包括（但不限于）量程比、精确度、流体特性、管径、雷诺数、永久压损、流速、温度、压力等。

① 差压式流量计选型。

a. 满足测量要求情况下，首选差压式流量计。

b. 差压式流量计宜选用符合GB/T 2624规定的标准节流装置。孔板法兰应符合ASME B16.36标准，压力等级最低为ASME CL300，孔板材质最低应为316SS。其他要求见标准GB/T 2624。流体雷诺数大于5000时，选标准孔板；要求较低永久压损时，宜选用标准喷嘴、文丘里管和文丘里喷嘴。

c. 选用非标准节流装置的场合，见表3-14。

表3-14　非标准节流装置的选用

名称	特点
限流孔板	仅用于工艺流体的限流、减压,不能用于流量测量
偏心孔板	管径大于DN100,被测介质黏度低,且含固体微粒,孔板前后可能积存沉淀物时,选用偏心孔板
圆缺孔板	管径大于DN100,测量低浓度液体,含气体或气体中含凝液的介质,或液体中含固体颗粒介质时,选用圆缺孔板
平衡流量计	被测介质为干净气体、液体或蒸汽,雷诺数200～1E7,要求测量精确度较高、范围度较大,直管段长度低时,选用平衡流量计

续表

名称	特点
内藏孔板差压变送器	测量无悬浮物的洁净气体、液体、蒸汽的微小流量，对测量精确度要求不高，范围度要求不大，管道通径≤DN40时，可选用内藏孔板差压变送器，测量蒸汽时，蒸汽最高温度不应>120℃，内藏孔板差压变送器宜成套带直管段，长度符合制造商标准
楔形流量计	测量高黏度、低雷诺数(最低500)的流体流量时，可选用楔形流量计
均速管流量计	测量洁净气体、蒸汽和黏度<0.3Pa·s的洁净液体流量，管道通径在DN100～2000范围内，要求永久压损低，测量精确度要求不高时，可选用均速管流量计
V锥流量计	被测介质为干净气体、液体或蒸汽，要求测量精确度较高、流体冲击小，直管段长度低时，可选用V锥流量计

注：非标准节流装置应进行实流标定。

d. 孔板流量计取压方式：管道通径<50mm，选用角接取压；管道通径在50～300mm，节流装置的径比应在0.1～0.75之间，选用法兰取压或角接取压；管道通径≥350mm，节流装置的径比应在0.1～0.56之间，选用D-$D/2$径距取压。优先选用法兰取压方式。

e. 可选用双变送器扩大节流装置的测量范围，提高整体检测系统的范围度。

② 可变面积式流量计（转子流量计）的选型。

a. 用于就地流量指示和/或带远传报警、测量，测量范围较小，量程比不大于10∶1，对精确度要求不高时，宜选用转子流量计。其通径在DN15～150（带内衬时为DN20～150），压力等级PN10、PN20及PN50。就地指示时精确度不宜低于2.5级，远传时精确度不宜低于1.5级。正常流量宜为满量程的60%～80%。最小流量和最大流量在满量程的10%和90%之间。

b. 转子流量计本体材质应相等或高于管道材质，浮子的材质不应低于316SS，也可根据工艺介质的腐蚀性采用莫内尔、哈氏C或钛等材质。

c. 被测介质含少量铁磁物质时，应在转子流量计前加装磁过滤器；被测介质是气体、蒸汽或脉动液体时，转子流量计应配阻尼机构。转子流量计宜垂直安装，流体自下而上。安装位置应振动较小，易于观察和维护，宜设置上、下游切断阀和旁路阀。各种转子流量计特点见表3-15。

表3-15 转子流量计特点

类型	特点
玻璃转子流量计	适用于小流量的洁净空气、惰性气体及水等介质，操作压力小于415kPa(G)，最高操作温度低于90℃，压力等级PN10。不得用于易燃、易爆、有毒、脏污及腐蚀性工艺介质的流量测量
金属管转子流量计	适用于易燃、易爆、有毒及腐蚀性工艺介质的流量测量，介质不含铁磁性、纤维及腐蚀性物质的小流量测量，对强腐蚀性工艺介质，锥形管可带PTFE、PFA内衬，其内衬材质与配管内衬材质等级相同
夹套型金属管转子流量计	被测介质易冷凝、结晶或汽化时，可选用夹套型金属管转子流量计，夹套中通加热或冷却介质。最大通径DN80
吹洗转子流量计	测量液位、压力、差压及流量，如带吹洗要求时，宜选用吹洗转子流量计，且应成套带有流量调节针阀及稳压/恒流装置。吹洗转子流量计最大通径宜为DN25

③ 速度式流量计的选型。

a. 涡街流量计的选型：适用于单相、洁净、无脉动及无振动的流体的流量测量；测量介质的雷诺数在1×10^4～7×10^6之间；黏度小于20mPa·s的流体，液体测量精确度要求不高于1.0级，气体和蒸汽测量精确度不高于1.5级。对振动场合的流体流量测量，宜选用抗振型涡街流量计，其抗振强度不宜低于2g；直管段不能满足时，选用旋进式涡街流量计；大口径管道的流量测量，精确度要求不高时可选用插入式涡街流量计。涡街流量计传感器宜采用压电式或电容式，对大口径可采用超声式。

b.涡轮流量计的选型：适用于洁净的气体，及运动黏度不大于5mPa·s的洁净液体的流量测量；精确度要求较高，范围度不大于10∶1的流量测量。涡轮流量计应安装在水平管道上，液体应充满整个管道，宜设置上、下游截止阀和旁路阀，必要时上游设过滤器，下游设排放阀。大管径流量测量，要求压损小，精确度要求不高时，可选用插入式涡轮流量计。

c.电磁流量计的选型：电磁流量计适用于电导率不低于5μS/cm的导电介质流量测量，包括碱液、盐液、氨水、纸浆、渣液、矿浆、水煤浆等，也用于除脱盐水和凝液之外的水和其他水溶液的流量测量。它也用于测量强腐蚀、脏污、黏稠、含气体的液体和双向流体流量测量。对无腐蚀性介质的流速范围宜0.5～10m/s，有腐蚀性介质最大流速应小于3.5m/s。电极材质根据被测介质可选用316SS、哈氏C、铂、钛、钽等合金。衬里材质可选用PFA、PTFE、ETFE、聚氨酯、氯丁橡胶、天然橡胶及工业陶瓷等绝缘材料。应按制造厂标准要求接地。电磁流量计安装时流体应充满管段。

d.超声波流量计的选型：超声波流量计适用于非导电性、强腐蚀性、放射性等恶劣条件下工作的可导声的流体流量测量，无法用接触式测量时，宜采用超声波流量计。它宜用于大管径流体流量测量。含固体颗粒或气泡时，不宜选用时差法超声波测量；贸易计量、大范围度及低雷诺数流体流量测量应采用多声道超声波流量计；管道夹持式超声波流量计仅用于低精确度、非关键性流体的流量测量。

e.靶式流量计的选型：适用于黏度较高、或含少量固体颗粒的液体流量测量，精确度不高于1.0级，范围度不大于10∶1的应用场合。靶式流量计应水平管道安装。

f.水表的选型：就地水的累计流量测量，可选用旋翼式水表。需要远传时，选用带输出信号的水表。

④ 容积式流量计的选型。

a.容积式流量计（正位移流量计）适用于测量黏度较高、低速、清洁、无气泡液体的贸易计量或高精确度计量；计量级0.2级，控制级0.5级。贸易结算和高精确度计量时，应带温度补偿。容积式流量计不适用于液体流速高、差压大、有强烈波动及禁用润滑剂的场合。本体材质宜与管道材质相同，内件材质宜采用表面硬化处理的不锈钢，用于测量有毒液体时，转子应采用磁性轴承。介质含少量气体时，上游应带脱气器；含少量固体颗粒时，上游应带过滤器，保证固体颗粒直径小于100μm；流体流速过高或变化过快时，应采用整流器。容积式流量计最大压损应符合工艺允许最大压降。应水平安装，使流体充满管道。

b.椭圆齿轮流量计的选型：适用于洁净的、黏度较高的液体流量测量。要求贸易计量或高精确度计量时，选用椭圆齿轮流量计和双转子流量计；对微小流量计量，选用微型椭圆齿轮流量计或微型双转子流量计。椭圆齿轮流量计宜用于介质黏度0.5～3000mPa·s的场合；双转子流量计宜用于介质黏度0.3～50000mPa·s的场合。

c.腰轮流量计的选型：适用于洁净的气体或液体，特别是具有润滑性、较高黏度的油品，要求贸易计量或高精确度计量时。腰轮流量计宜用于介质黏度3～150mPa·s的场合。

d.刮板流量计的选型：适用于介质黏度0.6～500mPa·s的连续液体，特别是油品的贸易计量或高精确度的计量。

⑤ 质量流量计的选型。

a. 需要直接精确测量液体、高密度气体、浆料及多相流体的贸易计量或高精确度计量时，宜选用科氏力质量流量计。它可同时输出质量流量、密度和温度值。它也可测量双向流体和微小流量。计量级 0.2 级，控制级 0.5 级。测量易结晶、冷凝、凝固的流体时，宜选用带蒸汽夹套伴热的科氏力质量流量计。它一般不需要温压补偿和密度补偿，也不需要直管段。测量时，液体介质应充满仪表测量管。最大压损应符合工艺允许最大压降。

b. 热式质量流量计适用于低密度（小分子量）、单组分或固定比例混合的洁净气体流量测量，不适用于多相流体及双向流体的流量测量，需要较长直管段（供应商提供所需长度要求）。

⑥ 固体流量计的选型：固体流量计可选用冲量式流量计和皮带秤。

a. 冲量式流量计的选型：封闭管道内自由落下的粉粒及块状固体的流量测量宜选用冲量式流量计。它适用于任意粒度的各种散料流量测量。应确保物料自由落体下落，不得有任何外加力作用于被测物料上。

b. 皮带秤的选型：传输带输送的固体物料流量测量宜选用皮带电子秤和皮带核子秤。皮带电子秤宜选用全封闭型电阻应变式称重传感器，对微粉粒干燥物料宜选用封闭型结构。皮带核子秤应符合 GBZ 125—2009 规定的放射卫生防护要求。

⑦ 流量开关的选型：淋浴器、洗眼器的流量测量、空调系统的流量测量和消防水喷淋系统的流量测量宜选用流量指示开关。

(6) 流量检测仪表的数据表

由于流量检测仪表选型的复杂性，可从不同应用的要求选型。流量检测仪表选型大致可分为下列步骤。

① 定义应用项目。主要内容如下：

a. 流体特性。流体特性包括流体类型（液体、气体或蒸汽）、流体的流动形式（闭合管道或开口堰）、工况压力、过程性能（最大、正常和最小流量、工况温度、流体密度、流体黏度）、流体压缩系数、化学特性（腐蚀性、电导率、导热系数等）、流体的磨损性、多相流体还是单相流体等。

b. 环境条件。环境条件包括环境温度、现场电磁干扰情况、湿度、就地的安全要求（是否有爆炸和危险混合物）、大气压力的影响等。

c. 安装条件。安装条件包括管道（直径、材质、方位）、流体流向（正向或正反向等）、上下游直管段长度、管道的振动情况、与流量检测仪表最接近的阀和配件（例如弯头、缩径管等）的类型和位置、管道前的整流器、电信号连接（例如接地、屏蔽等接线）、供应商服务（例如备品备件供应、维修时间和费用）、为维修是否需要安装旁路管道和阀门、是否需要供能设备。

② 仪表性能。仪表性能包括能够提供的精确度等级、重复性、检测范围、最大允许压损、对阶跃输入的响应时间、输出信号类型（标准电流或电压信号、脉冲信号等）。

③ 经济性要求。经济性要求包括仪表价格（到岸价或离岸价）、安装费用、由于所需特殊性能造成的费用增加、操作费用、维修费用、校验费用、备品备件费用、其他费用（运费、保费等）。

④ 完成流量检测仪表数据表。流量检测仪表数据表见下述。

(7) 流量检测仪表的选型

根据流体类型的不同，表 3-16～表 3-18 列出了不同流体流量检测仪表的选型。

表 3-16　液体流量检测仪表的选型

性能	孔板差压式流量计	浮子式流量计均速管流量计	容积式流量计	涡轮流量计	涡流流量计	电磁流量计	超声波流量计	科里奥利质量流量计	热式质量流量计	其他流量计
清洁液体(例如水)	●	●	●	●	●	●	●	●	●	●
低流速(＜2L/min)液体	●	●	●	●	—	●	△	●	●	△
高流速(＞20000L/min)液体	●	—	△	●	△	●	●	—	—	—
大管径(DN＞500mm)	●	—	—	△	—	●	●	—	—	●
不导电液体(如油、溶剂等)	●	●	●	●	●	—	●	●	●	●
高温(＞200℃)液体	●	△	—	●	●	—	△	●	△	●
低温液体(如液氮、液氧等)	△	—	—	●	●	—	●	●	—	●
黏性(＞20MPa・s)液体(如烃、油漆等)	△	—	●	—	—	●	△	●	—	△
卫生型液体(如啤酒、饮料、牛奶等)	—	—	●	●	—	●	●	●	—	—

注：●表示适合；△表示可用；—表示不适合；下同。

表 3-17　气体流量检测仪表的选型

性能	孔板差压式流量计	浮子式流量计均速管流量计	容积式流量计	涡轮流量计	涡流流量计	电磁流量计	超声波流量计	科里奥利质量流量计	热式质量流量计	其他流量计
一般气体(例如空气)	●	●	△	●	●	—	△	●	●	△
低流速(＜20L/min)气体	△	●	●	△	—	—	—	●	●	●
高流速气体	●	—	—	—	△	—	—	—	●	△
高温(＞200℃)气体	●	—	—	△	●	—	△	△	△	●
蒸汽	●	—	—	—	●	—	△	△	—	●

表 3-18　其他流体流量检测仪表的选型

性能	孔板差压式流量计	浮子式流量计均速管流量计	容积式流量计	涡轮流量计	涡流流量计	电磁流量计	超声波流量计	科里奥利质量流量计	热式质量流量计	其他流量计
浆料(例如泥浆、油漆等)	△	—	—	—	—	●	△	△	—	—
液体混合物(如油水混合物等)	●	—	△	△	●	△	△	●	—	△
气液混合物(如水和空气混合物等)	—	—	—	—	—	△	—	△	—	△
腐蚀性液体(如酸、碱等)	△	△	△	△	△	●	●	●	—	—
腐蚀性气体(如 HCl 蒸汽等)	△	△	—	△	△	—	—	△	—	—
矿浆	△	—	—	—	—	●	—	—	—	△
粉/颗粒流体(如面粉、奶粉等)	—	—	—	—	—	—	—	—	—	△

固体流量测量选用电子皮带秤、冲量式流量计或轨道衡。

(8) 流量检测仪表选型软件

为适应流量检测仪表选型的要求，一些仪表制造商开发了选型软件。例如 E+H 公司的 Applicator 软件就是这样的选型软件。该软件可直接在网上进行流量、压力、液位等仪表的选型。

图 3-6 是 Applicator 流量检测仪表选型画面。图 3-7 是输入数据汇总。图 3-8 是可选仪表的比较。图中显示科里奥利质量流量计、超声流量计和涡街流量计的比较，可根据比较参数、经济性等最终确定。

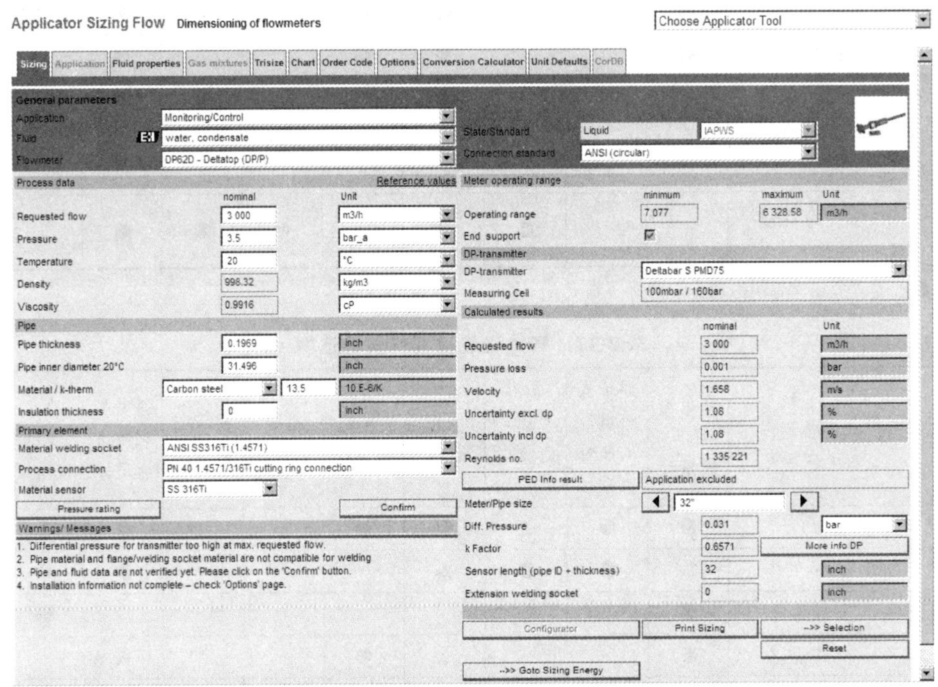

图 3-6　Applicator 仪表选型画面

① 选择可能的流量测量原理和合适的流量计。在 Applicator 中集成了差压式流量计、电磁流量计、科里奥利质量流量计、热质量流量计、超声波流量计等流量计的工作原理，用户可以方便地了解各种流量计的工作原理，并根据它选择过程操作条件（例如流体类型、操作温度和操作压力等）、希望的仪表类型等，Applicator 提供可直接调用有关流量检测仪表技术数据的功能。

② 根据选择功能获得的结果和合适的安装条件选择，并调用计算功能模块计算应选仪表的公称管径。计算功能模块是根据用户的有关操作数据、流量检测仪表的有关技术数据，计算并用图表形式提供应选用仪表的公称直径、精度、压损等数据，还包括材料负荷（压力-温度图）、最小压力比。

Applicator 软件分两步选择合适的流量检测仪表。

Applicator 包含了 300 多种不同被测介质的类型、可以计算其过程参数，例如密度、黏度、蒸汽压等，也可输入用户特定的流体类型，可存储和打印有关的设计数据等。此外，它也提供工程单位的换算。

Applicator Selection　Product Selection　　Choose Applicator Tool

Input requests　Show products

The input mask does not contain any required fields.

Prefered Principle

Process conditions

Process temperature　From 6.15　to 6.15　°C

Process pressure　From 3.5　to 3.5　bar_a

☐ Flow rate < 5 l/h

Requested flowrate　From 20　to 20　m3/h

Process density nom.　706.674　kg/m3

Process viscosity nom.

☐ Hygienic Application　☐ Liquid mixtures (emulsion)

Measurement requirements

Application

☐ Direct mass measurement　☐ Calculated mass or vol.

☐ Low pressure drop　☐ Bidirectional flow

Performance characteristic

☐ Turn down > 1:30

Volumetric accuracy (best possible in %)

Mass accuracy (best possible in %)

Installation conditions

◉ Pipe size (DIN/EN, JIS)

○ Pipe size (ANSI; AWWA)

Process connection type

Min. Straight runs before/after meter

Show extended requests

Principles results

	Products
Coriolis	19 of 23
Ultrasonic	10 of 11
Vortex	4 of 4
Delta P	7 of 8
Thermal	4 of 4

Compare principles

Your Parameters

Process density nom.:
706.674 kg/m3

Requested flowrate:
20 to 20 m3/h

Process pressure:
3.5 to 3.5 bar_a

Process temperature:
6.15 to 6.15 °C

Your products

Promass 83F

Prosonic Flow Clamp On 91W

Prowirl 72F

Print Pre-specifications sheet

图 3-7　Applicator 输入需求画面

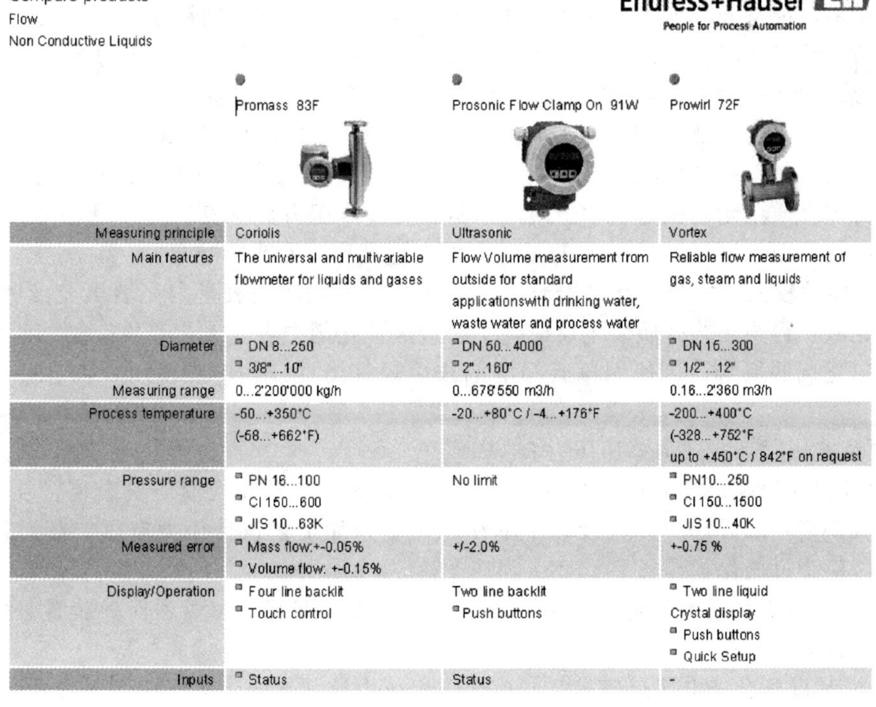

Compare products
Flow
Non Conductive Liquids

Endress+Hauser
People for Process Automation

	Promass 83F	Prosonic Flow Clamp On 91W	Prowirl 72F
Measuring principle	Coriolis	Ultrasonic	Vortex
Main features	The universal and multivariable flowmeter for liquids and gases	Flow Volume measurement from outside for standard applicationswith drinking water, waste water and process water	Reliable flow measurement of gas, steam and liquids
Diameter	▪ DN 8...250 ▪ 3/8"...10"	▪ DN 50...4000 ▪ 2"...160"	▪ DN 15...300 ▪ 1/2"...12"
Measuring range	0...2'200'000 kg/h	0...678'550 m3/h	0.16...2'360 m3/h
Process temperature	-50...+350°C (-58...+662°F)	-20...+80°C / -4...+176°F	-200...+400°C (-328...+752°F up to +450°C / 842°F on request
Pressure range	▪ PN 16...100 ▪ Cl 150...600 ▪ JIS 10...63K	No limit	▪ PN10...250 ▪ Cl 150...1500 ▪ JIS 10...40K
Measured error	▪ Mass flow:+-0.05% ▪ Volume flow: +-0.15%	+/-2.0%	+-0.75 %
Display/Operation	▪ Four line backlit ▪ Touch control	Two line backlit ▪ Push buttons	▪ Two line liquid Crystal display ▪ Push buttons ▪ Quick Setup
Inputs	▪ Status	Status	-

图 3-8　Applicator 被选仪表的比较画面

3.2.4 压力检测仪表的选型

(1) 压力检测仪表的分类

垂直均匀地作用于单位面积上的力称为压力。压力检测仪表是用来测量气体或液体压力的工业自动化仪表，它分为就地压力检测仪表和压力变送器两大类。

就地压力检测仪表按压力检测范围分为下列几类：

① 压力范围在－40～40kPa时，宜选用膜盒压力表。

② 压力范围在40kPa或以上时，宜选用弹簧管压力表或波纹管压力计。

③ 压力在－100～0kPa时，应选用弹簧管真空压力表。

④ 压力在－500～500Pa时，应选用矩形膜盒微压计或微差压计。

压力仪表使用法定计量单位为Pa、kPa和MPa。压力表测量范围的选用，应与定型产品的标准系列相符。压力仪表与介质直接接触部件的材质应根据介质特性选择，例如，氧气压力测量用氧气压力表；氨气压力测量用氨气压力表等。此外，应满足防腐要求，不应低于设备或管道材质的耐腐蚀性能。

普通压力表的过程连接形式为M20×1.5；隔膜压力表为2″法兰式；泵出口选用耐震型或带其他阻尼附件的。压力视窗应垂直正立安装。尽量避免使用电接点压力表。

(2) 压力表的选型

① 根据被检测压力值，选用合适的压力检测仪表。测量稳定压力时，正常操作压力值应在仪表量程的1/3～2/3范围内。测量脉动介质压力时，正常操作压力值应在仪表量程的1/3～1/2范围内。压力变送器测量压力宜为仪表校准量程的60％～80％。

② 特殊介质及特殊场合的压力检测仪表应符合下列要求：

a. 稀盐酸、盐酸气、重油类及其类似的具有强腐蚀性、含固体颗粒、黏稠液等介质，应选用膜片压力表或隔膜式压力表。隔膜或膜片材质根据被测介质特性选择。

b. 稀硝酸、醋酸及其他一般腐蚀性介质应选耐酸压力表或不锈钢膜片压力表。

c. 结晶、结疤及高黏度介质，黏稠、含固体颗粒或强腐蚀性介质的压力测量宜选用法兰连接形式的隔膜式压力表。隔膜或膜片材质根据被测介质特性选择。

d. 特殊介质压力检测，应选用专用压力表。例如，对气氨、液氨用氨气压力表；氧气用氧气压力表；氢气用氢气压力表；氯气用耐氯压力表或压力真空表；乙炔用乙炔压力表；硫化氢和含硫介质用耐硫压力表；碱液用耐碱压力表或压力真空表。

e. 水蒸气及操作温度超过60℃的工艺介质，应带冷凝圈或冷凝弯。

f. 机械振动较强的场合，宜选用耐振压力表。耐振方法是表盘内充填填充液和/或加阻尼器。填充液不得与工艺介质发生反应，不得造成催化剂中毒。工艺介质有氯、硝酸、过氧化氢等强氧化剂的场合，可使用氟碳润滑剂或卤烃等惰性液，不应使用甘油、硅树脂做填充液。

③ 测量差压时，应选用差压压力表。

④ 对量程（刻度）超过6.9MPa（G）的压力测量，应选用有泄压安全装置外壳的压力表。量程（刻度）6.9MPa（G）及以下的压力测量，如工艺设计压力有可能超过压力表爆破压力时，应带过压保护装置。

⑤ 测量脉冲压力或需要超量程保护场合的压力表，宜配有超量程保护装置。用于真空测量的压力仪表应配低量程保护。

⑥ 易燃易爆场合需电接点信号时，应选防爆压力控制器或防爆电接点压力表。

⑦ 压力表测量精确度的选用：检测压力的普通压力表、膜盒压力表和膜片压力表，宜

选用 1.5 级。精密测量和校验用压力表，应选用 0.5 级、0.2 级或 0.1 级。

⑧ 压力表外型尺寸的选用：管道和设备上安装的压力表，表盘直径宜选用径向无边 Φ100mm。仪表气动管路及其辅助设备上安装的压力表，表盘直径宜选用 Φ50mm。安装在照度较低、位置较高或示值不易观测场合的压力表，表盘直径宜选用 Φ150mm。

⑨ 压力表感压元件宜采用弹簧管、膜盒或膜片，材质最低选用 316SS。海水工况下用莫内尔合金。没有辅助设备的情况下，应能承受满量程的 1.3 倍压力。

⑩ 压力表表壳应为刚性，材质宜为低铜铝合金（铜含量不超过 8%）、不锈钢或增强型聚酯。仪表面板宜带防爆玻璃、排放孔或排放膜。

(3) 压力变送器的选型

① 送 DCS 或 PLC 等计算机装置的压力检测宜选用二线制 4～20mA DC 带 HART 协议智能型压力变送器和差压变送器传送。也可选用 FF、Profinet 等现场总线仪表和工业无线仪表。

② 压力测量宜选用压力变送器。微小压力（小于 500Pa）、微小负压测量，宜选用差压变送器。测量设备或管道差压时，宜选用差压变送器。测量真空压力，宜选用绝对压力变送器。测量结晶、结疤、堵塞、黏稠、含固体颗粒或腐蚀性介质时，宜选用直接安装式或毛细管式法兰膜片密封式压力（差压）变送器。毛细管应选用 316LSS，毛细管长度宜短。必要时应设置吹气、冲洗装置。采用隔离或吹洗等措施时，可选用常规压力（差压）变送器。爆炸危险场所选用隔爆型或本安型变送器。测量精确度要求高（优于 0.2 级）的压力测量，宜选用智能压力变送器。

③ 变送器的耐压等级应满足所测量管线或设备的设计压力要求。

④ 使用环境较好，易接近场合选用直接安装型变送器。

(4) 压力开关选型

① 压力开关应用于：爆破膜报警；水喷淋系统；HVAC 控制系统；仪表箱/柜，或建筑物内的正压压力低报警。

② 压力开关的接点应为密封型。在爆炸危险区安装时，选用防爆型，宜选用 DPDT 型干接点。

(5) 安装附件

① 测量水蒸气和温度大于 60℃的介质，选冷凝管或虹吸管。

② 测量易液化气体，取压点高于仪表时，选分离器。

③ 测量含粉尘气体，选除尘器。

④ 测量脉动压力，选阻尼器或缓冲器。

⑤ 使用环境温度接近或低于测量介质冰点或凝固点时，应采取绝热或伴热措施。

(6) 压力检测仪表的数据表

压力检测仪表数据表的内容较少。详见下述的仪表数据表。其他检测仪表的数据表见标准。

不同类型的压力表填写在不同表格中。压力变送器的数据表见表 3-19，也可扫描右侧二维码。

对法兰连接的压力变送器需要提供毛细管长度及填充材料、密封膜片材质等信息。

3.2.5 温度检测仪表的选型

(1) 一般规定

① 温度检测仪表的测量单位应采用摄氏温度（℃）。热力学温标单位开尔文（K）仅用

表 3-19 压力变送器的数据表

<table>
<tr><td rowspan="5">设计单位</td><td colspan="2" rowspan="4">仪表数据表
INSTRUMENT DATA SHEET
压力变送器
PRESSURE TRANSMITTER</td><td>项目名称 PROJECT</td><td colspan="2"></td></tr>
<tr><td>分项名称 SUBPROJECT</td><td colspan="2"></td></tr>
<tr><td>图号 DRAWING NO.</td><td colspan="2"></td></tr>
<tr><td rowspan="2">设计阶段 STAGE</td><td rowspan="2"></td><td rowspan="2">第　页,共　页</td></tr>
<tr><td>项目号 JOB No.</td><td></td></tr>
<tr><td colspan="3">位号 TAG No.</td><td></td><td colspan="2"></td></tr>
<tr><td colspan="3">用途 SERVICE</td><td></td><td colspan="2"></td></tr>
<tr><td colspan="3">P&ID 号 P&ID No.</td><td></td><td colspan="2"></td></tr>
<tr><td colspan="3">管道编号 LINE/EQUIP. No.</td><td></td><td colspan="2"></td></tr>
<tr><td colspan="6">操作条件 OPERATING CONDITIONS</td></tr>
<tr><td colspan="3">工艺介质 PROCESS FLUID</td><td></td><td colspan="2"></td></tr>
<tr><td colspan="3">介质状态 FLUID PHASE</td><td></td><td colspan="2"></td></tr>
<tr><td colspan="3">操作压力[MPa(G)]OPERATING/DESIGN PRESS</td><td></td><td colspan="2"></td></tr>
<tr><td colspan="3">操作温度(℃)OPERATING/DESIGN TEMP</td><td></td><td colspan="2"></td></tr>
<tr><td colspan="6">变送器规格 TRANSMITTER SPECIFICATION</td></tr>
<tr><td colspan="3">型号 MODEL</td><td></td><td colspan="2"></td></tr>
<tr><td colspan="3">测量范围 MEASUREMENT RANGE</td><td></td><td colspan="2"></td></tr>
<tr><td colspan="3">精度 ACCURACY</td><td></td><td colspan="2"></td></tr>
<tr><td colspan="3">输出信号 OUTPUT SIGNAL</td><td></td><td colspan="2"></td></tr>
<tr><td colspan="3">电源 POWER SUPPLY</td><td></td><td colspan="2"></td></tr>
<tr><td colspan="3">测量原理 DETECTOR TYPE</td><td></td><td colspan="2"></td></tr>
<tr><td colspan="3">本体材质 BODY MATERIAL</td><td></td><td colspan="2"></td></tr>
<tr><td colspan="3">膜片材质 DIAPHRAGM MATERIAL</td><td></td><td colspan="2"></td></tr>
<tr><td colspan="3">排气/排液部件材质 VENT/DRAIN MATERIAL</td><td></td><td colspan="2"></td></tr>
<tr><td colspan="3">填充液 FILL FLUID</td><td></td><td colspan="2"></td></tr>
<tr><td colspan="3">过程连接方式 PROCESS CONN. STYLE</td><td></td><td colspan="2"></td></tr>
<tr><td colspan="3">过程连接尺寸 PROCESS CONN. SIZE</td><td></td><td colspan="2"></td></tr>
<tr><td colspan="3">电气接口尺寸 ELEC. CONN. SIZE</td><td></td><td colspan="2"></td></tr>
<tr><td colspan="3">防爆等级 EXPLOSION PROFF CLASS</td><td></td><td colspan="2"></td></tr>
<tr><td colspan="3">防护等级 ENCLOSURE PROFF CLASS</td><td></td><td colspan="2"></td></tr>
<tr><td colspan="3">安装型式 MOUNTING TYPE</td><td></td><td colspan="2"></td></tr>
<tr><td colspan="3">排气/排液部件方位 VENT/DRAIN LOCATION</td><td></td><td colspan="2"></td></tr>
<tr><td colspan="6">隔膜密封规格 DIAPHRAGM SEAL SPECIFICATION</td></tr>
<tr><td colspan="3">型式 MODEL</td><td></td><td colspan="2"></td></tr>
<tr><td colspan="3">隔膜密封型式 SEAL TYPE</td><td></td><td colspan="2"></td></tr>
<tr><td colspan="3">膜片型式 DIAPHRAGM STYLE</td><td></td><td colspan="2"></td></tr>
<tr><td colspan="3">法兰标准 FLANGE STD.</td><td></td><td colspan="2"></td></tr>
</table>

续表

隔膜密封规格 DIAPHRAGM SEAL SPECIFICATION		
法兰等级 FLANGE RATING		
法兰连接面 FLANGE FACING		
法兰材质 FLANGE MATERIAL		
上膜盒材质 UPPER HOUSING MATERIAL		
膜片材质 DIAPHRAGM MATERIAL		
填充液 FILL FLUID		
冲洗环材质及接口 VENT/DRAIN MAT. & SIZE		
毛细管长度 CAPILLARY LENGTH		
毛细管材质 CAPILLARY MATERIAL		
毛细管填充液 CAPILLARY FILL FLUID		
附件规格 ACCESSORIES SPECIFICATION		
安装附件材质 MOUNTING KIT MAT'L		
输出指示表 OUTPUT INDICATOR		
二阀组材质 2-VALVEMANIFOLD MAT'L		
备注 REMARKS		

于包含热力学温度的计算。就地温度仪表刻度/量程应采用直读式或数字显示。温度检测仪表的操作温度，对就地温度计应为刻度/量程的30%～70%；对温度变送器，应为量程的10%～90%。当操作温度不低于设计温度的30%时，仪表量程应覆盖设计温度。

② 温度计套管插入深度的选择应以测温元件端点插至被测介质温度变化灵敏，且具有代表性的区域为原则。当测温元件在满管流体管道上垂直安装或与管壁成45°角安装时，测温元件末端插入管道内壁长度不应小于50mm，不宜大于125mm，一般宜位于管道直径的1/3～1/2处。测温元件在设备上安装时，测温末端插入设备内壁长度宜至少150mm，在烟道、炉膛及绝热材料砌体设备上安装时，应按实际需要选用。

③ 测温元件保护套管材质应根据管线设计文件、设计压力和防腐要求及被测介质特性选择。通常宜首选锥形单端整体钻孔型套管。介质温度、压力较低时，可选用二次成型厚壁套管。温度计套管的过程连接通常为法兰连接，连接法兰宜为DN40；多支测温元件温度计套管的过程连接法兰宜DN80或DN100。压力等级、法兰规格应符合配管材料等级规定。配管材料不允许法兰连接时应采用承插焊连接；非危险介质的低压管道（CL150及以下）可采用螺纹连接。测温元件与温度计套管之间宜带压紧弹簧。

工艺流体温度、压力、流速较高的场合，宜对温度计套管进行振动计算。用于环境温度、表面温度、压缩机、风机轴承温度、电机定子温度和轴承温度等测量的检测元件不应采用保护套管，宜采用铠装温度检测元件或装配式温度检测元件。强腐蚀性介质的温度计套管应采用加厚管壁。用于TC、RTD和双金属温度计时，孔径不应小于Φ6.5mm；压力式温度计的孔径不应小于Φ10mm；温度计内壁衬胶或带防腐涂层时，其有效内径应大于温度计套管根部外径至少2mm。

(2) 就地温度仪表的选型

① 工业用就地温度仪表精度宜选用1.5级，精密测量用就地温度仪表精度宜选用0.5级或0.25级。

② 就地温度仪表的测量范围应满足：最高测量值不应大于仪表测量范围上限值的90%，正常测量值宜在仪表测量范围上限值的50%左右。压力式温度计（温包）测量值应在仪表测量范围上限值的50%～75%之间。对低于0℃的低温测量，仪表测量范围上限值应覆盖环境温度。

③ 双金属温度计选型：就地温度检测优先选用双金属温度计。双金属温度计表壳直径宜选用Φ100mm，照明条件较差、安装位置较高或观察距离较远时，应选用Φ150mm。双金属温度计仪表外壳与保护管连接方式宜选用万向式，也可按观测方便原则选用轴向式或径向式。测量范围－80～500℃。满量程精确度不应低于±1.5%。

④ 对－80℃以下低温、无法近距离观察、有振动及精确度要求不高的就地或就地盘显示，介质低温，现场环境高温或需要远程指示场合，可选用带毛细管远传压力式温度计，温度测量范围－200～700℃。满量程精确度不应低于±1.5%。毛细管应有铠装层保护，长度不宜大于10m。毛细管材质为不锈钢。

⑤ 双金属温度计和压力式温度计应配温度计套管（TW）。常用温度计套管材质见表3-20。

表3-20 温度计套管常用材质选择表

套管材质	最高使用温度/℃	适用场合
316SS不锈钢	800	一般腐蚀性介质及低温场合
15铬钢及12CrMoV不锈钢	800	耐高温，适用于高压蒸汽
Cr25Ti不锈钢，Cr25Si2不锈钢	1000	高温钢适用于硝酸、磷酸等腐蚀性介质及磨损较强的场合
GH39不锈钢	1200	耐高温
Inconel 600#合金钢	600～1200	加热炉、裂解炉、焚烧炉等炉膛、高压氧气
耐高温工业陶瓷及氧化铝	1400～1800	耐高温，但气密性差，不耐压
莫来石刚玉及纯刚玉	1600	耐高温，气密性耐温度聚变性好，并有一定防腐性
莫内尔合金或哈氏合金	200	富氧气(22%～100%氧气)
莫内尔合金	200	氢氟酸
镍Ni	200	浓碱(纯碱，烧碱)
钛Ti	150	湿氯气、浓硝酸
锆Zr、铌Nb、钽Ta	120	耐腐蚀性能超过钛、莫内尔合金、哈氏合金
铅Pb	常温	10%硝酸、80%硫酸、亚硫酸、磷酸

⑥ 测温元件铠装护套材质最低宜选用316SS；当介质温度在800～1000℃时，宜选用Inconel合金钢；在1000～1500℃时，宜选用铂；高于1500℃时，宜选用钽或钼。测温元件绝缘材料宜选用氧化镁或氧化铝，也可选用其他绝缘材料。

⑦ 玻璃液体温度计可用于测量精确度要求较高、振动较小、无机械损伤、观察方便的场合。

⑧ 就地安装的温度控制仪表，宜选用基地式温度仪表。

⑨ 根据测量对象对响应速度的要求，热电偶时间常数分600s、100s和20s三级；热电阻分90～180s、30～90s、10～30s及<10s四级；热敏电阻<1s。

⑩ 不应使用温度计套管的场合：使用表面测温元件测量管道或设备表面温度；测量压缩机、风机轴承温度；测量电机定子温度和轴承温度；特殊设计需要快速响应的测温元件。

(3) 集中检测用温度仪表的选型

① 集中检测用测温元件选型：温度测量精确度要求较高、反应速度较快、无振动的场合，宜选用符合 IEC 60751 的分度号 Pt100 的热电阻，并采用三线制连接；温度测量范围大，有振动场合，宜选用符合 IEC 60584 的热电偶。各分度号的热电阻和热电偶测量范围见表 3-21。

表 3-21　温度检测元件分度号选用表

温度检测元件名称	分度号		测量范围/℃	温度检测元件名称	分度号		测量范围/℃
铂热电阻，R_0=100Ω	Pt100	−200～650	A 级 −100～450 B 级 −196～660	铂铑 10-铂热电偶 铂铑 13-铂热电偶	S R	0～1300	1 级 0～1100；1100～1600 2 级 0～600；600～1600
镍铬-镍硅热电偶 镍铬硅-镍硅热电偶	K N	0～1200	1 级 −40～375；375～750 2 级 −40～333；333～1200 3 级 −167～40；−200～−167	铜-康铜热电偶	T	−200～350	1 级 −40～125；125～375 2 级 −40～133；133～375 3 级 −67～40；−200～−67
镍铬-康铜热电偶	E	0～750	1 级 −40～375；375～800 2 级 −40～333；333～900 3 级 −167～40；−200～−167	铂铑 30-铂铑 6 热电偶	B	0～1600	2 级 600～1700 3 级 600～800；800～1700
铁-康铜热电偶	J	0～600	1 级 −40～375；375～750 2 级 −40～333；333～750				

② 集中检测温度仪表的热响应时间见表 3-22。其中，保护管厚度为标准产品的厚度。

表 3-22　集中检测温度仪表的热响应时间

<table>
<tr><td colspan="3">铠装热电偶外径/mm，套管 1Cr18Ni9Ni</td><td>1.0</td><td>1.5</td><td>2.0</td><td>3.0</td><td>4.0</td><td>5.0</td><td>6.0</td><td>8.0</td></tr>
<tr><td rowspan="3">测量端形式</td><td>露端型</td><td rowspan="3">热响应时间 $\tau_{0.5s}$</td><td>0.1</td><td>0.2</td><td>0.3</td><td>0.4</td><td>0.5</td><td>0.7</td><td>0.8</td><td>1.0</td></tr>
<tr><td>接壳型</td><td>0.2</td><td>0.3</td><td>0.4</td><td>0.6</td><td>0.8</td><td>1.2</td><td>2.0</td><td>4.0</td></tr>
<tr><td>绝缘型</td><td>0.6</td><td>0.8</td><td>1.0</td><td>2.0</td><td>2.5</td><td>4.0</td><td>6.0</td><td>8.0</td></tr>
<tr><td colspan="4">铠装热电阻外径/mm，套管 1Cr18Ni9Ni</td><td>1.6</td><td>2.0</td><td>3.0</td><td>4.0</td><td>5.0</td><td>6.0</td><td>8.0</td></tr>
<tr><td colspan="4">热响应时间 $\tau_{0.5s}$</td><td>3</td><td>4</td><td>6</td><td>6</td><td>8</td><td>9</td><td>12</td></tr>
<tr><td colspan="2" rowspan="3">装配式热电偶</td><td colspan="2">保护管直径/mm</td><td>Φ16</td><td>Φ16</td><td>Φ20</td><td>Φ25</td><td>Φ25</td><td colspan="2">锥型保护管</td></tr>
<tr><td colspan="2">保护管材料</td><td>非金属</td><td>金属</td><td>金属</td><td>非金属</td><td>金属</td><td colspan="2">金属</td></tr>
<tr><td colspan="2">热响应时间 $\tau_{0.5s}$</td><td>≤240</td><td>≤180</td><td>≤240</td><td>≤360</td><td>≤360</td><td colspan="2">≤360</td></tr>
<tr><td colspan="2" rowspan="2">装配式热电阻，
保护套管 1Cr18Ni9Ni</td><td colspan="2">保护管直径/mm</td><td colspan="2">Φ12</td><td colspan="2">Φ16</td><td colspan="3">锥型保护管</td></tr>
<tr><td colspan="2">热响应时间 $\tau_{0.5s}$</td><td colspan="2">≤30</td><td colspan="2">≤90</td><td colspan="3">90～180</td></tr>
</table>

③ 温度不超过300℃，带远传信号输出时，宜选Pt100的铠装热电阻，精度B级；温度在300～1000℃，带远传信号输出时，宜选K型铠装热电偶，精度Ⅰ级；温度在1100～1500℃，带远传信号输出时，宜选B型铠装热电偶，精度0.5%｜t｜。除表面测温元件外，原则上采用带温度计套管型式，套管为$\left(1\frac{1}{2}\right)''$法兰式，整体锥棒钻孔式。

④ 接线盒选用：普通式适用于环境条件较好的场所；防溅式和防水式用于潮湿或露天场所；隔爆式用于易燃、易爆场所；插座式仅用于特殊要求的场合。安装在爆炸危险区域内的测温元件的接线盒应选用隔爆型或增安型；配双支测温元件的接线盒宜配6个接线端子和2个电气接口。

⑤ 温度测量要求反应速度快、有振动的场合，温度检测元件宜选用铠装式，要求挠曲安装的场合，测温元件应选用铠装式。热电偶测量端的形式在满足响应速度要求的情况下，宜选用绝缘式；对响应速度要求快的场合，应选用接壳式。检测设备、管道外壁和转体表面温度时，宜选用表面（端）式、压簧固定式、缆式或铠装热电阻、热电偶。根据测量要求选择测温元件的允许偏差和响应时间。

⑥ 测量流动的含固体颗粒介质的温度，宜选用耐磨保护套管。保护套管与工艺过程连接方式宜采用法兰连接方式，通常在设备、衬里管道、非金属管道安装；触媒层多点温度测量、结晶、结疤、堵塞和强腐蚀性介质及易燃和易爆介质的温度测量应用场合宜采用法兰连接方式的温度保护套管。

⑦ 位式控制、报警，选用电接点温度计。无法采用热电偶测量超高温加热炉温度时，如果环境条件满足安装要求，可选用辐射式高温计。无法采用热电偶测量超高温物体表面温度时，如果环境条件满足安装要求，可选用辐射式高温计。

⑧ 下列场合可用温度开关替代温度变送器：成套设备带的电加热器的温度开关；仪表柜、控制柜中安装的高温报警开关；HVAC中的温度控制系统。

⑨ 对储油罐、储气罐、输油管道、气化炉、反应罐、输煤皮带、煤仓、电缆桥架、电缆沟的监测区域温度异常变化的监控，可选用热电探测器。

⑩ 对储油罐、储气罐的安全监测、长输管道的安全监测及强腐蚀、强电磁干扰等恶劣测温环境的温度测量，可选用光纤式温度传感器，光纤式温度传感器的选型应满足下列规定：

a. 根据测量范围、精确度等级、检测点数量、安装环境等因素，可选用光纤光栅式温度传感器或分布式光纤传感器。

b. 根据使用场合，可选用绝缘型、高温型、负荷型防护类型。

c. 对关键检测点的温度，采用分布式光纤传感器时，应选用冗余光纤，同时，系统应具有光纤断裂自动报警功能。

⑪ 温度变送器的选型应符合下列规定：

a. 温度检测点的环境温度大于60℃或测量温度大于900℃的场合或安装位置高于地坪20m，宜选用分体式现场温度变送器；在满足安装环境温度条件及安装位置不高于地坪20m的场合，可选一体型温度变送器。温度变送器宜选用4～20mA DC带HART协议、FF、Profinet等标准信号的智能变送器。

b. 除了三取二配置的测温元件外，用于安全联锁用途的测温元件应与其他用途测温元件分开设置，并安装在不同温度计套管中。用于安全联锁或关键控制点的单检测点测温元件宜双支，温度变送器宜选用双通道型或冗余配置。

c. 要求以MV温度信号传输时，热电偶应配对应的补偿导线，并接入MV温度变送器、带TC转换安全栅或控制系统MV信号输入卡。要求以电阻信号传输时，热电阻接入RTD

温度变送器、带RTD转换安全栅或控制系统的RTD输入信号卡。

d. 安装在爆炸危险场所内的温度变送器应选用隔爆型、本安型或无火花型。

e. 多路温度变送器宜用于温度指示和报警、温度计算和温度控制，但不得用于安全联锁。多路温度转换器可用于温度指示和报警，但不得用于温度计算、温度控制和安全联锁。

f. 温度变送器读数精确度不应低于±0.2℃；温度变送器的精确度应满足测量要求。用于热电偶时应提供热电偶冷端补偿功能。应具有输入/输出隔离和输出信号线性化功能。

g. 温度变送器在断偶（开路）情况下的信号输出状态应具有“超量程”和“欠量程”功能。

⑫ 采用DCS或PLC时，如果采用具有温度检测和变送功能的输入卡（模块），也可选用将热电偶、热电阻信号经补偿导线、电缆直接连接到该卡（模块）。

3.2.6 物位检测仪表的选型

(1) 一般规定

① 物位检测包括液位、界面、料位等的检测。物位检测仪表的类型和材质选择应与被测介质的压力，温度，腐蚀性，导电性，是否存在黏稠、沉淀、结晶、结膜、气化、起泡等特性，密度和密度变化，被测液体中悬浮物含量，液位扰动程度及固体物料粒度等有关。

② 为减少设备开口，可使用DN80旁通管。介质操作温度≥150℃，应带高温防护罩；介质操作温度低于0℃或易造成结霜时，应选用防霜式并带防冻罩。环境温度下易冻、易凝固、易结晶介质，应选用带蒸汽伴热的夹套式，并带保温罩。

③ 就地液位的液面指示可根据被测介质温度、压力、介质特性选用磁浮子液位计或玻璃板液位计。

④ 液位和界面测量宜选用差压式仪表。不满足要求时，可选用电容式、射频导纳式、雷达式、电阻式（电接触式）、声波式、浮筒式仪表、浮子式仪表（含伺服式、钢带式、磁致伸缩式、磁性浮子式、杠杆式）、静压式、核辐射式、外测式等仪表。

⑤ 料位测量应满足物料粒度、物料的安息角、物料导电性能、料仓的结构形式及测量要求。

⑥ 仪表测量范围选用应满足测量对象实际需要显示的范围或实际变化范围。除供容积计量用的物位检测仪表外，宜使正常物位处于仪表测量范围的50%左右，仪表精确度应满足工艺要求。用于容积计量用途的物位检测仪表精确度不应低于±1mm。

(2) 液位和界面检测仪表的选型

① 磁性浮子液位计的选型：

a. 高压、低温（<−45℃）或有毒性介质的液位测量，宜选用磁性浮子液位计。

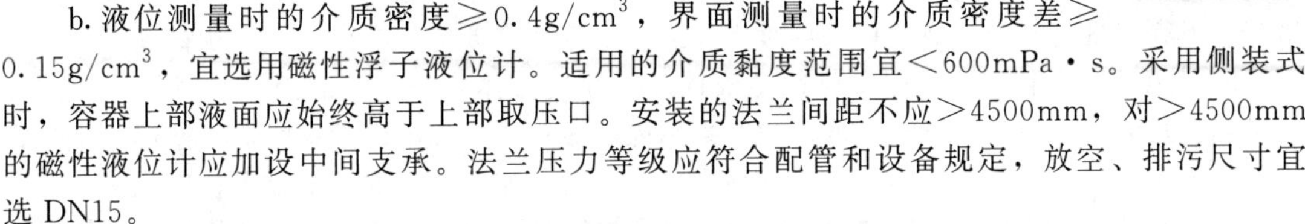

b. 液位测量时的介质密度≥0.4g/cm^3，界面测量时的介质密度差≥0.15g/cm^3，宜选用磁性浮子液位计。适用的介质黏度范围宜<600mPa·s。采用侧装式时，容器上部液面应始终高于上部取压口。安装的法兰间距不应>4500mm，对>4500mm的磁性液位计应加设中间支承。法兰压力等级应符合配管和设备规定，放空、排污尺寸宜选DN15。

c. 介质温度大于350℃时，不宜选用磁性浮子液位计。正常工况下，介质密度有明显变化时，不宜选用磁性浮子液位计。对污浊介质，不宜选用浮子液位计。

② 玻璃板液位计的选型：

a. 检测洁净、透明、低黏度和无沉积物的介质液位指示宜选用反射式玻璃板液位计。反射式最低压力等级应达 PN100@315℃。

b. 界面检测、高黏度及含固体颗粒介质的液位检测、150℃以上蒸汽冷凝液的液位检测及含固体颗粒、脏污、酸、碱等场合宜选用透光式玻璃板液位计。污浊、较黏稠介质或安装场合光线不足的液位检测，宜选用照明式玻璃板液位计。易冻、易凝介质的液位检测，宜选用带蒸汽夹套式玻璃板液位计。低温结霜介质的液位检测，宜选用防霜式玻璃板液位计。腐蚀性介质的液位检测，宜选用玻璃板配云母层的玻璃板液位计。透光式最低压力等级应达 PN50@315℃。

c. 玻璃材料选用硼硅酸盐，可用于 350℃及以下；选用水合硅酸铝，可用于 315～398℃；选用石英，可用于 398℃以上，也可根据制造厂标准选用，玻璃板应带金属保护。

d. 公称压力 6.3MPa 以下，温度 250℃以下的场合，可选用玻璃板液位计。但当温度超过 200℃时应降压使用。剧毒介质的就地液位指示，不得选用玻璃板液位计。玻璃板液位计最大长度不宜大于 2000mm，大于该范围时，可选多台液位计上下重叠安装，重叠区应至少 50mm。介质温度超过 205℃时，单台玻璃板两个接口之间长度不宜超过 1400mm，使用多段重叠检测时，不宜超过 3 段。设备开口法兰间距宜采用 500mm、800mm、1100mm、1400mm、1700mm 和 2000mm 等系列值，或步进值 100mm 整数值。开口尺寸宜 DN20～50。

③ 浮筒式液位计的选型：

a. 测量范围 2000mm 以内，比密度范围在 0.5～1.5 的液体液位连续或位式监测，可选浮筒式液位计。真空对象、负压、易汽化液体的液位或界面测量、比密度差为 0.2 及以上的界面连续测量或位式测量，宜选用浮筒式液位计或开关。

b. 清洁液体的物位测量，宜选用外浮筒式液面计，检测界面时，容器内上部液位应始终高于上部取压口。设备开口法兰间距宜采用上述系列值。开口储罐、敞口储液池的液位检测，宜选用内浮筒式液位计；操作温度下不结晶、不黏稠，但在环境温度下可能结晶及黏稠液体的液位检测，易凝结、易结晶、强腐蚀性和有毒性介质的液位测量，也宜选用内浮筒式液位计。

c. 浮筒式液位计在被测介质温度高于 200℃时宜带散热片，最低温度低于 0℃时宜带延伸管。内浮筒式液位计用于被测液体扰动较大的场合，应加装防扰动套管。外浮筒应带 DN15 排污阀。

d. 浮筒式液位开关采用法兰开口间距 350mm 或 500mm。

④ 电容式、射频导纳式液位计的选型：

a. 腐蚀性液体、沉淀性流体及其他工艺介质液位的液位连续测量和位式测量，可选用电容式液位计和开关。电容式液位计用于不黏稠非导电性液体时，可选用轴套筒式的电极；用于不黏滞导电性液体时，可选用套管式的电极或选用绝缘管式或绝缘护套式探头；用于易黏滞非导电性液体时，可选用裸电极。电容式液位计不宜用于易黏滞的导电性液体的液位连续检测。连续测量的电容式液位计采用垂直安装。电容液位计应具有抗电磁干扰措施。

b. 射频导纳式液位计适用于腐蚀性液体、沉淀性流体、干或湿的固体粉料的物位连续测量和位式测量。用于非导电性液体时，采用裸电极；用于导电性液体时，可选用绝缘管式或绝缘护套式探头。射频导纳式液位计易受电磁干扰影响，应采取抗电磁干扰措施。

c. 电容式液位计和射频导纳液位计用于界面检测时，两种液体的介电常数特性应符合产品技术要求。

⑤ 电阻式（电接触式）液位计的选型：

a. 腐蚀性导电液体的位式测量及导电性液体与非导电性液体的界面位式测量，宜选用电阻式（电接触式）液位计。

b. 容易使电极结垢的导电液体，及电极间发生电解现象的工艺介质，不宜选用电阻式（电接触式）液位计。非导电、易黏附电极的液体的液位检测，不宜选用电阻式（电接触式）液位计。

⑥ 静压式液位计的选型：深度在5～100m的水池、水井及常压水罐的液位连续检测，宜选用静压式液位计。正常工况下，液体密度有明显变化时，不宜选用静压式液位计。静压探头应具有防腐蚀及防脏物黏附的措施。静压探头和延伸电缆应在水池、水井及常压水罐底部固定。

⑦ 超声波式物位计的选型：

a. 腐蚀性、高黏性、易燃及有毒液体的液位、液-液分界面、固-液分界面的连续检测或位式测量，宜选用超声波式物位计或开关。它适用于能充分反射声波且传播声波的介质。

b. 真空容器、含气泡的液体、蒸汽和含固体颗粒物或悬浮物的液体的液位检测，不宜选用超声波式液位计。对内部有影响声波传播障碍物的储罐、被测介质易冷凝并有碍液位计正常工作的场合，不宜选用超声波式液位计。

c. 检测器和转换器之间的连接电缆应采取抗电磁干扰措施。

⑧ 雷达物位计的选型：

a. 大型固定顶罐、浮顶罐、带压罐、带搅拌器或有旋流的过程储罐的液位连续检测或计量，宜选用导波式雷达物位计。大型拱顶罐、球罐中储存原油、成品油、沥青、乙烯、丙烯、液化石油气、液化天然气、可燃气体及其他介质的液位连续检测或计量宜选用天线式雷达物位计。控制级精度不宜低于±5mm，计量级精度不宜低于±1mm。用于固体介质测量的精确度不宜低于±25mm。

b. 雷达物位计宜选用24V DC或220V AC外供电型，变送器输出宜4～20mA带HART或总线信号。

c. 对内部有影响微波传播的障碍物的储罐，及介电常数太低的介质，不得选用雷达液位计。对储罐的界面测量，不得选用非接触式雷达液位计。

d. 被测介质的介电常数应符合雷达液位计成品对最小介电常数的要求。天线结构形式及材质应根据被测介质特性、储罐内温度和压力等因素确定。

e. 对被测物有沸腾或扰动大的液位，或被测介质介电常数小（1.4～2.5）的场合，应采用导波管（静止管）及其他措施，以确保测量精确度。

f. 罐区的雷达物位计宜带罐旁指示表。精确计量的导波式雷达物位计宜带多点平均温度计。压力储罐上安装的雷达物位计一次仪表与设备法兰之间宜设置维修用的切断球阀。

⑨ 伺服液位计的选型：

a. 内浮顶储罐、外浮顶储罐、压力球罐、带搅拌器或有旋流的储罐中储存原油、成品油、液化烃、液化石油气、液化天然气、可燃液体及其他介质的液位连续检测或计量，宜选用带有导向管的伺服液位计。控制级精确度不宜低于±5mm；计量级精确度不宜低于±3mm。高黏度介质不应选用伺服液位计。

b. 伺服液位计宜选用220V AC外供电型，变送器输出宜4～20mA带HART协议。

c. 罐区的伺服液位计宜带罐旁指示表及标定腔。压力储罐上安装的伺服液位计宜在缩径腔和一次仪表之间设置维修用切断球阀。

⑩ 磁致伸缩液位计的选型：

a. 磁致伸缩液位计适用于常压或有压容器，介质比密度≥0.7，干净的非结晶介质，要求测量精确度较高的液位或界面测量。但不宜用于介质黏度高于600mPa·s、操作温度高于 350℃的场合。

b. 磁致伸缩液位计宜选用220V AC 外供电型，变送器输出宜 4～20mA 带 HART 协议。磁致伸缩液位计可带多点温度计。

⑪ 放射性物位计的选型：

a. 高温、高压、高黏度、易结晶、易结焦、易爆炸、强腐蚀性、有毒性或低温的非接触式连续液位和粉料、粒料等固体料位的非接触式连续检测，在使用其他仪表难以满足测量要求时，可选用核辐射式物位计（放射性物位计）。

b. 放射源的强度应根据测量和安全要求进行选择，应使射线通过被测对象后，在工作现场的射线剂量尽可能小。工作现场的射线剂量当量应符合现行国家标准 GBZ 125—2009 的规定。

c. 放射源的种类应根据被测介质密度、容器几何形状、材质及壁厚等因素进行选择。放射源的类型宜选用铯 137（Cs137）。对厚壁容器要求穿透能力强时，可选用钴 60（Co60）。

d. 为避免因放射源衰变引起测量误差，提高运行稳定性和减少校验次数，放射性物位计应有衰变补偿功能。放射源应考虑防火，并装在专用容器内，专用容器外壳材质最低为 316SS，放射源应有隔离射线装置。放射源宜带有遥控气动或电动源阀，当气源、电源或遥控线路故障时，源阀应能自动关闭。

⑫ 物位开关的选型：

a. 物位开关适用于公用工程的报警信号，例如冷却水、泵密封、润滑油等；也可仅用于需要报警的工艺场合。当储罐及容器上已有其他连续物位测量仪表时，选用物位开关作为报警和联锁信号源。

b. 音叉式液位开关的选型：无振动或振动小的容器，介质密度＞0.5g/cm^3，黏度≤10000mm^2/s 的液体液位的位式测量，可选用音叉式液位开关。

c. 浮球式物位开关的选型：储存清洁液体的储罐及容器的液位、界面报警及联锁，宜选用浮球式物位开关。测量界面时，两种液体比密度应恒定，并且比密度差应大于 0.2。

d. 旋桨式物位井关的选型：承压小、无脉动压力的料仓、料斗，比密度大于 0.2 的颗粒状、粉粒状及片状物料的料位报警及联锁宜选用旋桨式料位开关。旋桨的尺寸应根据物料比密度及容器管口尺寸选用。

e. 超声波物位开关的选型：碳钢储罐及容器的液位测量宜选用外贴-非接触式超声波物位开关。不锈钢、合金钢及碳钢带内衬的储罐及容器的液位测量可选用接触式超声波物位开关。

f. 放射性物位开关的选型：放射性物位开关应符合放射性物位计的选型要求，放射源宜选用点型放射源，探测器宜选用棒型或缆型探测器。

表 3-23 是液面、界面、料面测量仪表选型。

表 3-23　液面、界面、料面测量仪表选型

测量对象 / 仪表名称	液体		液液界面		泡沫液体		脏污液体		粉状固体		粒状固体		块状固体		黏湿性固体	
	位式	连续	位式	连续	位式	连续	位式	连续	位式	连续	位式	连续	位式	连续	位式	连续
差压式	●	★	●	●	—	—	●	●	—	—	—	—	—	—	—	—
浮筒式	★	★	●	●	—	—	▲	●	—	—	—	—	—	—	—	—
浮子式开关	★	—	●	—	—	—	▲	—	—	—	—	—	—	—	—	—
带式浮子式	▲	★	—	—	—	—	—	▲	—	—	—	—	—	—	—	—
伺服式	—	★		—	—	—	—	▲	—	—	—	—	—	—	—	—

续表

测量对象 仪表名称	液体		液液界面		泡沫液体		脏污液体		粉状固体		粒状固体		块状固体		黏湿性固体	
	位式	连续	位式	连续	位式	连续	位式	连续	位式	连续	位式	连续	位式	连续	位式	连续
光导式	—	★	—	—	—	—	—	▲	—	—	—	—	—	—	—	—
磁性浮子式	★	★	—	—	▲	▲	▲	▲	—	—	—	—	—	—	—	—
磁致伸缩式	—	★	—	★	—	▲	—	▲	—	—	—	—	—	—	—	—
电容式	★	★	★	★	★	●	★	▲	●	●	★	●	●	●	★	●
射频导纳式	★	★	★	★	★	●	★	▲	★	★	★	★	●	●	★	★
电阻式（电接触式）	★		▲		★		★		▲		▲		▲		★	
静压式		★				●		●								
声波式	★	★	▲	▲	—	—	★	★	—	—	★	★	★	★	—	★
微波式	—	★	—	—	—	—	—	★	—	★	—	★	—	★	—	★
辐射式	★	★	—	—	—	—	★	★	★	★	★	★	★	★	★	★
吹气式	★	★	—	—	—	—	▲	●	—	—	—	—	—	—	—	—
阻旋式	—	—	—	—	—	—	▲	—	●	—	★	—	▲	—	★	—
隔膜式	★	★	★	—	—	—	●	●	▲	—	▲	—	▲	—	●	—
重锤式	—	—	—	—	—	—	—	★	—	★	—	★	—	★	—	★

注：★表示优；●表示良；▲表示可用；—表示不宜。

(3) 料位检测仪表的选型

① 电容式料位计（开关）和射频导纳式料位计（开关）的选型：

a. 颗粒状物料和粉粒状物料，例如煤、塑料单体、肥料、砂子等料位的连续监测和位式测量，宜选用电容式料位计（开关）和射频导纳式料位计（开关）。当存在易挂料的颗粒状物料和粉粒状物料的工况，其料位连续检测和位式测量宜选用射频导纳式料位计（开关）。

b. 被测介质位粉体、料位位非平面时，电容式料位计或射频导纳式料位计可采用几根电极测量，求其平均料位。

② 超声波料位计的选型：

a. 测量粒度小于 5mm 的粒状物料的料位时，宜选用声阻断式超声波料位计。

b. 对粉状物料的料位连续检测和位式测量，可选用反射式超声波料位计。它不宜用于有粉尘弥漫的料仓、料斗的料位检测，也不宜用于表面不平整的料位检测。

③ 电阻式料位计的选型：导电性能良好的颗粒状和粉粒状物料的料位检测，宜选用电阻式料位计。应根据成品测量可靠性、灵敏度和规定的电极对地电阻数值来确定产品型号。

④ 雷达式料位计的选型：块状、颗粒状和粉粒状物料的料位连续检测，宜选用雷达式料位计，按雷达式液位计的要求选型。

⑤ 核辐射式料位计的选型：高温、高压、黏附性大、腐蚀性大的块状、颗粒状和粉粒状物料的料位位式测量和连续检测，在使用其他料位计难以满足检测要求时，可选用核辐射式料位计。其选型根据核辐射式液位计的规定。

⑥ 音叉式料位计的选型：无振动或振动小的料仓、料斗内粒度 10mm 以下是颗粒状物料的位式测量，可选用音叉式料位计。为避免物料撞击损坏叉齿，应在叉齿上方设置保护板。

⑦ 阻旋式料位计的选型：对承压较小，无脉动压力的料仓、料斗，物料密度在 $0.2g/cm^3$

以上的颗粒状和粉粒状物料的料位位式测量，可选用阻旋式料位计（旋桨式料位计）。其旋翼尺寸应根据物料密度和容器的管口尺寸选用，为避免物料撞击旋翼造成仪表误动作，应在旋翼上方设置保护板。

⑧ 重锤式料位计的选型：对料位量程大，变化范围宽的大型料仓、散装仓库及敞口或密封无压容器内的块状、颗粒状和附着性不大的粉粒状物料的料位定时连续检测，应选用重锤式料位计，重锤形式应根据物料粒度、干湿度等因素选取。

表 3-24 是料位检测仪表选型。

表 3-24 料位检测仪表选型

检测方式	功能	特点	注意事项	适用对象
电阻式	位式测量	价廉，无可动部件，易于应付高温、高压、体积小	电导率变换，电极被介质附着	导电性物料、焦炭、煤、金属粉、含水的砂等
电容式	位式测量 连续测量	无可动部件，耐腐蚀、易于应付高温、高压、体积小	电磁干扰，含水率变化，电极被介质黏附，多个电容式仪表在同一场所相互干扰	导电性和绝缘性物料、煤、塑料单体、肥料、砂、水泥等
射频导纳式	位式测量 连续测量	同上，不受挂料、温度、介质密度、湿度变化影响	电磁干扰	同上
音叉式	位式测量	不受物性变化影响，灵敏度高，气密性、耐压性良好，无可动部件，可靠性高	电容振动，音叉被介质附着，荷重	粒度 100mm 以下的粉粒料
超声波（声阻断式）	位式测量	不受物性变化影响，无可动部件，容器中所占空间小	杂音，乱反射，附着	粒度 5mm 以下的粉粒料
超声波（声反射式）	连续测量	非接触测量，无可动部件	二次反射、粉尘、安息角、粒度	微粒或微粉以下的粉粒体、煤、塑料粉粒
微波式	连续测量	非接触测量，无可动部件	乱反射，自由空间，介质的介电常数	高温、高压、黏附性大、腐蚀性大、易爆、毒性大的粉粒状、颗粒状、大块状物料
核辐射式	位式测量 连续测量	非接触测量，不必插入容器，可靠性高	需使用许可证，核放射源寿命	同上
阻旋式	位式测量	价廉，受物性变换影响	物料流动引起误动作，粉尘侵入，荷重、寿命	物料比重 0.2 以上的小粒度物料
隔膜式	位式测量	在容器内所占空间小，价廉	粉粒压力、流动压力，附着	小粒度粉粒体
重锤探测式	连续测量	大量程，精确度高	索带寿命，重锤埋设，测定周期	附着性不大的粉粒体、煤、焦炭、塑料、肥料、量程可达 70m

3.2.7 过程分析仪表的选型

过程分析仪表选型是用于生产过程中的过程在线分析仪表的选型，因此，对便携式分析仪表和实验室应用分析仪表的选型并不在此范围。

过程分析仪的分析原理选择、测量范围、精确度、灵敏度、分辨率、重复性、线性度、死区及响应时间等技术指标，应满足工艺过程对介质成分或特性分析的要求，且应技术先进，性能稳定可靠，操作和维护简便。

(1) 一般规定

① 采样和取样管线

a. 采样口位置宜选在测量介质响应快、具有代表性的、维护人员容易接近的地方，并兼顾试样温度和压力。气体采样探头应安装在管道上部，液体采样探头应安装在管道下部。取样探头应插入管道，插入长度宜为 0.3～0.6 倍管道公称通径。

b. 试样中含固体颗粒时，应在取样处加装过滤器，并备有反吹接口。采样系统应根据试样工艺状况，具备相应减压稳流、冷凝液排放、超压放空、负压抽吸、耐高温等功能。如果可能出现试样冷凝，应采取适当保温伴热措施，可采用伴热光缆。LNG 等低温液体的采样管线长度应满足试样在进蒸发皿前不气化。

c. 采样管材质宜采用 316SS 不锈钢，若试样中含对不锈钢管腐蚀的组分，宜采用莫内尔、哈氏合金等材料。试样输送系统的滞后时间宜小于 60s，大于 60s 时，应采用快速环路式采样系统。

② 预处理装置

a. 预处理装置包括对试样流量、压力、温度的调节控制设施。特殊时依据工况及分析器使用要求还可包括冷凝器、冷却器、汽化器、过滤器或净化器，及保证分析仪器选择性而采取的化学或物理方法的处理装置。

b. 试样前处理单元应靠近分析采样点，试样处理单元应靠近分析仪表，预处理装置宜与分析仪器成套提供。有回收价值的或不能被现场环境所接受的试样应予以回收处理。对多种气体试样放空，如果组分混合后无危险，混合后背压波动对分析仪表影响不大，可先接到集气管，集中排至火炬管线或引至适当高度空间放空。

③ 选型原则

a. 测量 CO、CO_2 组分，宜选用红外线分析仪；测量 H_2 组分，宜选用热导式氢分析仪；测量 O_2 组分，宜选用磁氧式分析仪。

b. 测量小口径工艺管线的水质分析仪，可采用旁路方式，分析仪的过程连接为法兰连接流通式，流通室由供应商成套供货；大口径工艺管线的水质分析仪，采用法兰连接插入式，切断阀由供应商成套供货。

c. 分析仪配带防爆分析小屋，防爆小屋内设备、采暖通风设备、照明设备等由供应商成套供货，其管线交接在设备外 1m 处；信号交接处为安装小屋外墙上的接线箱。

d. 可燃/有毒气体探测器均采用现场变送器，应配现场声光报警设备。可燃气体探测器一般采用催化燃烧式；有毒气体探测器采用电化学式；苯毒气选用光离子化探测装置。

(2) 液体分析仪表的选型

液体分析仪表的选型见表 3-25。

表 3-25 液体分析仪表的选型

分析仪名称	适用场合
工业电导率分析仪	测量电导率在 0.05～1000μS/cm 范围的蒸馏水、饮用水、锅炉用水、纯水及高纯水等介质。常用工业电导率分析仪有电极式和电磁感应式。 电极式工业电导率仪宜用于测量 μS/cm 级低电导率、上限 10mS/cm 的清洁介质。 电磁感应式工业电导率仪宜用于测量高电导率(≥10mS/cm)的强腐蚀性及脏污介质
工业 pH 计和氧化还原电位计	工业 pH 计宜用于水槽、明渠、密封管道或设备内液体的 pH 值(测量范围 2～12)测量，且液体内应无对电极有污染(油污或结垢等)的介质。水槽、明渠等敞开容器可选用沉入式 pH 变送器。如溶液对电极有沾污，应选用自动清洗式 pH 计。密封管道内溶液压力低于 1.0MPa 时，选用流通式 pH

续表

分析仪名称	适用场合
工业 pH 计和氧化还原电位计	计。如管道内溶液压力为常压，且对电极有沾污，宜选用自动清洗式 pH 计。 清洁液体，工业 pH 计宜选用玻璃电极(最高温度达 135℃)或银-氯化银电极(最高温度达 225℃)。如液体中含较多且不含氧化性的脏污介质，宜选用锑电极。 氧化还原电位计宜用于测量液体的氧化还原电位。测量范围宜为－1500～1500mV。氧化还原电位计常用电极材质有铂电极和金电极
密度计	密度测量宜采用振动式密度计、放射性密度计和科里奥利质量流量计。 振动式密度计宜用于测量液体密度，也可测量气体密度，宜用于液体密度变化能引起超声波反射时间变化的场合。 放射性密度计宜用于测量液体密度，也可测量固体密度。γ 射线放射源宜选用 Cs137，也可选用 Co60。 科里奥利质量流量计宜用于测量液体密度，也可测量气体密度
黏度计	常用的黏度计有振动式黏度计、旋转式黏度计和毛细管式黏度计。 振动式黏度计宜用于测量大于 10000mPa・s 的高黏度介质。 旋转式黏度计宜用于测量黏度在 500～10000mPa・s 的中黏度介质。 毛细管式黏度计宜用于测量黏度小于 500mPa・s 的低黏度介质
水质分析仪	水质分析仪有余氯分析、联氨分析、硅酸根、磷酸根、钠离子、化学耗氧量、总有机碳、溶解氧、氨氮和浊度等。 测量液态 CO_2、液态苯、变压器油、柴油机燃料等介质的含水量，宜选用 Al_2O_3 电容式水质分析仪。 余氯分析仪有电化学式和分光光度式。余氯分析仪宜用于测量净水、污水、循环冷却水及化学水等中的余氯含量。 联氨分析仪有电化学式和分光光度式。联氨分析仪宜用于测量锅炉给水中残余微量联氨含量。 硅酸根分析仪宜用于测量化学水中微量可溶性二氧化硅和硅酸盐的含量。 磷酸根分析仪宜用于测量化学水、循环冷却水、净水和污水中磷酸盐的含量。 钠离子分析仪宜用于测量经阳离子交换树脂处理后的锅炉用水中的钠离子浓度。其范围为 2.3～2300μg/L。 化学耗氧量(COD)分析仪宜用于测量水中有机污染排放的总量。 总有机碳(TOC)分析仪宜用于测量水中有机物的总含碳量。 溶解氧分析仪分电化学式和光学式。溶解氧分析仪宜用于测量锅炉给水、污水、净水中的氧含量。介质温度应低于 105℃，压力低于 0.5MPa(G)，水中溶氧 0～20μg/L。 氨氮分析仪有电极法和分光光度法。氨氧分析仪宜用于测量循环冷却水和污水中氨氮含量。 浊度计有散射式和散透比式。浊度计宜用于测量净水和污水的浑浊度
水中油分析仪	水中油分析仪宜用于测量化学水、蒸汽凝液和处理后污水中的 10^{-6} 级的含油量。水中油分析仪宜选用紫外荧光式分析仪
油品分析仪	油品分析仪分为：加热蒸发性能分析仪(包括馏程、初馏点、干点、蒸汽压分析仪)、油品低温流动性能分析仪(包括倾点、凝点、冰点、浊点、冷凝点等分析仪)、油品燃烧性能分析仪(包括汽油辛烷值、柴油十六烷值等分析仪)、油品安全性能分析仪(主要指闪点分析仪)、油品其他物性分析仪(包括密度、黏度、色度、酸度等分析仪)等五大类。 馏程分析仪有模拟式和半模拟式。模拟式宜用于全馏程分析，包括初馏点、干点、终馏等分析；半模拟式宜用于单点分析。 凝点分析仪有机械振子振动式、移动球式、光学式、差压式(U 形管式)和杠杆式。 红外分光仪宜用于测量原油的酸度值。 紫外分光仪宜用于测量石油中芳烃含量。 比色仪宜用于测量石油色度。 闪点分析仪宜采用催化氧化式
近红外分析仪	近红外分析仪可同时测量样品的多个化学组成和物理特性，其分析周期不宜小于 1min，可用于液体、固体分析。因此，它宜用于测量油品的多物理特性和组分含量。根据被测样品性质，可选用滤光片式、光栅扫描式、傅里叶变换式、声光可调谐滤光式和固定光路多通道检测式

续表

分析仪名称	适用场合
工业核磁共振分析仪(NMR)	工业核磁共振分析仪有连续波式(CN)和脉冲傅里叶变换式(PFT)两种。它宜用于聚丙烯、聚乙烯等成品粉料的理化指标的无损检测，宜用于分析馏分油的化学成分和物性，也可用于成品油调和的在线分析
拉曼光谱分析仪	拉曼光谱分析仪宜用于炼油、芳烃成品指标的在线分析和油品调和，宜用于无损检测、受介质中水分干扰小、对温度变化不敏感和测量精确度要求高的场合

(3) 气体分析仪表的选型

气体分析仪表的选型见表3-26。

表3-26　气体分析仪表的选型

分析仪名称	适用场合
热导式氢气分析仪	气体中氢含量在0%～100%之间，背景气导热系数与氢气导热系数相差较大，或背景气组分较稳定的氢气含量
电化学式氧量分析仪	用于微量高纯度气体(如H_2、N_2、Ar)中的ppm(即10^{-6})级氧含量分析，它不宜用于酸性气体工况
磁氧或分析仪	顺磁式氧分析仪用于常量氧分析
氧化锆氧量分析仪	氧化锆式氧分析仪宜用于工业烟道气或炉膛气0%～25%的氧含量测量。当背景气含烃类、CO、H_2等可燃气体(或还原气体)和硫及其他酸雾，且伴有火苗及强气流冲击时，不宜选用氧化锆式氧分析仪
热导式分析仪	宜用于测量热导率相差较大的双元混合气中某一组分的体积分数，也用于背景气各组分导热系数相近且与被测组分导热系数有差异的准双元混合气中某一组分的体积分数，主要是H_2、CO_2、SO_2、Ar等气体。 背景气组分含量波动较小，含少量粉尘和水分时，可选用热导式气体分析仪。 如被测组分(如H_2)体积分数低，背景气组分体积分数较大时，不宜选用热导式气体分析仪。它也不宜用于高纯度和精确度要求较高的气体分析应用场合
红外线气体分析仪 红外光度气体分析仪	测量混合气中CO、CO_2、NO、NO_2、SO_2、NH_3、CH_4、C_2H_4、C_3H_8等及其他烃类及有机物的含量，背景气应干燥、清洁、无粉尘、无腐蚀性及背景气交叉干扰较小。 不得用于测量单原子惰性气体(He、Ne、Ar等)和具有对称结构无极性双原子分子气体(N_2、H_2、O_2、Cl_2等)。测量范围宜为5ppm～100%。响应时间宜≤10s。 滤光式红外光度分析仪还可用于高温、高压、毒性、腐蚀性气体的测量。可用于多组分样品中某一重要单组分的测量，也可用于最多4个组分的测量
紫外线气体分析仪 紫外-可见光光度分析仪	如果红外线分析仪和红外光度分析仪不适用于样品中某一重要单组分测量时，可选用滤光式紫外-可见光光度分析仪。紫外线气体分析仪宜用于测量混合气体或排放气中的NO、SO_2、H_2S、Cl_2、NH_3等含量，背景气清洁、干燥、无粉尘，水含量对测量影响不大，可用于热湿工况。 紫外线分析仪测量范围5ppm～100%。响应时间宜≤10s。 滤光式紫外-可见光光度分析仪还可用于测量混合液体中的组分含量，例如油品的色度、乙二醇的纯度等
硫分析仪	常用硫分析仪有硫化氢分析仪、硫化氢/二氧化硫比值分析仪和总硫分析仪。 硫化氢分析仪宜用于测量混合气体中硫化氢含量，宜选用紫外吸收硫化氢分析仪，也可选用过程气相色谱仪。对10ppm以下微量硫化氢的测量，可选用FPD检测器的过程气相色谱仪。 硫化氢/二氧化硫比值分析仪宜用于测量混合气中硫化氢和二氧化硫的含量，并计算两者比值。宜选用紫外吸收硫化氢/二氧化硫比值分析仪，或过程气相色谱仪 总硫分析仪宜用于测量气体或液体中无机硫和有机硫的总含量，常用总硫分析仪有X射线荧光分析仪、紫外荧光分析仪和过程气相色谱仪。紫外荧光式和过程气相色谱仪既可测量气体，也可测量液体，宜用于测量低微量总硫，X射线荧光分析仪只能用于测量液体，但可用于重碳烃液体，如原油中总硫的测量

续表

分析仪名称	适用场合
过程气相色谱仪(PGC)	分析混合气中单一组分或多流路多组分的含量,其体积分数范围从 10^{-6} 级到 100%。 有机物/无机物组分的百分数级(常量)浓度测量宜采用热导检测器(TCD),浓度下限不宜低于 100ppm。 有机物组分的 10^{-6} 级(微量)浓度测量宜采用氢焰检测器(FID),分析浓度下限不宜低于 20ppb($1ppb=10^{-9}$);微量 CO、CO_2 等组分经甲烷化转化后也可用 FID 测量。 硫化物、磷化物组分的微量(ppm 级)及痕量(ppb 级)测量宜采用火焰光度检测器(FPD),浓度下限不宜低于 10ppb。 过程气相色谱仪包括恒温炉、自动进样阀、色谱柱系统、显示及控制器等,宜与采样及样品处理系统、现场分析小屋或分析柜、标准气/载气钢瓶及过程分析仪管理系统等配套系统成套供货。分析周期宜为 1~15min,响应时间不宜超过 12min。 用于多流路、多组分分析时,流路数不宜超过 3 个,每个流路分析的组分不宜超过 6 个。 防爆等级不应低于 Ex pdeib IIB+H_2T4,防护等级不低于 IP52。其控制器宜带 4~20mA DC 输出和干接点输出,及 Modbus RTU、以太网 TCP/IP 等通信接口
过程质谱分析仪	宜用于测量多流路混合气体中浓度范围 1ppm 到百分数级的多组分的含量,响应时间达秒级,一台质谱仪不宜测量超过 32 个流路;宜用于需要快速分析且需要同时分析较多流路的工况。宜选用磁扇式或四极杆式
微量水分分析仪	常用微量水分分析仪有电容式、电解式、晶体振荡式及红外式微量水分析仪。电容式用于测量气体和液体,电解式和晶体振荡式仅用于测量气体。 电容式微量水分分析仪宜用于测量无腐蚀性气体或液体中的微量水分,体积分数测量范围为 0.1ppm~10000ppm;电容式微量水分分析仪不宜测量吸湿性、胺和铵、乙醇、F_2、HF、Cl_2、HCl 及含酸性组分的气体。 电解式微量水分分析仪宜用于测量空气、N_2、H_2、O_2、惰性气体、烃类等混合气体中的微量水分及不破坏 P_2O_5、在电解条件下不与 P_2O_5 起反应和不在电极上起聚合反应的气体中的微量水分,体积分数的测量范围为 1ppm~1000ppm,测量精确度不高,响应迟滞大的场合。 晶体振荡式微量水分分析仪宜用于体积分数测量范围为 0.1ppm~2500ppm 的气体中的微量水分。 红外式微量水分分析仪宜用于测量腐蚀性及吸湿性气体或液体中的微量水分,也可用于测量常量水分,体积分数测量范围达 2ppm~30%。 气体露点仪宜用于检测压缩空气、仪表空气及其他无腐蚀性干燥气体的露点,测量精确度不宜低于±1.5℃
激光气体分析仪	常用激光气体分析仪有光纤式和非光纤式,响应速度均小于 1s,宜用于测量混合气体中的 O_2、CO、CO_2、H_2O、NH_3、HCl、HF、H_2S、CH_4 等。 激光气体分析仪可实现原位测量,宜用于一些采样和预处理困难、样品引出危险性大和采样及样品预处理后背景气体组分变化引起气体浓度不准确的工况。 多流路系统组分测量宜选用光纤式激光气体分析仪;多组分测量宜选用非光纤式激光气体分析仪
连续排放监测系统(CEMS)	连续排放监测系统宜用于测量烟道气中烟尘颗粒物、SO_2、氮氧化物等的浓度,及烟气温度、压力、流量、湿度、氧含量等。宜采用抽取采样式仪器和/或原位测量式仪器。 抽取采样式仪器宜采用吸收光谱法、发光法和电化学分析法等检测技术。原位测量式仪器宜采用吸收光谱法、光散射法和电化学法等检测技术。 双光程透射式测尘仪宜用于测量烟尘中较高浓度烟尘($0\sim100g/m^3$);散射式测尘仪宜用于测量烟尘中较低浓度烟尘($0\sim200mg/m^3$)
气体热值仪	气体热值仪宜用于连续检测煤气、天然气、沼气和燃料气等可燃气体的热值。 其量程应根据气体的热值范围和密度范围来选择,当被测气体压力小于 0.01MPa(G)时应配抽气泵。 天然气及煤气贸易交接用气体热值仪宜选用气相色谱式热值仪

续表

分析仪名称	适用场合
可燃气体/有毒气体检测器	可燃气体检测器主要有催化燃烧式、红外线吸收式和半导体式。 催化燃烧式可燃气体检测器宜用于检测大多数可燃性气体，不宜用于检测含有卤化物、硫、磷和砷的可燃性气体，且检测器周围应有足够助燃氧气。 红外线吸收式可燃气体检测器宜用于检测由碳氢化合物组成的可燃气体和强腐蚀性可燃性气体，不宜用于检测 H_2、CO 等非碳氢化合物气体，且检测器周围不需要助燃氧气。 半导体式可燃气体检测器宜用于检测 H_2，也可选用电化学式可燃气体检测器检测 H_2。 有毒气体检测器主要有电化学式、半导体气敏式、气敏电极式和光离子化式(PID)。 电化学式有毒气体检测器宜用于检测 H_2S、CO、Cl_2 和 HF。 半导体气敏式有毒气体检测器宜用于检测 H_2S、CO、NH_3、环氧乙烷、HF、丙烯腈、氯乙烯。 气敏电极式有毒气体检测器宜用于检测 Cl_2、NH_3 和 HF。 光离子化式有毒气体检测器宜用于检测 NH_3、氯乙烯、苯、甲苯和卤代烷。 可燃气体检测器和有毒气体检测器的选型应符合 GB 50493—2019 的规定

(4) 可燃气体/有毒气体检测仪表的选型

① 可燃气体热值检测：连续检测城市煤气、天然气、沼气等可燃性气体的热值，热值范围 2999～62800kJ/m³，比重 0.4～1.3kg/m³（标准状态），气样含灰量小于 5mg/m³，温度小于 50℃，压力高于 0.01～0.02MPa。响应时间不小于 45s，精确度低于 1.0 级，可选燃烧法气体热值分析仪或热值指数仪。选用分析仪时，应根据可燃气体热值范围和重度范围选择相应量程的热值分析仪。被测气体压力小于 0.01MPa 时应配抽气泵，仪器滞后时间主要取决于气体预处理时间。

② 可燃气体报警器及有毒气体报警器的选用和配置：生产或使用可燃气体及有毒气体的生产设施及储运设施区域内，泄漏气体中可燃气体浓度可能达到报警设定值时，应设置可燃气体探测器；泄漏气体中有毒气体浓度可能达到报警设定值时，应设置有毒气体探测器。可燃和有毒气体的单组分气体应设置有毒气体探测器。可燃气体和有毒气体同时存在多组分混合气体，泄漏时，可燃气体浓度和有毒气体浓度有可能同时达到报警设定值，应分别设置可燃气体探测器和有毒气体探测器。各种可燃气体爆炸下限浓度和上限浓度值参见国家有关规定。

a. 可燃气体和有毒气体的检测报警应采用两级报警，同级别有毒气体和可燃气体同时报警时，有毒气体报警级别应优先。

b. 可燃气体和有毒气体检测报警信号应送有人值守的现场控制室、中心控制室等进行显示报警。可燃气体二级报警信号、可燃气体和有毒气体检测报警系统报警控制单元的故障信号应送消防控制室。

c. 控制室操作区应设置可燃气体和有毒气体的声光报警；现场区域报警器宜根据装置占地面积、设备及建构筑物布置、释放源的理化性质和现场空气流动特点进行设置，现场区域报警器应有声光报警功能。

d. 可燃气体探测器产品必须取得国家指定机构或其授权检验单位的计量器具型式批准证书、防爆合格证和消防产品形式检验报告，参与消防联动的报警控制单元应采用按专用可燃气体报警控制器产品标准制造并取得检测报告的专用可燃气体报警控制器。有毒气体探测器必须取得国家指定机构或其授权检验单位的计量器具型式批准证书。安装在爆炸危险场所的有毒气体探测器还应取得国家指定机构或其授权检验单位的防爆合格证。

e. 需要设置可燃气体、有毒气体探测器的场所，宜采用固定式探测器，需要临时检测可燃气体、有毒气体的场所，宜配备移动式气体探测器。

f. 可燃气体和有毒气体检测报警系统应独立于其他系统单独设置。供电负荷按一级用电负荷中特别重要负荷考虑，宜采用 UPS 电源装置供电。

g. 常用可燃气体及有毒气体检测器选型：轻质烃类可燃气体宜选用催化燃烧型或红外气体检测器，所用场所的空气中含对催化燃烧型检测元件中毒的硫、磷、硅、铅、卤素化合物等介质时，选用抗毒性催化燃烧型检测器、红外气体检测器或激光气体检测器。缺氧或高腐蚀性场所，宜选用红外气体检测器或激光气体检测器。重质烃类蒸汽可选用光致电离型检测器。氢气检测宜选用催化燃烧型、电化学型、热传导型或半导体型检测器。有机有毒气体宜选用半导体型、光致电离型。无机有毒气体检测宜选用电化学型检测器。粉尘气体检测宜选用光散射法粉尘检测仪和交流静电感应法粉尘检测仪。氧气宜选用电化学式检测器。便携式气体检测仪宜选用多传感器，也可选用单一组分的测氧仪、有毒气体检测仪、可燃气体检测仪。气候环境或生产环境特殊，需监测的区域开阔场所，宜选用开路式可燃气体及有毒气体检测器。工艺介质泄漏形成气体或蒸汽能显著改变释放源周围环境温度的场所，可选用感温型探测器或红外图像型探测器。高压工艺介质泄漏产生的噪声能显著改变释放源周围环境声压级的场所，可选用噪声型探测器。

h. 检测器采样方式确定：可燃气体和有毒气体检测宜选用扩散式；不能使用扩散式时，宜采用吸入式。采样系统的采样管线应尽量短，每增加 1m，滞后时间应不大于 3s，采样系统滞后时间不宜大于 30s。

③ 可燃气体报警器检测器主要有半导体气敏元件和催化反应热式及红外线吸收式。半导体气敏元件对可燃气体较灵敏，但定量精确度低，受湿度影响大，而且有睡眠现象，只能检测油气气体泄漏的场合。催化反应热式定量精确度高，重复性好，适合检测各种可燃性气体的浓度，但在有些场合由于环境气体中含有使催化剂中毒的气体而使检测器失效。红外线吸收式精确度最高，寿命长，无中毒问题，维护工作量最小，但价格较高。

在爆炸危险场所的检测器必须符合安装场所防爆等级，有腐蚀性介质时要求检测器与被测气体接触部分作防腐处理。可燃气体检测器应安装在能生成、处理或消耗可燃气体的设备附近和易泄漏可燃气体的场所，及可能产生和聚集可燃气体的现场分析仪表室和控制室内。检测器安装位置应根据生产设备、管线泄漏点的泄漏状态、气体比重并结合环境地形、主导风向和空气流动趋势等情况决定。检测器不能安装在含硫和碱性蒸汽等强腐蚀性气体环境中。靠近公路或装置边上的大型罐区，为检测罐区泄漏出来的可燃气体是否进入公路或装置区，可采用长距式红外线吸收式可燃气体检测器，它能检测 10～200m 距离内的碳氢化合物。

④ 有毒气体报警器用于测量空气中各种有毒气体含量，要求当被测气体浓度达到中毒极限时有足够的时间报警。有毒气体品种很多，根据其危害程度，允许浓度值的差别很大。对它们的检测方法也很多，有半导体气敏式、固体热导式、光干扰式、红外线吸收式、定电位电解式、伽伐尼电池式、隔膜离子电极式及固体电解式等检测器。

不同工作原理检测器的最佳测量范围不同，有些适宜低浓度检测，有些适宜较高浓度检测。根据对工业环境有害气体的检测灵敏度、选择性、可靠性、响应时间、稳定性、浓度范围及实施难易程度等因素综合考虑，定电位电解式检测器能适应常见的几种如 CO、NO、NO_2、H_2S、NH_3 等有毒气体，检测范围可从允许浓度直至数千 ppm 范围。各种有毒气体允许浓度范围参考国家有关规定。

⑤ 爆炸危险场所的检测器必须符合安装场所防爆等级。有腐蚀性介质时要求检测器与被测气体接触部分作防腐处理。有毒气体检测器应安装在能生成、处理或消耗有毒气体的设备附

近和易泄漏有毒气体的场所，及可能产生和聚集有毒气体的现场分析仪表室和控制室内。

⑥ 可燃/有毒气体检测报警系统应按照工艺装置或单元进行报警分区，各报警分区宜分别设置可燃气体和有毒气体区域警报器，应采用二级声光报警。报警信号声级至少比环境背景噪声高 15dB（A），但距离警报器 1m 处总声压值不得大于 120dB（A），总声压值不高于 105dB（A）。

可燃气体测量范围为 0%～100%LEL（爆炸下限）；有毒气体测量范围为 0%～300%OEL（职业接触限值）；当现有检测器测量范围不能满足时，有毒气体测量范围可为 0%IDLH（直接致害浓度）～30%IDLH。有毒气体职业接触限值按最高容许浓度、短时间接触容许浓度、时间加权平均容许浓度的优先次序选用。对不同可燃气体和有毒气体的测量范围、报警值设定等见标准 GB/T 50493—2019 附录的规定。

(5) 在线分析仪表的安装

① 在线分析仪表与预处理装置应安装在一起，并靠近取样点，不应安装在操作室。分析器附近应无强烈振动和冲击，无强烈电磁场及强热辐射源，应避免爆炸危险气体和易挥发腐蚀性气体的侵袭。分析器不应直接暴露在阳光下，不应安装在环境温度变化剧烈或有机械振动的场所。

② 应根据所采用的分析仪器类型、数量及安装场所的环境条件，及其使用要求确定是否需要建立自动分析小屋，并应符合现行行业标准 HG/T 20516 的要求。

③ 可燃气体和有毒气体检测器、报警器和报警控制器的安装见有关标准。

3.2.8 其他检测仪表的选型

(1) 一般规定

对转动设备或特殊设备的一些物理参数（例如转速、位移、振动等）进行检测。这些物理参数宜由动设备制造商成套提供。

(2) 转速仪表的选型

就地速度指示宜采用离心式转速表，其测量范围为 25～40000r/min。转速测量范围为 0～20000r/min 时，宜采用直流测速发电机。转速测量范围为 0～60000r/min 时，宜采用速度变送器，其输出应为脉冲信号。压电式速度传感器和地震式速度传感器宜用于测量轴承箱、机壳或结构的绝对振动。加速度传感器宜用于测量壳体加速度（如齿轮啮合监测）。

(3) 轴位移仪表的选型

非接触式电感式轴位移变送器宜采用电涡流式。它用于测量机械径向振动、轴向位移、键相位和转速。

(4) 轴振动仪表的选型

轴振动仪表宜选用电涡流测振变送器。测振仪表宜采用非接触测量方法。对精度不高的测振仪表宜选择机械式测振仪。测量微小位移宜选择电容式测振变送器。

(5) 称重仪表的选型

① 称重仪表系统由荷载接收装置（秤体）、敏感元件（称重传感器）、显示控制仪表（系统）组成。称重传感器宜选用电阻应变式传感器。压电式称重传感器可用于测静态、动态重量，也可测压缩或延伸两方向的重力。被称重设备与称重传感器的连接处应设防倾覆装置。

② 称重仪表选用应符合下列要求：

a. 依据秤的最大称量值、选用传感器个数、秤体自重、可能产生的最大偏载及动载等因素综合评估选用称重传感器量程。被称重设备应处于自由状态，不得有任何刚性连接或外部应力（风载荷除外）。

b. 根据称重类型和安装空间选择传感器型式，同时与生产厂商协商，构建合理系统。

c. 传感器精度的选择，除满足仪表输入灵敏度要求，与所选仪表匹配外，应使传感器精度高于理论计算值。

3.2.9 执行器的选型

(1) 控制阀选型一般规定

控制阀选型可根据下列条件进行：

- 被操纵介质特性和被操纵介质的腐蚀性：例如液体、气体、泥浆或固体，介质的 pH 值和浓度等；
- 周围环境条件：例如温度、压力、腐蚀性等；
- 被操纵介质流量、压力、温度等：包括最大、最小和正常流量，最大、最小和正常温度，最大允许压差，介质密度、黏度，流动方向等；
- 连接管道特性：包括管道材质、管道通径等；
- 操作：包括现场是否可手动操作、开关式还是节流控制、全行程响应时间等；
- 外形尺寸、质量和安装限值；
- 安全性：能源故障时，控制阀所需的安全状态；
- 噪声：有关噪声声压级的数据、最大允许噪声等级等；
- 所需关闭的密封性能：泄漏等级、压紧力或力矩等；
- 可达性：指服务、现场工程师的可获得性，准时交货和快速替代部件的出货等，它们取决于制造商如何达到这些功能的能力；
- 与标准的一致性：例如与 GB、API、ANSI、AWWA、FCI、FM、IEC、UL、OSHA 等标准的一致性，详见 SH/T 3005—2016 和 HG/T 20507—2014 规范。

(2) 控制阀调节机构的选用

表 3-27 是控制阀调节机构选用表。

表 3-27 控制阀调节机构类型选用表

序号	控制阀类型	主要优点	应用注意事项
1	直通单座球形阀	泄漏量小和阀前后差压较小，小口径阀可用于差压较大的场合	不宜用于高黏度、悬浮液和含固体颗粒的流体
2	直通双座球形阀	对泄漏量要求不严和阀前后差压较大的场合	不宜用于高黏度、悬浮液和含固体颗粒及纤维介质的流体
3	波纹管密封阀	适用于要求零泄漏和真空的系统，如氰氢酸、联苯醚等	耐压较低，工作温度≥150℃，工作压力≥5MPa(G)时宜选用一般控制阀配置环保型密封填料函代替波纹管密封
4	隔膜阀	适用于强腐蚀、高黏度、含悬浮颗粒及纤维的流体，在允许压差范围内可作为切断阀，对流量特性要求不严	耐压、耐温较低，流量特性近似快开，不宜用于工作温度>150℃，工作压力>1MPa(G)
5	微小流量阀	适用于小流量(C_V:0.000001～0.03)和要求泄漏量小的场合	适用于清洁流体
6	角形阀	适用于高差压、高黏度、含颗粒或悬浮物的流体(必要时加冲洗液管)、气-液两相流和易闪蒸场合，高压角形阀宜用于高静压和高差压场合	输入与输出管道成直角

续表

序号	控制阀类型	主要优点	应用注意事项
7	角形高压阀	比多级高压阀的结构简单,用于高静压、大压差、有气蚀和空化的场合	不平衡力较大,须配阀门定位器
8	多级高压阀	基本解决高压流体应用中使用寿命短的问题	须配阀门定位器
9	阀体分离阀	适用于高黏度、易结晶、含固体颗粒和含纤维流体的场合	加工、装配要求较高
10	三通阀	两管道压差不大时,能很好替代两个两通阀,并可作简单的配比控制。常用于热交换器的旁通温度调节,安装在旁通入口时选用分流型,安装在旁通出口时选用合流型,操作温度不宜超过 300℃,合流阀温度差不宜大于150℃	两流体间温差<150℃,流量特性近似线性
11	套筒阀	适用于阀两端差压大,液体出现闪蒸和空化的场合,稳定性好,噪声低,可取代大部分单、双座球形阀	不适用于含固体颗粒的流体
12	低噪声阀	可降低噪声约 10～30dB(A),适用于液体出现闪蒸和气蚀,气体在缩流处流速超过声速且预估噪声超过 85dB(A)的场合	流量系数为一般阀的 1/2～1/3,价格贵
13	滑板阀	适用于容易空化和闪蒸的流体应用	流量系数小,所需的推力小
14	超高压阀	公称压力可达 350MPa,用于高压聚合反应釜控制	价格贵
15	深冷阀	工作温度低于－101℃的场合	阀体选用 316SS 或更高,阀盖选用深冷伸长型,阀内件及填料应满足深冷要求
16	蝶阀	适用于口径 DN≥150、压力≤CL900、大流量、低差压、浓浊浆液及含悬浮颗粒的流体	允许压差小,流量特性近似快开
17	偏心旋转阀(凸轮挠曲阀)	流路阻力小,流通能力较大,可调比大,适用于高压差、严密封、高黏度和含颗粒流体的场合,很多场合可替代单、双座阀	适用于耐压小于 5.4MPa 的场合
18	球阀(O 形,V 形)	流路阻力小,流通能力大,可调范围大,适用于高黏度、含纤维或颗粒、污秽流体、要求紧密关闭的场合	价格较贵,O 形球阀一般用于两位控制,V 形球阀用于连续控制
19	旋转盘阀	具有自洁性能,适合含颗粒或纤维的浆料、泄漏量小的应用	价格贵,可双向控制
20	卫生阀(食品阀)	流路简单,无缝隙和死角积存物料,适用于啤酒、番茄酱及制药、日化工业的应用	耐压低
21	低压降比阀	适用于低压降比的应用场合	可调比近似为 10
22	塑料单座阀(耐腐蚀阀)	阀体、阀芯衬聚四氟乙烯或其他耐腐蚀材料,适用于氯气、硫酸、强碱等强腐蚀介质	耐压低
23	防喘振阀	选用线性流量特性,输出 4mA 或电磁阀失电时,阀从全关到全开时间不应超过 2s,输出信号到 20mA 或电磁阀激励时,阀门从全开到全关时间不超过 5s	能够跟踪微小信号变化(0.1mA)和大信号变化(4mA),且全行程内保持无回差,并保持稳定性
24	蒸汽减温减压器	用于蒸汽管网减温减压和蒸汽透平旁路控制	低于 CL600 选用分体结构,否则选用一体式结构,减温段选用多喷嘴
25	全钛阀	使用钛材质,适用于耐多种无机酸、有机酸的腐蚀	价格贵
26	旋塞阀	宜用于高黏度、浆料及强腐蚀性介质的场合	密封性差,容易磨损,用于低压和小口径

续表

序号	控制阀类型	主要优点	应用注意事项
27	两位两通(或三通)切断阀	几乎无泄漏	仅用于两位控制
28	刀形闸阀	适用于高黏度、含纤维的浆料	压差低,作切断阀用
29	自力式调节阀	不需要外部供给能源,节能	流体较清洁,控制要求不高的场合

通常，DN200及以下，一般工况下宜选用球形控制阀；DN250及以上，宜选用偏心旋转阀或蝶阀。对介质含固体颗粒或黏度较大的应用，宜选用偏心旋转阀或V形球阀。对高差压、高流速、闪蒸或气蚀造成高噪声场合，宜选用低噪声控制阀。工艺特殊要求、严酷工况、特殊介质等，选用角型、三通、隔膜、阀体分离、旋塞、波纹管密封、微小流量和深冷控制阀等特殊控制阀。压缩机防喘振控制，选用防喘振控制阀。蒸汽管网的减温减压控制和蒸汽透平旁路控制等场合，选用蒸汽减温减压器。

有可靠仪表空气系统时，首选气动控制阀；无仪表空气系统但有负荷分级为一级负荷的电力电源系统时，宜选用电动控制阀；当工艺过程、机组有特殊要求时，可选用电液控制阀。

工艺有特殊要求外，控制阀允许泄漏等级应选择GB/T 4213或ANSI/FCI 70-2—2013标准规定的Ⅳ级。有紧密切断或联锁紧急切断的特殊要求时，可选用泄漏等级Ⅴ级或以上。

对防火有特殊要求时，选用符合API 607或API 6FA标准的火灾安全型控制阀。

(3) 控制阀执行机构的选用

表3-28是控制阀执行机构选用表。

表3-28 控制阀执行机构选用表

类型	气动执行机构	电动执行机构	液动执行机构
优点	·本质安全,可用于爆炸性场合; ·结构简单,应用广,价格低,可靠性高; ·应用温度范围广,维护方便	·无需外部设备供给能源,只需要电源; ·推力(力矩)大,刚度大,结构紧凑; ·响应快,具有机械自锁,安装维护方便	·推力(矩)大,可实现低速和高速运行; ·具有自润滑性和防锈性; ·快的行程速度,良好的节流能力
缺点	·需要另设置仪用压缩气源; ·推力小(活塞式推力大,价格较贵),刚度低	·电气元件故障率高,可靠性差,价格贵; ·需要防爆措施,工作环境温度影响大; ·缺少故障安全动作	·受温度影响大,易泄漏,维护安装不便; ·不适合对信号进行各种运算; ·价格贵,只能用附件实现故障安全动作

执行机构选择的一般原则是执行机构在阀全关时输出推力F（或力矩M）满足：输出推力$F \geqslant 1.1$（F_t不平衡力$+F_o$阀座压紧力）或输出推力矩$M \geqslant 1.1$（M_t不平衡力矩$+M_o$阀座压紧力矩）。执行机构输出力（或力矩）计算公式见表3-29。

表3-29 执行机构输出力（力矩）计算

执行机构	输出力(力矩)计算公式	图示
薄膜执行机构(力)	$\pm F=0.1A_c[P-(P_i+P_r)]$ F:执行机构输出力,向下为正,向上为负,N; A_c:膜片有效面积,cm^2; P:操作压力,kPa; P_i:弹簧初始压力,kPa; P_r:弹簧范围,kPa	P +F -F P

续表

执行机构	输出力(力矩)计算公式	图示
活塞执行机构(力)	$\pm F=(100\pi/4)\eta D^2 P_s(D>d_s)$ F:执行机构输出力,活塞杆伸出汽缸方向为正,进入汽缸方向为负,N; η:汽缸效率,$\eta=0.9$; D:活塞直径,cm; P_s:供气压力,MPa; d_s:推杆直径,cm	D P +F D P -F
薄膜或活塞执行机构(力矩)	$\pm M=(FL/2)\cot(\alpha/2)$ M:执行机构输出力矩,N·m; F:执行机构输出力,N; L:执行机构行程,m; α:转角	+F $\frac{\alpha}{2}$ L $\frac{\alpha}{2}$
长行程执行机构(力矩)	$M=(100\sqrt{2}/8)\pi\eta D^2 PL\cos\left(\frac{\pi}{4}-\alpha\right)$ M:输出力矩,N·m; D:活塞直径,cm; P:操作压力,MPa; L:活塞行程,m; η:汽缸效率,当$M\leqslant 1000$N·m时,$\eta=0.8$,当$M\geqslant 1600$N·m时,$\eta=0.9$	90° 45° L α 0°
电动执行机构(力矩)	$M=\frac{N}{\omega}\eta$;$N=IV\cos\phi$;$\omega=2\pi\frac{n}{60}$ M:执行机构输出力矩,N·m; N:电动机功率,W; ω:角速度; n:电动机转速,r/min; η:转动效率	

一般情况选弹簧返回气动薄膜执行机构。要求响应时间短，速度较快的开关阀可选用汽缸式执行机构，优选弹簧返回的单作用汽缸，然后选双作用汽缸。要求有较大输出力及较快响应速度时，宜选用气动活塞式执行机构或长行程执行机构。选用汽缸式执行机构时，阀门应为正作用。执行机构选型应基于阀门承受的最大差压，一般使用上游最大设计压力。对高推力、快速行程和长行程等应用，可选用电液执行机构。

阀门联锁位置和气源故障位置应一致，如果不一致，需要使用储气罐以确保联锁时位于正常位置。无论怎样，电磁阀失电（非激励）联锁：使用气锁阀，则安装在尽可能靠近执行机构的地方。与安全相关的附件，如停止阀或泄放阀，安装时不得影响阀门的故障位置。气锁的气源应与阀门一样。气锁的设定值应高于执行机构所需最小压力。控制阀如果带气锁时，应配置压力表来显示薄膜或汽缸内压力。

薄膜执行机构选择原则是薄膜执行机构结构简单，动作可靠，便于维修，应优先选用。需要非标准组配时，其输出推力应满足上述推力（或力矩）的要求，并合理匹配薄膜执行机构行程和阀内件的位移量。

活塞执行机构（含长行程执行机构）选择原则是要求执行机构输出功率较大，响应速度较快时，应选活塞执行机构。比例式活塞执行机构必须附设阀门定位器，阀芯位置能控制仪表信号正确定位。比例式活塞执行机构必要时附设专用锁住阀和堵气罐、保位阀或采取其他措施，使系统发生故障时控制阀能处于全开或全关位置，或保持某一开度，以保证生产装置处于安全状态。故障时，需要阀门处于全开或全关位置，又不增加储气罐、气动继动器等附件，可采用单汽缸活塞执行机构，否则用双汽缸活塞执行机构。单汽缸活塞执行机构内有弹簧作为返回动力，活塞大，价格贵。

电动执行机构选择原则是电动执行机构适用于没有气源或气源较困难的场合，及需要大推力、动作灵敏、信号传输迅速和远距离传送的场合。

(4) 控制阀固有流量特性的选择

控制阀固有流量特性应根据被控变量、干扰源和压降比综合考虑。首选等百分比流量特性，但在压缩机防喘振控制阀、泵最小回流量控制阀、手操器控制的控制阀、阀门定位器实现的分程控制用控制阀及液位定值控制系统的控制阀、主要干扰源式给定值的流量、温度控制系统中的控制阀，宜选用线性流量特性。两位式调节或需要迅速获得控制阀最大流通能力时，需要快开流量特性。

(5) 控制阀口径计算

详见本章最后计算部分的内容。

(6) 控制阀噪声计算和控制

详见 IEC 60543-8-3 和 IEC 60543-8-4 标准。

(7) 控制阀泄漏等级选择

详见 GB/T 4213 或 ANSI/FCI 70-2-2013 标准。

(8) 控制阀材质的选用

控制阀材料包括阀体、阀盖、阀内件（启闭件）、弹簧、填料等材料，它们之间应相互配合应用。不同阀体材料的阀门，对应的其他阀门零件的材料不同。

控制阀压力等级、阀体材质、配管连接形式及等级应符合其所安装管道的管道材质等级规定。当规定表明按 NACE 要求时，控制阀阀体及阀内件材质应符合 NACE MR0103 标准。

① 被控介质为水或液体，不发生闪蒸的场合：表 3-30 是不发生闪蒸时材质的选用。

表 3-30 水、液体不发生闪蒸时控制阀材质的选用

阀体形式		球形阀				角形阀	
流速/(m/s)	连续使用	6	7	8	9	23	6
	间断使用	9	10	11	12	28	—
材料	GB	WCB	WC6	WC9	C5	经硬化处理的文丘里阀座	阀体材质没有特定的场合
	JIS	SCPH2	SCPH21	SCPH32	SCPH61		

② 被控介质为气/液两相流，气体夹带均匀分布液体颗粒的场合：表 3-31 是气/液两相流场合阀体材质的选用。

表 3-31 气/液两相流场合阀体材质的选用

阀体形式		球形阀				角形阀
流速/(m/s)	连续使用	4.6	5	5.5	6	23
	间断使用	7.6	8	8.5	9	28
材料	GB	WCB	WC6	WC9	C5	经硬化处理的文丘里阀座
	JIS	SCPH2	SCPH21	SCPH32	SCPH61	

③ 被控介质为蒸汽/液两相流，发生闪蒸的场合：蒸汽/液两相流中气相流速和液相流速并不相同，实验测试表明，液体流速与蒸汽流速之比可达 1/1.8。因此，当液体部分的流速小于 4.6m/s 时，控制阀材质可选 WCB 或 SCPH2。流速大时宜选铬钼钢 C5。

④ 被控介质为气体、过热蒸汽和饱和蒸汽：气体可根据腐蚀性情况选用控制阀材质。过热蒸汽和饱和蒸汽可按表 3-32 选用。

表 3-32 过热蒸汽、饱和蒸汽阀体材质的选用

介质		过热蒸汽用球形阀或角阀				饱和蒸汽用球形阀或角阀			
材质	GB	WCB	WC6	WC9	C5	WCB	WC6	WC9	C5
	JIS	SCPH2	SCPH21	SCPH32	SCPH61	SCPH2	SCPH21	SCPH32	SCPH61

(9) 阀内件（阀芯、阀座和阀杆）材料的选用

阀内件（阀芯、阀座和阀杆）材料选用原则如下：

① 一般选不锈钢 316SS；要求较高时选铸奥氏体不锈钢（SUS321）或其他不锈钢。

② 腐蚀性流体应根据流体种类、浓度、温度和压力，流体所含氧化剂、流速等选择合适的耐腐蚀材料。

③ 流速大、冲刷严重时选耐磨材料，如经热处理的 9Cr18、17-4PH，具有紧固氧化层、韧质和疲劳强度大的铬钼钢、G6X 等。

④ 气蚀和冲刷严重的场合，例如出现闪蒸、气蚀和含颗粒流体的场合，需进行表面硬化处理。例如，喷涂或堆焊一层钴铬钨硬质合金的铸奥氏体不锈钢（SUS321）、表面堆焊司太立合金或整体选用硬质合金。

⑤ 对强腐蚀介质，可选镍合金、钛合金、锆合金及氟金属材质。

⑥ 考虑到流体在阀内件处的流速比在阀体部位的流速更快，因此，控制阀阀内件可采用堆焊司太立合金或整体选用硬质合金来增强其抗冲刷能力。

阀内件（阀芯、阀座和阀杆）材料与阀体的配对见 ASME B16.34 和 API 600 有关规定。

由于控制阀阀瓣和阀板是主要承压零件，所用材料应满足在规定流体工况温度和压力下的机械性能，此外，应具有良好的加工工艺性。由于阀瓣和阀板的形状复杂，因此，多数情况采用铸件，对小口径或特殊工艺要求时才选用锻件。

(10) 控制阀流向的选择

球阀、普通蝶阀对流向无要求，可选任意流向；三通阀、文丘里角阀、双密封带平衡孔套筒阀规定某一流向，不能改变其流向；单座阀、角形阀、高压阀、无平衡孔单密封套筒阀、小流量控制阀等应根据不同工作条件选择控制阀的流向：DN≤20 高压阀因静压高、压差大，气蚀冲刷严重，选流闭型；当 DN＞20 时，应选稳定性好为条件确定流向；角形阀对高黏度、含固体颗粒介质要求“自洁”性能好时选流闭型；单座阀、小流量控制阀一般选流开型，冲刷严重时选流闭型；单密封套筒阀一般选留开型，有“自洁”要求时选流闭型；两位式控制阀（单座、角形、套筒和快开特性阀）应选流闭型，出现水击、喘振时，改选流开型；当选流闭型，且 DS（阀杆直径）＜D（阀座直径）时，阀的稳定性差，应注意最小工作开度应在 20%以上，选刚度大的弹簧及选等百分比流量特性。

控制阀流量特性的选择见计算控制阀流量系数的有关内容。其他选用部分见仪表选型规范。

(11) 变频器的选型

① 能源系统的要求。2022 年我国国家发展改革委、国家能源局颁布《“十四五”现代

能源体系规划》（以下简称《规划》）。《规划》指出能源是人类文明进步的重要物质基础和动力，攸关国计民生和国家安全。《规划》阐明我国能源发展方针、主要目标和任务举措，是“十四五”时期加快构建现代能源体系、推动能源高质量发展的总体蓝图和行动纲领。

a. 发展环境与形势。

• 全球能源体系深刻变革。能源结构低碳化转型加速推进；能源系统多元化迭代蓬勃演进；能源产业智能化升级进程加快；能源供需多极化格局深入演变。

• 我国步入构建现代能源体系的新阶段。能源安全保障进入关键攻坚期；能源低碳转型进入重要窗口期；现代能源产业进入创新升级期；能源普遍服务进入巩固提升期。

b. 基本原则和主要目标。

• 保障安全，绿色低碳。坚持走生态优先、绿色低碳的发展道路，加快调整能源结构，协同推进能源供给保障与低碳转型。

• 创新驱动，智能高效。把创新作为引领发展的第一动力，着力增强能源科技创新能力，加快能源产业数字化和智能化升级，推动质量变革、效率变革、动力变革，推进产业链现代化。

• 深化改革，扩大开放。充分发挥市场在资源配置中的决定性作用，更好发挥政府作用，破除制约能源高质量发展的体制机制障碍，坚持实施更大范围、更宽领域、更深层次的对外开放，开拓能源国际合作新局面。

• 民生优先，共享发展。坚持以人民为中心的发展思想，持续提升能源普遍服务水平，强化民生领域能源需求保障，推动能源发展成果更多更好惠及广大人民群众，为实现人民对美好生活的向往提供坚强能源保障。

c. 加快推动能源绿色低碳转型。

• 加快发展风电、太阳能发电；因地制宜开发水电；积极安全有序发展核电；因地制宜发展其他可再生能源。

• 增强能源供应链稳定性和安全性。增强油气供应能力；加强安全战略技术储备；加强煤炭安全托底保障和发挥煤电支撑性调节性作用；提升天然气储备和调节能力；维护能源基础设施安全；加强应急安全管控。

• 坚持全国一盘棋，科学有序推进实现碳达峰、碳中和目标，不断提升绿色发展能力。

• 推动构建新型电力系统。推动电力系统向适应大规模高比例新能源方向演进；创新电网结构形态和运行模式；增强电源协调优化运行能力；加快新型储能技术规模化应用；大力提升电力负荷弹性。

• 减少能源产业碳足迹。推进化石能源开发生产环节碳减排；促进能源加工储运环节提效降碳；推动能源产业和生态治理协同发展。

d. 更大力度强化节能降碳。

完善能耗“双控”与碳排放控制制度；大力推动煤炭清洁高效利用；实施重点行业领域节能降碳行动；提升终端用能低碳化电气化水平；实施绿色低碳全民行动。

② 变频调速控制系统的要求。能源系统解决能源的供应侧有关措施和方法，而变频器技术是解决能源的电气化问题。

2011 年我国变频调速设备标准化技术委员会（SAC/TC60/SC1）成立以来，先后颁布了等同于 IEC/TC 22/SC 22 及其分会的有关标准 IEC 61800 系列标准，即 GB/T 12668 系列标准。随交流调速理论、电力电子技术不断成熟和发展，交流调速系统不仅在控制性能、效率和可靠性等方面取得很大提升，而且，因为交流调速系统克服了直流调速系统中机械换向器的缺点，目前是电气设备调速传动系统的主要配置。

GB/T 12668 系列标准分 9 部分。

• GB/T 12668. 1—2002《调速电气传动系统第 1 部分：一般要求低压直流调速电气传动系统的额定值的规定》规定直流电气传动系统的额定值，给出变流器特性及其与整个直流传动系统的关系。

• GB/T 12668. 2—2015《调速电气传动系统第 2 部分：一般要求低压交流变频电气传动系统额定值的规定》适用于交流电源 1kV 以下、50Hz 或 60Hz、负荷侧频率达 600Hz 的电气传动系统（PDS），给出变流器特性及其与整个交流传动系统的关系。

• GB/T 12668. 3—2012《调速电气传动系统第 3 部分：电磁兼容性要求及其特定的试验方法》规定 PDS 的电磁兼容性（EMC）要求，根据预期用途对变频调速系统进行分类。

• GB/T 12668. 4—2006《调速电气传动系统第 4 部分：一般要求交流电压 1kV 以上，但不超过 35kV 的交流电气传动系统额定值的规定》，它适用于包括功率转换、控制设备和电动机的交流电压 1kV 以上，但不超过 35kV 的交流电气传动系统额定值的规定；给出它们的变流器基本特性、拓扑结构及其与整个交流电气传动系统的关系；说明变流器输入、输出额定值、正常环境的使用条件、过载能力、浪涌、系统稳定性、保护功能、交流线路接地、拓扑和试验等性能要求等。

• GB/T 12668. 5 分为 GB/T 12668. 501—2013《调速电气传动系统第 5-1 部分：安全要求电气、热和能量》和 GB/T 12668. 502—2013《调速电气传动系统第 5-2 部分：安全要求功能》等两部分。第 5-1 部分介绍调速电气传动系统的有关设计、安装时的安全等。第 5-2 部分侧重于功能的安全

• GB/T 12668. 6—2011《调速电气传动系统第 6 部分：确定负载工作制类型和相应电流额定值的导则》规定调速电气传动系统 PDS、其基本控制块 BDM 的额定值提供可供选择的方法。

• GB/T 12668. 7 分为 GB/T 12668. 701—2012《调速电气传动系统第 7-1 部分：电气传动系统的通用接口和使用规范接口定义》、GB/T 12668. 7201—2019《调速电气传动系统第 7-201 部分：电气传动系统的通用接口和使用规范》和 12668. 7301 为《调速电气传动系统第 7-301 部分：电气传动系统的通用接口和使用规范Ⅰ型规范对应至网络技术》等三部分描述控制系统与电气传动系统之间的一种通用接口等。IEC 分别在 2015 年和 2016 年颁布了 IEC 61800-7-202～204，IEC 61800-7-302～304 等，可参考有关资料。国家标准正在制定中。

• GB/T 12668. 8—2017《调速电气传动系统第 8 部分：电源接口的电压规范》确定 PDS 功率接口电压的方法。

• GB/T 12668. 9《调速电气传动系统第 9 部分：电气传动系统、电机起动器、电力电子设备及其传动应用的生态设计》分为三个子部分。GB/T 12668. 901—2021《调速电气传动系统第 9-1 部分：电气传动系统、电机起动器、电力电子设备及其传动应用的生态设计采用扩展产品法 EPA 和半解析模型 SAM 制定电气传动设备能效标准的一般要求》、GB/T 12668. 902—2021《调速电气传动系统第 9-2 部分：电气传动系统、电机起动器、电力电子设备及其传动应用的生态设计电气传动系统和电机起动器的能效指标》和正在制订中的 GB/T12668. 903《调速电气传动系统第 9-3 部分：电气传动系统、电机起动器、电力电子设备及其传动应用的生态设计利用生态平衡实现的定量环保设计方法》。

目前，IEC 61800-2 和 IEC 61800-4 拟合并，以适应高低压交流传动系统的统一。

根据 2022 年颁布的《中国调速电动机行业调研分析及发展趋势预测研究报告（2023～2028 版）》，高效节能技术和装备将是重要一环。目前我国工业用电是社会用电主要构成部分，而电机能耗在工业用电中占据主要地位，因此未来电机节能潜力巨大。提高电机运行效

率主要可通过两个途径：一是通过变频器调速，改善交流电机的运行效率；二是使用高效电机。

根据统计，我国的电力消耗中，约 66%为动力电，电动机的装机容量中，有一半数量的高压电动机，其中，没有采用变频调速拖动的负载是风机和泵类设备。风机和泵类设备的年耗电量约为总耗电量的 80%。近年来，随着变频技术和控制技术的发展，变频器在风机和泵类设备上的应用也从单纯的以节能为目的，发展到以提高产品产量、质量、实现生产过程自动化及环境保护等为目的，应用领域不断扩大。

变频调速控制系统的发展趋势是：主控一体化、变频器和电机的整体化；变频控制的高性能化；变频控制系统的全数字化；变频器的环保化及变频器的人工智能化。

为此，一些变频器制造商开发了控制方案的比较软件，用于比较泵类设备的节能效果。下面是 ABB 公司的 PumpSave 软件介绍。

图 3-9 所示是输入数据的画面。输入有关流体输送系统的流体密度、静压头，泵的标称体积流量、标称压头、最大压头、泵效率、现有的控制方案（包括节流控制、开关控制和其他液压控制，例如涡流磁耦合驱动等），电动机的额定功率、供电电压、电动机效率。

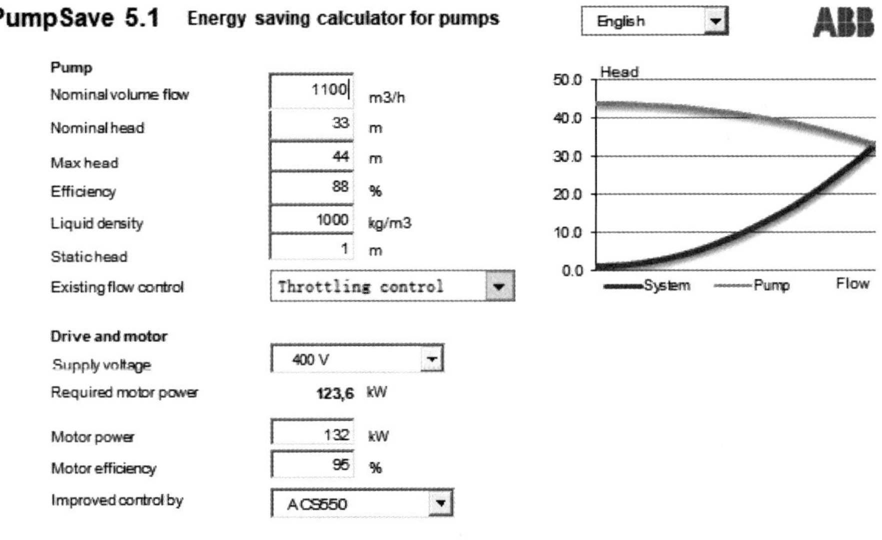

图 3-9 输入数据的画面

图 3-10 显示输入的操作数据：年运转时间、不同流率下的运转时间（用百分数表示）；经济数据：采用的货币（约定为欧元）、能源价格、投资费用、利率、使用寿命。

图 3-11 是选用结果的画面。包括现有控制方案和采用变频调速控制方案的比较（每年的能源消耗及变频调速可节省的能量）；由于节能而减少的二氧化碳排放量；能源和环境：能耗图、节能百分数、全年能耗（kW·h）、全年节能（kW·h）、全年降低碳排放（kg）；经济数据：全年节省的费用、回收期、净现价。

③ 变频器选型注意事项。变频器选型属于电气专业设计内容。但实际应用中需要考虑两个问题。

a. 原用控制阀控制出口流量的方案与用变频器改变转速的方案的区别。

- 采用控制阀或挡板控制流量的控制方案中，被控对象的输入变量（即操纵变量）是流量，被控对象的输出变量（被控变量）是流量，因此，被控对象是 1∶1 的比例环节。
- 其控制器的正、反作用也因不同控制方案而不同。例如，直接节流控制方案中，从安

ACS550-01-246A-4

Flow profile

Annual running time 8760 h

DEFAULT

Flow	%		h	
100 %:	5	% =	438	h
90 %:	10	% =	876	h
80 %:	15	% =	1314	h
70 %:	20	% =	1752	h
60 %:	20	% =	1752	h
50 %:	15	% =	1314	h
40 %:	10	% =	876	h
30 %:	5	% =	438	h
20 %:	0	% =	0	h
Som	100	%	8760	h

0　10　20　30

Economic data

Currency unit	€	
Energy price	0.1	€/kWh
Investment cost	7000	€
CO2 emission	0,5	kg/kWh

图 3-10　配置数据的画面

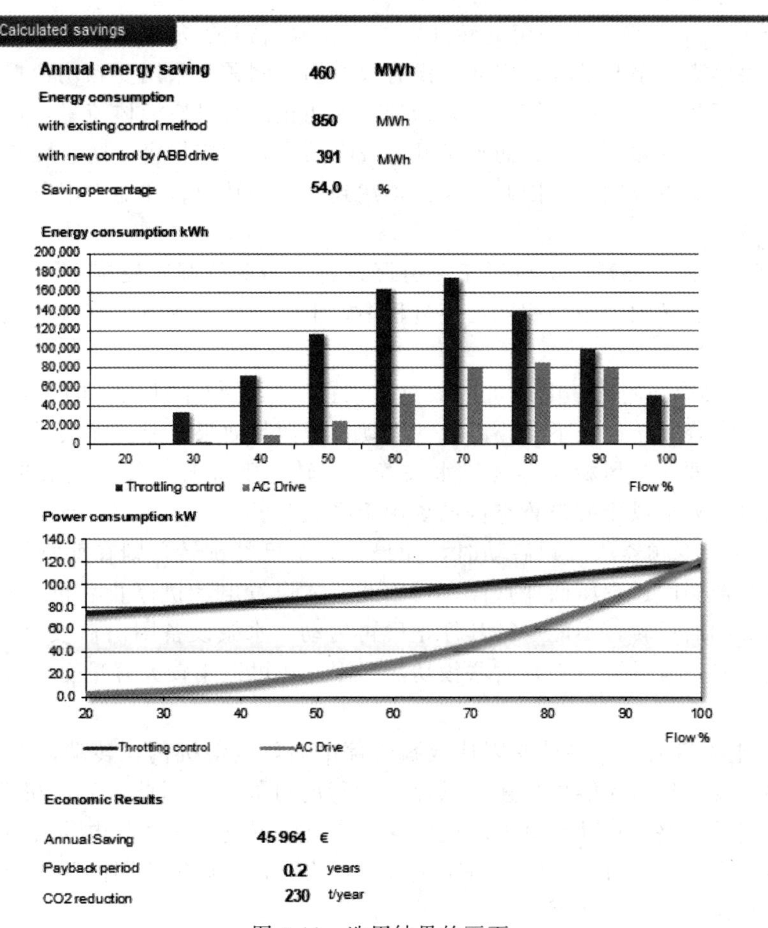

图 3-11　选用结果的画面

全考虑，控制阀选用气开型（该环节增益为正），被控对象增益为1（正），因此，选用反作用控制器（增益为正）。采用旁路控制方案时，控制阀仍选气开型，但被控对象增益为负（控制阀开度增加，流量减少），因此，需选正作用控制器（增益为负）。

• 改用变频调速控制系统实现流量控制时，流量控制系统的执行器是变频器，因此，被控对象的输入变量是变频器输出频率，被控对象的输出变量是流量，其输出频率与转速成正比，转速与流量成正比，因此，被控对象是比例环节，但比例增益不为1。

• 改造项目中，采用节流控制方案时，原控制器的正反作用要更改。即原控制器采用正作用，需改为反作用。其他控制方案中控制器仍采用反作用。

• 采用变频器实施控制时应考虑泵和风机的GD2（电机力矩）。通常，泵的GD2较小，是驱动电动机GD2的0.2～0.8，风机的GD2是驱动电动机GD2的0.1～0.5倍。因此，在流量控制系统设计时应考虑加、减速时间的设置。

• 对二次方转矩负载，转矩与转速的平方成正比。但静态启动瞬间，因轴承静摩擦转矩大，因此，原采用泵出口设置控制阀或风机出口设置挡板的应用场合，关闭控制阀和挡板所需转矩减小，为此，设置先关出口阀和挡板，然后启动泵和风机，启动后再打开出口阀和挡板的联锁系统。改用变频器控制流量时，对泵的启动频率通常有一个泵升扬程，因此，启动时应设置延时联锁。对风机类设备，通常要考虑外部风对其影响，造成反转，因此，变频器应选用较大容量，以适应反转状态启动的大冲击电流。

b. 变频器实施流量控制系统时的注意事项。

• 泵升扬程。泵必须达到一定的转速，才能克服所需的扬程而供应液体。在工频运行时，泵的扬程足够克服泵升扬程，因此，没有泵升扬程问题。采用变频调速控制时，变频器应设置最低输出频率，以提供足够的泵升扬程。为防止没有供应液体流量，可设置流量开关用于检测流量，一旦变频器运行，而流量开关没有信号，则应报警，防止因转速过低造成温度升高、泵体损坏等事故发生。因此，泵必须达到一定的转速，才能克服所需的扬程而供应液体。

• 为提高运行的可靠性，应设置工频旁路运行。当变频调速控制系统故障时能切换到工频运行。需注意变频到工频的相互切换过程中，不应出现工频电压直接与变频器输出侧接通，造成变频器损坏。

• 电动机散热冷却问题。电动机的散热是根据工频运行条件设计的。当电动机在变频运行时，随频率下降其转速也下降，因此，电动机的散热效果变差。尤其是对具有恒转矩特性的设备，例如，罗茨鼓风机、螺旋式水泵等，当转速下降时，其散热效果降低明显，因此，必要时需设置外部风冷或设置空调系统用于降温。

• 启动延时。变频器从低频启动时，如果电动机已经旋转，则在变频供电或进入再生制动状态，变频器会因过电压而保护停车，因此，需设置电动机停止后再启动的联锁功能。风机因外部风影响而反转，不能等待其停止后再启动，水泵设备因出口液流的回落而反转，这些场合再启动时，应设置启动延时联锁功能。因此，可选用较大容量变频器，设置出口止回阀等。

• 瞬时停电再启动。因多种原因造成瞬时停电后，电动机仍在转动，而变频器输出频率与电动机转速要一致时才能再加速，以保证运行的可靠性。因此，对风机等大惯性负载，可设置瞬停再启动电路，自动检测电动机转速，等变频器输出频率与电动机转速一致时才加速。水泵等设备在瞬停后再启动时，有水锤效应，为此，可设置止回阀和缓冲罐或缓闭单向阀，设置先关出口再启动，然后开出口阀的联锁系统。

• 一变多定。供水控制系统中，常采用一台变频器控制多台电动机的控制方案。当供水流量在一台泵的供应量范围内时，用变频器控制该泵供水。当供水量不足时，该泵切换到工频运行，变频器控制第二台泵变频运行，以适应用户用水量需要。当第二台水泵达到变频器输出频率上限时，该泵切换到工频运行，变频器控制第三台泵变频运行，以此类推。这种控制方案结构简单，经济性好。但有研究表明，采用每台泵配置变频器的控制方案，通过最优化控制可获得最佳开泵组合和调速比，它具有对电动机的冲击小、前期投资较大、节能效果明显、投资回报率高等特点。

• 信号的波动和滤波。流量信号存在波动，为此，可在变频器设置滤波时间常数，对测量信号滤波。

3.2.10 显示、控制仪表的选型

随着计算机控制装置的广泛应用，共享显示和共享控制功能的 DCS、PLC 等系统已经广泛获得共识。因此，常规显示和控制仪表已经极少应用，智能数字显示和控制仪表已经代替常规显示和控制仪表。

就地显示和控制仪表通常是随成套设备引进而出现在工程项目中，通常以仪表箱的形式出现。部分需要操作员进行开停车及紧急事故处理的现场开关、按钮通常被设计成就地仪表箱形式。

DCS、PLC 中的共享显示和共享控制等功能在 DCS 和 PLC 系统设计时讨论。

由于现场不设置就地仪表盘，报警仪表也被设计为报警灯及报警声响装置。

3.2.11 仪表选型的注意事项

仪表选型的注意事项如下：

① 重视设计前的调研工作。了解类似工程项目中仪表的选型，结合过去类似情况下的设计经验，了解有关关键设备选用仪表的情况、使用经验和了解其优缺点，作为本次设计中仪表选型的依据。

② 杜绝仪表制造厂商的行贿，杜绝建设单位采购人员因受贿而要求更改设计的要求，把好质量关。

③ 选用性价比高、具有一定先进性的名牌仪表产品。

④ 考虑经济性，选用可靠性高、安全及维护方便的仪表产品。

3.2.12 仪表数据表

根据 HG/T 20639.1—2017《化工装置自控专业工程设计用典型图表 自控专业工程设计用典型表格》规定，仪表数据表按仪表类型计有 83 种。表 3-33 是仪表数据表汇总。

表 3-33 仪表数据表汇总

表号	表格代码	表格内容
B. 1～B. 13	INST. 202-001～INST. 202-013	指示、记录类调节器、手操器、指示报警、闪光报警、数字显示仪表、可编程控制器
B. 14～B. 28	INST. 202-101～INST. 202-115	温度变送器、配电器、安全栅、报警设定器、运算器、供电箱、电源箱、UPS 装置、仪表盘、分配器等
B. 29～B. 39	INST. 202-201～INST. 202-211	流量仪表，包括节流元件、差压变送器、电磁、涡街、转子、均速管、水表、一体化流量变送器、质量流量计、超声波流量计等
B. 40～B. 51	INST. 202-301～INST. 202-312	物位仪表，包括浮筒液位变送器、浮子液位计、超声波、雷达、射频导纳、钢带、伺服、核辐射等

续表

表号	表格代码	表格内容
B. 52～B. 60	INST. 202-401～INST. 202-409	压力仪表，包括压力表、隔膜、带电接点、压力变送器、压力指示调节仪、双波纹管差压计、压力开关、绝对压力变送器、差压变送器(压力)等
B. 61～B. 68	INST. 202-501～INST. 202-508	温度检测和变送仪表，包括热电阻、热电偶、一体化温度变送器、温度计外套管、温度指示调节仪等
B. 69～B. 71	INST. 202-601～INST. 202-603	成分分析仪表，包括 pH 分析器、自动分析器、可燃/有毒气体检测报警器等
B. 72～B. 78	INST. 202-701～INST. 202-707	控制阀，包括气动、电动控制阀、自力式调节阀、电磁阀、先导电磁阀、电动切断阀等
B. 79～B. 83	INST. 202-901～INST. 202-905	其他检测仪表，包括转换器、称重仪、接近开关、转速开关及空白表格等

仪表数据表分三部分。最上面部分是表头，主要内容是设计单位名称、仪表数据表的类别、本项目名称、分项目名称、图号、项目号和设计阶段及图纸的页数等。中间部分的内容是仪表规格部分，对不同类型仪表是不同的，主要是操作条件和仪表规格等。最下面部分是表尾，是设计版次、说明、及设计、校核、审核人员的签名和日期等。

表 3-34 是仪表数据表的表头。表 3-35 是仪表数据表的表尾。扫二维码可看到仪表数据表的全部。

表 3-34　仪表数据表的表头

<table>
<tr><td rowspan="4">（设计单位）</td><td colspan="2" rowspan="3">仪表数据表
INSTRUMENT DATA SHEET
×××××
×××</td><td>项目名称
PROJECT</td><td colspan="2"></td></tr>
<tr><td>分项名称
SUBPROJECT</td><td colspan="2"></td></tr>
<tr><td>图号 DWG. NO.</td><td colspan="2"></td></tr>
<tr><td>项目号
JOB. NO.</td><td></td><td>设计阶段
STAGE</td><td></td><td>第　张共　张
SHEET　OF</td></tr>
</table>

表 3-34 中，×××××是仪表名称，例如温度变送器；×××是该仪表的英文名称，如 TEMPERATURE TRANSMITTER。表 3-35 中，上面的空行可增加，用于不同版次时的签名。

表 3-35　仪表数据表的表尾

版次	说明	设计	日期	校核	日期	审核	日期
REV.	DESCRIPTION	DESD	DATE	CHKD	DATE	APPD	DATE

(1) 温度变送器数据表

表 3-36 是温度变送器（TEMPERATURE TRANSMITTER）仪表数据表的仪表规格部分。

表 3-36 温度变送器仪表数据表的仪表规格部分

位号 TAG NO.			
用途 SERVICE			
P&ID 号 P&ID NO.			
变送器规格 TRANSMITTER SPECIFICATION			
型号 MODEL			
测量范围 MEASUREMENT RANGE			
测量元件名称 ELEMENT			
测量元件分度号 GRADUATION			
精度 ACCURACY			
外形尺寸 CASE SIZE			
安装型式 INSTALLATION TYPE			
安装盘号 INSTALLATION PANEL NO.			
防爆等级 EXPLOSION PROOF CLASS			
防护等级 ENCLOSURE PROOF CLASS			
附件 ACCESSORIES			
断路上限报警 BROKEN HIGH ALARM			
断路下限报警 BROKEN LOW ALARM			
备注 REMARKS			

(2) 热电阻

表 3-37 是热电阻（RTD）仪表数据表中的仪表规格部分。

表 3-37 热电阻仪表数据表的仪表规格部分

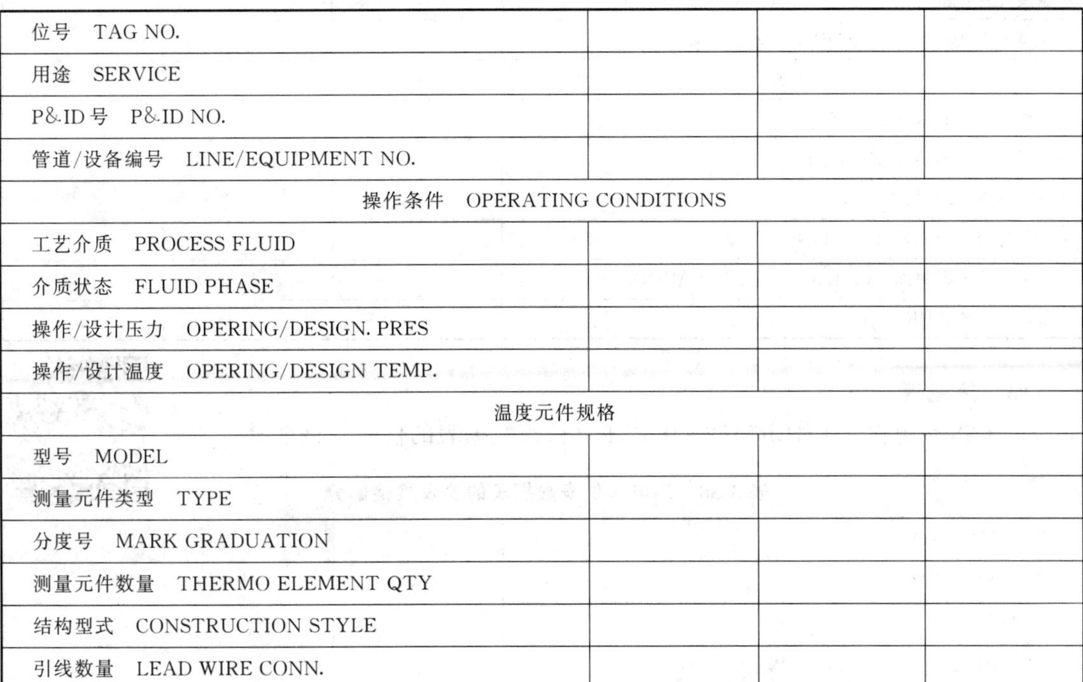

位号 TAG NO.			
用途 SERVICE			
P&ID 号 P&ID NO.			
管道/设备编号 LINE/EQUIPMENT NO.			
操作条件 OPERATING CONDITIONS			
工艺介质 PROCESS FLUID			
介质状态 FLUID PHASE			
操作/设计压力 OPERING/DESIGN. PRES			
操作/设计温度 OPERING/DESIGN TEMP.			
温度元件规格			
型号 MODEL			
测量元件类型 TYPE			
分度号 MARK GRADUATION			
测量元件数量 THERMO ELEMENT QTY			
结构型式 CONSTRUCTION STYLE			
引线数量 LEAD WIRE CONN.			

续表

温度元件规格			
铠装材质　METAL SHEATH MATL.			
铠装外径　METAL SHEATH DIAMETER			
铠装长度　SHEATH LENGTH			
精度　ACCURACY			
安装固定方式　MOUNTING STYLE			
连接螺纹规格　THREAD SIZE			
法兰标准　FLANGE STD.			
法兰材质　FLANGE MATL.			
法兰等级　FLANGE RATING			
法兰尺寸及密封面　FLANGE SIZE & FACING			
电气接口尺寸　ELEC. CONN. SIZE			
防爆等级　EXPLOSION PROOF CLASS			
防护等级　ENCLOSURE PROOF CLASS			
温度元件套管规格　THERMOWELL SPECIFICATION			
型号　MODEL			
结构型式　CONSTRUCTION TYPE			
套管材质　WELL MATL.			
套管外形　SHANK STYLE			
套管外径　WELL DIAMETER			
套管开孔直径　BORE DIAMETER			
套管连接头长度　CONN. LENGTH"*T*"			
套管插入长度　WELL INSERTION LENGTH			
温度元件连接方式　TEMP. ELE. CONN. STYLE			
温度元件连接尺寸　TEMP. ELE. CONN. SIZE			
工艺连接方式　PROCESS CONN. STYLE			
螺纹规格　THREAD SIZE			
法兰材质　FLANGE MATL.			
法兰标准　FLANGE STD.			
法兰等级　FLANGE RATING			
法兰尺寸及密封圈　FLANGE SIZE & FACING			
备注　REMARKS			

(3) 热电偶

表 3-38 热电偶（THERMOCOUPLE）仪表数据表的仪表规格部分。

表 3-38　热电偶仪表数据表的仪表规格部分

位号　TAG NO.			
用途　SERVICE			
P&ID 号　P&ID NO.			
管道/设备编号　LINE/EQUIPMENT NO.			

续表

操作条件　OPERATING CONDITIONS			
工艺介质　PROCESS FLUID			
介质状态　FLUID PHASE			
操作/设计压力　OPERING/DESIGN. PRES			
操作/设计温度　OPERING/DESIGN TEMP.			
温度元件规格			
型号　MODEL			
测量元件类型　TYPE			
分度号　MARK GRADUATION			
测量元件数量　THERMO ELEMENT QTY			
结构型式　CONSTRUCTION STYLE			
测量端型式			
铠装材质　METAL SHEATH MATL.			
铠装外径　METAL SHEATH DIAMETER			
精度　ACCURACY			
安装固定方式　MOUNTING STYLE			
连接螺纹规格　THREAD SIZE			
法兰标准　FLANGE STD.			
法兰材质　FLANGE MATL.			
法兰等级　FLANGE RATING			
法兰尺寸及密封面　FLANGE SIZE & FACING			
电气接口尺寸　ELEC. CONN. SIZE			
防爆等级　EXPLOSION PROOF CLASS			
防护等级　ENCLOSURE PROOF CLASS			
温度元件套管规格　THERMOWELL SPECIFICATION			
型号　MODEL			
结构型式　CONSTRUCTION TYPE			
套管材质　WELL MATL.			
套管外形　SHANK STYLE			
套管外径　WELL DIAMETER			
套管开孔直径　BORE DIAMETER			
套管连接头长度　CONN. LENGTH“*T*”			
套管插入长度　WELL INSERTION LENGTH			
温度元件连接方式　TEMP. ELE. CONN. STYLE			
温度元件连接尺寸　TEMP. ELE. CONN. SIZE			
工艺连接方式　PROCESS CONN. STYLE			
螺纹规格　THREAD SIZE			
法兰材质　FLANGE MATL.			

续表

温度元件套管规格　THERMOWELL SPECIFICATION			
法兰标准　FLANGE STD.			
法兰等级　FLANGE RATING			
法兰尺寸及密封圈　FLANGE SIZE & FACING			
备注　REMARKS			

(4) 节流元件仪表数据表

表 3-39 是节流元件（PRIMARY ELEMENT）仪表数据表的仪表规格部分。

表 3-39　节流元件仪表数据表的仪表规格部分

<table>
<tr><td colspan="3">位号　TAG NO.</td><td></td><td></td><td></td></tr>
<tr><td colspan="3">用途　SERVICE</td><td></td><td></td><td></td></tr>
<tr><td colspan="3">P&ID 号　P&ID NO.</td><td></td><td></td><td></td></tr>
<tr><td colspan="3">管道编号　LINE NO.</td><td></td><td></td><td></td></tr>
<tr><td colspan="3">管道材质　PIPE MATERIAL</td><td></td><td></td><td></td></tr>
<tr><td colspan="3">管道规格　PIPE SPEC.</td><td></td><td></td><td></td></tr>
<tr><td colspan="6">操作条件　OPERATING CONDITIONS</td></tr>
<tr><td colspan="3">工艺介质　PROCESS FLUID</td><td></td><td></td><td></td></tr>
<tr><td colspan="3">操作/设计压力　OPERING/DESIGN. PRES</td><td></td><td></td><td></td></tr>
<tr><td colspan="3">操作/设计温度　OPERING/DESIGN TEMP.</td><td></td><td></td><td></td></tr>
<tr><td rowspan="3">流量
FLOW</td><td>□ 气体 GAS Nm/h</td><td>最大 MAX.</td><td></td><td></td><td></td></tr>
<tr><td>□ 蒸汽 VAPOR kg/h</td><td>正常 NOR.</td><td></td><td></td><td></td></tr>
<tr><td>□ 液体 LIQUID m/h</td><td>最小 MIN.</td><td></td><td></td><td></td></tr>
<tr><td colspan="3">标准密度　STANDARD DENSITY</td><td></td><td></td><td></td></tr>
<tr><td colspan="3">操作密度　DENSITY AT OPERATING</td><td></td><td></td><td></td></tr>
<tr><td colspan="3">相对分子量　RELATIVE MOLECULAR MASS</td><td></td><td></td><td></td></tr>
<tr><td colspan="3">比热比　SPECIFIC HEAT RATIO C_p/C_v</td><td></td><td></td><td></td></tr>
<tr><td colspan="3">动力黏度　DYNAMIC VISCOSITY</td><td></td><td></td><td></td></tr>
<tr><td colspan="3">相对湿度　RELATIVE HUMIDITY</td><td></td><td></td><td></td></tr>
<tr><td colspan="3">压缩系数　COMPRESS FACTOR</td><td></td><td></td><td></td></tr>
<tr><td colspan="3">允许压力损失 ALLOW. PRESS. LOSS</td><td></td><td></td><td></td></tr>
<tr><td colspan="3">基准压力　BASE PRESSURE</td><td></td><td></td><td></td></tr>
<tr><td colspan="3">基准温度　BASE TEMPERATURE</td><td></td><td></td><td></td></tr>
<tr><td colspan="6">节流元件规格　PRIMARY ELEMENT SPECIFICATION</td></tr>
<tr><td colspan="3">节流元件类型　ELEMENT. TYPE</td><td></td><td></td><td></td></tr>
<tr><td colspan="3">取压方式　TAPING TYPE</td><td></td><td></td><td></td></tr>
<tr><td colspan="3">型号　MODEL</td><td></td><td></td><td></td></tr>
<tr><td colspan="3">计算标准　CALCULATION STANDARD</td><td></td><td></td><td></td></tr>
<tr><td colspan="3">刻度流量　SCALE FLOW</td><td></td><td></td><td></td></tr>
</table>

续表

节流元件规格　PRIMARY ELEMENT SPECIFICATION			
计算最大差压　CALC. DIFF. PRESS.			
径比 $\beta(d/D)$　RATIO			
节流孔直径　BORE DIAMETER			
计算最大压力损失　CAL. MAX. PRESS. LOSS			
节流元件材料　ELEMENT MATERIAL			
放空和/或排污孔　VENT AND/OR DRAIN HOLE			
孔板厚度　PLATE THICKNESS			
法兰标准及等级　FLANGE STD. &RATING			
法兰尺寸及密封面　FLANGE SIZE&SEALING			
法兰材质　FLANGE MATERIAL			
取压短管及截止阀　NIPPLE & VALVE			
备注　REMARKS			

(5) 差压变送器

表 3-40 是差压变送器（流量）仪表数据表的仪表规格部分。其他流量计数据表见标准。

表 3-40　差压变送器（流量）仪表数据表的仪表规格部分

位号　TAG NO.			
用途　SERVICE			
P&ID 号　P&ID NO.			
管道编号　LINE NO.			
节流元件型式　THROTTLING ELEMENT TYPE			
操作条件　OPERATING CONDITIONS			
工艺介质　PROCESS FLUID			
介质状态　FLUID PHASE			
操作/设计压力　OPERATING/DESIGN PRESS.			
操作/设计温度　OPERATING/DESIGN TEMP..			
变送器规格　TRANSMITER SPECIFICATION			
型号　MODEL			
差压测量范围　D/P MEASUREMENT RANGE			
流量测量范围　FLOW MEASUREMENT RANGE			
精度　ACCURACY			
输出信号　OUTPUT SIGNAL			
电源　POWER SUPPLY			
测量原理　DETECTOR TYPE			
本体材质　BODY MATERIAL			
膜片材质　DIAPHRAGM MATL.			
排气/排液部件材质　VENT/DRAIN MATL.			

续表

变送器规格　TRANSMITER SPECIFICATION			
填充液　FILL FLUID			
过程连接方式　PROCESS CONN. STYLE			
过程连接尺寸　PROCESS CONN. SIZE			
电气接口尺寸　ELEC. CONN. SIZE			
防爆等级　EXPLOSION-0PROOF CLASS			
防护等级　ENCLOSURE PROOF			
安装形式　MOUNTING TYPE			
排气/排液部件方位　VENT/DRAIN LOCATION			
隔离密封规格　DIAPHRAGM SEAL SPECIFICATION			
型号　MODEL			
隔膜密封型式　SEAL TYPE			
膜片型式　DIAPHRAGM STYLE			
法兰标准　FLANGE STD.			
法兰尺寸　FLANGE SIZE			
法兰等级　FLANGE RATING			
法兰连接面　FLANGE FACING			
法兰材质　FLANGE MATERIAL			
上膜盒材质　UPPER HOUSING MATERIAL			
膜片材质　DIAPHRAGM MATERIAL			
填充液　FILL FLUID			
冲洗环材质及接口　FLUSHING RING MAT. & SIZE			
毛细管长度　CAPILLARY LENGTH			
毛细管材质　CAPILLARY MATERIAL			
毛细管填充液　CAPILLARY FILL FLUID			
附件规格　ACCESSORIES SPECIFICATION			
安装附件材质　MOUNTING KIT MATL.			
输出指示表　OUTPUT INDICATOR			
三阀组件材质　3-VALVES MANIFOLD MATERIAL			
备注　REMARKS			

差压变送器也可检测差压值，送 DCS 进行开方，计算流量。表 3-41 是差压变送器（压力）仪表数据表的仪表规格部分。其规格与用于流量时的规格要求不同。

表 3-41　差压变送器（压力）仪表数据表的仪表规格部分

位号　TAG NO.			
用途 SERVICE			
P&ID 号　P&ID NO.			
高压侧管道/设备编号　HP LINE/EQUIP. NO.			
低压侧管道/设备编号　LP LINE/EQUIP. NO.			

续表

操作条件 OPERATING CONDITIONS						
	高压侧	低压侧				
工艺介质 PROCESS FLUID						
介质状态 FLUID PHASE						
操作/设计压力 OPERATING/DESIGN PRESS.						
操作/设计温度 OPERATING/DESIGN TEMP..						
最大/正常差压 MAX/NORMAL DIFF. PRESSURE						
变送器规格 TRANSMITER SPECIFICATION						
型号 MODEL						
测量范围 MEASUREMENT RANGE						
精度 ACCURACY						
输出信号 OUTPUT SIGNAL						
电源 POWER SUPPLY						
测量原理 DETECTOR TYPE						
本体材质 BODY MATERIAL						
膜片材质 DIAPHRAGM MATL.						
排气/排液部件材质 VENT/DRAIN MATL.						
填充液 FILL FLUID						
过程连接方式 PROCESS CONN. STYLE						
过程连接尺寸 PROCESS CONN. SIZE						
电气接口尺寸 ELEC. CONN. SIZE						
防爆等级 EXPLOSION-0PROOF CLASS						
防护等级 ENCLOSURE PROOF						
安装形式 MOUNTING TYPE						
排气/排液部件方位 VENT/DRAIN LOCATION						
隔离密封规格 DIAPHRAGM SEAL SPECIFICATION						
型号 MODEL						
隔膜密封型式 SEAL TYPE						
膜片型式 DIAPHRAGM STYLE						
法兰标准 FLANGE STD.						
法兰尺寸 FLANGE SIZE.						
法兰等级 FLANGE RATING						
法兰连接面 FLANGE FACING						
法兰材质 FLANGE MATERIAL						
上膜盒材质 UPPER HOUSING MATERIAL						
膜片材质 DIAPHRAGM MATERIAL						
填充液 FILL FLUID						
冲洗环材质及接口 FLUSHING RING MAT. & SIZE						

续表

隔离密封规格　DIAPHRAGM SEAL SPECIFICATION			
毛细管长度/材质　CAPILLARY LENGTH/MATL.			
毛细管填充液　CAPILLARY FILL FLUID			
附件规格 ACCESSORIES SPECIFICATION			
安装附件材质　MOUNTING KIT MATL.			
输出指示表　OUTPUT INDICATOR			
三阀组材质　3-VALVES MANIFOLD MATERIAL			
备注　REMARKS			

用于液位测量的差压变送器的仪表数据表的仪表规格部分见表3-42。其内容基本与用于压力的差压变送器相同。

表 3-42　差压变送器（液位）仪表数据表的仪表规格部分

位号　TAG NO.						
用途　SERVICE						
P&ID 号　P&ID NO.						
设备编号　EQUIPMENT NO.						
操作条件　OPERATING CONDITIONS						
	高压侧	低压侧				
工艺介质　PROCESS FLUID						
操作/设计压力　OPERATING/DESIGN PRESS.						
操作/设计温度　OPERATING/DESIGN TEMP..						
操作密度　DENSITY AT OPERATING						
法兰间距　FLANGE DISTANCE						
变送器规格　TRANSMITER SPECIFICATION						
型号　MODEL						
测量范围　MEASUREMENT RANGE						
精度　ACCURACY						
输出信号　OUTPUT SIGNAL						
电源　POWER SUPPLY						
测量原理　DETECTOR TYPE						
本体材质　BODY MATERIAL						
膜片材质　DIAPHRAGM MATL.						
排气/排液部件材质　VENT/DRAIN MATL.						
填充液　FILL FLUID						
过程连接方式　PROCESS CONN. STYLE						
过程连接尺寸　PROCESS CONN. SIZE						
电气接口尺寸　ELEC. CONN. SIZE						
防爆等级　EXPLOSION-0PROOF CLASS						

续表

变送器规格　TRANSMITER SPECIFICATION			
防护等级　ENCLOSURE PROOF			
安装形式　MOUNTING TYPE			
排气/排液部件方位　VENT/DRAIN LOCATION			
隔离密封规格　DIAPHRAGM SEAL SPECIFICATION			
型号　MODEL			
隔膜密封型式　SEAL TYPE			
膜片型式　DIAPHRAGM STYLE			
法兰标准　FLANGE STD.			
法兰尺寸　FLANGE SIZE.			
法兰等级　FLANGE RATING			
法兰连接面　FLANGE FACING			
法兰材质　FLANGE MATERIAL			
上膜盒材质　UPPER HOUSING MATERIAL			
膜片材质　DIAPHRAGM MATERIAL			
填充液　FILL FLUID			
冲洗环材质及接口　FLUSHING RING MAT. & SIZE			
毛细管长度/材质　CAPILLARY LENGTH/MATL.			
毛细管填充液　CAPILLARY FILL FLUID			
附件规格　ACCESSORIES SPECIFICATION			
安装附件材质　MOUNTING KIT MATL.			
输出指示表　OUTPUT INDICATOR			
三阀组材质　3-VALVES MANIFOLD MATERIAL			
备注　REMARKS			

(6) 压力表

表 3-43 是现场压力表的仪表数据表的仪表规格部分。

表 3-43　压力表的仪表数据表的仪表规格部分

位号　TAG NO.			
用途　SERVICE			
P&ID 号　P&ID NO.			
管道/设备编号　LINE/EQUIPMENT NO.			
操作条件　OPERATING CONDITIONS			
工艺介质　PROCESS FLUID			
介质状态　FLUID PHASE			
操作/设计压力　OPERATING/DESIGN PRESS.			
操作/设计温度　OPERATING/DESIGN TEMP..			

续表

压力表规格　PRESSURE GAUGE SPECIFICATION			
型号　MODEL			
测量范围　MEASUREMENT RANGE			
测量元件型式　MEASURING ELEMENT STYLE			
结构型式　CONSTRUCTION TYPE			
表盘直径　DIAL DIAMETER			
精度　ACCURACY			
壳体材质　CASE MATERIAL			
接口材质　CONN. MATL			
测量元件材质　MEASUR. ELEMENT MATL.			
机芯材质　MOVEMENT MATERIAL			
最大工作压力　MAX. WORKING PRESSURE			
过程连接方式　PROCESS CONN. STYLE			
过程连接尺寸　PROCESS CONN. SIZE			
防护等级　ENCLOSURE PROOF			
隔离密封规格　DIAPHRAGM SEAL SPECIFICATION			
型号　MODEL			
膜片型式　DIAPHRAGM STYLE			
法兰标准　FLANGE STD.			
法兰尺寸　FLANGE SIZE.			
法兰等级　FLANGE RATING			
法兰连接面　FLANGE FACING			
法兰材质　FLANGE MATERIAL			
上膜盒材质　UPPER HOUSING MATERIAL			
膜片材质　DIAPHRAGM MATERIAL			
填充液　FILL FLUID			
冲洗环材质及接口　FLUSHING RING MAT. & SIZE			
毛细管长度　CAPILLARY LENGTH/.			
毛细管材质　CAPILLARY MATERIAL			
毛细管填充液　CAPILLARY FILL FLUID			
压力表连接规格　PRESSURE GAUGE CONN. SPEC.			
附件规格　ACCESSORIES SPECIFICATION			
散热器　COOLING TOWER			
散热器材质　COOLING TOWER MATL.			
散热器连接规格　COOLING TOWER CONN. SIZE			
过压保护器　OVERPRESSURE PROTECTOR			
过压保护器材质　O/P PROTECTOR MATL.			
过压保护器连接规格　O/P PRO. CONN. SIZE			
备注 REMARKS			

(7) 双金属温度计

表 3-44 是现场双金属温度计的仪表数据表的仪表规格部分。

表 3-44　双金属温度计的仪表数据表的仪表规格部分

位号　TAG NO.			
用途　SERVICE			
P&ID 号　P&ID NO.			
管道/设备编号　LINE/EQUIPMENT NO.			
操作条件　OPERATING CONDITIONS			
工艺介质　PROCESS FLUID			
介质状态　FLUID PHASE			
操作/设计压力　OPERATING/DESIGN PRESS.			
操作/设计温度　OPERATING/DESIGN TEMP. .			
压力表规格　PRESSURE GAUGE SPECIFICATION			
型号　MODEL			
刻度范围　MEASUREMENT RANGE			
表头直径　DIAL SIZE			
结构型式　CONSTRUCTION TYPE			
探针材质　STEM MATL.			
探针外径　STEM DIAMETER			
探针长度　STEM LENGTH			
精度等级　ACCURACY CLASS			
外壳材质　CASE MATL.			
安装固定方式　MOUNTING STYLE			
连接螺纹规格　THREAD SIZE			
法兰标准　FLANGE STD.			
法兰材质　FLANGE MATL.			
法兰等级　FLANGE RATING			
法兰尺寸及密封面　FLANGE SIZE & FACING			
防护等级　ENCLOSURE PROOF CLASS			
温度元件套管规格　THERMOWELL SPECIFICATION			
型号　MODEL			
结构型式　CONSTRUCTION TYPE			
套管材质　WELL MATL.			
套管外形　SHANK STYLE			
套管外径　WELL DIAMETER			
套管开孔直径　BORE DIAMETER			
套管连接头长度　CONN. LENGTH“*T*”			
套管插入长度　WELL INSERTION LENGTH			

续表

温度元件套管规格　THERMOWELL SPECIFICATION			
温度元件连接方式　TEMP. ELE. CONN. STYLE			
温度元件连接尺寸　TEMP. ELE. CONN. SIZE			
工艺连接方式　PROCESS CONN. STYLE			
螺纹规格　THREAD SIZE			
法兰材质　FLANGE MATL.			
法兰标准　FLANGE STD.			
法兰等级　FLANGE RATING			
法兰尺寸及密封圈　FLANGE SIZE & FACING			
备注 REMARKS			

(8) 气动控制阀

表 3-45 是气动控制阀的仪表数据表的仪表规格部分。

表 3-45　气动控制阀的仪表数据表的仪表规格部分

位号　TAG NO.		操作条件　OPERATING CONDITIONS	
用途　SERVICE		相对分子质量　RELATIVE MOLECULAR MASS	
P&ID 号　P&ID NO.			
阀前管道编号　UPSTREAM LINE NO.		最大噪声声平　MAX. NOISE LEVEL	
阀前管道材质　UPSTREAM PIPE MATL.		空气故障时阀位置　V/V POSITION AT AIR FAIL	
阀前管道规格　UPSTREAM PIPE SPEC.			
阀前管道标准　UPSTREAM PIPE STD.		联锁时间位置　V/V POSITION AT INTERLOCK	
阀后管道编号　DOWNSTREAM LINE NO.			
阀后管道材质　DOWNSTREAM PIPE MATL.		阀体/阀内件规格　BODY/TRIM SPECIFICATION	
阀后管道规格　DOWNSTREAM PIPE SPEC.		阀型号　VALVE MODEL	
阀后管道标准　DOWNSTREAM PIPE STD.		阀型式　VALVE TYPE	
操作条件　OPERATING CONDITIONS		上阀盖型式　BONNET STYLE	
工艺介质　PROCESS FLUID		公称通径　NOMINAL DIAMETER	
入口介质状态　INLET PHASE TYPE		阀芯型式　CLOSEURE MEMBER TYPE	
入口操作温度　INLET OPER. TEMP.		阀内件型式　TRIM STYLE	
入口压力　INLET PRESS.		导向　GUIDES	
出口压力　OUTLET PRESS.		阀口直径　PORT DIAMETER	
压差　DIFF. PRESSURE Δp		固有流量特性　INHERENT CHARACTERISTIC	
最大关闭压差　MAX. SHUT-OFF D/p			
最大流量　MAX. FLOWRATE		流向　FLOW DIRECTION	
正常流量　NOR. FLOWRATE		阀体/上阀盖材质　BODY/BONNET MATL.	
最小流量　MIN. FLOWRATE		阀芯材质　CLOSURE MEMBER MATL.	
操作密度　OPER. DENSITY		阀座材质　SEAT MATL.	
标准密度　STAND. DENSITY		填料材质　PACKING MATL.	

续表

阀体/阀内件规格 BODY/TRIM SPECIFICATION		附件规格 ACCESSORIES SPECIFICATION	
硬化表面 HARD FACING CLOSURE/SEAT		阀位开关规格 POSITION SWITCH SPEC.	
泄漏等级 LEAKAGE CLASS		阀位开关位置 POS. S/W LOCATION	
阀体压力等级 BODY RATING		阀位变送器 POSITION TRANSMITTER	
计算 C_V CAL. C_V(MAX. /NOR. /MIN.)		阀位变送器信号 POSITION XMTR SIGNAL	
选择 C_V RATED C_V		阀位开关/变送器防爆等级 EX-PROOF CLASS	
阀门开度 VALVE TRAVEL			
计算噪声声平 CAL. NOISE(MAX. /NOR. /MIN.)		阀位开关/变送器防护等级 EN-PROOF CLASS	
连接面型式 END CONN. STYLE		过滤减压阀 AIR SET	
法兰密封面 FLANGE FACING		电磁阀数量 SOLENOID VALVE QTY	
连接面尺寸 CONN. NOMINAL SIZE		电磁阀规格 SOLENOID VALVE SPEC.	
连接面压力等级 CONN. RATING		电磁阀功耗水平 SOLENOID POWER CON.	
执行机构规格 ACTUATOR SPECIFICATION		电磁阀失电调节阀状态 SOV DE-ENER.	
型号 MODEL		电磁阀防爆等级 EX-PROOF CLASS	
型式 TYPE		电磁阀防护等级 EN-PROOF CLASS	
作用型式 ACTION		联锁动作时间 INTK TRAVEL TIME	
弹簧范围 BENCH SET		储气罐 VOLUME TANK	
供气压力 IR SUPPLY PRESSURE		夹套 JACKET	
手轮 HANDWHEEL		夹套介质 JACKET FLUID	
定位器规格 POSITIONER SPECIFICATION		备注 REMARKS	
型式 TYPE		下列数据在需要时填写:FILL THE FOLLOWING DATA WHEN NECESSARY	
型号 MODEL			
输入信号 INPUT SIGNAL		设计压力 DESIGN PRESS.	
气源压力 AIR SUPPLY PRESSURE		设计温度 DESIGN TEMP.	
电气接口尺寸 ELEC. CONN. SIZE		压缩系数 COMPRESS FACTOR	
气源接口尺寸 AIR SUPPLY CONN. SIZE		比热比 SPEC. HEAT REATIO C_p/C_v	
压力表 PRESSURE GAUGE		动力黏度 DYNAMIC VISCOSITY	
防爆等级 EX-PROOF CLASS		饱和蒸汽压 VAPOR PRESSURE	
防护等级 EN-PROOF CLASS		临界压力 CRITICAL PRESSURE	

(9) 安全栅

安全栅分单通道和双通道两种。表 3-46 是双通道安全栅仪表数据表的仪表规格部分。

表 3-46 安全栅（双通道）仪表数据表的仪表规格部分

<table>
<tr><td rowspan="2">序号
No.</td><td rowspan="2">位号
TAG No.</td><td colspan="2">输入安全栅 INPUT S/B</td><td colspan="2">输出安全栅 OUTPUT S/B</td><td rowspan="2">安装盘柜号
PANEL No.</td><td rowspan="2">备注
REMARKS</td></tr>
<tr><td>输入信号
INPUT</td><td>输出信号
OUTPUT</td><td>输入信号
INPUT</td><td>输出信号
OUTPUT</td></tr>
<tr><td rowspan="2"></td><td></td><td></td><td></td><td></td><td></td><td></td><td></td></tr>
<tr><td></td><td></td><td></td><td></td><td></td><td></td><td></td></tr>
<tr><td rowspan="2"></td><td></td><td></td><td></td><td></td><td></td><td></td><td></td></tr>
<tr><td></td><td></td><td></td><td></td><td></td><td></td><td></td></tr>
<tr><td rowspan="2"></td><td></td><td></td><td></td><td></td><td></td><td></td><td></td></tr>
<tr><td></td><td></td><td></td><td></td><td></td><td></td><td></td></tr>
<tr><td rowspan="2"></td><td></td><td></td><td></td><td></td><td></td><td></td><td></td></tr>
<tr><td></td><td></td><td></td><td></td><td></td><td></td><td></td></tr>
<tr><td rowspan="2"></td><td></td><td></td><td></td><td></td><td></td><td></td><td></td></tr>
<tr><td></td><td></td><td></td><td></td><td></td><td></td><td></td></tr>
<tr><td colspan="8">压力表规格 PRESSURE GAUGE SPECIFICATION</td></tr>
<tr><td colspan="4">型号 MODEL</td><td colspan="4"></td></tr>
<tr><td colspan="4">隔离型式 ISOLATING STYLE</td><td colspan="4"></td></tr>
<tr><td colspan="4">检测端精度 DETECTION END ACCURACY</td><td colspan="4"></td></tr>
<tr><td colspan="4">操作端精度 OPERATION END ACCURACY</td><td colspan="4"></td></tr>
<tr><td colspan="4">检测端负载电阻 DETECTION END LOAD RESISTANCE</td><td colspan="4"></td></tr>
<tr><td colspan="4">操作端负载 OPER. END LOAD RESISTANCE</td><td colspan="4"></td></tr>
<tr><td colspan="4">电源 POWER SUPPLY</td><td colspan="4"></td></tr>
<tr><td colspan="4">消耗功率 POWER CONSUMPTION</td><td colspan="4"></td></tr>
<tr><td colspan="4">安装方式 INSTALLATION TYPE</td><td colspan="4"></td></tr>
<tr><td colspan="4">备注 REMARKS</td><td colspan="4"></td></tr>
</table>

（10）其他

标准提供82种仪表的数据表格式，可参考该标准。如果标准中未列出，则可采用标准中提供的空白表格，按该仪表的规格和有关说明书要求列出。例如，现场总线仪表中，有不少功能模块，有的列在变送器内，有的列在定位器内，需要根据仪表分别列写。表3-47列出部分仪表数据表的二维码。

表 3-47 部分仪表数据表的二维码

名称	容积式流量计	电磁流量计	涡街流量计	转子流量计	水表
二维码					

续表

名称	质量流量计	超声波流量计	浮筒液位变送器	浮球液位计	雷达液位计
二维码					
名称	射频导纳液位计	伺服液位计	超声波液位计	钢带液位计	隔膜压力表
二维码					
名称	双波纹管差压计	绝对压力变送器	一体化温度变送器	pH 分析器	可燃/有毒气体检测报警器
二维码					
名称	电动控制阀				
二维码					

3.3 控制室设计

控制室是位于工业生产过程装置内具有生产操作、过程控制、先进控制与优化、安全保护、仪表维护等功能的建筑物。具有全厂性生产操作、过程控制、先进控制与优化、仪表维护、仿真培训、生产管理及信息管理等功能的综合性建筑物称为中心控制室，也称为中央控制室（CCR）。位于工业生产过程装置内的公用工程、储运系统、辅助单元、成套设备的现场，具有生产操作、过程控制、安全保护等功能的建筑物称为现场控制室（LCR）。用于安装控制系统机柜及其他设备的位于现场的建筑物是现场机柜室（FAR）。控制室设计是对上述各控制室和机柜室的设计。

3.3.1 控制室作用

控制室是一个工程项目自动化水平的反映，是供操作员对生产过程进行监视、操作、控制和管理的场所。因此，控制室设计十分重要。控制室的作用如下：

① 提供整个生产过程的重要参数和控制系统的运行信息。早期的生产过程操作是直接在现场进行的，操作人员根据简单的现场仪表，例如，压力表、温度计和流量计等监视生产过程，并根据生产过程的控制要求，操纵阀门，以调节流体流量。仪表盘（架）控制系统将各种生产过程的参数集中在控制室，并按生产过程流程，顺序排列，操作人员根据模拟显示

仪表的示值，了解生产过程运行状态，并进行控制。由于每个仪表盘安装的仪表数量有限，因此，有关操作人员操作和管理的设备有限，而且劳动强度也较大。

DCS、PLC 和 FCS 将管理集中，将控制分散，在一台操作员站可以共享显示多个模拟过程流程画面，并对应显示有关生产过程参数，极大地方便了操作人员对过程运行状态的了解，同时，也提升了管理功能和控制功能。操作环境也获得极大改善，使操作失误降低，改善了劳动强度，提高了生产效率。

② 控制室能反映整个工程项目的自动化水平。它包括采用那些控制系统，有多少复杂控制系统在正常运行，有没有先进控制系统等。从过程参数的检测数量和报警数量、控制点数量间接反映整个工程的规模，例如，操作员数量与被监视和控制的参数点数量之比能够反映自动化水平的高低。该比值越小，说明自动化水平越高。共享控制功能的实现提高了工程项目的自动化水平。

③ 控制室除具有生产操作、过程控制、安全保护、仪表维护等功能外，还具有仿真培训、生产管理及信息管理等功能。

④ 提供整个生产过程运行的报警、联锁信息。报警和联锁控制系统是整个生产过程安全运行的基础。控制室的计算机装置不仅可提供运行过程中参数的显示、运算、管理和输出等功能，还可根据设置的偏差、变化率的偏差等，提供实时的报警信息，并提供联锁控制系统有关条件，一旦触发这些条件，就能够自动实现联锁控制系统规定的联锁动作，防止事故的发生、人员的伤亡、设备的损坏等，并能够防止事故的扩大，降低事故造成的影响。SIS 的实现保证了生产过程的安全运行。

3.3.2 控制室位置和布局

(1) 控制室位置

控制室的位置设计应考虑下列事项：

① 控制室在总图的位置应设计在位于装置或联合装置内，并应位于爆炸危险区域外。中心控制室宜位于生产管理区。

② 为降低风向影响控制室的操作环境，控制室宜位于本地区全年最小频率风向的下风侧。

③ 控制室应远离高噪声源，远离振动源和存在较大电磁干扰的场所。

④ 控制室不宜靠近运输物料的主干道布置。不应与危险化学品库、总变电所和区域变配电所相邻，如果条件限制必须相邻布置，它们不应共用同一建筑物。中心控制室不应与变配电所相邻。

⑤ 控制室位置应考虑需要敷设的光缆和电缆的最佳路径，考虑装置管廊延伸到控制室架空管架的可行性和合理性，电缆沟最近路径的可行性等因素。

(2) 控制室布局

控制室的布局应根据其管理模式、控制系统规模、功能要求等合理设置有关的功能间、辅助间。

① 根据操作员可接近性的要求，功能间宜包括操作室、机柜室、工程师室、空调机室、不间断电源装置室、仪表备品备件室等。中心控制室还可增设电信设备室、打印机室、网络服务室、备件室、安全消防监控室等。部分功能间可根据系统规模合并设置。

② 辅助间宜包括交接班室、会议室、更衣室、办公室、资料室、休息室和卫生间等。中心控制室还可增设生产调度室、培训室、急救设备间等。部分辅助间可设置在远离控制室的位置。

③ 设置的功能间和辅助间的面积应根据生产规模大小和实际需要确定。也可根据系统规模合并设置。例如，规模较小时，空调机室与不间断电源装置室可合并设置等。

④ 现场控制室宜分隔为操作区和非操作区，其面积应根据控制系统的操作员站、机柜等数量及布置方式等确定。

⑤ 控制室内房间的布置，应考虑方便人员可直接进入。操作室宜与机柜室、工程师室相邻，并设置门相通；机柜室、工程师室与辅助间相邻布置时，它们之间不宜设置连通的门；UPS室与机柜室宜相邻设置，必要时可合并设置；空调机室不宜与操作室、工程师室相邻，如需相邻布置时，应采取减振和隔音措施。空调机室应设通向建筑物室外的门，并应考虑空调设备进出空调机室的需要。

⑥ 操作室中设备布置应预留20%扩展空间，应符合人机工程学要求进行设计，使操作员不会发生疲劳操作，并使误操作的概率降到最小。操作员站的设备宜分组布置。

⑦ 操作室的面积：2个操作员站时，操作室面积宜40～50m^2；每增加一个操作员站，增加面积5～8m^2。设置大屏幕显示器的操作室，操作站背面距大屏幕的水平净距离不宜小于3m；操作站正面距墙（柱）的水平净距离宜3.5～5m；操作站背面距墙（柱）的水平净距离宜1.5～2.5m；操作站侧面距墙（柱）的水平净距离宜2～2.5m；多排操作站之间的净距离不宜小于2m。操作站可按直线或弧线布置。

⑧ 机柜室内的机柜应按照功能相近、方便配线的原则布置。安全栅柜、端子柜、继电器柜宜靠近信号电缆入口侧布置；配电柜应布置在靠近电源电缆入口侧；应避免机柜室内连接电缆过多交叉。机柜室面积应根据机柜尺寸和数量确定：成排机柜之间净距离宜1.6～2m；机柜距墙（柱）净距离宜1.6～2.5m。

⑨ 工程师室、UPS室等功能间的面积应根据内部设备尺寸、数量和工作要求等确定，应考虑维护所需的空间。

(3) 控制室建筑和结构

① 对有爆炸危险的工厂，中心控制室建筑物的建筑、结构应根据抗爆强度计算和分析结果设计。对控制室、现场控制室应采用抗爆结构设计。抗爆结构控制室不应与非抗爆建筑物合并建筑，宜建一层，不应超过两层。应符合GB 50779《石油化工控制室抗爆设计规范》的规定。

② 中心控制室宜为单独建筑物，内部分设功能间等。现场控制室不宜与变配电所共用同一建筑，如必须共用时，应符合GB 50160的规定，并采取屏蔽措施。

③ 操作室、工程师室的地面通常选用活动地板；机柜室宜选用活动地板。活动地板应采用普通型或重型活动地板；应具有防静电、防火、防水性能；其表面平面度≤0.6mm；均布荷载不应小于23000N/m^2；系统电阻值应为10^6～$10^{10}\Omega$；活动地板面距离基础地面高度≥0.3m，位于附加2区时，控制室活动地板应高于室外地面，高差至少0.6m；活动地板的基础地面应是不易起灰的建筑材料。

④ 控制室内墙墙面宜为浅色，色泽自然；不应积灰，不应反光。

⑤ 控制室除空调机室外的区域应做吊顶。操作室和工程师室吊顶应距离地面的净高≥3m；机柜室吊顶距活动地板的净高≥2.8m；中心控制室内操作室吊顶距地面净高≥3.3m。吊顶耐火极限不小于0.25h。

⑥ 控制室门应满足安全和设备进出的要求；通向室外门的数量应设置隔离前室作为缓冲区；控制室中的机柜室不应设置直接通向建筑物室外的门。

⑦ 采用活动地板时，机柜应固定在槽钢制做的支撑架上，支撑架应固定在基础地面上。采用其他地面时，机柜应固定在地面上。

(4) 控制室采光和照明

① 抗爆结构的控制室宜采用人工照明；非抗爆结构控制室内的操作室、机柜室和工程师室宜采用人工照明；操作室和工程师室不宜开窗或只开少量双层密封窗。其他区域可采用自然采光。控制室应设置适量用于维修的电源插座。

② 距离地面 0.8m 工作面的照度标准值如下：操作室和工程师室宜为 250～300lx；机柜室宜为 400～500lx；其他区域宜 300lx。

③ 人工照明的灯具不应采用投射型光源，选用的光源不应对显示屏幕直射和产生眩光。机柜室的灯具分布应结合机柜实际布置，应能照射到机柜内部。不同区域的灯具宜按组分别设置开关，以适应不同照明的需要。

④ 控制室应设置应急照明系统，应急电源应在正常供电中断时，可靠供电 20～30min；操作室中操作站工作面的照度标准值不应低于 100lx；其他区域照度标准值应为 30～50lx。

(5) 控制室的采暖、通风、空调和环境条件

① 为提供良好的操作环境，并使设备处于最佳操作条件，控制室需要温度和湿度控制。通常，操作室、机柜室和工程师室等室温宜为：冬季 20℃±2℃；夏季 26℃±2℃；温度变化率小于 5℃/h；相对湿度宜 40%～60%；湿度变化率小于 6%/h。控制室空气中粒径小于 10μm 的灰尘浓度应小于 0.2mg/m^3；空气中的有害物质允许浓度：H_2S＜0.01mg/m^3；SO_2＜0.1mg/m^3；Cl_2＜0.01mg/m^3。控制室内噪声应≤55dB（A）。

② 功能间宜采用空调系统供暖，如果采用热水采暖，管道应焊接。设备散热量应按控制系统厂商提供的数据确定，并宜考虑控制系统的扩展所需。

③ 控制室地面振动幅度和频率应满足控制系统的机械振动条件要求；控制室电磁场条件应满足控制系统的电磁场条件的要求。

(6) 控制室的电缆敷设和进线方式

① 控制室宜架空进线方式。电缆穿墙入口处宜采用专用电缆穿墙密封模块，并满足防爆、防火、防水和防尘要求。如果必须用电缆沟进线方式，电缆穿墙入口处的洞底标高应高于室外沟底标高 0.3m 以上，应采用防水密封措施，室外沟底应有排水设施；电缆穿墙入口处的室外地面区域宜设置保护围堰。

② 电力电缆不宜穿越机柜室、工程师室，系统供电符合 HG/T 20509 规定。当受条件限制必须穿越时，应采取屏蔽措施。交流电源电缆在操作室、机柜室内敷设时，应采取隔离措施。

(7) 安全、环保和通信设计

① 控制室应设置火灾自动报警装置，符合现行国家标准 GB 50116 的规定。控制室应设置消防设施。

② 控制室空调引风口、室外门的门斗处、电缆沟和电缆桥架进入建筑物的洞口处，且可燃气体/有毒气体有可能进入时，宜设置可燃/有毒气体检测器。

③ 控制室应设置行政电话和调度电话，宜设置扩音对讲系统、无线通信系统、电视监视系统。电视监视系统控制终端和显示设备宜设置在操作室或调度室。抗爆结构的控制室设置无线通信系统时，应设置无线信号增强设施。

④ 控制室应设置适量电话和网络信息插座。

(8) 控制室设计示例

图 3-12 是控制室布置图的示例。

该控制室布置图中，操作室、机柜室、DCS 维修室和空调机室采用防爆结构，其墙加厚并加强。电缆沟引入处标高＋0.000；控制室的地面标高为＋0.400。机柜室与操作室之间用铝合金玻璃隔板分隔。考虑空调机组需要搬入，空调机室采用双开门向外设计。

该控制室设置三个操作员站、一个工程师站。每个操作员站采用一个 LCD 屏显示，没有采用双显示屏或多显示屏，也没有设置大显示屏显示。

图 3-12 中，机柜的安装尺寸未全部列出。

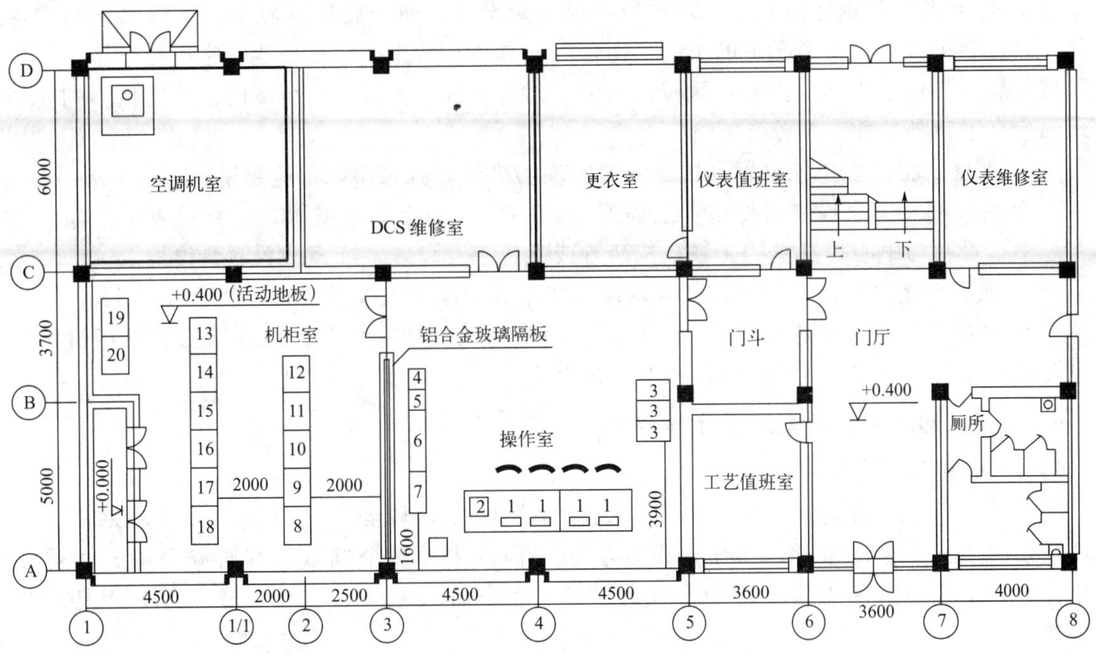

图 3-12　某厂中心控制室布置图

随着智能技术的应用，已经有工厂采用所谓“黑屏”操作。即只有当出现事故时，才在操作台自动调用有关过程画面，便于操作员对事故进行应急处理。正常运行时，操作员前的显示屏是“黑屏”，仅在背景大显示屏显示有关过程参数和有关监视视频。图 3-13 是某厂的中心控制室画面。

图 3-13　某厂中心控制室实现的黑屏操作

3.3.3　现场机柜室

(1) 必要性

设置现场机柜室的必要性如下：

① 开车及试运行阶段，需要在现场进行操作。正常生产阶段也需要少量操作人员在现

场了解设备运行状态，因此，需要设置现场机柜室。

② 当发生事故时，抗爆结构的机柜室仍可实现现场有序的安全停车。

③ 现场机柜室内的控制系统、安全系统的设备是现场紧急状态下应用的设备，因此，必须保证其抗爆结构。

(2) 设计注意事项

① 现场机柜室靠近相关工艺装置和系统单元设置，便于装置开停车、系统调试和试运行、日常维护和非正常工况下的生产操作，但不具备日常生产操作功能。它应位于爆炸危险区域外靠近或位于所属工艺装置区域，当位于附加 2 区时，现场机柜室的活动地板下的基础地面应高于室外地面，高差≥0.6m。

② 现场机柜室宜单独设置，抗爆结构的现场机柜室宜一层，不应超过两层。

③ 现场机柜室宜设置机柜室、工程师室、UPS 室和空调机室等，不宜设置卫生间。其与总图布置及与中心控制室的关系，按装置或生产单元设置，或多装置联合设置。

④ 现场机柜室的位置应考虑装置电缆布线，合理减少电缆长度。

⑤ 现场机柜室宜设置行政电话、扩音对讲和无线通信等设备。抗爆结构的现场机柜室设置无线通信系统时，应设置无线信号增强设施。

3.3.4 操作台设计和人机工程学

(1) 人机工程学

人机工程学是研究人、机器和环境之间协调的多学科的交叉学科，涉及心理学、生理学、医学、人体测量学、美学、设计学和工程技术等多个领域，其研究目的是指导工作器具、工作方式和工作环境的设计和改造，使作业在效率、安全、健康等方面特性得以提高。

计算机控制装置中，控制室是人机交互的重要场所。因此，设计合适的作业器具、工作方式可有效改善操作人员的工作环境，使操作人员工作起来感到很舒适和省力，效率高而且安全。

人体的感觉器官在受到外界刺激后的反应时间称为人体反应时间。一般人的视觉简单反应时间为 0.2～0.25s；听觉的反应时间为 0.12～0.15s。由于人的神经传递速度一般有 0.5s 左右的不应期，因此需要感觉指导的间断操作间隙期一般应大于 0.5s，复杂的选择性反应时间一般达 1～3s，需要复杂判断和认识的操作反应时间则更长。

人的操作反应速度与许多因素有关，例如操作器的形状、大小、操作方向及用力等。通常，人手指敲击的速度为 1.5～5 次/s，最大可达 5～14 次/s。人手作水平 135°（相当于水平时钟面 1:30 的方向）或 315°（相当于 7:30 的方向）方向的运动速度最快，且手抖动次数最少。通常，右手比左手的反应速度快等。

座椅的几何参数主要有座高、座面深、座靠背、座面宽等。座面宽一般只需 50cm，座高对于操作人员的工效很重要，根据人机工程学的研究，座高一般取人体腓骨头的高度（约人体总高的 1/4）或略小于小腿高度 1cm 左右。根据我国的人体高度统计，通常取座高为 43～45cm。座面深取 45cm 左右。此外，座面要光滑平整，座面可略向后斜 6°左右，通常都要加弹性垫座。座靠背的高度一般为 50cm 左右，座与靠背的夹角一般为 100°～110°。

控制器布置区是指人手（或脚）操作操纵器时，活动最灵活，反应最灵敏，用力最适宜的空间范围和例行的方位。手动控制器布置区是肘不运动时，以肘为圆心，半径 35.6cm 的球形区域内，并以肩高的水平位置上下为最优；肘运动时，上述球形区域半径可扩大到

40.6cm；躯体不运动时，以肩为圆心，半径为61cm的球形区域内；躯体允许运动时，上述半径可扩大到76cm。DCS、PLC和SIS操作人员还未用脚作为操作源，但脚踏板的位置和倾角应使操作人员能够长期舒适地工作。

正常人眼的分辨能力是75μm（即当视距为25m时，人眼能分辨物体两点间的最小距离为75μm）。视角α是被看对象中的两点射出光线投入眼球时的相交角度。它与眼睛至被看对象的距离L和被看对象上两点的距离D有关，表示为：

$$\alpha = 2\arctan\frac{D}{2L} \tag{3-10}$$

研究表明，显示器的表盘形状对读数精确性影响较大。开窗式直接读数的误读率仅0.5%；圆形或环形的为10.9%；因此，在显示器设计数据显示时，通常宜选用开窗式直接读数。

DCS、PLC和SIS中对报警信号通常采用声光报警。由于操作员站上操作员主要通过视觉了解生产过程的运行状态，即视觉信息负荷很大，为此，用听觉来减轻视觉信息负荷，达到安全生产和提高工作效率的目的。设计时，应遵循下列原则：

① 一致性原则：信号与人们所熟悉的现象逻辑联系。例如，声音频率越高表示事故的紧急程度越大。

② 可分辨性原则：要与生产现场的其他声响有明显差别。例如，与现场的电话铃声不同。

③ 不变性原则：相同的报警声表示相同的信息。例如，汽笛声表示开车工况等。

④ 简明性原则：信息尽量简单，清楚。例如，用两长一短的报警声表示某事故发生等。

(2) 操作台设计

图3-14是根据人机工程学设计的操作台和操作椅。

① 操作设备的布置应符合ISO 11064有关人性化设计要求。

② 调节显示器显示面，使操作员到液晶显示器中心的视线应尽可能地与显示屏幕的平面垂直，而显示屏幕顶部应在水平视线或视线下。

③ 为防止水或其他杂物进入键盘，宜选用封闭式工业用薄膜键盘，要求有良好的手感（一般按压的压力为4～7kPa，位移约0.1mm）。

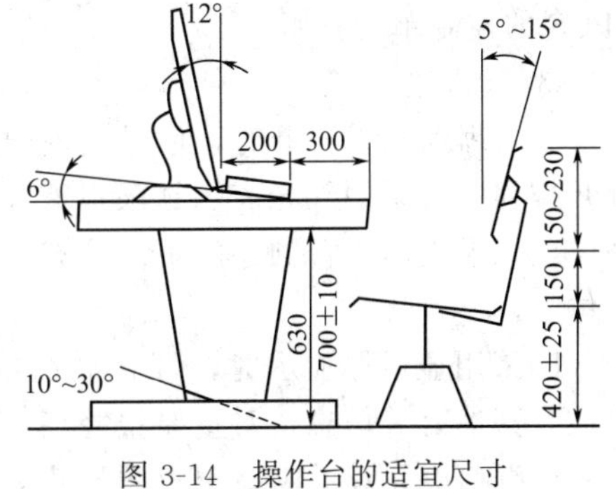

图3-14　操作台的适宜尺寸

④ 调节操作椅高度、后仰角和转盘，及踏脚板位置，使操作员能够方便舒适地对操作员键盘、鼠标等辅助器件进行操作。

3.4　信号报警和安全联锁控制系统设计

信号报警和安全联锁控制系统是现代化生产过程中非常重要的组成部分，是组成安全生产的重要措施之一。它对生产过程状况进行自动监视、当某些工艺参数达到或超过设置的限值时，或生产运行状态发生异常时，采用声光信号提醒操作人员注意，生产过程当前处于临界状态或危险状态，必须采取相应措施才能恢复正常。

如果达到安全联锁控制系统规定的条件，则安全联锁控制系统将按事先规定的逻辑顺序自动启动或关闭有关设备或装置，使生产过程自动停止运行，防止事故扩散或造成进一步的事故发生，保证人身和设备的安全。

过程控制系统用于保证生产过程平稳、连续和可靠运行。信号报警系统用于在事故可能发生前给操作人员提醒，便于操作人员及时处理。安全联锁控制系统则是保证事故发生时能够自动停止生产过程进行，防止事故扩大，保证设备和人员的生命安全。近年将信号报警和安全联锁控制系统称为安全仪表系统 SIS。

3.4.1 信号报警系统的设计

(1) 一般要求

① 信号报警系统是以声、光等形式表示生产过程参数越限、设备等状态异常的系统。它由发讯元件、逻辑控制器和人机接口等组成。

② 凡参与联锁控制系统的过程参数应设置报警，通常是预报警，即在尚未达到联锁动作前设置报警。

③ 对组成安全联锁系统的硬件和软件应设置报警。基本过程控制系统的硬件和软件宜设置报警。

④ 一般信号报警在操作员站显示，重要信号报警除在操作员站显示外，宜在辅助操作台设置显示单元和声响单元。

(2) 信号报警系统的设计

① 发讯元件：发讯元件的输出开关信号宜为无源触点。发讯元件属于电气系统时，信号引入逻辑控制器前宜采用信号隔离器、中间继电器等隔离设备进行信号隔离。

② 逻辑控制器：BPCS（基本过程控制系统）采用常规仪表时，逻辑控制器采用单回路闪光报警器和/或拼装集成式闪光报警器。BPCS 采用可编程电子装置时，逻辑控制器宜与 BPCS 的控制单元共用。

③ 人机接口：

a. 采用闪光报警器时，信号报警中既有第一报警点又有一般报警点时，灯光显示单元宜分开排列。可采用红光表示越限报警或异常，黄光表示预报警或非第一报警。也可用闪光、平光或熄灭表示报警顺序的不同状态。灯光显示单元上应标注报警点名称、报警程度和报警点位号。

b. 采用显示屏显示时，灯光显示单元设计应包括报警参数当前值、报警设定值、文字描述及其他有关信息，对重要报警点，宜在辅助操作台设置灯光显示单元。

c. 声响单元音量应高于背景噪声，应能在其附近区域清晰听见。可通过不同声音或音调、改变声音振荡频率或振荡幅度等方法来区别报警区域、报警功能和报警程度。

d. 采用闪光报警器时，根据报警系统功能要求设置不同的按钮，例如试验按钮、消声按钮和确认按钮等。确认按钮宜用黑色，试验按钮宜用白色，其他功能按钮根据具体情况选用合适颜色。

e. 采用显示屏显示时，报警信号宜在专用区域按越限发生时间的先后列出。最近的报警列在最上面。报警的确认按钮也设置在专门的位置。一些 DCS 还设置报警键盘，用于报警处理，或采用黑屏显示。报警的显示通常采用闪光和平光。声响可根据报警程度设置不同频率和不同音调等。宜设置专用报警信息打印机，用于及时打印报警信息。

(3) 闪光报警系统设计

① 一般闪光报警系统设计。其报警顺序见表 3-48。

表 3-48　一般闪光报警系统的报警顺序

过程状态	灯光显示	音响	备注
正常	不亮	不响	
报警信号输入	闪光	响	
按动确认按钮	平光	不响	
报警信号消失	不亮	不响	运行正常
按动试验按钮	亮	响	试验、检查用

② 区别首发信号的闪光报警系统设计。其报警顺序见表 3-49。

表 3-49　区别首发信号的闪光报警系统的报警顺序

过程状态	首发灯光显示	其他闪光显示	音响	备注
正常	不亮	不亮	不响	
首发信号输入	闪光	平光	响	有其他信号输入
按动消声按钮	闪光	平光	不响	
按动确认按钮	平光	平光	不响	
报警信号消失	亮	不亮	不响	运行恢复正常
按动复位按钮	不亮	不亮	不响	
按动试验按钮	亮	亮	响	试验、检查用

③ 区别瞬时信号的闪光报警系统的设计。其报警顺序见表 3-50。

表 3-50　区别瞬时信号的闪光报警系统的报警顺序

过程状态		灯光显示	音响	备注
正常		不亮	不响	
过程状态		灯光显示	音响	
报警信号输入		闪光	响	
按动确认按钮	瞬时信号	不亮	不响	
	持续信号	平光	不响	
报警信号消失		亮	不响	无报警信号输入
按动试验按钮		亮	响	试验、检查用

3.4.2　安全联锁控制系统的设计

(1) 一般要求

根据 GB/T 21109—2007《过程工业领域安全仪表系统的功能安全》的有关规定，由于应用 SIL4 的场合（例如核岛应用）很少，因此，标准仅讨论仪表安全功能的要求模式和连续模式两种操作模式。这些要求包括联锁的投入、解除、复位、强制等。GB/T 50770—2003《石油化工安全仪表系统设计规范》和 HG/T 20511—2014《信号报警及联锁系统设计规范》对联锁系统做了下列规定：

① 联锁系统（Interlock system）是过程参数越限、设备等状态异常及操作员输入信号时，执行预先设定要求的系统。它分为安全联锁系统和非安全联锁系统。安全联锁系统指安全完整性等级（SIL）等级为 1、2 和 3 的安全仪表系统（该标准未将 SIL4 包含在内）。安全

仪表系统 SIS 是用于实现一个或几个仪表安全功能的仪表系统。仪表安全功能 SIF 指用一个或几个传感器、逻辑控制器、最终元件等实现的仪表安全保护功能，以防止或减少危险事件发生或保持过程安全状态。与信号报警系统类似，联锁系统由传感器和/或发讯器、逻辑控制器、最终元件及相关软件组成。

② 安全联锁系统的设计应满足 SIS 的安全要求规定。满足 SIF 和 SIL 等级要求，并加以验证。设计安全联锁系统应尽量减少系统的中间环节。宜设计成过程达到预定条件时，安全仪表系统动作，使被控制过程转入安全状态，该状态将一直保持到启动复位为止。安全联锁系统中实现不同 SIL 等级的 SIF 时，共享或共用的硬件和软件应符合较高 SIL 等级的要求。

③ SIS 的安全要求如下：

a. 达到要求的功能安全所必需的所有 SIF 的描述；对每个 SIF 的过程安全状态的定义；每个 SIF 的 SIL 等级和操作模式的要求；失效模式和要求的 SIS 响应要求；SIS 使过程进入安全状态的响应时间要求。

b. SIS 过程测量和它们的停车点的要求；SIS 过程输出动作及其成功操作判据的描述；SIS 过程输入和输出之间的功能关系，包括逻辑功能、数学功能等。

c. 与启动和重新启动 SIS 程序有关的任何特殊要求；与带电或断电停车有关的要求；人工停车的要求；联锁投入/解除、复位、强制的要求；SIS 与其他系统之间的接口要求；识别和考虑共同原因失效的要求。

d. 检验测试间隔时间的要求；SIS 故障平均修复时间的要求；对任何能经受一次重大意外事故的 SIF 的要求的定义（例如，一次火灾事故中阀门保持可操作性的时间要求）。

④ 安全联锁系统宜设计成失电联锁。如果 SIS 安全要求规定设计为带电联锁，则应配置电路完整性检测装置，并在系统内设置电路完整性丧失的报警和记录。

⑤ 对本安系统防爆的安全联锁系统，采用隔离型安全栅时，安全栅不宜采用底板供电方式（即多路供电底板方式）。安全联锁系统和基本过程控制系统存在与 SIF 有关的共用设备时，该设备的供电电源应由安全联锁系统提供。安全联锁系统中的冗余设备不宜采用同段母线供电。安全联锁系统的电缆宜采用阻燃型对绞屏蔽电缆，并独立设置。其电缆接线箱也宜独立设置。

⑥ 安全联锁系统的手动紧急停车硬件按钮信号，除了引入逻辑控制器外，宜直接启动最终元件。

⑦ 安全联锁系统进行联锁解除、强制、测试、维护时，应采用系统存储器或打印输出设备进行自动记录，并在人机接口有报警提示。

⑧ 为延长设备寿命，降低能耗，非安全联锁系统可设计为带电联锁。带电联锁指过程达到或超过联锁设定点时，联锁系统带电动作。例如，电磁阀在过程正常时不带电，联锁动作时带电。

（2）传感器

① 安全联锁系统的传感器宜采用 4～20mA 叠加 HART 信号传输的智能变送器，输出信号宜选用带故障模式的输出类型。如果选用开关量仪表，则开关应选用防抖动型开关。采用冗余传感器时，为避免共因失效，传感器可选用不同技术的产品，即不同类型仪表或同一类型不同厂商产品或同一厂商的不同系列产品。

② SIL1 的安全仪表功能，检测仪表可与基本过程控制系统共用；SIL2 的安全仪表功能，检测仪表宜与基本过程控制系统分开设置；SIL3 的安全仪表功能，检测仪表应与基本过程控制系统分开设置。

③ 检测仪表和传感器选用逻辑结构：高安全性采用“或”逻辑结构；高可用性采用“与”逻辑结构，系统兼顾高安全性和高可用性时，宜采用三取二逻辑结构。

④ 同一过程参数既在基本过程控制系统中控制，又参与安全联锁系统的联锁时，则测量该参数的传感器可采用不同技术的产品。但它们不宜共用同一过程接口。

(3) 逻辑控制器

① 安全联锁系统的逻辑设计可采用负逻辑，即联锁输入信号触发时为低电平或布尔量为 0。非安全联锁系统的逻辑设计可采用正逻辑，即联锁输入信号触发时为高电平或布尔量为 1。

② 逻辑控制器中的中央处理单元、输入单元、输出单元、电源单元、通信单元等应为独立的单元。用于安全联锁的安全栅、信号隔离器等应选用获得功能安全认证的产品。采用可编程电子装置作为逻辑控制器时，其设计、制造、认证等应符合 GB/T 20438 的有关规定。逻辑控制器应与基本过程控制系统的时钟保持一致。逻辑控制器的中央处理单元负荷不应超过其额定负荷的 50%，内部通信负荷不应超过额定负荷的 50%。

③ 为提高可靠性，冗余传感器的信号宜接自逻辑控制器的不同输入单元。冗余最终元件的控制信号宜接自逻辑控制器的不同输出单元。

(4) 最终元件

① 选用的最终元件宜带有联锁动作的反馈输出。对控制阀，其反馈输出是阀门的联锁位置；对电机，其反馈输出是电机的联锁状态。

② 安全联锁系统与基本过程控制系统控制同一台控制阀时，应保证安全联锁系统要求的阀门动作优先于基本过程控制系统要求的阀门动作。

③ 从本质安全考虑，安全联锁系统的最终元件为控制阀时，宜采用气动执行机构。

(5) 安全联锁系统硬件故障裕度要求

① 对故障安全型的非可编程电子逻辑控制器、传感器和最终元件，不同 SIL 等级，安全联锁系统最低硬件故障裕度不同。SIL1～SIL3 的最低硬件故障裕度分别是 0～2。裕度值越大，SIL 等级越高。

② 对可编程电子逻辑控制器的最低硬件故障裕度的要求见表 3-51。

表 3-51　可编程电子逻辑控制器的最低硬件故障裕度

SIL	最低硬件故障裕度		
	SFF＜60%	60%≤SFF≤90%	SFF＞90%
1	1	0	0
2	2	1	0
3	3	2	1

注：SFF 指安全失效分数。它是导致安全失效或可检测出危险失效的装置总硬件随机失效率分数。安全失效是不可能导致安全仪表系统处于危险状态或丧失功能的失效。

③ 安全联锁系统的子系统的最低硬件故障裕度≥1 时，当检测到硬件危险故障时，应报警并记录，同时应执行与故障硬件相关的安全联锁动作，或在故障平均恢复时间内不能完成恢复时则执行与故障硬件相关的安全联锁动作。安全联锁系统的子系统的最低硬件故障裕度为 0 时，当检测到硬件危险故障，应报警并记录，同时应执行与故障硬件相关的安全联锁动作。

(6) 独立性要求

① 安全联锁系统与基本过程控制系统之间应保持独立性。当它们之间存在共享设备时，

应满足下列要求：

a. 基本过程控制系统失效不应危及安全联锁系统的功能安全；安全联锁系统的失效不宜导致基本过程控制系统的失效。

b. 对基本过程控制系统的任何操作，不应对安全联锁系统产生任何危害。

② 当同一过程变量既需要基本过程控制系统的控制，又用于安全联锁系统的联锁时，用于检测该变量的传感器宜独立设置。

③ 安全联锁系统的保护与基本过程控制系统的控制由同一过程变量控制时，控制阀不宜共用。

④ 安全联锁系统与基本过程控制系统通信不应通过工厂隔离网络传输。除了旁路信号和复位信号外，基本过程控制系统不应采用通信方式向安全联锁系统发送指令。

⑤ 除基本过程控制系统外，安全联锁系统与其他系统间不应设置通信接口，其连接采用硬接线方式。

(7) 操作员站

① 安全联锁系统宜设置独立的操作员站。安全联锁系统与基本过程控制系统共用操作员站时，操作员站的失效不应对仪表安全功能产生任何负面影响。对重要联锁单元，操作员站应提供联锁逻辑回路画面，该画面应包括输入输出状态、逻辑关系、联锁旁路和设备维护状态、诊断结果等的显示和报警。

② 操作员站设置的开关和按钮应满足下列要求：

a. 为防止其他人员误操作，应加键锁或口令保护。

b. 开关状态应显示并记录。开关、按钮的动作应记录，并具有二次确认操作。

(8) 工程师站和事件顺序记录站

a. 安全联锁系统应设置工程师站。工程师站应设不同等级的权限密码保护，并应显示安全联锁系统动作和诊断状态。

b. 安全联锁系统应设置事件顺序记录站。当安全联锁系统设置独立操作员站时，事件顺序记录站宜与该操作员站共用。否则，可与安全联锁系统的工程师站共用，也可单独设置。事件顺序记录站记录每个事件的发生时间、日期、标识、状态等，应设置密码保护。

c. 工程师站和事件顺序记录站宜设置防病毒等保护措施。通常宜采用台式计算机。

(9) 有关开关和按钮的设置

① 设备维护、测试开关的设置

a. 安全联锁系统的操作员站设置软件开关，或在基本过程控制系统操作员站设置设备维护、测试的软件开关，开关的状态信号可采用通信方式与安全联锁系统连接。非安全联锁系统可在基本过程控制系统操作员站设置设备维护、测试的软件开关。机柜可设置设备维护、测试的硬件开关。

b. 当设置设备维护开关时，每个联锁单元宜在辅助操作台上设“允许”开关，在“允许”条件下，维护开关才有效，“允许”开关宜采用红色带钥匙开关。设备维护开关用硬件开关时，应设置维护状态反馈的黄色硬件指示灯。设备处于维护状态所用的时间应在操作员站上显示。

c. 当设置设备测试开关时，应在现场设置“允许”开关，在“允许”条件下，测试开关才有效。

d. 维护和测试开关动作和“允许”开关动作都应在操作员站记录，其维护、测试状态和“允许”状态应在操作员站显示并记录。

e. 维护开关宜选用黄色开关，测试开关宜选用红色开关。

② 联锁旁路开关的设置

a. 安全联锁系统的操作员站设置联锁旁路的软件开关，或在基本过程控制系统操作员站设置联锁旁路的软件开关，开关的状态信号可采用通信方式与安全联锁系统连接。非安全联锁系统可在基本过程控制系统操作员站设置联锁旁路开关。辅助操作台可设置联锁旁路的黄色带钥匙的硬件开关。

b. 工艺过程变量从原始自然值变化到工艺条件正常值，联锁信号状态发生改变时，宜设置联锁旁路开关。联锁旁路开关的状态应在操作员站显示和记录。其开关的动作应在操作员站记录。

③ 联锁复位按钮的设置

a. 安全联锁系统的操作员站设置联锁复位的软件按钮，或在基本过程控制系统操作员站设置联锁复位的软件按钮，按钮的状态信号可采用通信方式与安全联锁系统连接。非安全联锁系统可在基本过程控制系统操作员站设置联锁复位的软件按钮。辅助操作台可设置联锁复位的硬件按钮。

b. 联锁复位状态应在操作员站显示和记录。联锁复位按钮的动作应在操作员站记录。联锁复位按钮宜选用灰色按钮。

④ 紧急停车按钮的设置

a. 非安全联锁系统可在基本过程控制系统操作员站设置紧急停车的软件按钮。安全联锁系统可在辅助操作台设置紧急停车的硬件按钮。紧急停车按钮应采用红色蘑菇头按钮，并加防护罩。紧急停车按钮不应设维护开关。

b. 辅助操作台设置的硬件按钮应引入联锁系统的逻辑控制器，并在系统内设置状态报警并记录。

(10) 安全联锁系统示例

① 加氢精制装置高速泵联锁控制系统。该控制系统是非安全联锁控制系统，采用带电联锁方式。高压增速泵的启动和停止条件如图 3-15 所示。

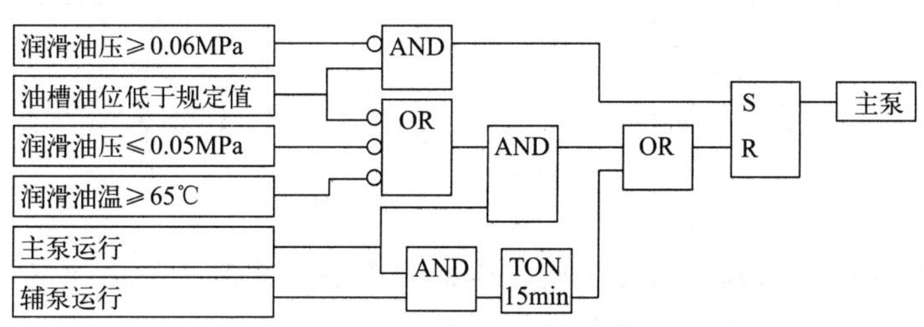

图 3-15　主泵运行逻辑图

整个联锁系统由 PLC 实现。实施时，采用输入信号（油压、油位）的滤波处理，提高系统对输入信号抖动的抗干扰能力。

② 合成氨压缩机联锁控制系统。这是一个安全联锁系统，它将 SIS 和 DCS 分列。当满足下列条件时，送出停车信号到 DCS，使压缩机停车。

a. 操作人员按下速关阀按钮，或按下控制室主控紧急停车按钮，或按下就地盘紧急停车按钮，则联锁停止压缩机。

b. 压缩机密封油压（三个检测点）中任意两个压力低于联锁设定值，即三取二（2oo3）逻辑输出为 1，则联锁停止压缩机。

c. 压缩机高压和低压缸密封气一级放空压差（三个检测点）中任意两个压差达到高高限，同样，经三取二（2oo3）逻辑输出为 1，则联锁停止压缩机。

d.压缩机轴瓦温度、轴振动、轴位移（各三个检测点）中，每项中任意两个检测值高于规定的联锁值时，经三取二（2oo3）逻辑输出为1，则联锁停止压缩机。

e.压缩机高、低压缸密封气压差和隔离气压（各三个检测点）中，任意一点达到联锁报警值，并延时30min后，报警状态未消除，则联锁停止压缩机。

f.压缩机润滑油总管油压（三个检测点）中，任意两个检测值低于设定值，则联锁停止压缩机。

g.压缩机排气温度（三个检测点）中，任意两个检测值高于设定值，则联锁停止压缩机。

h.压缩机速度检测（三个检测点）中，任意两个检测值高于设定值或任意两个检测值低于报警值，则联锁停止压缩机。

该安全联锁系统采用三取二逻辑形式，满足工艺要求的可用性。采用延时方式防止瞬时波动的影响，提高系统的安全保护性能。此外，该系统也设置了联锁旁路等功能。

系统的发讯元件和执行机构具有SIL2安全完整性等级，此外，还设计有三个压缩机防喘振电磁阀，防止入口流量过低造成喘振现象发生。读者可根据上述条件画出联锁控制系统逻辑图。

3.4.3 顺序控制系统的设计

顺序控制是一种系列相关控制指令的处理方式。它按照一定的时序或闭锁逻辑，自动逐条确认并正确执行，直到执行完成全部控制指令。

(1) 顺序功能表图

① 顺序控制系统组成。顺序控制系统由五部分组成，如图3-16所示。

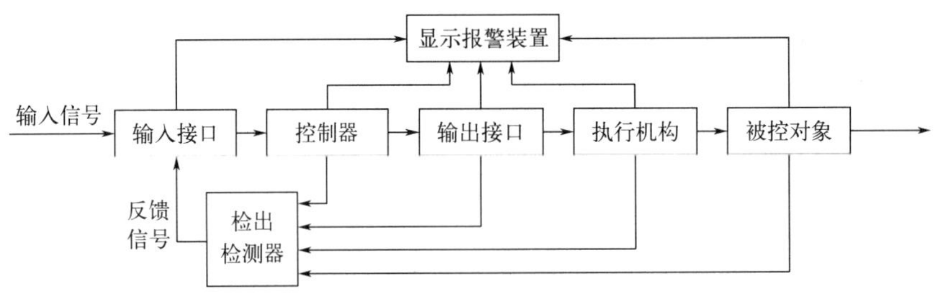

图3-16 顺序控制系统组成

a.控制器。它接收控制输入信号，按一定控制算法运算后，输出控制信号到执行机构，控制器具有记忆功能，能实现所需控制运算功能。

b.输入接口。实现输入信号的电平转换。

c.输出接口。实现输出信号的功率转换。

d.检出检测器。检出或检测被控对象的状态信息。

e.显示报警装置。显示系统的输入、输出、状态、报警等信息，便于了解过程运行状态和对过程的操作、调试和事故处理等。

② 顺序控制逻辑图或流程表。这是以功能为主线，按照功能流程的顺序分配，用步、转换和动作及连接完成整个过程运行的一种描述方法。

a.步。一个过程循环可分解成若干个清晰和连续的阶段，称为“步”（Step）。一个步可以是动作的开始、持续或结束。一个过程循环分解的步越多，过程的描述也越精确。用一个带步名的矩形框表示步，框内的步名用标识符表示。

步有两种状态：活动状态和非活动状态。控制过程进展的某一给定时刻，一个步可以处于活动状态也可以处于非活动状态。当步处于活动状态时，该步称为活动步。当步处于非活动状态时，该步称为非活动步。用步标志表示步状态。即布尔结构元素 ***.X 的逻辑值表示步名为 *** 步的状态。用 ***.X 表示 *** 步的标志。

某步从开始成为活动步到成为非活动步的时间称为该步的消逝时间（Elapsed time），用 ***.T 表示 *** 步的消逝时间。

b. 转换和转换条件。转换（Transition）表示从一个或多个前级步沿有向连线变换到后级步所依据的控制条件。用垂直于有向连线的水平线表示转换。

转换分为使能转换和非使能转换两类。如果通过有向连线连接到转换符号的所有前级步都是活动步，该转换称为"使能转换"，否则该转换称为"非使能转换"。

转换是使能转换，同时该转换相对应的转换条件满足，则该转换称为"实现转换"或"触发"（Firing）。实现转换需要两个条件：该转换是使能转换；该转换相对应的转换条件满足，即转换条件为真。

实现转换产生两个结果：与该转换相连的所有前级步成为非活动步，即转换的清除；与该转换相连的所有后级步成为活动步。转换的实现使过程得以进展。

转换条件是指与该转换相关的逻辑命题，如果用一个相应的逻辑变量表示转换条件，则当转换条件为真时，该逻辑变量的值为 1。因此，转换条件是一个单布尔表达式求值的结果。转换条件可直接写在转换符号附近，也可采用连接符、转换名等表示。

c. 有向连线。有向连线用于显示步之间的进展。连接到步的有向连线用连接到步顶部的垂直线表示。从步引出的有向连线用连接到步底部的垂直线表示。

步、转换和有向连线间的关系描述为：步经有向连线连接到转换，转换经有向连线连接到步。

d. 动作控制功能块。与步结合的动作和命令用动作控制功能块描述。动作控制功能块由限定符、动作名、布尔指示器变量和动作本体组成。

限定符用于限定动作控制功能块的处理方法和执行功能。它连接在步标志与动作本体之间。限定符有 N（无或非存储）、S（置位存储）、R（复位）、L（时延）、D（延迟）、P（触发脉冲）、P1（上升沿触发脉冲）、P2（下降沿触发脉冲）及一些组合。

③ 顺序功能表图。顺序功能表图描述控制系统的控制工程、功能和特性，例如，控制系统组成部分的技术特性，而不必考虑具体的执行过程。即顺序功能表图只提供描述系统功能的原则和方法，不涉及系统所采用的具体技术。

一个控制系统通常可分解为施控系统和被控系统两个相互依赖的部分。

a. 施控系统的输入是操作员和可能的前级施控系统的命令及被控系统的反馈信息，它的输出包括送到操作员的反馈信息，前级施控系统的输出命令和送到被控系统的命令。施控系统的顺序功能表图描述控制设备的功能，由设计人员根据其对过程的了解来绘制，并作为详细设计控制设备的基础。

b. 被控系统的输入是施控系统的输出命令和输入过程流程的参数，它的输出包括反馈到施控系统的信息、过程流程中执行的动作，它使该流程具有所需的特性。被控系统的顺序功能表图描述操作设备的功能，由工程设计人员绘制，作为操作设备工程设计的基础，它也用于绘制施控系统顺序功能表图。

（2）顺序控制系统设计示例

① 两工位钻孔、攻丝组合机床的顺序控制。组合机床一般由支承部件、动力部件和控制部件组成。按配置型式，组合机床可分为单工位和多工位机床两类。回转式多工位组合机床可把工件的许多加工工序分配到多个加工工位上，并同时能从多个方向对工件的几个面进

行加工，此外，还可通过转位夹具（在回转工作台机床上）或通过转位、翻转装置（在自动线上）实现工件的五面加工或全部加工，因而具有很高的自动化程度和生产效率。

两工位钻孔、攻螺纹组合机床的主电路由 4 台交流异步电动机及控制元器件组成，采用直接启动控制各操作电机。两工位钻孔、攻螺纹组合机床由机床床身、移动工作台、夹具、钻孔和攻螺纹滑台、钻孔和攻螺纹动力头、滑台移动控制凸轮和液压系统等组成，用于对零件的钻孔和攻螺纹加工。组合机床为卧式，移动工作台和夹具完成工件的移动和夹紧；钻孔滑台和钻孔动力头实现工件的钻孔加工；攻螺纹滑台和攻螺纹动力头实现工件的攻螺纹加工。

某加工工件的工步顺序表见表 3-52。

表 3-52　加工工件的工步顺序表

工步号		①	②	③	④	⑤	⑥	⑦	⑧	⑨	⑩	⑩
工　步		同电启动液压泵	各部件在原位	启动凸轮电机夹紧工件	钻孔	钻孔滑台退，原工作台右移	移到攻螺纹工位，攻螺纹	攻螺纹滑台移到终端位，延时 0.3s	攻螺纹动力头反转退出	攻螺纹滑台到原位，延时 3s	工作台移到钻孔工位，松开工件	工件松开，原位信号灯亮
检测元件	液压检测 PV		●									
	钻孔工位 SQ1		●								●	●
	钻孔滑台原位 SQ2		●			●	●	●	●	●	●	●
	攻螺纹滑台原位 SQ3		●							●	●	●
	启动按钮 SB			●								
	夹紧限位 SQ4				●	●	●	●	●	●		
	攻螺纹工位 SQ6						●	●	●	●		
	攻螺纹滑台终端位 SQ7							●				
	松开限位 SQ8		●									●
驱动元件	液压泵电机 M1	●	●	●	●	●	●	●	●	●	●	
	凸轮电机 M2			●	●	●	●	●	●	●		
	夹紧电磁阀 SV1			●	●	●	●	●	●	●		
	钻孔动力头电机 M3				●							
	冷却液泵电机 M5				●	●	●	●	●			
	工作台右移电磁阀 SV2					●						
	攻螺纹动力头电机 M4 正转						●					
	攻螺纹动力头电机制动 DL							●				
	攻螺纹动力头电机 M4 反转								●			
	工作台左移电磁阀 SV3									●		
	松开电磁阀 SV4										●	
	原位信号灯 L1		●									●

注：表中，●表示检测元件闭合或驱动元件激励。

组合机床控制系统是典型的顺序控制系统。自控专业设计人员提供上述顺序表。

② 电厂锅炉炉膛安全监控系统 FSSS。FSSS 控制系统根据各工作过程配置不同的控制逻辑。

a. 锅炉点火过程。它分为油枪推进过程、激励点火器和开燃油跳闸阀等三个过程。

- 油枪推进过程。操作员按下控制台上的“推进油枪”按钮，油枪开始推进，推进到位后，“油枪已推到位”信号灯点亮。

- 激励点火器。油枪推进到位后，在点火风机已经运行和 MFT（主燃料跳闸）没有动作的条件下，操作员按“激励点火器”按钮，使点火枪点火。

- 开燃油跳闸阀。点火枪点火后，按动“开燃油跳闸阀”按钮，打开燃油跳闸阀，阀开到位后，到位信号灯点亮。在 2s 内如果没有接收到阀的到位反馈信号，则自动断开燃油跳闸阀，并使信号灯闪烁报警。

图 3-17 是锅炉安全监控系统逻辑图。图中，点火时间设置为 15s，因此，操作员按动“激励点火器”按钮后，应立即按“开燃油跳闸”按钮，使燃油在点火有效时间内能够点燃。

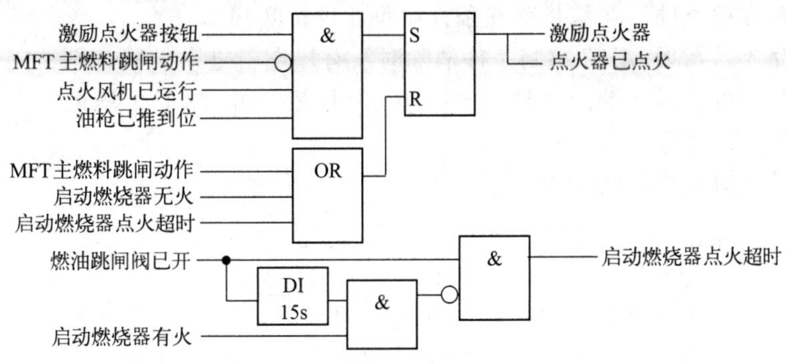

图 3-17　锅炉安全监控系统逻辑图

图 3-18 是燃油跳闸阀关闭的逻辑条件。

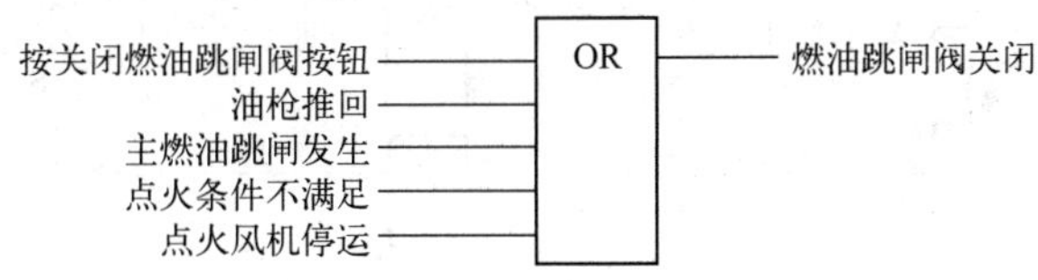

图 3-18　燃油跳闸阀关闭的逻辑图

燃油跳闸阀关闭后，应在 2s 内接收到关闭的到位反馈信号，如果没有接收到反馈的阀位信号，则信号灯发出闪烁的报警信号，并自动切断关燃油跳闸阀信号。点火枪自动关闭的逻辑关系见图 3-19。

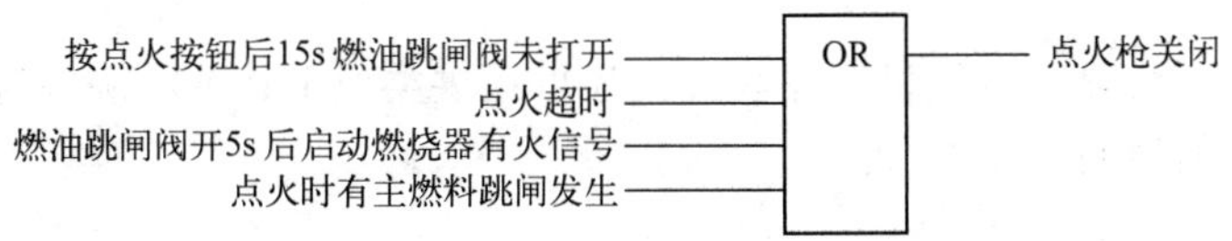

图 3-19　点火枪关闭的逻辑图

b. 主燃料跳闸（MFT）。主燃料跳闸的 18 个条件是或逻辑关系，当满足这些条件时主燃料跳闸，即切断所有进入炉膛的物料，避免发生重大事故。跳闸系统的逻辑关系见图 3-20。

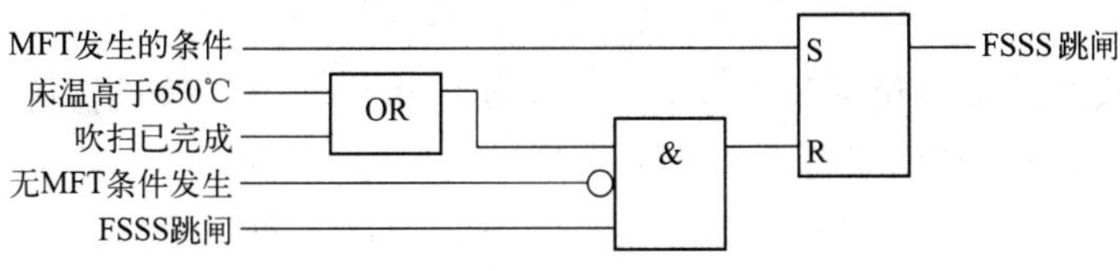

图 3-20　FSSS 跳闸系统逻辑图

c. 炉膛吹扫。MFT 动作后，应对炉膛进行吹扫，将炉膛和烟道内残留的易燃易爆气体和悬浮物吹扫干净。吹扫过程的各阶段在操作台上用相应的信号灯显示。

吹扫条件是当 MFT 跳闸继电器动作后，如果炉膛温度低于 650℃，则“吹扫要求”信号灯点亮，指示操作员应进行吹扫。吹扫过程结束后，指示灯自动熄灭。

当要求进行吹扫时，操作员按“吹扫”按钮，开始吹扫过程。操作员按下“吹扫”按钮后，“吹扫进行”信号灯点亮。吹扫过程设定时间为 5min。完成吹扫过程后，操作台的“吹扫完成”信号灯点亮。

当 MFT 跳闸后，满足吹扫条件，启动炉膛吹扫，煤燃料进入炉膛，则“吹扫完成”信号灯自动熄灭。

吹扫过程中如果吹扫条件不满足，则“吹扫中断”信号灯点亮，“吹扫进行”信号灯熄灭，这时应检查吹扫条件，在满足吹扫条件后重新进行吹扫。

吹扫过程完成后，如 MFT 跳闸条件消除时没有煤燃料进入炉膛，则“锅炉就绪”信号灯点亮，表示锅炉可重新起炉。这时，按“复位”按钮，可对 MFT 跳闸继电器进行复位操作，“MFT 动作”信号灯熄灭。

吹扫过程的逻辑关系见图 3-21。

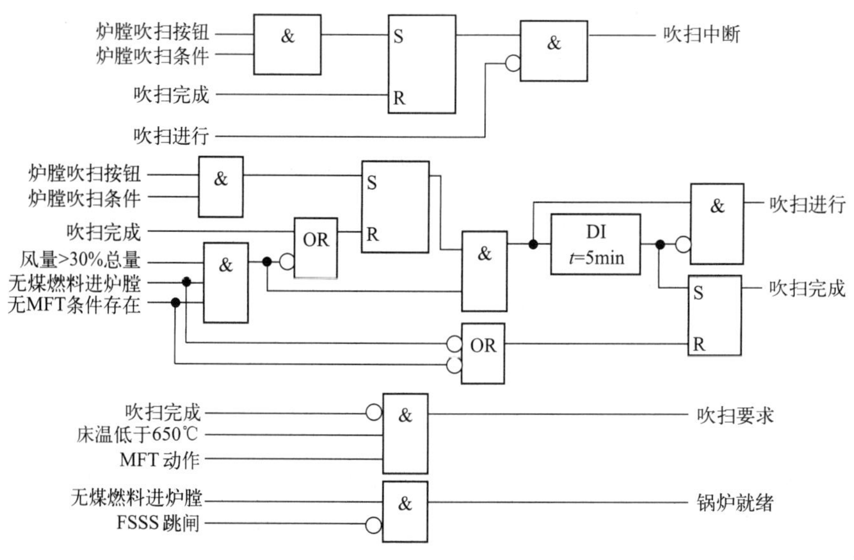

图 3-21　炉膛吹扫系统逻辑图

自控专业设计人员除了可提供顺序表外，还可提供类似上述的有关系统逻辑图。必要时需要提供有关过程的说明。

3.5　仪表供能系统设计

3.5.1　仪表供气设计

(1) 一般规定

① 仪表供气系统的负荷包括气动仪表、气动执行机构、电气转换器等气动设备的用气、正压防爆通风用气、仪表车间维修气动仪表的调试检修用气及仪表吹洗用气等。

② 仪表气源应采用洁净、干燥的压缩空气，应急情况下可用氮气作为临时性气源。

③ 在线仪表系统供气压力下的露点应比工作环境或历史上当地年（季）极端最低温度

至少低 10℃，露点换算见标准 HG/T 20510—2014 图 3.0.1。仪表空气含尘粒径≤3μm，含尘量<1mg/m³，油含量<1ppm。

④ 仪表总耗气量宜采用汇总方式计算。也可按下面简便方式估算：

a. 每台控制阀耗气量为 0.7～1.5Nm³/h；每台现场气动仪表耗气量为 1.0Nm³/h；

b. 因汽缸容积不同和每小时的动作次数不同，切断阀耗气量可按说明书规定值估算；

c. 正压通风防爆柜耗气量根据制造商提供的数据估算。

⑤ 仪表气源装置容量按气源装置供气设计容量 $q_{v1}=q_{v2}(2+A)$ 计算。式中，q_{v2} 是仪表耗气量总和；A 是泄漏系数，取 0.1～0.3。

⑥ 由于气动切断阀和执行机构的供气压力较一般气动仪表压力要高，因此，一般气源装置送各装置界区的压力宜设置为 0.5～0.7MPa (G)。当低于规定下限时，应设置声光报警并采取相应安全措施。例如，压力低设置报警，压力超低宜联锁。仪表气源装置送出总管可设置在线露点仪，信号送控制室。

⑦ 备用气源常用储气罐和备用空压机。储气罐容积 V 按下式计算：

$$V=60q_{v1}tp_0/(p_1-p_t) \tag{3-11}$$

式中，q_{v1} 是气源装置供气设计容量，m³/h（标准状态）；p_1 是正常操作压力，kPa (A)；p_t 是最低送出压力，kPa (A)；p_0 是大气压力，kPa (A)，通常是 101.33kPa (A)；t 是保持时间，min，它是为处理应急事故所需要的时间，一般取 15～20min。

(2) 现场仪表供气方式

① 单线供气方式。分散布置或耗气量波动较大的供气点宜采用单线供气方式供气。一般是：供气干管、气源截止阀、气源球阀、空气过滤器减压阀到现场用气设备。

② 支干式供气方式。多台仪表或仪表布置密集的场合，宜采用支干式供气。一般由供气总管、气源截止阀、气源支干管线组成。气源干管经气源截止阀、气源球阀、空气过滤器减压阀连接到现场用气设备。在气源支管设置排污阀。也可采用供气总管、气源截止阀、空气分配器组成。空气分配器经气源截止阀、气源球阀、空气过滤器减压阀连接到现场用气设备。

③ 环形供气方式。多套装置的仪表供气，可采用环形供气方式，即由气源总管、气源截止阀、环形总管组成。环形总管经气源截止阀、气源球阀、空气过滤器减压阀连接到现场用气设备。

(3) 控制室供气

由于本安技术的应用，控制室内安装气动仪表的情况已经少见。因此，控制室供气量未估算。

(4) 供气系统管路

① 供气管线宜架空敷设，不宜地面或地下敷设。供气管线敷设应避开高温、放射性辐射、腐蚀、强烈振动及工艺管路或设备物料排放口等不安全环境。供气总管、干管和空气分配器上游配管由管道专业设计和敷设。

② 供气取源口应设在水平管道的上方，并安装气源截止阀。在干管最低点和末端设排污阀，宜用球阀。接气动设备处应设置空气过滤器减压阀进行空气净化和稳压处理。供气点集中时，可用大功率空气过滤器减压阀，集中净化稳压，设置一组备用，并联运行。集中过滤减压时，各气动设备前应设气源阀。

③ 供气管线采用不锈钢管时，宜采用焊接式或法兰式连接阀门、焊接管件。采用镀锌钢管时，宜采用镀锌螺纹连接管件，不应采用焊接连接。

④ 供气系统设计时，供气总管、干管或空气分配器上应预留 10%～20%备用供气点，宜用阀门或堵头密封。供气总管或干管末端，应用盲板或丝堵封住，不应将管路末端焊死。

(5) 配管材质与管径

① 供气系统总管、干管可选用不锈钢管或镀锌钢管。气源球阀下游侧配管宜选用不锈钢管，也可用尼龙管、PVC 管。

② 气源球阀上游供气系统配管管径最小宜 1/2in (1in=2.54cm)。供气系统配管管径选取范围见表 3-53。

表 3-53 供气系统配管管径选取范围表

管径	NPS	$\frac{1}{2}$	$\frac{3}{4}$	1	$1\frac{1}{2}$	2	3
	DN	15	20	25	40	50	80
供气点数		1～4	5～10	11～25	26～80	81～150	151～300

③ 气源球阀下游侧配管与所配气动仪表有关。通常气体输送流速按 3～5m/s 确定管径。常用不锈钢管规格：Φ12mm×1.2mm；Φ10mm×1mm；Φ8mm×1mm；Φ6mm×1mm。

3.5.2 仪表供电设计

(1) 一般规定

① 仪表供电包括测量仪表、执行机构、常规监控仪表、在线分析仪表系统、DCS、PLC、FCS、SIS、监控计算机、可燃气体和有毒气体检测报警系统及压缩机控制系统等的供电。仪表辅助设施的供电包括仪表盘（柜）内照明、插座等供电。

② 仪表电源负荷分级应符合现行国家标准 GB 50052《供配电系统设计规范》的规定。仪表电源负荷可分为一级负荷中的特别重要负荷和三级负荷。仪表工作电源按仪表电源负荷分级的需要分为 UPS 和普通电源。一级负荷中的特别重要负荷采用 UPS，三级负荷采用普通电源。UPS 是在外部供电中断后能够持续一定供电时间的电源，分为交流 UPS 和直流 UPS。普通电源是无后备电池系统的无延迟供电电源。

(2) 仪表电源质量与容量

① 普通电源质量要求：交流电源应符合电压 220V±22V；频率 50Hz±1Hz；波形失真率小于 10%。直流电源应符合电压 24V±1V；纹波电压小于 5%；交流分量（有效值）小于 100mV。电源瞬断时间应小于用电设备的允许电源瞬断时间。电压瞬间跌落应小于 20%。

② 不间断电源质量要求：交流电源应符合电压 220V±11V；频率 50Hz±0.5Hz；波形失真率小于 5%。直流电源应符合电压 24V±0.3V；纹波电压小于 0.2%；交流分量（有效值）小于 40mV。电源瞬断时间应小于用电设备的允许电源瞬断时间。电压瞬间跌落应小于 10%。

③ 仪表电源容量按测量和控制仪表耗电量总和的 1.2～1.5 倍计算。

(3) 仪表电源配置要求

① 普通电源配置要求。仪表电源用于下列场合时，可采用普通电源：无高温高压、无爆炸危险的小型生产装置及公用工程系统；在线分析监视系统的辅助设施；仪表盘（柜）内照明、插座。采用普通电源时，可采用单回路或双回路供电。

② 不间断电源配置要求。仪表电源用于下列场合，应采用 UPS：采用 DCS、FCS、SIS 的生产装置；压缩机控制系统 CCS；参与联锁和过程控制的在线分析仪；可燃气体和有毒气体检测报警系统等。采用 UPS 时，UPS 的主电源和旁路电源宜由不同母线供电，以保证可靠供电。电源系统的切换装置应能实现无扰动切换。重要工艺装置、测量和控制仪表的供电宜采用双路 UPS 供电。对具有双重化电源要求的 DCS、FCS、SIS 等系统，其双重化的

交流电源配电柜（箱）宜分别独立设置，空气开关、端子排等应分开布置。对具有双重化电源要求的测量和控制仪表，当由UPS和另一独立普通电源供电时，普通电源供电宜设置隔离变压器。UPS应选用抗干扰能力强、输入输出端均有隔离装置的UPS。

(4) 供电系统设计和设计条件

① 供电系统设计原则

a. 供电系统设计符合下列要求：当采用DCS、PLC、SIS等控制系统时，二线制变送器宜由控制系统I/O卡件供电；仪表电源系统应有电气保护和接地措施。

b. 安全联锁系统供电应符合下列要求：安全联锁系统电源单元应有冗余措施；电磁阀电源电压宜采用24V DC。安全联锁系统的电磁阀的直流电源应由冗余配置的直流稳压电源供电或由UPS的直流电源供电。电源容量按额定工作电流的1.5～2.0倍选用；如果安全联锁系统的电磁阀采用220V交流电源，则应由交流UPS电源供电，电源容量按额定工作电流的1.5～2.0倍选用。

② 供电系统的配电

a. 供电系统的配电应符合GB 50054《低压配电设计规范》的规定。应采用配电柜（箱），不同种类和等级的电源应分别配电，不能混用配电柜（箱）。

b. 按用电仪表电源类型、电压等级设计供电系统的配电。可按需要采用三级或二级配电方式。三级供电系统中宜设置一级总配电柜（箱）、二级分配电柜（箱）和三级配电器（板）。二级供电中宜设置一级总配电柜（箱）、二级分配电柜（箱）。每个配电柜（箱）应预留备用配电回路；每个配电器（板）应预留配电回路。一级配电柜（箱）的门上可设置相应电压表、指示灯等。

c. 属于三级负荷的现场仪表的供电，如单独供电有困难，可由现场相邻低压动力配电柜（箱）供电。

d. 断路器的设置：配电系统应使用非熔断式自动断路器（如自动空气断路器）；交流总配电柜（箱）应设置输入总自动断路器和输出自动断路器；交流分配电柜（箱）输入端应设置总开关，不设保护器，输出端应设置自动断路器；交流配电器（板）不设输入总开关，不设保护器，仅对输出端相线设置自动断路器。

直流配电柜（箱）和直流配电器（板）不设输入总开关和保护电器；直流配电柜（箱）仅对输出端正极设置自动断路器，但当负极浮空时，输出端的正、负极都应设置自动断路器。

e. UPS的输出电源是三相交流电源时，配电柜（箱）应将负荷均匀分配到三相线路上。

③ 供电系统的设计条件　仪表总电源由电气专业负责设计，自控专业提出设计条件。如果UPS随仪表系统成套供货，电气专业只负责提供输入电源。

自控专业向电气专业提交的仪表电源设计条件包括下列内容：仪表用电总量（kV·A）（分别列出普通电源和UPS电源用电总量）；电压等级及允许波动范围；电源频率及允许波动范围；普通电源是否采用双回路供电；UPS供电回路数；UPS蓄电池备用时间（min）；电源瞬断时间要求；现场仪表单独供电电源；现场仪表及管线的伴热电源；对10kV·A以上的大容量UPS，宜单独设电源间，10kV·A及以下的小容量UPS可安装在控制室机柜室内。

(5) 电源装置的选择

① 交流不间断电源

a. 输入参数：交流电源电压：三相（380±57）V；单相（220±33）V；频率（50±2.5）Hz。过载能力不小于150%（5s之内）。后备电池供电时间不小于30min。

b. UPS三相输出时，应具有在各相负载不平衡情况下能正常工作的能力。

c. UPS应具有故障报警及过载保护功能；具有变压稳压环节；具有维护旁路功能（维护旁路应自变压稳压环节后引导，或维护旁路单独设稳压变压器；维护旁路应具有与内部主电路同步的功能；维护旁路与内部主电路切换时间应小于或等于允许的电源瞬断时间）。

② 直流稳压电源及直流不间断电源

a. 输入参数：交流电源电压：三相380±57V；单相220V±33V；频率50Hz±2.5Hz。

b. 外界因素影响应符合下列规定：

- 环境温度变化对输出影响小于1.0%/10℃；机械振动对输出影响小于1.0%。
- 输入电源瞬断（100ms）对输出影响小于1.0%；输入电源瞬时过压对输出影响小于0.5%。
- 接地对输出影响小于0.5%；负载变化对输出影响小于1.0%。
- 长期漂移小于1.0%。

c. 直流稳压电源及直流不间断电源装置应具有输出电压上下限报警及输出过电流报警功能；应具有输出过电流或负载短路时的自动保护功能，当负载恢复正常后，应能自动恢复。

d. 直流不间断电源应符合：后备电池供电时间不小于30min；能满足直流稳压电源全部性能指标；具有状态监测和自诊断功能；具有状态报警和过流保护功能。

e. 并联运行的直流稳压电源容量配置及冗余应符合：并联叠加方式配置容量，其总容量应大于或等于仪表系统直流电源的计算容量；采用$n:1$冗余方式。

(6) 供电器材选择

① 一般原则　供电器材应满足正常工作条件的要求。即所选用电器的额定电压和额定频率符合所在网络额定电压和额定频率；电器额定电流应大于所在回路最大连续负荷计算电流；保护电器应满足电路保护特性要求。外壳保护等级满足环境条件的要求。

② 供电器材选择

a. 供电线路中各类开关容量按正常工作电流的2.0～2.5倍选用。

b. 断路器选择。

- 断路器中过电流脱扣器容量按线路工作（计算）电流确定：正常工作情况下脱扣器额定电压应大于或等于线路额定电压；脱扣器整定电流应接近但不小于负荷的额定工作（计算）的电流总和，且应小于线路允许的载流量。
- 断路器额定电流应小于该回路上电源开关的额定电流；断路器额定电流及断路器过电流脱扣器的整定电流应同时满足正常工作电流和启动尖峰电流两个条件的要求。
- 多级配电系统中，干线上断路器额定电流应大于支线断路器额定电流至少两级；支线上采用断路器时，干线上的断路器动作延时时间应大于支线上断路器动作的延时时间。

c. 供电器材安装。

- 配电柜（箱）应安装在环境条件良好的室内，如需要安装在室外，应尽量避开环境恶劣的场所，并选用适合该场所环境条件的配电柜（箱）。
- 供电线路中的电气设备、安装附件应满足现场防爆、防护、防腐、环境温度及抗干扰的要求。

(7) 供电系统的配线

① 线路敷设

a. 电源线的长期允许载流量不应小于线路上游断路器的额定电流或低压断路器内延时脱扣器整定电流的1.25倍。电源线不应在易受机械损伤、有腐蚀介质排放、潮湿或热物体绝热层处敷设。当不可避免时应采取保护措施。

b. 交流电源线应与其他信号导线分开敷设。当无法分开时应采取金属隔离或屏蔽措施。

c. 配电线路上的电压降不应影响用电设备所需的供电电压。

② 电源线截面积

a. 电源线截面积的选择应符合 GB 50054—2011《低压配电设计规范》及 GB 50217—2018《电力工程电缆设计标准》的规定。对爆炸危险场所电源线截面积的选择应符合 GB 50058—2014《爆炸危险环境电力装置设计规范》的规定。

b. 接地导线截面积的选择应符合 HG/T 20513—2014《仪表接地系统设计规范》的规定。

3.5.3　仪表及管线伴热和绝热保温设计

(1) 一般规定

① 仪表及管线的伴热和绝热方式有：热水伴热、蒸汽伴热、电伴热、绝热及热水、蒸汽的重伴热和轻伴热。

② 绝热是为减少设备和管线内介质热量或冷量损失，防止人体烫伤、冻伤，在其外壁设置绝热层以减少热传导的措施。它是保温和保冷的统称。

③ 伴热是采用热媒介使仪表和测量管线介质提高温度的方式，热媒介有热水、蒸汽、热载体或电。

(2) 绝热和伴热方式

① 环境温度下有冻结、冷凝、结晶、析出等现象产生的物料测量管线和检测仪表、不能满足最低环境温度要求的仪表和管线需要采用伴热方式。仪表和管线的伴热宜根据工艺伴热方式选取。处于露天环境的伴热绝热系统，环境温度应取当地极端最低温度；安装在室内的伴热绝热系统环境温度取室内最低温度。

② 伴热方式分为热水伴热（首选）、蒸汽伴热（无热水源或热水伴热无法满足要求的检测系统）和电伴热（对环境洁净程度要求较高或要求对伴热系统实现精确温度控制或遥控和自动控制的场合）。

③ 热流体的仪表检测系统、采用保温绝热方式可保证仪表和管线正常工作的场合及伴热用蒸汽或热水管线、冷凝回水管线和电伴热等场所宜采用保温绝热。

④ 为防止或降低冷介质及载冷介质在仪表检测过程中温度升高，防止环境温度下仪表设备或管线外表面结露及保冷设备和仪表相连接的测量管线宜采用保冷绝热。

⑤ 伴热绝热设计温度应保持工艺介质在仪表测量管线及仪表内不冻结、冷凝、结晶或析出。水介质的维持温度宜在20℃以上，保温箱内温度宜在5～20℃。

⑥ 被测介质易冻结、冷凝、结晶、析出的场合，仪表测量管线应采用重伴热。重伴热时，伴热管道应紧密接触仪表测量管线。如果重伴热会引起被测介质汽化或分解，应采用轻伴热或绝热。轻伴热时，伴热管道与一般测量管线之间有隔离层分隔或不接触仪表测量管线。

(3) 绝热设计

① 仪表测量管线的绝热结构如图 3-22 所示。它由保护层、防潮层或防水层、镀锌钢丝、防腐油漆（可选用）、绝热层、测量管线和伴热管线组成。对埋地管线和设备、地沟内管线的保温结构宜增设防潮层。保冷结构由保冷层、防潮层和保护层组成。环境变化和振动情况下防潮层应保持保温结构的完整性和密封性。仪表测量管线的绝热

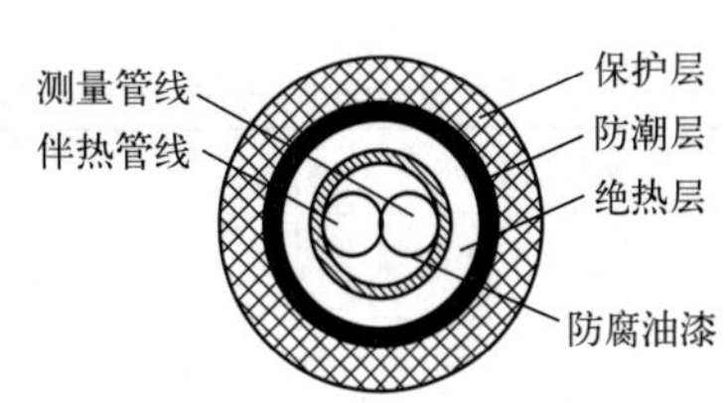

图 3-22　仪表测量管线的绝热结构

也可采用测量管线、伴热带/伴热管线、绝热层和保护层一体化的管缆。

② 绝热层材料按GB 50264—2013《工业设备及管道绝热工程设计规范》、GB/T 4272—2015《设备及管道绝热技术通则》和GB/T 8175—2008《设备及管道绝热设计导则》规定选用。通常，测量管线绝热材料应由阻燃材料组成，测量管线绝热层宜选用绝热制品。保温材料及制品允许使用温度应高于测量管线和伴热管线的设计温度；保冷材料及制品允许使用温度应低于测量管线的设计温度。相同温度范围内不同保温材料供选择时，宜选用导热系数小、密度小、强度相对较高、无腐蚀性的材料和制品。保冷材料宜选用导热系数小、密度小、吸水、吸潮率低的产品。

③ 可选用的防潮层材料有：内层为石油沥青玛蹄脂，中层为有碱粗格平纹玻璃布，外层为石油沥青玛蹄脂；橡胶沥青防水冷胶玻璃布防潮层；新型冷胶料卷材防潮层、冷涂料防潮层等。

④ 保护层材料宜选用金属材料，腐蚀环境下宜选用耐腐蚀材料。采用镀锌钢板或铝合金板作为保护层时，不需要涂防腐涂料。保护层直径大于40mm可采用镀锌铁皮，小于40mm可采用铝箔。采用普通碳素薄钢板作为保护层时，其内外表面均应涂防腐涂料。采用非金属材料作为保护层时，应采用阻燃材料抹平或用防腐蚀涂料涂装。保护层结构应严密牢固，环境变化与振动情况下不渗水、不裂纹、不散缝、不坠落。保护层材料厚度：镀锌薄钢板厚度0.3～0.35mm；铝合金薄板厚度0.4～0.5mm。

⑤ 测量管线保温层厚度、保温箱保温绝热层厚度按有关规定计算。热量损失按有关规定计算。蒸汽伴热、热水伴热允许热量损失按有关规定计算。电伴热保温绝热层厚度按热水伴热保温绝热层厚度，见表3-54。

表3-54 热水伴热和电伴热保温绝热层厚度

大气温度/℃	蒸汽压力/MPa(A)	绝热层厚度 δ_p/mm	大气温度/℃	蒸汽压力/MPa(A)	绝热层厚度 δ_p/mm
−30以下	1	30	−15以上	0.3	20
−30～−15	0.6	20	0以上	1	10

注：绝热层厚度按测量管道介质温度为60℃计算。

(4) 伴热系统设计

① 连续伴热系统和间断伴热系统应独立设置。伴热系统设计应考虑被伴热仪表和管线可独立维护。

② 热水伴热系统。

a. 热水伴热系统宜由热水总管、分配站或热水支管、热水伴管、热水回水站或回流管、热水回水总管和相应安装附件组成。伴热用热水应设置独立的供水系统，应采用集中回水，并设置回水总管。

b. 热水伴管材质及管径及伴管最大允许有效长度见表3-55和表3-56。热水伴热总管和支管应采用不锈钢管。

表3-55 热水伴管材质及管径

伴热管材质	不锈钢管	不锈钢管	碳钢管
连接方式	卡套式	焊接式	焊接式
伴热管规格(外径×壁)	Φ8mm×1mm;Φ10mm×1mm(Φ10mm×1.5mm); Φ12mm×1mm	DN15;DN20	DN15;DN20

表 3-56 热水伴管最大允许有效长度

伴热管管径/mm	伴热热水压力 p 对应的最大允许有效伴热长度/m		
	0.3MPa≤p≤0.5MPa	0.5MPa<p≤0.7MPa	0.7MPa<p≤1.0MPa
Φ10mm;Φ12mm	40	50	60
DN15;DN20	60	75	90

c. 热水伴热系统管路宜按热水伴热系统管路图设计。图 3-23 是热水伴热系统管路图。

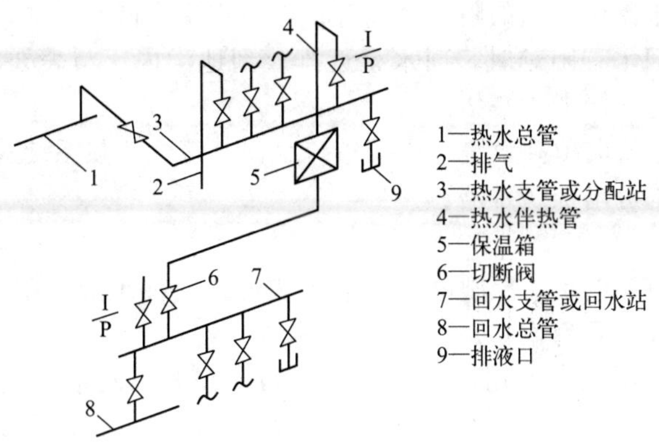

图 3-23 热水伴热系统管路图

③ 蒸汽伴热系统。

a. 蒸汽伴热系统宜由蒸汽总管、分配站或蒸汽支管、蒸汽伴管、冷凝液回水站或回流管、冷凝液回水总管和相应安装附件组成。蒸汽伴热用蒸汽应设置独立的供汽系统。蒸汽总管、分配站或蒸汽支管、蒸汽伴管的连接应焊接，接头应在蒸汽管顶部。蒸汽总管最低处应设置疏水器。

b. 每个蒸汽伴热回路均宜设置一台凝液疏水器，疏水器应安全可靠，安装方便，可采用本身带有过滤器并有止逆功能的热动力式疏水器。疏水阀组不宜设置旁路阀。

c. 蒸汽伴热管优先选用不锈钢管，伴热管管径和饱和蒸汽流量、流速的关系见表 3-57。蒸汽伴热管最大允许有效伴热长度见表 3-58。

表 3-57 伴热总管或支管管径与饱和蒸汽流量、流速的关系

伴热管规格	蒸汽压力/MPa(A)					
公称直径	1.0		0.6		0.3	
	蒸汽量 q_m/(t/h)	流速/(m/s)	蒸汽量 q_m/(t/h)	流速/(m/s)	蒸汽量 q_m/(t/h)	流速/(m/s)
DN15	<0.04	<9	<0.03	<11	<0.02	<11
DN20	<0.07	<10	<0.05	<12	<0.03	<13
DN25	0.07~0.13	<11	0.05~0.10	<13	0.03~0.06	<15
DN40	0.13~0.34	<13	0.10~0.26	<17	0.06~0.16	<20
DN50	0.34~0.64	<15	0.26~0.50	<19	0.16~0.30	<23
DN80	0.64~1.90	<20	0.50~1.40	,<23	0.30~0.80	<26
DN100	1.90~3.80	<24	1.40~2.70	<26	0.80~1.50	<29

表 3-58 蒸汽伴热管最大允许有效伴热长度

伴热管管径	伴热蒸汽压力 p 对应的最大允许有效伴热长度/m		
	0.3MPa≤p≤0.5MPa	0.5MPa<p≤0.7MPa	0.7MPa<p≤1.0MPa
Φ10mm;Φ12mm	40	50	60
DN15;DN20	60	75	90

d. 蒸汽伴热系统回水管的设计：各回水管线的冷凝量宜相等；各回水系统的压力损失应最小；各并联的回水系统之间的阻力宜相等；应采用集中回水方式，即设置回水总管并将回水集中排放。集中回水有困难时，回水就近排放到地沟内；与表 3-57 确定的伴热支管管径比较，回水管管径应相同或大一级。

e. 每个蒸汽伴热系统应单独设置一台凝液疏水器。蒸汽伴热系统管路图与热水伴热系统管路图类似，但回水部分增加疏水器。

④ 电伴热系统。

a. 电伴热系统宜由配电箱、控制电缆、电伴热带及附件组成。附件宜包括电源接线盒、中间接线盒、终端接线盒及温控器。

b. 电伴热带与温控器配合使用，重要检测回路的仪表及测量管线的电伴热系统应设置温控器。其温度传感器应安装在能准确测量被控温度的位置，关键温度控制回路宜设置温度超限报警。

c. 电伴热系统供电电源宜选用 220V AC，50Hz。宜设置独立供电系统，其负荷类别应根据生产过程实际要求确定。控制电缆线径根据系统最大用电负荷确定，导线允许载流不应小于电伴热带最大负荷时的 1.25 倍。控制电缆选择和安装应符合现行行业标准规定。

d. 爆炸危险场所的电伴热带及附件应满足相应防爆等级，符合现行国家标准 GB 50058—2014《爆炸危险环境电力装置设计规范》规定。电伴热产品的防爆温度组别不应超过危险介质防爆温度组别值的 80%。

e. 电伴热系统的供电系统应具有过载、短路保护措施，每套供电系统应设置单独的电流保护装置，满负荷电流不应大于保护装置额定电流的 80%。供电系统应有漏电保护装置。

f. 电伴热带的选型：宜选用 220V AC，50Hz 供电产品。宜选用并联结构的自限式或恒功率电伴热带。自限式电伴热带适应于防冻和伴热场合，维持温度较低，其维持工艺温度不大于 130℃。单相恒功率电伴热带宜用于高功率输出或高暴露温度的防冻保护和工艺温度维持，其维持工艺温度不大于 150℃，应与温控器或其他温控装置配套使用。其额定功率宜选择 10W/m、20W/m、30W/m、40W/m 的规格产品。要求机械强度高、耐腐蚀能力强的场合，应选用加强型电伴热带。

g. 电伴热带规格的确定：根据管线维持最高温度确定电伴热带的最高维持温度；根据管线散热量确定电伴热带的额定功率。

h. 电伴热带总长度应包括管线所需电伴热带长度、各种管线附件所需电伴热带长度及安装所需电伴热带长度。通常，每个弯通所需电伴热带长度宜为管线公称直径的 2 倍；每个法兰电伴热带长度宜为管线公称直径的 3 倍。

(5) 伴热系统安装

① 热水伴热系统的安装：热水伴热系统总管、支管、伴热管的连接应焊接，取水点应在热水管底部或两侧。伴热管线通过被伴热仪表管线的阀门等附件时，宜采用对焊连接。热

水伴热管及支管根部、回水管根部应设置切断阀，供水总管最高点应设置排气阀，最低点应设置排污阀。伴热管线水平安装时，应安装在被伴热管线的下方或两侧。伴热管线与被伴热管线之间用金属扎带或镀锌钢丝捆扎，间距1～1.5m。

② 蒸汽伴热管线的安装：伴热管线从蒸汽总管或支管顶部引出，并在靠近引出处设切断阀。每根伴热管线应始于测量系统最高点，止于测量系统最低点，最低点设排凝阀。伴热管线在允许有效伴热长度内出现U形弯时，以米计的累计上升高度宜不大于蒸汽入口压力(MPa)的10倍。其他安装要求同热水伴热系统的安装。疏水器前后应设置切断阀。疏水器后冷凝水集合管高于疏水器时，应在疏水器后切断阀与冷凝水上升管之间设止逆阀，在疏水器的前切断阀之间设冲洗管和阀门。

③ 电伴热带的安装：电伴热带并行敷设时宜安装在测量管线侧面或侧下方，用耐热胶带将电伴热带与被伴热管线紧贴固定。自限式电伴热带应避免缠绕安装，其他形式的电伴热带不应交叉。敷设最小弯曲半径应大于电伴热带厚度的5倍。为防泄漏造成电路短路，缠绕电伴热带时应避免管线法兰在其正下方。

(6) 仪表保温箱的保温伴热

① 环境温度下仪表不能正常工作时，需设置仪表保温箱。保温箱可采用热水伴热、蒸汽伴热或电伴热。仪表保温箱由箱体、仪表安装支架、加热装置等组成，保温箱壳体宜夹装保温层。

② 保温箱分非金属和金属两种。非金属仪表保温箱用玻璃钢制成。金属仪表保温箱用不锈钢和碳钢制成。腐蚀环境等自然条件恶劣的场所宜选用非金属或不锈钢保温箱。保温箱规格为800mm×600mm×500mm或600mm×500mm×500mm。

③ 保温箱中加热器采取与导压管伴热形式相同的伴热源。蒸汽加热器或热水加热器的伴热管线长度应按保温箱维持温度确定。恒功率电加热器保温管线长度宜不受限制。对易燃易爆危险环境，选用符合相应防爆等级的防爆电加热器。

(7) 绝热和保护材料及厚度计算

① 常用绝热材料性能见表3-59。常用保护层材料性能见表3-60。

表3-59 常用绝热材料性能

材料名称	使用密度/(kg/m³)		推荐使用温度/℃	常用导热系数λ/[W/(m·℃)]	抗压强度/MPa	备注
超细玻璃棉制品	板	48/(64～120)	300	(≤0.043)/(≤0.042)	—	用于保温
	管	≥45		≤0.043	—	
岩棉及矿渣棉	毡	(60～80)/(100～120)	≤400	(≤0.049)/(≤0.049)	—	用于保温
	板	80/(100～120)	≤250	(≤0.044)/(≤0.046)	—	
	管	(150～160)/(≤200)	≤250	(≤0.048)/(≤0.044)	—	
微孔硅酸钙	170/220/240		550	(≤0.055)/(≤0.062)/(≤0.064)	0.4/0.5/0.5	用于保温
硅酸铝纤维制品	120～200		≤900	≤0.056	—	用于保温
复合硅酸铝镁制品	板	45～80	≤600	≤0.036	—	用于保温
	管	≤300		≤0.041	0.4	
聚氨酯泡沫塑料制品	30～60		−65～80	≤0.027	—	用于保冷
聚苯乙烯泡沫塑料制品	≥30		−65～70	≤0.0349	—	用于保冷
泡沫玻璃	150/180		−196～400	(≤0.06)/(≤0.064)	0.5/0.7	用于保冷

表 3-60 常用保护层材料性能

名称	技术性能	备注
玻璃布平纹带	幅度 125mm;250mm;厚度(0.1±0.01)mm;标重(105±10)g/m^2;径向/纬向拉断荷重 740kg/30kg	—
保冷结构用石油、沥青玛蹄脂	耐热性 80℃;连续 5h 不流淌;黏结性 5×10cm^2 试样,18℃合格	隔热管壳间胶结用
沥青油毡纸	一般防水油毡纸	—
镀锌铁丝	#22	捆扎用
各色油性调和漆	干燥时间:表干≤10h;湿干≤24h	防腐用
镀锌薄钢板	厚度 0.30～0.35mm	—
铝合金薄板	厚度 0.40～0.50mm	—

② 计算公式：绝热层和保护层材料计算公式见表 3-61。绝热层和保护层厚度及其他计算见标准有关规定。保温蒸汽、热水用量、电伴热功率等计算见标准有关规定。

表 3-61 绝热层和保护层材料计算公式

名称	计算公式	附注
绝热层材料用量	$V=\pi D\delta_p$;$D=d+2\delta_p$	V:绝热层材料用量,m^3/m;d:仪表绝热管线当量直径,m;δ_p:测量管线绝热层厚度,m
保护层材料用量	$A=1.3\pi(d+2\delta_p)$	A:保护层材料用量,m^2/m;余同上

3.6 仪表配管和配线设计

仪表配管、配线的工程设计应做到仪表测量准确、信号传递可靠、减少滞后、安全适用、整齐美观，便于施工和维修。配管、配线时对爆炸和火灾危险、腐蚀、高温、潮湿、振动、雷击、粉尘、沙尘及电磁干扰等环境，应采取相应措施。

3.6.1 管线的选用

管线的选用包括仪表测量管线的选用、气动信号管线的选用、电缆的选用，也包括现场总线及光缆的选用。

(1) 仪表测量管线的选用

① 仪表测量管线连接方式：仪表测量管线与仪表根部阀应根据管道等级表采用螺纹连接、法兰连接或承插焊的连接方式。测量管线（包括阀门和管件）之间的连接方式宜采用焊接方式或卡套方式。

② 测量管线材质：应根据被测介质物性、温度、压力等级和所处环境条件等因素确定。测量管线材质宜选用不锈钢。测量管线、管件和阀门宜选用同种材质。分析仪表的取样管线宜选用不锈钢。

③ 测量管线管径：通常，采用卡套连接时，测量管线外径为 Φ12mm；采用对焊式连接或承插焊连接时，外径为 Φ14mm 或 Φ18mm。采用公制尺寸时，壁厚应符合表 3-62 的规定。

表 3-62　测量管线壁厚选择表

压力等级	卡套连接方式的壁厚/mm	对焊连接方式的壁厚/mm	承插焊连接方式的壁厚/mm
≤PN 160	1.5,2.0	2	3
≤PN 260		4	4
≤PN 420		4.5	5

注：测量管线壁厚的确定应注意工艺介质温度对测量管线耐压强度的影响。采用英制时，宜用卡套连接，其管径根据工程具体要求选用。

分析仪表取样管线的管径宜选用 Φ6mm×1mm、Φ8mm×1mm 和 Φ10mm×1mm，其快速回路的返回管线及排放管线管径可适当放大。

(2) 气动信号管线选用

气动信号管线宜采用卡套或焊接连接；管径宜选用 Φ6mm×1mm、Φ8mm×1mm、Φ10mm×1mm 和 Φ12mm×1.5mm。气动信号管线材质宜选用不锈钢，也可根据工程具体要求选用其他规格和材质。气源管线材质应符合 HG/T 20510—2014《仪表供气设计规范》规定。

(3) 电缆的选用

① 仪表信号电缆线芯截面积

a. 应满足测量及控制回路对线路阻抗的要求，及施工中对线缆机械强度的要求。最小线芯截面积不宜小于 $0.75mm^2$。

b. 爆炸危险场所 2 区或非防爆区域的场合，敷设在桥架或保护管中的二芯及三芯仪表信号电缆线芯截面积宜选用 $1.0 \sim 1.5mm^2$；热电偶补偿导线宜选用 $1.0 \sim 2.5mm^2$；主电缆的多芯电缆，在线路电阻满足的条件下，其线芯截面积可为 $0.75 \sim 1.5mm^2$。

c. 接地线线芯截面积应符合现行标准 HG/T 20513—2014《仪表系统接地设计规范》规定。供配电线的线芯截面积符合现行标准 GB 50217—2018《电力工程电缆设计标准》和 GB 50058—2014《爆炸危险环境电力装置设计规范》规定。

② 电缆类型

a. 仪表信号电缆宜选用多股铜芯聚乙烯绝缘聚氯乙烯护套带屏蔽的软电缆。屏蔽宜选用总屏蔽加分屏蔽。特殊要求根据制造商具体规定选用。

b. 本安系统中应选用本安电缆，其分布电容、分布电感参数应符合本安回路要求。本安电缆外护套为蓝色标志。

c. 耐高温、低温电缆适用于高、低温场所。火灾危险场所架空敷设应选用阻燃电缆。热电偶补偿电缆型号与所用热电偶分度号相匹配，宜选用补偿型。

d. 现场总线电缆、数据通信电缆按有关控制系统及仪表制造商要求选用。基金会现场总线电缆宜选用铜芯导体（18AWG），聚乙烯绝缘，聚氯乙烯护套，内外屏蔽，A 型，专用 FF 现场总线电缆。光缆宜选用带聚乙烯护套，钢丝加强件的单模或多模光缆。

3.6.2　管线和电缆的敷设

(1) 测量管线及气动信号管线的敷设

① 一般规定：应避开高温、工艺介质排放口、腐蚀、振动及妨碍检修等场所。应采用架空敷设方式，固定应可靠，减少弯曲和交叉。对易冻、冷凝、凝固、结晶、汽化的被测介质，其测量管线应采用伴热或绝热方式，符合现行行业标准 HG/T 20514《仪表及管线伴热和绝热设计规范》规定。

② 测量管线敷设时，应避免管线内产生附加静压头、密度差及气泡。水平敷设时，应

有 1∶10～1∶100 坡度。如果冷凝液或气体难以自流返回工艺管道或设备，液相介质测量管线最高点应设排气装置，气相介质测量管线最低点应设排液装置。介质含沉淀物或污浊物时，最低点应设排污装置。对有毒、有腐蚀性和严重污染环境的介质，应排放到指定地点或装置内的密闭排放系统。压力等级≥PN160 的工况，根部阀为双阀时，仪表排放阀应设双阀或单阀加管帽。测量管线上排放或排污端口应设堵头，直接与大气相连的仪表接口宜设不锈钢保护网。

③ 测量管线与高温设备、管道相连时，应采取热膨胀补偿措施。

④ 测量管线及气动信号管线应采用角钢、扁钢、U 形螺栓固定支撑，支撑应固定在墙、柱、框架、管架等上面。其支撑之间的间距符合 GB 50093—2013《自动化仪表工程施工及质量验收规范》的规定。

(2) 电缆敷设

① 一般规定

a. 电缆敷设应避开热源、潮湿、振动源和电磁场干扰，不应敷设在影响材质、妨碍设备维修的位置。仪表电缆不宜并行敷设在高温工艺管道和设备上方，或有腐蚀性液体的工艺管道和设备的下方。仪表主电缆宜敷设在架空带盖电缆桥架中，仪表分支电缆宜穿金属保护或在桥架内敷设。铠装电缆可敷设在梯级桥架中。仪表电缆应按较短途径敷设。

b. 现场测量点较多时宜采用接线箱。接线箱宜设置在测量点较集中和便于维修的地方。进出室外安装的接线箱的电缆宜底进底出或侧进底出。不同电平信号、本安和非本安信号不应共用同一根多芯电缆和同一接线箱。位于爆炸危险场所 1 区、2 区的接线箱宜选用增安型（Exe）或隔爆型（Exd），材质宜为不锈钢或聚酯。防爆现场仪表、接线箱、就地仪表盘（柜）的电缆进出口，应根据现行国家标准 GB 50058《爆炸危险环境电力装置设计规范》规定，采用相应防爆级别电缆密封接头。

c. 仪表信号电缆与电力电缆交叉敷设时，宜直角跨越，如果并行敷设，两者间最小允许距离见表 3-63。

表 3-63 仪表电缆与电力电缆并行敷设的最小允许距离

单位：mm

电力电缆电压与工作电流		125V,10A	250V,50A	200～400V,100A	400～500V,200A	3000～10000V,800A
相互并行敷设的长度	＜100m	50	150	200	300	600
	＜250m	100	200	450	600	900
	＜500m	200	450	600	900	1200
	≥500m	1200	1200	1200	1200	1200

d. 多芯电缆的备用芯数宜为使用芯数的 10%～15%。电缆两端应配有标记电缆号的标牌。

e. 现场仪表、接线箱、就地仪表盘（柜）的电缆进出口外侧电缆宜采用连续式（电缆密封接头挠性管与镀锌焊接钢管连接）或非连续式（电缆密封接头加电缆桥架或电缆密封接头加镀锌焊接钢管）。

f. 冗余数据通信电缆的两根线应分两个不同的路径敷设。敷设电缆、光缆时，其弯曲半径不应小于其允许的最小弯曲半径。

② 控制室进线方式　现场控制室进线可采用架空或地下进线方式。架空进线由室外进入建筑物内时，桥架向外的坡度不应小于 1∶100。控制室或现场机柜室电缆进口处，宜采

用专用密封材料，并满足抗爆、防火、防水、防尘要求。地下进线时，电缆穿墙入口处洞底标高应高于室外沟底标高300mm以上，入口处和墙孔洞应密封处理，室外沟底应有排水设施。

③ 电缆桥架敷设方式

a. 电缆桥架宜架空敷设。电缆桥架安装在工艺管道上时，宜布置在工艺管道侧面或上方，并留有便于维护和工作的空间。电缆桥架材质可选用热浸锌碳钢、带金属屏蔽网的复合材料、铝合金或不锈钢。电缆桥架应有排水孔。电缆桥架的电缆填充系数宜0.3～0.5。电缆桥架的直线长度超过50m时，宜采用改变标高、加伸缩板等热膨胀补偿措施。电缆桥架水平敷设或垂直敷设时，宜每隔2m设一个支撑。大跨距桥架可根据桥架制造商要求设置。

b. 仪表交流电源线路应与仪表信号线路分开敷设；补偿信号电缆应与其他信号电缆分开敷设；本安信号与非本安信号线应分开敷设。分隔方式采用金属隔板分隔，并将金属隔板可靠接地，也可采用不同电缆桥架敷设。铠装电缆、光缆可不分开敷设。

c. 保护管在电缆桥架侧面高度1/2以上区域内，采用管接头或锁紧螺母与电缆桥架连接，保护管不得在电缆桥架的底部或顶盖上开孔引出。

④ 保护管敷设方式

a. 保护管宜采用镀锌焊接钢管。保护管宜架空敷设，架空敷设有困难时可采用埋地敷设，但保护管径应加大，埋地部分应防腐处理。保护管内填充系数不宜超过0.4。单根电缆穿保护管时，保护管内径不应小于电缆外径的1.5倍。

b. 不同信号种类的电缆应分别穿管敷设。单根保护管的弯曲角度总和超过270°或管线长度超过30m时应增设穿线盒。

⑤ 电缆沟敷设方式

a. 电缆沟底坡度不应小于1∶200，室内沟底坡度应向下坡向室外。沟的最低点应采取有效排水措施。有可能积聚易燃易爆气体的电缆沟内应填充沙子。电缆沟应避开地上和地下障碍物，避免与地下管道、动力电缆交叉。

b. 仪表电缆沟与动力电缆交叉时应直角跨越，交叉处仪表电缆应采用屏蔽保护措施。

⑥ 电缆直埋敷设方式

a. 室外装置的仪表检测点较少、分散且无管架可利用时，宜选用铠装电缆直埋敷设，并采取防腐措施。直埋电缆埋设深度不应小于700mm，在冻土地区，宜埋在冻土层以下。无法深埋时，应有防止电缆受损的措施。直埋电缆应在其上方地面设置明显埋地标识。直埋电缆与地面上接线箱连接时，地面以上部分的电缆应留余量。

b. 直埋电缆穿越道路时，应穿保护管保护，管顶覆土深度不应小于1000mm。直埋电缆与建筑物地下基础间最小净距离为600mm，与电力电缆最小净距离应符合表3-63规定。直埋电缆不应沿任何地下管道的上方或下方平行敷设。如果平行敷设，则其最小净距离为：与易燃易爆介质的管道平行敷设时为1000mm，交叉时为500mm；与热力管道平行敷设时为2000mm，交叉时为500mm；与水管或其他工艺管道平行敷设或交叉敷设时均为500mm。

3.6.3　仪表盘（箱、柜）的配管和配线

① 仪表盘（箱、柜）内配线的导线截面积选用0.75mm^{2}或1.0mm^{2}铜芯软线，敷设在汇线槽内。小型仪表箱可整齐捆扎，明线敷设。导线应通过接线片或管状端头与仪表及电气元件相连。导线与接线片的连接采用压接。盘内配线不应有中间接头。

② 仪表盘（箱、柜）采用穿板接头与外部气动管线连接。仪表盘（箱、柜）采用端子排与外部电缆连接，但补偿导线宜直接与盘内仪表连接。

③ 本安仪表和非本安仪表的信号线应采取不同汇线槽敷设。接线端子排分开设置。其间距应大于 50mm 或采取隔离措施。本安信号线和端子应有蓝色标志。

3.7 仪表设备安全设计

3.7.1 防雷和防爆设计

(1) 防雷设计

① 建筑物分类　国家标准 GB 50057—2010《建筑物防雷设计规范》按防雷要求分为三类：

a. 第一类防雷建筑物：制造、使用或贮存火炸药及其制品的危险建筑物，因电火花而引起爆炸、爆轰，会造成巨大破坏和人身伤亡者；具有 0 区或 20 区爆炸危险场所的建筑物；具有 1 区或 21 区爆炸危险场所的建筑物，因电火花而引起爆炸，会造成巨大破坏和人身伤亡者。

b. 第二类防雷建筑物：国家级重点文物保护的建筑物；国家级会堂、办公建筑物、大型展览和博览建筑物、大型火车站和飞机场、国宾馆、国家级档案馆、大型城市重要给水泵房等特别重要的建筑物；国家级计算中心、国际通信枢纽等对国民经济有重要意义的建筑物；国家特级和甲级大型体育馆；制造、使用或贮存火炸药及制品的危险建筑物，且电火花不易引起爆炸或不致造成巨大破坏和人身伤亡者；具有 1 区或 21 区爆炸危险场所的建筑物，且电火花不易引起爆炸或不致造成巨大破坏和人身伤亡者；具有 2 区或 22 区爆炸危险场所的建筑物；有爆炸危险的露天钢质封闭气罐；预计雷击次数大于 0.05 次/年的部、省级办公建筑物和其他重要或人员密集的公共建筑物及火灾危险场所；预计雷击次数大于 0.25 次/年的住宅、办公楼等一般性民用建筑物或一般性工业建筑物。

c. 第三类防雷建筑物：省级重点文物保护建筑物及省级档案馆；预计雷击次数大于或等于 0.01 次/年，且小于或等于 0.05 次/年的部、省级办公建筑物和其他重要或人员密集的公共建筑物及火灾危险场所；预计雷击次数大于或等于 0.05 次/年，且小于或等十 0.25 次/年的住宅、办公楼等一般性民用建筑物或一般性工业建筑物；平均雷暴日大于 15 天/年的地区，高度在 15m 及以上的烟囱、水塔等孤立的高耸建筑物；平均雷暴日小于或等于 15 天/年的地区，高度在 20m 及以上的烟囱、水塔等孤立的高耸建筑物。

② 仪表系统防雷工程方法　SH/T 3164—2012《石油化工仪表系统防雷设计规范》规定了仪表系统防雷工程设计方法、雷电防护等级、爆炸危险环境下现场仪表的防雷、等电位接地系统、电涌防护器选择、电缆屏蔽和敷设，及现场总线系统的防雷等设计规定的内容。

a. 仪表系统雷电防护工程是综合工程，是在建筑物防雷工程和供电系统防雷工程基础上实施的工程。凡涉及上述两类工程的，均应执行相应的专业防雷规范。

b. 仪表系统防雷工程设计规范的范围：仪表系统防雷工程的设计方法；雷电保护分级；易燃、易爆危险环境中现场仪表的防雷；等电位接地系统设计；电涌防护器选择；电缆的屏蔽和敷设；现场总线仪表的防雷等。

c. 设计原则：根据防护目标的具体情况，综合考虑雷击事件的风险和投资条件，确定合适的防护范围和目标，采取适宜的防护方案，经济有效地防护和减少仪表系统雷击事故的损失。仪表系统雷电防护主要采用外部雷电防护和内部雷电防护措施进行综合防护。外部雷电防护措施包括接闪器、引下线、接地装置等。内部雷电防护措施有信号线路防护和供电线路防护，包括电线电缆的屏蔽、机柜屏蔽、等电位连接与接地、合理布线、配备雷电电涌防护器，及采用具有高抗干扰度措施的仪表系统等。

d. 仪表系统防雷防护等级：分为三个等级，根据雷击风险评估法或综合分级法分为三类。表 3-64 是根据被保护系统的社会、经济和安全的重要程度分类的防护等级。表 3-65 是综合评估法的雷电防护等级表。

表 3-64　系统的社会、经济和安全的重要程度分类的仪表系统防雷防护等级

社会、经济和安全重要程度分类	安全等级评估	事故可能伤亡人数	事故可能综合经济损失
第一类	SIL3	＞3	＞1000 万元
第二类	SIL2	1～3	200～1000 万元
第三类	SIL1	无	50～200 万元

表 3-65　综合评估法雷电防护等级表

社会、经济和安全重要程度分类	年平均雷暴日≤20 天	年平均雷暴日 21～40 天	年平均雷暴日 41～60 天	年平均雷暴日＞60 天
第一类	二级	一级	一级	一级
第二类	三级	二级	一级	一级
第三类	—	三级	二级	一级

雷电活动区的划分关系到防雷工程设计，是确定雷电防护等级的重要依据。因此，地区气象资料是雷电活动的官方统计资料，需注意，同一地区不同区域的雷暴日可能不同。需要综合考虑装置所处局部区域的雷电活动情况、地理环境和建筑物形式等。应根据地区雷害程度、装置运行承受能力及投资情况综合决策和确定。

③ 控制室建筑物防雷设计

a. 控制室建筑物防直击雷的设计。按 GB 50057—2010《建筑物防雷设计规范》及电气专业有关规范设计。控制室建筑物按 GB 50057—2010 第一类防雷建筑物规定采取防雷措施。控制室建筑物接闪器应采用接闪网方式，不设接闪杆。接闪网格尺寸不应大于 5m×5m 或 6m×4m。接闪网应设置多根专用引下线，间距≤12m。引下线宜设置在控制室建筑物外墙四角。围绕控制室建筑物设置环形接地装置，接闪网引下线应就近直接接入接地装置。控制室建筑物的钢筋等金属体不宜作为防直击雷装置的引下线。

b. 控制室内的相关设计。控制室建筑物采用钢筋混凝土结构。建筑物金属构件、门窗框架及建筑钢筋应进行等电位联结。安装仪表系统的控制室、机柜室不应向建筑物外开窗、开门，位置宜选择在建筑物底层中心部位。仪表系统设备安装位置距建筑物外墙的内壁距离应＞1.5m。对抗爆结构建筑物，仪表系统设备的安装位置距建筑物外墙的内壁距离应＞1.0m。

④ 仪表系统防雷工程综合防护　图 3-24 是仪表系统防雷综合工程的基本内容。

a. 等电位联结和接地。仪表系统设备的接地连接全部采用等电位联结方式。符合 SH/T 3164—2012《石油化工仪表系统防雷设计规范》的有关规定。控制室防雷接地、防静电接地、电气设备的保护接地、仪表系统工作接地、屏蔽接地、电涌防护器接地等，应共用接地装置。

• 接地系统构成。仪表系统防雷工程的接地系统分室内和室外两部分。室内仪表接地系统适用于各类控制室、现场机柜室和现场控制室等。室外仪表接地系统适用于现场仪表、现场接线箱、现场机柜及分析小屋等。仪表系统防雷工程的接地系统采用等电位联结方式。仪表系统防雷工程的接地系统由接地装置和接地连接系统构成。接地装置应共用电气专业的接地装置。仪表接地系统是指接地连接系统。

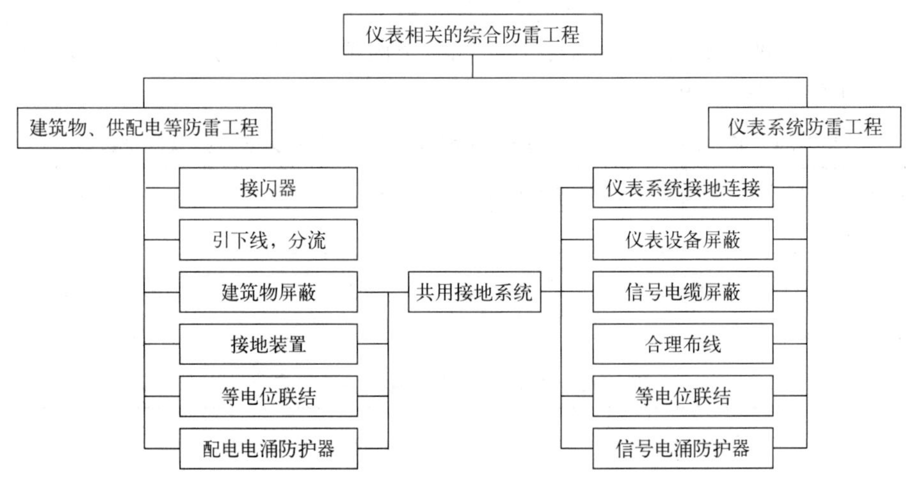

图 3-24 仪表相关的综合防雷工程基本内容

- 等电位联结系统的设计。等电位联结网络的结构形式有 S 型（星型、树型）和 M 型（网格型）及其组合。仪表系统属于低频小信号系统，规定仪表系统防雷工程的接地连接宜采用 S 型网格结构形式。它采用单点接地方式，即仪表信号线路与接地网之间的连接不构成环路。

仪表接地系统中与室外接地装置相连接的路径和接地点应尽量远离建筑物防雷引下线及其他大电流、高电压电气设备接地点，至少间距 5m。

厂区、装置区、现场爆炸危险区域及控制室的建筑物区域内，必须将所有金属设备、部件、结构的金属导体，用导体相互连接，形成等电位体，使其电势（电压）均衡，并接地。等电位联结可防止雷电流经路径产生的放电火花，防止由地电位反击产生的火花，防止人员接触导体产生电击，保护人身及设备安全。

厂区、装置区、现场爆炸危险区域的等电位联结由电气专业完成。控制室建筑物等电位联结由电气专业完成，并符合电气专业标准。

等电位联结的连接导体应采用截面积 4mm×40mm 的热镀锌扁钢或不锈钢。连接方法应采用机械或焊接，焊接处应采取防腐措施。机械连接应采用螺栓紧固压接、压接端子、压接片等方式。仪表系统接地汇总板宜设置在仪表交流配电柜附近。

b. 电涌防护器的接地连接。电涌防护器的接地基本原理如图 3-25 所示。电涌保护器的作用是把窜入电力线、信号传输线的瞬时过电压限制在设备或系统所能承受的电压范围内，或将强大的雷电流泄流入地，保护设备或系统不受冲击而损坏。它与安全栅的结构、器件类型和工作方式是不一样的，作用和效能也不一样，因此，不能互相代替。

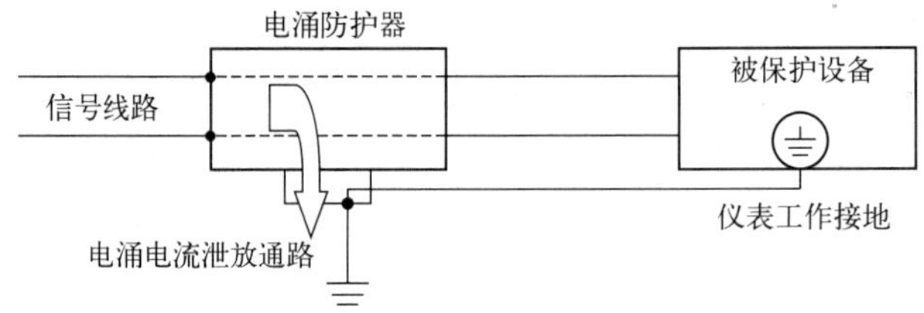

图 3-25 电涌防护器接地的基本原理

c. 安全仪表系统的现场仪表端、变送器现场端、电气转换器、电气阀门定位器、电磁阀等现场电信号执行器类仪表端、热电阻现场端、电子开关现场端应设置电涌防护器。热电偶现场端、触点开关现场端和配电间及电气控制室来的机泵信号等可不设置电涌防护器。

控制系统机柜是电涌防护器机柜的相关机柜。凡控制系统机柜的信号线路中设置电涌防护器的均为电涌防护器相关机柜。电涌防护器相关机柜的接地应符合 SH/T 3164—2012《石油化工仪表系统防雷设计规范》的有关规定。控制系统机柜与电涌防护器机柜的间距不应大于 3m；控制系统各机柜与所连接的分组接地排的间距不应大于 3m；电涌防护机柜与所连接的分组接地排的间距不宜大于 0.5m，最大间距不应大于 3m。

d. 接地连接导体及导线。接地导线应采用绝缘多股铜芯电缆或电线。其截面积：室内安装的单台仪表接地导线为 2.5mm^2；现场仪表接地连接导线、机柜内汇流导轨或汇流条的连接导线为 4～6mm^2；机柜间的接地干线为 6～16mm^2；连接总接地板的接地干线为 10～25mm^2；接地连接导体之间及接地排之间连接导线为 50～100mm^2。接地连接电缆、电线外表面颜色应黄绿相间。

e. 现场仪表的防雷。现场仪表的电涌防护应采用屏蔽、接地及安装电涌防护器的方法。现场仪表金属外壳、金属保护箱应选全封闭式。现场仪表的金属外壳、仪表保护箱、接线箱及机柜的金属外壳应就近接地或与接地的金属体相连接。现场仪表宜采用装配式电涌防护器，也可采用内置集成式电涌防护器或通用式电涌防护器，应符合有关产品的安装要求。

f. 本安系统的防雷。现场仪表的电涌防护器应为本安设备，控制室的电涌防护器不是本安设备而是本安电路的关联设备。本安电路的电涌防护器的安装和连接应符合 SH/T 3164—2012 有关规定。

g. 现场总线系统的防雷。现场分支线路在地面以上敷设的水平直线距离大于 100m 或垂直距离大于 10m 时，总线两端的现场总线仪表和设备应设置电涌防护器。现场总线干线连接主控制器的总线接口卡和现场总线分支设备，总线干线两端（包括延伸段）应设置电涌防护器。主控制器端的电涌防护器为重要防护，总线接口卡端应设置信号线路类电涌防护器。安装在现场的控制器，应在各总线信号线路入口设置电涌防护器，交流电源输入端应设置电源类电源防护器。安装在现场的现场总线直流电源设备的交流供电端应设置电源类电涌防护器。现场总线分支设备连接总线干线的输入端应安装电涌防护器。现场总线终端器应安装信号线路类电涌防护器。详细要求见有关规范。

h. 爆炸危险场所的现场总线防护。对无火花、非引燃型仪表、隔爆及增安型仪表、本安系统等都规定了防护要求。

（2）防爆设计

① 可燃/有毒气体的检测和报警

a. 可燃气体指气体爆炸下限浓度（V%）为 10%以下或爆炸上限和下限之差大于 20%的甲类气体或液化烃，甲 B、乙 A 类可燃气体气化后形成的可燃气体或其中含有少量有毒气体。有毒气体指硫化氢、氰化氢、氯气、一氧化碳、丙烯腈、环氧乙烷、氯乙烯等。

b. 生产或使用可燃气体的工艺装置和储运设施的 2 区内及附加 2 区内，应设置可燃气体检测报警。生产或使用有毒气体的工艺装置和储运设施的区域内，应设置有毒气体检测报警仪。既属可燃气体，又属有毒气体的，只设置有毒气体检测报警仪。可燃气体和有毒气体同时存在的场所，应同时设置可燃气体和有毒气体检测报警仪。

c. 报警信号应发送到工艺装置、储运设施等操作员常驻的控制室或操作室。可燃气体检测报警仪、有毒气体检测报警仪必须经国家指定机构及授权检验单位的计量器具制造认证。防爆型产品需要有相应的防爆性能认证。选用的产品应符合 GB 12358—2006《作业场所环境气体检测报警仪 通用技术要求》的有关规定。

d. 可燃气体检测器有效覆盖水平半径，室内宜为 7.5m，室外宜为 15m。有毒气体检测器与释放源的距离，室外不宜大于 2m，室内不宜大于 1m。可燃/有毒气体检测报警系统宜为相对独立的仪表系统。

e. 工艺装置和储运设施的可燃气体/有毒气体的释放源根据有关标准确定。

f. 可燃/有毒气体检测系统的输出选用 mV、频率或 4～20mA 信号时，指示报警器宜为专用报警控制器。至联锁保护系统及报警记录设备的信号宜从报警控制器或信号设定器输出。选用触点输出时，报警信号宜直接接到闪光报警系统或联锁保护系统。报警记录设备的信号从闪光报警系统或联锁保护系统输出。采用数据采集系统时，宜选用专用的数据采集单元或设备。

g. 检测比空气重的可燃/有毒气体的检测器，其安装高度应距地坪（或楼板）0.3～0.6m；检测比空气轻的可燃/有毒气体的检测器，其安装高度应高于释放源 0.5～2.0m。检测器宜安装在无冲击、无振动、无强电磁场干扰的场所，周围留有不小于 0.3m 的净空。对有控制室的应用场合，报警器应安装在控制室。安装在现场控制室时，应将报警信号同时转送中心控制室。

h. 与自动保护系统相连的可燃/有毒气体检测系统，人员常去场所的可能泄漏 I 级（极度危害）和 II 级（高度危害）的有毒气体检测系统应采用 UPS 供电，危害程度的化学介质和危害等级的分类见 HG 20660—2017。

② 本安防爆

a. 现场仪表所产生或储存的电能量不超过 1.2V，0.1mA，20μJ 和 25mW 时，被称为简单仪表。简单仪表无须本安认证。例如温度信号输入仪表（热电偶和热电阻）、开关信号输入仪表（例如干触点、行程开关和按钮）、开关信号输出仪表（例如 LED 灯）。

b. 安全栅与储能仪表，例如，变送器连接时，这些仪表和连接导线都是安全栅的负载，因此，应按照安全栅防爆参数计算，确定是否满足要求。当一次仪表与安全栅本安限制等级不同时，组成防爆系统的安全等级就要降低到满足所规定的安全等级。

c. 本安防爆回路是由一个本安现场仪表和作为回路限能关联设备的安全栅配合组成的回路。安全栅是位于现场设备和控制室设备之间的限能电路。表 3-66 是安全栅类型和特点。

表 3-66　安全栅类型和特点

类型	优点	缺点
无源齐纳安全栅	价格低；体积小	要求可靠等电位接地；危险侧仪表为隔离型；串行电阻易产生电压降；不能防止短路电流；漏电流可能导致错误检测信号
增强型齐纳安全栅	对变送器和负载有更大可用电压；对变送器有短路电流保护	要求可靠等电位接地；危险侧仪表为隔离型；比无源齐纳安全栅价格高
回路供电的隔离安全栅	输入输出隔离，不要求等电位接地；允许使用非隔离现场元件；即使在线圈电阻因环境温度变化而波动时，电动阀门驱动器仍安全；短路电流保护；可带电插拔	比齐纳安全栅有更高的内部压降；价格高；输出精度低于有源隔离安全栅
有源隔离安全栅	输入输出隔离，不要求等电位接地；允许使用非隔离的现场元件；现场设备可采用高电平信号；短路电流保护；提供标准高电平隔离输出信号（4～20mA）；可带电插拔；可用于本安应用	价格更高

d. 安全栅接地。无源安全栅接地电缆截面积至少 $2.5mm^2$，接地电阻应小于 1Ω。

e. 屏蔽电缆接地。屏蔽的功能是在线芯之间建立等电位，避免电容耦合。屏蔽层应实现单点接地。本安仪表的电缆损坏时，屏蔽层成为故障回路，因此，对无源安全栅，屏蔽层可在现场接地，即隔离设备两侧的屏蔽层不需要连接在一起。对不同类型本安回路，屏蔽层参考接地点与无源安全栅的接地相似，在危险侧现场接地。

③ 防爆仪表选用 可根据现场爆炸危险场所的分类，合理选用防爆型仪表，见表3-3。

3.7.2 接地设计

(1) 接地类别

根据HG/T 20513—2014《仪表系统接地设计规范》及SH/T 3081—2019《石油化工仪表接地设计规范》的规定，接地类型有下列几种：

① 保护接地：为保护仪表和人身安全的接地，也称为安全接地。即仪表和控制系统外露导电部分应实施保护接地。

a. 装有仪表或控制系统的金属盘、台、箱、柜、架等宜实施保护接地。与已经接地的金属盘、台、箱、柜、架等电气接触良好，或与其实施了导电连接的仪表和控制系统的外露导电部分可不另外实施保护接地。爆炸性气体环境中的非本安系统的现场仪表金属外壳、金属保护箱、金属接线箱应实施保护接地。本安系统的现场仪表金属外壳、金属保护箱、金属接线箱可不实施保护接地。非爆炸性气体环境中，供电电压低于36V的现场仪表金属外壳、金属保护箱、金属接线箱等设备可不实施保护接地。但可能与高于36V电压设备接触的设备应实施保护接地。

b. 用于雷电保护的现场仪表金属外壳、金属保护箱、金属接线箱应实施保护接地。

c. 实施保护接地应就近连接到接地网，或连接已经接地的金属电缆槽、金属保护管、金属支架、电缆铠装层、框架、平台等金属构件上。金属电缆槽、电缆保护金属管应实施保护接地，应直接焊接或用接地线就近连接到接地网或已经接地的金属构件上。并且每隔20m重复接地。金属电缆槽、电缆保护金属管在进入建筑物前应就近接到建筑物外的接地网。

② 工作接地：仪表及控制系统正常工作所要求的接地。即仪表信号或直流电源与公共电位参考点的等电位联结的接地。

a. 仪表及控制系统需要进行接地的仪表信号回路应实施工作接地。工作接地在接到汇总板或网型接地排前不应与保护接地混接。工作接地的导线、各连接点、工作接地汇流排等在接到汇总板或网型接地排前应与其他导体绝缘。

b. 非隔离信号应以直流电源的负端为公共端作为工作接地参考点。隔离信号可不接地，隔离信号（输入或输出信号）的电路与其他信号（输入或输出信号）的电路应电气绝缘。即对地是绝缘的，电源是独立且相互隔离的。

c. 信号回路的接地应采用单点接地方式。应避免产生多点接地。如果一条线路上的信号源和信号接收端都不可避免接地，则应采用隔离器将两点接地隔离开。

③ 本安接地：本质安全仪表正常工作时所需要的接地。

a. 采用隔离式安全栅的本安系统可不接地。

b. 采用齐纳式安全栅的本质系统应接到工作接地。它与仪表信号回路接地不应分开。接地的汇流排（或接地导轨）应与直流电源的负端相连接。机柜内齐纳式安全栅的接地汇流排应接到本机柜工作接到汇流排，再经接地干线接到工作接地汇总板。齐纳式安全栅各汇流排至工作接地汇总板之间的接地连接导线、接有齐纳式安全栅的工作接地汇总板与总接地板之间的接地连接导线均宜分别采用两根单独的导线。

c. 齐纳式安全栅本安系统接地连接示意图见图3-26。

④ 屏蔽接地：为避免电磁场对仪表和信号的干扰采取的接地。它是用于实现电场屏蔽、电磁场屏蔽功能对屏蔽层、屏蔽体所做的接地。

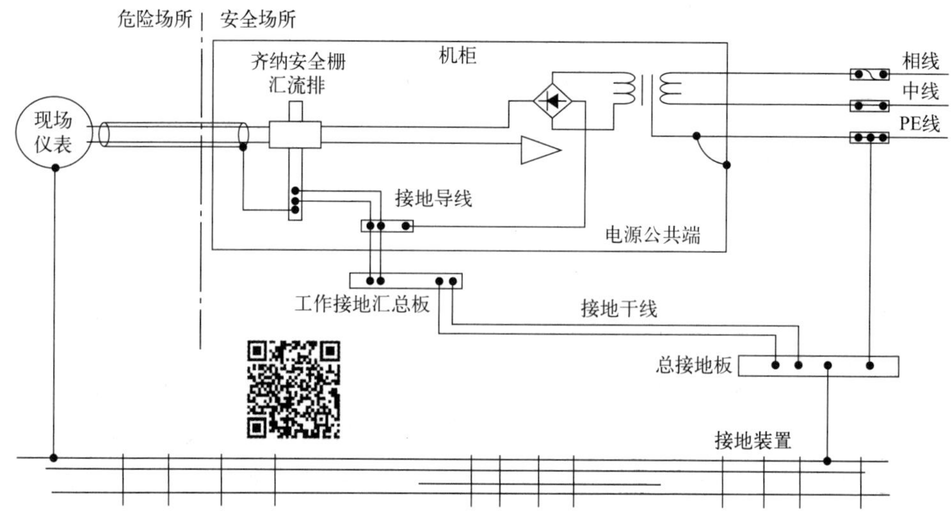

图 3-26　齐纳式安全栅本安系统接地连接示意图

a. 信号线的屏蔽层采用表 3-67 所示的接地方式。图 3-27 是对应的接线图。

表 3-67　屏蔽层的接地方式

<table>
<tr><td colspan="2">电缆形式</td><td>单层屏蔽电缆</td><td>单层屏蔽铠装电缆</td><td>分屏总屏电缆</td><td>分屏总屏铠装电缆</td></tr>
<tr><td rowspan="3">接地方式</td><td>内屏蔽层</td><td>单端接地</td><td>单端接地</td><td>单端接地</td><td>单端接地</td></tr>
<tr><td>外屏蔽层</td><td>—</td><td>—</td><td>两端接地</td><td>两端接地</td></tr>
<tr><td>铠装层或金属保护管</td><td>两端接地</td><td>两端接地</td><td>两端接地</td><td>两端接地</td></tr>
</table>

b. 信号线的内屏蔽层应在控制室一侧接到工作接地，已经在现场仪表处自然接地的屏蔽层不宜在控制室一侧重复接地。

c. 进出仪表接线箱的屏蔽电缆的内外屏蔽层按图 3-27 所示在接线箱和机柜处接地。表 3-68 为屏蔽层的接线方式。

表 3-68　屏蔽层的接线方式

<table>
<tr><td rowspan="2">屏蔽连接方式</td><td colspan="4">接线箱</td><td colspan="2">机柜</td></tr>
<tr><td colspan="2">现场仪表到接线箱的分支电缆</td><td colspan="4">总屏分屏多芯主电缆</td></tr>
<tr><td>图 3-27(a)</td><td>屏蔽层经端子与主电缆分屏蔽层连接,不接地</td><td rowspan="4">铠装层和金属保护管经接地汇流排接保护接地</td><td>分屏蔽层经端子与分支电缆屏蔽层连接,不接地</td><td rowspan="2">总屏蔽层经接地汇流排接保护接地</td><td rowspan="2">分屏蔽层经接地汇流排接工作接地</td><td rowspan="2">总屏蔽层经接地汇流排接保护接地</td></tr>
<tr><td>图 3-27(b)</td><td>屏蔽层经接地汇流排接保护接地</td><td>分屏蔽层空置</td></tr>
<tr><td>图 3-27(c)</td><td>屏蔽层经端子与主电缆总屏蔽层连接,不接地</td><td rowspan="2">无分屏蔽层</td><td>总屏蔽层经端子与分支电缆屏蔽层连接,不接地</td><td rowspan="2">无分屏蔽层</td><td rowspan="2">总屏蔽层经接地汇流排接工作接地</td></tr>
<tr><td>图 3-27(d)</td><td>屏蔽层经接地汇流排接保护接地</td><td>总屏蔽层空置</td></tr>
</table>

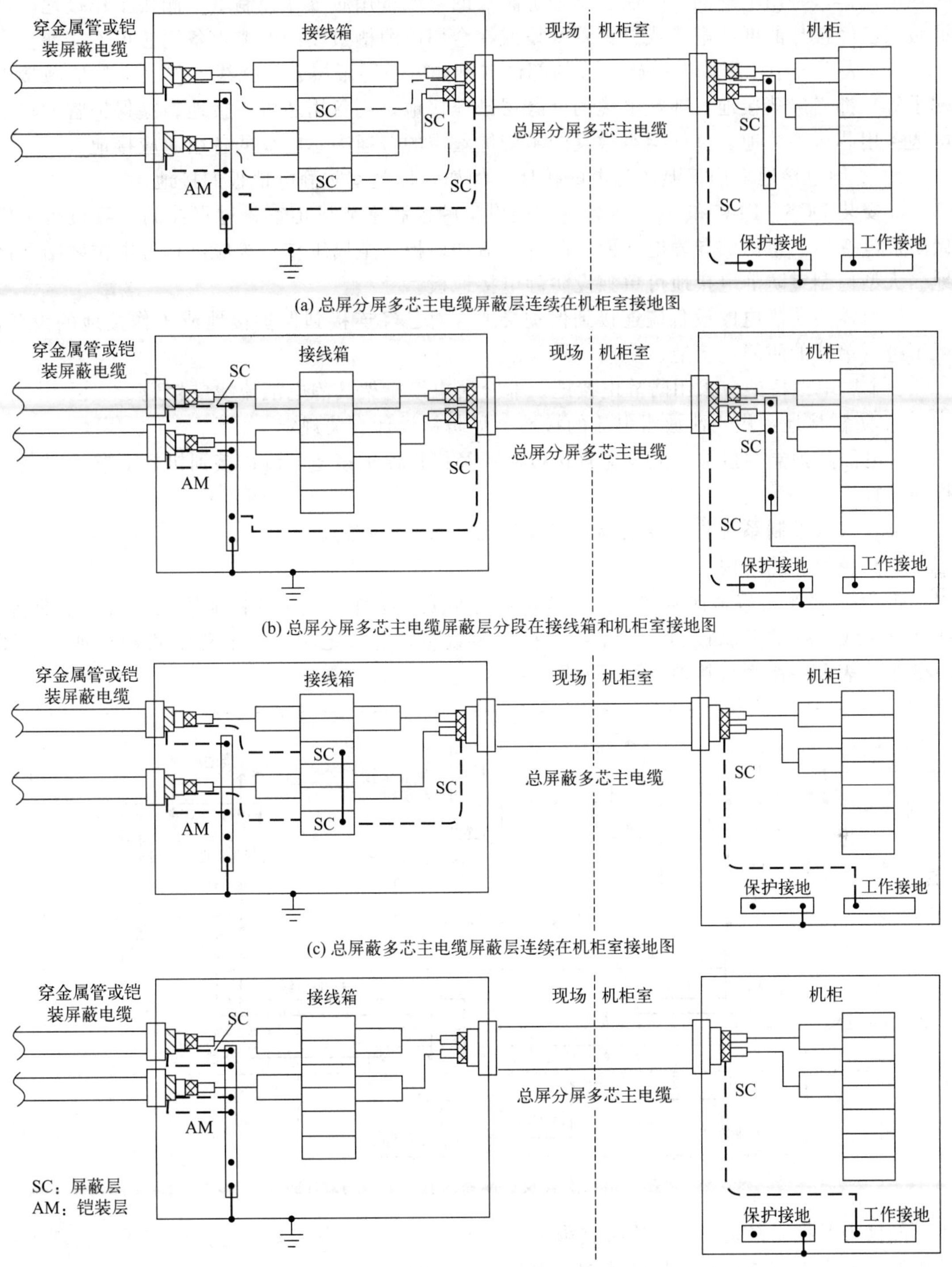

(a) 总屏分屏多芯主电缆屏蔽层连续在机柜室接地图

(b) 总屏分屏多芯主电缆屏蔽层分段在接线箱和机柜室接地图

(c) 总屏蔽多芯主电缆屏蔽层连续在机柜室接地图

(d) 总屏蔽多芯主电缆屏蔽层分段在接线箱和机柜室接地图

图 3-27　屏蔽层接线方式

d. 信号线外屏蔽层、金属保护管、铠装电缆金属铠装保护层应在两端实施保护接地。非金属电缆槽的屏蔽层连接线或静电释放线应接到保护接地。

e. 多根信号屏蔽电缆的屏蔽层接地时，宜先将各信号屏蔽电缆的屏蔽层汇总接到端子或接地汇流排。备用电缆的屏蔽层、不带屏蔽层的电缆备用芯宜在控制室一侧接工作接地。对屏蔽层已经接地的屏蔽电缆或穿钢管敷设或在金属电缆槽敷设的电缆，备用芯可不接地。

f. 仪表系统中用于降低电磁干扰的部件（例如电缆屏蔽层、排扰线、仪表上的屏蔽接地端子等）都需屏蔽接地。屏蔽电缆的屏蔽层已经接地，则备用芯可不接地。穿保护管的多芯电缆备用芯可不接地。室外架空敷设的不带屏蔽层的普通多芯电缆的备用芯应接地。

⑤ 防静电接地：用于泄放静电的接地。例如，控制室防静电地板的接地。

a. 安装 DCS、PLC 和 FCS 等各种控制设备的控制室或机柜室、过程控制计算机机房应做防静电接地。室内的导静电地面、防静电活动地板、金属工作台等应进行等电位联结并接地。大型控制室防静电接地可单独设防静电接地板。

b. 对需要防静电的设备应连接到保护接地。对已经连接到保护接地或工作接地的设备，可不进行单独的防静电接地。

c. 金属电缆桥架应采用防静电接地。非金属电缆桥架其静电汇流线应接地。

⑥ 防雷接地：用于泄放雷电流的接地。见防雷设计有关规定。

a. 电涌防护器的接地汇流排应直接接到或经机柜保护接地汇流排接到机柜下方的网型结构接地排。

b. 仪表及控制系统防雷接地应采用规范规定的网型结构。

(2) 接地系统结构

① 接地系统由接地连接和接地装置两部分组成。接地连接包括接地连线、接地汇流排、接地分干线、接地汇总板和接地干线。接地装置包括总接地板、接地总干线和接地极。图 3-28 是仪表及控制系统接地连接示意图。

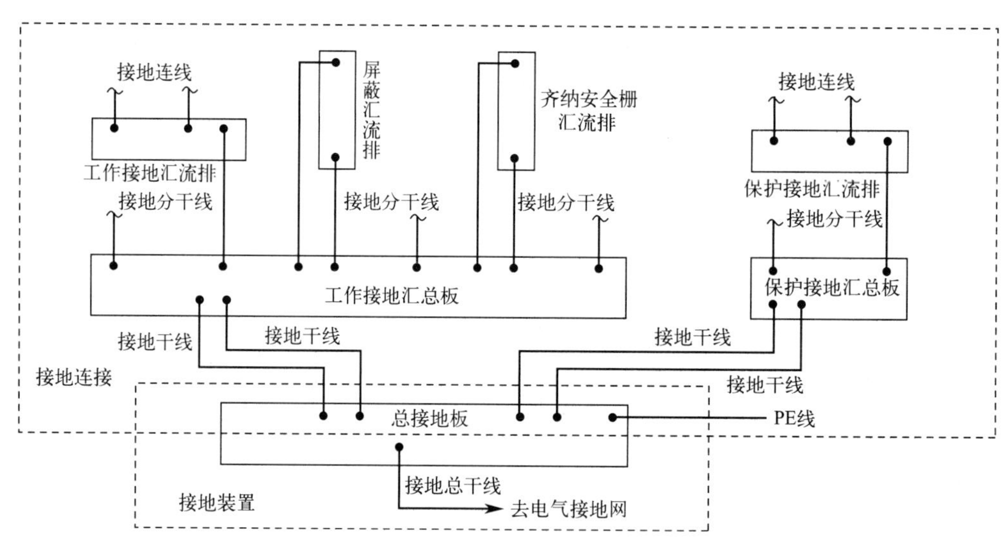

图 3-28 仪表及控制系统接地连接示意图

a. 仪表及控制系统的接地连接宜采用分类汇总，最终与总接地板连接的方式，实现等电位联结。与电气装置合用接地装置的等电位联结见图 3-29。

b. 各类接地连接中不得接入开关或熔断器。

② 接地连接结构要求。

a. 良好绝缘。所有接地连接线在接到汇流排前均应良好绝缘；所有接地分干线在接到接地汇总板前均应良好绝缘；所有接地干线在接到总接地板前均应良好绝缘。接地汇流排（汇流条）、接地汇总板、总接地板应用绝缘支架固定。

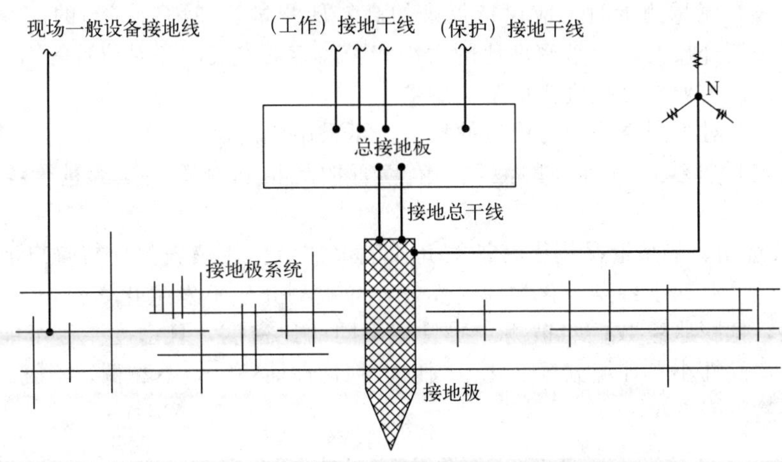

图 3-29　与电气装置合用接地装置的等电位联结示意图

b. 良好导电性。接地系统的各种连接应保证良好导电性能。接地连线、接地分干线、接地干线、接地总干线与接地汇流排、接地汇总板的连接应采用铜接线片和镀锌钢质螺栓，并采用防松和防滑脱件，以保证连接的牢固可靠，或采用焊接。接地总干线和接地极的连接部分应分别进行热镀锌或热镀锡。

c. 接地结构：仪表及控制系统的接地系统可采用分支集中接地结构和网型结构。对需要防雷功能的仪表和接地系统应采用网型结构。根据功能需要和现场施工条件也可采用组合结构，由分支集中和网型两部分组合。详细信息见标准。

d. 接地系统应设置耐久性标识，标识颜色为：保护接地的接地连接、分干线、干线为绿色；信号回路和屏蔽接地的接地连线、分干线、干线为绿色＋黄色；本安接地分干线为绿色＋黄色；接地总干线为绿色。

e. 接地线中不应接入开关或熔断器。接地线应尽量短，并按直线路径敷设，不应将接地线绕成螺线管状或盘成环状。需要测量接地连接电阻的场合采取双线路连接方式。分支集中结构的室内接地排、总接地板应采用两条或以上接地干线经不同路径的连接方式接到室外接地装置。网型结构的室内接地网应采用多根接地干线连接成网格的方式接到室外和接到装置。其他接地件的要求见标准。

f. 仪表系统接地连接电阻不应大于 1Ω；仪表系统接地电阻不应大于 4Ω。

3.7.3　隔离和吹洗设计

隔离或吹洗是防止腐蚀性、高黏度、沉淀及产生汽化、冷凝的工艺介质进入仪表或测量管线，保护仪表和实现各种测量的一种方法。

(1) 仪表的隔离设计

隔离是不使被测介质直接与仪表部件接触的一种措施。对腐蚀性介质，测量仪表的材质不能满足抗腐蚀要求时，宜采用隔离措施。对黏稠性介质、含有固体物介质、有毒介质或在所有工况下可能冷凝、结晶、沉淀的介质，可采用隔离方法进行测量。

① 隔离的方式。将被测介质与仪表部件隔离的方式有三种。

a. 膜片隔离。强腐蚀性介质、易凝结的黏性介质、含固体颗粒且可能造成测量管线堵塞的介质宜采用膜片隔离方式。隔离膜片材质根据被测介质腐蚀性选用，膜片应具有弹性和低热胀系数。选用带毛细管的隔离膜片时，毛细管长度宜短，对双法兰毛细管差压变送器，两侧毛细管长度宜相等，所处环境温度宜相同。

b. 容器隔离。流量测量时，应保持仪表的高、低测量管线内有等高的液柱。隔离容器的结构应根据被测介质与隔离液密度比的大小和隔离容器安装的相对位置等因素选择，应选用结构简单、清洗方便、互换性强的隔离容器。

c. 管内隔离。对被测介质压力稳定的场合，可采用管内隔离。用于流量测量时，应保持仪表的高、低测量管线内有等高的液柱。隔离管的规格和材质宜与测量管线规格和材质相同。

② 隔离液选用。隔离液是用于将被测介质隔离的液体，仪表部件与隔离液接触而不被腐蚀。隔离液应具有如下特点：化学稳定性好，与被测介质不发生化学作用，不发生互溶；具有非腐蚀性，低膨胀系数；与被测介质具有不同的比密度，且密度差尽可能大，分层明显；沸点高，挥发性小；环境温度变化范围内，物化性能稳定，不黏稠，不凝结。常用隔离液的性质及用途见表 3-69。

表 3-69　常用隔离液的性质及用途

名称	比密度 15℃/15℃	15℃黏度/(mPa·s)	20℃黏度/(mPa·s)	20℃气压/Pa	沸点/℃	凝固点/℃	闪点/℃	性质与用途
水	1.00	1.13	1.01	2380.00	100.00	0	—	适用于不溶于水的油
甘油水溶液 50%(体积分数)	1.13	7.50	5.99	1400.00	106.00	−23.00	—	溶于水，适用于油类、蒸汽、水煤气、半水煤气、C1、C2、C3 等烃类
乙二醇	1.12	25.66	20.90	16.30	197.00	−12.95	118.00	有吸水性，能溶于水、醇及醚。适用于油类及液化气体、氨
乙二醇水溶液 50%(体积分数)	1.07	4.36	3.76	1809.00	107.00	−35.60	—	溶于水、醇及醚。适用于油类及液化气体
乙醇	0.70	1.30	1.20	5970.00	78.50	<−130.00	9.00	溶于水，适用于丙烷、丁烷等介质
四氯化碳	1.61	1.00	—	11844.00	76.70	−23.00	—	不溶于水、与醛、醇、苯、油等可任意混合，有毒，适用于酸类介质
煤油	0.82	2.2	2.0	145000.0	14.9	−28.9	48.9	不溶于水，适用于腐蚀性无机液体
五氧乙烷	1.67	—	—	185.0	161	−20	—	不溶于水，能与醇、醚等有机物混合，有毒，适用于硝酸
甲基硅油	0.93～0.94	10(1±1%) mm^2/s	—	15	≥2.00 68Pa	−65	≥155	具有优良的电气绝缘性、憎水性和防潮性，黏度温度系数小，挥发性小，压缩率大，表面张力小，可在 −50～200℃ 使用，适用于除湿氯气以外的气体和液体
	0.95～0.96	20(1±10%) mm^2/s	—	15	≥200 68Pa	−60	≥260	

续表

名称	比密度 15℃/15℃	15℃黏度/(mPa·s)	20℃黏度/(mPa·s)	20℃气压/Pa	沸点/℃	凝固点/℃	闪点/℃	性质与用途
氟油	1.91	—	—	—	—	<−35.00	—	适用于氯气
全氟三丁胺	23℃/1.856	25℃/2.74	—	—	170～180	−60	—	不燃烧，不溶于水及一般溶剂，对硝酸、硫酸、王水、盐酸、烧碱不起作用，适用于强酸、氯气
变压器油	0.9	—	—	—	—	—	—	适用于液氨、氨水、NaOH、硫化胺、硫酸、水煤气、半水煤气
5%的碱溶液	1.06	—	—	—	—	—	—	适用于水煤气、半水煤气
40% $CaCl_2$ 水溶液	1.36	—	—	—	—	—	—	适用于丙烷、苯、石油气

注：比密度是隔离液在15℃的密度与水在15℃的密度之比。表中全氟三丁胺的比密度是全氟三丁胺在23℃的密度与水在15℃的密度之比为1.856，相应地，全氟三丁胺的黏度指25℃的黏度是2.74。

(2) 吹洗设计

吹洗方式可用于对腐蚀性、高黏度、结晶性、熔融性沉淀性介质进行液位、压力、流量测量。这里所指的吹洗不包括为防腐蚀或防爆采用的空气、惰性气体吹入仪表壳体、箱体及采用水、蒸汽对测量管线、控制阀等进行清洗的情况。

① 吹洗液体。吹洗液体具有下列技术要求：不应与被测介质发生化学作用；应清洁，不含固体物颗粒，不污染工艺介质；吹洗液体在节流减压后不发生相变；吹洗流体应流动性好，无腐蚀性；吹洗液体温度不应导致工艺介质物理性质或化学性质的改变。通常，吹洗流体是空气、氮气、水、蒸汽冷凝液和其他所允许的流体介质。吹洗流体应保持连续稳定，不受被测工艺过程的影响。

② 吹洗流体的压力和流量。吹洗流体的压力应高于被测介质可能出现的最高操作压力，并保证在吹洗过程中按预定流量连续稳定地吹洗；其流体流量宜采用限流孔板或吹洗装置限定；测量差压和流量时，应控制吹洗流体的流量，使高、低压侧的流量均等；吹洗流体流量根据被测介质特性及测量要求确定，通常，吹洗气体的流速为2～20cm/s；吹洗液体的流速为0.4～1.6cm/s。

③ 吹洗装置。吹洗装置通常由转子流量计、针阀和设定恒定流量的小型调节阀组成。被测介质压力波动较明显时，宜选用出口压力变化控制型吹洗装置；吹洗流体压力波动较明显时，宜选用入口压力变化控制的吹洗装置。限流孔板作为吹洗装置时按限流孔板计算方法计算。吹洗装置的量程范围按吹洗流体为空气时，吹洗流量范围为6～60L/h；吹洗流体为水时，吹洗流量范围为1.4～14L/h确定。

④ 吹洗装置。被测介质压力波动较明显时，宜选用出口压力变化控制型吹洗装置。吹洗流体压力波动较明显时，宜选用入口压力变化控制型吹洗装置。吹洗装置量程：吹洗流体是空气时，吹洗流量范围选6～60L/h；吹洗流体是水时，吹洗流量范围选1.4～14L/h。

⑤ 吹洗管线的连接。吹洗管线材质按被测介质工艺特性选取。吹洗流体进入测量管线的入口处宜靠近仪表取源部件。采用吹洗方式进行压力、流量或液位测量的管线连接应符合现行标准HG/T 21581—2012《自控安装图册》的技术要求。可设置止回阀，避免冷凝液或

测量介质倒灌，以免产生测量误差或损坏仪表。

3.7.4 核电厂安全设计

这里仅介绍核电厂保卫系统的数据采集、处理和显示的设计。

(1) 数据采集

核电厂保卫系统应是高效率的，充分重视各支系统之间接口整体化的设计。核电厂传感器主要有压力、温度、液位和流量变送器，它们可能是电流电压转换器、电压电流转换器或电阻电桥等。通常，核电厂关键测量功能的仪表通道设置四个冗余通道。所有安全系统序列间相互实体隔离，电气隔离，与非安全系统相互隔离。

① 传感器校准要求。对铂热电阻温度计的校准没有强制要求。可采用交叉校准技术，也可实验室校准或直接用新的校准过的电阻温度计替换。对热电偶温度计校准也没有强制要求，由于热电偶暴露在核电厂典型高温环境下，可能发生性能改变，可采用交叉校准技术。对压力、液位和流量检测的变送器，可在核电厂冷停堆时在现场校准。

② 远距离设备的位置。选择数据传输方法和形式时，应考虑与远距离传感器分布、信息传输距离和通过的区域有关的问题。例如，状态变化的速度，必须使系统对报警信号作出及时响应。数据采集应保证不管采集间隔的长短，所用数据采集方法都保证传送正确的信号，选用单一信号通道故障不得引起一个以上传感器通信的丢失，需要有自检及时鉴别错误和不适当信号，并将电子噪声造成的误报警降至最少。

③ 线路保卫。传输介质是信号数据传输的最薄弱环节。因此，必须采用线路监视防止有意和无意的破坏，并采取实体防护（例如穿管）阻止或延缓人员接近传输介质。

(2) 数据处理

① 数据传输速率、计算机内数据处理速度和显示更新事件的技术要求需满足工艺应用要求及对报警响应能力的要求。

② 必须设置自检装置，用于识别错误工况。为保证系统故障时仍能正常工作，应设置备用或冗余处理设备。数据处理设备应是标准模块化设计的，便于简化维修。数据处理设备必须为报警信号条件提供最高优先级处理，并应包括处理溢出条件的措施。

③ 保卫和扩展。必须限制进入数据处理设备控制区域的人员，实施有效的保卫措施。数据处理设备应有能力增加监测点，最小容量比预计运行要求至少应大50%。应具有自动打印和记录功能，灵活调用所有存储的数据。

(3) 数据显示

① 根据报警站、辅助报警站操作人员的总工作量、理解能力和工作环境综合考虑，正确合理确定需显示的信息数量、类型和显示方式。

② 就地和远程的配置。显示数据的方法和类型应对应就地和远程的配置定位，并考虑人机接口。数据在计算机内的处理事件、传输速度和显示更新时间需符合应用要求，并与整个系统的响应能力相一致。

③ 数据显示必须可靠正确。应提供冗余或备用设备。应是标准模块化设计的，便于维修。

④ 对报警信号条件必须设置优先级，对重要和关键报警条件应设置最高优先级，以便能够在正常报警情况下及时处理最高优先级报警的事故。

⑤ 保卫和扩展。必须限制进入数据显示设备控制区域的人员，实施有效的保卫措施。数据显示设备应有能力增加显示点，最小容量比预计运行要求至少应大50%。

⑥ 数据显示至少应包括装置状态、报警位置、报警时间、确认和未确认。

(4) 事件处理

① 报警事件的处理应及时提供永久的报警报告，包括发生事件的时间、发生事件的位置或区域、事件被确认时间及处理该事故的操作员信息等。

② 异常情况的信息必须立即显示给保卫控制台的操作员，其内容包括异常情况的描述、例如报警、有人侵入或离开等。

③ 进出管理。核电厂进出管理系统与数据采集系统相结合，便于进出人员的检查和文件记录。进出管理系统应与中心数据处理设备相结合，具有监测附加参数的灵活性，例如，监测责任、组织机构和来访人员的进出记录等。

④ 威胁报警。必须设置威胁报警，便于发现敌对分子活动或处于危险的工作人员在紧急情况实施报警。

(5) 核电厂执行器

核电厂是反应堆产生热量，经反应堆冷却剂系统产生蒸汽，传送到汽轮发电机组发电。通常，反应堆、反应堆冷却剂系统及其辅助系统称为一回路（或核岛），汽轮发电机组及辅助系统称为二回路（或常规岛）。

核电厂执行器主要指一回路工艺系统采用的各类控制阀。它分为核级阀和非核级阀。

① 核级要求。工艺系统用核电阀门按重要性分为核一、核二、核三和非核安全级。核一级阀是反应堆冷却剂系统压力边界范围内的阀门，对压水堆核电站的设计参数为 $p_{设}=17.2\text{MPa}$；$T_{设}\leqslant 350℃$。核二级用于事故工况下执行安全功能，基本属于专设安全设施用的核级阀门（包括安全壳隔离阀）。核三级用于反应堆运行支持系统，并与反应堆运行关系密切的阀门。

对核一、核二和核三级阀门的设计、制造和试验执行国际有关核标准的规定。

② 抗震要求。核电厂选址时应考虑发生可能地震情况下都要保证反应堆的安全和防止放射性外泄。因此，核级控制阀归入抗震Ⅰ类（即 SSE 要求，SL2 要求）。

按执行功能的差别，核级阀门分为能动阀门和非能动阀门。能动阀门指事故工况下执行安全功能，仍需要动作的阀门。因此，能动阀门的电气设备及元件均需要满足 IE 级要求。非能动阀门指事故工况下无须动作的阀门。各类核级阀门在实施中，对非能动阀门只需保证地震工况下阀门能保持其结构完整性，即设计时阀门必须按 IEEE 344《核电厂 IE 级设备抗震鉴定的推荐实施方法》或厂址地震条件通过分析论证，确认其能确保其结构完整性即可。但对能动阀门不仅设计中通过抗震分析来保证其结构完整性，还要保证其在地震工况下的可运行性。因此，对能动阀门通常需按 IEEE 344 标准要求进行抗震试验，来验证其在地震工况下的可运行性。

③ 抗辐照要求。反应堆运行期由于裂变反应产生大量放射性，一回路工艺系统在运行及维修时为尽量降低放射性对环境和人体的危害，对核级阀门设计应针对性采取有效防辐照措施。

a. 选用阀门的基本材质应耐辐照、耐腐蚀。例如，采用奥氏体不锈钢（304L、316 系列）。采用的金属和非金属材料（包括电动执行机构中的电气元件、润滑油、油脂和密封件等）其耐辐照要求必须达到规定要求（一般累积剂量达 $10^5\sim10^6$ Gy）。使用前都需要经耐辐照鉴定，验证其是否满足要求。

b. 阀门禁止或尽量减少采用半衰期长的材料。

c. 为尽量减少放射性介质沾污及便于阀门清洗，核级阀门的表面粗糙度需$\leqslant 6.3\mu m$。为防止放射性介质对环境的影响，在核级阀门寿命周期内选用内漏尽量少，外漏为零，保证其密封性能。

④ 环境条件的要求。对安装在安全壳内的能动阀门，在正常工况、LOCA 工况、主蒸汽管破裂事故工况、严重事故工况等不同工况下环境条件差别很大，因此，安装在安全壳内的能动阀门要选用各种环境条件下仍能保证核级阀门的执行功能，即满足 IEEE 382《核电厂中具有安全相关概念的动力操作阀组件执行机构的鉴定》规定。

⑤ 寿命要求。选用的核级阀门需要其阀体、阀盖等承压件满足核电厂寿命周期要求。要求其更换周期至少满足一个电厂换料周期，即 18～24 个月。对核一级阀门必须按核电厂瞬态工况作疲劳分析来验证其寿命的可适用性。

⑥ 开启时间要求。对安全壳隔离阀，因是防止放射性外泄漏的最后一道屏障，因此，必须要求在接到事故信号后按经事故分析得出的规定关闭时间要求关闭阀门。

⑦ 水质和其他要求。核电厂采用高纯度脱离子水，用于降低运行中的放射性水平。因此，阀门主体材质采用奥氏体不锈钢和耐腐蚀性能的其他材料，与介质接触部分必须无油润滑等。

3.8 自控工程设计中的计算

3.8.1 控制阀流量系数的计算

(1) 不可压缩流体控制阀流量系数计算

根据 GB/T 17213.2—2017《工业过程控制阀 第 2-1 部分：流通能力 安装条件下流体流量的计算公式》规定，可以发现不可压缩流体和可压缩流体的计算公式与该标准 2005 版的有所不同。该版本对管道几何形状系数、带附接管件的差压比系数等计算公式进行了修改。

① 不可压缩流体的流通能力计算。不可压缩流体的计算公式是根据牛顿不可压缩流体的标准流体动力学方程导出，不能扩展到非牛顿流体、混合流体、悬浮液或两相流体。对不可蒸发的多成分混合液体，使用时应特别注意，详见下述。

② 紊流条件下不可压缩流体的流通能力计算。根据不可压缩流体的基本流量模型：

$$Q=CN_1F_P\sqrt{\frac{\Delta p_{\text{sizing}}}{\rho_1/\rho_0}} \tag{3-12}$$

由于流体相对密度已知，因此，如果已知流量系数 C、流量 Q 或压差 Δp_{sizing} 中任意两个量，即可根据式(3-12) 确定另一个量。式中，N_1 取决于使用的单位和流量系数类型（K_v 或 C_v）。

公式适用于成分单一的单相流体，对多成分液相混合流体，如果混合相流体是同系的，混合流体化学态与热力学态平衡，及整个节流过程发生良好且无多相层，则在上述条件下可谨慎使用（将混合流体密度作为公式中的 ρ_1。

③ 计算公式说明。

a. 计算压差 Δp_{sizing}。

$$\Delta p_{\text{sizing}}=\min(\Delta p,\Delta p_{\text{choked}}) \tag{3-13}$$

式中，Δp 是实际测量的压差，$\Delta p=p_1-p_2$；p_1 和 p_2 分别是控制阀上、下游取压口的压力。Δp_{choked} 是发生阻塞流时，其两端压差不再升高时的压差。其值按式(3-14) 计算：

$$\Delta p_{\text{choked}}=\left(\frac{F_{LP}}{F_P}\right)^2(p_1-F_Fp_V) \tag{3-14}$$

b. 液体临界压力比系数 F_F。液体临界压力比系数 F_F 是发生阻塞流条件下，明显的“缩流断面”压力与入口温度下液体的蒸汽压力之比。

$$F_F = 0.96 - 0.28\sqrt{\frac{p_v}{p_c}} \tag{3-15}$$

式中，p_v 是液体在入口温度下液体饱和蒸汽压力；p_c 是液体临界压力。当阀入口温度下饱和蒸汽压力接近于零时，F_F 的值达到最大值 0.96。

Fisher 公司控制阀手册提供的测试曲线见图 3-30。

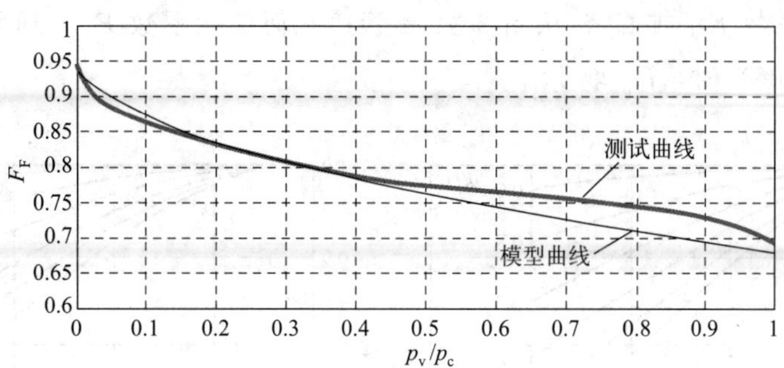

图 3-30　液体临界压力比系数 F_F

c. 管道几何形状修正系数 F_P、F_{LP}。

• 管道几何形状系数 F_P。它是不产生阻塞流条件下，安装附接管件的控制阀流量系数与不安装附接管件的控制阀流量系数的比值。当控制阀通径与阀前、阀后的管径不同时，需要安装附接管件，例如缩径管、扩径管等，它们使实际的阀两端压降减小。因此，用管道几何形状系数 F_P 进行修正。

为满足规定的流量不准确度±5%的要求，按 GB/T 17213.9《工业过程控制阀 第 2-1 部分：流通能力 试验程序》规定来确定所有管道几何形状系数。允许估算时，可用式(3-16)计算：

$$F_P = \frac{1}{\sqrt{1+\frac{\sum\zeta}{N_2}\left(\frac{C_i}{d^2}\right)^2}} \tag{3-16}$$

式中，$\sum\zeta$ 是控制阀所有附接管件影响速度头损失系数的代数和，它不包括控制阀本身速度头损失系数。用公式表示为：

$$\sum\zeta = \zeta_1 + \zeta_2 + \zeta_{B1} - \zeta_{B2} \tag{3-17}$$

其中，出口和入口管件是较短同轴渐缩管时，入口缩径管件阻尼系数：

$$\zeta_1 = 0.5\left[1-\left(\frac{d}{D_1}\right)^2\right]^2 \tag{3-18}$$

出口缩径管件（扩径管）阻尼系数：

$$\zeta_2 = 1.0\left[1-\left(\frac{d}{D_2}\right)^2\right]^2 \tag{3-19}$$

入口端和出口端采用尺寸相同的渐缩管时的伯努利系数也可用：

$$\zeta_1 + \zeta_2 = 1.5\left[1-\left(\frac{d}{D}\right)^2\right]^2 \tag{3-20}$$

控制阀出口和入口端管道直径不同时，入口端伯努利系数：

$$\zeta_{B1} = 1-\left(\frac{d}{D_1}\right)^4 \tag{3-21}$$

出口端伯努利系数：

$$\zeta_{B2}=1-\left(\frac{d}{D_2}\right)^4 \tag{3-22}$$

式中，d 是控制阀的公称直径，mm；D_1 是控制阀上游管道内径，mm；D_2 是控制阀下游管道内径，mm；N_2 是与工程单位有关的常数，采用国际单位制计算 K_v 时，其值为 $N_2=0.00160$。

按上述公式计算，选出的控制阀容量比所需要的稍大些。

可根据流量系数 K_v 或 C_v，从图 3-31 查管道几何形状系数 F_P。通常，$C_v/d^2\leqslant 0.01$（或 $K_v/d^2\leqslant 0.0086$）时，F_p 取 1。

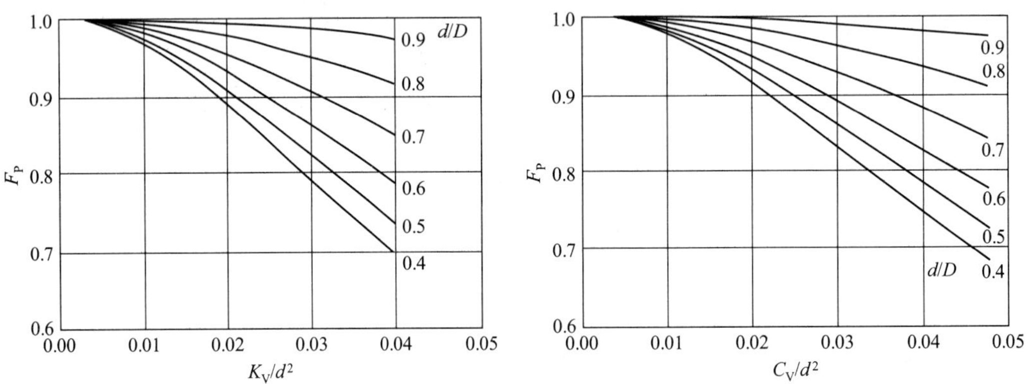

图 3-31　根据 K_V/d^2 或 C_V/d^2 确定管道几何形状系数 F_P

• 无附接管件控制阀的液体压力恢复系数 F_L。无附接管件控制阀的液体压力恢复系数 F_L 指阻塞流条件下，控制阀内部流体流经缩流处后，动能转换为静压的恢复能力。定义为阻塞流条件下实际最大流量与理论上非阻塞流条件下的流量之比。可根据 GB/T 17213.9 规定的试验确定。其典型值如表 3-70 所示。

表 3-70　控制阀典型压力恢复系数

阀类型	阀内件	流向	F_L	阀类型	阀内件	流向	F_L
单座球形	柱塞	流开/流关	0.9/0.8	旋转阀	偏心球塞	流开/流关	0.85/0.68
	套筒	流开/流关	0.9/0.85	蝶阀	旋转 70°	任意	0.62
	窗口	任意	0.9		旋转 60°	任意	0.70
	特性化套筒	向外/向内	0.9/0.85		旋转 90°	任意	0.60
角形阀	柱塞	流开/流关	0.9/0.8	球阀	V 形球阀	任意	0.60
	套筒	流开/流关	0.85/0.8		O 形球阀	任意	0.55
双座球形	柱塞	任意	0.85		全球阀	任意	0.74
	窗口	任意	0.9				

• 带附接管件控制阀的液体压力恢复系数和管道几何形状系数的复合系数 F_{LP}。该系数可用与 F_L 类似的方法获得。允许估计其数值时，可采用式(3-23)。

$$F_{LP}=\frac{F_L}{\sqrt{1+\frac{F_L^2}{N_2}(\Sigma\zeta_1)\left(\frac{C}{d^2}\right)^2}} \tag{3-23}$$

式中，$\sum\zeta_1$ 是上游取压口与控制阀阀体入口之间测得的阀门上游管件的速度头损失系数 $\zeta_1+\zeta_{B1}$。

d. 雷诺数和雷诺数系数。控制阀雷诺数 Re_v 用于确定流体是否处于紊流条件下。实验证明当 $Re_v \geqslant 10000$ 时为紊流，雷诺数的计算公式为：

$$Re_V=\frac{N_4F_dQ}{\nu\sqrt{CF_L}}\left(1+\frac{F_L^2C^2}{N_2d^4}\right)^{1/4} \tag{3-24}$$

式中，N_2 和 N_4 是与采用工程单位有关的系数。F_d 是阀类型修正系数；ν 是运动黏度，m^2/s；Q 是体积流量，m^3/h；C 是用于迭代计算的流量系数，不同工程单位制时，其数值不同；d 是管道内径，mm。

注意，雷诺数是流体流量和控制阀流量系数的函数。因此，处理这两个变量中任意一个变量时，必须寻得一个可确保每个变量的所有情况都包含在内的计算公式。

$Re_v<10000$ 时，流体是非紊流。应考虑对雷诺数的补偿，即使用雷诺数系数 F_R。

- 层流状态 $Re_v<10$。遵循博依索尔-亨根关系，即流量与压降成线性关系。

$$F_R=\min\left[\frac{0.026}{F_L}\sqrt{nRe_v},1.00\right] \tag{3-25}$$

- 过渡流状态 $10000>Re_v\geqslant 10$。

$$F_R=\min\left[1+\left(\frac{0.33\sqrt{F_L}}{n^{1/4}}\right)\lg\left(\frac{Re_V}{10000}\right),\frac{0.026}{F_L}\sqrt{nRe_v},1.00\right] \tag{3-26}$$

式(3-26) 中，常量 n 取决于阀内件类型。

对全尺寸阀内件，即：$C_{rated}/d^2\geqslant 0.016N_{18}$，使用式(3-27)：

$$n=\frac{N_2}{(C/d^2)^2} \tag{3-27}$$

对缩小型阀内件，即：$C_{rated}/d^2<0.016N_{18}$，使用式(3-28)：

$$n=1+N_{32}(C/d^2)^{2/3} \tag{3-28}$$

e. 控制阀类型修正系数 F_d。它是单流路的水力直径与节流孔直径之比。F_d 由阀门制造商给出，它是行程的函数，也可计算确定，详见标准。

(2) 可压缩流体控制阀流量系数计算

① 可压缩流体的流通能力计算。非紊流条件下可压缩流体基本流量模型为：

$$W=CN_6F_PY\sqrt{x_{sizing}p_1\rho_1} \tag{3-29}$$

如果是体积流量，可用下列数学模型：

$$Q_S=CN_9F_P\rho_1Y\sqrt{\frac{x_{sizing}}{MT_1Z_1}} \tag{3-30}$$

新版本中，对膨胀系数 Y 的计算公式进行了修改。M 是分子量；T_1 和 Z_1 是入口温度和压缩系数。

② 计算公式说明。

a. 压差比 x_{sizing}。式(3-30) 中的压差比是实际压差比与阻塞流时压差比的小者。即：

$$x_{sizing}=\min(x,x_{choked}) \tag{3-31}$$

式中，压差比 x 是控制阀两端压差 Δp 与入口压力 p_1 之比，即：$x=\Delta p/p_1$。阻塞流时的压差比为：

$$x_{choked}=F_\gamma x_{TP} \tag{3-32}$$

即压差比达到极限值。

b. 比热比系数 F_γ。

• 无附接管件的压差比系数 x_T。控制阀和附接管件尺寸一致时的压差比系数 x_T 对不同类型控制阀不同，它由制造商提供。它是以接近大气压，比热比为 1.40 的空气流体为基础测得的。

• 带附接管件的压差比系数 x_{TP}。附接管件尺寸与控制阀尺寸不一致时的控制阀压差比系数称为 x_{TP}。对于阻塞流的应用场合，带附接管件的压差比系数 x_{TP} 是将控制阀和附接管件作为整体进行试验确定的数值。允许采用估算时，可用式(3-33) 计算：

$$x_{TP}=\frac{x_T/F_P^2}{1+\frac{x_T\sum\zeta_1}{N_5}\left(\frac{C}{d^2}\right)^2} \tag{3-33}$$

• 比热比系数 F_γ。当流体比热比不为 1.4 时，用比热比系数来修正压差比系数 x_T。即：

$$F_\gamma=\gamma/1.4 \tag{3-34}$$

式中，γ 是流体的比热比。

c. 膨胀系数 Y。膨胀系数 Y 表示流体从阀入口流到“缩流断面”（该处射流面积最小）处时的密度变化，表示压差变化时“缩流断面”面积的变化。理论上，膨胀系数受节流孔面积与阀体入口面积之比、流路形状、压差比 x、雷诺数 Re_v 及比热比 γ 的影响。

雷诺数是控制阀节流孔处惯性力与黏性力之比，在可压缩流体情况下，由于紊流几乎始终存在，因此，其值不受影响。

因此，膨胀系数 Y 可表示为：

$$Y=1-\frac{x_{\text{sizing}}}{3x_{\text{choked}}} \tag{3-35}$$

式(3-34) 和式(3-31) 表明，当发生阻塞流时，膨胀系数 Y 达到其下限值 2/3。

2017 版本对膨胀系数给出的计算公式（$Re_V<10000$ 非紊流条件下）如下：

$$Y=\frac{Re_V-1000}{9000}\left[1-\frac{x_{\text{sizing}}}{3x_{\text{choked}}}-\sqrt{1-x/2}\right](1000\leqslant Re_V<10000)+\sqrt{1-x/2} \tag{3-36}$$

d. 压缩系数 Z。可压缩流体的密度是根据控制阀入口处的温度和压力值，按理想气体的有关定律推算的。实际气体特性会偏离理想气体特性，因此，用压缩系数 Z 表征它们的差别。

压缩系数 Z 是对比压力 p_r 和对比温度 T_r 两者的函数。对比压力 p_r 定义为所求解问题中流体的实际入口绝对压力 p_1 与热力学临界绝对压力 p_c 之比。对比温度 T_r 定义为所求解问题中流体的实际入口绝对温度 T_1 与热力学临界绝对温度 T_c 之比。表示为：

$$p_r=\frac{p_1}{p_c};\quad T_r=\frac{T_1}{T_c}$$

式中，下标 1 表示入口数值，c 表示热力学临界数值。

e. 雷诺数和雷诺数系数。可压缩流体的雷诺数和雷诺数系数的计算与不可压缩流体的计算方法相同。

流经多级控制阀的流体流量计算公式见标准的有关内容。

(3) 计算公式中的常数

① 数字常数。有关公式中的数字常数与使用的工程单位有关，见表 3-71。

表 3-71 数字常数

常数	流量系数		公式中的单位						
	K_V	C_V	W	Q	$p,\Delta p$	ρ	T	d,D	v
N_1	1×10^{-1} 1	8.65×10^{-2} 8.65×10^{-1}	— —	m^3/h m^3/h	kPa bar	kg/m^3 kg/m^3	— —	— —	— —
N_2	1.6×10^{-3}	2.14×10^{-3}	—	—	—	—	—	Mm	—
N_4	7.07×10^{-2}	7.60×10^{-2}	—	m^3/h	—	—	—	—	m^2/s
N_5	1.80×10^{-3}	2.41×10^{-3}	—	—	—	—	—	mm	—
N_6	3.16 3.16×10	2.73 2.73×10	kg/h kg/h	— —	kPa bar	kg/m^3 kg/m^3	— —	— —	— —
N_8	1.10 1.10×10^2	9.48×10 9.48×10	kg/h kg/h	— —	kPa bar	— —	K K	— —	— —
N_9 $t_s=0℃$	2.46×10 2.46×10^3	2.12×10 2.12×10^3	— —	m^3/h m^3/h	kPa bar	— —	K K	— —	— —
N_9 $t_s=15℃$	2.60×10 2.60×10^3	2.25×10 2.25×10^3	— —	m^3/h m^3/h	kPa bar	— —	K K	— —	— —
N_{17}	1.05×10^{-3}	1.21×10^{-3}	—	—	—	—	—	mm	—
N_{18}	8.65×10^{-1}	1.00	—	—	—	—	—	mm	—
N_{19}	2.5	2.3	—	—	—	—	—	mm	—
N_{22} $t_s=0℃$	1.73×10 1.73×10^3	1.50×10 1.50×10^3	— —	m^3/h m^3/h	kPa bar	— —	K K	— —	— —
N_{22} $t_s=15℃$	1.84×10 1.83×10^3	1.59×10 1.59×10^3	— —	m^3/h m^3/h	kPa bar	— —	K K	— —	— —
N_{27}	7.75×10^{-1} 7.75×10	6.70×10^{-1} 6.70×10	kg/h kg/h	— —	kPa bar	— —	K K	— —	— —
N_{32}	1.40×10^2	1.27×10^2	—	—	—	—	—	mm	—

注：与2005版比较，由于计算公式的改变，有些常数被删除。但原常数的下标编号未作修改。

② 气体与蒸汽的物理常数。表3-72列出常用气体与蒸汽的物理常数。

表 3-72 气体与蒸汽的物理常数

名称	化学式	M	γ	F_γ	p_c/kPa	T_c/K	名称	化学式	M	γ	F_γ	p_c/kPa	T_c/K
乙炔	C_2H_2	26.04	1.30	0.929	6140	309	乙烯	C_2H_4	28.05	1.22	0.871	5040	283
空气	—	28.97	1.4	1.000	3771	133	氟	F_2	18.998	1.36	0.970	5215	144
氨气	NH_3	17.03	1.32	0.943	11400	406	氟里昂11	CCl_3F	137.37	1.14	0.811	4409	471
氩	Ar	39.948	1.67	1.191	4870	151	氟里昂12	CCl_2F_2	120.91	1.13	0.807	4114	385
苯	C_6H_6	78.11	1.12	0.800	4924	562	氟里昂13	CClF	104.46	1.14	0.814	3869	302
异丁烷	C_4H_{10}	58.12	1.10	0.784	3638	408	氟里昂22	$CHClF_2$	80.47	1.18	0.846	4977	369
丁烷	C_4H_{10}	58.12	1.11	0.793	3800	425	氦	He	4.003	1.66	1.186	229	5.25
异丁烯	C_4H_8	56.11	1.11	0.790	4000	418	庚烷	C_7H_{16}	100.20	1.05	0.750	2736	540
二氧化碳	CO_2	44.01	1.30	0.929	7387	304	氢气	H_2	2.016	1.41	1.007	1297	33.25
一氧化碳	CO	28.01	1.40	1.000	3496	133	氯化氢	HCl	36.46	1.41	1.007	8319	325
氯气	Cl_2	70.906	1.31	0.934	7980	417	氟化氢	HF	20.01	0.97	0.691	6485	461
乙烷	C_2H_6	30.07	1.22	0.871	4884	305	甲烷	CH_4	16.04	1.32	0.943	4600	191

续表

名称	化学式	M	γ	F_γ	p_c/kPa	T_c/K	名称	化学式	M	γ	F_γ	p_c/kPa	T_c/K
一氯甲烷	CH_3Cl	50.49	1.24	0.889	6677	417	戊烷	C_5H_{12}	72.15	1.06	0.757	3374	470
天然气	—	17.74	1.27	0.907	4634	203	丙烷	C_3H_8	44.10	1.15	0.821	4256	370
氖	Ne	20.179	1.64	1.171	2726	44.45	丙二醇	$C_3H_8O_2$	42.08	1.14	0.814	4600	365
一氧化氮	NO	63.01	1.40	1.000	6485	180	饱和蒸汽	—	18.016	1.25～1.32	0.893～0.943	22119	647
氮气	N_2	28.013	1.40	1.000	3394	126							
辛烷	C_8H_{18}	114.23	1.66	1.186	2513	569	二氧化硫	SO_2	64.06	1.26	0.900	7822	430
氧气	O_2	32.000	1.40	1.000	5040	155	过热蒸汽	—	18.016	1.315	0.939	22119	647

③ 典型的控制阀系数。表 3-73 是典型的控制阀系数。

表 3-73　典型的控制阀系数

阀类型	阀内件类型	流向	F_d	F_L	x_T
球形阀单孔	3V 孔阀芯	流开或流关	0.48	0.9	0.70
	4V 孔阀芯	流开或流关	0.41	0.9	0.70
	6V 孔阀芯	流开或流关	0.30	0.9	0.70
	柱塞形阀芯(线性和等百分比)	流开	0.46	0.9	0.72
		流关	1.00	0.8	0.55
	60 个等径孔套筒	向外或向内	0.13	0.9	0.68
	120 个等径孔套筒	向外或向内	0.09	0.9	0.68
	特性套筒，4 孔	向外	0.41	0.9	0.75
		向内	0.41	0.85	0.70
球形阀双孔	开口阀芯	阀座间流入	0.28	0.9	0.75
	柱塞形阀芯	任意流向	0.32	0.85	0.70
角行程阀	偏心球形阀芯	流开	0.42	0.85	0.60
		流关	0.42	0.68	0.40
	偏心锥形阀芯	流开	0.44	0.77	0.54
		流关	0.44	0.79	0.55
球形阀和角阀	多级多流路 2	任意	—	0.97	0.812
	3		—	0.99	0.888
	4		—	0.99	0.925
	5			0.99	0.950

阀类型	阀内件类型	流向	F_d	F_L	x_T
球形阀角阀	柱塞形阀芯(线性和等百分比)	流开	0.46	0.9	0.72
		流关	1.00	0.8	0.65
	特殊套筒，4 孔	向外	0.41	0.9	0.65
		向内	0.41	0.85	0.60
	文丘里阀	流关	1.00	0.5	0.20
球形阀小流量阀内件	V 形切口	流开	0.70	0.98	0.84
	平面阀座(短行程)	流关	0.30	0.85	0.70
	锥形针状	流开	$\frac{N_{19}\sqrt{CF_L}}{D_0}$	0.95	0.84
蝶阀(中心轴式)	70°转角	任意	0.57	0.62	0.35
	60°转角	任意	0.50	0.70	0.42
	带凹槽蝶板(70°)	任意	0.30	0.67	0.38
偏心蝶阀	偏心阀座(70°)	任意	0.57	0.67	0.35
球阀	全球体(70°)	任意	0.99	0.74	0.42
	部分球体	任意	0.98	0.60	0.30
球形阀和角阀	多级单通 2	任意	—	0.97	0.896
	3		—	0.99	0.935
	4		—	0.99	0.960

注：实际值由制造商规定。这里显示的值是 IEC 提供的典型值

新版增加了多级球形阀和角阀的有关典型值。

④ 不同开度下控制阀的液体压力恢复系数。图 3-32 是不同开度下控制阀的液体压力恢复系数。

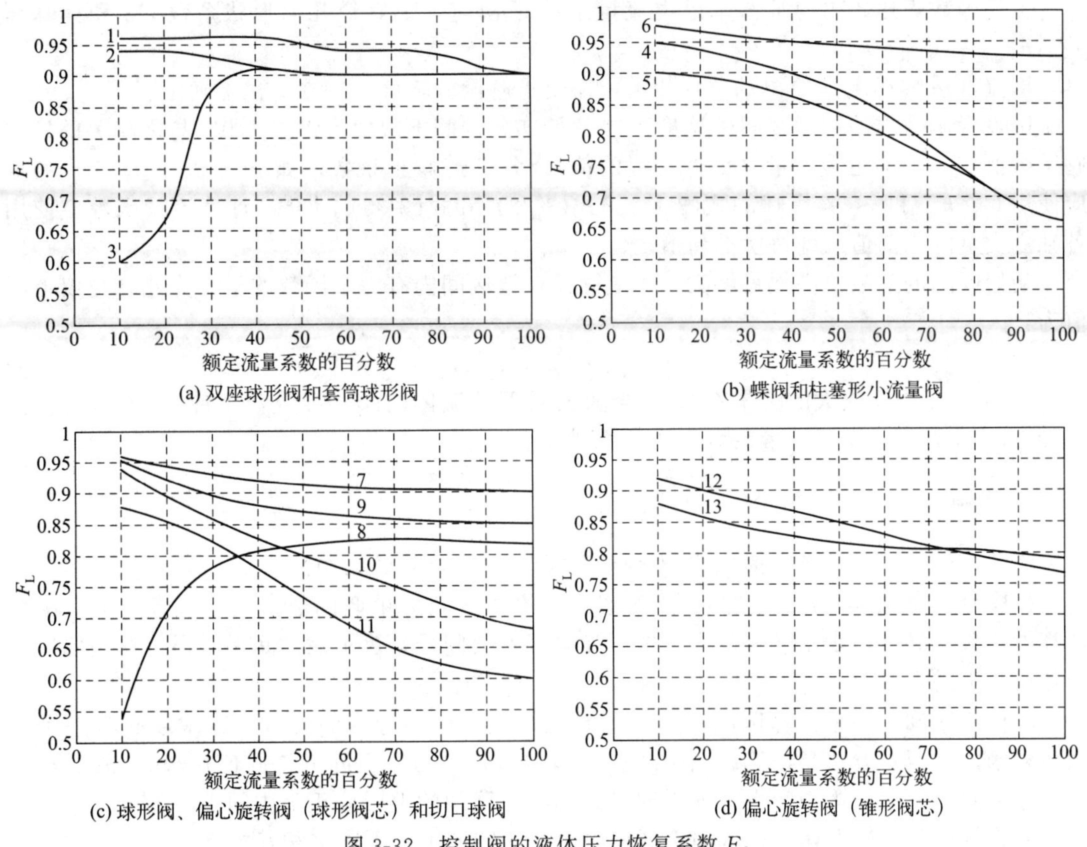

(a) 双座球形阀和套筒球形阀　(b) 蝶阀和柱塞形小流量阀

(c) 球形阀、偏心旋转阀（球形阀芯）和切口球阀　(d) 偏心旋转阀（锥形阀芯）

图 3-32　控制阀的液体压力恢复系数 F_L

1—单座对数柱塞形球形阀（流关）；
2—球形阀芯偏心旋转阀（流开）；
3—球形阀芯偏心旋转阀（流关）；
4—切口球阀；
5—圆锥阀芯偏心旋转阀（流开）；
6—圆锥阀芯偏心旋转阀（流关）；
7—V 形阀阀芯的双座球形阀；
8—带孔套筒导向球形阀（流开和流关）；
9—柱塞型阀芯双座球形阀（流开和流关）；
10—偏心轴型的蝶阀；
11—中心轴型的蝶阀；
12—柱塞形小流量阀；
13—单座对数柱塞形球形阀（流开）

3.8.2　控制阀流量系数计算程序

(1) 管道几何形状系数的迭代计算

管道几何形状系数是控制阀流量系数 C 的函数。系数的最大估算准确度取决于公式中使用的节流系数，这很难或不可能从代数角度解决问题，因此，迭代解法更适用。公式中，使用额定流量系数能获得代数解，但需要更多修正系数。为此，2017 版提供了一种补充方法，它适用于上述的每种流体计算公式。

① 迭代解法。迭代解法是一种不断用变量的旧值递推新值的过程，通过迭代解法使得新值越来越接近函数的根。迭代法的中分法是先确定包含函数根的初始区间。将该区间分为两等分，判断函数根的区间，直到包含函数根的区间缩小到足以有效计算出该函数的根。

a. 定义流量函数。本标准中所有流量公式都可以用下列含有流量系数 C 的函数表示为：

$$F(C)=[\text{流量}]-[\text{定义流量公式}] \tag{3-37}$$

例如，不可压缩流体的流量公式(3-12) 可表示为：

$$F(C)=Q-CN_1F_P\sqrt{\frac{\Delta p_{\text{sizing}}}{\rho_1/\rho_0}} \tag{3-38}$$

上述函数表达式中的某些术语由流量系数 C 决定，如管道几何形状系数 F_P 和计算压差 Δp_{sizing}。

即流量系数 C 与所给出的条件相关，需要求解函数 $F(C)=0$ 的根来确定。

b. 设置函数根的搜索区间。流量系数 C 的初始区间下限值可设置为 0。与之相关的控制阀系数值 F_L、x_T 也应考量（如低行程的值）。各管道修正系数，如 F_P、F_{LP} 和 x_{TP} 的值应使用 C、F_L 和 x_T 按上述的式(3-16)、式(3-23) 和式(3-33) 计算。计算流量函数应使用各独立变量的当前值（即每次的新值）。

初始区间的上限值必须足够大，才能确保在该区间内有一个函数的根。为此，建议上限值为：

$$C_{\text{Upper}}=0.075d^2N_{18} \tag{3-39}$$

式(3-16) 中，很大的流量系数 C 会随大量下游流体的膨胀导致数学计算异常，为此，式(3-16) 计算时，设置流量系数 C 的上限值为：

$$C_{\text{Upper}}=0.99d^2\sqrt{-\frac{N_2}{\sum\zeta}} \tag{3-40}$$

因此，流量系数的上限值取式(3-39) 和式(3-40) 计算结果中的小值。

c. 检验区间内函数解。流量函数 $F(C)$ 在给定区间为单调函数，因此，区间上下限值计算的函数值异号，表示该区间内有根。如果函数值同号，表示该区间无实根。这说明所选函数区间不是足够大。

d. 修正区间。如果计算区间的两个值异号，则将区间分为两等分。其中，必有一个区间包含函数的根。方法是计算区间中间点的函数值，它与原区间的上限值比较，如果异号，则将原区间下限修正为中间点。如果同号，则将原区间的上限修正为中间点。

e. 收敛检验。当上述修正区间不断缩小时，区间的上、下限将相互接近到某一规定的程度，即：

$$|C_{\text{Upper}}-C_{\text{Lower}}|\leqslant\varepsilon \tag{3-41}$$

建议收敛误差 $\varepsilon=0.00001$。

则函数的根为该最终区间的中间值。即

$$C=\frac{C_{\text{Upper}}+C_{\text{Lower}}}{2} \tag{3-42}$$

② 非迭代解。当流量系数 C 已知时，可直接根据式(3-29) 和式(3-30) 计算流量 W 或 Q。

如果需要根据流量 W 或 Q 计算流量系数 C，则为避免迭代计算，可使用表 3-74 的计算公式。

表 3-74　修正系数的计算公式

不可压缩流体，Δp_{choked} 由式(3-14)计算，FP 和 FTP 用本表列出的公式计算	
非阻塞流($\Delta p_{\text{actual}}<\Delta p_{\text{choked}}$)	阻塞流($\Delta p_{\text{actual}}\geqslant\Delta p_{\text{choked}}$)
$F_P=\sqrt{1-\frac{\sum\zeta}{N_2}\left(\frac{C}{d^2}\right)^2}$	$F_P=\sqrt{\frac{1-\frac{\Delta p}{p_1-F_Fp_V}\times\frac{\zeta_1+\zeta_{B1}}{N_2}\left(\frac{C}{d^2}\right)^2}{1+\frac{\Delta p}{p_1-F_Fp_V}\times\frac{1}{N_2}\left(\frac{\sum\zeta}{F_L^2}-\zeta_1-\zeta_{B1}\right)\left(\frac{C}{d^2}\right)^2}}$
$F_{LP}=\frac{F_L}{\sqrt{1+\frac{\zeta_1+\zeta_{B1}}{N_2}\times\frac{C}{d^2}\times\frac{F_L^2}{F_P^2}}}$	$F_{LP}=F_L\sqrt{1-\frac{\Delta p}{p_1-F_Pp_v}\times\frac{\zeta_1+\zeta_{B1}}{N_2}\left(\frac{C}{d^2}\right)^2}$

续表

可压缩流体，x_{choked} 由式(3-32)计算，F_P 和 x_{TP} 用本表列出的公式计算	
非阻塞流($x_{actual}<x_{choked}$)	阻塞流($x_{actual}\geqslant x_{choked}$)
$F_P=\sqrt{1-\frac{\sum\zeta}{N_2}\left(\frac{C}{d^2}\right)^2}$	$F_P=\sqrt{\frac{1-\frac{9}{4}\times\frac{\Delta p}{F_\gamma p_1}Y^2\frac{\zeta_1+\zeta_{B1}}{N_2}\left(\frac{C}{d^2}\right)^2}{1+\frac{9}{4}\times\frac{\Delta p}{F_\gamma p_1}Y^2\frac{1}{N_5}\left(\frac{\sum\zeta}{x_T}-\zeta_1-\zeta_{B1}\right)\left(\frac{C}{d^2}\right)^2}}$
$x_{TP}=\frac{x_T}{F_P^2+x_T\frac{\zeta_1+\zeta_{B1}}{N_5}\left(\frac{C}{d^2}\right)^2}$	$x_{TP}=x_T\left[1+\frac{\Delta p}{F_\gamma p_1}Y^2\frac{\zeta_1+\zeta_{B1}}{N_5}\left(\frac{C}{d^2}\right)^2\right]$

计算时，使用式(3-12)、式(3-29) 和式(3-30) 计算得到的紊流情况下的流量系数 C。管道几何形状系数 F_P、雷诺数系数 F_R 的最大值是 1。同时，实际压差比 x_{actual} 和实际压差 Δp_{actual} 也在此使用。对可压缩流体，膨胀系数 Y 取最小值 2/3。

(2) 迭代解法计算框图

① 迭代解法计算区间上限。图 3-33 是迭代解法计算区间上限的程序框图。

注意，计算下限和上限的 F_P、x_{TP}、F_{LP} 时需使用表 3-74 的计算公式。

② 计算最终流量系数。图 3-34 是迭代解法计算最终流量系数的程序框图。

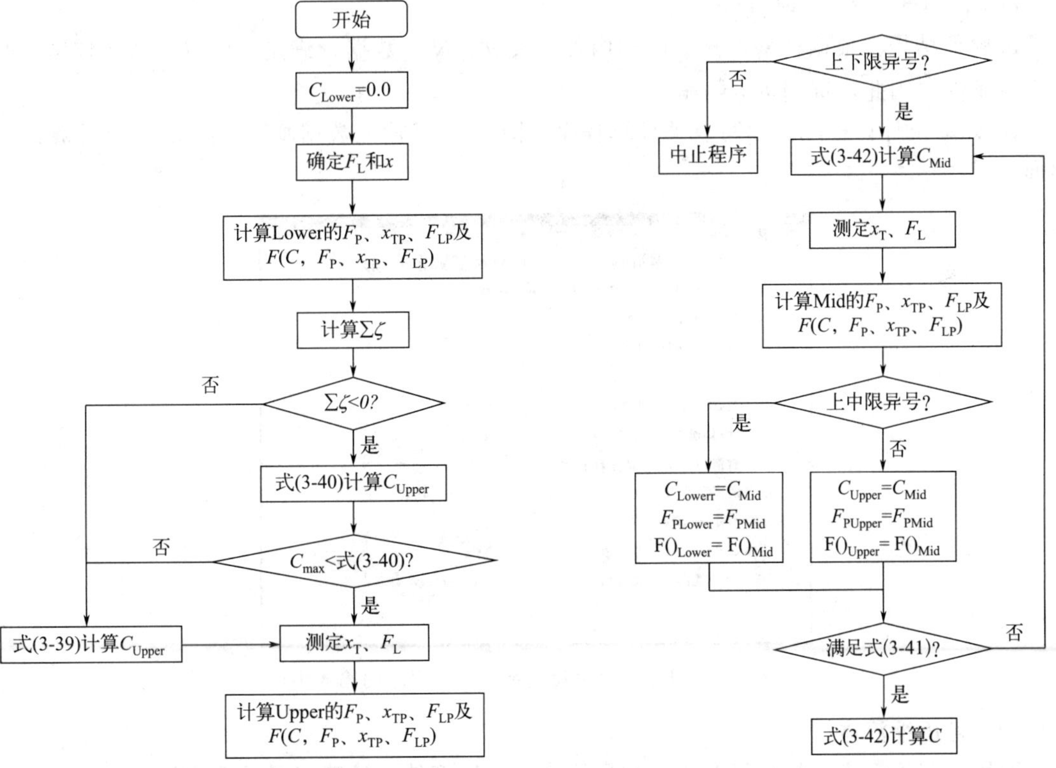

图 3-33　迭代解法计算区间上限程序框图　　　图 3-34　迭代解法计算最终流量系数程序框图

3.8.3　控制阀流量系数计算示例

(1) 不可压缩流体

不可压缩流体。流体是非阻塞流，测量管线无附接管件，计算流量系数 K_V。

① 过程数据：流体为水；入口温度 $T_1=363\text{K}$；入口密度 $\rho_1=965.4\text{kg/m}^3$；蒸汽压 $p_V=70.1\text{kPa}$；热力学临界压力 $p_C=22120\text{kPa}$；运动黏度 $\nu=3.26\text{E}-7\text{m}^2/\text{s}$；入口绝对压力 $p_1=680\text{kPa}$；出口绝对压力 $p_2=220\text{kPa}$；体积流量 $Q=360\text{m}^3/\text{h}$；管道管径 $D_1=D_2=0.15\text{m}$。

② 阀门数据：选用球形控制阀；阀内件为柱塞形阀芯；流开；阀门通径 $d=0.15\text{m}$。查表 3-70，得流体压力恢复系数 $F_L=0.90$；控制阀类型修正系数 $F_d=0.46$。

③ 计算：根据所用工程单位，查表 3-71，得：$N_1=1\text{E}-1$；$N_2=1.60\text{E}-3$；$N_4=7.07\text{E}-2$；$N_{18}=8.65\text{E}-1$。

a. 计算液体临界压力比系数 F_F：根据 p_C、p_V 值，用式(3-15) 计算，得到

$$F_F=0.96-0.28\sqrt{(70.1/22120)}=0.94424。$$

b. 计算 F_P 和 F_{LP}：因阀门通径 d 与管道管径 D_1 和 D_2 相等，因此，$F_P=1$ 和 $F_{LP}=F_L=0.90$。

c. 计算阻塞流压差 Δp_{choked}：用式(3-14) 计算，得：$\Delta p_{\text{choked}}=497\text{kPa}$。

d. 计算实际测量的压差，$\Delta p=p_1-p_2=460\text{kPa}$。

e. 确定压差 Δp_{sizing}：用式(3-13) 计算，得：$\Delta p_{\text{sizing}}=460\text{kPa}$。表示流体为非阻塞流。

f. 计算流量系数 C：式(3-12) 移项，已知数据下，求得流量系数 $C=K_V=164.92\text{m}^3/\text{h}$。

g. 验证流体是否是紊流：根据式(3-24)，计算雷诺数，得：$Re_V=2.9677\text{E}6$。雷诺数大于 10000，因此，该流体是紊流状态。

h. 验证结果：根据柱塞形阀芯的阀内件，及 d、N_{18} 数据，满足：$C/d^2<0.047N_{18}$ 的非紊流条件。因此，选用 $K_V=165\text{m}^3/\text{h}$。

④ 计算机计算程序。编写有关计算程序。图 3-35 是输入数据画面。图 3-36 是计算结果画面。

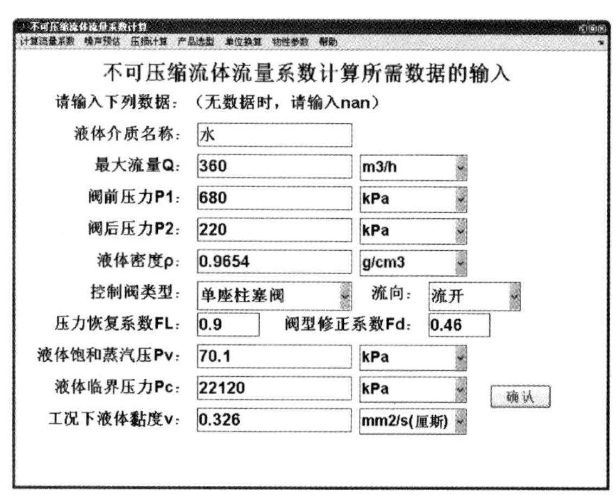

图 3-35　不可压缩流体流量系数计算程序的输入画面

（2）可压缩流体

可压缩流体。流体是非阻塞流，测量管线无附接管件，计算流量系数 K_V。

① 过程数据：流体为二氧化碳；入口温度 $T_1=433\text{K}$；入口密度 $\rho_1=8.389\text{kg/m}^3$（压力 680kPa，温度 433K 时）；运动黏度 $\nu=2.526\text{E}-6\text{m}^2/\text{s}$（压力 680kPa，温度 433K 时）；入口绝对压力 $p_1=680\text{kPa}$；出口绝对压力 $p_2=450\text{kPa}$；体积流量 $Q=3800\text{m}^3/\text{h}$（标准状态 101.325kPa，温度 273K 时）；压缩系数 $Z_1=0.991$（压力 680kPa，温度 433K 时）；标准压

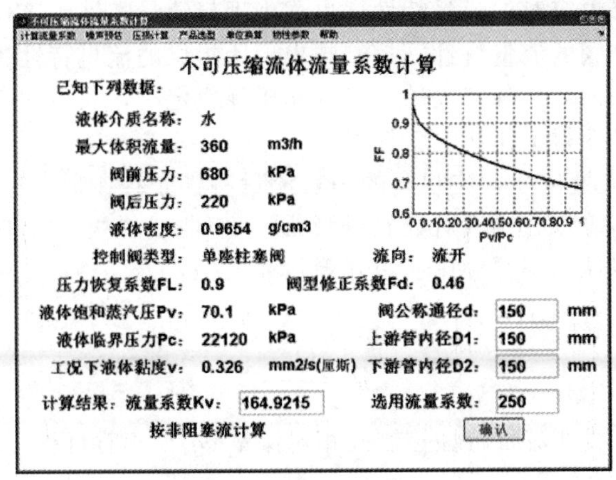

图3-36 不可压缩流体流量系数计算程序的计算结果输出画面

缩系数 $Z_s=0.994$（标准状态101.325kPa，温度273K时）；摩尔质量 $M=44.01$kg/kmol；比热比 $\gamma=1.30$；管道管径 $D_1=D_2=0.10$m。

② 阀门数据：选用角行程控制阀；阀内件为偏心球形阀芯；流开；阀门通径 $d=0.10$m。查表3-66，得流体压力恢复系数 $F_L=0.85$；控制阀类型修正系数 $F_d=0.42$；压差比系数 $x_T=0.60$。

③ 计算：根据所用工程单位，查表3-71，得：$N_2=1.60\text{E}-2$；$N_4=7.07\text{E}-2$；$N_9=2.46\text{E}1$；$N_{18}=8.65\text{E}-1$。

a. 计算 F_P 和 x_{TP}：因阀门通径 d 与管道管径 D_1 和 D_2 相等，因此，$F_P=1$ 和 $x_{TP}=x_T=0.60$。

b. 计算比热比系数 F_γ：根据式(3-34)，得 $F_\gamma=0.929$。

c. 计算阻塞流压差比 x_{choked}：根据式(3-32)，得 $x_{\text{choked}}=0.557$。

d. 计算压差比 x_{sizing}：根据式(3-31)，先计算 $x=\Delta p/p_1=0.338$。因此，$x_{\text{sizing}}=0.338$。

e. 膨胀系数 Y：根据式(3-35)，得 $Y=0.798$。

f. 计算流量系数 C：根据式(3-30)，移项得 $C=K_V=67.2\text{m}^3/\text{h}$。

g. 计算实际体积流量 Q：$Q=Q_s\dfrac{p_s}{Z_sT_s}\times\dfrac{Z_1T_1}{p_1}=895.4\text{m}^3/\text{h}$。

h. 验证流体是否是紊流：根据式(3-24)，计算雷诺数，得：$Re_V=1.40\text{E}6$。其值>10000，流体为紊流。

i. 验证结果：根据柱塞形阀芯的阀内件，及 d、N_{18} 数据，满足：$C/d^2<0.047N_{18}$ 的非紊流条件。因此，选用 $K_V=67.2\text{m}^3/\text{h}$。

3.8.4 控制阀实际开度和实际可调比的计算

(1) 控制阀流量特性

控制阀流量特性是流体流过控制阀的相对流量与相对行程之间的函数关系。表示为：

$$q=\frac{Q}{Q_{\max}}=f\left(\frac{L}{L_{\max}}\right)=f(l) \tag{3-43}$$

式中，Q 是行程在 L 时的流量；$Q_{\max}$ 是阀最大流量；L 是某开度时的行程；$L_{\max}$ 是最大流量时的行程。因此，$\dfrac{Q}{Q_{\max}}$ 表示相对流量，无量纲；$\dfrac{L}{L_{\max}}$ 表示相对行程，无量纲。

根据控制阀两端的压降，控制阀流量特性分为固有流量特性和工作流量特性。固有流量特性是控制阀两端压降恒定时的流量特性，也称为理想流量特性。工作流量特性是在工作状况下（压降变化）控制阀的流量特性。控制阀出厂所提供的流量特性指固有流量特性。控制阀流量特性是与控制阀两端压降有关的，当两端压降恒定时，获得固有流量特性；工作状况下，阀两端压降变化，获得工作流量特性。

① 控制阀的固有流量特性。控制阀的固有流量特性是控制阀制造厂商在控制阀出厂时测试的特性，有线性、等百分比（对数）、抛物线、双曲线、快开、平方根等不同类型。常用的固有流量特性有线性、等百分比、快开等几种。

定义控制阀的固有可调比 R：

$$R=\frac{Q_{\max}}{Q_{\min}} \tag{3-44}$$

a. 线性流量特性。线性流量特性控制阀相对流量 dq 与相对行程 dl 呈现线性关系：$dq=K_{v2}dl$。或：

$$q=\frac{Q}{Q_{\max}}=\frac{1}{R}\left[1+(R-1)\frac{L}{L_{\max}}\right]=\frac{R-1}{R}l+\frac{1}{R} \tag{3-45}$$

线性流量特性控制阀增益：$K_{v2}=1-\frac{1}{R}$。

b. 等百分比流量特性。等百分比流量特性控制阀相对流量 dq 与相对行程 dl 的变化率与流量呈现线性关系：$dq/dl=k_{v2}q$。或：

$$q=\frac{Q}{Q_{\max}}=R^{\left(\frac{L}{L_{\max}}-1\right)}=R^{(l-1)} \tag{3-46}$$

等百分比流量特性控制阀增益：$K_{v2}=\frac{Q}{L_{\max}}\ln R$

c. 快开流量特性。快开流量特性控制阀相对流量 dq 与相对行程 dl 的变化率与流量呈现反比关系：$dq/dl=k_{v2}/q$。或：

$$q=\frac{Q}{Q_{\max}}=\frac{1}{R}\sqrt{1+(R^2-1)\frac{L}{L_{\max}}}=\frac{1}{R}\sqrt{1+(R^2-1)l} \tag{3-47}$$

快开流量特性控制阀增益：$K_{v2}=\frac{Q_{\max}^2-Q_{\min}^2}{2L_{\max}}\times\frac{1}{Q}$。

d. 抛物线流量特性。抛物线流量特性相对流量 dq 与相对行程 dl 的变化率与流量的开方呈现线性关系：$dq/dl=k_{v2}\sqrt{q}$。或：

$$q=\frac{Q}{Q_{\max}}=\frac{1}{R}\left[1+(\sqrt{R}-1)\frac{L}{L_{\max}}\right]^2=\frac{1}{R}[1+(\sqrt{R}-1)l]^2 \tag{3-48}$$

抛物线流量特性控制阀增益：$K_{v2}=\frac{2(\sqrt{R}-1)\sqrt{Q_{\max}}}{L_{\max}\sqrt{R}}\sqrt{Q}$。

② 可调比。式(3-44) 定义的可调比是控制阀理想的可调比，它是阀两端压降恒定条件下，控制阀可调节的最大流量与最小流量之比，也称为固有可调比。实际可调比 R' 是控制阀在工作状态下可调节的最大流量与最小流量之比。

a. 串联管道时的可调比。定义压降比 s 为控制阀全开时阀两端压降与系统总压降之比，即：

$$s=\frac{\Delta p_{\text{vmin}}}{\Delta p_{\text{s}}} \tag{3-49}$$

一般运行情况下，压降比 $s\leqslant 1$。当管路阻力 Δp_{Σ} 增大时，因系统的总压降 Δp_{s} 不变，

使控制阀两端的压降 Δp_v 下降，造成控制阀允许流过的最大流量下降。因此，实际运行时，如果控制阀与管道串联连接，实际可调比下降。即：$R'=R\sqrt{s}$。

因此，实际应用时，如果控制阀所在串联管道的阻力大，压降比就小，流过控制阀的最大流量会下降，实际可调比减小。例如，压降比为 0.3，则实际可调比下降到固有可调比的 54.8%。

b. 并联管道时的可调比。设控制阀全开时流量与总管最大流量之比为 x，即：

$$x=\frac{Q_{1\max}}{Q_{\max}} \tag{3-50}$$

式中，Q_1 是流过控制阀的流量；$Q_{1\max}$ 是控制阀全开时的流量；$Q_{\max}$ 是流过总管的最大流量。则并联管道的实际可调比为：

$$R'=\frac{1}{1-\left(1-\frac{1}{R}\right)x}\approx\frac{1}{1-x} \tag{3-51}$$

可见，旁路流量越大，控制阀实际可调比越小；总管流量越大，表示控制阀可调节的流量也越大，因此，并联时实际可调比的下降就小些。实际应用时，不应将与控制阀旁路的阀门打开，旁路阀门开度越大，控制阀实际可调比就越小，控制系统控制品质也就变差。

c. 设计注意事项。为提高实际可调比，可采取下列措施。

- 应尽可能降低控制阀所在串联管路的阻力。即减小不必要的弯头，截止阀、缩径管和扩径管等附加管件，减少管段长度，选用控制阀通径与管道直径相同，选用限制流通能力的阀内件等。
- 尽可能不使用旁路进行控制，正常运行时，应关闭与控制阀并联的旁路阀。
- 选用固有可调比高的控制阀，例如，旋转类型的控制阀。

③ 控制阀的工作流量特性。由于在工作状况下，控制阀两端的压降变化，压降比 s 的变化使实际最大流量降低，因此，固有流量特性发生畸变。

a. 串联管道时的工作流量特性。设 $Q_{\max}$ 表示管道压降为零时的控制阀全开流量，Q_{100} 表示管道压降不为零时的控制阀全开流量，则有：

$$\frac{Q}{Q_{\max}}=f(l)\sqrt{\frac{\Delta p_v}{\Delta p_s}}=f(l)\sqrt{\frac{1}{1+\left(\frac{1}{s}-1\right)f^2(l)}} \tag{3-52}$$

$$\frac{Q}{Q_{100}}=f(l)\sqrt{\frac{\Delta p_v}{\Delta p_{100}}}=f(l)\sqrt{\frac{1}{s+(1-s)f^2(l)}} \tag{3-53}$$

式中，$f(l)$ 对应于不同的固有流量特性。s 是压降比。图 3-37 是串联管道时的控制阀工作流量特性。

串联管道时控制阀工作流量特性的特点如下：

- $s=1$ 表示管道压降为零，工作流量特性与固有流量特性相同，工作流量特性不发生畸变。
- 随 s 的减小，管道压降增加，控制阀两端压降减小，使控制阀全开时的最大流量下降，实际可调比下降。工作流量特性上凸。s 越小，上凸越严重，流量特性的畸变使原有控制系统的总开环增益变化，会严重影响控制系统的控制品质。
- 实际设计时，工艺一般要求 $s=0.3$，因此，可根据所需工作流量特性，定制控制阀固有流量特性。

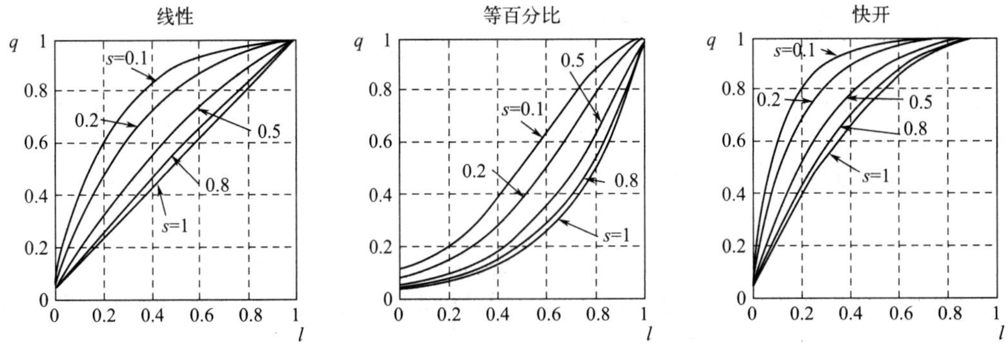

图 3-37　控制阀与管道串联时的工作流量特性

b. 并联管道时的工作流量特性。并联管道时的工作流量特性如式(3-54) 所示：

$$\frac{Q}{Q_{\max}}=xf(l)+(1-x) \tag{3-54}$$

图 3-38 是并联管道时控制阀的工作流量特性。

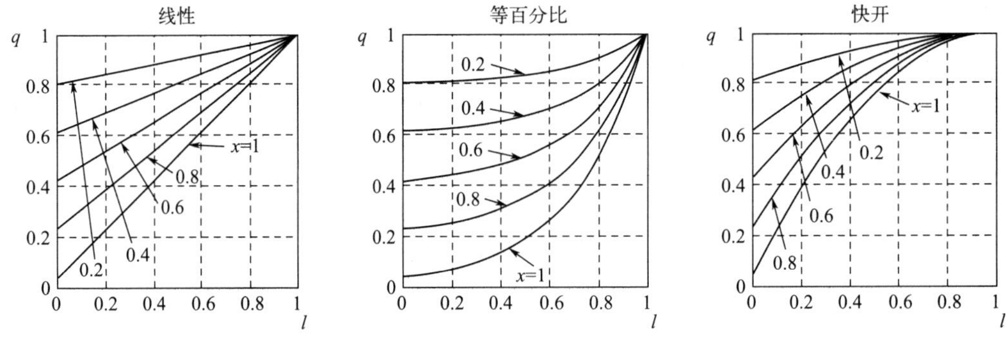

图 3-38　并联管道时控制阀的工作流量特性

并联管道时控制阀工作流量特性的特点如下：

- $x=1$ 表示并联的旁路阀关闭，控制阀工作流量特性与固有流量特性相同，工作流量特性不发生畸变。
- 随 x 的减小，旁路阀开大，旁路流量增大，总管流量虽有提高，但控制阀可调比下降，灵敏度下降，加上实际应用仍存在串联管道的影响，使可调比的下降更多。因此，旁路阀在正常运行过程中应关闭。但是，在精馏塔再沸器加热载体控制阀的旁路阀可打开一定开度以保证不漏液。

(2) 控制阀实际开度估算

① 控制阀额定流量系数的确定。考虑压降比的影响，不同流量特性控制阀的估算公式不同。见表 3-75。

表 3-75　控制阀额定流量系数估算公式

控制阀流量特性	估算公式
线性	$\frac{Q}{Q_{\max}}=f(s,l)=\left(\frac{1}{R}+\frac{R-1}{R}l\right)\sqrt{\frac{1}{1+\left(\frac{1}{s}-1\right)\left(\frac{1}{R}+\frac{R-1}{R}l\right)^{2}}}$

续表

控制阀流量特性	估算公式
等百分比	$\frac{Q}{Q_{\max}}=f(s,l)=R^{(l-1)}\sqrt{\frac{1}{1+\left(\frac{1}{s}-1\right)R^{2(l-1)}}}$
抛物线	$\frac{Q}{Q_{\max}}=f(s,l)=\left\{\frac{1}{R}\left[1+(\sqrt{R}-1)l\right]^{2}\right\}\sqrt{\frac{1}{1+\left(\frac{1}{s}-1\right)\left\{\frac{1}{R}\left[1+(\sqrt{R}-1)l\right]^{2}\right\}^{2}}}$

将上述关系转换为不同开度下流量与最大流量之比，可获得对应的比值。则根据某一希望开度时的流量可确定最大流量时的放大倍率 k。即：$K_v=kK_{v1}$。K_{v1} 是计算的流量系数值。

表 3-76 和表 3-77 分别是 $R=30$ 时线性流量特性和等百分比流量特性控制阀在不同压降比和希望开度下的放大倍率关系。

表 3-76　线性流量特性控制阀在不同压降比和希望开度下的倍率 k（$R=30$）

k \ s / l	0.05	0.10	0.15	0.2	0.25	0.3	0.4	0.5	0.6	0.7	0.8	0.9	1.0
10%	8.8415	8.2566	8.0522	7.9481	7.8849	7.8425	7.7892	7.7570	7.7355	7.7201	7.7085	7.6995	7.6923
20%	5.2019	5.3351	5.0130	4.8439	4.7396	4.6687	4.5786	4.5237	4.4867	4.4601	4.4400	4.4243	4.4118
30%	5.3447	4.3087	3.9028	3.6831	3.5448	3.4494	3.3265	3.2504	3.1987	3.1613	3.1329	3.1107	3.0928
40%	4.9668	3.8300	3.3668	3.1095	2.9443	2.8288	2.6775	2.5824	2.5171	2.4693	2.4329	2.4042	2.3810
50%	4.7693	3.5702	3.0680	2.7832	2.5973	2.4657	2.2904	2.1786	2.1007	2.0432	1.9990	1.9640	1.9354
60%	4.6538	3.4144	2.8853	2.5804	2.3787	2.2342	2.0392	1.9127	1.8235	1.7570	1.7054	1.6642	1.6304
70%	4.5808	3.3142	2.7659	2.4462	2.2324	2.0778	1.8665	1.7273	1.6280	1.5532	1.4946	1.4474	1.4085
80%	4.5318	3.2460	2.6839	2.3530	2.1300	1.9673	1.7426	1.5927	1.4844	1.4019	1.3367	1.2837	1.2397
90%	4.4973	3.1977	2.6253	2.2859	2.0556	1.8865	1.6509	1.4918	1.3756	1.2861	1.2147	1.1561	1.1070
100%	4.4721	3.1623	2.5820	2.2361	2.0000	1.8257	1.5811	1.4142	1.2910	1.1952	1.1180	1.0541	1.0000

表 3-77　等百分比流量特性控制阀在不同压降比和希望开度下的倍率 k（$R=30$）

k \ s / l	0.05	0.10	0.15	0.2	0.25	0.3	0.4	0.5	0.6	0.7	0.8	0.9	1.0
10%	21.791	21.560	21.483	21.444	21.421	21.405	21.386	21.374	21.366	21.361	21.356	21.353	21.351
20%	15.809	15.488	15.380	15.326	15.293	15.272	15.244	15.228	15.217	15.209	15.203	15.199	15.195
30%	11.659	11.222	11.073	10.997	10.952	10.921	10.883	10.860	10.845	10.834	10.826	10.819	10.814
40%	8.8448	8.2602	8.0559	7.9518	7.8886	7.8463	7.7930	7.7608	7.7393	7.7239	7.7124	7.7034	7.6961
50%	7.0000	6.2450	5.9722	5.8310	5.7446	5.6862	5.6125	5.5678	5.5377	5.5162	5.5000	5.4874	5.4772
60%	5.8476	4.9188	4.5674	4.3812	4.2655	4.1867	4.0859	4.0243	3.9827	3.9526	3.9300	3.9123	3.8981
70%	5.1668	4.0861	3.6555	3.4200	3.2705	3.1669	3.0325	2.9489	2.8919	2.8504	2.8189	2.7941	2.7742
80%	4.7852	3.5914	3.0927	2.8103	2.6264	2.4963	2.3234	2.2132	2.1365	2.0801	2.0367	2.0023	1.9744
90%	4.5798	3.3128	2.7642	2.4442	2.2303	2.0755	1.8640	1.7246	1.6251	1.5501	1.4914	1.4441	1.4051
100%	4.4721	3.1623	2.5820	2.2361	2.0000	1.8257	1.5811	1.4142	1.2910	1.1952	1.1180	1.0541	1.0000

例如，某乙烯工程压力控制系统，根据最大流量计算获得的流量系数 $K_V=54.5\text{m}^3/\text{h}$。

采用等百分比流量特性，希望最大流量时控制阀开度约85%。压降比0.3；选用理想可调比30。用平均值可得85%时的$k=2.2869$；用MATLAB的spline函数求得$k=2.2598$。因此，流量系数选用值为$54.5k$，即流量系数为124.6361～123.1591。圆整到额定流量系数的系列值为160。经计算获得最大流量时的实际开度为72.98%。

如果不考虑压降比的影响，即$s=1$，圆整到额定流量系数的系列值为100。经计算获得最大流量时的实际开度为99.52%。因此，实际应用时很可能出现最大流量不能满足工艺控制要求的情况。

② 控制阀开度验算。如果计算时选用的流量是最大流量，则线性流量特性控制阀开度可输入80%～90%，等百分比流量特性的控制阀开度可输入70%～80%等。如果是正常流量，则线性流量特性控制阀开度可输入50%～60%，等百分比流量特性的控制阀开度可输入50%～60%。如果是最小流量，则线性流量特性控制阀开度可输入10%～20%，等百分比流量特性的控制阀开度可输入20%～30%。

表3-78给出控制阀不同流量特性的实际开度估算公式。

表3-78　控制阀不同流量特性的实际开度估算公式

控制阀流量特性	估算公式
线性	$l(\%)=\left[\dfrac{Rq_{m}}{\sqrt{1-\left(\dfrac{1}{s}-1\right)q_{m}^{2}}}-1\right]/(R-1)\times100$
等百分比	$l(\%)=\left[\lg\left(\dfrac{q_{m}}{\sqrt{1-\left(\dfrac{1}{s}-1\right)q_{m}^{2}}}\right)/\lg R+1\right]\times100$
抛物线	$l(\%)=\left[\dfrac{\sqrt{R}q_{m}}{\sqrt[4]{1-\left(\dfrac{1}{s}-1\right)q_{m}^{2}}}-1\right]/(\sqrt{R}-1)\times100$

③ 计算示例。Fisher公司提供某工程的控制阀，计算书数据为：$C_{V}=70.2$；选用$C_{VR}=130$，线性流量特性，计算开度64%。

根据表3-78，选用线性流量特性的估算公式，该阀的固有可调比$R=100$，计算得出$s=0.5$时的计算开度为63.8%，如果$s=0.4$，则计算开度在71.7%。这说明Fisher公司是按$s=0.5$估算控制阀开度的。

由于国内多数设计单位不是自己计算确定控制阀额定流量系数，而是由制造商提供设计计算书。而一些控制阀制造商未提供实际开度的估算值，或提供的是$s=1$时的开度。因此，设计时需要注意。

(3) 实际可调比估算

实际可调比R'与控制阀固有可调比R之间有下列近似关系：

$$R'=R\sqrt{s} \tag{3-55}$$

不同压降比时，实际可调比R'与固有可调比R的关系见表3-79。

表3-79　不同压降比s和不同固有可调比R时的实际可调比R'

s	0.1	0.2	0.3	0.4	0.5	0.6	0.7	0.8	0.9	1.0
$R=30$	9.5341	13.4462	15.4530	18.9895	21.2250	23.2465	25.1058	25.8365	28.4623	30.0000
$R=50$	15.8398	22.3786	27.3989	31.6323	35.3624	38.7350	41.8366	44.7236	47.4352	50.0000

续表

s	0.1	0.2	0.3	0.4	0.5	0.6	0.7	0.8	0.9	1.0
$R=100$	31.6370	44.7303	54.7786	63.2503	70.7142	77.4622	83.6678	89.4438	94.8689	100.0000
$R=300$	94.8731	134.1671	164.3189	189.7382	212.1332	232.3799	250.9986	268.3285	284.6052	300.0000

控制阀的噪声估算等内容可参考有关标准进行。

3.8.5　节流装置流出系数的计算和节流装置选型

(1) 标准节流装置的流出系数

GB/T 2624—2006 标准对安装在圆形管道中的差压装置测量满管流体流量作了规定。所用的节流装置有标准孔板、喷嘴和文丘里喷嘴、文丘里管。这里仅介绍标准孔板的有关内容，其他内容详见标准。

① 测量原理。

a. 不可压缩流体的流量公式。不可压缩流体的流动符合一维等熵的定常流条件。即符合连续性方程和伯努利方程。经求解可获得流体体积流量 q_v 和质量流量 q_m 的计算公式为：

$$q_v=\frac{C}{\sqrt{1-\beta^4}}A_0\sqrt{2\frac{\Delta p}{\rho_1}}=\frac{\pi}{4}\times\frac{C\beta^2D^2}{\sqrt{1-\beta^4}}\sqrt{2\frac{\Delta p}{\rho_1}} \tag{3-56}$$

$$q_m=\frac{C}{\sqrt{1-\beta^4}}A_0\sqrt{2\Delta p\rho_1}=\frac{\pi}{4}\times\frac{C\beta^2D^2}{\sqrt{1-\beta^4}}\sqrt{2\Delta p\rho_1} \tag{3-57}$$

式中，直径比 β 为节流孔面积 A_0 与管道截面积 A_1 之比的开方，对只有一个节流孔的节流件，它等于节流孔直径 d 与管道内径 D 之比；C 是节流装置流出系数；D 是管道内径；Δp 是节流装置两端压差；ρ_1 是节流装置上游侧流体密度。

b. 可压缩流体的流量公式。可压缩流体的密度不是常数，对绝热过程有：$\frac{p}{\rho^{\gamma}}=$常数。式中，γ 是流体的比热比，它是流体定压比热容 C_p 与定容比热容 C_V 之比，对可逆绝热过程，等熵指数 κ 等于比热比 γ。

考虑流体是可压缩的，式(3-56) 和式(3-57) 引入可膨胀系数 ε，获得相应的流量计算公式。

$$q_m=\frac{C}{\sqrt{1-\beta^4}}\varepsilon A_0\sqrt{2\Delta p\rho_1}=\frac{\pi}{4}\times\frac{C\beta^2D^2}{\sqrt{1-\beta^4}}\varepsilon\sqrt{2\Delta p\rho_1} \tag{3-58}$$

$$q_v=\frac{C}{\sqrt{1-\beta^4}}\varepsilon A_0\sqrt{2\Delta p\rho_1}=\frac{\pi}{4}\times\frac{C\beta^2D^2}{\sqrt{1-\beta^4}}\varepsilon\sqrt{\frac{2\Delta p}{\rho_1}} \tag{3-59}$$

对标准孔板，新版的可膨胀系数有下列近似式：

$$\varepsilon=1-(0.351+0.256\beta^4+0.93\beta^8)\left[1-\left(\frac{p_2}{p_1}\right)^{1/\kappa}\right] \tag{3-60}$$

式中，p_2 和 p_1 分别是孔板下游和上游取压点的压力；κ 是等熵指数。

② 流出系数。流出系数 C 是衡量节流装置符合规定应用条件下满足流量计算公式的重要节流装置参数。流出系数 C 定义为：$C=\frac{实际流量}{理论流量}$。

根据 GB/T 2624.2—2006，标准孔板流出系数采用里德·哈利斯/加拉赫计算公式：

$$C=0.5961+0.0261\beta^2-0.216\beta^8+0.000521\left(\frac{10^6\beta}{Re_D}\right)^{0.7}+[0.0188+0.0063A]\beta^{3.5}\left(\frac{10^6}{Re_D}\right)^{0.3}$$

$$+(0.043+0.080e^{-10L_1}-0.123e^{-7L_1})+[1-0.11A]\frac{\beta^4}{1-\beta^4}-0.031[M'_2-0.8M'^{1.1}_2]\beta^{1.3} \tag{3-61}$$

当 $D<71.12\text{mm}$（2.8in）时，应增加下列项：$+0.011(0.75-\beta)(2.8-D/25.4)$。

式中，$A=\left(\frac{19000\beta}{Re_D}\right)^{0.8}$；$M'_2=\frac{2L'_2}{1-\beta}$。$D$ 的单位是 mm。

$L_1=l_1/D$，它是孔板上游端面到上游取压口距离 l_1 与管道直径 D 之比；$L_2=l_2/D$，它是孔板上游端面到下游取压口距离 l_2 与管道直径 D 之比；$L'_2=l'_2/D$，它是孔板下游端面到下游取压口距离 l'_2 与管道直径 D 之比。角接取压：$L_1=L'_2=0$；D-$D/2$ 取压：$L_1=1$，$L'_2=0.47$；法兰取压：$L_1=L'_2=25.4/D$。

③ 流出系数 C 与雷诺数 Re_D、径比 β 的关系。根据式(3-61)，可绘制流出系数 C 与雷诺数 Re_D、径比 β 的关系曲线（采用角接取压方式），如图 3-39 所示。

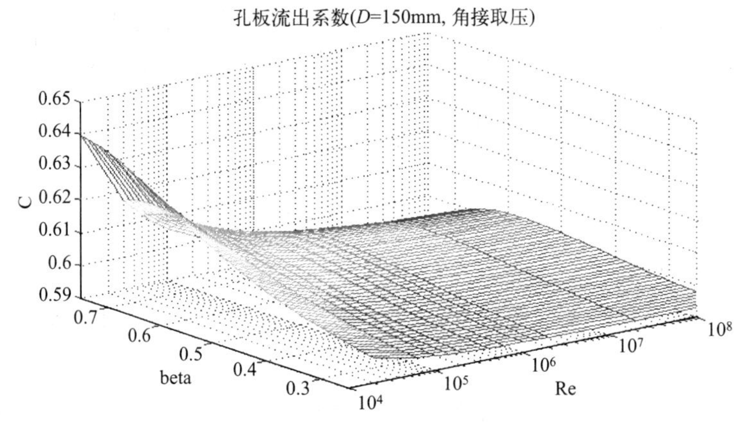

图 3-39　流出系数 C 随雷诺数 Re_D 和径比 β（beta）而变化

a. 随着流体流量的增加，雷诺数增加，流出系数减小。

b. 同样的雷诺数下，随径比 β 的变化，流体流出系数存在一个最高值。如果选用的径比比最高值小，则随着径比 β 的增加，流出系数 C 增加。如果选用的径比比最高值大，则随着径比 β 的增加，流出系数 C 减小。

c. 随径比 β 的增加，$\beta^2/\sqrt{(1-\beta^4)}$ 增大。因此，当选用的径比比最高值小时，流出系数增大，同时，$\beta^2/\sqrt{(1-\beta^4)}$ 增大，造成测量误差更大。这表示选用的径比应选用比最高值小的值，可补偿因 β 的增加造成的误差。换言之，选用较大的径比，会使误差增大。

d. 选用其他取压方式，并不改变上述特性。

④ 流出系数 C 与雷诺数 Re_D、管道直径 D 的关系。类似研究表明，当径比不变时，标准孔板的流出系数 C 与雷诺数 Re_D、管道直径 D 的关系有下列特性：

a. 管径 D 的改变对流出系数的影响不大。当管径 $D<71.12\text{mm}$ 时流出系数 C 稍有增加。增加项随径比的增大而减小，随管道直径 D 的减小而增大。

b. 随雷诺数的增加，标准孔板的流出系数 C 减小，并趋于稳定值 0.61。

（2）标准节流装置的可膨胀系数

对可压缩流体，流量公式中增加可膨胀系数 ε。它表示流体的密度不是定值，需要修正。由于流体的可压缩性或膨胀性，因此，可压缩流体的可膨胀系数小于 1。

2006 版对标准孔板的可膨胀系数计算公式进行了修正。其计算公式见式(3-60)。

图 3-40 显示可膨胀系数 ε 与出口压力 p_2/入口压力 p_1 之比的关系。

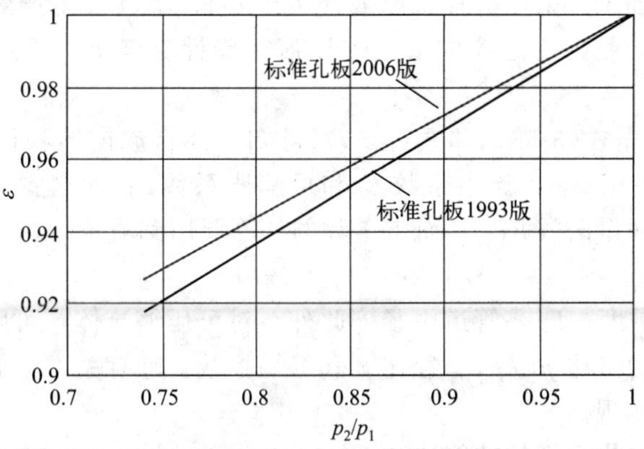

图 3-40　可膨胀系数 ε 与 p_2/p_1 的关系

可膨胀系数 ε 具有下列特点：

① 随压力比 p_2/p_1 的增大，流体的可压缩性下降，即更接近不可压缩流体特性。

② 2006 版的曲线在 1993 版的曲线上面，表示经实验验证，可压缩流体的压缩性比以前估算的影响要小。

③ 当径比增加时，可膨胀系数的值增大，即流体更接近不可压缩流体特性。换言之，由于流体经过节流装置时的阻流影响是减小，使流体更接近不可压缩流体的特性。

④ 等熵指数 κ 增大时，流体的压缩性增强，因此，流体的等熵指数 κ 越大，就越需要进行修正，才能反映流体被压缩的性能。

(3) 流出系数的计算

① 工程设计的命题。有下列不同的工程设计命题：

a. 新建工程项目标准孔板设计计算：已知流体类型，管道内径 D，被测流体参数 ρ、μ、κ，管道布置条件，确定流量范围，差压测量上限 $\Delta p_{\max}$，节流装置型式，计算节流件开孔直径 d。

b. 现场核对差压计测量值的计算：对现正运行的节流装置有疑问，希望核对。已知管道内径 D，节流件开孔直径 d，流体参数 ρ、μ、κ，管道布置条件，节流装置型式，流量范围，计算某流量下的差压值 Δp。

c. 现场核对流量值的计算：对现正运行的节流装置有疑问，希望核对。已知管道内径 D，节流件开孔直径 d，被测流体参数 ρ、μ、κ，根据测得的差压值 Δp，计算被测流体流量 q_m 或 q_v。

d. 确定现场管道尺寸的计算。已知节流装置型式，径比 β，差压值 Δp，被测流体流量 q_m 或 q_v，被测流体参数 ρ、μ，计算管道内径 D 和节流件开孔直径 d。

新建工程项目标准孔板设计计算是最常见的设计计算。早期，将最大流量和最大差压采用系列值，以 $\sqrt[5]{10}=1.5849\approx1.6$ 和 $\sqrt[10]{10}=1.2589\approx1.25$ 作为等比级数，获得流量的系列值为 1、1.6、2.5、4、6.3 的基础值，再乘以 10^n 作为流量的最大刻度流量值。对应地，最大差压的系列值为 1、1.25、1.6、2、2.5、3.2、4、5、6.3、8 的基础值，同样再乘以 10^n 作为差压的最大刻度流量值。根据这两个量是系列值，可计算出标准孔板的开孔直径。该方法的特点是径比不是系列值，每个孔板都要不同加工。但其优点是当所选最大差压值扩大一级时，相应的最大刻度流量也扩大一级。反之亦然。

近年来，由于差压变送器的调试变得方便，一些制造商采用径比为系列值，例如 0.2、

0.25、0.3、0.35、0.4、0.45、0.5、0.55、0.6、0.65、0.7 等。其优点是可对同样管道通径的孔板集中在一起加工（采用数控机床或加工中心），提高了生产效率。但由于最大刻度流量是系列值，因此，差压变送器的最大差压值需要计算确定，并由变送器制造商调整后出厂。

② 计算程序。根据式(3-58) 和式(3-59) 可知，计算流体体积流量 q_v 或质量流量 q_m 时，需要有径比 β、差压 Δp、流出系数 C 和可膨胀系数 ε；而根据式(3-61)，流出系数 C 的计算需要有径比 β 和雷诺数 Re_D；而雷诺数的计算要用到流量 q_m，即：

$$Re=4q_m/(\pi\mu D) \tag{3-62}$$

式中，μ 是流体黏度；D 是管道内径。此外，对可压缩流体，可膨胀系数 ε 还跟节流装置下游压力与上游压力之比 p_2/p_1、径比 β 和等熵指数 κ 等有关。考虑计算过程涉及迭代运算，可编写有关程序实现。

a. 功能块。实现迭代运算的功能块如下：

- 流量计算功能块 Qcal。输入信号：流出系数 C、径比 beta (β)、可膨胀系数 epsr (ε)、管道内径 D、被测流体密度 ru1(ρ) 和差压 delt _ p(Δp)。计算公式：

$$d=D\beta;\ q_m=\frac{\pi}{4}C\varepsilon\frac{d^2}{\sqrt{1-\beta^4}}\sqrt{2\Delta p\rho};\ q_v=\frac{q_m}{\rho} \tag{3-63}$$

输出信号：被测流体的流量 q_m 或 q_v。

- 雷诺数计算功能块 Recal。输入信号：被测流体的流量 q_m、被测流体的黏度 mu(μ) 和管道内径 D。计算公式(3-62)。输出信号：被测流体的管道雷诺数 Re(Re_D)。

- 流出系数计算功能块 Ccal。输入信号：节流装置型式 element _ type、取压方式 tap、径比 beta(β)、被测流体的管道雷诺数 Re。计算公式(3-61)。输出信号：流出系数 C。取压方式有：角接取压（tap=1)、D-$D/2$ 取压（tap=2)、法兰取压（tap 取其他值)。节流装置型式：标准孔板（element _ type=1)。

- 径比计算功能块 betacal。输入信号：节流装置的流出系数 C、流体的可膨胀系数 epsr(ε)、被测流体密度 ru1(ρ)、差压 delt _ p(Δp)、管道内径 D 和被测流体的流量 q_m。计算公式如下：

$$E=\left(\frac{4q_m}{\pi D^2C\varepsilon\sqrt{2\Delta p\rho_1}}\right)^2;\ \beta=\left(\frac{E}{1+E}\right)^{0.25} \tag{3-64}$$

输出信号：节流装置的径比 beta (β) 及孔板开孔直径 d_{20} ($d=\beta D$)。

- 差压计算功能块 dpcal。输入信号：节流装置的流出系数 C、流体的可膨胀系数 epsr(ε)、被测流体密度 ru1(ρ)、节流装置的径比 beta(β)、管道内径 D 和被测流体的流量 q_m。计算公式如下：

$$\Delta p=\left(\frac{q_m}{\frac{\pi}{4}\times\frac{\varepsilon C\beta^2D^2\sqrt{2\rho}}{\sqrt{1-\beta^4}}}\right)^2 \tag{3-65}$$

输出信号：节流装置的差压 delt _ p(Δp)。

- 其他功能块：包括可膨胀系数功能块、密度计算功能块等。

b. 计算程序。对不同的设计命题，采用不同的功能块组合，实现迭代过程。

- 新建节流装置的设计计算。按早期的设计方法进行，即最大差压和刻度流量采用系列值。程序如图 3-41 所示。
- 径比设计计算。程序见图 3-42。

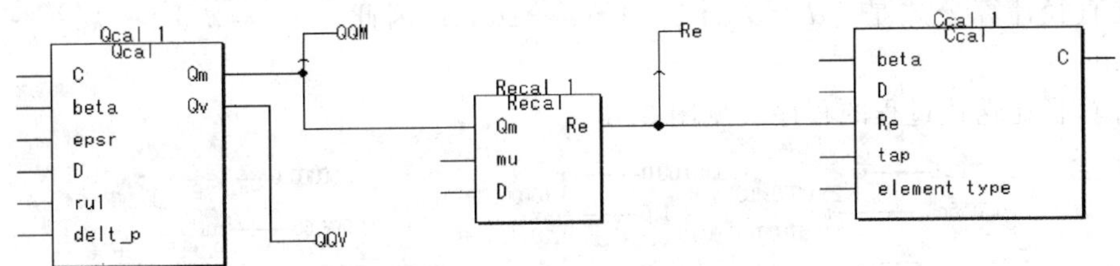

图 3-41　计算流出系数的 FBD 程序

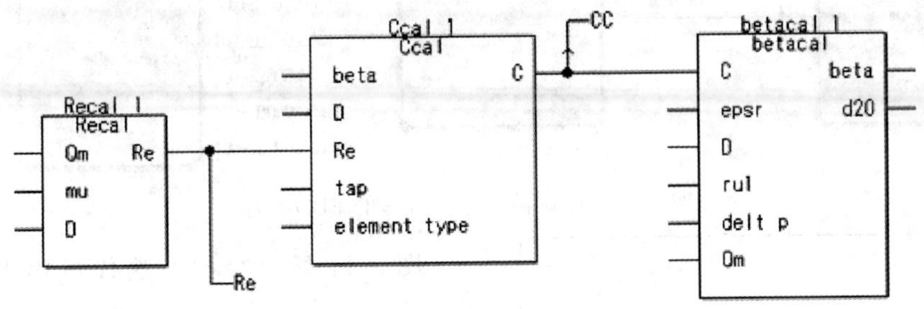

图 3-42　计算径比的 FBD 程序

3.8.6　节流装置计算示例

(1) 不可压缩流体的标准孔板设计计算

① 确定径比的设计计算。已知数据：被测流体为水，工作温度 $t=30℃$；工作压力 $p_1=0.6\text{MPa}$（A)；管道内径 $D_{20}=100\text{mm}$；流体最大流量 $q_m=12.5\text{kg/s}$。已知，管道材料热胀系数 $\lambda_D=11.16\text{E}-6\text{mm/(mm}\cdot℃)$，节流件材料热胀系数 $\lambda_d=16.60\text{E}-6\text{mm/(mm}\cdot℃)$，管道粗糙度 $K=0.03\text{mm}$；选用差压变送器最大差压 $\Delta p=50000\text{Pa}$。确定标准孔板开孔直径 d_{20}。

a. 查表，获得工况下水的密度为 $\rho=999.65\text{kg/m}^3$，黏度 $\mu=0.7975\text{E}-3\text{Pa}\cdot\text{s}$。

b. 管道粗糙度检验：$K=0.03\text{mm}$；$Ra=K/\pi=9.55\text{E}-3$；$Ra/D=0.95\text{E}-4$，满足粗糙度要求。

c. 计算工作温度下的管道内径 D：应用膨胀系数计算公式 $D=D_{20}\ [1+\lambda_D\ (t-20)]$，代入 $t=30$，$D_{20}=100$，得到工作温度下的管道内径 $D=100.0001\text{mm}$，转换为标准规定的单位 m，即 $D=0.1000001\text{m}$。

d. 计算雷诺数 Re_D：根据式(3-62)，计算获得：$Re_D=1.9957\text{E}5$。

e. 第一次迭代计算：用 beta（1）=0.0，代入式(3-61)，计算获得 $C=0.5961$；再代入式(3-64)，得：beta（2）=0.50319。

f. 迭代过程：见表 3-80。

表 3-80　迭代过程中各参数

迭代次数	1	2	3	4	5
C	0.5961	0.60821	0.605686	0.605683	
beta(β)	0.0	0.50319	0.504177	0.504165	0.504165

g. 迭代结果，径比 $\beta=0.504168$；工况下孔板开孔直径 $d=50.416\text{mm}$，加工时，即20℃开孔直径计算公式是：$d=d_{20}[1+\lambda_d(t-20)]$；因此，$d_{20}=d/[1+\lambda_d(t-20)]=50.416\text{mm}$。

h. 计算径比迭代过程的程序。见图 3-43。

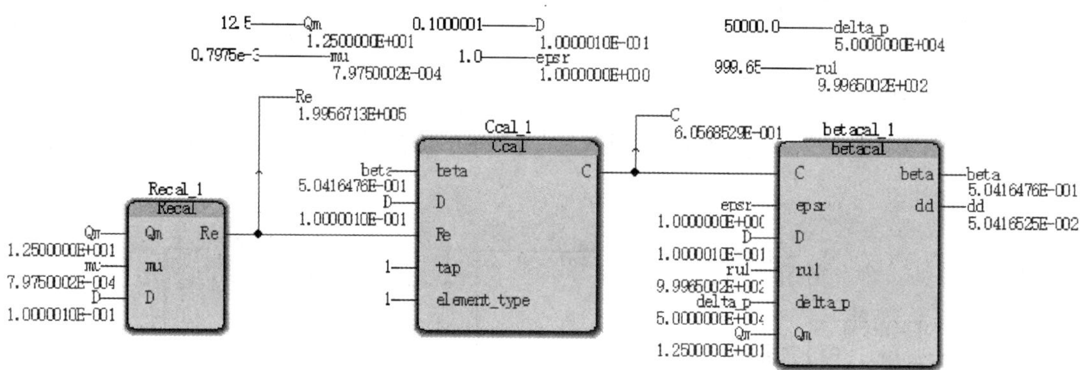

图 3-43　计算径比迭代过程的 FBD 程序

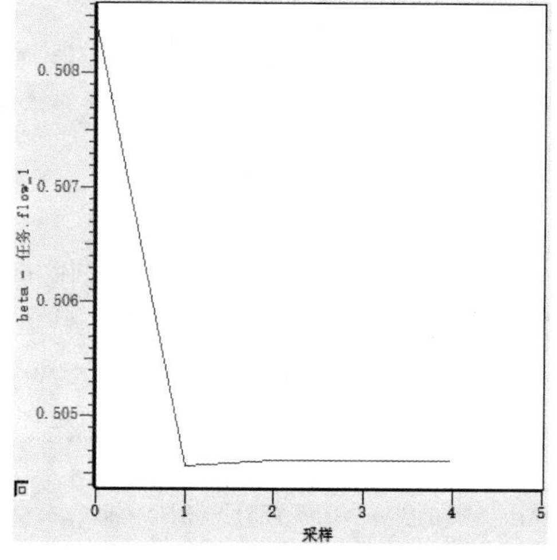

图 3-44　迭代次数

图 3-44 显示径比在迭代过程中的变化情况。第 0 次迭代结果是 0.5032，第 1 次迭代结果是 0.5042；第 2 次迭代结果是 0.5042，并保持。

② 确定差压的设计计算。已知数据：被测流体为水，工作温度 $t=30℃$；工作压力 $p_1=0.6\text{MPa}$（A）；管道内径 $D_{20}=100\text{mm}$；流体最大流量 $q_m=12.5\text{kg/s}$。已知，管道材料热胀系数 $\lambda_D=11.16\text{E}-6\text{mm/(mm}\cdot℃)$，节流件材料热胀系数 $\lambda_d=16.60\text{E}-6\text{mm/(mm}\cdot℃)$，管道粗糙度 $K=0.03\text{mm}$；选用系列值的径比 $\beta=0.55$。计算最大差压。

a. 上述四项结果与上述示例相同。

b. 由于径比已知，因此，直接根据式(3-61) 计算流出系数，$C=0.607127$。

c. 计算过程不需要迭代。根据式(3-65) 直接计算最大差压 $d_p=34125.02\text{Pa}$。

d. 计算程序。见图 3-45。

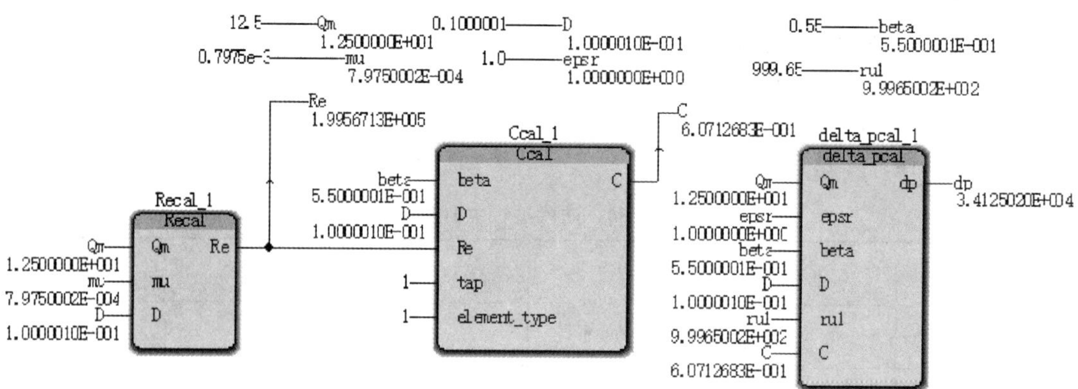

图 3-45　计算最大差压的 FBD 程序

可见径比从 0.5042 增加到 0.55 后，最大差压可明显下降。从原来的 50000Pa 下降到 34125.02Pa。

(2) 可压缩流体的标准孔板设计计算

① 最大流量设计计算。已知数据：天然气，其组分见图 3-46。工况下流体温度 $t=15℃$，压力 $p_1=1.578\mathrm{MPa}$（A），当地大气压 0.0981MPa，$D_{20}=259.38\mathrm{mm}$；$d_{20}=150.25\mathrm{mm}$；已知，管道材料热胀系数 $\lambda_D=11.16\mathrm{E}-6\mathrm{mm/(mm\cdot ℃)}$，节流件材料热胀系数 $\lambda_d=16.60\mathrm{E}-6\mathrm{mm/(mm\cdot ℃)}$，管道粗糙度 $K=0.075\mathrm{mm}$；选用最大差压 $\Delta p=12500\mathrm{Pa}$。

a. 计算天然气的压缩因子。根据 GB/T 17747.2—2011《天然气压缩因子的计算 第 2 部分：用摩尔组成进行计算》或 AGA8-92DC 的规定，编写了计算程序。图 3-46 是压缩系数和密度计算结果显示画面。

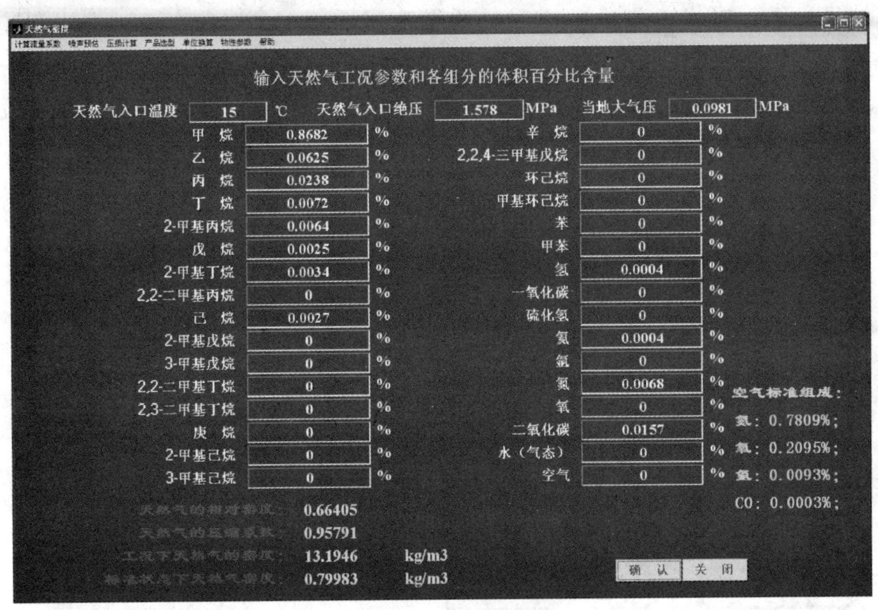

图 3-46　天然气压缩系数和密度计算程序执行结果

获得 15℃，1.578MPa（A）工况下该天然气密度为 $13.1946\mathrm{kg/m^3}$，天然气压缩系数 $Z=0.95791$。

b. 计算工况条件下径比 β：选用角接取压的标准孔板。工况条件下管道内径和节流件开孔直径为：

$D=D_{20}[1+\lambda_D(t-20)]=259.37\mathrm{mm}=0.25937\mathrm{m}$；$d=d_{20}[1+\lambda_d(t-20)]=150.24\mathrm{mm}$；工况条件下径比 $\beta=0.15024/0.25937=0.5792$。

c. 管道粗糙度 $K=0.075\mathrm{mm}$；$Ra=K/\pi=2.39\mathrm{E}-2$；$Ra/D=0.92\mathrm{E}-4$，满足粗糙度要求。

d. 确定等熵指数。该天然气主要组分是甲烷，因此，以甲烷的比热比替代天然气的等熵指数，得：$\kappa=1.36$。

e. 确定可膨胀系数。$\Delta p=12500\mathrm{Pa}$，$p_1=1.578\mathrm{MPa}$（A），$\Delta p/p_1=7.92\mathrm{E}-3<0.25$，根据式(3-60)，计算得到可膨胀系数 $\varepsilon=0.9977$，计算时可按 1 计算。

f. 确定流体雷诺数：按式(3-62)，计算得到工况下流体的管道雷诺数 $Re=2.9076455\mathrm{E}+6$。

g. 迭代计算：迭代计算流出系数 C 的 FBD 程序见图 3-47。

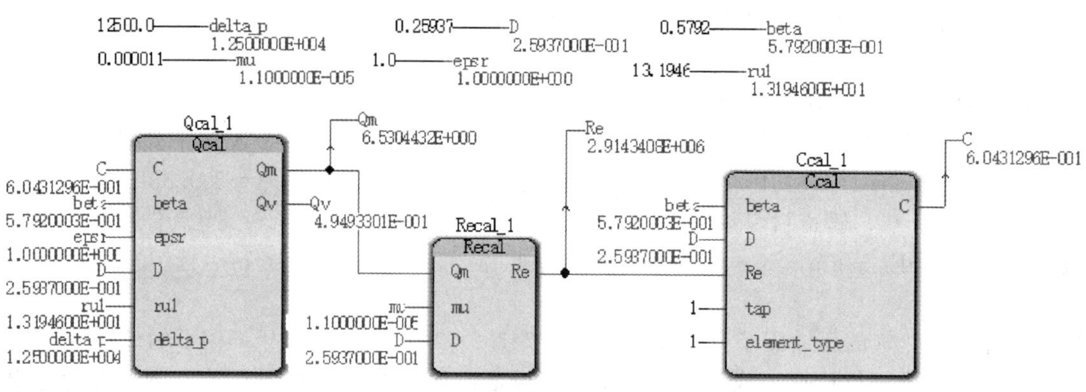

图 3-47　天然气流出系数迭代计算的 FBD 程序和运行结果

运算结果显示，对应于最大差压时的质量流量 $q_m=6.53044$kg/s；或体积流量 $q_V=49.4933$m^3/s。工况下流体的雷诺数 $Re_D=2.91434$E6；节流装置的流出系数 $C=0.6043$。

② 低雷诺数时对流量的修正计算。上例中，当该节流装置在低雷诺数时的流量会增加。计算如下：

当测量的差压是最大差压的 1%时，用上述程序，可计算出这时的流量和流出系数。见图 3-48。

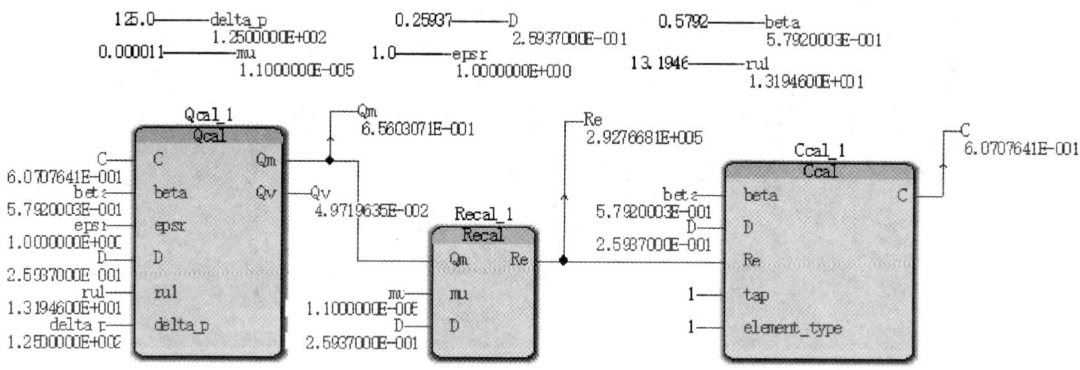

图 3-48　天然气被测差压下降时对流出系数和流量的影响

运行结果显示，流出系数 C 增加到 0.6071。因此，如果不修正，其显示值是 $q_m=6.53044\times0.1=0.653044$kg/s。因流出系数增加，所以，质量流量实际值是 0.656031kg/s。

上述程序可用于小流量时对流出系数的补偿。读者可编写有关程序实现节流装置的设计计算。

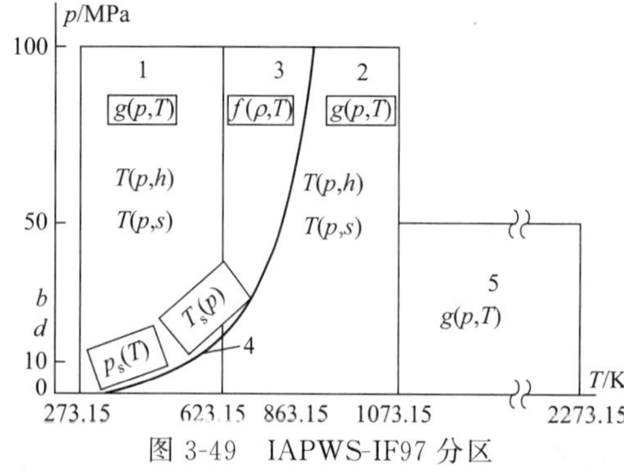

图 3-49　IAPWS-IF97 分区

3.8.7　其他辅助参数的计算

(1) 水和蒸汽的有关参数计算

1963 年成立的国际公式化委员会（IFC）制定了水蒸气热力性质的国际骨架表，提出“工业用 1967 年 IFC 公式”。1997 年由国际水和水蒸气性质协会提出了 IAPWS-IF97 公式，即 IF97 公式。它使用对比态参数，将适用范围分为图 3-49 所示的 5 个区域。不同区域使用不同模型，各区的基本方程见表 3-81。并在各分区间的边界有边界方程。采用临界参数如下：水蒸气气体常数 $R=0.461526\text{kJ/(kg}\cdot\text{K)}$；$p_c=22.064\text{MPa}$；$T_c=647.096\text{K}$；$\rho_c=322\text{kg/m}^3$；有关的系数见 IAPWS 资料。

其适用范围为：$273.15\text{K}\leqslant T\leqslant 1073.15\text{K}$；$611.2126774\text{Pa}\leqslant p\leqslant 100\text{MPa}$；

$1073.15\text{K}\leqslant T\leqslant 2273.15\text{K}$；$611.2126774\text{Pa}\leqslant p\leqslant 50\text{MPa}$。

表 3-81　IAPWS-IF97 基本方程

区域	基本方程
1 过冷水区	$\frac{g(p,T)}{RT}=\gamma(\pi,\tau)=\sum_{i=1}^{34} n_i(7.1-\pi)^{I_i}(\tau-1.222)^{J_i}$ $p^*=16.53\text{MPa};T^*=1386\text{K}$
2 过热蒸汽区	$\frac{g(p,T)}{RT}=\gamma(\pi,\tau)=\gamma^o(\pi,\tau)+\gamma^r(\pi,\tau);\gamma^o(\pi,\tau)=\ln\pi+\sum_{i=1}^{9} n_i^o\tau^{J_i^o};\gamma^r(\pi,\tau)=\sum_{i=1}^{43} n_i\pi^{I_i}(\tau-0.5)^{J_i}$ $p^*=1\text{MPa};T^*=540\text{K}$
3 临界水和汽区	$\frac{f(\rho,T)}{RT}=\phi(\pi,\tau)=n_1\ln\delta+\sum_{i=2}^{40} n_i\delta^{I_i}\tau^{J_i}$ $\rho^*=\rho_c=322\text{kg/m}^3;T^*=T_c=647.096\text{K}$
4 饱和线区	$\frac{p_s}{p^*}=\left[\frac{2C}{-B+\sqrt{(B^2-4AC)}}\right]^4;A=\vartheta^2+n_1\vartheta+n_2;B=n_3\vartheta^2+n_4\vartheta+n_5;C=n_6\vartheta^2+n_7\vartheta+n_8;\vartheta=\frac{T_s}{T^*}+\frac{n_9}{\frac{T_s}{T^*}-n_{10}}$
5 高温区	$\frac{g(p,T)}{RT}=\gamma(\pi,\tau)=\gamma^o(\pi,\tau)+\gamma^r(\pi,\tau);\gamma^o(\pi,\tau)=\ln\pi+\sum_{i=1}^{6} n_i^o\tau^{J_i^o};\gamma^r(\pi,\tau)=\sum_{i=1}^{6} n_i\pi^{I_i}\tau^{J_i}$ $p^*=1\text{MPa};T^*=1000\text{K}$

图 3-50 是编写的用于计算饱和水性能的显示画面。

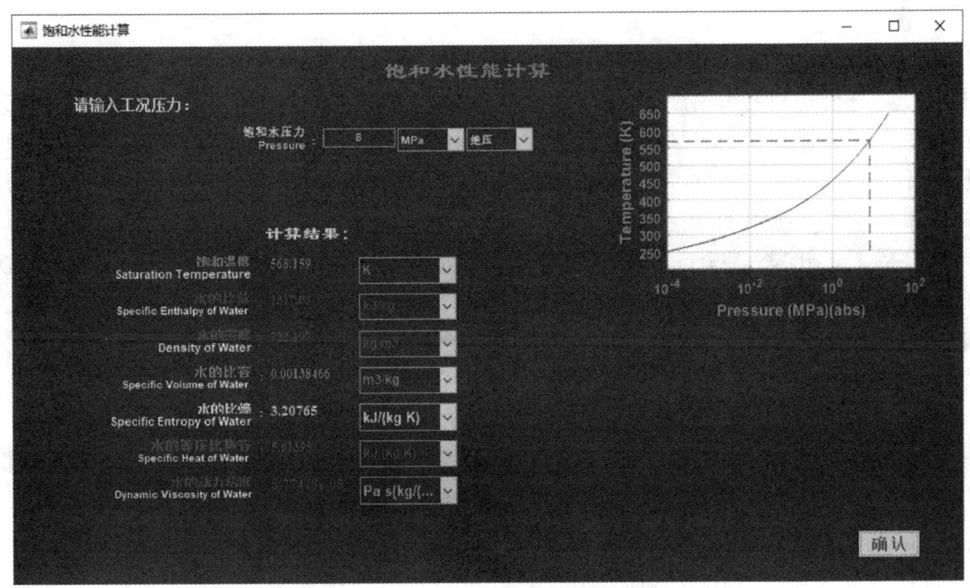

图 3-50　饱和水的性能显示画面

(2) 天然气压缩因子和密度计算

根据 GB/T 17747.2—2011《天然气压缩因子的计算 第 2 部分：用摩尔组成进行计算》或 AGA8-92DC 的规定可计算天然气的压缩因子和密度等参数。图 3-51 是根据标准提供 1 号样气组分，获得的天然气工况下的压缩因子和密度值显示画面。

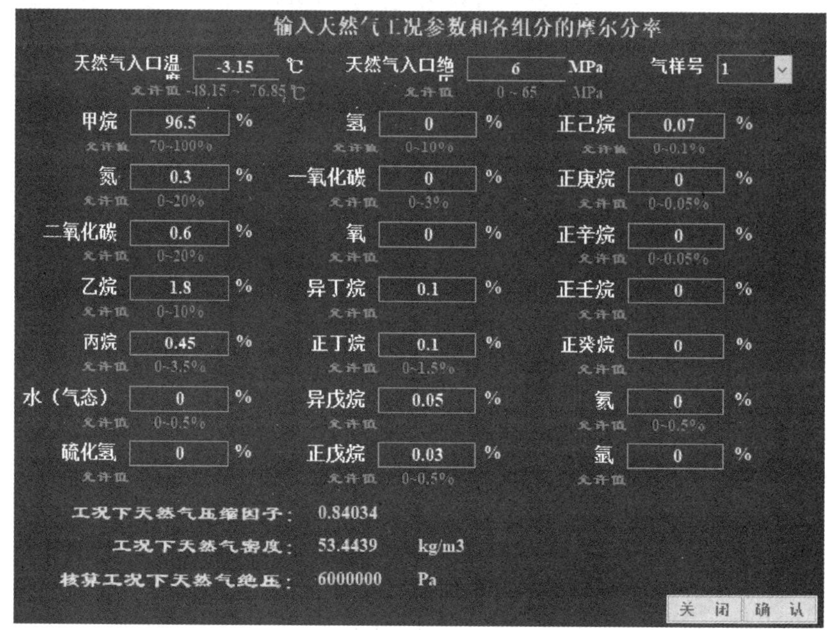

图 3-51 标准提供的 1 号样气压缩因子和密度计算结果的显示画面

其他计算见有关资料。

3.9 常用工程设计软件

3.9.1 自控专业计算机辅助设计软件包 PCCAD

中国石化总公司自控专业计算机辅助设计软件包 PCCAD 是中国石化总公司工程部委托中国石化总公司自控中心站组织大庆石油化工设计院、北京石化工程公司等 8 个设计单位组成的联合开发小组开发的一个大型软件。该软件包由 26 个分程序组成，1993 年第 2 版通过评审并发布。它基于 MS-DOS 操作系统。2000 年大庆石油化工设计院在中石化自控中心站的指导和支持下，开发了基于 Win9x 操作系统的 WinPccad1.0 版。它增加了许多新功能，例如平面敷设图绘制等。其特点如下：

① 完全适应新设计模式的要求，向国际通用新设计模式过渡。

② 功能模块化。它分为若干可独立运行的功能模块，注重功能独立性和模块本身操作的灵活性。

③ 开发环境实用化。该软件应用环境比较实用，采用 Windows 的 Access 作为数据库、Excel 作为表格软件，AutoCAD 作为绘图软件，适用于大多数软件环境。

④ 二次开发具有可组成性。能够方便用户的二次应用开发，并直接应用。

⑤ 设计成品文件的输出方式简单方便，并可多种方式实现。

⑥ 系统运行安全性强。软件包采用安全性强的操作系统和各种安全性强的软件。

3.9.2 INtools 软件（SPI）

这是一款国际通用的一般工程设计管理软件。现软件称为 Smart plant Instrumentation。这是 Smart plant Enterprise 系列集成设计软件的重要组成。开发商是鹰图公司（Intergraph）。1999 年推出 Intools4.1 版，2005 年改变为 Smart Plant Instrumentation 软件（即 SPI）。

该软件一直在增强有关功能。它涵盖仪表应用整个领域，提供用户化数据，例如仪表规格表、连线表、仪表回路图及大量仪表报告等，在控制系统工程设计市场的应用中排名第一。图 3-52 是它与中国标准数据库结合的应用。

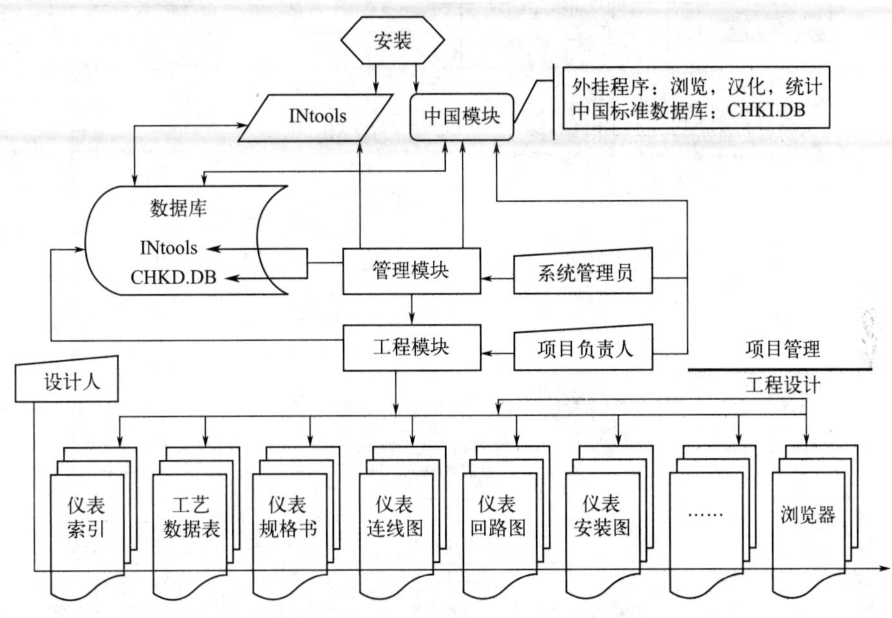

图 3-52 INtools 与中国标准模块的结合应用

该软件特点如下：

① 采用外挂程序，实现汉化。由于该软件是在全英文环境下开发的，因此，采用外挂程序实现汉化。可实现英文和中文的任意切换，且主菜单、子菜单、可选项等界面都已汉化，打印的报表也已经汉化。

② 外挂浏览器。可方便地浏览每个项目中的安装图，包括安装图和材料表等。

③ 外挂统计软件。可按工程、区域额、单元或它们的组合进行汇总或分组统计。

④ 能够实现英文和中文的任意切换，防止乱码发生。

⑤ 引入中国标准库。添加了几百种仪表类型并提供属性定义等。

⑥ 采用中国标准的仪表索引表格形式，便于与国家设计规范一致。提供双语仪表规格书，包括近百种仪表规格书，与国家标准一致，基本满足应用要求。

⑦ 建立并输入常用电线、电缆、接线箱（盒）、I/O 卡等设备模板和规格系列，便于接线图、仪表回路图的绘制。

⑧ 提供安装图模块的安装材料库。包括 2000 多种安装方案及相应的工程安装图集，经属性定义，可自动写入工程数据，例如仪表位号等。

⑨ 强有力的数据库支持。数据不重复输入、数据自动转移和自动生成功能使用户在设计前将数据输入一次，就可应用于整个项目。

⑩ 与国际知名仪表制造商特设专用接口，例如 Honeywell、Foxboro 等，也与国内知名

制造商有专用接口，方便用户查询。

3.9.3 IAtools 软件

IAtools 软件是我国北京智慧途思软件有限公司开发的自控设计和管理工具软件，2017 年 5 月正式发布第一版，其后进行了多次产品架构的调整和更新，是国内较有影响力的自控工程设计软件，已经在多个工程设计项目中得到良好应用。该软件的工作流程见图 3-53。

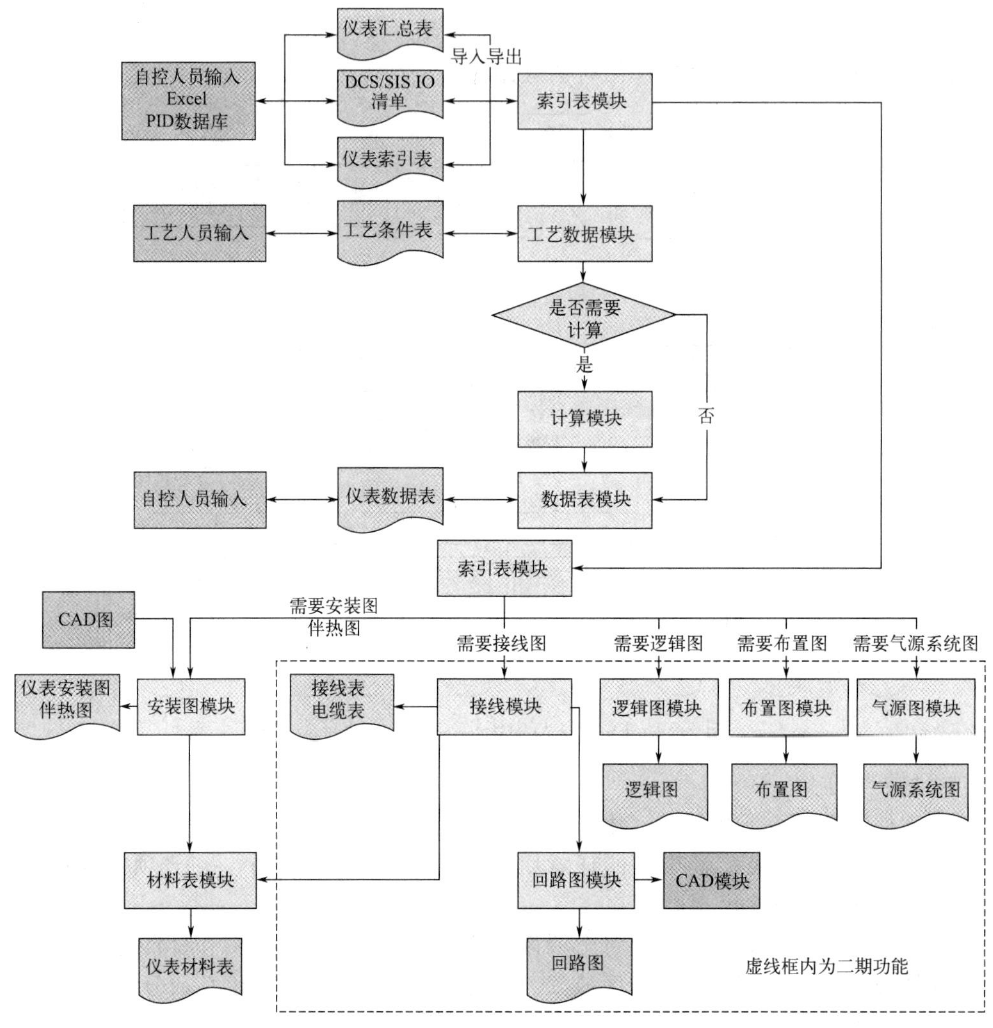

图 3-53　IAtools 软件的工作流程图

其特点如下：

① 数据源多样化。该软件可接收多种来源的数据，例如，支持从 Excel、智能 PID 数据库、CAD 中导入仪表索引表数据，也可以直接根据工艺专业的键入数据，方便了设计人员的数据录入。这些数据可在工程设计的全过程统一管理和使用，既保证了数据的一致性，也保证了数据的安全性。基于 MySQL 或 SQL 的数据库存放在云服务器，可实现各有关文件和数据的关联和同步，其数据库的应用能力能够适用于中小规模或大型工业生产过程自控工程设计的要求。

② 文件导入和导出快捷方便。采用所见即所得的方式，对设计文件可直接导入和导出，并可方便修改和编辑，及可生成操作日志和更新到数据库。

③ 自动生成图纸、表格的功能。根据安装图的有关数据，可实现安装材料的自动精确统计，材料表的自动生成，可根据应用要求生成 DWG、PDF 或 XLS 文件，提高工作效率和数据准确性。

④ 操作方便，易于使用。由于该软件基于 Office 的操作习惯，软件模板类似于 Excel，因此，对习惯于 Windows 软件的设计人员，该软件可很快上手，便于对软件的应用。采用中文显示和操作，特别适合我国设计人员，标准化的表格和图纸也附有英文，有利于与国际的合作。仪表选型智能化，并可智能校核，为智能化设计提供了坚实基础。用户操作有记录，可实现数据信息的可追溯性。

⑤ 模块化和个性化设计。该软件采用模块化和个性化设计，类似于 PLC 的功能模块，用户根据分工要求，单独完成各自的设计任务，也可方便地创建用户定制的模块，并应用于工程设计中，从而缩短设计时间，提高工作效率，实现区域管理、权限划分和项目管理。

⑥ 开放性。通过有关接口，该软件可与第三方软件进行交互，实现互操作。例如，可与 SPI 软件进行数据交互操作，也可通过网络与其他国内外有关工程设计软件进行交互。例如，可与该公司的智能工艺设计和管理软件 PRtools、智能管道工程设计和管理工具软件 PPtools、主流三维配管设计软件 PDM/SP3D 等实现数据交互和信息共享。

⑦ 安全性。设置有关人员的操作权限，保证设计文件的安全性，既可防止外部人员的修改，也可方便其他专业的审查。

该软件的功能模块包括系统管理、索引表、工艺条件、计算、仪表数据表、安装图、安装条件、接线、回路图、材料表及文件管理等。

3.9.4 Plant-4D 软件

Plant-4D 软件是由荷兰著名的软件开发及工程设计公司 CEA Systems 研发，是一款集三维工厂设计、电气仪表设计及工程管理于一体的全新设计与管理解决方案。图 3-54 是软件概述图。

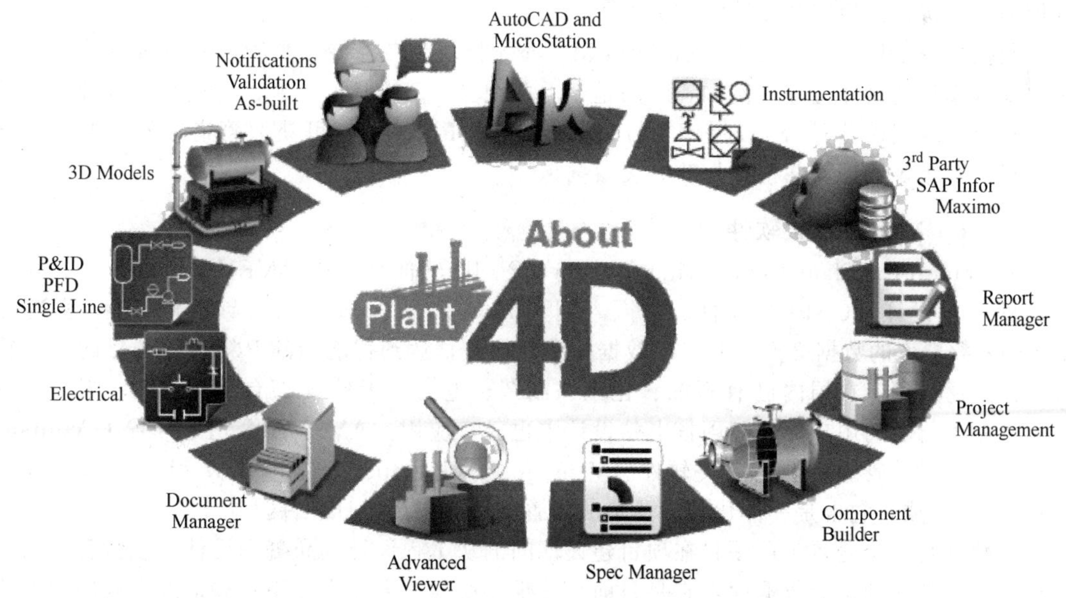

图 3-54　Plant-4D 软件概述图

该软件由 P4D 项目信息管理器、Plant-4D P&ID、PFD、单线图模块、三维智能配管模块、设备模块、轴测图模块、暖通模块、钢结构模块、电缆槽模块、规格等级管理器、支吊架模块和元件编辑器模块等组成。其特点如下：

① 完善的数据库，包括全部国外常用数据库、国际标准、石油化工常用数据库，数据库维护方便。

② 自带强大项目管理功能，能够管理和控制整个项目进展。

③ 设置不同权限的项目角色，可在各自允许的范围内对项目进行管理、查看、修改等。

④ 可与不同权限人员进行沟通，角色设置自由。

⑤ 定制化和特色化的定义，可根据用户要求对配管方式、报告模板、等级库甚至操作界面进行用户化的定义和定制，满足不同用户应用要求。

3.9.5 PDS 软件

PDS（Plant Design System）软件是鹰图（Intergraph）公司的另一款基于 Windows 操作系统和 MicroStation CAD 平台的、使用 Oracle、SQL Server 通用商业数据库存储数据的大型工厂设计软件。它包括高阶段设计绘制 P&ID 和仪表数据管理、三维设备模型数据(含设备外形和管口信息)、三维结构框架设计、三维配管设计、三维电缆桥架设计、数据检查及校验、管道应力分析接口、文本文件转换为三维实体模型、管道支吊架设计、三维工厂碰撞检查、单管轴测图、生成平面、剖面配置图、智能工厂浏览器接口、材料报告、项目管理和控制、参考数据库管理及三维暖通管道设计等模块。

该软件可应用于整个工厂的工程设计。其中，高阶段设计绘制 P&ID 和仪表数据管理环境，即 Schematic Environment 模块主要应用于仪表自控专业的工程设计，用于完成高阶段设计任务，生成 P&ID 及仪表规格书、仪表回路图、仪表安装详图等。它还可与工艺仿真软件（例如 Aspen、Process 等）连接，实现数据传输，进行工艺模拟，避免手工输入的出错等。

三维电缆桥架设计 Electric Raceway Environment 模块主要是针对电气专业，用于完成电气专业的电缆桥架、电缆、管缆敷设等，用户可用 AutoCAD 或 MicroStation 制作三维电气模型，进行碰撞检查和设计漫游等。

数据检查及校验 Piping Design Data Manager 模块为自控专业和管道专业等设计人员提供对配管模型的设计检查，例如，阀门是否需要配法兰、止逆阀安装的方向是否合理、不同管道材料等级间连接是否允许等。用户只需要调用 P&ID，就可获取管道编号、温度、压力、材料等级等数据，并检查校验有关数据。

3.9.6 Vantage PE 软件

Vantage PE（Plant Engineering System）P&ID 软件是英国 AVEVA 公司开发的计算机辅助工艺设计（CAPP）软件。它嵌入到 AutoCAD、MicroStation 或 Visio 中，实现与 Vantage 数据库的数据交换，并实现数据一致性检验，达到智能绘制 P&ID 等的目的。该软件得到广泛应用，在国内已有石油、化工、制药、电力、天然气、冶金、纺织、制造、造纸、造船等行业的用户，在我国核电站设计中也已有应用。AVEVA 公司还开发了 Vantage PDMS 工厂设计管理系统的有关软件。Vantage PE 由 Aspect、Autoflow 和 Vantage、Engines 发展而成，它也是一体化多专业集成布置的三维工厂设计软件。

该软件是一个涵盖工厂项目在项目建设期间的从工程设计到布置图设计、项目管理和工厂运营维护期间的企业数据库，它是目前全球唯一已经过大量实际工程验证的高效低成本的项目一体化解决方案。

AVEVA 公司已为我国开发了中国标准库，例如管道（石化及电力）元件库及样本等级表、电缆桥架元件库和等级表、火电设备库、火电标准元件库和等级表、火电系统图符号库等。该软件允许用户定义有关核电站设计的专用符号，建立标准图形符号文件库，实现标准化，也可在符号工具菜单中实现定制，方便设计人员直接点选，提高绘图效率。

习题和思考题

3-1　为检测某工艺点的压力，要求其精度为 20kPa，测量范围是 0～1000kPa，选用压力仪表时，应选用精度是多少？

3-2　为检测某检测点的温度，拟选用铂热电阻 Pt100，要求稳态时，温度变化灵敏度是 0.4Ω/℃。可选用什么等级的铂热电阻？

3-3　某检测点位于 1 区的危险爆炸场所，选用隔爆型仪表，仪表防爆标志选用 Ex d I 是否正确？如果由你来选用，应选用什么仪表防爆标志？

3-4　某仪表要安装在现场设备附近，因此，对防护等级有一定要求：既要防止操作人员清洗设备时的直射喷水，也要求防止尘密。该仪表的防护等级应选什么等级？

3-5　仪表制作商提供的仪表的安全完整性等级是 SIL2，它能够应用于 SIL3 等级要求的场所吗？如果没有合适的 SIL3 等级的仪表可选用，应该怎么办？

3-6　工艺提供的温度仪表监控条件表如表 3-82（已经删除表头部分的内容和部分与选型影响不大的内容），请选用有关温度仪表，完成有关仪表数据表。

表 3-82　温度仪表监控条件表

序号	控制点		被测介质									监控要求			检测点				备注
	位号	数量	成分	状态	设计温度/℃	最大操作温度/℃	设计压力/MPa(G)	操作压力/MPa(G)	动力黏度/(mPa·s)	最大流速/(m/s)	密度/(kg/m³)	就地等要求	功能要求	报警值	管道规格公称外径×壁厚/mm	管道压力等级	材质	绝热或伴热厚度/mm	
1	T-101	1	水	L	45	60	0.3	0.3	1.01	1.1	990.4	DCS	I		219×5	PN10	Q235A		
2	T-102	1	过热蒸汽	G	260	265	3.5	3.5		12	16.4	DCS	RC		108×4	PN60	Q235A	30	
3	T-103	1	天然气	G	20	45	0.003	0.004		10	0.71	DCS	R		57×3.5	PN6	Q235A		
4	T-104	1	液氨	L	−30	−20	0.11	0.19		13	0.678	DCS	R		DN25	PN6	304	20	保冷
5	T-105	1	空气	G	室温	室温	0.2	0.25		15	2.34	DCS	I		DN300	PN6	Q235A		
6	T-106	1	甲苯	L	80	82	0.3	0.35		0.8	810	DCS	I		57×3.5	PN6	20		
7	T-107	1	浓硫酸	L	室温	室温	0.2	0.25		0.15	1610	DCS	R		DN20	PN6	PVC		
8	T-108	1	半水煤气	G	室温	室温	常压	常压		0.55	0.73	DCS	R		DN300	PN6	Q235A		
9	T-109	3	反应气	G	800	900	0.8	0.9		10	0.95	SIS	RS	>950	DN100	PN16	20	30	三取二
10	T-110	1	热空气	G	75	80	0.2	0.3		14	0.9	L	I		DN100	PN6	Q235A	30	
11	T-111	1	水	L	室温	35	0.5	0.7		1.2	1000	L	I		DN25	PN6	Q235A		
12	T-112	1	氨水	L	20	25	0.1	0.1		0.8	900	L	I		DN10	PN6	304		

注：管道规格列中的数据可以用公称直径，或采用外径×壁厚表述。

3-7 工艺提供的压力仪表监控条件表如表3-83（已经删除表头部分的内容和部分与选型影响不大的内容）所示，请选用有关压力仪表，完成有关仪表数据表。

表 3-83 压力仪表监控条件表

序号	控制点		监控要求							检测点							备注
	位号	数量	成分	状态	设计温度/℃	最大操作温度/℃	设计压力/MPa(G)	操作压力/MPa(G)	密度/(kg/m^3)	就地等要求	功能要求	报警值	管道规格公称直径	管道压力等级	材质	绝热或伴热厚度/mm	
1	P-201	1	液氨	L	−41	−41	1.6	1.6	0.577	DCS	RA	>1.8	DN25	PN6	304L	25	报警
2	P-202	1	氧气	G	室温	室温	0.07	0.08	1.43	DCS	R		DN10	PN6	Q235A		
3	P-203	1	热水	L	80	90	0.3	0.35	965	DCS	I		DN150	PN6	Q235A		
4	P-204	1	高炉煤气	G	300	350	0.35	0.35	1.33	DCS	RA	>0.4	DN400	PN6	Q235A		报警
5	P-205	1	过热蒸汽	G	340	360	8	8.5	14.8	DCS	R		DN50	PN10	A335-P91		
6	P-206	1	空气	G	室温	室温	−0.08	−0.08	1.29	DCS	RA	>0.02	DN10	PN6	Q235A		报警
7	P-207	1	盐酸	L	35	35	0.06	0.06	1150	DCS	R		DN20	PN4	316L		
8	P-208	1	甲乙酮	L	120	130	2.8	2.9	803	DCS	R		DN100	PN6	Q235A		
9	P-209	1	氢气	G	室温	室温	18	19	0.09	SIS	RA	>22	DN10	PN40	Monel		报警
10	P-210	1	液氨	L	−41	−41	1.6	1.6	0.577	LA	I	>1.8	DN25	PN6	304L	25	报警
11	P-211	1	氯气	G	32	32	0.11	0.11	3.21	L	I		DN20	PN6	316L		
12	P-212	1	纸浆	L	30	35	0.15	0.15	1200	DCS，L	R，I		DN200	PN4	Q235A		

3-8 工艺提供的流量仪表监控条件表如表3-84（已经删除表头部分的内容和部分与选型影响不大的内容），请选用有关流量仪表，完成有关仪表数据表。

表 3-84 流量仪表监控条件表

序号	控制点		被测介质												监控要求		安装位置			备注
	位号	数量	成分	状态	设计温度/℃	最大操作温度/℃	设计压力/MPa(G)	操作压力/MPa(G)	标准状态密度/(kg/m^3)	动力黏度/(mPa·s)	流量* L,N,S kg/h Nm^3/h m^3/h	电导率/(μS/cm)	相对湿度/%	允许压损/kPa	就地等要求	功能要求	管道规格公称直径	管道压力等级	材质	
1	F-301	1	水	L	30	40	0.7	0.7	995.6	0.798	N44750	450		20	DCS	I	DN50	PN10	Q235A	
2	F-302	1	天然气	G	15	20	1.57	1.57	0.799	0.011	N25200			1000	DCS	R	DN250	PN25	304L	
3	F-303	1	过热蒸汽	G	550	550	13.1	13.1	37.6	0.00032	N250000			35	DCS	R	DN200	PN25	12Cr1MoVG	
4	F-304	1	空气*	G	60	60	0.105	0.12	1.28	0.019	N12800			1.4	DCS	R	DN600	PN4	15	
5	F-305	1	TOX液体	L	85		0.3	0.4	1170	6.75	N3.78			20	DCS	R	DN40	PN6	304	
6	F-306	1	污水	L	40	25	0.4	0.25	1000	1.05	N42t/h	800		50	DCS	R	DN100	PN4	20	

*：空气湿度70%

3-9　工艺提供的液位（料位）仪表监控条件表如表3-85（已经删除表头部分的内容和部分与选型影响不大的内容），请选用有关液位仪表，完成有关仪表数据表。

表3-85　液位（料位）仪表监控条件表

序号	控制点		被测介质							监控要求						设备				备注
	位号	数量	成分	设计温度/℃	最大操作温度/℃	设计压力/MPa(G)	操作压力/MPa(G)	介电常数	密度/(kg/m³)	正常液位/mm	液位测量范围	仪表接口距离/mm	报警或联锁值	就地等要求	功能要求	位号	规格设备高度/mm	材料	仪表接口位置	
1	L-401	1	水/水蒸气	195	225	1.3	0.7		912/6.8	600	1000	100		DCS	R	V401	1200	316	100	
2	L-402	1	饱和水	104	135	0.2	0.02		952	700	1500	100	350L	DCS	RA	V402	1800	316	100	
3	L-403	1	浆液	50	80	常压	常压		1010	800	1800	50	150L	DCS	RA	V403	2000	316	150	
4	L-404	1	NaOH（40%）	60	35	常压	常压		1449	1200	2500	0	200L	DCS	RA	V404	6250	316	顶	卧
5	L-405	1	料斗粉料	常温	常温	常压	常压		1350	2000	5000	0	4000	DCS	RA	V405	5500	235	顶	

3-10　某洗涤塔出口变换气组分（体积百分数）：氢气47.33%；二氧化碳30.95%；氮气0.22%；甲烷0.08%；硫化氢0.32%；羰基硫0.01%；氩气0.1%；氨气3E−6%；一氧化碳20.8%。工艺管道Φ508×16；材质304；设计压力5.98MPa（G）；设计温度40℃，混合气体密度48.71kg/m³；动力黏度0.017mPa·s。为了分析一氧化碳成分，试选用分析仪（类型，规格等）用于该变换气气体分析。

3-11　控制阀设计计算。已知：阀前和阀后管道DN200；材质碳钢CS；液体流体的入口压力14.8MPa（A），出口压力1.89MPa（A），入口温度−18℃，最大流速分别为0.5m/s、0.7m/s、1.0m/s、1.5m/s、2.0m/s；流体密度950kg/m³、1010kg/m³；要求气源故障时阀关闭；对不同的最大流量值计算控制阀流量系数。

3-12　标准节流装置计算。已知：液体，工艺管道Φ48×3.5；Φ60×3.5；Φ75.5×3.5；材质为20号钢；最大流量为2400kg/h、2800kg/h、3200kg/h、4000kg/h；操作温度常温；操作压力0.5MPa（G）、0.7MPa（G）、1MPa（G）；操作密度900kg/m³、1000kg/m³、1100kg/m³、1200kg/m³、1300kg/m³；流体动力黏度0.120mPa·s；角接取压；法兰取压两种取压方式，计有数百种不同参数组合，指导老师可根据学号分配各种不同数据组合，计算节流装置流出系数和节流孔直径。

3-13　控制阀开度计算。已知控制阀在正常流量；最大流量时的计算流量系数分别是5.4、10.6、15.3、50.4、80.3；采用的固有流量特性是线性；等百分比；确定在压降比s分别是0.3、0.4、0.5、0.6、0.7时，固有可调比R=30、50、100、200条件下的控制阀额定流量系数，并计算其实际开度（计400种不同组合）

3-14　标准节流装置最大差压计算。已知：液体，工艺管道Φ48×3.5；Φ60×3.5；Φ75.5×3.5；材质为20号钢；最大流量为2500kg/h、2700kg/h、3100kg/h、3500kg/h；操作温度常温；操作压力0.55MPa（G）、0.75MPa（G）、0.95MPa（G）；操作密度850kg/m³、950kg/m³、1050kg/m³、1150kg/m³、1250kg/m³；流体动力黏度0.110mPa·s；角接取压；法兰取压两种取压方式，选用径比分别是0.4、0.45、0.5、0.55、0.6；确定为测量该流量应选用的最大差压，并计算其永久压损。

3-15　为实验室设计某温度、流量实验装置。用两个304不锈钢饭锅（分别为

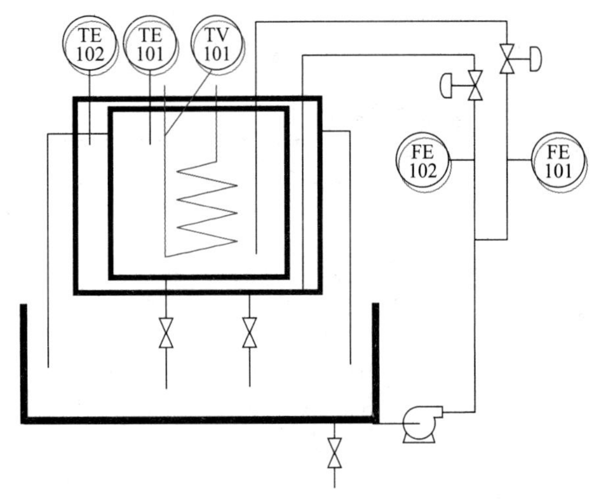

图 3-55 实验装置流程图

Φ160mm×160mm 和 Φ200mm×180mm），套叠，内锅采用盘状加热器，功率 1500W，220V AC 加热，夹层和内锅加水，其加热的水经溢流放入下部的水槽。用晶闸管控制加热器电压。设计内锅温度和夹套温度在 50～70℃，可选用 Pt100 微小型热电阻测量温度，设计选用有关流量计、控制阀和可控硅调整器、水泵、水槽等设备（含管路设计）和计算机控制装置（采用单回路控制器或 PLC），并设计实验项目和设计各项目的实验步骤。

3-16 三级水箱控制装置。由三个上下布置的水箱（500mm×450mm×150mm），用旋塞阀组成串联连接的三个单容环节，进水用水泵泵出，经控制阀调节后从最上层水箱送入，经溢流板进入各水箱，水箱出水经流量调整板流入下一水箱，最低层水箱的水排到水槽。各水箱有液位变送器检测其液位。干扰来自水泵出口的另一路水管，经旋塞阀手动送各水箱，试根据上述条件设计实验装置，并设计选用有关测量仪表和控制装置（可选用单回路控制器或 PLC），列出该实验装置可进行哪些过程控制和检测的实验，并列写各实验的实验步骤（三容器内可加入充水的塑料瓶以改变其容积）。

3-17 三级容器串联连接组成三阶系统。实验装置是三个直径都是 DN250 的容器，长度分别是 300mm、400mm 和 500mm，各容器有压力变送器检测压力，气源压力采用仪表空气，压力 0.25MPa（G），经控制阀送最小容积的容器，经中间的旋塞阀进第 2 个容器，再经中间的旋塞阀进最大容积的容器，并经旋塞阀放空。另一路干扰气体经控制阀调压后，经旋塞阀分送各个容器，作为该容器的压力干扰。试设计该实验装置，并选用有关测量仪表、计算机控制装置（可采用单回路控制器或 PLC），列出该实验装置可进行哪些过程控制和检测的实验，并列写各实验的实验步骤。

3-18 为某蔬菜基地设计温室大棚的控制系统。大棚为 80m 长、8m 宽、3.8m 高、圆拱顶、肩高 2m。设计的系统包括温度/湿度控制系统、通风系统、遮阳系统、滴灌控制系统、土壤成分分析（手动）和微量元素添加系统等。根据当地的温度、大气压等参数设计，不包括建筑、电气等设计。

3-19 某天然气处理厂设计用 T 型阿牛巴流量计测量入口原料气流量，常用压力在 8MPa（G），操作温度为常温。原料气来自不同油井，气体组分差异较大，冬季气体含少量凝析油，投运后发现该仪表测量不准确，试分析造成不准确的原因，应该如何解决？

3-20 某厂有两路分管，安装两台电磁流量计分别测量其流体流量，两路流量经检测后分别送换热器升温，并汇合为总管，总管上也有一台电磁流量计测量，但是总量大于分量之和，试分析原因，如何解决？

3-21 某蒸汽流量测量系统，测量流量的节流装置安装在垂直管道上，工艺反映蒸汽流量不准确，应如何检查和分析？

3-22 某液位测量系统。由于被测介质容易结晶，因此，采用加保温的夹套连通管将液位引出，试分析造成误差的原因，并解决之。

第4章 集散控制系统和可编程控制器系统的设计

4.1 盘装仪表控制系统、基本过程控制系统与开放流程自动化控制系统

4.1.1 盘装仪表控制系统的架构

盘装（架装）仪表控制系统是用仪表盘（架）组成的控制系统。图 4-1 以单回路控制系统为例说明盘装（架装）仪表控制系统的架构。

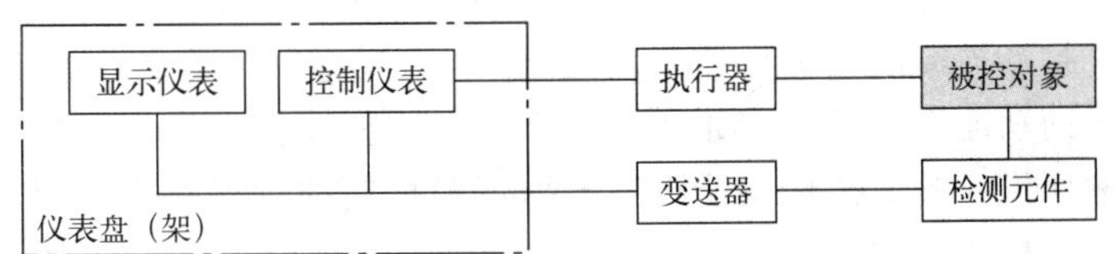

图 4-1　盘（架）装仪表控制系统架构

盘（架）装仪表控制系统的盘（架）装仪表主要指显示和控制仪表，是安装在仪表盘（架）的。一些情况下，变送器可安装在仪表盘（架）的背面；一些情况可直接将检测元件的输出传送到显示仪表。显示仪表可包括指示仪表、记录仪表，也包括报警显示仪表。作为控制仪表的一些位式信号输入和输出也作为检测元件和执行器，例如，输入的开关信号（包括来自显示仪表的越限开关信号等）、输出的信号报警灯和控制电机等的位式信号等。

盘（架）装仪表位于中央控制室中的各仪表盘，通常，会有十几个或多达几十个仪表盘（架）组合而成，十分壮观。但是，在 DCS、FCS 和 PLC 的冲击下，这类仪表盘（架）控制系统基本被淘汰。新建工程已经不再采用这种设计方案。

在盘（架）装仪表控制系统中，连接各仪表之间的电缆，除了特殊情况（例如热电偶与温度变送器之间采用补偿导线等）外，都采用常规的连接电缆和连接导线。

4.1.2 集散控制系统的架构

集散控制系统诞生前，其架构是中央计算机控制系统。当时，全厂或全车间由一台中央计算机控制，由于它的危险性大，不易管理，从而诞生了分散控制、集中管理的集散控制系统，也称为分散控制系统。

图 4-2 显示集散控制系统的架构。

集散控制系统架构中，变送器与微处理器之间、微处理器与执行器之间都需要信号转换器，其中，输入模块用于将标准信号转换为数字信号，输出模块用于将数字信号转换为标准信号。微处理器经通信链连接到输入模块、输出模块和人机界面 HMI。控制系统的控制功能在微处理器中实现，显示功能（包括报警、指示和记录等功能）在 HMI 实现。人机界面 HMI 包括输入设备，例如键盘、鼠标（或球标）、光标定位装置（例如触摸屏等），也包括

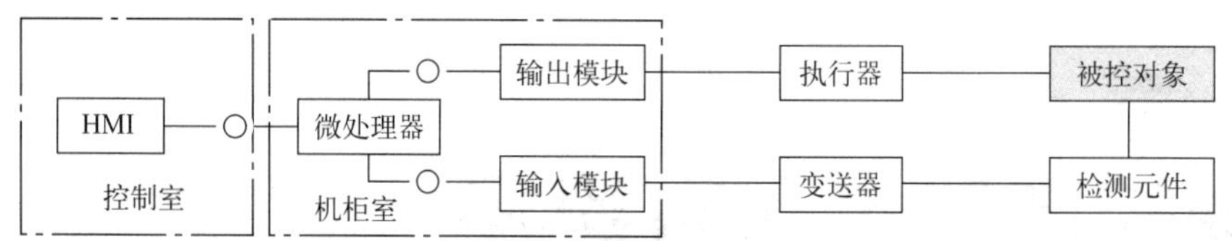

图 4-2 集散控制系统架构

输出设备，例如声响装置、打印机、磁盘、光盘和固态硬盘等存储装置等。图中的通信链传输的信号是数字信号，应与盘（架）装仪表控制系统中传输的模拟信号和位式信号区别。HMI 包括操作员站和工程师站，也包括大屏幕显示及通过视频传送的视频画面等。

一些情况下，例如，直接将热电偶或热电阻的检测元件信号传输到特殊的输入模块，从而减少了变送器的数量。

由于以多台微处理器分散应用于生产过程的控制，因此，实现了分散控制的功能，而在一台或多台显示屏上实现对整个生产过程的操作和控制，从而实现了共享显示、共享控制和集中管理的功能。

输入模块、输出模块和微处理器集中安装在机柜室，它是操作员不能接近和操作的区域。操作员只能够在中央控制室或现场控制室的显示屏上进行有关操作和控制。显示屏也从早期的 CRT，转化为用 LCD，安装空间减小的同时，也降低了能耗和 CRT 射线对操作员的损伤。

集散控制系统是从连续的模拟量控制发展而来的，对于位式设备的操作和控制，集散控制系统是作为其辅助功能实现的。例如，输入模块有数字量输入模块、脉冲量输入模块，输出模块有数字量输出模块等。微处理器也可根据逻辑控制的顺序要求，提供有关功能模块，实现逻辑控制、顺序控制等功能。

由于 HMI 既可指示和报警，也可操作和控制，因此，实现了共享显示和共享控制的功能。

与盘（架）装仪表控制系统比较，集散控制系统所需控制室的空间可大大减小，机柜室的环境要求与计算机机房的要求相同，而且，为了满足部分本安的要求，在机柜室也需要安装隔离器或安全栅，而危险被分散到不同控制回路。

集散控制系统架构中，微处理器可完成某些常规仪表的运算功能，例如开方功能、累加功能等，也可完成信号逻辑运算和处理，还可完成调节控制、信号限幅和报警功能等。这些功能以功能模块的形式，用图形化的方式实现信号的连接，方便了应用，大大减少了硬接线的工作量和设计工作量。

由于微处理器代替大量的硬件仪表功能，用软件代替硬件功能，因此，集散控制系统组成的系统使用寿命大大提高，系统的灵活性也大大增强。

通过对集散控制系统部分部件或关键单元的冗余配置，可提高集散控制系统的运行可靠性。

4.1.3 可编程控制器系统的架构

PLC 组成的系统与集散控制系统具有类似的架构。从历史发展看，DCS 是从连续控制仪表发展而来，PLC 是从离散控制仪表发展而来，因此，采用的微处理器功能和软件开发的目标有微小的差别。PLC 重点是解决响应时间，例如 SOE 的顺序；而 DCS 的重点是模拟量的控制，要求稳定、可靠和精确控制。

随着微处理器处理速度不断提升，PLC 和 DCS 处理速度都已能满足工程应用的快速性和可靠性等要求，因此，两者的应用对象也趋于一致。工程设计也采用相同的共享显示、共享控制的图形符号。

PLC 的软件采用符合 IEC 61131-3 的文本和图形类编程语言。DCS 的软件则采用功能模块作为基本单元，类似于单元组合仪表，它也与 PLC 的功能块类似。因此，一些工程设计选用了 PLC 系统，但仍以 DCS 作为其设计的自动化水平评估。

可编程控制器系统的另一个重要发展方向是安全仪表系统。因为可编程控制器系统中的安全可编程控制器的应用，提高了其安全完整性等级，也解决了有关安全布尔量输入和输出等问题。

4.1.4　现场总线控制系统的架构

现场总线控制系统是集散控制系统向危险分散的扩展，它将危险分散到现场级。其架构见图 4-3。

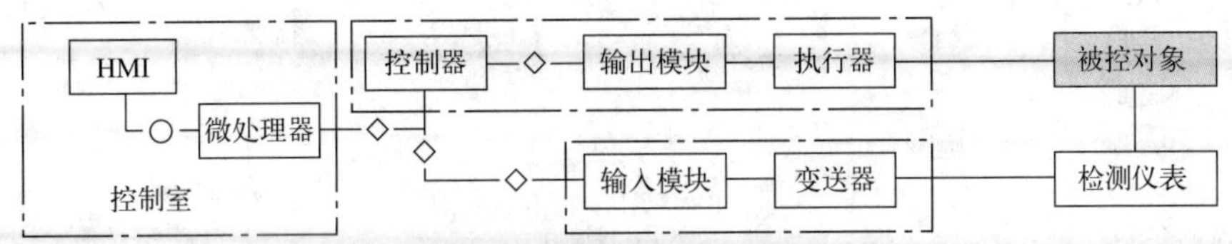

图 4-3　现场总线控制系统架构

现场总线控制系统中复杂控制系统的架构与集散控制系统架构相同。对分散在现场的现场总线仪表，通常采用如图 4-3 所示的架构，图中，变送器与输入模块（AI）组成现场总线变送器，而控制器（即实现控制功能的 PID 功能块）、输出模块（AO）和执行器组成现场总线执行器，由于控制功能分散在现场级，因此，这类单回路控制系统组成了现场总线控制系统。其数据是通过现场总线传输，并可上传到控制室，在 HMI 显示，及由操作员监控。因其控制功能在现场总线执行器内实现，因此，传送到控制室的现场总线故障将不会影响该控制系统的运行，实现了危险分散到现场级的目的。

现场总线仪表的各功能块之间是通过现场总线连接的，图 4-3 中用菱形图形符号表示。它的传输速率与选用的现场总线类型有关。而微处理器（位于机柜室）与 HMI 之间则通常用工业以太网连接，图 4-3 中用通信链的图形符号表示，它的传输速率要更快。

4.1.5　开放流程自动化控制系统的架构

(1) 开放流程自动化系统的架构

开放集团（Open Group）2019 年颁布的 OPAS 标准对其架构进行了描述。图 4-4 是开放流程自动化系统的架构。它的基本组成如下：

① 连接性框架 OCF（Open Connectivity Framework）：OCF 是一个安全的可互操作的硬件和软件通信框架规范。图 4-4 中仅表示一个单一的网络，实际应用时它由支持安全性、性能和服务质量要求的分段网络组成。

② 分布式控制节点 DCN（Distributed Control Node）：DCN 是连接到 OCF 的一类设备。它可以是带物理 I/O 的分布式控制节点、不带物理 I/O 的分布式控制节点，也可以是先进计算平台 ACP（Advanced Computing Platform）。它可以是提供 OCF 互操作性到软件组件、设备或一个不符合 OPAS 标准的系统的 DCN 分布式节点，也可以是包括一个或多个嵌入式 DCF 的 DCS、PLC、分析仪等设备。

③ 分布式控制框架 DCF：分布式控制框架 DCF（Distributed Control Framework）是为通过一组接口执行应用提供的环境。在该环境中，应用能够在 DCN 之间移动。它包括保护功能块类和功能块实例的 IP 的方法。

④ 分布式控制平台 DCP（Distributed Control Platform）：DCP 是一个 DCN 的硬件和系统软件的平台。它为 DCF 和应用提供环境，也提供物理基础设施和互换性能力。

⑤ 应用（Application）：应用是单一的不可分割的组件，由一组协调和有关功能的相关组态和数据的一个程序组成。它有不同的应用类，包括与平台无关的特定类型的应用，例

如，通过伴随的组态格式（例如 IEC 61131-3 或 IEC 61499-1 语言）定义、与平台无关的应用（例如，一个 IEC 61131-3 程序执行的应用、一个人机界面应用或一个数据历史，它们被编写在 DCF 环境中，使用 DCF 服务运行）及与平台有关的应用（例如，编写用于使用本地 DCP O/S 和服务的执行的应用程序等）。

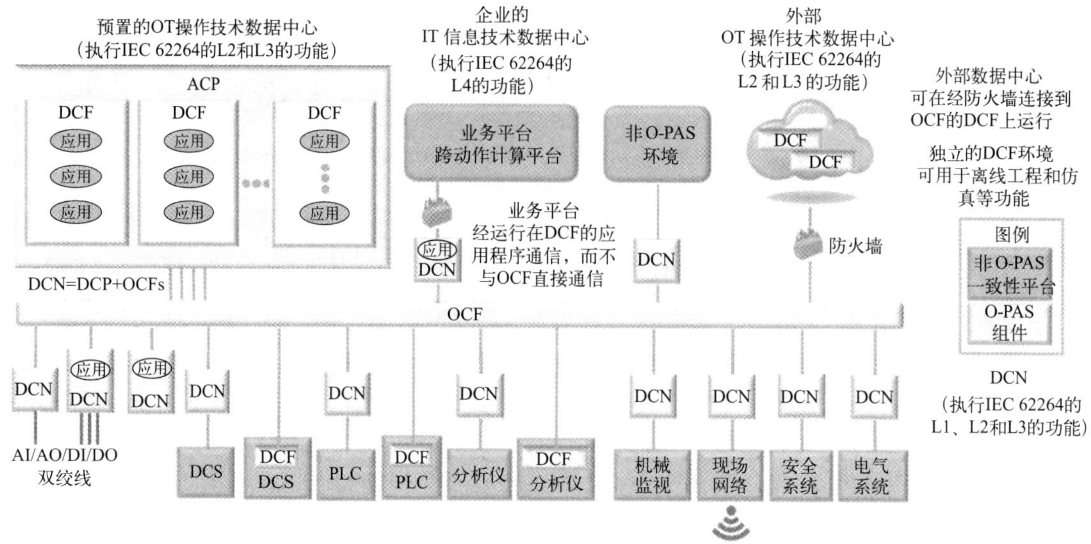

图 4-4　开放流程自动化系统的架构

图 4-4 中，虽然 DCS、PLC、机械监视、分析仪、安全系统等都非开放过程自动化标准的设备，即不符合 DCP 组态文件，但它们是具有嵌入式 DCF 功能的设备，能够提供参与 OCF 通信能力和潜在的上位应用程序的能力，因此，它们可通过 OCF 可视。

（2）OPC UA

根据连接性框架 OCF，OPAS 使用 OPC UA 协议，OPC UA 是一个开放的免版税的标准和配套规范，当不同操作系统之间要实现互联和互操作时，OPC UA 能够为最终用户提供方便地通过通用的商业应用程序来访问数据的能力。OPC UA 模型是可伸缩的，可从小设备到企业资源规划（ERP）系统。目前，一个小的 OPC UA 软件解决方案只具有有限的（但可读）的功能，只需要 35KB 的 RAM 和 240KB 的闪存。下一步，OPC UA 将进入传感器市场。

OPC UA 服务器就地处理信息，然后以一致的格式提供数据给任何需要数据的应用程序，例如 ERP、制造执行系统 MES、产品管理系统 PMS、维护系统、HMI、智能手机或标准浏览器。

OPC UA 客户能够是网络上其他设备来的数据的任何消费者。OPC UA 客户范围从简单的基于浏览的瘦客户机到完整的 ERP 系统。

图 4-5 是 OPC UA 服务器之间的对等交互，在服务器与服务器之间的交互过程中，一个服务器作为另一个服务器的客户端，它们以对等方式彼此间交换信息，包括冗余或用于维护系统宽类型定义的远程服务器。

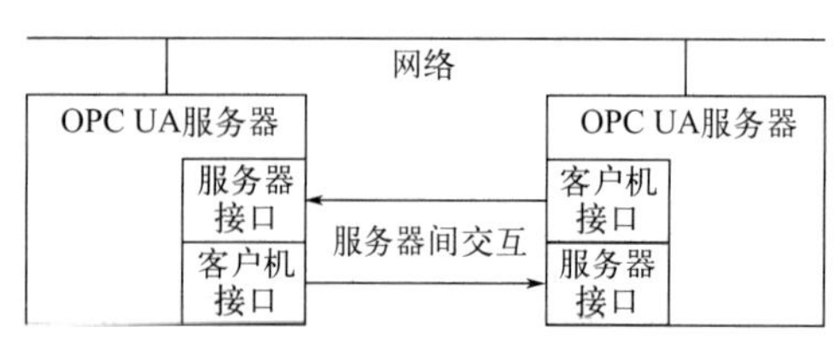

图 4-5　服务器间的对等交互

图 4-6 是对图 4-5 的扩展，它显示 OPC UA 服务器之间的连接，用于企业内对数据的纵向访问。

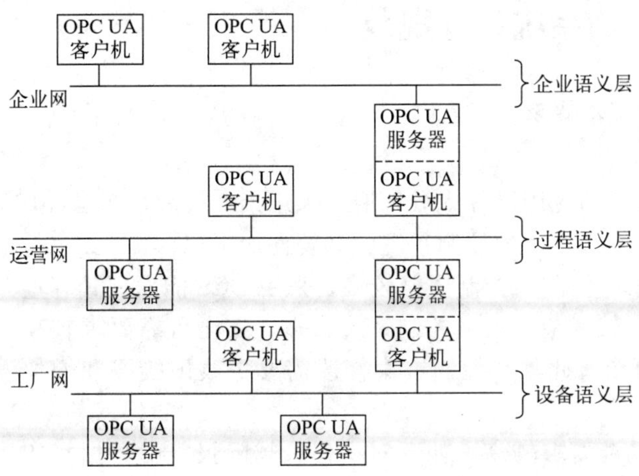

图 4-6 连接的服务器示例

OPC UA 提供一致的、集成的地址空间和服务模型，即允许一个 OPC UA 服务器将数据、报警、事件和历史数据集成到地址空间，并使用集成的服务集对其进行访问。这些服务也包括集成的安全模型。

OPC UA 允许服务器向客户端提供从地址空间访问的对象类型定义，也允许使用信息模型描述地址空间内容。OPC UA 允许数据按不同格式表示，包括二进制结构和 XML 文件。数据格式可由 OPC、其他标准组织或制造商定义。通过地址空间，客户端能向服务器查询描述数据格式的元数据（Celldata）。

OPC UA 被设计为支持更广泛意义上的服务器，从工厂底层的 PLC 到企业服务器。这些服务器在尺寸大小、性能、执行平台和功能能力方面差异很大，而且 OPC UA 定义了详尽的能力集，服务器是可实现这些能力的一个子集。为提高互操作性，OPC UA 定义了子集，称为行规。

OPC UA 被设计作为基于微软 COM 技术的 OPC 客户端和服务器的另一种实现方法。由 OPC COM 服务器（DA、HDA 和 A&E）公开的现有数据能容易地由 OPC UA 映射和公布。以前的每个 OPC 规范都定义了自身的地址空间模型和服务集。OPC UA 使用一个服务集将以前的模型统一为一个集成的地址空间。

图 4-7 是 OPC UA 系统架构。

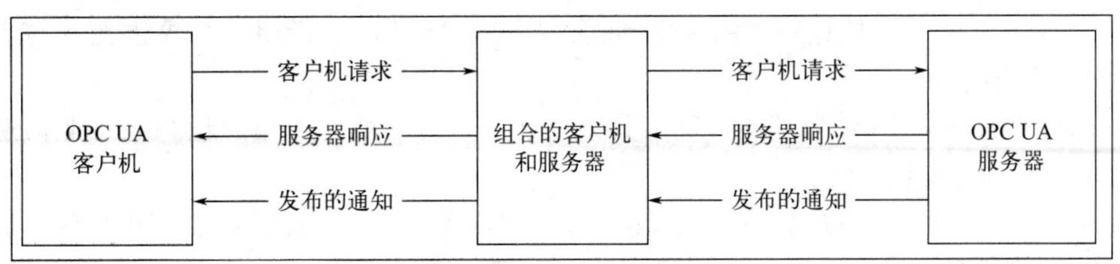

图 4-7 OPC UA 系统架构

OPC UA 系统架构将 OPC UA 客户端和服务器建模为交互伙伴。每个系统可包含多个客户端和服务器。每个客户端可同时与一个或多个服务器交互，每个服务器可与一个或多个客户端交互。一个应用可以将服务器和客户端部件组合在一起，以允许与其他服务器和客户端的交互。

4.2 集散控制系统设计规范

4.2.1 DCS的技术要求

(1) 必要性

由于集散控制系统的应用已经十分普遍，采用集散控制系统已经成为常规工程设计选用的方案。早期版本中，采用集散控制系统的必要性如下：

① 工艺流程较长，检测、控制回路较多，采用DCS能发挥其容量大、功能强的特点。

② 过程控制方案较复杂，高级控制系统较多，安全可靠要求较高，使用常规模拟仪表不易满足工艺操作要求。此外，控制方案修改需要更改硬接线和增加设备，因此，修改不方便。

③ 对操作管理功能要求较高，如要对操作、越限报警的数据打印、制作成本核算、技术经济指标分析报表等。

④ 采用DCS后对提高生产效率和产品质量有利。

(2) 可行性

是否可采用DCS，可检查下列要求是否满足：

① 工艺生产技术成熟，设计经验丰富，有利于DCS可靠投运。

② DCS最终用户技术力量较强，具有一定操作维护管理水平。

③ DCS投资与常规模拟仪表相比，技术经验指标合理，且最终用户具有资金投入的能力。

(3) 基本技术要求

选用DCS的基本技术要求如下：

① 分散性：DCS可通过对硬件单元分散配置，实现系统功能分散、运行危险分散，及功能强大、配置灵活的要求。控制器、模件、电源、网络设备等应根据操作分区、工艺装置、公用工程单元及储运单元、使用功能等的不同进行独立设置。DCS控制单元和通信单元不应采用集中安装方式。

② 冗余性：DCS可通过对关键单元和部件的冗余配置，实现提高系统运行可靠性的要求。

③ 开放性：DCS具有开放性网络结构，支持OPC开放标准。应遵循OSI、IEEE通信标准的开放系统，实现能与其他DCS及控制与管理计算机互联和互操作的要求。

④ 先进性：DCS应具有先进的硬件和软件环境，能满足运行用户的先进控制与实时过程优化软件的要求。

⑤ 拓展性：应以DCS为基础，利用其开放性、可扩展性、可集成性构建企业信息系统或企业综合管控自动化系统。

⑥ 兼容性：DCS硬件及软件应能做到向低版本兼容；相同品牌的不同版本、系列的DCS间应能做到数据相互传输；DCS软件的位号版本和补充版本应兼容硬件和操作系统，并且兼容时间应与设备运行期一致；DCS硬件和软件版本位号和供应时间不应少于12年；DCS应具备不同版本系统数据交换的兼容性，应具备与同一品牌20年以内生产的产品通过网络进行连接并进行数据交换的能力。

⑦ 电磁兼容性：DCS的抗扰度不应低于表4-1的要求，并应具备干扰源消失后自动恢复功能的能力。

表 4-1 DCS 抗扰度能力指标

干扰类型	干扰强度	强度等级	抗干扰能力	相关标准
静电抗扰度	接触放电 6kV,空气放电 8kV	3 级	B 级	GB/T 17626.2—2018
射频电磁场辐射抗扰度	10V/m@80～1000MHz & 1.4～2GHz	3 级	B 级	GB/T 17626.3—2016
电快速瞬变脉冲群抗扰度	电源端 2kV,信号端 1kV	2 级	B 级	GB/T 17626.4—2018
工频磁场抗扰度	30A/m	3 级	B 级	GB/T 17626.8—2006

DCS 所有系统部件和辅助部件的电磁辐射限值不应高于表 4-2 的要求。该表不包括现场测量。

表 4-2 DCS 电磁辐射发射限值

<table>
<tr><th>端口</th><th>频率范围/MHz</th><th>限值</th><th>基本标准</th><th>适用范围</th><th>备注</th></tr>
<tr><td rowspan="2">外壳</td><td>30～230</td><td>30dB(μV/m)准峰值,测量距离 30m</td><td>GB 4824—2019</td><td>不包括现场测量</td><td rowspan="2">如果满足 GB 4824 规定,可在 10m 距离测量,但限值要增加 10dB</td></tr>
<tr><td>230～1000</td><td>37dB(μV/m)准峰值,测量距离 30m</td><td>GB 4824—2019</td><td>不包括现场测量</td></tr>
<tr><td rowspan="3">交流电源</td><td>0.15～0.50</td><td>79dBμV 准峰值,66dBμV 平均值</td><td>GB 4824—2019</td><td>—</td><td></td></tr>
<tr><td>0.50～5</td><td>73dBμV 准峰值,60dBμV 平均值</td><td>GB 4824—2019</td><td>—</td><td></td></tr>
<tr><td>5～30</td><td>73dBμV 准峰值,60dBμV 平均值</td><td>GB 4824—2019</td><td>—</td><td></td></tr>
</table>

⑧ 完整性：对需要接入 DCS 的信号，不应额外增加外接功能设备或模块取代 DCS 本身已有的控制、检测、报警、计算和管理等功能，所有相关功能均应在 DCS 内部实现。

⑨ 可靠性：应确保 DCS 硬件坚固耐用，软件成熟安全。保证系统 MTBF、MTTR、可利用率值的先进、可靠。硬件供应企业应取得 ISO 9000 系列标准质量管理认证。过程控制级各器件或部件的 MTTF 不应小于 100000h；控制器的 MTTF 不应小于 150000h；控制站的系统总失效率 λ 应小于 1E－6。操作监控级设备的 MTTF 不应小于 80000h；不能满足的器件应采取冗余结构。

⑩ 可用性：过程控制级各器件或部件的 MTTR（不包括场外部件获得时间）应小于 4h；控制单元、供电单元和通信单元均应采用冗余结构；过程控制级模件采用插拔结构，并能在系统正常工作下在线更换。

(4) 应用要求

根据不同的应用情况，对不同应用有不同的应用要求。

① DCS 独立应用：对 DCS 的独立应用，应满足下列要求。

a. 对生产过程的操作参数实施集中显示、自动控制、远程操作、信息管理。

b. 对顺控生产过程实施步进控制、条件逻辑控制或两者组合的控制。

② DCS 和 SIS 联用：当 DCS 和 SIS 联用时，应满足下列要求。

a. DCS 和 SIS 分工：DCS 负责工艺参数监控和非安全性工艺联锁功能。SIS 负责生产安全联锁功能。

b. DCS 采用硬接线方式向 SIS 传输安全数据。DCS 采用约定通信协议与 SIS 实现通信。

③ DCS 和上位机联用：当 DCS 和上位机联用时，应满足下列要求。

a. DCS 与先进控制计算机联用，实施生产过程的先进控制。

b. DCS 与工厂信息管理计算机联用，实施企业信息化管理。

④ DCS 和其他控制装置联用：应采用通信方式与下列监控装置/系统联用。

a. DCS 与辅助生产装置、成套单元、其他生产装置的 DCS、PLC、FCS、CCS 等联用。

b. DCS 与设备管理系统 AMS 的联用。

c. DCS 与可燃/有毒气体检测系统 GDS 联用。

d. DCS 可与电气检测系统联用。

⑤ DCS、SIS、GDS 一体化应用：DCS、SIS、GDS 三系统的现场仪表及 I/O 卡件按需要各自独立设置，将 DCS 的控制器、SIS 的逻辑运算器和 GDS 的报警设备在满足各自配置规范的条件下集成和无缝连接在一起，组成功能更完整的过程控制系统，实施生产和安全一体化控制。

⑥ 综合管控自动化系统（CIMS）的应用：将 DCS 的基本过程控制系统 BPCS、计算机信息管理技术等集成构建，用以实施企业改进生产、优化管理、提高效益等策略。DCS 在综合管控自动化系统中的职能应满足 DCS 执行综合管控自动化系统的工程监控职能；DCS 应为 CIMS 传递企业管控所需的信息。

(5) 集散控制系统的结构

① 集散控制系统的分级。集散控制系统由过程控制、操作监控和数据服务三级构成。

a. 过程控制级。它由将现场传输来的现场模拟信号转换为数字信号的输入单元、将控制系统输出的数字信号转换为送现场执行器的模拟信号的输出单元、直接采集现场仪表的数据采集单元及数字信号控制器等组成。这里，控制器的输入信号和输出信号都是数字信号。它是图 4-2 中机柜室的组成部分。人机接口不应直接接入过程控制级。

b. 操作监控级。这是图 4-2 中 HMI 中的组成部分。它包括操作员站、工程师站及上位先进控制计算机及其外围设备，用于对生产过程的监督和控制，并实现先进控制。操作监控级不应直接带有过程接口单元。过程变量也不应通过操作监控级设备接入 DCS。

c. 数据服务级。它是 DCS 内部网络与外部网络数据交换的中间层，用于向间接参与生产过程的用户提供数据服务。它通过代理服务器或防火墙等设备与过程控制级和操作监控级进行数据交换，不直接建立数据通信。它与生产操作或系统管理直接相关的数据服务（如报警、历史记录、诊断等）不应在数据服务级实现。

② 与其他控制装置联用的配置。DCS 与上位机联用，例如与先进控制装置等联用时，可配置网络互联部件。DCS 与其他数控装置（仪表）联用时，宜配置通信接口装置，例如串口、现场总线接口、工业以太网接口等。

③ 与信息管理装置连接的配置。DCS 与信息管理网络（例如 MES、ERP 等）连接时，可配置网桥、路由器、网关等。必要时，需配置防火墙。

④ 辅助机柜配置。根据工程应用的要求，可配置安全栅、隔离器、继电器柜或中间端子柜。

(6) DCS 系统功能

① 基本功能

a. DCS 控制站应能满足工业生产过程常规过程控制的功能及速度要求，应能满足所有过程变量检测的要求。

b. DCS 应有数据存储功能，可将各种工艺变量、系统参数、操作模式等数据按需要存入存储设备，并可根据需要调用。

c. DCS 必须具备对过程变量报警和事件记录的功能，它包括对报警的任意分级、分区、分组的功能，按顺序和事件标记自动记录所有报警事件，自动记录操作员对设定值的改变、报警确认等操作事件，能明显区别过程变量报警和系统故障报警，能记录和输出报警信息，记录报警顺序，能对报警和事件记录分类、过滤、筛选、检索等，并具备防止对报警和事件记录的删除和修改功能。

d. 故障诊断：DCS 应具有硬件、软件故障诊断功能，并自动记录故障和发送报警信息。对过程控制级的诊断至少应包括 I/O 模件故障、通信故障、CPU 故障、电源故障的诊断。

② 管理功能

a. 对系统常驻数据的管理、系统各设备的在线诊断、系统软件数据的维护、系统组态和修改、图形管理等功能。

b. DCS 应支持离线组态和调试。

c. DCS 的数据备份：应能够定期备份软件、硬件组态数据和历史数据；当 DCS 故障时应具备数据恢复功能。

d. 时钟同步功能：DCS 应具备使网络中各节点时钟同步功能。通常，由 DCS 向第三方应用计算机或网络发布时钟同步信号，当节点数大于 50 个时，宜设置时钟同步器。时钟同步器授时精度不应低于 1ms，守时精度不应低于 $2\mu s/min$；DCS 不应采用无线通信方式的外部时钟源。

③ 系统安全功能

a. 信息安全：DCS 应有身份验证和访问控制功能，应能根据用户或设备的不同身份赋予不同权限，防止网络信息资源被非授权用户使用，并应根据访问权限，限制用户或设备对系统的访问。DCS 应支持数据加密技术。

b. 网络安全：

• 网络连接：不同建筑物之间的 DCS 网络应采用光缆连接；工厂管理网与 DCS 过程控制网之间应设置防火墙；包括工厂管理网在内的外部管理数据接口、与 DCS 功能相关的第三方应用计算机及网络都不应直接接入 DCS 过程控制级或操作监控级，应通过数据服务级的过程数据接口服务器交换数据；与 DCS 功能无关的计算机或控制设备严禁直接接入或利用 DCS 网络，也严禁接入工厂的 DCS 网络。

• 病毒防护：DCS 网络中宜设置专用病毒防护服务器，用于集中制定和管理病毒防护策略，更新病毒定义文件；病毒防护服务器映射值在数据服务级。数据服务级的人机接口均应安装防病毒软件；当 DCS 未设置数据服务级时，操作监控级的人机接口均应安装防病毒软件；安装在 DCS 设备中的所有软件必须是合法授权的正式版本；在操作监控级的设备中禁止安装任何与 DCS 功能和安全防护功能无关的第三方软件。

• 安全管理：严禁采用远程访问服务方式对 DCS 设备进行操作、管理和维护；不得采用包括因特网在内的外部网络对过程控制级和操作监控级的设备进行软件升级和病毒定义文件更新；所有人机界面的外部数据接口均应设置操作访问权限措施，未经授权用户不得使用移动存储设备；操作监控级的所有人机界面的外部数据接口应处于禁止使用状态，只有在设备需要安装和维护时，方可由授权用户解除禁用状态。

4.2.2　DCS 工程设计原则和职责分工

(1) 与常规仪表盘自控工程设计的区别

① DCS 工程设计将原来的显示仪表、控制仪表、报警仪表和运算仪表等的功能集中到 DCS 中实现。因此，原来工程设计中不能实现的功能可在 DCS 中实现。例如，原来考虑成本（例如增加控制仪表）而不采用的复杂控制系统可以方便地实现。原来一些报警和联锁点因其次要性而被删除的，在 DCS 中可方便地添加并实现。下面是一些示例：

a. 串级控制系统因需要副控制器，常规自控工程设计中可能被删除。DCS 自控设计中可方便实现，且大多数情况下因副被控变量已经被检测，因此，不仅可不增加投资，而且可方便实施。但设计时，系统的共振和主被控对象的非线性补偿问题需考虑。

b. 超驰控制系统因需要选择器，常规自控工程设计中可能被删除。DCS 自控工程设计中可方便实现选择器功能，并且，不增加投资，因此，可方便地实施超驰控制系统。

c. 分程控制系统因需要两个不同输出范围的控制阀，DCS 自控工程设计中可选用通用输出范围的控制阀，减少了控制阀的备品备件数量，但需增加模拟输出通道。

d. 前馈控制系统应需要超前滞后环节等前馈控制装置，常规自控工程设计可能被取消，DCS 自控设计中可方便实现，也不增加投资成本。此外，多变量前馈控制也很容易实现。

e. DCS 自控工程设计中可方便地增加报警点和联锁点，也可方便地实现复杂的逻辑关系，因此，DCS 自控工程设计提高了工厂运行的安全性，降低了危险运行的风险。

② DCS 的强大的运算功能为实现先进控制提供了坚实基础。大量应用实践表明，DCS 可方便地应用其运算功能实现先进控制。

a. 批量控制可方便地实现。通常，DCS 提供符合 IEC 61131-3 标准的功能，可方便地实现顺序逻辑控制功能。对一些简单的逻辑控制可方便地实现。这在常规仪表盘自控工程设计中会变得复杂。

b. DCS 可实现逻辑运算，可应用比较功能对过程参数进行比较，使生产过程在未接近危险状态时就给操作员提供有关信息，防止事故的发生。

c. 一些 DCS 的矩阵运算和多变量控制的功能为预测控制、解耦控制、模糊控制、优化控制等先进控制提供了基础，实践表明，在不增加投资的情况下，通过充分应用现有运算功能，可实现先进控制，取得明显的经济效益。

③ 用仪表回路图替代常规仪表盘自控工程设计中的盘后接线图。仪表回路图具有直观、接线端子和电缆之间一一对应的关系，对屏蔽线、接地线等也能够清晰标注。而仪表盘后接线图采用对应编号呼应法既不直观，也不清晰。虽然，DCS 的仪表回路图设计量较大，但对安装施工工程人员的技能要求大大降低，从而缩短了安装时间，降低了安装出错率。

④ DCS 自控工程设计增加了 I/O 卡（模块）的连接，增加了软件组态工作量。由于采用 DCS，硬件成本提高，加上软件成本，因此，初期投资增加。但后期的维护成本因显示、报警、运算、控制仪表维护成本的下降而下降。此外，控制室面积缩小，相应地，建筑、照明、消防和管理等成本也有所下降。

(2) 集散控制系统工程设计原则

① 综合考虑，兼顾应用和经济性。DCS 工程设计应综合考虑其可靠性、可用性、安全性、可维护性、可追溯性、可扩展性、经济性，兼顾应用需求和经济性，合理设置自动化水平，以满足生产操作、DCS 采购、设备安装和系统投运等要求，满足建设单位的要求（包括可扩展性要求）。

② 选用的 DCS 应是成熟的，经过实际应用检验的系统，应便于扩展，满足工业生产过程大规模过程控制、检测、操作和管理的需要，能够实现工艺装置、公用工程及储运单元等工程的连续控制、间歇控制、批量控制、开关控制、状态控制等类型的过程控制功能。

③ DCS 中可实现对工艺过程的控制、检测、操作、报警、数据和事件记录、数据存储等功能，能够实现与其他控制设备或系统的数据通信、显示、报警、数据记录及存储等功能，能够通过网络将过程控制级的各类设备构成统一的整体，实现全系统的控制、检测、操作、数据处理、数据存储、数据通信等信息集成，不应有硬件、软件或功能的限制。

④ DCS 设备的机械性能、环境适应性和电磁兼容性应通过《中国国家强制性产品认证》或欧洲统一认证。

⑤ 满足联用装置、成套装置的特殊要求。对采用 SIS 的工程项目，应将 DCS 和 SIS 的

职能分工、硬件配置、控制和联锁信号交接作出明确的规定。对其他成套控制系统的联用要提出要求，并满足其特殊要求。例如，对分析小屋的联用要求等。

⑥ 应遵循有关国家标准和现行行业标准规定，做好与 DCS 有关控制室、供电、接地、防雷电等设计。

⑦ 应及时获得 DCS 制造商提供的 DCS 技术资料，保证 DCS 工程设计文件的完整性和准确性。DCS 硬件、操作系统、编程软件等都应采用正式发布的版本，并按规定程序进行有效控制。

(3) 职责分工

DCS 生命周期内的主要工作（例如 DCS 工程设计、采购、安装与投运、DCS 制造与售后服务等）的职责分工如下：

① DCS 工程设计方负责制订 DCS 监控方案、编制 DCS 技术规格书、完成工程设计文件。按工程设计合同规定配合 DCS 采购、参加 DCS 应用软件组态、检验、安装和试车等工作。

② DCS 买方负责 DCS 采购、检验、安装、联调、投运、现场验收测试（SAT）等工作，宜参加制订 DCS 监控方案，并按需要下架 DCS 应用软件组态工作。

③ DCS 卖方除按采购合同提供完整 DCS（全部硬件和软件），对 DCS 质量、可靠性等负责外，还负责 DCS 应用软件组态、提交 DCS 技术文件。在买方参与下完成 DCS 工厂验收测试（FAT）等工作。参加 DCS 安装、联调和投运工作。

④ DCS 卖方至少提供下列文件：系统设计说明、系统设备清单和系统硬件手册、系统软件清单和写入软件手册及组态手册、操作员/工程师手册、系统操作手册、设备安装手册及维护手册、故障排除、检验及调校指导手册、系统供电系统图和系统接地系统图、机柜布置图及操作台布置图、系统配置图、端子接线图、机柜设备散热和功耗、标注接线端子的仪表回路图、控制器负荷计算书、通信负荷计算书、外围设备样本等。

⑤ DCS 工程设计方承担总承包时，还应负责 DCS 采购、参加应用软件组态、DCS 检验、安装和调试等工作。

4.2.3　DCS 工程设计程序

(1) 基础工程设计

基础工程设计阶段，DCS 工程设计的主要内容是：发表 P&ID、统计 DCS 初步 I/O 点数、控制回路数量等，确定 DCS 初步硬件和软件配置；完成初版 DCS 技术规格书，进行 DCS 初步询价；并向外专业（包括布置、建筑、结构、电气、电信、暖通、概算等）提出初步设计条件。

(2) 详细工程设计

详细工程设计阶段完成下列工作：

① 编制 DCS 技术规格书。根据详细工程设计阶段发表的 P&ID，完成 DCS 技术规格书，将 DCS 技术规格书提交买方，供其开展 DCS 采购工作。

② 完成下列设计图纸和文件：接线端子图、DCS 监控数据表、DCS I/O 表、顺序控制图、时序控制图、联锁逻辑图、复杂控制回路图、回路图、控制室平面布置图、控制室仪表桥架布置图、辅助操作台布置图、供电系统图、接地系统图、系统配置图（与制造商配合）、管道仪表图（P&ID）。

③ 向外专业（包括布置、建筑、结构、电气、电信、暖通、概算等）提出详细工程设计条件。

(3) DCS 技术规格书

① DCS 技术规格书是 DCS 招投标的技术文件。其内容包括买方、建设所在地、采用系统的装置名称、生产规模及主要工艺特点等。招标书描述装置采用的各种检测控制系统，及这些系统各自功能和使用范围和相互之间的关系等。在规格书中包括 DCS 制造、检验、安装和投运等各接地所遵循的国际和国内标准。对投标单位，投标书应包括制造商及供应商简介、同类装置的使用经验和业绩、投标系统概况、硬件和软件清单、备品备件清单、工程进度计划、技术服务及保证等，还应包括与招标书的偏差表及投标书的图纸资料所使用的文字等。扫二维码可见 DCS 技术规格书示例。

② DCS 技术规格书应明确卖方职责范围和供货范围，包括系统设计、软硬件配置、培训、现场服务、包装运输、文件资料及调试投运等全过程卖方负有的责任。应明确买方的职责，包括提供有关基础资料和设计资料，及按卖方要求为 DCS 提供电源接地等。

③ DCS 硬件配置及功能。包括控制站、操作员站、工程师站和过程 I/O 系统的性能规格、数量，冗余要求和负荷控制、功能要求等，还包括通信系统和外围设备的有关性能要求和采用的通信协议、通信接口和通信标准等要求。对 DCS 的技术要求包括冗余、备用的要求，MTBF 和 MTTR 的要求及自诊断和容错要求（硬件和软件的自诊断和容错）等。

④ DCS 软件要求。制造商提供系统配置的各种操作系统软件、工程应用软件和工具软件等，必要时，应提供高级控制软件和优化控制软件。提供操作员的操作和控制功能；提供 DCS 显示画面的种类、显示的主要内容和特点等；控制功能则包括连续控制、批量控制、离散控制、逻辑/顺序控制等功能。一些应用还需要提供相应的工具软件，例如计算天然气压缩因子的计算软件、蒸汽和水性能的计算软件等。

⑤ DCS 控制室的设计要求。买方应叙述初步控制室设计方案，例如，控制室面积、操作室与机柜室间设置及主要设备布置等。卖方应叙述对 DCS 控制室的设计要求，包括对暖通、照明、防护和防爆的要求及对工作台和各种机柜安装的设计要求等。

⑥ DCS 供电、接地和防雷设计要求。买方应叙述 UPS 对 DCS 所提供 220V AC 总电源的要求，卖方应提出对 DCS 供电系统的设计要求，包括供电容量、电源质量、供电方式等。对成套配置的独立电源箱（柜），应负责对 DCS 各部分、各单元提供 220V AC 或 24V DC 电源。

卖方应对 DCS 接地系统提出设计要求，一般买方 DCS 接地系统采用等电位接地原则设计。

买方提供建设所在地的雷雨天气状况。防雷设计时，买方对卖方提出配置防浪涌安全栅要求。

⑦ 备品备件和专用工具。叙述在开车所需要的备件。叙述质保期所要求的备品备件。叙述 DCS 安装和维护必需的专用工具和测试设备。

⑧ 端子柜和安全栅/隔离器柜。叙述本系统采用的端子柜和安全栅/隔离器柜的要求。

⑨ 文件资料。描述 DCS 卖方应提供的各种硬件手册和软件手册，提供的时间和份数。描述 DCS 卖方应提供的工程设计文件内容、深度及提供的时间和份数。

⑩ 工程管理。DCS 卖方在工程全过程中的项目组织和应完成的各项工作。提出工程项目进度计划，确定各节点的任务和时间。确定设计协调会次数、开会时间和地点，及每次会议主要内容。确定 DCS 卖方现场服务人员素质、服务时间和主要工作。

⑪ 验收测试。确定 FAT 和 SAT 的时间、地点、人数和验收内容等，确定保证期的期限，确定 DCS 包装、运输及储存的各项要求。

⑫ 培训。包括制造厂培训时间、地点、参加人数和主要内容；现场培训时间、参加人数、主要内容等。

⑬初步 I/O 清单。包括 AI、AO、DI、DO、PI 点数、规格；备品备件数量、规格等。

4.2.4　DCS 工程设计

DCS 工程设计主要是与 DCS 控制室有关的工程设计内容。

(1) 过程控制站的工程设计

① 过程控制站是由过程接口单元、控制单元（控制器）和数据采集单元（DCS 制造商按需配置）组成的，简称控制站。控制站各单元功能卡件通常由控制卡件、I/O 卡件、辅助卡件、通信接口及安装功能卡件的卡件箱和总线底板等组成。控制站应提供可远程安装或分散安装的远程 I/O 或远程控制站。

② 控制站的功能是实现对现场来的各种物理输入信号进行接收和处理，实现数据采集、联锁逻辑、顺序控制、连续控制、先进控制和批量控制等功能，以实施各种先进控制策略，并将经控制器运算后的信号发送到输出卡件，送现场执行器实施对过程的控制。其功能模块包括输入指示、调节、手操器、信号设置、信号限幅、信号选择器、信号分配器、信号报警器等功能模块，及用于运算的计算、数值计算、模拟计算、时间函数、趋势计算、开关和设定等类功能模块。对逻辑和批量控制应具有实现批量控制、顺序/联锁逻辑等控制的相应功能模块，例如顺序控制功能、开关控制和顺序控制等功能模块。控制站应具有大容量存储器和高速运算能力，以具有可实施各种先进控制策略的功能。

③ 对过程 I/O 接口单元的要求如下：

a. I/O 接口包括 AI（带 HART 通信）、AO（带 HART 通信）、DI、DO、PI、RTD、TC 及远程 I/O 输入等类型，应具有智能变送器接口、串行和并行通信接口。一些 DCS 制造商还可提供软件定义的通用型 I/O 卡件 UIO 及 SIO。I/O 卡件输入电路应有信号隔离方式和通道间隔离方式，符合 IEC 61000 或 SAMA PMC33.1 标准的抗干扰规定，应满足 ANSI/IEEE 472 超级电压承受能力试验导则的规定。输入信号应有滤波和非线性信号的线性化功能。所有输入和输出点都应带有信号隔离保护功能。

b. AI 卡应能接收 4～20mA DC、1～5V DC 和 0～10V DC 等标准信号，应有二线制、三线制和四线制的信号制式规格；AI 卡的接线端子宜采用三端子式；AI 卡应包括 4～20mA DC 叠加 HART 通信信号的标准类型。

c. AO 卡应能输出 4～20mA DC、1～5V DC 和 0～10V DC 等标准信号，输出 4～20mA DC 信号时，应能驱动回路电阻不小于 700Ω 负载，并应具有正、反向输出功能；AO 卡应包括 4～20mA DC 叠加 HART 通信信号的标准类型。

d. 热电偶卡（TC）应能接收采用 IEC 标准分度号的各种热电偶信号，应具有线性化和冷端补偿功能，可设置断线上下限报警。热电阻卡（RTD）应能接收包括铂电阻和铜电阻的三线制或四线制热电阻信号，可设置断线上下限报警。

e. DI 卡应能接收开关信号，输入信号电压包括 24V DC 和 220V AC，并应有“有源”和“无源”两种规格。DO 卡应输出开关信号，DO 卡节点电压应包括 24V DC 和 220V AC，并应有供电和非供电两种规格。PI 卡应能接收脉冲信号，脉冲信号可用频率下限不应大于 10Hz；上限不应小于 500Hz。高电平信号电压下限不应小于 4V；低电平信号电压上限不应大于 3V DC。

f. 通信卡（COM 卡）应能接收和输出与其他设备相关的通信信号，通信协议至少应包括 Modbus、Profinet、以太网等。通信卡宜具备热备冗余配置功能。

g. 对采用本安防爆的输入和输出信号，应在 I/O 接口现场侧设置安全栅或选用本安

I/O。

h. 对开关量输入信号，如果不能满足负载要求，或需对开关量隔离时，应配继电器。

i. 应提供 4～20mA 开路和短路信号及输入信号超范围的 Bad 信号检查功能，此功能应在每次扫描过程中完成。所有 I/O 卡件应有标明其状态的 LED 指示和其他诊断显示，例如卡件电源指示等。所有接点输入卡件都应有防抖动滤波处理功能。所有 I/O 卡件应有保护 I/O 过压、过流措施。AI 每秒至少扫描和更新 4 次，DI 至少 10 次。I/O 模件的槽口应预留不少于 20%的余量。

j. 分配 I/O 信号时，应使一个控制器或一块 I/O 通道板损坏时，对装置安全的影响尽可能小。

k. 在整个运行环境稳定范围内，AI 精度应为±0.1%FS（满量程）；AO 精度应为±0.1%FS。

l. I/O 卡件故障时，应有必要措施确保工艺系统处于安全状态，不出现波动。系统电源丧失时，执行机构应保持在其安全位置。

m. 各种 I/O 卡的最大通道数量如表 4-3 所示。用于联锁或控制的 I/O 卡的最大通道数不宜大于 16。

表 4-3　I/O 卡最大通道数量

I/O 类型	AI	AO	TC	RTD	DI	DO	PI	COM	其他
最大通道数量	16	16	32	32	32	16	16	4	32

n. I/O 卡接口交流电压等级不应超过 220V AC；直流电压等级不应超过 24V DC。

o. 用于控制功能的 AO 卡应采用同步冗余，其他用于控制和联锁保护的多通道 AI/AO 卡应采用热备或同步冗余。对无法冗余配置但用于控制或联锁的多通道卡，宜按点数的 2 倍配置 I/O 卡。不宜采用串联接入额外的信号转换模件方式实现 I/O 卡的冗余配置。冗余 I/O 卡应为相互独立的模件，不应采用在同一模件中设置冗余电路方式。

p. 配置 AMS 系统时宜采用具有 HART 协议通信功能的 I/O 卡件或其他类似功能卡件。

④ 对控制单元的要求如下：

a. 控制单元是带微处理器的多功能控制器，内存应满足控制单元应用要求。

b. 能够提供与多种 PLC 的软件接口，与各种智能仪表均可根据其通信协议进行数据通信。

c. 控制器应具备控制周期为 0.1s 的快速回路控制功能。具有 PID 参数自整定功能。控制单元的最大负荷应小于 60%。卖方应提供 CPU 负荷率的考核和计算方法。负荷计算时 I/O 点数与控制周期的比例：10%时为 0.2s；30%时为 0.5s；60%时为 1s。PID 功能模块数量按各控制器 AO 点数的 2 倍计算，控制周期按 1s 计算。

d. 控制站按工艺装置、公用工程单元、储运单元或控制区域配置，不应将不同工艺装置、公用工程单元及储运单元（即使是同一操作分区）的控制回路和检测回路放在同一控制站中。

e. 每个控制器要求采用带容错功能的同步冗余配置，相互冗余的控制器均应处理输入数据，同时执行控制运算，由工作控制器控制最终执行元件。当工作控制器和冗余控制器运算结果不一致时，各控制器的自诊断功能及切换控制模块应具备判断错误位置和选择控制器的能力。

⑤ 对数据采集单元的要求是：能够完成输入信号的数据采集、处理、报警和记录等功能。检测点扫描周期应根据被检测对象调整，扫描周期最长不大于 1s。

(2) 操作员站的工程设计

① 操作员站作为 DCS 的人机接口。应具备处理过程数据、监视、控制生产过程、维护设备和处理事故的功能。操作员站应通过通信网络与控制站实现数据传输，不应通过单一通信接口与控制站连接。操作员站也不应用于软件开发、数据管理及文档处理等其他用途。

② 操作员站由基于 Windows 操作系统的主机、彩色液晶显示器、操作员键盘等组成。操作员站应互为备用。任何一台操作员站的故障不能影响系统的正常操作。每个操作员站都应是冗余通信总线上的一个站，且每个操作站应有独立的冗余通信处理模块，分别与冗余通信总线相连。操作员站的配置应按操作分工配置；重要工段或关键设备应配置专用操作员站；可根据安全联锁系统需要配置操作员站。操作员站的数量与操作员的技能有关，一般可按小于 50 个控制回路配置 2 台；50～100 个控制回路配置 2～3 台；100～150 个控制回路配置 3～4 台；150～250 个控制回路配置 4～7 台；250 个控制回路以上可根据操作需要配置。通常，操作员站的配置还与工程项目操作员站集中与分散布置因素等有关，其硬件配置应能充分满足操作员站的功能要求。采用分散布置方式时，现场机柜室内按操作分区配置现场操作站，并至少设置 1 台现场操作站。

③ 应考虑与操作员站系统有关的外围设备，例如打印机、拷贝机、大屏幕显示器等的配置。所有外设和接口是通用的，是商业化的和可互换的。通常，报警打印机与报表打印机应分别单独配置。

④ 为满足监控系统和安全联锁系统的操作需要，应考虑设置辅助操作台。辅助操作台上可安装硬手动开关和信号灯，例如紧急停车开关、联锁复位开关灯及一些重要的设备运行状态信号灯。

⑤ 操作员站的功能如下：

a. 操作员站是 DCS 系统与操作员的人机界面，用于操作员对生产过程的监视和操作，也可用于组态和维护。它还具有历史数据采集、统计和趋势、报表显示和打印等功能。为此，操作员站的显示画面应具有高分辨率和彩色显示。操作员站还应具有自诊断、在线组态、系统操作的口令保护、操作记录、在线控制策略调试和文件转存等功能。

b. 操作员站的控制调节功能应通过过程显示画面和控制仪表画面实现，控制仪表画面应具有棒图显示、数字显示测量、设定和输出值，并应具有实时和历史趋势显示功能，及回路参数列表功能。操作员可通过控制仪表画面，实现手动、自动、串级控制模式切换，设定、输出值的调整，PID 参数整定等功能。

c. 操作员站的趋势显示功能包括实时和历史趋势显示，趋势显示的时间轴和参数轴的范围应可调整，便于操作员分辨。可有多参数趋势显示，便于了解各参数之间的关联和影响。

d. 操作员站的报表管理和打印可根据要求编排，支持中文输入、显示和打印。要组态方便，具有统计计算功能。操作员站的报警管理和报警显示应从任何画面及时调用，并对报警列表显示，以区分第一事故报警。

⑥ 操作员站的主机宜是近几年市场内的先进的工作站或高性能工业用控制计算机，操作系统应通用。其硬件和软件具有高可靠性和容错性，软件应有能从错误中迅速恢复功能，操作员站应互为冗余。其所有外设及接口应是通用的，硬盘、光盘、显示器、键盘、鼠标、打印机等应是商业化，可互换的。操作员站的软件环境对网络上的数据应能够根据需要进行监视和控制不同操作，并可记录。操作员站能对网络上的任一控制器或检测器的数据进行存取，对不同操作员应设置不同操作权限，可在组态时用密码和密匙方式限定。每台操作员站均应带主机，不应采用多操作终端配置。除显示设备外，辅助操作站的功能和软硬件配置应与操作员站相同。

⑦ 操作员站可运行组态软件或可作为工程师站的终端，可配置工程师键盘，使其作为工程师组态的备用，用于对网络设备进行诊断和数据维护。

⑧ 操作员站数据处理能力应符合满足所有数据记录需要，可由用户选定记录的参数、采样时间和记录时长，并可对数据进行编排处理和随时调用；硬盘上的永久记录应能转存到存储设备；操作员站应具有完善报警功能，对报警和系统故障有明显区别，对过程报警变量可任意分级、分区、分组，应能自动记录和打印报警信息，区分第一事故报警。报警记录的时间分辨率应精确到0.1s。运行人员经键盘或鼠标等手段发送的任何操作指令均应在至少1s内被执行，从发出指令到被执行完毕的确认信息，在彩色液晶显示器LCD上反映出来的时间应在2s内。操作员站应具有对报警记录分类、过滤、筛选、统计和检索等功能，不应具备对报警记录的删除和修改功能。报警功能不应依赖其他报警管理设备或软件。

⑨ 操作员站的彩色液晶显示器LCD至少大于19in（对角线），分辨率至少1640×1280像素（随显示器分辨率的提高，其要求也会相应增加），颜色至少256种。数据更新周期不大于1s，动态参数更新周期不大于1s。所有显示数据应每秒更新一次。操作员站应能显示总貌、分组、操作回路、报警列表、实时趋势、历史趋势、操作事件记录、系统状态概貌、诊断信息、控制点或检测点细节和操作流程图等画面。

(3) 工程师站的工程设计

① 工程师站由主机、显示器、工程师键盘和打印机等组成。配置原则是应保证DCS的配置、监控回路的组态、下装、修改、维护等工作安全顺利进行，它还用于程序开发、系统诊断、系统维护和系统扩展等工作。因此，各种规模的DCS均宜配置工程师站。

② 工程师站用于系统管理和组态维护及修改，应具有系统测试和诊断、硬件组态和功能定义、控制软件组态和下装、可运行操作员站软件，并通过修改用户权限方式兼做操作站等功能。工程师站不应该用于软件开发、数据管理及文档处理等其他用途。

③ 工程师操作站应能完成DCS配置、监控回路组态及下装到操作员站和控制站的功能；应能完成程序开发、系统诊断、系统维护和系统扩展。此外，当安装操作员站软件后，可作为操作员站使用。工程师站的组态应用程序应具备下列功能：系统结构定义的组态、数据库组态、控制回路组态、编制程序、画面绘制、过程变量的零点、量程及报警点设定、实时和历史数据库组态、报表组态、组态下装、组态在线修改等功能。

④ 工程师操作站的主机宜是近几年市场内的先进的工作站或高性能工业用计算机。它可进行控制系统的在线和离线组态、生成应用程序；应能对系统网络上运行的所有组件和线路进行诊断和测试；在线操作时可从网络获取过程实时数据，能对系统进行修改并下装。工程师操作站应设置软件保护密码，防止其他人员侵入改变控制策略、应用程序和系统数据库。工程师操作站配备通用高级计算机编程语言、数据库管理系统、电子表格、网络管理等应用软件和工具软件。其组态软件的用户界面应友好和操作方便。工程师站的硬件配置和性能不应低于操作员站的配置要求。中心控制室宜至少设置两台工程师站。

(4) 历史记录工作站的工程设计

① 历史记录工作站用于存储和管理过程数据、报警记录和事件记录。历史记录工作站所属工艺装置、公用工程单元、储运单元或操作分区的操作员站均应能随时调用相应的历史趋势和数据。数据存储能力应为：存储变量数不少于所有I/O点数的4倍；模拟量类型数据存储的最小间隔周期不大于1s；每个变量存储数据量不少于200KB；存储时间不少于180天。

② 历史记录工作站的机型应为服务器型，硬件冗余配置，满足历史记录功能要求。应配置可读写光盘。存储的图形、历史趋势及其他数据格式和系统占用的存储能力要估算，其

空余空间应大于 40%。

③ 历史记录工作站宜以工艺装置、公用工程单元、储运单元或操作分区分别设置。同一工艺装置、公用工程单元、储运单元或操作分区的历史数据不应分散存储在不同的历史记录工作站。大型装置应采用两台或多台历史数据服务器方式存储历史数据，并采用数据库冗余方式配置。

④ 历史记录工作站的软件应为数据库型，具备数据库管理和操作功能，应能记录存储过程变量、报警记录和事件记录，应具有数据处理和统计运算功能，能按需要调用数据、显示曲线、显示统计、制图及制表等。

(5) 高级应用的工程设计

① 智能设备管理系统。它包括智能仪表设备组态、组态监测及诊断、校验管理和自动文档记录管理等功能。

② 可燃气体和有毒气体检测系统。将可燃气体和有毒气体检测器直接接入 DCS，检测结果在操作站显示、报警和记录，便于操作员随时了解现场安全情况。

③ 视频应用系统。采用大屏幕组合显示系统时，应把所需画面实时显示在监控屏幕，可单屏显示或多屏拼接显示，整屏放大显示或窗口方式显示。视频信号经视频矩阵方式选择画面，并显示在监控屏幕上。

④ 过程数据接口服务器。它作为高级应用或管理的数据接口，能对 DCS 网络中过程数据进行采集和传输。其网络接口带宽不宜小于 1Gbps，硬件应根据存储数据量配置，充分满足实时数据交换要求。

⑤ 先进控制应用站。它是先进控制软件运行的硬件平台。先进控制客户端用于控制器组态、建模、整定、分析和仿真，并将制定好的控制策略和算法下装到先进控制服务器。

⑥ 操作员仿真培训系统服务器。它配备培训操作软件，开发和维护仿真软件，具有与 DCS 操作站相同的操作画面和操作功能。

⑦ 储运管理系统。它可根据罐容表实现罐存容量和质量精确计算、提供罐区油品储存和输送情况，提供罐区物料平衡报表等。

⑧ 网页浏览服务器。它不应直接接入过程控制网，应通过专门的数据接口读取 DCS 的数据。其硬件配置应充分满足操作数据和画面存储容量要求，并应根据访问用户数量配置足够内存容量和网络带宽，它应通过防火墙与外网连接。

⑨ 应用程序服务器。用于控制系统外的第三方应用软件的运行平台，应能通过数据接口对 DCS 网络中的过程变量进行读取和写入。其硬件配置应能充分满足应用软件的计算和数据存储要求。设置在操作监控级的应用程序服务器应满足系统安全的有关要求。

(6) DCS 的冗余和备用

① 一般规定。DCS 中，网络通信设备和部件、控制器的 CPU、所有电源卡件、控制回路的 I/O 都应 1∶1 冗余配置。每个操作站都应带独立的 CPU，操作站应具有相互冗余功能。

② DCS 备用。系统中安装的安全栅、继电器、隔离器应带 20%备用量，并全部连接到端子板上；系统中安装的 I/O 卡件应至少带 20%备用量，并全部连接到端子板上；控制回路的 I/O 卡件及重要检测点 I/O 卡件宜冗余配置，CPU 应 1∶1 冗余配置；通信接口和供电单元应 1∶1 冗余配置。数据采集单元的 CPU、通信卡件宜 1∶1 冗余配置。过程接口的各类控制点、检测点的备用点数是实际设计点数的 15%。I/O 卡件槽座备用空间为 20%。供电容量应保证 20%额外 I/O 卡件、安全栅、继电器等负荷，全负荷供电量应不超过额定电量的 70%。即应有 30%电源备用裕量。备用件至少是 1 件。

③ 自诊断和容错。DCS 应具有完善的软件、硬件自诊断功能。所有 I/O 卡件均应隔离，并可在线带电插拔。某一卡件的故障和互换不会影响其他卡件的运行。

4.2.5 DCS 的通信系统设计

(1) DCS 通信网络

DCS 通信网络按 DCS 分级体系，可分为现场总线通信网络、过程控制网络、监控网络和管理网络等。

① 网络连接。

a. 现场总线通信网络。采用现场总线控制系统时，现场总线仪表之间、现场总线仪表与控制器之间采用现场总线通信网络。现场无线仪表与基站之间则采用无线通信网络。

b. 过程控制网络。用于连接所有控制器（包括现场总线控制器和无线基站）、检测仪表等设备。

c. 监控网络。用于监控、操作设备，包括工程师操作站、历史数据存储设备、配置管理网接口等，通常采用工业以太网实现数据通信。

d. 管理网络。用于实现 MES 和 ERP。采用高速通信以太网，连接企业管理计算机系统、生产运行管理系统生产经营管理系统和综合信息管理系统等。

e. 对 DCS 通信网络的基本要求是响应时间短，例如时间敏感网络 TSN、可靠性高、结构冗余、多台计算机互联。DCS 通信网络硬件应按国际统一标准生产，信号传输模式按国际统一标准建制。近年来云计算和边缘计算的发展，使 DCS 通信网络向高可靠性、低响应时延等方向发展，可经 OPC UA 实现互联和互操作。

f. 网络拓扑结构采用总线或环网。网络传输媒介采用不同带宽的屏蔽双绞线、同轴电缆和光缆，同轴电缆符合 IEEE 802.3 100BaseT 等标准，光纤符合 ISO 10BASE-FL、ISO 100Base-FX 等标准。在现场检测仪表采用无线通信时，应符合无线 HART、ISA SP100 或 WIA-PA 等标准。现场总线控制系统中采用 FF H1、FF HSE、Profinet、CIP 等通信协议。

② DCS 与其他控制装置的通信。与其他控制装置通信协议宜选用 TCP/IP-OPC、HART、MODBUS、PROFINET、FF H1、FF HSE 等。与其他简单控制装置通信可选用 RS-232C、RS-422、RS-485 等。

(2) DCS 通信网络的技术要求

① 冗余配置。DCS 局域网通信网络及各级通信子网络应冗余配置。所有 DCS 操作员站、工程师操作站、控制站应分别通过冗余容错通信接口连接到工业以太网。DCS 通信网络应采用安全网间连接器（网关）或安全网间连接器（网关）＋防火墙与更高级别的高级控制和监控网络连接。冗余方式是同步冗余或热备冗余。

② DCS 通信网络应具有与现场智能无线仪表、智能无线网关、无线网络实现连接使用的功能。应在系统设计、设备选型、软件配置等方面采取有效措施增强通信网络的安全性。

③ DCS 网络应用服务器设备的硬盘应 1∶1 冗余配置。采用双网卡配置，可通过交换机与全厂 ERP 网络相连。采用客户机/服务器结构时，至少配置两对冗余服务器，且服务器必须与工程师操作站相对独立，服务器不允许兼作工程师操作站。DCS 通信系统最大负荷：采用 IEEE 802.3 系列协议的网络应小于 30%；采用其他通信协议的网络，不应超过 50%；正常操作状态下，过程控制网络的负荷应小于其网络协议最大允许负荷的 50%。

④ 接在局域网或工程师站上的工厂管理网接口，所接网络服务器应能读取 DCS 中的过程数据。

⑤ DCS 网络通信速率快，对过程控制级至少 10Mbps，监控和管理级至少 100Mbps，数据服务级至少 1Gbps。以太网通信必须执行 IEEE 802.2、IEEE 802.3 标准。操作监控和

数据服务级任意两节点间最大允许通信距离不应小于 1.5km。

⑥ DCS 的外接接口至少包括：与 SIS 的接口、与压缩机组 CCS 的接口、与其他成套 PLC 的接口、与工厂信息系统的接口。采用 Modbus 协议与第三方设备通信时每个通信接口的通信量不宜超过 100 条。各级网络通信设备和部件应预留至少 20%端口。

(3) 网络管理服务器的工程设计

① 网络管理服务器用于 DCS 网络中设备和用户的管理，应具备制定网络管理策略、定义用户访问权限、用户身份验证和网络资源服务管理等功能。

② 网络管理服务器作为网络启动或身份验证的必要设备时，应采用冗余配置。小规模工程中，工程师站、历史记录工作站等操作监控级设备可兼做网络管理服务器。

③ DCS 采用分散布置方式时，过程控制级设备所在区域应至少配置一台设备兼做网络管理服务器，并应与主网络管理服务器的管理策略同步。

(4) 网络设备的工程设计

① 操作监控级的网络数据服务器应用于过程数据、历史数据、报警和事件信息的存储和检索，应是网络数据交换的核心设备，不应兼做高级应用或第三方应用等其他用途。服务器硬件配置应能充分满足数据存储和访问要求，宜按操作分区配置。发生故障后会引起过程控制或操作监控级其他设备功能失效时，网络数据服务器应采用冗余配置。

② 用于过程控制级、操作监控级和数据服务级的交换机应具备网络互联、错误校验及流量控制等功能。应选用模块化结构或具有堆叠功能的产品。如果需要在控制网络中设置子网或虚拟局域网，相应的交换机还应具备路由或 VLAN 功能。网络节点数大于 50 的 DCS 网络，系统应能对交换机工作状态、运行负荷等进行检测，并应设置具有网管功能的网络监控站。交换机端口速率应充分满足应用位置的数据通信要求：单台交换机端口数不应大于 24 个；交换机背板带宽不应低于可扩展端口在内的所有端口最大通信速率总和的 2 倍；交换机不应采用级联方式扩展其端口数量；用于不同操作分区的交换机不宜共用；交换机应采用冗余供电方式。

③ 防火墙应具备数据包过滤、设置访问控制列表、入侵检测和流量控制等功能。防火墙过滤规则应涵盖所有出入防火墙的数据包的处理方法，对未定义的数据包应有默认处理方法；过滤规则应具备一致性检测机制，防止各条规则间相互冲突。防火墙应采用硬件型，并独立设置，不应与交换机或路由器共用，不应以软件防火墙替代硬件防火墙；防火墙吞吐量和并发连接数应充分满足 DCS 网络数据交换需要；数据服务级的防火墙吞吐量不应小于 100Mbps；最大并发连接数不应小于 100000。

④ 光电转换器及光缆。光电转换器应支持 DCS 网络协议，可协调全/半双工传输方式，并能自动检测端口状态。光缆规格应与光电转换器的光纤接口匹配，并满足信号传输距离的要求。

4.2.6 DCS 的软件

(1) DCS 软件配置

DCS 卖方应提供 DCS 软件如下：

① 过程控制和检测软件。该软件用于工业生产过程的检测和控制，应具有足够的配置容量，满足工业生产过程复杂控制和检测的需求。卖方提供的 DCS 应配备用于保存过程数据记录的软件，满足全部 I/O 点 2 倍以上的数据量（每分钟记录 1 次），各存储 2 万条记录的需要。对历史数据记录软件的规格和功能应详细说明。卖方提供的 DCS 应配备 PID 自整定功能，具有成熟、定型的过程控制算法，例如温压补偿算法等。

② 操作系统及工具软件。包括全套操作系统软件及工具软件、相应的软件许可证，配

备与第三方设备进行 OPC UA 通信的通信软件及相关组态软件。配备通用高级语言、数据库管理系统、电子表格、网络管理软件等应用软件及工具软件。

③ 工程组态软件。除包括必备的组态软件外，还包括系统离线的数据库组态仿真软件和软件所需的硬件设备。组态软件应具备在线修改和下装组态数据的功能。

④ 高级控制和优化控制软件。DCS 包含自适应控制算法，并有详细说明。卖方可推荐其他可用的高级控制和优化控制软件清单，说明其运行环境。

⑤ 显示画面软件。这是操作人员（包括操作员、工程师、管理人员、仪表维护人员）的操作画面软件。操作画面包括概貌、流程图、分组、时序、趋势、报警、报表、操作记录、操作指导、系统自诊断等画面。

⑥ 生产报表软件和历史及实时趋势记录软件等。对各类软件的汉字应用应予说明。

（2）DCS 应用软件

DCS 应用软件包括过程监控、各类接口（人机接口、通信接口）、信息管理、软件组态等软件，该软件应是建立在功能齐全、质量安全可靠、调用灵活有效的最新版本基础上的综合软件包。应能满足过程监控要求强大、生产操作方便、信息管理功能周详、软件组态容易等要求。

（3）DCS 软件组态文件

① DCS 软件组态文件包括控制流程图、控制回路文件及检测点文件、操作员站工作文件及报警分组、生产过程数据报表、设备管理软件组态文件、数据通信文件等。

② 组态文件是 DCS 卖方编制提供的 DCS 软件组态的重要依据。应能够满足工程项目自控工程设计文件所有监控的要求。组态文件的编制应采用 DCS 制造商的有关标准、资料或编制工具。

（4）DCS 软件组态

① DCS 供应方根据项目软件组态文件完成 DCS 软件组态工作。DCS 卖方应向 DCS 买方提供标准软件组态工具软件。通常，软件组态是在装有组态软件的工程师操作站上完成。

② DCS 软件组态完成下列任务：硬件搭建和通道分配；过程点组态；顺序、时序、批量、逻辑及复杂控制组态；流程图画面；操作和记录分组；报警分组和分级；生成报表；数据库；通信程序和外围设备接口等。

4.2.7 DCS 供电、接地、防雷系统设计

（1）DCS 供电设计

① 与常规仪表盘供电设计不同，DCS 供电系统采用 UPS 电源装置供电。其供电容量、供电方式应满足 DCS 卖方要求。

② DCS 供电系统设计包括电源质量要求、UPS 选用原则、供电器材采用等都应符合现行行业标准的规定。DCS 内部供电应由 DCS 卖方负责，DCS 卖方宜提供独立电源分配柜对 DCS 机柜、操作站（台）、外围设备等实施 220V AC 和 24V DC 的供电。

（2）DCS 接地设计

① DCS 接地设计包括接地系统分类、接地连接方法等。应符合现行行业标准的规定。

② DCS 接地应采用等电位接地技术。

（3）DCS 防雷设计

DCS 防雷设计与常规仪表防雷工程设计相同。见现行有关规定。

4.2.8 DCS 验收、安装、联调与投运

（1）DCS 验收测试

DCS 验收测试分为工厂验收测试（FAT）和现场验收测试（SAT）。DCS 验收测试是

DCS 制造商完成 DCS 系统制造、软件编程等工作后进行的对 DCS 系统的测试。

① 工厂验收测试。DCS 工厂验收测试是在 DCS 制造厂进行的系统测试。它包括对所有可联网并已装载软件进行适当运行的测试。通常，采用仿真机构成 DCS 所有输入信号、组态和控制输出的一个完整的功能闭环实验。工厂验收分硬件工厂验收和软件工厂验收。

a. 硬件工厂验收。它包括下列内容：系统卡件、接线及附件的完整性；回路的正确配置；卡件说明和卖方的一致性；某一卡件失效或失败情况下冗余设备的正确切换，例如 CPU、供电系统、通信电缆等；射频干扰的防护等。

b. 软件工厂验收。它包括通过仿真模拟及数字信号确认 I/O 信号的配置及组态正确性，时序和其他特殊回路的组态，流程图画面，分组及趋势画面等。

c. 系统性能测试。系统信号处理精度测试包括各类 I/O 模件至少测试 30%，系统冗余和容错功能测试。

② 现场验收测试。现场验收测试是 DCS 安装到现场后，经卖方确认所有设备安装、现场接线、电源连接等无误情况下进行受电，并进行的现场验收。

a. 现场验收测试的主要特点是：采用实际输入、输出信号进行测试，应 100% 正常工作。

b. 现场验收测试的主要内容：系统正常情况下连续 72h 的通电检验；启动系统并校验所有系统部件，对系统进行联调与试运；在线投运后对系统运行状况的全面考核，以确认系统是否能满足订货合同的所有技术要求。

(2) DCS 安装

① DCS 现场安装由买方负责，DCS 卖方对 DCS 现场安装工作提供咨询和协助服务。

② DCS 柜间接线由 DCS 卖方负责。DCS 设备现场安装、接线完成后，系统通电由 DCS 卖方技术人员负责。

(3) DCS 联调与投运

① 生产装置试车期间，DCS 卖方应协助用户对系统与过程进行联调与试运，使系统各部分处于正常工作状态，完整地投入运行。

② 生产装置试车期间，DCS 卖方应负责完成 DCS 与其他系统的通信调试。

③ 生产装置试车期间，DCS 卖方应派有经验的应用工程师到现场，保证 DCS 工作正常。

4.2.9　设计示例

(1) DCS 仪表回路图

① 概述。DCS 工程设计中的仪表回路图是重要的设计图纸之一。仪表回路图是采用仪表回路图形符号表示一个或几个检测/控制回路的构成，并标注该回路的全部仪表设备位号及其端子号和接线。对复杂检测/控制系统，必要时可另附原理图或系统图、运算式、动作原理等加以说明。它绘制现场检测仪表与控制室机柜之间的连接关系、控制室机柜与现场执行器之间的连接关系，包括控制室机柜与电气控制室之间的连接关系，控制室机柜与 SIS 之间的连接关系等。

② 仪表回路图图形符号。

a. 端子板和总线接线箱宜采用图 4-8 所示的图形符号。其尺寸根据图纸大小和应用需要确定。仪表端子宜采用图 4-9 所示的图形符号。仪表端子或通道编号可以是字母、数字或其组合。

b. 仪表信号屏蔽线图形符号。屏蔽线宜采用图 4-10 所示细实线表示的椭圆描述。

c. 系统端子柜宜采用图 4-11 所示的图形符号。

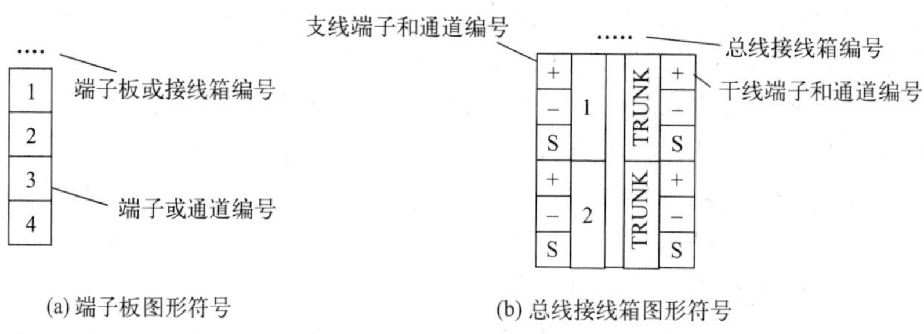

(a) 端子板图形符号　　(b) 总线接线箱图形符号

图 4-8　端子板和总线接线箱图形符号

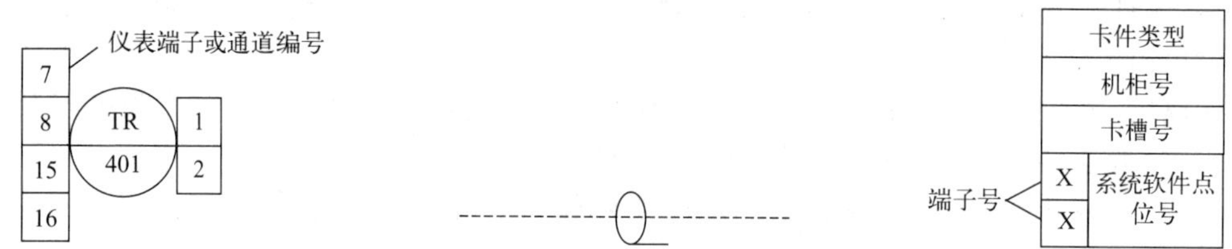

图 4-9　仪表端子图形符号　　图 4-10　仪表信号屏蔽线图形符号　　图 4-11　系统端子柜图形符号

d. 仪表连接线的图形符号见表 2-21。

e. 仪表系统能源宜采用表 4-4 所示图形符号。

表 4-4　描述仪表系统能源的图形符号

能源类型	电源	气源	液压源
图形符号	TR 402, L1, L2, G, ES, 220V 50Hz	FY 403, AS, AS 0.14MPa	HY 404, HS, HS 0.5MPa

供电电源宜标注供电箱及供电回路编号，可标注电源类型及规格。气源可标注气源类别及压力。液压源可标注液压源压力。

f. 仪表的其他图形符号。仪表的其他图形符号见表 4-5。

表 4-5　仪表的其他图形符号

信号类型	220V AC 供电	24V DC 供电	联锁功能	变送器	气动活塞式控制阀	两位三通电磁阀
图形符号	FT 405, L1, L2, G, 405 AC -K01, G	TT 406, −, +, 406 DC -K02	I 407	LT 408		S

③ DCS 仪表回路图示例。

a. AI-AO 组成单回路控制系统的仪表回路图示例，见图 4-12。

图 4-12 中，TE-401 和 TT-401 是一体化温度变送器。用电缆号 TE 401SiC 的标准信号本安电缆引到现场接线箱 JBS-401，后用 JBS-401SiC 标准信号本安电缆连接到控制室机柜的端子柜，它是安装安全栅的机柜，连接的安全栅是 TB-401A，它的输入信号是本安信号，输出信号是非本安模拟信号。该信号被连接到模拟输入模块 AIM，柜号 401，终端号 1。经 AI 模块转换后的数字信号用数据链的图形符号表示，它被送 TC-401 功能模块，同时，送操作员站显示，TR-401 用于该温度值的记录，TAH-401 和 TAL-401 分别用于该温度的高

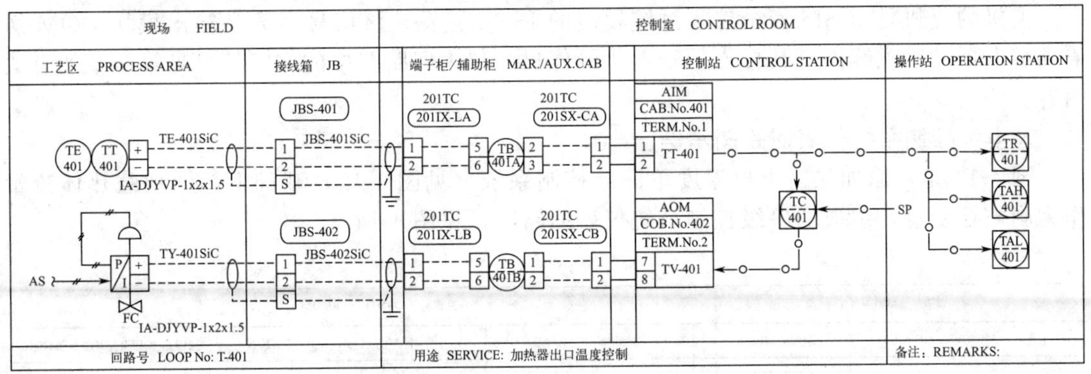

图 4-12　DCS AI-AO 仪表回路图示例

限报警和低限报警。操作站上的 SP 是操作员可以操控的设定值。由于 TC-401 的整定参数不能被操作员调整，因此，TC-401 的中间用虚线表示。操作员可以调整温度的高限和低限值，并监视。

TC-401 功能模块实现 PID 控制运算，其输出送 AOM 模拟输出模块，并经控制室本安柜的 TB-401B 安全栅后，用本安电缆送现场接线箱的 JBS-402 有关端子，然后，经本安电缆送 TV-401 控制阀上安装的电气阀门定位器。其中，TB-401A 是输入安全栅，TB-401B 是输出安全栅。

b. DCS DI-DO 及联锁系统的仪表回路图示例，见图 4-13。

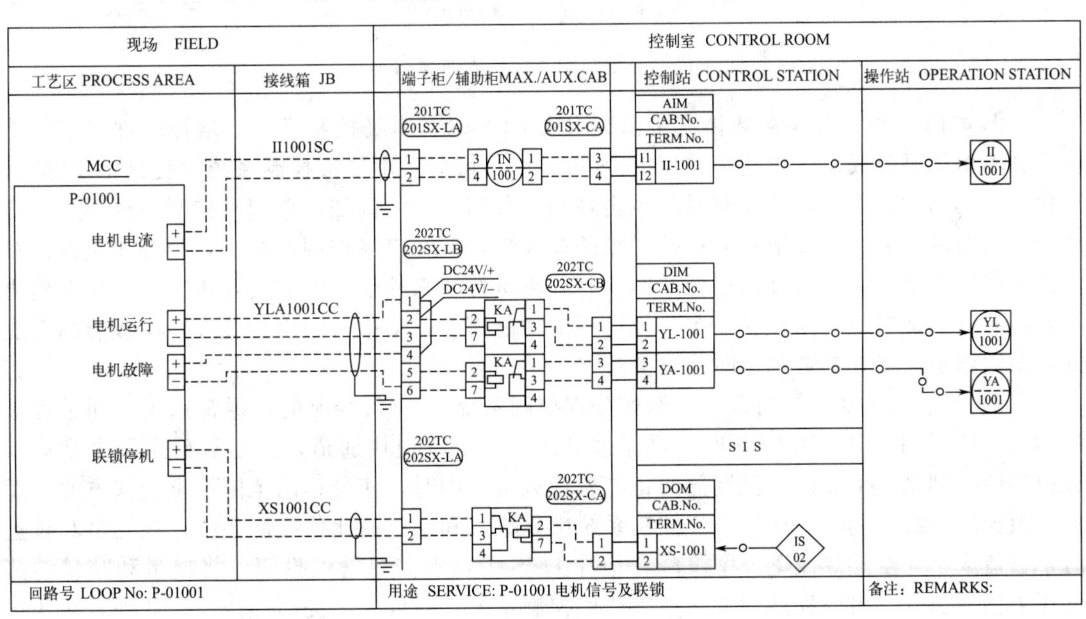

图 4-13　DCS DI-DO 及联锁信号仪表回路图的示例

这是一台电机的信号和联锁系统的部分仪表回路图。图中，电机电流是模拟信号，用 II1001SC 电缆引到 DCS 的端子柜，IN-1001 是电流转换器，将电机电流转换为标准的 4～20mA 信号，送 DCS 的 AIM 模拟输入信号模块。并用数据链方式传送到操作站显示。

电机的运行和故障信号用 YLA1001CC 电缆分别送隔离继电器 KA 的线圈，其常开接点送数字输入模块 DIM 的 YL-1001 和 YA-1001，并经数据链传送到操作站显示。

电机的停机是由 SIS 安全仪表系统发出的 IS-02 触发，该信号经数字输出模块 DOM 送隔离继电器的励磁线圈，其接点用于电机的停机。仪表回路图中的文字符号见第 2 章的有关内容。

c. 串级控制系统仪表回路图示例。

图 4-14 是在原加热器出口温度单回路控制系统（见图 4-12）基础上，增加载热体流量作为副被控变量，组成的串级控制系统仪表回路图，见图 4-14。

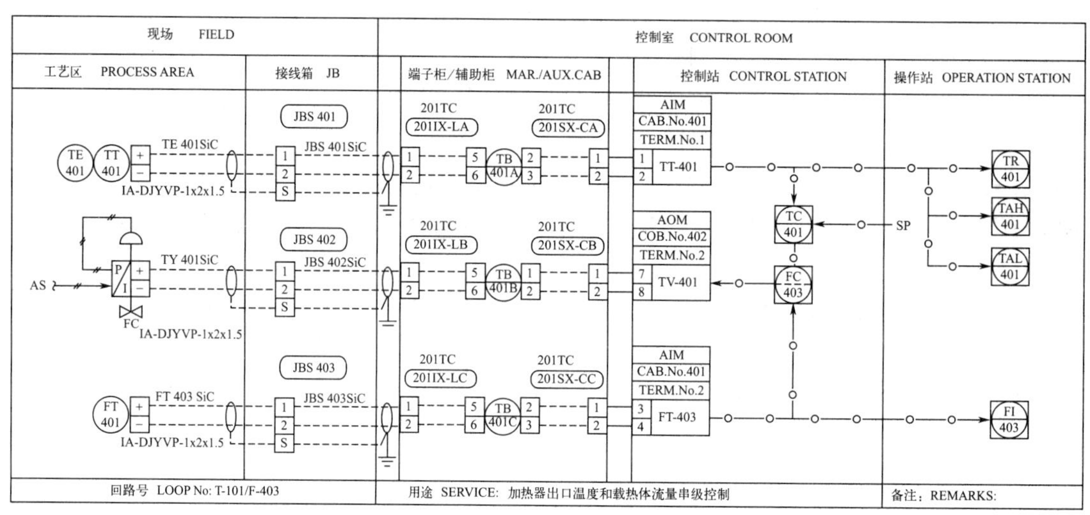

图 4-14 串级控制系统仪表回路图示例

从图 4-14 可见，如果载热体流量已经引入 DCS 时，串级控制系统只增加软件组态的工作，并不增加硬件成本。因此，采用 DCS 后，应尽可能采用复杂控制系统以提高 DCS 的自动化水平。当然，引入复杂控制系统也会带来一些副作用。例如，单回路控制系统中，通常通过选用控制阀流量特性来补充被控对象的非线性，但在串级控制系统中，为补充主被控对象的非线性特性，不能通过选用合适的控制阀流量特性来补偿，即需要在主控制器功能模块和副控制器功能模块之间串联一个非线性环节功能模块，图中未画出。此外，串级控制系统的共振问题也需要在参数整定时加以关注。

在 DCS 中引入复杂控制系统（例如分程控制系统），常规控制时，通常选用不同量程范围的两个控制阀，但采用 DCS 时，可通过增加一个 AO 模块通道，经运算后送两个常规量程范围的控制阀。从而减少控制阀的备品备件数量，同时，使分程的范围调整变得方便。而对比值控制系统，例如，锅炉燃烧控制系统中，空气和燃料的比值控制系统，在提量和减量时常会造成不完全燃烧或燃烧率下降。但在 DCS 中，不需要增加投资，将提量和减量的蒸汽压力信号引入，组成提量和减量逻辑比值控制系统，就可大大提高燃烧率。此外，一些化学反应中，两个原料之间的比值有一定的比值限，除了可设置有关限值的报警外，DCS 还可设置提量和减量的逻辑比值控制系统，使比值限得到保证。

例如，聚乙烯聚合反应采用纯氧和乙烯反应。氧浓度影响聚合反应速度和转化率，并影响反应产品的性能。浓度高，聚合速度快，转化率高，产品熔融指数上升，产品密度、分子量和屈服强度下降。乙烯量采用整体喷嘴测量，并采用温度补偿和上游稳压，保证流量信号与质量流量成正比。氧流量采用两套热式质量流量计检测，用小量程、大量程或小量程加大量程三种组合方式来满足不同生产规模的要求。图 4-15 是配比控制系统和联锁安全系统图。

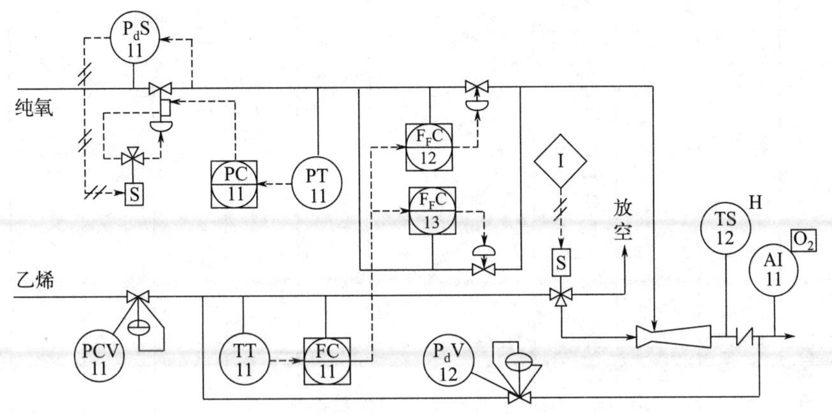

图 4-15　聚乙烯聚合反应中氧和乙烯的配比控制

近年来，一些优化控制系统和先进控制系统被引入到 DCS 中，这是提高 DCS 自动化水平的有效途径。因此，在 DCS 工程设计时，可大胆引入，为防止出现的问题，可设置有关软件开关，既可用于切除或投入，也可便于修改。

(2) DCS I/O 表

DCS I/O 表列出与 DCS 监视和控制的仪表位号、名称、安装位置、输入/输出信号规格、I/O 类型等信息，可以全方位了解 DCS 的输入输出情况，该表还列出 I/O 卡件的冗余、输入/输出的隔离装置、供电等需求。因此，从该表可基本了解 DCS 的 AI、AO、DI、DO 和 PI 的情况和一些温度检测是用变送器，还是用低电平输入卡件（TC 和 RTD）。扫右侧的二维码，可见各类型卡件的仪表数据表。其中，低电平模拟量输入卡就是 TC 和 RTD 卡，为降低成本，在本书中未列出。此外，数据表中还列出冗余和非冗余型卡件的不同要求。

表 4-6 是 DCS I/O 表的示例。扫二维码可见有关示例。

扫描表 4-6 中的二维码，可见到有 10 个 I/O 点，包括气相色谱仪、流量差压变送器、气动控制阀、双法兰差压变送器、压力变送器、铠装热电阻、泵 P101 运行信号和电磁阀等。可看到，由于这些仪表在危险场所安装，因此，大多数仪表需要经安全栅或隔离器进行安全隔离，其中有 6 个 I/O 点是冗余设置的。供电的电源，对两线制变送器，采用 DCS 供电；电磁阀用外接 24V DC 供电；分析仪用 220V AC 供电。此外，分析仪有 5 个 AI 接口。因此，表中共有 AI 9 点、AO 3 点；DI 和 DO 各 1 点。

(3) DCS 监控数据表

DCS 监控数据表列出检测和控制回路中有关仪表的位号、用途、测量范围、控制与报警联锁的设定值、控制器的正、反作用设置与控制规律选用、信号处理要求、控制阀的气开或气关（电开或电关）、有关的回路及其他要求等。

DCS 监控数据表是在 DCS 组态时有关参数设置的依据。从该表可看到每个检测或控制回路由那些仪表组成。仪表位号用于 DCS 控制组态。例如，FI-002 表示用于操作站显示屏上显示流量实际值，FV-002 表示该控制回路中的控制阀。

表 4-7 是 DCS 监控数据表示例。

表 4-6　DCS I/O 表的示例

						设计单位	DCS I/O 表 DCS I/O LIST		项目名称 PROJECT		
									分项名称 SUB PROJECT		
									图号 DRAWING NO.		
版次 REV.	日期 DATE	说明 DESCRIPTION	设计 DES'D	校核 CHK'D	审核 APP'D		项目号 JOB No.		设计阶段 STAGE	详细工程设计 DED	第 页共 页 SHEET OF

版次 REV.	仪表位号 TAG No.	仪表名称 DESCRIPTION	安装位置 LOCATION	信号规格 SIGNAL	外供电 REQ. POWER	电源规格 POWER	安全栅/隔离器 SAFETY BARRIER/ISO.	I/O 冗余 I/O REDUNDANT	I/O 信号类型 I/O SIG. TYPE	I/O 信号规格 I/O SIGNAL	备注 REMARKS

表 4-7　DCS 监控数据表示例

						（设计单位）			DCS 监控数据表 DCS CONFIGURATION DATA SHEET				项目名称 PROJECT			
													分项名称 SUBPROJECT			
1													图号 DRAWING No.			
版次 REV.	日期 DATE	说明 DESCRIPTION	设计 DESD	校核 CHKD	审核 APPD				项目号 JOB No.				设计阶段 STAGE	详细工程设计 DED	第 1 页共 1 页 SHEET 1 OF 1	
版次 REV.	仪表位号 TAG No.	用途 SERVICE	回路功能 LOOP FUN.	DCS 范围 DCS RANGE	工程单位 UNIT	累积 TOTALIZER	信号处理 SIG. COND.	报警 ALARM	联锁 INTK	报表 REPORT	控制功能 CONT. FUN.	调节特性 P. I. D.	正反作用 ACTION	关联回路 RELATIVE LOOP	参考 设定值 REF. SP.	备注 REMARKS
	F-402	T401 再沸器蒸汽流量														
1	FT-402			0～3000	kg/h		开方									
1	FI-402		指示													
1	FC-402		控制								串级副控	PI	反		TV-403 OP	
1	FV-402			0～100	%								气开			
	T-403	T401 塔釜温度														
1	TT-403			0～120	℃											
1	TI-403		指示													
1	TC-403		控制								串级主控	PID	反	F-402	65	
1	TV-403			0～3000	kg/h											
	P-405	V404 压力														
	PT-405			0～1.6	MPa(G)											
1	PI-405		指示													
1	PC-405		控制								单回路	PI	正		0.75	
1	PAL-405		低报警					•								
1	PSLL-405		低低联锁						•							去 I-402 联锁
1	PALL-405		低低报警					•								
1	PV-405			0～100	%								气关			

该示例中，有一个串级控制系统，它由 T-403 串级主控回路和 F-402 串级副控回路组成。需注意，通常，控制阀的范围是 0～100%，表示控制阀的开度百分数。但对串级主控输出的 TV-403 应选用副被控变量（本例中的流量）的测量范围和工程单位。即示例中，TV-403 的范围是 0～3000，而工程单位是 kg/h。此外，本示例没有在串级主控模块后串联非线性运算环节，必要时可添加。

控制器模块的控制规律和控制作用模式根据工艺过程确定。控制阀的气开和气关模式由工艺安全要求确定。示例中的压力设置了低报警和低低联锁和报警。它需要设置联锁和非联锁开关，便于在开车时切换到非联锁模式，正常运行后才能够切换到联锁模式。

(4) DCS 控制系统配置图

DCS 控制系统配置图通常由 DCS 制造商提供原始图纸。该图采用图形符号和文字符号表示由操作站、控制站和通信总线等组成的控制系统的结构及其信号的关联，以及其他硬件配置等。

图 4-16 是某蒸馏装置 DCS 控制系统配置图。整个系统分别位于两个控制室，中心控制室设置 3 台操作站、1 台通信处理机。其中，1 台应用操作站处理机还用于历史数据管理等。现场控制室设置 1 台应用操作站处理机，用于管理现场的冗余控制处理机和通过现场总线与 FBM 实现数据交换。控制室之间用光纤连接，现场总线和节点总线冗余配置。

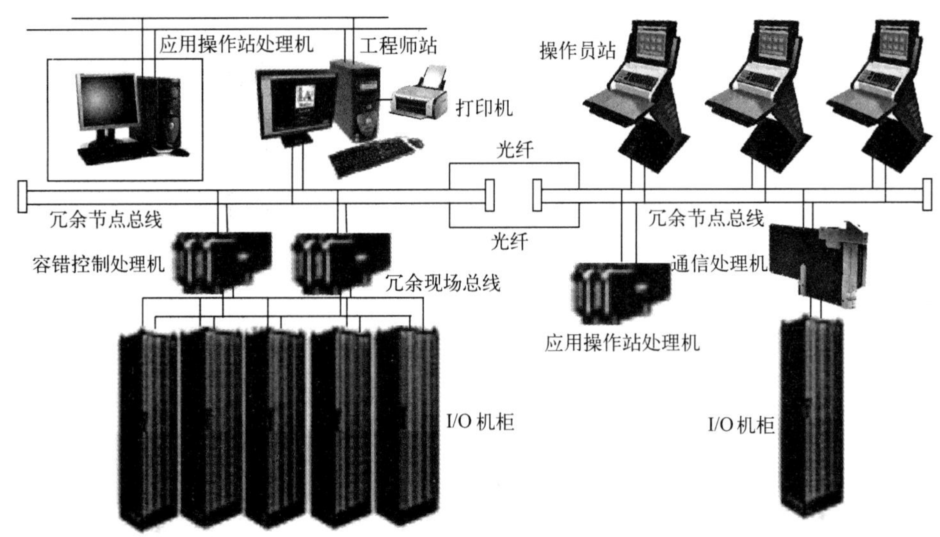

图 4-16　某蒸馏装置 DCS 控制系统配置图

(5) DCS 复杂控制回路图

DCS 复杂控制系统回路图用于描述有关复杂控制回路的组成和原理，必要时，应列出有关的功能模块和计算公式、转换系数和设定参数。控制系统工作原理也可用文字说明。

图 4-17 是乙烯装置复杂控制回路图的示例。控制系统说明如下：

① 乙烯产品中乙烷浓度控制。乙烯精馏塔的乙烯浓度经 AT-402/1 监测，与设定值间的偏差作为消除该偏差所需回流比初值，并根据 112 塔板乙烯浓度标出回流比调整量，将此调整量与由反馈控制求出的回流比初值叠加，其代数和作为回流比控制模块的设定值，用于控制 F_FV-425。

图 4-17 中，输入模块 AR402/2 用于读取气相色谱仪表的乙烯产品中的乙烷浓度，控制模块 CC1811 根据乙烯产品中乙烷浓度的测量值与设定值间的偏差，计算出回流比设定值的初值，送偏差控制模块 CC1813。

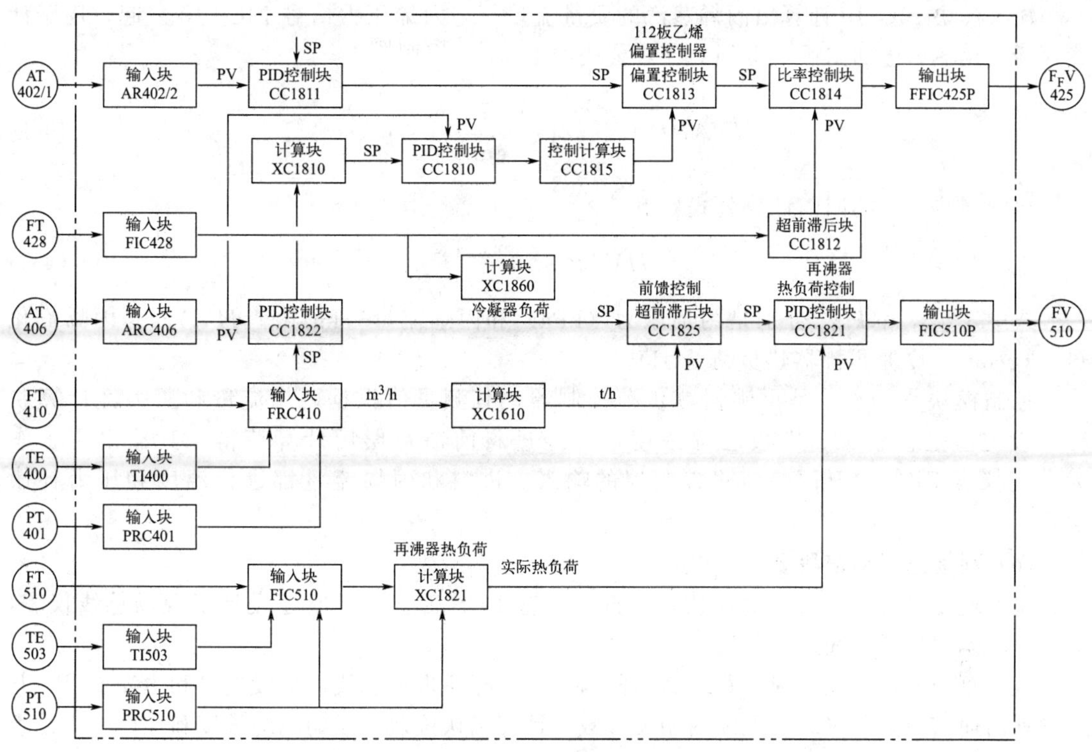

图 4-17　乙烯装置复杂控制回路图的示例

第 112 塔板的 AT-406 乙烯浓度分析仪的输出信号经输入模块 ARC406，作为控制模块 CC1810 的测量值，该控制模块起前馈控制器作用。CC1810 的设定信号来自计算模块 XC1810，它确保设定值与 CC1822 设定值的一致。CC1810 的输出是回流比的调整量，为使操作平稳，CC1810 采用间歇作用算法，即当测量与设定之差的绝对值大于某一阈值时，才进行计算，否则输出数据被保持不变。CC1815 计算模块计算调整量，并送调整量到偏置控制模块 CC1813，与乙烯中乙烷浓度控制器的输出进行代数相加，其输出作为比值控制模块 CC1814 的设定值。

偏置控制模块 CC1813 将来自 CC1811 的回流比设定值初值与来自控制计算模块 CC1815 的调整量代数相加，作为最终回流比控制模块 CC1814 的设定值。回流量由 FT-428 测量，并经输入模块 FIC428 和超前滞后模块 CC1812，作为比率控制模块 CC1814 的测量信号，CC1812 模块进行简单滞后算法，以便与成分分析仪表输出在时间上相对应。回流量与比率控制模块的经调整的回流比相乘，得到所需的塔顶馏出量设定值，它经输出模块 FFIC425P 输出到常规仪表 FFIC-425P。

② 塔釜乙烯损失最小控制。第 112 塔板的乙烯浓度经 AT-406 和输入模块 ARC406，送控制模块 CC1822，根据乙烯浓度测量和设定之差求出再沸器热负荷设定值。为减小产品中乙烷浓度控制回路的波动，与 CC1810 相似，采用间歇作用（Gap Action Algorithm）算法。FT-410 测量进料流量，经温度和压力补偿后，送计算模块 XC1610，完成从体积流量（Nm^3/h）到重量流量（t/h）的单位换算。CC1825 是超前滞后模块，它起动态前馈补偿作用。它将乙烯精馏塔进料流量作为前馈信号，用于减小进料量变化对 112 塔板乙烯浓度的影响。并将前馈信号和 112 塔板乙烯浓度控制回路的反馈信号相加，作为再沸器热负荷控制器 CC1821 的设定，其输出作为丙烯流量控制器 FIC-510P 的设定。

输入模块 FIC510 计算出丙烯蒸汽的质量流量，与丙烯压力信号 PIC-510 一起，用于计算丙烯汽化热，经回归后，得到的计算公式如下

$$HVAP=104.72\left(\frac{45.57-p_{501}}{45.87}\right)^{1.43} \tag{4-1}$$

再沸器热负荷的回归计算公式如下

$$Q=HVAP\times10^{-6}\times F_{510} \tag{4-2}$$

式中，p_{501} 和 F_{510} 分别是丙烯压力（kPa）和丙烯流量（kg/h）；$HVAP$ 是丙烯汽化热（kg/kg）；Q 是再沸器热负荷（GJ）。

控制模块 XC1821 是再沸器热负荷控制器，其测量值根据丙烯流量和压力经计算获得。设定值是根据 112 塔板乙烯浓度，并经进料前馈补偿后计算获得。其输出用于作为常规仪表 FIC-510P 丙烯流量控制器的输入。进料和丙烯流量都进行温度和压力补偿运算。

(6) 现场总线通信段表

由于现场总线控制系统的应用，因此，一些 DCS 工程设计时还设计了现场总线仪表，为此，应编制现场总线通信段表。

现场总线通信段表以现场总线通信段为单位，标注现场总线通信段编号和本安要求，并通过列出通信段上各仪表及电缆的相关参数，计算确认该通信段的电缆长度和供电能力是否能够满足各仪表摄取电流的要求。

① 现场总线通信网段。现场总线中信号传送过程与 DCS 的处理过程有所不同。DCS 中数字信号之间的传送在 DCS 控制器内部进行的，而现场总线控制系统中部分信号之间的传送在现场总线设备内部进行，部分信号则要经过现场总线的通信传送，即从一个现场总线设备传送到另一个现场总线设备。

现场总线设备的供电是与现场总线信号同时实现的，因此，需要计算现场总线设备摄取的电流。

网段上总线供电设备的数量由下列因素制约（以基金会现场总线控制系统为例）：FF 电源的输出电压；每个设备的摄取电流（含因短路增加的电流）；在网络/网段上现场设备的布局（即电压的压降分布）；FF 供电电源的位置；每段电缆的电阻（与电缆类型有关）；每个设备的最小操作电压等。

现场总线控制系统工程设计时，应根据实际物理距离，计算网段末端现场总线设备的供电电压是否满足，来确定该系统是否满足约束条件。此外，约束条件之间是相互影响或关联的，有时，满足一个约束条件而不满足另一个约束条件。例如，16 台现场总线设备的最大摄取电流不能大于供电电源可提供的 350mA，因此，最大传输长度需满足小于 650m。而实际总传输长度为 652m 时，系统也是可以正常运行的，虽然在设计时应尽量避免。这是因为实际现场总线设备的总线摄取电流一般小于 20mA，通常为 15～18mA，而线路压降的设计计算是按 20mA 计算的。

考虑到控制系统应具有一定的可扩展性，因此，每个网段挂接的现场总线设备数会大大低于现场总线技术允许的接入数量。例如，基金会现场总线允许接入现场总线设备为 32 台，实际应用时，制造商规定可接入的仅用于监视的设备为 12 台，考虑扩展性，工程设计时通常只挂接 9 台，当传输距离较远或控制功能较复杂时，需减少到只挂接 3～6 台现场总线设备。

网段上挂接的设备数与该网段的宏循环时间有关。根据设备执行时间，对仅用于检测的网段，最多可挂接 12 台现场设备；对 1s 宏循环时间的回路，限制网段挂接带 4 个控制阀的 12 台设备；对 0.5s 宏循环时间的回路，限制网段挂接带 2 个控制阀的 6 台设备；对 0.25s 宏循环时间的回路，限制网段挂接带 1 个阀门的 3 台设备。如果过程对快速响应的要求不高，应选用宏循环时间为 1～5s。

表 4-8 是不同类型现场总线电缆的长度约束和线路电阻。表 4-9 是分支电缆长度的约束。

表 4-8　不同类型现场总线电缆的长度约束和线路电阻

电缆类型	A 型(屏蔽双绞线)	B 型(屏蔽多对双绞线)	C 型(无屏蔽双绞线)	D 型(多芯屏蔽电缆)
型号	# 18 AWG($0.8mm^2$)	# 22 AWG($0.32mm^2$)	# 26 AWG($0.15mm^2$)	# 16 AWG($1.25mm^2$)
允许最大长度	1900m	1200m	400m	200m
线路电阻	22Ω/km	56Ω/km	132Ω/km	20Ω/km

表 4-9　分支电缆长度的约束

现场总线设备总数		1～12	13～14	15～16	17～18	19～24	25～32
分支电缆长度/m	1 个设备/分支	120	90	60	60	30	1
	2 个设备/分支	90	60	30	30	1	1
	3 个设备/分支	60	30	1	1	1	1
	4 个设备/分支	30	1	1		1	1

表中的双线框是用于现场总线控制系统的常用数据。实际应用中，现场总线设备总数一般不允许超过 16 台；分支电缆长度一般不允许超过 10m。

当多种电缆混合使用时，可按式（4-3）计算：

$$L_A/L_{MaxA}+L_B/L_{MaxB}+L_C/L_{MaxC}+L_D/L_{Max\,D}\leqslant 1 \tag{4-3}$$

式中，L_A、L_B、L_C、L_D 分别为 A、B、C、D 类型电缆各自的总长度，m；L_{MaxA}、L_{MaxB}、L_{MaxC}、L_{MaxD} 分别是表 4-8 中各类电缆允许的最大长度，即 1900m、1200m、400m 和 200m。

网段的长度受电压降和信号的质量即衰减（attenuation）和失真（distortion）所限制。表 4-10 是电源供电要求对电缆长度的约束（对 A 类电缆）。

表 4-10　电源供电要求对电缆长度的约束（A 型电缆）

设备数/台	1	2	3	4	5	6	7	8	9
负荷电流/mA	20	40	60	80	100	120	140	160	180
最大长度/m	1900	1900	1900	1900	1900	1894	1623	1420	1262
设备数/台	10	11	12	13	14	15	16	16	16
负荷电流/mA	200	220	240	260	280	300	320	340	350
最大长度/m	1136	1033	946	874	811	757	710	668	650

② 设计示例。

a. 示例 1：设计某现场总线网段，它有 6 台现场总线设备，几何位置分布如图 4-18 所示，原有电缆为 D 型电缆，是否可直接采用原有电缆？

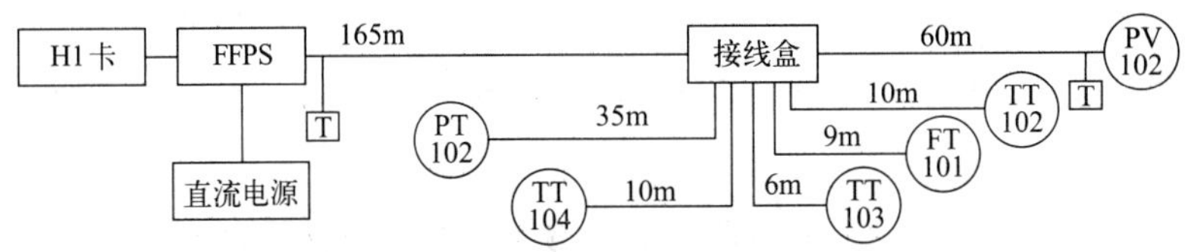

图 4-18　现场总线网段布置图

总电缆长度为：165＋60＋35＋10＋10＋9＋6 ＝ 295（m）。根据 D 型电缆允许最大长度 L_{MaxD}＝200m，因此，不能全部采用 D 型电缆，根据几何位置分布，可将各分支电缆换用 A 型电缆，即 D 型电缆 165m，A 型电缆 130m。165/200＋130/1900 ＝ 0.8934 ＜ 1，因此，满足约束条件。为方便更换，也可将 165m 的 D 型电缆更换，分支电缆不换，则有：165/1900＋130/200＝0.7368＜ 1，满足约束条件。后者方案的成本提高，但只有一根电缆更换，安装成本可降低。

b. 示例 2：某新建工程的现场总线网段，几何位置如图 4-19 所示。选用 A 类电缆，电源调整器选用 MTL5995，其供电电压 19V DC，供电电流 350mA，是否满足约束条件？

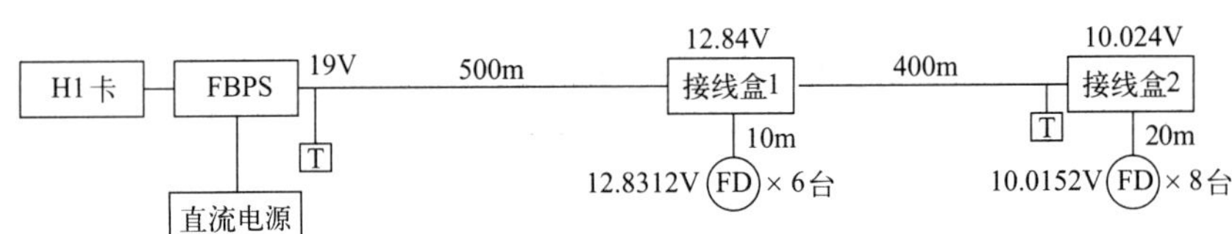

图 4-19　现场总线网段布置图

设每台现场总线设备的耗电为 20mA，A 型电缆单根导体的电阻为 22Ω/km，双根导体电阻为 44Ω/km，第一接线盒处，经 500m 电缆后的电压降为：

0.02×14×44×0.5＝ 6.16（V）；

因此，第一个接线盒处的电压为：19－6.16 ＝ 12.84（V）；

再经 400m 电缆后的电压降为：0.02×8×44×0.4＝ 2.816（V）；

第二接线盒处的电压为：12.84－2.816 ＝ 10.024（V）；

第二接线盒到 8 台现场总线设备的电压降为：0.02×1×44×0.02 ＝ 0.0176（V）；

第二接线盒连接的 8 台现场总线设备处的电压为：10.024－0.0176 ＝ 10.0064（V）；

第一接线盒到 6 台现场总线设备的电压降为：0.02×1×44×0.01 ＝ 0.0088（V）；

第一接线盒连接的 6 台现场总线设备处的电压为：12.84－0.0088 ＝ 12.8312（V）。

根据上述计算，各现场总线设备的供电电压都大于 9V，所需电流可达 20mA。该方案的 A 型电缆总长度为：500＋400＋10×6＋20×8 ＝ 1120（m）＜ 1900（m）。因此，本设计方案满足约束条件。

③ 现场总线通信段表的示例。表 4-11 是某项目现场总线通信段表的示例。

该工程项目设置 4 个现场总线仪表，分别连接 2 个压力变送器、1 个流量变送器和 1 个液位变送器。没有组成控制回路。

表 4-11　某项目现场总线通信段表的示例

（设计单位）	现场总线通信段表 FIELDBUS SEGMENT VALIDATION	项目名称 PROJECT		
		分项名称 SUBPROJECT		
		图号 DRAWING No.		
	项目号 JOB No.	设计阶段 STAGE	详细工程设计 DED	第 1 页共 1 页 SHEET 1 OF 1

通信段号 SEGMENT NAME	S-05-02-01-03	防爆要求 EXPLOSION PROOF CLASS	本安
确认规格 ACKNOW. ITEM	额定值 RATING	实际值 ACTUAL	确认状态 ACKNOW. STATE
连接仪表数量 FIELD DEVICE QTY	6	4	满足
总线电缆导体电阻 CABLE RESIS. /(Ω/km)	44	44	满足
额定供电电流 CURRENT/ mA	500	129	满足
额定供电电压 VOLTAGE/V	28	24	满足

现场总线电缆长度确认 FIELDBUS CABLE LENGTH ACKNOWLEDGEMENT

电缆型号 CABLE TYPE	电缆编号 CABLE CODE	电缆长度 LEN. /m	电缆总长 TOTAL LEN. /m	允许电缆总长 ALLOWABLE LEN. /m	确认状态 ACKNOW. STATE	备注 REMARKS
FF 电缆	PT1002FC	16	769	1900	满足	
FF 电缆	FT1002FC	17			满足	
FF 电缆	FT1003FC	22			满足	
FF 电缆	LT1005FC	24			满足	
FF 电缆	FJB1002FC	690			满足	

仪表电压确认 VOLTAGE ACKNOWLEDGEMENT

仪表位号 TAG No.	分支电缆长度 BRAN. LEN. /m	阻抗 RESIS. /(Ω/km)	消耗电流 LOAD CURR. /mA	电压降 VOL. DROP /V	总电压降 TOTAL VOL. DROP /V	仪表供电电压 SUPPLY VOLTAGE /V	最小工作电压 MIN. VOLTAGE /V	确认状态 ACKNOW. STATE	备注 REMARKS
PT-1002	16	44	11	0.007744	15.11	12.89	9.5	满足	
FT-1002	17	44	16.5	0.012342	15.66	12.34	9.5	满足	
FT-1003	22	44	16.5	0.015972	15.66	12.34	9.5	满足	
LT-1005	24	44	11	0.011616	15.11	12.89	9.5	满足	

版次 REV.	说明 DESCRIPTION	设计 DES'D	日期 DATE	校核 CHK'D	日期 DATE	审核 APP'D	日期 DATE
1							

各现场仪表与现场接线盒的距离分别是 16m、17m、22m 和 24m。接线盒与 FBPS 的距离是 690m。整个网段结构与图 4-8 类似。

选用 A 类现场总线电缆，其阻抗是 44Ω/km，它表示双根线的阻抗。

需注意，网段的两个最远的终端必须连接终端电阻。

④ 现场总线仪表的选用。示例仪表示现场总线仪表是用于检测的，并没有现场总线控制阀。如果组成现场总线的控制回路，则应在选用现场总线仪表时考虑 PID 功能模块设置的位置，以减少现场总线的通信量。

a. PID 控制功能模块配置在上位机的控制器内：这种配置方法与 DCS 系统中 PID 控制器的配置类似，但由于现场总线控制系统中 PID 功能模块与 AI 和 AO 之间的通信需要通过现场总线实现，因此，实时性差，危险的分散性不够。其优点是输入输出信号可以作更多的选项处理。例如，在上位机对输入信号进行非线性处理、进行温度压力补偿处理、对输出信号进行特征化处理、对比值控制系统中开始和停止过程中输出信号变化率的限值处理等；控制算法可进行更多的选择，例如，可以进行控制器参数的自整定等；可以自由组态制造商的参数。FCS 中一般不选用。

b. PID 控制功能配置在现场总线设备内：在现场总线设备内配置 PID 控制功能模块有利于实时通信，使危险分散到现场级。同时，由于控制功能在现场级实现，因此，DCS 中控制器的 CPU 资源可用于过程优化等应用。

- PID 控制功能设置在智能阀门定位器内：如图 4-20 所示。这时，LAS 调度的周期通信主要是 AI 输出信号传送到 PID 控制模块的输入端，因此，通信量相对较少。由于只有一个通信任务，所需的虚拟通信关系 VCR 相对也较少。

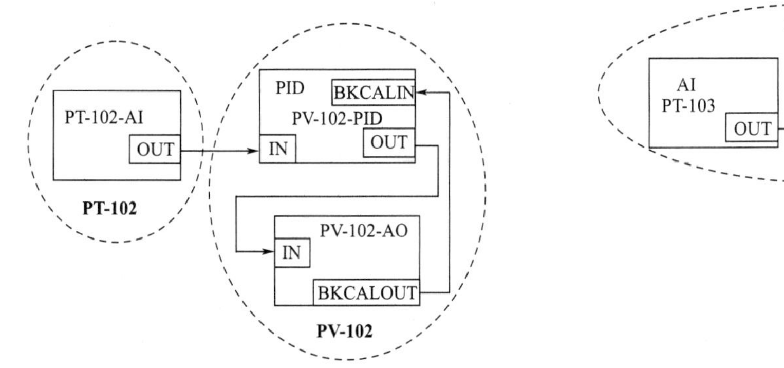

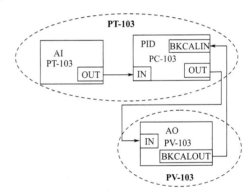

图 4-20　PID 功能设置在智能阀门定位器

图 4-21　PID 功能设置在变送器

- PID 控制功能设置在现场总线变送器内：如图 4-21 所示，当 PID 功能模块设置在变送器内时，现场总线的发布方/预约接收方的虚拟通信任务有两个，通信量增大，通信信道也增加，即 VCR 增加。因此，虽然该配置方案能够实现危险分散，但因通信量增加，VCR 增加，实时性变差。

当 PID 功能模块与 AI 功能模块不在同一现场总线设备内时，网段上采用宏循环周期对 AI 模块进行的采样扫描必须在扫描 PID 功能模块前，只有这样，才能将实时数据传送到 PID。同样，PID 模块的运算输出应在对 AO 扫描前完成，只有这样，才能使控制器及时对操纵变量进行调节。此外，在使用时应注意在同一网段挂接的现场设备应具有相同的宏循环时间。

考虑互操作性和实时性，现场总线控制系统工程设计时，应根据控制系统要求，合理选用仪表产品。例如，对于简单控制系统，首选 PID 功能模块与 AO 功能模块集成在同一现场总线设备的产品；如果，AI功能模块与PID功能模块已经在同一现场总线设备集成和设计，考虑投资成本，可选择只有AO功能的现场总线产品；当只有AI功能模块与只有AO功能模块的产品已经选择，则只能考虑将PID功能模块配置在上位机的控制器内。

(7) DCS软件组态

根据设计规范，DCS软件组态由制造商负责。但从买方看，DCS操作组分配表、DCS趋势组分配表、DCS生产报表和DCS系统配置图、复杂控制回路图、工艺流程显示图、控制功能图等都需要建设单位的工艺和自控人员的介入。从DCS运行后的操作和维护考虑，将DCS软件组态由建设单位和设计单位在制造商的指导下完成是较好的选择。

为便于本专科学生有较好的实践，这里，将DCS软件组态作简单介绍。

DCS软件组态包括DCS系统配置组态、工艺流程显示图画面组态、控制组态等。

① DCS系统配置组态。它以制造商特定的图形符号和文字符号，表示操作员站、工程师站、分散过程控制站、输入输出及通信系统组成的集散控制系统结构。需说明输入输出信号类型、数量、有关硬件配置情况。它用于DCS询价和采购。通过该系统配置图可了解DCS的基本硬件构成。如图4-16所示。

② 工艺流程显示图画面组态。采用本书表2-39所示的过程显示图形符号，也可直接用实物照片，按照装置单元，绘制带有主要设备和管道的流程显示画面（包括总貌、分组、回路、报警、趋势及流程画面等），用于在显示屏显示，供操作、控制和维护人员使用。

工艺流程显示图画面的分页：为便于操作人员的操作分工，工艺流程显示图画面通常按工艺流程进行分页。分页工作由工艺专业设计人员、工艺技术人员和自控专业设计人员共同商讨完成。

a. 分页的基本原则。

- 根据操作人员的操作分工、显示屏幕的分辨率、系统画面组成等合理分页。
- 考虑操作员的操作分工，避免在同一分页上绘制不同操作员操作的有关设备和显示参数。
- 对操作分工中的重叠部分或交叉部分的设备，可采用不同的分页，不同操作人员只能对有操作权限的操作部分进行操作和控制。
- 随显示屏分辨率的提高，一幅分页画面可包含几十个过程动态数据，过程概貌画面包含的动态数据可超过100。
- 相同的多台设备宜分在同一分页，相应的过程参数可采用列表方式显示，它们的开停信号也可采用填充方式显示。
- 相互有关联的设备宜分在同一分页，有利于操作员了解它们的相互影响。
- 公用工程的有关过程流程图可根据流体或能源类型分类，集中在一个分页或几个分页显示。对一些操作有参考意义的参数可在操作员有操作权限的画面显示。

例如，在火电厂DCS分页时，汽轮机侧可分下列操作页面：汽机主蒸汽系统和抽汽系统；汽机发电机本体（含汽缸内外壁文档、上下缸温度、发电机定子线圈温度等）、汽机高压加热系统、低压加热系统、凝结水和真空泵、循环水系统、主要设备联锁条件等7个分页画面；锅炉侧可分为锅炉给水和蒸汽、给煤燃烧、除渣系统、床下点火油系统、风系统（含一次风、二次风及引风机等）、MFT及锅炉吹扫、主要设备联锁条件等7个分页。对规格较小的电厂，也可将部分分页合并。

b. 工艺流程显示图画面的颜色配置。应遵循下列原则：

- 为减少操作失误，背景颜色宜采用灰色、黑色或其他较暗的颜色。为减小与前景颜色的反差，也可采用明亮的灰色等。

• 工艺流程显示图画面的颜色宜采用冷色调，冷色调能使操作员头脑冷静，思维敏捷，也不易视觉疲劳，绿色和天蓝色还能消除眼睛疲劳。非操作画面颜色可采用暖色调，例如欢迎画面等。暖色调可使参观者产生热烈明快感觉，具有兴奋和温暖作用。

• 显示图画面的配色应使流程画面简单明确，色彩协调，前后一致，颜色数量不宜过多。但一个工程项目中，颜色的设计应统一，工艺管线的颜色宜与实际管线上涂刷的颜色一致。有时，为避免使用高鲜艳颜色，可采用相近的颜色，例如，蒸汽工艺管线常用红色，显示画面上可用暗红色显示。颜色应匹配，便于操作员识别。

• 设备外轮廓线颜色、线条宽度和亮度的设置应有利于操作人员搜索和模式识别，减少搜索时间和操作失误，既考虑不同分页上颜色的统一，又要考虑相邻设备和管线的协调。颜色亮度要与环境亮度相匹配。作业面亮度一般应是环境亮度的 2～3 倍。此外，眩光会造成操作能力的下降，并引起操作失误，因此，控制室的光照应不造成眩光。

设备外轮廓线颜色和内部填充色的改变是动态画面设计内容。流程图静态画面设计时要考虑动态画面时颜色变化的影响。

c. 工艺流程显示图画面的数据显示：动态数据显示方式有数据显示、文字显示和图形显示等三种。

• 数据显示。适用于需要定量显示检测结果的场合。例如，显示被测变量、被控变量、设定值和控制器输出值、报警值和警告值等。

• 文字显示。适用于显示动设备的开停、操作提示和操作说明。文字显示也常用于操作警告和报警等场合。例如，根据大数据分析，在故障发生时提供故障原因、处理建议等文字信息。操作人员误操作时提醒操作员，减少操作失误的发生。

• 图形显示。图形显示方式有棒图显示、颜色改变、高亮显示、颜色充填、闪烁或反相显示等形式。它常用于不需要定量数据的场合。超限时改变颜色也是警告或报警的一种方式，颜色改变可降低操作员的精神压力。

d. 数据显示的大小和更新速率：显示数据的大小与显示屏分辨率、操作员与显示屏之间距离等有关。

• 考虑到数字 3、5、6、8、9 过小时不易识别，通常，显示数字的高度在 3.8～5.7mm。随着高分辨率的大显示屏的应用，通常应满足显示数字的线条宽度和数字的尺寸之比宜在 1∶10～1∶30 之间。

• 受到人视觉神经细胞感受速度的制约，数据显示更新速率不宜过快。更新速度过快使操作人员眼花缭乱，不知所措。更新速度过慢不仅减少信息量，而且给操作人员的视觉激励减少，容易犯困。通常，根据被测和被控对象的特性，数据更新速度可以不同。例如，流量和压力数据的更新速度在 1～2s，温度和分析数据的更新速度在 5～60s。

• 为了减少数据在相近区域的更新，DCS 采用例外报告的方法。例外报告是对显示的变量规定一个死区，以当前显示变量的数据为中心，在其上、下各有一个死区，形成死区带，数据更新时刻，如果新的数据落在该死区带内，则数据不更新；如果新数据超过死区带，则数据更新，并以该新数据作为新的中心，形成新的死区带。采用例外报告的显示方法，可有效地减少屏幕上因更新数据而造成的闪烁。该方法对噪声的影响也有一定的抑制作用。

• 数据显示精度与仪表精度、数据显示有效位数、显示工程单位、系统精度、死区大小、所用计算机的字长等有关。为增加信息量，在保证有效显示位数的前提下，显示数据所占的位数宜尽可能少，并据此确定显示数据的精度和选用的工程单位。过多的数据显示位数并无实际应用意义。一般有效显示数据位数不宜超过 3 位。

e. 工艺流程显示图画面组态时的注意事项如下：

• 标准化。采用标准化的图形符号有利于减少操作失误，缩短操作员培训时间，也有利于设计人员和操作人员之间的设计意图和操作经验的沟通。例如，采用表 2-39 所示的过程显示图形库图形符号。

• 协调性。画面中各种设备、管线的排列位置、尺寸大小和颜色搭配、数据显示的方式和更新速率等内容都要考虑协调性，使操作画面既有丰富的信息量，又有合理的显示分布，便于监视和操作。

• 操作灵活性。包括显示组态操作的灵活性和画面操作的灵活性。例如，调用画面的次数最少；调用软键的布置位置固定，不易误操作；数据输入从下拉菜单选用，减少键盘输入；误操作的容错能力等；能够将首出故障原因显示；直接将故障或超限画面自动调用或黑屏操作；提供故障处理的建议；提供重要报警；降低和消除故障影响的各种措施等；操作员离开操作位时，能方便地用移动设备对生产过程进行监测，了解生产过程运行情况。

③ 控制组态。

a. DCS 中 PID 功能模块与常规模拟 PID 仪表的区别。DCS 中 PID 功能模块采用数字控制器，因此，PID 参数是不存在相互干扰的，即改变比例增益参数，对积分时间和微分时间参数不影响。但由于 DCS 采用采样控制，因此会引入滞后，虽然滞后时间很小，但对控制度有影响，即控制度总大于 1。此外，由于 DCS 采用数字控制算法，因此，对 PID 控制算法可作一些优化处理，例如，积分切除或遇限削弱积分、微分先行、不完全微分等，从而改善控制品质。

b. 反算功能。常规 PID 控制时，要实现无扰动切换手动和自动模式需要操作员进行有关操作，DCS 中 PID 可实现自动无扰动的手动-自动切换，即采用 PID 输出反算算法。实际组态时，单回路控制系统中，将 AO 功能模块的 BKCAL _ OUT 连接到 PID 功能模块的 BKCAL _ IN。其他模块反算信号连接见表 4-12。

c. 控制组态示例。表 4-12 是部分控制系统的控制组态图。

表 4-12　部分控制系统的控制组态图

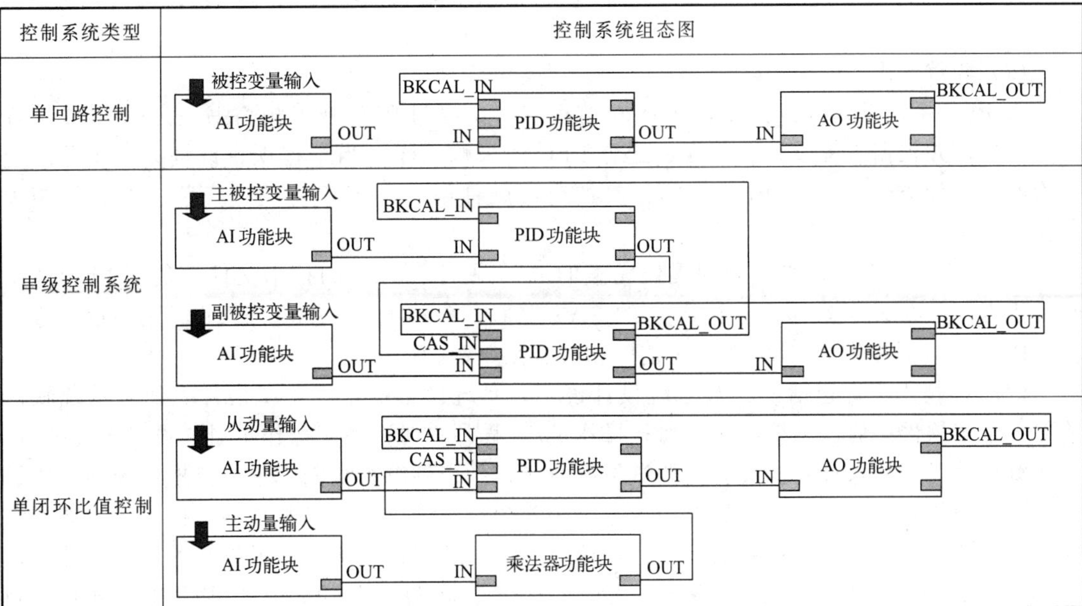

续表

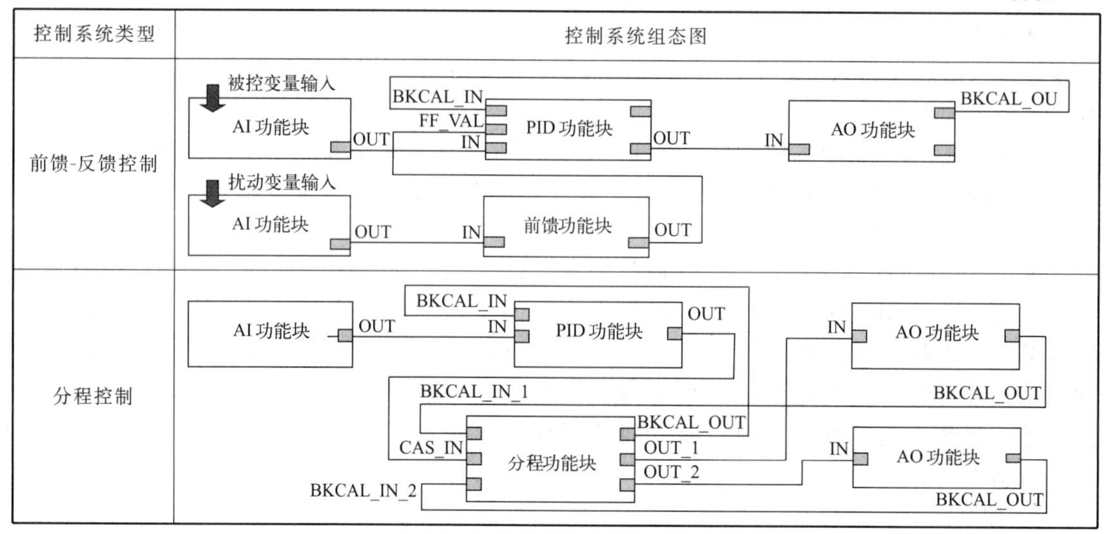

4.3 可编程控制器系统设计规范

4.3.1 PLC 系统工程设计原则和职责分工

(1) PLC 系统工程设计原则

① 冗余技术的应用。应综合考虑实用性、可靠性、可用性、可维护性、可追溯性、经济性、拓展性，在 PLC 系统工程设计中采用冗余技术。

② PLC 系统工程设计应满足生产操作、采购、设备安装、系统投运等要求。

③ PLC 工程设计中，应将 PLC 与 BPCS 的职能分工、硬件配置、控制或联锁信号交接作出明确规定。

④ 自诊断功能。PLC 应既具有硬件自诊断功能，又具有软件自诊断功能。

⑤ PLC 硬件、操作系统、编程软件应采用正式发布的版本，并按规定程序进行有效控制。

(2) 职责分工

① PLC 系统设计方：负责制订 PLC 监控方案，编制 PLC 技术规格书，完成 PLC 工程设计文件，并根据工程设计合同规定配合 PLC 的采购工作。当工程项目设计方承担总承包工作时，设计方还需负责 PLC 采购、参加应用软件组态、PLC 检验、安装、调试等相关工作。

② PLC 卖方：应按采购合同提供完整的 PLC 硬件、PLC 的技术文件，负责 PLC 应用软件组态，并在买方参与下完成 PLC 的 FAT 验收，参加 PLC 安装、SAT 联调和投运等工作。PLC 卖方对提供的 PLC 系统完整性和可靠性负责。

PLC 的技术文件包括：PLC 系统设计说明；系统设备清单、系统硬件手册；系统软件清单、系统软件手册、系统组态手册；操作员/工程师手册；系统操作手册；设备安装手册、系统维护手册；故障排除、校验及调试指导手册；系统供电系统图、系统接地系统图；机柜布置图、操作台布置图；系统配置图；端子接线图；系统设备散热和功耗；标注接线端子的仪表回路图；控制器负荷计算书；通信负荷计算书；外围设备资料和最终软件组态文件等。

③ PLC 买方：应负责 PLC 采购、检验、安装、联调、投运、SAT 等工作，可参与制

订 PLC 监控方案，根据需要参加 PLC 应用软件组态工作。

(3) PLC 系统工程设计分工

① PLC 基础工程设计阶段：根据基础工程设计阶段发布的管道仪表流程图 P&ID，统计初步的 I/O 点数，控制回路数量等，确定 PLC 初步的硬件和软件配置；完成初版 PLC 技术规格书，进行 PLC 初步询价；向建筑、结构、电气、电信、暖通、消防及概算等专业提出初步设计条件。

② PLC 详细工程设计阶段：根据详细工程设计阶段发表的 P&ID，完成 PLC 技术规格书。完成下列技术文件：PLC 监控数据表、PLC I/O 表、顺序控制图、时序控制图、联锁逻辑图（或联锁说明）、复杂控制回路图、仪表回路图、控制室平面布置图、控制室仪表桥架布置图、辅助操作台布置图、供电系统图、接地系统图、系统配置图（与制造商配合完成）、P&ID 等。向建筑、结构、电气、电信、暖通、消防等专业提出设计条件。除联锁等内容外，其基本工程设计内容与 DCS 工程设计内容相似。

③ PLC 的其他设计：控制室设计、供电系统设计、接地系统设计等工程设计应符合现行行业标准有关规定。

4.3.2　PLC 系统工程设计

(1) PLC 和 DCS 的主要区别

PLC 是 20 世纪 60 年代末期发展起来的自动控制装置。根据 IEC 的定义，可编程控制器是一种用于工业环境的数字式操作的电子系统。这种系统用可编程的存储器作为面向用户指令的内部存储器，完成规定的功能，如逻辑、顺序、定时、计数、运算等，通过数字或模拟的输入和输出，控制各种类型的机械或过程。可编程控制器及其相关外围设备的设计使它能够非常方便地集成到工业控制系统中，并能很容易地实现所期望的所有功能。

DCS 是 20 世纪 70 年代中以生产电动模拟仪表为主的仪表制造商在常规过程控制、单元组合仪表的基础上发展起来的自动控制装置。它是一种控制功能分散、操作显示集中，采用分级结构的智能站网络。其目的在于操作或控制管理一个工业生产过程或工厂，也称为集散控制系统。

表 4-13 列出 PLC 和 DCS 之间的主要区别。

表 4-13　PLC 和 DCS 之间的主要区别

性能	DCS	PLC
应用场合	大中型流程工业过程，模拟量控制为主	中小型离散工业过程，开关量控制为主
工作方式	按程序指令执行	按循环扫描方式工作
存储容量	大	较小
运算速度	较低	高
抗扰性	高	较高
运算精度	高	较高
安装环境	机柜等 DCS 设备安装在控制室	PLC 可安装在苛刻的现场环境
编程语言	类似单元组合仪表，采用内部仪表、功能模块编程	类似电气的梯形图，采用标准的五种编程语言
人机界面	集中显示和共享控制，需要 HMI	分散在现场，可无显示和人工干预
运算功能	有复杂控制功能模块，例如，预测控制、模糊控制等功能模块	控制模块较少，但功能块图可用于迭代运算

(2) PLC 硬件配置

可编程控制器系统设计的基本应用是以数字量为主的，控制系统以顺序控制、逻辑控制、电气机械控制、运动控制为主的工业生产装置。其硬件配置与 DCS 有类似结构，但具有下列特点：

① PLC 是面向现场环境设计的，因此，其结构更紧凑、坚固、体积更小、重量更轻，它可安装在现场的苛刻环境，因此，可靠性高，也更容易装入机械内部或现场机组盘内实现机电一体化。

② PLC 控制系统构成简单，通用性强，可组成不同规模不同要求的控制系统，控制规格可从几点到上万点。它具有面向现场设计的特点，设计紧凑，坚固，体积小，重量轻，可靠性高。

③ 人机界面种类较多，可安装在现场，也可安装在控制室，能够满足现场操作和集中操作的不同要求。人机界面友好，但其复杂程度不如 DCS。

④ 抗扰性强。由于 PLC 是专门为工业现场应用设计，采用多层次抗干扰措施，因此，其 MTTF 比 DCS 更高。

⑤ 快速响应。PLC 节点反应快，速率高，指令执行时间短，适应控制要求高、反应要求快的控制场合的需要。

⑥ 编程语言有五种，可适应不同技术人员所需。2013 年版的 IEC 61131-3 编程语言有了更新，它采用面向对象的程序设计语言，满足了工艺生产过程的更高要求。在运动控制领域和安全仪表系统中也获得广泛应用。

⑦ 性能价格比高。由于 PLC 控制系统主要应用于开关量多、模拟量少的应用场合，因此，其性能价格比优于 DCS，在中小规模的工业生产过程获得应用，尤其是在一些需要顺序控制、逻辑控制、安全联锁保护等控制要求的场合，获得业界好评。

⑧ PLC 控制室、供电、接地和其他设备的工程设计应符合现行行业设计规范。

⑨ 对模拟量的复杂控制，PLC 缺乏有关专门的功能模块，因此，这些应用场合应用较少。

PLC 分为普通型和安全型 PLC 两大类。其中，安全型 PLC 用于安全仪表系统。安全仪表系统 SIS 是用于实现一个或几个安全仪表功能的仪表系统。

普通型 PLC 硬件配置包括人机界面（操作站）、中央处理器（CPU）、通信网络、I/O 接口单元、编程终端和工程师站、通信接口及应用计算机等。安全型 PLC 由传感器、逻辑运算器、最终元件及相关软件组成。安全型 PLC 是经国际权威机构安全认证，符合安全完整性等级，用于安全仪表系统的 PLC。

(3) 普通型 PLC 系统的工程设计

① 一般要求。选用的 PLC 应是技术先进、成熟、模块化、易于扩展、I/O 卡件应便于远程布置的，并适用于现场工作环境的，具有先进硬件和软件环境，满足安全和先进性要求的 PLC 产品。其硬件应坚固耐用，软件应成熟安全。其关键单元和部件可采取冗余配置。选用的 PLC 应具有开放性网络结构，支持 OPC UA 标准，遵循 OSI、IEEE 国际通信标准和通信协议，能够实现与基本过程控制系统 BPCS 及其他控制和管理计算机的互联和互操作。

② 应用要求。与 DCS 以模拟量为主不同，PLC 系统以数字量为主，控制系统以顺序控制、逻辑控制为主，也可应用于批量控制场合。与 DCS 类似，PLC 系统也可执行生产过程监控职能，实现对生产过程的操作参数集中显示、自动控制、远程监控和信息管理。它具有可靠 I/O 模块，实施离散控制、逻辑处理、连续控制的能力，并且其编程简单灵活、先进

可靠，常用标准模块化的组态软件。也应具备挂接工厂信息管理系统和计算机的功能，实施企业的 MES 和 ERP 管理。

③ 与其他系统的联用。PLC 系统与 BPCS 的联用可采用约定通信方式，并明确 PLC 和 BPCS 通信的主从关系。对 PLC 系统与 BPCS 之间的重要数据宜采用硬接线方式。PLC 系统与成套设备的联用通常采用专用操作员模块和操作员界面。对现场安装的 PLC 应满足现场环境要求，采用多层次的抗干扰、防腐和防爆等措施。必要时可与上位机实现数据通信。

④ PLC 系统的网络体系结构包括控制级和监控级。控制级包括直接与检测仪表和执行器相连的各种控制站、如 I/O 单元、数据采集单元、控制单元及网络设备等。监控级包括人机接口设备、编程器、网络设备及外围设备等。PLC 可通过工业以太网、Profinet 和 Modbus 等与第三方过程控制设备进行通信。根据工程项目需要可配置安全栅、隔离器、继电器柜或中间端子柜。

⑤ 控制站的工程设计。

a. 控制站由过程接口单元、控制单元和数据采集单元组成。控制站卡件可包括控制卡件、I/O 卡件、辅助卡件、通信接口、安装功能卡件的卡件箱及总线底板等。控制站可包括远程 I/O 站。对小型和专用 PLC 可以是一个包括各种输入/输出、计算、显示、操作、电源、通信等功能的一体化多功能控制器。

b. 控制站的功能是实现批量控制、顺序控制、联锁逻辑控制和连续控制等。控制站应满足被控对象对运算速度的要求。

c. 内存容量估算：可按数字量 I/O 点乘 10，模拟量 I/O 点乘 25，特殊 I/O 模块乘 100，计算总的指令字，则总和是内存储器的容量。对复杂控制功能的应用，存储器容量应增加。

d. 编程语言应符合 IEC 61131-3 标准，至少有五种标准编程语言，一些系统还提供 CFC 编程语言，可用于连续控制应用。

e. 过程 I/O 接口单元应具有 AI、AO、DI、DO 和 PI 等类型，可配备现场总线接口等。I/O 卡件输入电路应具备电磁隔离或光电隔离等抗干扰措施。开关量接口容量不能满足负载要求或需将开关量隔离时应配置隔离器。信号源与 I/O 卡件信号不匹配时，需配置转换器或隔离器。I/O 卡件应有工作状态的 LED 显示。在环境温度下，AI 卡件精确度和 AO 卡件精确度为±0.01%～±0.5%FS（满量程）。各类控制点、检测点的备用点数为实际设计点数的 10%～15%。输入输出卡件槽座的备用空间为 10%～15%。

f. 控制单元应是基于带工业级微处理器的多功能控制器。内存和扫描时间应满足程序和过程响应时间要求，其响应时间包括输入、输出扫描处理时间，不宜大于 500ms。控制单元可提供多种通信接口，能与第三方设备进行通信。控制单元最大负荷不应超过其能力负荷的 60%。

g. 数据采集单元的工程设计。数据采集单元应能完成输入信号的数据处理、报警、记录等功能。检测点的扫描周期最长不应大于 1s。不同被检测对象的扫描周期可不同。

h. 控制站的冗余：控制回路 I/O 卡件及重要检测点的 I/O 卡件宜冗余配置；控制单元的 CPU 应 1∶1 冗余配置，通信接口、电源应 1∶1 冗余配置；数据采集单元的 CPU、通信接口宜 1∶1 冗余配置；冗余 CPU 应保证无扰动切换，且切换过程中数据和报警信息不丢失。重要的联锁系统、安全仪表系统可选用热备冗余、二重化和三重化冗余容错系统等。

⑥ 编程器的工程设计。

a. 编程器分简易编程器、图形编程器和通用计算机编程器。通用计算机编程器可由主机、显示器和键盘等构成。

b. 编程器应能完成 PLC 的配置、监控回路的组态及下装到人机接口和控制器的功能。

应能完成程序开发、系统诊断、系统维护和系统扩展等工作。通用计算机编程器在安装操作员站软件后可作为操作员站使用。

c. 编程器应具备控制系统在线/离线的组态、生成应用程序、修改和维护等功能。可对系统网络上运行的所有组件及线路进行诊断和测试。在线操作时可从网络上获取实时数据，并进行系统修改。编程器可设置软件保护密码，防止其他人员擅自改变控制策略、应用程序和系统数据库。编程器可配备通用的高级语言、数据库管理系统、电子表格、网络管理等应用软件及工具软件。编程器宜设置防病毒等保护措施。

⑦ 操作员站的工程设计。

a. 操作员站分就地操作站和中心控制室操作站。就地操作站是现场就地操作或小规模（200 个数字量以下）的人机界面，大多采用固定在机电设备上的按钮面板、就地机组的操作面板和触摸屏或便携式操作监视器。中央控制室的操作站则与 DCS 的操作站类似配置，但常采用工业级 PC 机和显示器实现，以降低成本。PC 机的配置应满足应用的要求，例如字长、主频、内存和外存及有关通信接口等要求。通常选用近年来流行的机型，并考虑今后的扩展要求（例如存储器大小等），其操作系统应是通用性的。彩色 LED 显示器至少 19in（对角线），分辨率不小于 1640×1280，像素颜色不少于 256 种，数据更新周期不大于 1s，动态参数刷新周期不大于 1s。

b. 对操作站应设置不同操作权限，分配不同操作区域或数据集合的操作权限，防止误操作及有容错功能。操作权限可用密码和密匙方式。操作站数量宜按数字量点数确定：按 1 个模拟量等效 8～10 个数字量点，数字量（I/O）点数在 1000～1500 点，配置 1～2 台操作站；1500～3000 点，配置 2～3 台操作站；3000～5000 点，配置 3～4 台操作站；5000～8000 点，配置 4～6 台操作站；8000 点以上，按实际需要配置。配置时还需要根据操作人员的分工，以便于操作人员的操作。

c. 通常，操作站配置报表打印机和报警打印机各一台，可根据应用要求增加或减少。全厂规模的 PLC 系统可设置彩色打印机或拷贝机 1 台（用于屏幕复制）。外设及接口应是通用的，硬盘驱动器、光盘驱动器、显示器、键盘、鼠标、打印机等应是商业化和可互换的。

d. 特殊需要时，可设置记录仪和后备手操器。可设置辅助操作台，将记录仪、手操器、报警器/灯、机泵、联锁及紧急停车的按钮和开关灯安装在辅助操作台。普通信号报警可在操作员站显示，重要信号报警除在操作员站显示外，宜在辅助操作台设灯光显示。操作按钮颜色符合：红色用于停车；黄色用于旁路；黑色用于确认；白色用于试验。信号灯颜色符合：红色表示越限报警或紧急状态；黄色表示报警；绿色表示运转设备或过程变量在正常状态。

e. 操作员站应具有画面显示、操作、报表管理和参数调整等功能，其趋势显示包括实时和历史趋势显示。报警管理和显示功能应在任何画面实时显示报警状态，且能区分首出故障报警。报表管理和打印要组态方便，并具有统计计算功能。操作员站还应具有自诊断、口令保护、操作记录、在线调试和文件转存等功能。操作员站的软件环境应能够对网络上数据资源进行监视、控制等操作，对挂接在网络上的控制器进行数据存取。数据处理能力应满足所有数据记录的需要，可选定记录的参数、采样时间和记录长度，并对记录的数据进行编排处理和随时调用；硬盘上的永久记录应可转存到外部存储设备。

f. 现场就地的操作面板宜符合：按钮面板可安装在机组上，具有系统操作面板的所有功能，附加功能不需要 PLC 编程。按键面板/触摸屏可直接安装在机组上，并可装载监控软件和编程数据，具有显示过程监控数据和操作过程变量、配方管理等功能。

g. 便携式操作监视器用于 PLC 系统故障查找及系统调试，具有监视控制器状态、启动、停止控制器、强制输出和修改寄存器值等功能。

⑧ 通信网络的工程设计。

a. PLC 系统应支持多种现场总线和标准的通信协议，能与工厂管理网相连接，通信网络应符合工业以太网通信标准，应是开放的通信网络。

b. PLC 系统通信网络可用下列方式组网：

- 基于工业以太网的多台 PLC 实现开放式通信；
- 以 PC 为主机，多台同型号 PLC 控制站为从站组成 PLC 网络；
- 以一台 PLC 控制站为主机，多台同型号 PLC 控制站为从站组成主从式 PLC 网络；
- 将 PLC 系统通过网络接口接入 BPCS 中，作为其子系统；
- PLC 和 BPCS 采用约定通信方式通信，应明确 PLC 和 BPCS 的主从关系；
- 开放的 PLC 网络可遵循下列协议：Profinet、TCP/IP、Modbus、FF HSE、OPC UA、Profibus DP 等。

c. PLC 通信网络满足基本条件：响应时间短，可靠性高；网络拓扑结构宜采用环型、总线型或星型等；网络传输介质可采用双绞线、同轴电缆或光纤；PLC 系统的网络结构可冗余配置，最大通信负荷不应超过 40%。

d. PLC 与 I/O 之间的通信连接有多种形式，一般采用并行通信形式。PLC 基本框架与本地 I/O 机架之间距离为 15～30m；与远传 I/O 机架距离不超过 200m。根据不同类型现场通信总线的传输距离，配置远传 I/O 机架时，应满足所选用现场通信总线的传输距离要求。

e. 组成复杂系统通信网络时，应选用具有不同通信功能（例如点对点、现场总线、工业以太网）的通信处理器。通信距离较远时，也可用中继器进行中继传输。

f. 系统规格较大，可选用多个中央处理器，选用接收和发送通信接口单元，实现各通信网络之间的通信。

g. 组成复杂系统通信网络时，应选用具有不同通信功能（例如点对点、现场总线、工业以太网）的通信处理器。通信距离较远时，也可用中继器进行中继传输。

(4) 安全型 PLC 系统的工程设计

安全型 PLC 是 SIS 系统的逻辑控制单元，其 SIL 等级应满足 SIS 的安全完整性等级要求。

① 安全型 PLC 通过对中央处理单元、输入输出单元、通信单元及电源单元等的冗余配置来提高安全型 PLC 系统的运行可靠性。SIL 等级的要求见表 3-8。应采用国家或国际权威机构功能安全认证的产品。

a. 要求模式下的 SIF：响应过程条件或其他要求而采取一个规定动作（如关闭一个阀门）的场合，在 SIF 危险失效事件中，仅当发生过程或 BPCS 失效事件时才发生潜在危险。

b. 连续模式下的 SIF：在 SIF 危险失效事件中，如果不采取预防动作，即使没有进一步的失效，潜在危险也会发生（如 ITCC 有过程控制与 SIS 在一起的情况）。涵盖了实现过程控制以保持功能安全的那些 SIF。

② 安全型 PLC 的安全应用应满足生产过程自动联锁保护、安全控制及安全相关参数的监控。当基本过程控制功能需要在安全型 PLC 中完成时，应保证基本过程控制应用不会影响到安全应用。安全型 PLC 响应时间包括输入输出扫描时间和中央处理单元运算时间，一般为 100～300ms。

③ 安全型 PLC 设置原则如下：

a. SIL 1 级 SIF：安全型 PLC 宜与 BPCS 分开；

b. SIL 2 级 SIF 和 SIL 3 级 SIF：安全型 PLC 应与 BPCS 分开。

④ 安全型 PLC 与 BPCS 的连接可采用下列方式：

a. 安全型 PLC 与 BPCS 直接采用通信方式传递数据，但不应对 SIF（包括 SIL）产生影响；

b. 安全型 PLC 用硬接线方式与 BPCS 传递数据，但不应对 SIF（包括 SIL）产生影响；

c. 同一厂商的安全型 PLC 和 BPCS 可采用集成方式，但控制器要相互独立，网络应符合 SIL 要求；

d. 安全型 PLC 与 BPCS 之间的重要关键数据传递应采用硬连接方式。

⑤ 逻辑控制器的冗余：SIL 1 级 SIF：宜采用冗余的逻辑控制器；SIL 2 级 SIF 和 SIL 3 级 SIF：应采用冗余的逻辑控制器。逻辑控制器的冗余配置，对单一元件检测回路的 I/O 卡件应冗余或冗余容错配置；对控制单元的 CPU 应冗余或冗余容错配置；通信接口和电源应 1∶1 冗余配置；数据通信卡件应冗余配置。

⑥ 逻辑控制器接口符合下列要求：

a. 检测同一过程变量的多台变送器信号宜接到不同输入卡件，冗余的最终元件宜接到不同的输出卡件；输入和输出卡件不应采用现场总线数字信号。

b. 每一输出信号通道应只接一个最终元件。

c. 输入/输出通道配置的电涌防护器应采用单信号通道的电涌防护器。

⑦ 安全型 PLC 内的设备应设置同一时钟。

⑧ 安全型 CPU 负荷不应超过 50%。内部通信负荷不应超过 50%，采用工业以太网的通信负荷不应超过 20%。安全型 PLC 系统软件、编程、升级或修改等文档应备份保存。

⑨ 安全型 PLC 系统的工程师站应能完成安全型 PLC 系统的配置、回路组态、下装程序到操作员站和逻辑控制器的功能；应能完成程序开发、系统诊断、系统维护和系统扩展等工作；在工程师站可进行控制系统在线或离线的组态、生成应用程序；可对系统网络上运行的所有组件及线路进行诊断和测试；可在线从网络上获取实时数据，并进行系统修改。工程师站应配备通用的高级语言、数据库管理系统、电子表格、网络管理等应用软件及工具软件。工程师站应设置软件保护密码，防止其他人员擅自改变应用程序和相应数据库。工程师站可与 SOE 站共用，也可单独设置。安全型 PLC 系统软件、编程、升级或修改等文档应备份保存。

⑩ SOE（事件顺序）站的记录应具有毫秒级的时间标签，满足工艺和设备具体的时间分辨率要求，例如 20ms 等。SER（事件顺序记录）站应具有收集历史数据、统计数据和打印功能。

(5) PLC 系统的软件设计

① PLC 系统软件组态由 PLC 卖方根据组态文件完成。软件组态宜在装有组态软件的编程器上完成。

② 软件组态工作包括：PLC 系统硬件组态、通道分配；过程点组态；顺序、时序、批量、逻辑及复杂控制的组态；流程图画面；操作和记录分组；报警分组和分级；数据库；通信程序和外围设备接口等。

PLC 软件包括系统软件、过程控制软件和操作软件。

① 系统软件。PLC 系统软件是开放软件，PLC 应配有标准化的通用操作系统。根据需要配备通用的数据库管理软件、高级语言等工具软件。根据 PLC 硬件设备配置和需要应配置计算机接口或网络接口软件。

② 过程控制软件和操作软件。PLC 必须配备完整的过程控制和检测软件。必须配备完整的过程操作和数据处理软件。根据应用要求，需配备完整的批量控制、顺序控制和复杂控

制等软件。PLC 系统的过程控制软件和操作软件应符合 IEC 61131-3 标准。该标准有文本类（指令表和结构化文本）、图形类（梯形图和功能块图）编程语言和顺序功能图（SFC）编程语言。一些 PLC 系统制造商只提供其中部分编程语言，一些制造商除了提供上述编程语言外，还提供连续功能图（CFC）编程语言。应选用能够满足应用要求的 PLC 系统产品。

(6) PLC 和 DCS 的选用

随市场应用的发展，PLC 与 SCADA 结合，以替代 DCS 的情况正不断上演。PLC 的发展包括：

a. 增加 CPU 的内存容量和提高处理速度，允许处理更多的控制回路，增强模拟量的应用能力；

b. 提供更高的可靠性和可用性，实现各个级别的冗余配置；

c. 添加共享变量的数据库功能，允许为逻辑和 HMI 提供统一的工程环境。

DCS 则为保护其市场需要，也向开关量处理和高级应用发展，包括：

a. 增加先进的过程控制技术，例如神经网络、模型预测控制、模糊控制等，提高过程控制品质；

b. 提供遵循 IEC 61131-3 的编程语言标准，增强离散控制功能；

c. 降低硬件价格，以匹配高端 PLC 的应用要求。

上述措施，使 PLC 和 DCS 的技术得到提升，系统的互换性增强。

下列 6 个步骤显示了选用 PLC 或 DCS 的选择过程。它包括了 6 个问题，每个问题的答案就会提供一种选择。

a. 是否需要先进过程控制？如果是，则转问题 f。如果不需要，则转问题 b。

b. 是否需要操作员的控制室？如果是，则转问题 c。如果不需要，则选用 PLC＋HMI。

c. 是否需要高速的离散控制？如果是，则选用 PLC＋HMI。如果不需要，则转问题 d。

d. 是否需要频繁修改系统？如果是，则转问题 e。如果不需要，则选用 PLC＋HMI。

e. 是否由内部有资质人员进行修改？如果是，则选用 DCS。如果不是，则选用 PLC＋HMI。

f. 是否需要高速的离散控制？如果是，则选用 DCS＋PLC。如果不是，则选用 DCS。

① 随着控制技术的发展，现在在 PLC 和 DCS 中除了使用 PID 控制技术外，大量的复杂控制系统正被广泛应用，例如，前馈-反馈控制、串级控制、分程控制、比值控制和选择性控制系统。而多变量和长时滞过程的控制，也对先进过程控制提出需求，例如，自适应控制、神经网络控制、模型预测控制和其他控制技术等。因此，如果生产过程需要先进过程控制的应用，则 DCS 是必然的选择。

② 需要检测和控制回路的数量也是重要的考虑因素。虽然高端 PLC 完全能够处理多个 PID 控制回路和其他控制功能，但 PLC 可处理的回路数量仍较少，限制了 PLC 作为 DCS 替代在工业生产过程中的使用。由于 PID 的运算需要较多的存储空间，并增加 PLC 程序的运行时间，因此阻碍了 PLC 逻辑运算的有效执行。而 DCS 本身是为 PID 运算而设计，因此，在几个 CPU 上分配控制程序的执行外，也同时允许在几个 CPU 之间共享信息。因此，由于 PLC 受处理 PID 控制回路的限制，制约了其在模拟量控制中的应用，这时，选用 DCS 是明智的。

③ 是否需要有操作员的控制室。DCS 功能的核心是详细的过程信息可视化和频繁的操作。PLC 是按逻辑顺序执行的，需要 SCADA/HMI 来获得生产过程信息的可视化。因此，如果生产过程不需要操作员每天 24h 进行监视、操作和控制，则采用带本地 HMI 或面板安装的工业 PC 与 SCADA 软件的 PLC 就可满足应用要求，这时，选用 PLC 就是正确的，选

用DCS既不合理也不实用。例如，包装生产过程在工业生产过程中很常见，它们就可选用PLC系统实现控制。对大型的污水处理厂，其操作需要一个功能齐全的控制室，选用DCS或PLC＋SCADA是可行的选择，虽然，它的控制回路可能并不多。

④ 高速的离散控制。对离散的逻辑控制，PLC是最好的选项。功能强大的PLC可以在很短时间内执行数千个输入/输出信号的程序。因此，对SIS和安全联锁控制系统总是选用PLC。此外，DCS的执行速度不够快，它的处理能力集中在连续的控制回路上，因此，对高速离散控制，首选PLC系统。必要时，为了既满足高速离散控制，又满足连续的多个控制回路的控制，常考虑两个单独的系统并行，即DCS用于过程控制，PLC用于离散和安全相关系统的控制。

⑤ 过程是否需要经常修改。虽然DCS和PLC都允许编程、程序修改和重新编程，甚至初始化到工厂设置的重新启动，但通常这种修改对PLC＋SCADA是很头痛的事情。这是因为PLC＋SCADA中的变量通常由单独的数据库提供，有时中间有OPC UA服务器的数据库，因此，修改逻辑或添加一个设备通常要花费很多时间，而且容易造成配置的出错。而DCS是采用统一的数据库，因此，如果要频繁修改程序的话，应选用DCS。

⑥ 工厂系统维护技术人员的技能。作为系统的总成本，系统投运后的维护和修改是很重要的费用。DCS的维护人员成本远高于PLC维护人员的成本。如果建设单位能够培训合格的技术人员，用于对系统的维护，则为长远的维护，而不增加成本，可选用DCS，如果技术人员的技能较差，则选用PLC＋SCADA。

4.3.3 SIS的工程设计

(1) 一般规定

① 安全仪表系统（SIS）是实现一个或多个安全仪表功能（SIF）的仪表系统。安全仪表功能（SIF）是为防止、减少危险事件发生或保持过程安全状态，用测量仪表、逻辑控制器、最终元件及相关软件等实现的安全保护功能或安全控制功能。BPCS用于生产过程的连续测量、常规控制、操作管理，保证生产装置平稳运行的系统。BPCS常采用DCS实现，BPCS不应执行SIL 1、SIL 2、SIL 3的安全仪表功能。

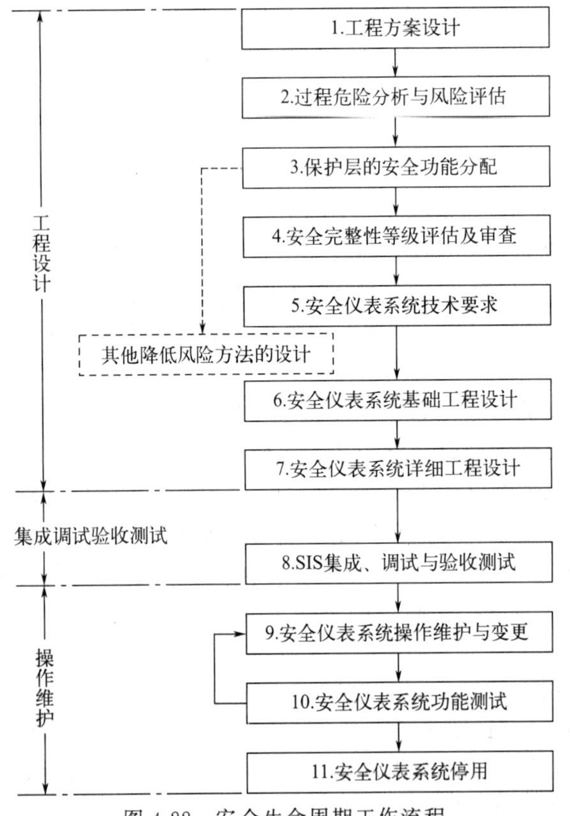

图4-22　安全生命周期工作流程

② 安全完整性是在规定条件和时间内，安全仪表系统完成安全仪表功能的平均概率。安全完整性等级SIL是安全功能的等级，安全完整性等级由低到高可分为SIL 1、SIL 2、SIL 3和SIL 4。

③ 在SIS工程设计中，应确保SIS的安全生命周期内各阶段工作所需要的管理活动。安全生命周期分为工程设计阶段、集成调试及验收阶段和操作维护阶段。图4-22是安全生命周期工作流程。

从图可见，安全生命周期工作宜包括工程方案设计，过程危险分析与风险评估，保护层的安全功能分配，安全完整性等级评估及审查，安全仪表系统技术要求，安全仪表系统基础工程设计，安全仪表系统详细工程设计，SIS 集成、调试与验收测试，安全仪表系统操作维护与变更，安全仪表系统功能测试，安全仪表系统停用等。

a. 工程设计阶段：工程方案设计宜包括初步过程危险分析、主要安全控制策略和措施及相应的说明。过程危险分析与风险评估宜包括识别过程及相关设备的危险事件及原因，危险事件发生的顺序、可能性及后果，确定降低风险的要求和措施，确定安全仪表功能等。过程危险分析宜采用危险和可操作性研究方法或预危险分析方法，也可采用安全检查表、故障模式和影响分析、因果分析方法等。保护层安全功能的分配可包括分配预防、控制或减缓过程危险的保护层安全功能，分配安全仪表功能的风险降低目标。保护层安全功能的分配应符合 GB/T 20438 和 GB/T 21109 的有关规定。安全完整性等级可根据过程危险分析和保护层功能分配的结果评估并确定。安全仪表系统技术要求包括安全仪表功能及安全完整性等级、过程安全状态、操作模式、检验测试间隔时间等。安全仪表系统基础工程设计宜包括安全仪表系统设计说明、安全仪表系统规格书、安全联锁因果表或功能说明等。安全仪表系统详细工程设计宜包括安全仪表系统设计说明、安全仪表系统规格书、功能逻辑图、组态编程等。

b. 集成调试和验收测试阶段：安全仪表系统集成、调试及验收测试应符合安全仪表系统规格书及功能逻辑图的技术要求，SIS 调试结果应符合安全仪表系统技术要求，其验收测试应包括工厂验收和现场验收。SIS 的系统硬件、系统软件和应用软件等应符合安全仪表系统技术要求。

c. 操作维护阶段：操作维护应遵循操作维护作业程序，其操作维护过程符合安全仪表系统技术要求的功能安全。SIS 的硬件和应用软件的修改或变更应符合变更修改程序，并应按审批程序获得授权批准，不应改变设计的安全完整性等级，并应保留变更记录。操作维护人员应定期培训，培训内容宜包括 SIS 的功能、可预防的过程危险、测量仪表和最终元件、SIS 的逻辑动作、SIS 及过程变量的报警、SIS 动作后的处理等。功能测试间隔应按 SIS 的技术要求确定，并应按测试程序进行功能测试。SIS 的停用应进行审查并得到批准。SIS 更新应制订更新程序，更新后的 SIS 应能实现规定的 SIF。

④ 安全仪表系统设计。在风险评估和认定的基础上，设计有关的安全阀和其他安全设施，分层次将风险降低，图 4-23 是安全仪表系统设计步骤。它与安全型 PLC 系统设计类似。

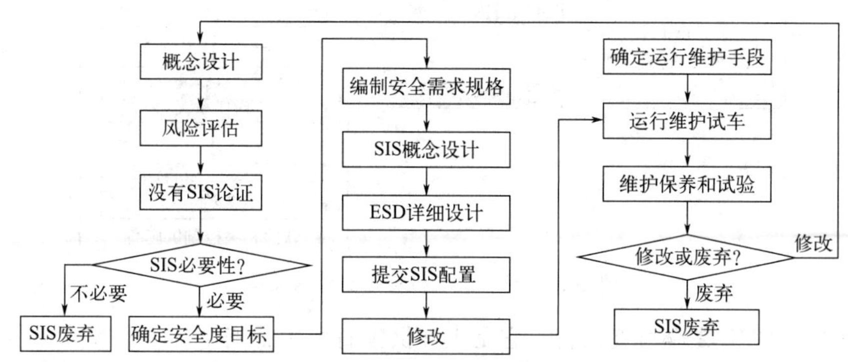

图 4-23　工厂安全仪表系统设计步骤

安全仪表系统对生产装置或设备可能发生的危险或不采取紧急措施将继续恶化的状态进行及时响应，使其进入一个预定义的安全停车工况，从而使危险和损失降到最低程度，保证生产、设备、环境和人员的安全。

通常，安全仪表系统独立于 DCS，其安全级别高于 DCS。但对一般的安全联锁控制系统，也可采用 DCS 实现。

其设计步骤如下。

a. 过程系统初步设计。包括系统定义、系统描述和总体目标确认。

b. 执行过程系统危险分析和风险评价。

c. 论证采用非安全控制保护方案能否防止识别出危险或降低风险。

d. 判断是否需要设计安全控制系统，如果需要，则继续进行，否则按常规控制系统设计。

e. 依据 IEC 61508 确定对象的安全完整性 SIL 等级。

f. 确定安全要求技术规范 SRS。

g. 完成 SIS 详细设计。

h. SIS 组装、授权、预开车及可行性试验。

i. 在建立操作和维护规程的基础上完成预开车安全评价。

j. SIS 正式投运、操作、维护及定期进行功能测试。

⑤ 安全仪表系统与基本过程控制系统分开设置的原因。分开设置的原因如下。

a. 降低控制功能和安全功能同时失效的概率。当 DCS 出现事故时不会危及 SIS。

b. BPCS 通常有人工干预，而 SIS 需要自动检测过程参数，一般不需要人工干预，防止人为误动作。

c. 对于大型装置和转动设备，要求紧急停车系统能够在尽可能短的时间内实现停车，而 DCS 的响应速度受限。

但是 DCS 和 SIS 的服务对象是同一生产过程或装置，因此，DCS 的功能安全设计中要注意与 SIS 的通信，快速正确地获取 SIS 的信息，并根据事件发生的时序进行处理，实现在线监控和故障追忆。

图 4-24 是安全功能和实时安全的关系。

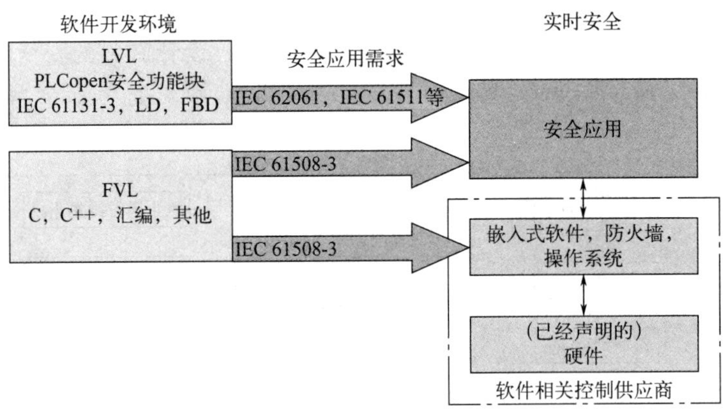

图 4-24　安全功能和实时安全的关系

图 4-24 中，FVL 是全可变语言，它是组件供应商为实施安全固件、操作系统或开发工具使用的独立于应用的语言，例如 C、C＋＋、汇编语言等。LVL 是有限可变语言，它是 PLCopen 为实施安全规范，简化软件开发和审批而制定的规范的编程语言，作为符合 IEC 61131-3 标准的功能块，是用于创建安全应用的功能块。

(2) 安全仪表系统的基本设计原则

① SIS 的工程设计应兼顾可靠性、可用性、可维护性、可追溯性和经济性，防止设计不

足或过度。SIS 的工程设计应满足该工业生产过程或装置的安全仪表功能、安全完整性等级等要求。

② SIS 的功能应根据过程危险及可操作性分析，人员、过程、设备及环境的安全保护，及安全完整性等级等要求确定。SIS 应符合 SIL 要求，SIL 可采用计算 SIS 的失效概率的方法确定。

③ SIS 应独立于 BPCS，并应独立完成 SIF。SIS 不应介入或取代 BPCS 的工作；BPCS 不应介入 SIS 的运行或逻辑运算。

④ SIS 可实现一个或多个 SIF，多个 SIF 可使用同一个 SIS。当多个 SIF 在同一 SIS 内实现时，系统内的共用部分应符合各功能中最高 SIL 的要求。石油化工工厂或装置的 SIL 不应高于 SIL3。

⑤ SIS 应设计成故障安全型。当 SIS 内部发生故障时，SIS 应能按设计的预定方式，将过程转入安全状态。

⑥ SIS 应由测量仪表、逻辑控制器和最终元件等组成。其逻辑控制器应具有硬件和软件自诊断功能。逻辑控制器的中央处理单元、输入输出单元、通信单元及电源单元等应采用冗余技术。应使 SIS 的中间环节尽量少。其组成的设备宜设置同一时钟。

⑦ SIS 应根据国家现行防雷标准规定实施系统的防雷工程。其交流供电宜采用双路不间断电源供电方式。其接地系统应采用等电位联结方式。

⑧ SIS 的硬件、编程软件和操作系统软件应采用正式发布的版本。SIS 软件、编程、升级或修改等文档应备份。SIS 技术规格书示例可扫二维码。

⑨ 大型石油化工项目中设置多套 SIS 时，每套 SIS 都应独立工作。

⑩ 共享传感器应由 SIS 供电，还应考虑在共享设备因检测到故障、维护或测试而无法使用期间实施的补偿措施。对较高 SIL 等级，通常需要具有相同或不同冗余的单独 SIS 传感器来满足所需 SIL 要求。如使用单个单独的 SIS 传感器，通过隔离器或其他方法将信号传输到 BPCS，需确保 BPCS 的故障不会导致 SIS 的危险故障。使用冗余 SIS 传感器时，传感器可通过适当隔离器或其他方法连接到 BPCS，以确保 BPCS 故障不会导致 SIS 的危险故障。

⑪SIS 输入、输出信号线路中有可能存在来自外部危险干扰信号时，应采取隔离器、继电器等隔离措施。

(3) SIS 中测量仪表的设计

① 一般规定。SIS 的测量仪表包括模拟量和开关量测量仪表，宜采用模拟量测量仪表。

a. 宜采用 4～20mA 叠加 HART 信号的智能变送器。现场安装的测量仪表防护等级不应低于 IP65。测量仪表及取源点宜与 BPCS 分开及独立设置。爆炸危险场所，应采用隔爆型和本安型，采用本安系统时，应采用隔离式安全栅。

b. 测量仪表不应采用现场总线或其他通信方式作为 SIS 的输入信号。

c. 测量仪表性能和设置应满足安全完整性等级要求。

② 独立设置。SIL 1 级的安全仪表功能 SIF，其测量仪表可与 BPCS 共用（慎用）；SIL 2 级的安全仪表功能 SIF，其测量仪表宜与 BPCS 分开；SIL 3 级的安全仪表功能 SIF，其测量仪表应与 BPCS 分开。

③ 冗余设置。测量仪表的冗余设置并不表示冗余设置就对应安全完整性等级。SIL 1 级的安全仪表功能 SIF，可采用单一测量仪表；SIL 2 级的安全仪表功能 SIF，宜采用冗余测量仪表；SIL 3 级的安全仪表功能 SIF，应采用冗余测量仪表。

④ 冗余方式。系统要求高安全性时，应采用“或”逻辑结构；系统要求高可用性时，

应采用“与”逻辑结构；当需要兼顾高安全性和高可用性时，宜采用三取二逻辑结构。冗余测量仪表要考虑共因失效带来的安全风险。

⑤ 开关量测量仪表。它包括过程变量开关、手动开关、按钮、继电器触点等。SIS中紧急停车用的开关量测量仪表，其正常工况下触点应处于闭合状态；非正常工况时，触点应处于断开状态。重要输入回路宜设置线路开路和短路的故障检测。输入回路开路和短路故障宜在SIS中报警和记录。

(4) SIS中最终元件的设计

① 一般规定。SIS中的最终元件应包括控制阀（调节阀和切断阀）、电磁阀、电机等。通常，SIS中的最终元件宜采用气动控制阀，不宜采用电动控制阀。最终元件的设置应满足安全完整性等级要求。

② 独立设置。SIL 1级的安全仪表功能SIF，其控制阀宜与BPCS共用（慎用），并应确保SIS的动作优先；SIL 2级的安全仪表功能SIF，其控制阀宜与BPCS分开；SIL 3级的安全仪表功能SIF，其控制阀应与BPCS分开。

③ 冗余设置。最终元件的冗余设置并不表示冗余设置就对应安全完整性等级。SIL 1级的安全仪表功能SIF，可采用单一控制阀（SIS优先激发原则，慎用），宜独立设置；SIL 2级的安全仪表功能SIF，宜采用冗余控制阀；SIL 3级的安全仪表功能SIF，应采用冗余控制阀。

④ 冗余方式。控制阀冗余方式可采用一个调节阀和一个切断阀，也可采用两个切断阀。

⑤ 控制阀附件配置。

a. 调节阀带的电磁阀应安装在阀门定位器与执行器之间。切断阀带的电磁阀应安装在执行器上。

b. 爆炸危险场所安装的电磁阀和阀位开关应采用隔爆型或本安型。采用本安型时，应采用隔离式安全栅。现场安装的电磁阀和阀位开关防护等级不应低于IP65。

c. 电磁阀宜采用24V DC长期励磁型，低功耗，电磁阀电源应由SIS提供。

d. 阀门回讯，当作为安全逻辑信号、阀门诊断信号时，应接入SIS；如只作为阀门位置指示信号，宜接入DCS。

e. 系统要求高安全性时，冗余电磁阀应采用“或”逻辑结构；系统要求高可用性时，冗余电磁阀应采用“与”逻辑结构，详见下述。

(5) SIS中逻辑控制器的设计

① 一般规定。

a. SIS中的逻辑控制器宜采用取得国家权威机构颁布的功能安全认证的可编程电子系统。

b. 逻辑控制器响应时间应包括输入、输出扫描时间与中央处理器电源运算时间，宜100～300ms。

c. 逻辑控制器的中央处理单元负荷不应超过50%，其内部通信负荷不应超过50%，采用以太网的通信负荷不应超过20%。

② 独立设置。SIL 1级的安全仪表功能SIF，其逻辑控制器宜与BPCS分开；SIL 2级的安全仪表功能SIF和SIL 3级的安全仪表功能SIF，其逻辑控制器应与BPCS分开。

③ 冗余设置。SIL 1级的安全仪表功能SIF，可采用冗余逻辑控制器；SIL 2级的安全仪表功能SIF，宜采用冗余逻辑控制器；SIL 3级的安全仪表功能SIF，应采用冗余逻辑控制器。

④ 逻辑控制器的配置：扫二维码可见 SIS 逻辑控制器结构。

a. 逻辑控制器应符合安全完整性等级要求，应独立完成安全仪表功能。其硬件和软件版本应是正式发布的版本。所有部件应满足安装环境的防电磁干扰、防腐蚀、防潮湿、防锈蚀等要求。

b. 逻辑控制器宜与 BPCS 的时钟保持一致。

c. 逻辑控制器的中央处理单元、输入单元、输出单元、电源单元、通信单元等应是独立的单元，应允许在线更换单元而不影响逻辑控制器的正常运行。

d. 逻辑控制器应由硬件和软件的自诊断和测试功能。诊断和测试信息应在工程师站或操作站显示和记录。系统故障宜在 SIS 的操作站报警，也可在 BPCS 的操作站报警。

⑤ 逻辑控制器的接口配置。

a. 输入、输出卡件的信号通道应带光电隔离或电磁隔离。不应采用现场总线数字信号。

b. 检测同一过程变量的多台变送器信号宜接入不同输入卡件。冗余的最终元件应接入不同输出卡件，每一个输出信号通道应只接一个最终元件。

c. 本安回路应采用隔离型安全栅。需要线路检测的回路，应采用带线路短路和开路检测功能的输入、输出卡件。

(6) SIS 中通信接口的设计

① 一般规定。SIS 与 BPCS 的通信宜采用 RS-485 串口、MODBUS RTU 或 TCP/IP 通信协议。通信接口宜冗余配置，冗余接口应具有诊断功能。SIS 与 BPCS 的通信不应通过工厂管理网络传输。除旁路和复位信号外，BPCS 不应采用通信方式向 SIS 发送指令。SIS 除与 BPCS 的通信外，与其他系统之间不应设置通信接口，SIS 与其他系统之间采用硬接线方式连接。

②通信接口的配置。通信接口的故障不应影响 SIS 的安全功能。通信接口故障应在操作站或工程师站显示和报警。网络通信接口的负荷不应超过 50%。

(7) SIS 中 HMI 的设计

① 操作员站。

a. SIS 宜设置操作员站。操作员站失效时，SIS 的逻辑处理功能不应受影响。SIS 应采用操作员站作为过程信号报警和联锁动作报警的显示和记录。

b. 操作员站不应修改 SIS 的应用软件。操作员站设置的软件旁路开关应加键锁或口令保护，并设置旁路状态报警和记录。操作员站应提供程序运行，联锁动作，输入、输出状态，诊断结果等显示，并应具有报警和记录等功能。

② 辅助操作台。

a. SIS 的辅助操作台用于安装紧急停车按钮、开关、信号报警器及信号灯等。信号报警宜在操作员站显示，也可采用信号报警器显示。信号报警器灯光的颜色：红色表示越限或紧急状态；黄色表示预报警；绿色表示运转设备或过程变量正常。

b. 关键信号报警除在操作员站显示外，应同时在辅助操作台显示。

c. 紧急停车按钮、开关、信号报警器等与 SIS 连接，应采用硬接线方式，不应采用通信方式。紧急停车按钮应采用红色；旁路开关宜采用黄色；确认按钮宜采用黑色；试验按钮宜采用白色。

d. 紧急停车按钮、开关、信号报警器等与 SIS 相距较远时，应采用远程输入、输出接口或远程控制器方式进行信号连接。

③ 维护旁路开关的设置。维护旁路软件开关可设置在 SIS 的操作员站、BPCS 的操作员

站，维护旁路硬件开关可设置在辅助操作台或机柜。采用软件开关方式时，每个安全联锁单元宜设置硬件旁路开关作为软件开关的允许条件。维护旁路开关应设置在输入信号通道上，其动作应设置报警和记录。

④ 操作旁路开关的设置。操作旁路软件开关可设置在 SIS 的操作员站、BPCS 的操作员站，操作旁路硬件开关可设置在辅助操作台。当工艺过程变量从初始值变化到工艺条件正常值，信号状态不改变时，不应设置操作旁路开关；当工艺过程变量从初始值变化到工艺条件正常值，信号状态发生改变时，应设置操作旁路开关。操作旁路开关应设置在输入信号通道上，其动作应设置报警和记录。

⑤ 复位按钮的设置。软件复位按钮可设置在 SIS 的操作员站、BPCS 的操作员站，硬件复位按钮可设置在辅助操作台。复位按钮的动作应设置报警和记录。

⑥ 紧急停车按钮的设置。紧急停车按钮应设置在辅助操作台。紧急停车按钮的动作应设置状态报警和记录。紧急停车按钮不应设置维护旁路开关或操作旁路开关。

⑦ 工程师站及事件顺序记录站。

a. SIS 应设置工程师站，用于 SIS 组态编程、系统诊断、状态监测、编辑、修改及系统维护。应设置不同级别的权限密码保护。工程师站应显示 SIS 动作和诊断状态。

b. SIS 应设置事件顺序记录站。它可单独设置，也可与 SIS 的工程师站共用。事件顺序记录站用于记录每个事件的时间、日期、标识、状态等。事件顺序记录站应设置密码保护。

c. 工程师站和事件顺序记录站应采用台式计算机。它们宜采取防病毒等保护措施。

(8) SIS 的应用软件设计

① 应用软件的组态和编程

a. SIS 的应用软件应采用布尔逻辑及布尔代数运算规则。其逻辑设计宜采用正逻辑。

b. SIS 的应用软件组态宜采用功能逻辑图或布尔逻辑表达式。应使用制造厂的标准组态工具软件。该软件应具有区分应用软件版本、组态检查、提供标准功能模块、组态管理、仿真及测试等功能。

② 应用软件的安全性

a. 应用软件的安全控制应包括应用软件设计、软件组态及编程、软件集成、软件运行和维护管理、系统确认等。

b. 应用软件组态编程应进行离线测试后，方可下载投入运行。其数据宜采用光盘复制，磁介质文件的复制应防病毒。应用软件应同时进行本地和异地备份。

③ 应用软件设计和组态

a. 应用软件文件应包括：应用软件说明；输入点、输出点、通信点清单；功能逻辑图；文档要求。

b. 逻辑设计应具有可读性，复杂功能逻辑图应有相应的逻辑功能说明。应用软件组态编程应与功能逻辑图、因果表或逻辑功能说明一致。程序执行顺序及时间应符合过程安全的要求。

c. 应用软件组态文件应包括功能逻辑图、用户手册、使用说明等。

d. 采用逻辑语言的软件组态文件还应包括源程序、程序说明等。

(9) SIS 工程设计的内容

① SIS 基础工程设计的内容

a. 根据项目的安全完整性等级要求，编制安全仪表系统测量仪表、安全仪表控制系统、安全仪表系统最终元件的技术规格书。

b. SIS 基础工程设计文件应根据工艺安全联锁说明、工艺管道仪表流程图等进行编制，内容包括：功能逻辑图、因果表及复杂逻辑功能说明；安全仪表控制系统技术规格书；安全仪表系统测量仪表、安全仪表系统最终元件的选型原则及技术规格书。

c. 安全仪表控制系统技术规格书包括的主要内容：基本要求；选型原则；控制器；操作员站；辅助操作台；工程师站和事件顺序记录站；应用软件组态；系统通信；系统负荷；维护和安全、可靠性；系统供电及接地；验收测试要求；环境要求；机械要求；技术服务；质量保证和文档资料等。

d. 安全仪表系统测量仪表、安全仪表系统最终元件的技术规格书应包括：项目应用环境和条件；设计条件和约束条件；技术说明和规定；技术数据表等。

② SIS 详细工程设计的内容

a. 根据 SIS 基础工程设计文件及详细工程设计阶段的要求编制 SIS 详细工程设计文件。内容包括：安全仪表控制系统技术规格书；硬件配置图；功能逻辑图、因果表及复杂逻辑功能说明；输入、输出点清单；联锁及报警设定值；应用软件需要的技术资料。

b. 安全仪表控制系统合同技术附件，应包括：系统硬件清单；软件清单；应用软件组态、生成、调试、操作和维护培训；工厂验收、现场验收及现场服务等。

c. SIS 详细工程设计文件应包括：系统总说明及配置图；操作站及机柜布置图；输入、输出卡件及端子布置图、接线图；供电及接地系统图；远程控制器或远程输入、输出卡件及端子布置图、接线图；回路接线图；电缆（光缆）连接表及其他。

4.3.4　设计示例

(1) SIS 联锁逻辑图

联锁系统逻辑图是采用逻辑符号（见表 2-35）表示联锁系统的逻辑关系，包括输入、逻辑功能、输出等三部分，必要时可附简要的联锁系统动作的说明。

图 4-25 是某项目的联锁逻辑图。逻辑图的图头及签名部分未列出。

位号	用途	触点位置	联锁原因	联锁时触点状态	联锁逻辑号	联锁时触点状态	仪表或设备名称	位置	用途	联锁动作
TSHH-101	R-101A温度高高限联锁	SIS	≥160℃	闭合	≥2　≥1					
TSHH-102	R-101A温度高高限联锁	SIS	≥160℃	闭合						
TSHH-103	R-101A温度高高限联锁	SIS	≥160℃	闭合						
TSHH-104	R-101B温度高高限联锁	SIS	≥160℃	闭合	≥2　S1	断开	XEV-101A	LOC	进R-101A氧气阀关闭	失电阀关
TSHH-105	R-101B温度高高限联锁	SIS	≥160℃	闭合	R	断开	XEV-101B	LOC	进R-101B氧气阀关闭	失电阀关
TSHH-106	R-101B温度高高限联锁	SIS	≥160℃	闭合		断开	FXEV-105	LOC	进料阀关闭	失电阀关
ASHH-101	DR-101原料气MN高高限联锁	SIS	≥15Vol%	闭合						
ASLL-102	R-101进料CO/MN比低低限联锁	SIS	≤1.2	闭合						
FSLL-105	C-101吸收液流量低低限联锁	SIS	≤40m³/h	闭合						
LSHH-101	D-105液位高高限联锁	SIS	≥90%	闭合						
SS-111	停循环压缩机	AOC	手动	断开						
SS-112	R-101紧急停车	AOC	手动	断开						
	复位按钮	SIS		闭合						

图 4-25　SIS 的联锁逻辑图示例

图 4-25 中，有 2 个反应器 R-101A 和 R-101B，每个反应器有三点温度检测点，当任意两点

温度≥160℃时，就触发 SIS 的联锁动作。此外，当原料气的 MN 体积含量≥15%，进料 CO/MN 比值≤1.2，吸收液流量≤40m^3/h，液位≥90%的其中任一个条件满足时，将触发联锁动作。另外，手动按下停压缩机或反应器 R-101 紧急停车，也将触发 SIS 的联锁动作。联锁的复位是通过按复位按钮实现的。联锁动作的结果是进 R-101A 和 R-101B 的氧气阀关闭，进料阀关闭。

(2) 顺序控制系统程序图

顺序控制系统程序图是表示顺序控制系统的工艺是如何进行操作的，包括操作步骤、执行器和时序的程序动作或逻辑关系。可采用表格、逻辑符号或流程框图形式描述。

① 脱离子水处理过程的顺序控制系统程序图。水处理生产过程的目的是通过阴离子树脂和阳离子树脂与原水中的酸和碱离子进行离子交换，从而去除原水中的酸和碱离子。阴离子树脂和阳离子树脂，用再生的方法恢复其活性。

a. 阳床和阴床的运行。简化工艺流程图如图 4-26 所示。

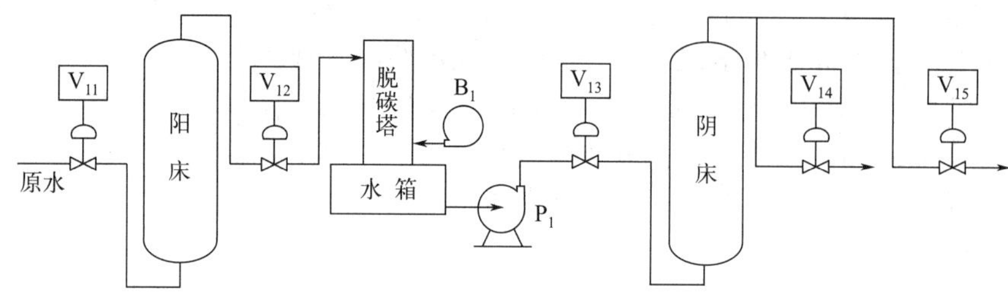

图 4-26 阳床和阴床运行系统的流程简图

顺序控制系统说明如下：阳床和阴床运行时，各控制阀和运转设备的动作是：V_{11}、V_{12}、V_{13}、V_{14} 阀全开和空气鼓风机 B_1、脱碳塔出水泵 P_1 运转。整个系统的流量由流量控制回路控制，图中未画出。系统运行条件是：再生生产过程结束及手动启动运行。系统停运条件是：流量累积量达到设定值，或出水的电导率高于某一设定值，或手动停止运行。

V_{15} 是再生时使用的控制阀。V_{11}、V_{12}、V_{13} 和 V_{14} 阀是通过电磁阀控制的气动控制开关阀。空气鼓风机电机和泵电机的启动信号由中心控制室发送到电气控制室。

在收到再生结束信号 ZS 及操作员按下启动按钮后，自动打开有关阀门并启动风机和水泵运转。一旦启动 5s 后，有某一台设备没有运转或没有打开，则该设备反馈信号的状态为零，它将自动停止整个系统的运行，防止事故的发生。

b. 阳床和阴床的再生。再生的目的是恢复离子交换树脂的交换能力。再生是用一定浓度的酸或碱的再生溶液连续送入阳床和阴床，使离子交换树脂的活性得到恢复。再生时的流向与运行时的流向相同，称为顺流再生，如果流向相反，称为逆向再生。为提高再生的效率，再生过程前通常进行反洗，用于松动树脂和清除交换树脂上的附着物。此外，再生后为了清除交换树脂上的再生溶液和它的再生物，应采用清水按再生溶液流动的方向进行正洗。生产过程流程简图如图 4-27 所示。

• 落床。当碱罐和酸罐的液位达到高限时，满足再生的条件，即可以进入落床阶段。落床阶段的动作是开再生水泵 P_2，同时打开控制阀 V_{21}、V_{22}、V_{23}、V_{24} 和 V_{41}、V_{42}。相应的流量仪表 F21 和 F22 显示加入的碱量和酸量。落床阶段的结束条件是落床时间 5min。

• 加入酸碱和置换。加入酸碱的时间约 30min，置换时间为 30min。该阶段的动作是打开控制阀 V_{31}、V_{32}、V_{33}、V_{34} 和 V_{43}、V_{44}，同时，再生水泵 P_2 运行。该阶段中，温度控制系统 TC 投入自动运行，调节温度控制阀开度，使碱液保持恒定温度。当控制系统运行 15 min 或碱液温度升到设定温度后，自动打开 V_{51} 和 V_{52}，开始加入酸和碱。酸和碱通过喷

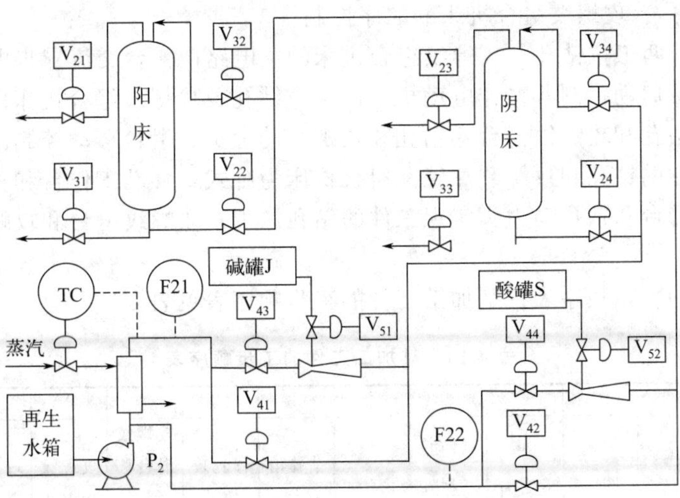

图 4-27　阳床和阴床再生系统的流程简图

射泵与再生水混合进入阳床和阴床。当酸罐和碱罐的液位下降到设定的低限 SL 和 JL 时，表示加酸和碱结束，并关闭酸和碱的控制阀 V_{51} 和 V_{52}。在其他控制阀和运转设备保持原来的打开和运转的条件下，继续 30 min 的置换过程。

• 清洗。清洗过程分两个阶段。第一阶段阀门和设备的运转状态与落床阶段相同，但是时间为 40min。第二阶段阀门和设备的运转状态与生产过程正常运行阶段相似，但是，清洗后的水不进入一级水总管，被排放到废水处理系统。打开的控制阀是 V_{11}、V_{12}、V_{13}、V_{14}，运转设备是 B_1 和 P_1。时间约 20min。该阶段结束条件是排放废水的电导率低于设定值 CL。

• 计量罐装料。该阶段为下一次再生作准备。图 4-27 未画出有关的设备和控制阀等。操作过程是打开进酸罐和碱罐的进料阀 V_{61} 和 V_{62}，当相应罐的液位达到设定的高限 SH 和 JH 时，自动关闭 V_{61} 和 V_{62}。考虑电容液位计的挂壁造成虚假液位，因此，在本阶段结束和落床阶段开始都要检查液位是否达到各罐的高限。

阳床和阴床再生过程控制系统程序简单框图如图 4-28 所示。

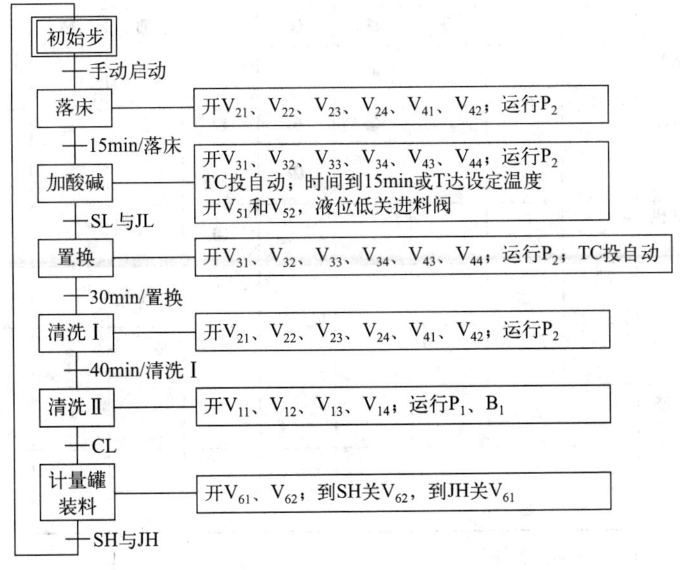

图 4-28　再生过程控制系统程序简单框图

② 两工位钻孔、攻螺纹组合机床的顺序控制。

a. 过程简介。两工位钻孔、攻螺纹组合机床的主电路由 4 台交流异步电动机及控制元器件组成，采用直接启动控制各操作电动机。两工位钻孔、攻螺纹组合机床由机床床身、移动工作台、夹具、钻孔和攻螺纹滑台、钻孔和攻螺纹动力头、滑台移动控制凸轮和液压系统等组成，用于对零件的钻孔和攻螺纹加工。组合机床为卧式，移动工作台和夹具完成工件的移动和夹紧；钻孔滑台和钻孔动力头实现工件的钻孔加工；攻螺纹滑台和攻螺纹动力头实现工件的攻螺纹加工。

b. 加工工件的工步顺序表。某加工工件的工步顺序表见表 4-14。

表 4-14　某加工工件的工步顺序表

工步号		①	②	③	④	⑤	⑥	⑦	⑧	⑨	⑩	⑩
工　步		同电启动液压泵	各部件在原位	启动凸轮电动机夹紧工件	钻孔	钻孔滑台退，原工作台右移	移到攻螺纹工位，攻螺纹	攻螺纹滑台移到终端位，延时 0.3s	攻螺纹动力头反转退出	攻螺纹滑台到原位，延时 3s	工作台移到钻孔工位，松开工件	工件松开，原位信号灯亮
检测元件	液压检测 PV		●									
	钻孔工位 SQ1		●								●	●
	钻孔滑台原位 SQ2		●			●	●	●	●	●	●	●
	攻螺纹滑台原位 SQ3		●							●	●	●
	启动按钮 SB			●								
	夹紧限位 SQ4				●	●	●	●	●	●		
	攻螺纹工位 SQ6						●	●	●	●		
	攻螺纹滑台终端位 SQ7							●				
	松开限位 SQ8		●									●
驱动元件	液压泵电动机 M1	●	●	●	●	●	●	●	●	●	●	
	凸轮电动机 M2			●	●	●	●	●	●	●		
	夹紧电磁阀 SV1			●	●	●	●	●	●	●		
	钻孔动力头电动机 M3				●							
	冷却液泵电动机 M5				●	●	●	●	●			
	工作台右移电磁阀 SV2					●						
	攻螺纹动力头电动机 M4 正转						●					
	攻螺纹动力头电动机制动 DL							●				
	攻螺纹动力头电动机 M4 反转								●			
	工作台左移电磁阀 SV3									●		
	松开电磁阀 SV4										●	
	原位信号灯 L1		●									●

注：● 表示检测元件闭合或驱动部件激励。

③ 输煤系统顺序控制系统逻辑图。某输煤系统分 A、B 两路，正常情况下运行一路，另一路备用。设备故障时，可组成交叉供煤系统，保证整个系统的供煤。

图 4-29 是两套系统之间互锁的逻辑图。

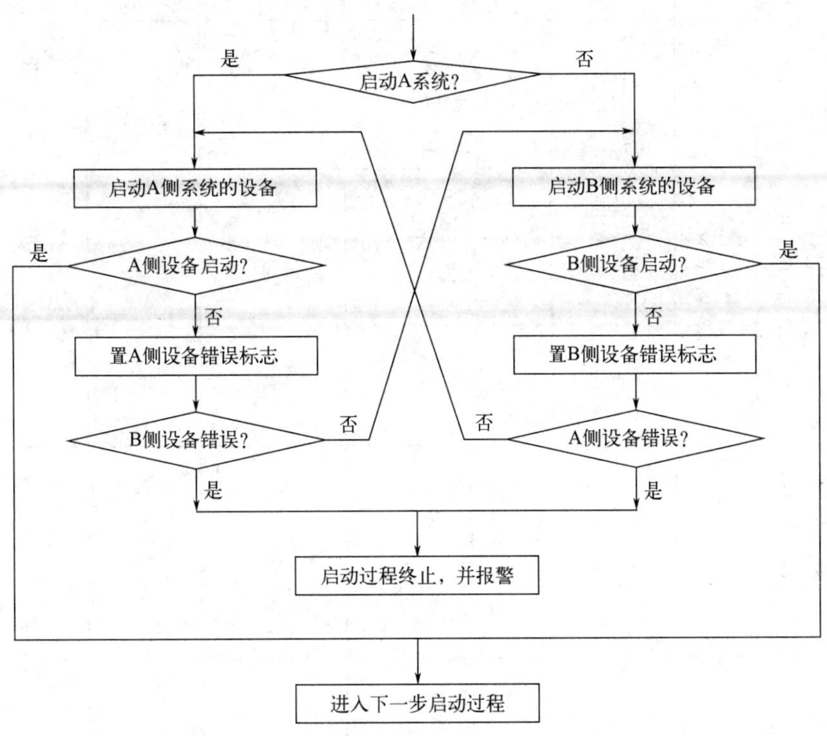

图 4-29　输煤过程系统启动互锁逻辑图

(3) SIS I/O 表

SIS I/O 表用于列出 SIS 连接的仪表位号、名称、安装位置、输入/输出信号规格、I/O 类型等信息，及 I/O 卡件任意、输入/输出隔离装置、供电等需求。

各输入输出卡件的数据表与 DCS 相同，见表 4-6DCS I/O 表的二维码。

表 4-15 是 SIS I/O 表的示例。表中，LZT-056A 是就地双法兰差压变送器，用于检测液位。其输出信号是 4～20mA 模拟信号加 HART 信号，采用隔离式安全栅，有冗余需求，它作为 SIS 的模拟量输入信号。TZE-077 是铠装热电阻，采用隔离式温变安全栅进行隔离。经该安全栅后的信号是 4～20mA 信号，因此，作为 AI 信号送 SIS。LZY-021 是电磁阀，安装在现场，供电电源是 24V DC，经继电器隔离，作为 DO 从 SIS 引出。HS-042A 是联锁复位按钮，安装在 DCS 操作员站，经继电器隔离，是干触点的开关量信号，同样，有冗余需求等。注意，SIS 系统的位号中有 Z 字母。DCS 的联锁复位开关位号没有 Z 字母。

(4) 电磁阀配置

① 带电磁阀的配置示例。控制阀带电磁阀的配置及切断阀带电磁阀的配置示例见表 4-16。

表 4-15　SIS I/O 表的示例

<table>
<tr><td></td><td></td><td></td><td></td><td></td><td></td><td colspan="2" rowspan="4">（设计单位）</td><td rowspan="3">SIS I/O 表
SIS I/O LIST</td><td colspan="2">项目名称
PROJECT</td><td colspan="2"></td></tr>
<tr><td></td><td></td><td></td><td></td><td></td><td></td><td colspan="2">分项名称
SUBPROJECT</td><td colspan="2"></td></tr>
<tr><td>1</td><td></td><td></td><td></td><td></td><td></td><td colspan="2">图号
DRAWING No.</td><td colspan="2"></td></tr>
<tr><td>版次
REV.</td><td>日期
DATE</td><td>说明
DESCRIP-
TION</td><td>设计
DES'D</td><td>校核
CHK'D</td><td>审核
APP'D</td><td>项目号
JOB No.</td><td></td><td>设计阶段
STAGE</td><td>详细工程设计
DED</td><td>第 1 页共 1 页
SHEET 1 OF 1</td></tr>
<tr><td>版次
REV.</td><td>仪表位号
TAG No.</td><td>仪表名称
DESCRI-
PTION</td><td>安装位置
LOCA-
TION</td><td colspan="2">信号规格
SIGNAL</td><td>外供电
REQ.
POWER</td><td>电源规格
POWER</td><td>安全栅/隔离器
SAFETY
BARRIER/
ISO.</td><td>I/O 冗余
要求
I/O
REDUN-
DANT</td><td>I/O 信号类型
I/O SIG.
TYPE</td><td>I/O 信号规格
I/O SIGNAL</td><td>备注
REMARKS</td></tr>
<tr><td>1</td><td>LZT-056A</td><td>双法兰差
压变送器</td><td>就地</td><td colspan="2">DC 4～
20mA＋HART
（两线制）</td><td></td><td></td><td>隔离式安全栅</td><td>有</td><td>AI</td><td>DC 4～
20mA</td><td></td></tr>
<tr><td>1</td><td>TZE-077</td><td>铠装热电阻</td><td>就地</td><td colspan="2">RTD</td><td></td><td></td><td>隔离式温变安全栅</td><td>有</td><td>AI</td><td>DC 4～
20mA</td><td></td></tr>
<tr><td>1</td><td>HS-042A</td><td>DCS
复位按钮</td><td>DCS</td><td colspan="2">ON-OFF 干接点</td><td></td><td></td><td>继电器</td><td>有</td><td>DI</td><td>ON-OFF</td><td></td></tr>
<tr><td>1</td><td>LZY-021</td><td>电磁阀</td><td>就地</td><td colspan="2">ON-OFF</td><td>有</td><td>DC 24V</td><td>继电器</td><td>有</td><td>DO</td><td>ON-OFF</td><td></td></tr>
</table>

表 4-16　带电磁阀的配置示例

类型	控制阀带电磁阀的配置	切断阀带电磁阀的配置
配置图	Z S AS I/P A B C 4~20mA DC FC	Z S AS A B C FC
功能说明	电磁阀励磁时，A 与 B 接通，控制阀打开，电磁阀失励，B 与 C 通，控制阀关闭	电磁阀励磁时，A 与 B 接通，切断阀打开，电磁阀失励，B 与 C 通，切断阀关闭

② 高安全性要求时，冗余电磁阀的配置示例。表 4-17 是高安全性要求时，带冗余电磁阀的配置示例。

表 4-17　高安全性要求时，带冗余电磁阀的配置示例

类型	控制阀带冗余电磁阀的配置	切断阀带冗余电磁阀的配置
配置图	Z S1 Z S2 AS I/P A B C A B C 4~20mA DC FC	Z S1 Z S2 AS A B C A B C FC
功能说明	高安全性要求时，电磁阀 S1 励磁，A 与 B 通；电磁阀 S2 励磁，A 与 B 通；控制阀打开。当两个电磁阀中有一个失励，则该阀的 B 与 C 通，控制阀关闭	高安全性要求时，电磁阀 S1 励磁，A 与 B 通；电磁阀 S2 励磁，A 与 B 通；切断阀打开。当两个电磁阀中有一个失励，则该阀的 B 与 C 通，切断阀关闭

③ 高可用性要求时，冗余电磁阀的配置示例。表 4-18 是高可用性要求时，带冗余电磁阀的配置示例。

表 4-18　高可用性要求时，带冗余电磁阀的配置示例

类型	控制阀带冗余电磁阀的配置	切断阀带冗余电磁阀的配置
配置图	Z S1 Z S2 AS I/P A B C A B C 4~20mA DC FC	Z S1 Z S2 AS A B C A B C FC
功能说明	高可用性要求时，电磁阀 S1 励磁，A 与 B 通；电磁阀 S2 励磁，A 与 B 通；控制阀打开。当电磁阀 S1 励磁，S2 失励，则 S1 的 A 与 B 通，S2 的 C 与 B 通；控制阀仍打开。当电磁阀 S1 失励，其 B 与 C 通，电磁阀 S2 失励，其 B 与 C 通，则控制阀关闭	高可用性要求时，电磁阀 S1 励磁，A 与 B 通；电磁阀 S2 励磁，A 与 B 通；切断阀打开。当电磁阀 S1 励磁，S2 失励，则 S1 的 A 与 B 通，S2 的 C 与 B 通；切断阀仍打开。当电磁阀 S1 失励，其 B 与 C 通，电磁阀 S2 失励，其 B 与 C 通，则切断阀关闭

4.4　MES 和 ERP 设计

4.4.1　S95 标准

S95 标准是 ISA-SP95 的简称。它是企业系统与控制系统集成的国际标准，由仪表、系

统和自动化协会（ISA）在1995年投票通过的第95个标准项目（Standard Project）。

(1) MES 的定义

S95标准定义企业商业系统和控制系统之间的集成，主要分为：企业功能、信息流和控制功能等三部分。企业功能基于普渡大学的CIM功能模型；信息流基于普渡大学的数据流模型图和ISA-S88的批量控制标准；控制功能基于普渡大学和MESA（制造执行系统协会）的功能模型。

MESA对MES（Manufacturing Execution Systems，制造执行系统）所下的定义：MES能通过信息传递，对从订单下达到产品完成的整个生产过程进行优化管理。当工厂发生实时事件时，MES能对此及时做出相应反应和报告，并用当前的准确数据对它们进行相应指导和处理。这种对状态变化的迅速响应使MES能够减少企业内部没有附加值的活动，有效地指导工厂的生产运作过程，从而使其既能提高工厂及时交货能力，改善物料的流通性能，又能提高生产回报率。

① MES的特点如下。

a. 生产活动与管理活动信息沟通的桥梁。MES对企业生产计划进行"再计划"，"指令"生产设备"协同"或"同步"动作，对产品生产过程进行及时的响应，使用当前数据对生产过程进行及时调整、更改或干预等处理。

b. 采用双向直接的通信，在整个企业的产品供需链中，既向生产过程人员传达企业的期望（计划），又向有关部门提供产品制造过程状态的信息反馈。MES采集从接受订货到制成最终产品全过程的各种数据和状态信息，其目的在于优化管理活动。因此，它强调的是当前视角，即精确的实时数据。

c. MES强调控制和协调，它是围绕企业生产这一为企业直接带来效益的价值增值过程进行的。

② S95模型与S88定义的关系。S95模型定义的标准不仅适合S88的批量控制，也适合离散和连续过程的控制，因此，具有广泛的实用性。

a. 产品定义。S88批量控制的配方管理包括通用配方管理和现场配方管理，均融合在产品生命周期的管理部分，其主配方和控制配方的管理由S88定义的管理部分实现，而两者之间的信息交换则遵循S95的生产规则标准。

b. 资源管理。S88批量控制的材料存储和移动位于S88的资源管理部分，而S95描述资源的可用性，确认资源能力和无法达到的能力，及对上层商业系统关于资源能力的信息交换进行定义。

c. 生产计划。S88批量控制的计划着重于批量列表的执行，它位于S88最底层的执行部分。而S95对下列三部分的活动都进行了定义：定义与商业系统的生产信息交换、定义生产厂和生产区域的细化的生产能力计划及定义在生产部署部分定义的生产流程。

d. 生产执行。不同标准中，对生产执行的侧重面不同。S88标准着眼于批量生产过程管理和设备的监督，因此，侧重于过程和批量单元设备资源的管理。S95标准则关注市场部署的工作列表的执行情况。

e. 生产信息。S88标准只定义批量历史，需要批量的事件记录。S95标准则定义下列四方面的内容：生产性能的信息；产品和资源的跟踪（包括跟踪生产的产品和消耗的资源，分析成本和生产性能，材料移动和产品谱系跟踪）；产品和过程的分析（包括生产约束分析、生产关键指标分析、SPC/SQC及质量测试）；数据采集（包括对所有生产相关数据的搜集和存储）。

f. 物理模型。S88标准中必须定义最高层是过程单元，然后是设备单元。S95标准的物理模型包含的内容更全面，从最上层的企业，到生产厂、生产区域、制造线、直到工作单元。其中制造线对应于S88标准中的过程单元；工作单元或生产单元则对应于S88标准中的设备单元。而在此以下，两者都根据不同流程特点定义相应的设备对象。

（2）S95的信息流

S95标准的信息流包括生产计划、计划产量、生产能力、输入订单确认、长期和短期材料和能源需求、材料和能源库存、目标生产成本、实际生产性能和成本、质量保证结果、生产标准和客户需求、请求放弃在制品、成品库存、过程数据、产品和过程知识、维护请求、维护响应、维护标准和方法、维护反馈等。可大致分为如下四类：

① 产品定义的信息。产品定义的信息包括产品的生产规则、资源清单、材料表、制造清单和产品段。产品的生产规则指特定产品在实际生产中的详细定义信息，如配方、工作指令等。资源清单指生产特定产品的计划信息，包括和生产无关的信息，例如，材料订单时间等。材料表指生产特定产品的材料信息，包括与生产无关的信息，例如，发货的材料。制造清单指配方公式等。产品段指为完成一个生产步骤所需要的资源组（人、设备和材料），它是资源计划和生产特定产品之间的共享信息。这部分的信息是通过交换产品的全周期管理信息来描述如何制造一个产品。

② 生产能力信息。生产能力信息包括维护信息，生产设备状态，定义生产系统何时何地能够做何事，计划产量信息，计划可用生产资源，预估/预防维护信息，生产容量等。其中，过程段的能力是其中一个重要部分。过程段指某生产段所需资源的总和，即包括人员、设备和材料/资源等。过程段的定义是根据商业活动的细化要求，例如，计划和关键生产指标KPI的分析等。因此，过程段的能力综合了材料、人员和综合能力。这部分的信息是通过信息交换说明需要的和可获得的生产资源的容量和能力。

③ 生产计划信息。生产计划信息包括当前生产信息，生产库存信息，生产计划信息，生产材料信息，生产计划，库存控制和生产段信息。其主要内容由当前生产信息、生产库存信息、生产计划信息组成。其中，包括当前材料信息和预估材料信息，生产库存控制和预期产品产量等。这部分的信息是通过信息交换说明何时何地生产何物及需要何种资源。

④ 生产性能信息。生产性能信息是实际生产状况的实际反馈信息，它包括生产、库存、计划的相关实际情况，及生产历史和总体生产性能的评估，实际产量，原材料消耗和实际生产执行情况等。这部分的信息是通过信息交换说明生产什么产品，消耗什么资源，包括所有商业系统所需生产产品的反馈信息。

（3）S95对象模型

S95标准描述的生产对象模型，根据其功能分为四类模型，它们是资源、能力、产品定义和生产计划。资源包括人员、设备、材料和过程段对象。能力包括生产能力、过程段能力。产品定义包括产品定义的信息。生产计划包括生产计划和生产性能。

① 人力资源模型。该模型专门定义人员和人员等级，定义个人或成员组的技能和培训，定义个人的资质测试、结果和结果的有效时间段。

② 设备资源模型。该模型用于定义设备或设备等级，定义设备的描述、设备的能力，定义设备能力测试、测试结果和结果的有效时间段，定义和跟踪维护请求。

③ 材料资源模型。该模型专门定义材料或材料等级属性，对材料进行描述，定义和跟踪材料批量和子批量的信息，定义和跟踪材料位置信息，定义材料质量保证测试标准、结果和结果的有效时间段。

④ 过程段模型。过程段模型包括过程段模型和过程段能力模型。它用于专门定义过程段，提出过程段的描述，定义过程段使用的资源（人员、设备和材料），定义过程段的能力，

定义过程段的执行顺序。图 4-30 描述了过程段与个人能力、设备能力和材料能力之间的关系。

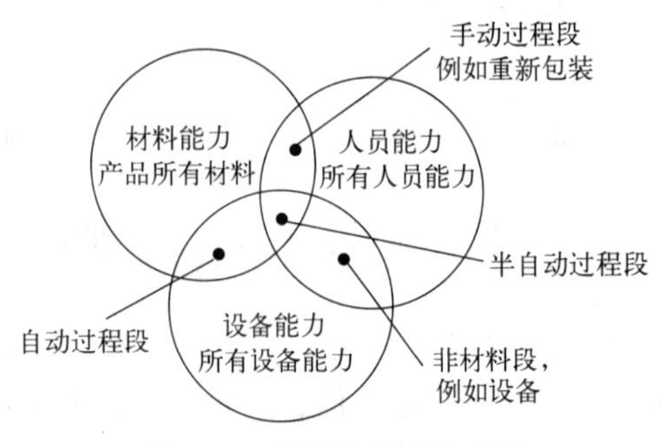

图 4-30 过程段能力的定义

⑤ 生产能力模型。该模型用于描述生产能力或其他信息。它对设备模型的特定生产单元定义其生产能力，提供当前能力的状态（包括可用性、确认能力和超出能力等），定义生产能力的位置，生产能力的物理层次（企业、生产厂、生产区域或生产单元等），定义生产能力的生命周期（开始和结束时间），对生产能力的发生日期归档。

⑥ 产品定义模型。该模型用于专门定义产品的生产规则（例如配方、生产指令等），并对该生产规则提供一个发布日期和版本，指定输出规则的时间段，提供生产规则及其他信息的描述，指定使用的材料表和材料路由，为生产规则指定产品段的需求（人员、设备的材料等），指定产品段的执行顺序。

⑦ 生产计划模型。它用于对特定产品的生产发出生产请求，并对请求提出一个唯一的标识，提供对生产计划及相关信息的描述，提供生产计划请求的开始和结束时间，并对生产计划发布时间和日期归档，指出生产计划请求的位置和设备类型（生产厂、生产区域、过程单元、生产线等）。

⑧ 生产性能模型。它根据生产计划请求的执行或某一个生产事件的报告生产结果，唯一地标识生产性能，包括版本和修订号，提供生产性能的描述和其他附加的信息，识别生产的位置信息，提供实际生产开始和结束时间，提供实际资源使用情况，提供生产的位置信息，对生产性能发布的时间和日期归档，提供生产产品设备的物理模型定义（生产厂、生产区域、过程单元、生产线等）。

(4) S95 的功能层次模型

ISA-95 标准规定了企业信息化层次模型。图 4-31 显示企业信息化集成规范的层次模型。

第 0、1 和 2 层是过程控制层。它们的对象是实际生产过程的操作、监视和控制。

第 3 层是制造运营管理（MOM，Manufacturing Operations Management）层，MOM 提供实现从接受订货到制成最终产品的全过程的生产活动优化信息。该层以生产行为信息为核心，为企业决策系统提供直接支持。

第 4 层是企业资源计划（ERP，Enterprise Resource Planning）层。该层主要包括财务管理（包括会计核算，财务管理）、生产控制（包括长期生产计划，制造）、物流管理（包括采购，库存管理，市场和销售）和人力资源管理等基本功能模块。通常，它们不直接与产品有关。

ERP 是企业资源管理平台，其重点是企业的资源，其核心思想是财务 ERP，最终为企业决策层提供企业财务状况，用于企业决策。MOM 是制造运营管理，其管理对象是生产车间，其核心是信息集成，它为经营计划管理层与底层控制层之间架起桥梁。

4.4.2 MES 规范

(1) MES 产品研发的技术要求

产品研发过程是严谨、科学地对一系列工作的组织过程。整个产品研发体系具有完整、灵活、严谨、高效的特性，进行严格的管理控制，以确保产品质量和市场反应速度，保证工

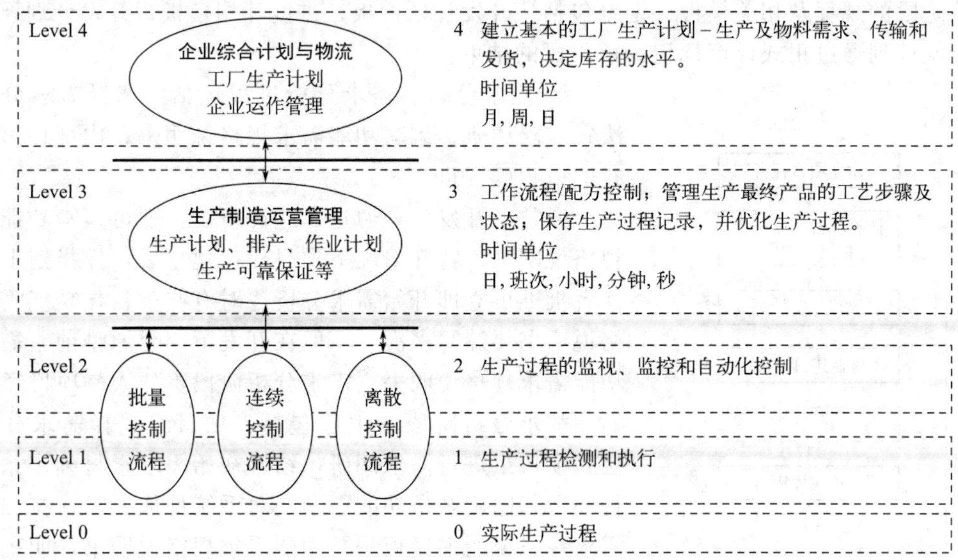

图 4-31　ISA-95 企业信息化集成规范的层次模型

作的延续性，保证各类产品问题的可追溯性，尤其是各类过程控制文档与记录的保存。产品研发最基本流程包括：概念阶段；制订开发计划；需求分析；基本设计；详细设计；编码；测试和上线及功能考核等。各阶段同时需完成质量文件的管理作业。

① 概念阶段。概念阶段是形成项目任务的过程。其过程示意图见图 4-32。

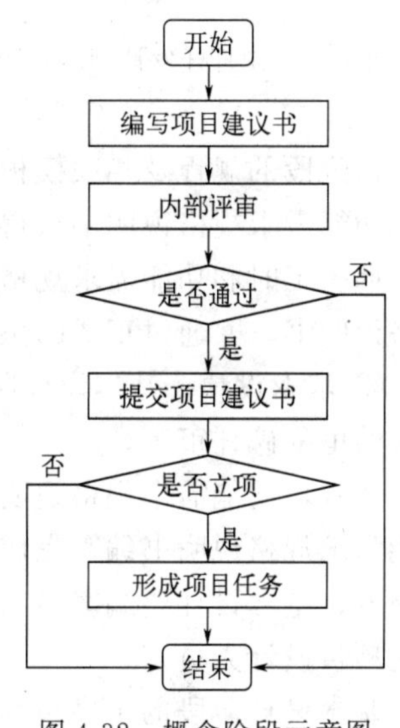

图 4-32　概念阶段示意图

概念阶段没有明确的起始标记。通常，下述四种情况被视为概念阶段的起始标记：来自客户建议或市场需求，得到主管领导批准（主管领导应加限定词）；来自公司内部研发需要，得到主管领导批准；来自部门员工的自有创意，得到主管领导批准；其他来源，得到主管领导批准。

概念阶段主要工序是：根据项目实际情况，责任人员与项目和过程相关人员按照项目建议书模板编写项目建议书；公司内部评审；向项目提出方提交项目建议书，决定是否立项；如果决定立项，则在研发部门形成项目任务，否则，结束该阶段。

本阶段工时不计为项目工时，不设定该节点的质量目标。项目提出方决定建立项目或取消项目为阶段结束标记。该阶段的规程及相关模板、记录包括公司项目建议书模板和公司项目管理办法。

② 制订开发计划。制订开发计划过程示意图见图 4-33。

项目立项获得批准，研发部门形成项目任务后，经指定的上级责任者批准即标记该阶段开始。制订开发计划阶段责任人是项目经理。

制订开发计划阶段的工序包括：在研发部门建立项目任务，组建项目组；责任人员估算项目总体规模和划分阶段；责任人员按开发计划模板编写开发计划；按进度计划模板编制进度计划；组织完成内部评审，组织开发计划的正式评审。估算和度量的内容是项目总工期和项目总工时。

该阶段的规程及相关模板、记录包括：开发计划模板；进度计划模板；开发计划评审记录。开发计划通过正式评审标记为该阶段的结束。

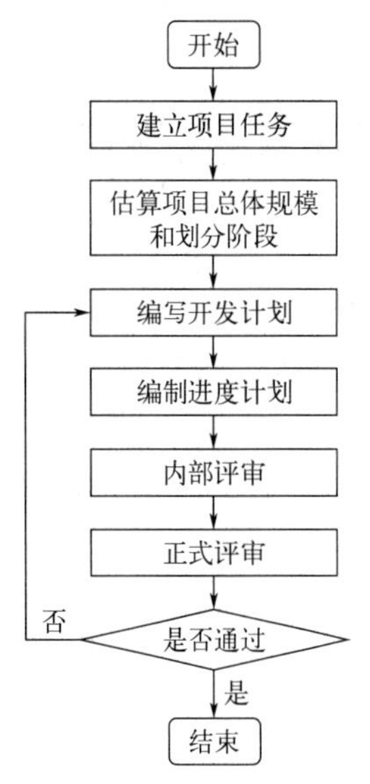

图 4-33　制订开发计划示意图

③ 需求分析。需求分析过程包括：选择需求分析方法；需求调研；编写功能需求规格说明书；内部评审；正式的里程碑评审。

通常，开发计划通过正式评审后，即可编写功能需求规格说明书。特殊情况下项目任务建立后，经指定上级责任者批准可立即开始需求分析。对有些项目，功能需求规格说明书要编写多次，一般在开发下一个原型前，需编写功能需求规格说明书。需求分析阶段责任人是项目经理。

需求分析阶段的工序包括：项目组选择需求分析方法；项目组进行需求调研，结合初始需求素材确定系统运行环境，明确客户功能需求及对系统性能要求；按照国内需求规格说明书模板编写功能需求规格说明书，明确系统功能和相关的前提条件；责任人员组织内部评审（包括测试人员评审），对最终需求分析必选，对其他需求分析可选；责任人员组织正式里程碑评审，对最终需求分析必选，对其他需求分析可选。

该阶段的规程及相关模板、记录包括：功能需求规格说明书模板；需求分析审查记录。

功能需求规格说明书获得正式里程碑评审的通过标记为该阶段的结束。该阶段对本阶段的工期、工时和功能需求规格说明书进行估算和度量。阶段质量目标是形成确定的功能需求规格说明书，并通过正式的里程碑评审。

④ 基本设计。基本设计阶段包括：组织进行基本设计；编写基本设计书；内部评审和正式的里程碑评审等。

通常，功能需求规格说明书通过正式的里程碑评审后即标记本阶段开始。特殊情况下，功能需求规格说明书编写完成后，经指定的上级责任者批准可立即开始基本设计。对有些生存周期，基本设计要编写多次。一般在开发一个原型时，要编写基本设计书。该阶段责任人员是项目设计人员。

基本设计阶段的工序包括：应用面向对象的设计方法，在功能需求规格说明书的基础上建立系统总体结构，划分功能模块；设计各功能模块的处理逻辑，定义各功能模块接口；设计数据库（如需要）；按照基本设计书模板编写基本设计书；责任人员组织内部评审，对最终基本设计书必选，对其他基本设计书可选；责任人员组织正式评审，对最终基本设计书必选，对其他基本设计书可选。

该阶段的规程及相关模板、记录包括：面向对象的设计方法；基本设计书模板；基本设计审查记录。

基本设计书获得正式评审通过标记基本设计阶段的结束。该阶段对本阶段的工期、工时和基本设计书进行估算和度量。阶段质量目标是形成基本设计书，并通过正式评审。

⑤ 详细设计。基本设计书通过正式评审后即进入详细设计阶段。特殊情况下，基本数据书编写完成后，经指定的上级责任者批准可立即开始详细设计。该阶段责任人员是项目设计人员。

详细设计阶段的工序包括：应用面向对象的设计方法，在基本设计书的基础上进行详细设计，确定系统功能的详细流程和代码规格；按照详细设计书模板编写详细设计书；详细设计书的评审可选，由项目经理根据项目需要决定；规程及相关模板和记录；面向对象设计方法；详细设计书模板。

该阶段对本阶段的工期、工时和详细设计书进行估算和度量。形成详细设计书是该阶段的结束标记。阶段质量目标是形成详细设计书。

⑥ 编码。编码阶段包括编码、定期的内部评审、单体测试等。基本设计或详细设计结束后，进入编码阶段。该阶段的责任人员是项目的开发人员。

编码阶段的工序包括：遵照编程规范进行编码；项目经理组织进行定期的内部评审；系统的单体测试，确认所有功能能够正常实现。

该阶段的规程及相关模板、记录包括编程规范。该阶段对本阶段的工期、工时和系统源代码进行估算和度量。阶段质量目标是所有源代码符合编程规范，系统通过单体测试。所有功能能够正常实现，系统通过单体测试标记为该阶段的结束。

⑦ 测试。测试阶段包括：编写测试计划；设计测试用例；组合测试和总体测试；编写测试报告。该阶段的责任人员是项目的测试人员。

功能需求规格说明书通过正式的里程碑评审后，即可开始编写测试计划，进入测试阶段。

测试阶段的工序包括：按照测试计划模板编写测试计划，设计测试用例；对系统进行组合测试和总体测试，填写测试记录；按照测试报告模板编写测试报告。

该阶段的规程及相关模板、记录包括：测试计划模板，测试报告模板，测试记录。该阶段对本阶段的工期、工时、测试计划和测试报告、测试用例、测试记录进行估算和度量。阶段质量目标是测试计划和测试报告符合规范，测试记录完整，系统通过集成测试和系统测试。通常，结合系统的研发，测试往往会反复开展，没有明确的结束标记。当系统通过功能考核后，测试阶段可视为结束。

⑧ 上线及功能考核。上线及功能考核阶段包括上线投入运行、功能考核、编写结题报告、提交相关资料等。当项目满足上线投入运行的要求或因其他原因而上线时，标记本阶段开始。本阶段可能与测试阶段重叠。该阶段的责任人是项目经理。

上线及功能考核阶段的工序包括：按上线要求组织系统上线投入运行；组织系统的功能考核，编写结题报告；整理设计文档和过程记录，向公司提交相关资料；按照质量保证要求为系统提供质量保证服务。

该阶段的规程及相关模板、记录包括：结题报告模板；设计文档和过程记录。本阶段没有明确的结束标记，质量保证期结束可视为结束标记。

该阶段的质量目标是系统成功上线运行。本阶段对质量保证期内的服务次数进行估算和度量。

（2）MES 产品实施和服务技术要求

企业实施 MES 的立项和决策要由企业主要领导参与并直接领导，宜得到企业关键部门的全力支持，特别是要得到工程、制造、信息系统方面的管理部门的支持。应至少建立独立的“MES 服务部”，以区别于产品研发部门。

① 基本人员和岗位职责。MES 实施队伍宜由应用企业的领导信息系统、电子、机械工程、制造等部门及其他管理人员和 MES 供应商支持实施人员组成，并明确各自岗位职责。

a. MES实施人员的岗位职责。表4-19是MES实施人员的岗位职责。

表4-19 MES实施人员的岗位职责

项目岗位	产生部门	条件要求	岗位职责
MES项目负责人	企业二级	企业二级厂领导	·项目的组织领导； ·项目实施计划的审批及实施结果的验收； ·项目实施过程资源的调配； ·确定实施过程中的问题及解决方案，并推动实施
MES项目实施经理	软件实施部门	·熟悉企业管理业务流程； ·有较扎实的计算机技术基础和实施经验； ·能协调MES项目实施过程中所辖人员的工作	·控制MES项目的进度； ·与业务人员确认实施过程中的瓶颈问题； ·对项目实施过程中开发人员有调动权力； ·进行MES项目实施中的功能需求分析，制订计划，监督项目进展，考核实施人员工作状况； ·向项目负责人汇报工作进展情况
MES项目实施小组	公司，企业部门技术人员	·精通本部门业务流程； ·有一定的计算机技术基础； ·能协调MES项目实施过程中所辖人员的工作； ·工作严谨负责，积极性高； ·对企业忠诚职守	·指导其他部门实施人员的工作任务，确保项目计划的顺利实施； ·提出项目实施过程中的问题
各部门MES项目负责人，协调管理员	公司，企业技术负责人	·精通本部门业务流程，了解计算机知识； ·工作严谨负责，积极性高； ·对企业忠诚职守	·参与MES项目的全过程实施，进行需求分析工作； ·系统管理员维护的正常运转； ·指导所辖人员的具体工作
各部门MES主要应用人员	公司，企业各应用部门	·精通自己从事的本职工作； ·了解计算机知识； ·工作严谨负责，积极性高； ·对企业忠诚职守	·参与MES项目的全过程实施，进行需求分析、基本设计审查、调试的数据准备、项目考核验收等工作。对系统进行维护； ·流程说明：变更流程、设计审批流程、产品开发流程等

b. MES实施人员的技术要求。表4-20是MES实施人员的技术要求。

表4-20 MES实施人员的技术要求

类型	素质要求	实施准备任务
设计人员	·部门技术骨干，熟悉本部门产品（从事设计工作三年以上）； ·有一定的计算机知识，熟悉本部门的业务流程； ·熟悉典型产品的技术数据	
工艺人员	·部门技术骨干，熟悉本部门产品（从事设计工作三年以上）； ·了解计算机知识； ·熟悉本部门的所有工艺流程和工艺文件	典型产品的完整工艺
标准化人员	·部门技术骨干，熟悉公司产品； ·熟悉企业标准和编码； ·熟悉企业的技术文档管理规范； ·熟悉本部门的所有工作流程、工作模式和标准化管理	提供企业的技术文档资料；了解企业的编码规则
其他要求人员	·每个部门确定两名以上技术人员参加MES项目组，另配技术人员配合工作，人员要求保持稳定； ·项目组人员必须参加有关MES的各类培训和讨论	

c. MES 单位的职责。表 4-21 是 MES 项目单位和项目实施单位的职责。

表 4-21　MES 项目单位和项目实施单位的职责

单位	职责
项目单位	・提供有关业务要求及资料(包括产品目录大纲、成本核算思路、质量信息、HMI 设置、PDI 数据格式及表格、现有网络及分布情况等)以及生产设备的技术指导与生产目标(生产工艺、生产品种、生产规格、生产能力等)； ・共同完成系统有关的管理代码设计； ・在项目实施单位指导下，按照项目进度要求，在系统实施阶段，按时、按质、按量完成基础数据收集、整理和录入工作； ・共同承担系统验收和用户测试工作，并协助项目实施单位做好试运行工作； ・指定专人负责，参与跟踪系统的开发，并在项目实施单位指导下接受应用软件系统的培训，以便将来能独立地维护和使用系统； ・督促有关管理和业务人员严格正确使用系统，以充分发挥利用计算机进行生产管理、协调、指挥的优越性； ・提供项目实施单位人员在工厂工作期间必要的工作条件(工作场地)； ・各项工作的实施规范； ・为保证产品上线成功，并持续稳定运行无误，必须建立相关服务保障机制，各项工作必须有明确实施规范，并有明确责任人进行有效地执行，同时，保持必要的有效记录
项目实施单位	・负责内外部接口的设计及通信交换数据的确认； ・指导项目单位，并与项目单位共同完成系统有关管理代码设计； ・承担应用软件系统设计开发任务(包括接口及通信软件开发)； ・负责系统编程和调试，并提供相应文档资料； ・指导项目单位做好基础数据收集、整理、录入等工作； ・按工程进度及时完成系统硬件及网络平台、操作系统、数据库的安装和调试； ・与项目单位共同承担系统验收工作和鉴定工作； ・负责最终用户的使用培训、技术培训； ・负责协调验收后一年内的(免费)维护工作

② MES 各项工作。MES 的各项具体工作详见有关规范。

(3) MES 产品功能技术要求

MES 产品的基本功能一定要满足企业生产管理的各种情况，同时要对车间级生产过程中可能发生的各种实际变化进行动态计划调整与实时指导，为灵活适应管理的改变打好基础。

① 不同行业对 MES 产品的功能技术要求不同。

② MES 产品的功能技术要求以各参考功能的评分和权重等指标进行评分。

③ MES 产品的功能技术评分分为：环境与用户界面（100）、系统整合与集成能力（100）、权限与系统管理（100）、基本信息（30）、订单管理（70）、生产资源的分配与监视（120）、计划与详细排产（150）、质量管理（150）、生产管理（100）、数据收集（150）、产品的系谱与产品跟踪（120）、作业者管理（40）、仓库管理（100）、发货管理（100）、维护管理（30）、性能分析（70）、历史数据管理（60）和文档管理（50）等 18 项。每项有分项指标、分值和权重值，详见有关规范。

(4) MES 信息流及主要对象属性集

MES 信息流见图 4-34。

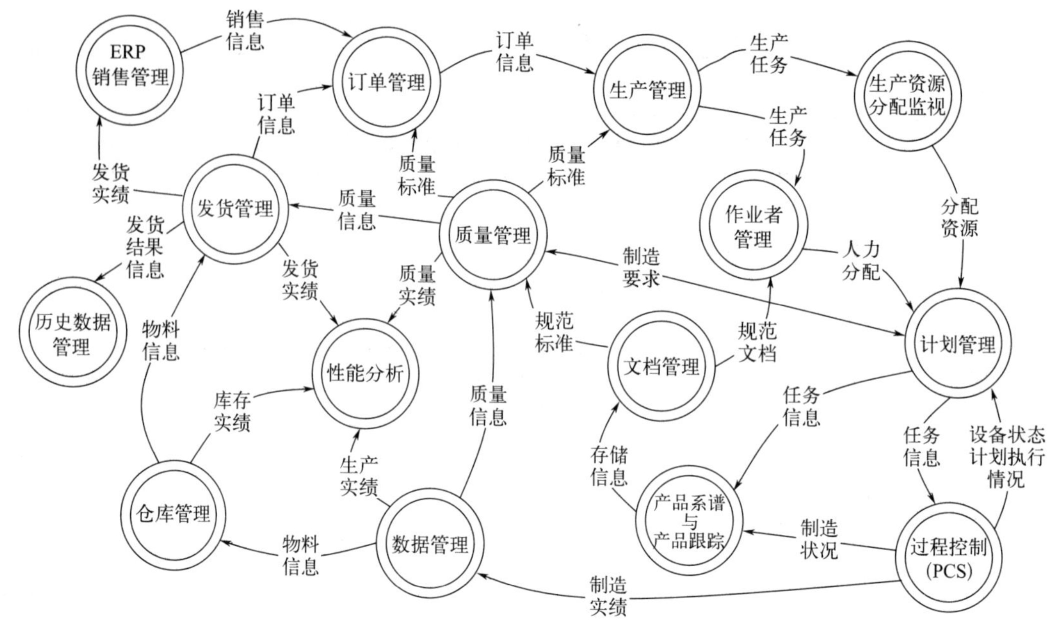

图 4-34　MES 信息流

4.4.3　ERP 规范

(1) 一般规定

ERP 系统的产品设计遵循下列原则：

① 底层设计高度集成化。各类数据、计算、共享高度统一，不同于单类应用的简单连接。

② 产品采用先进和稳定的 IT 开发平台。系统稳定、安全、灵活和可扩充。

③ 在各种行业有丰富的实用案例。

④ 软件提供者本身的业务保持持续健康发展，保证产品持续发展，服务持续提供。

⑤ 符合相关制度和法规，适合企业管理和人文文化特点。

为满足上述原则，必须在产品研发、实施、服务、产品功能各方面建立相关标准工作方法和内容。ERP 是针对物资资源管理（物流）、人力资源管理（人流）、财务资源管理（财流）、信息资源管理（信息流）集成一体化的企业管理软件。

(2) ERP 产品研发的技术要求

ERP 是指建立在信息技术基础上，以系统化的管理思想，为企业决策及员工提供决策运行手段的管理平台。整个体系应具有完整、灵活、严谨、高效的特性，进行严格的管理机制，以确保产品的质量和市场反应的速度，保证工作的延续性，保证各类产品问题的可追溯性，尤其是各类过程控制文档与记录的保存。

ERP 研发循环总流程包括新产品规划提案作业程序、新产品开发作业程序、设计变更作业程序、产品功能异常处理作业程序等。

表 4-22 是 ERP 研发循环总流程各作业程序框图。

表 4-22　ERP 研发循环总流程各作业程序框图

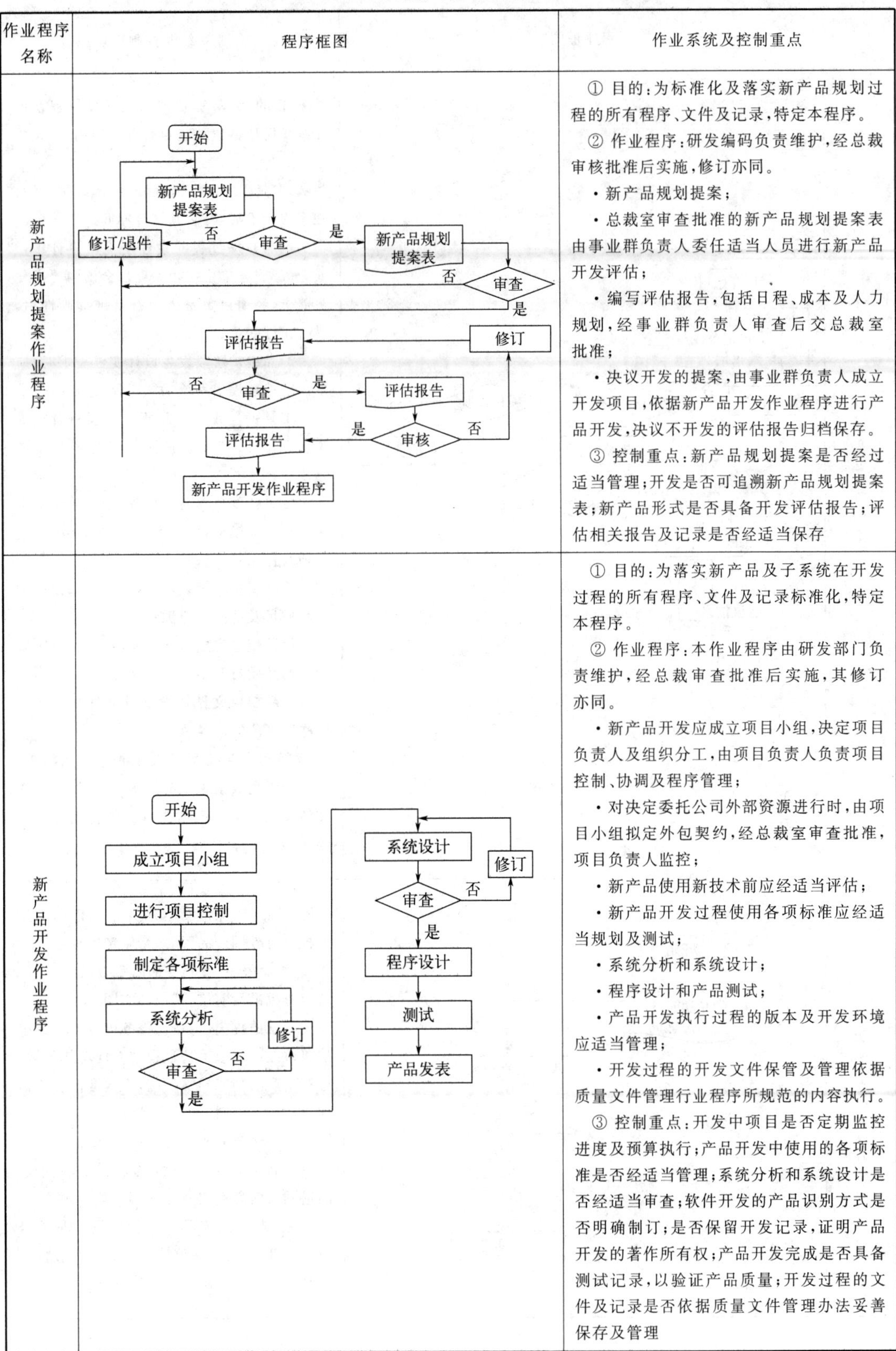

作业程序名称	程序框图	作业系统及控制重点
新产品规划提案作业程序		① 目的：为标准化及落实新产品规划过程的所有程序、文件及记录，特定本程序。 ② 作业程序：研发编码负责维护，经总裁审核批准后实施，修订亦同。 • 新产品规划提案； • 总裁室审查批准的新产品规划提案表由事业群负责人委任适当人员进行新产品开发评估； • 编写评估报告，包括日程、成本及人力规划，经事业群负责人审查后交总裁室批准； • 决议开发的提案，由事业群负责人成立开发项目，依据新产品开发作业程序进行产品开发，决议不开发的评估报告归档保存。 ③ 控制重点：新产品规划提案是否经过适当管理；开发是否可追溯新产品规划提案表；新产品形式是否具备开发评估报告；评估相关报告及记录是否经适当保存
新产品开发作业程序		① 目的：为落实新产品及子系统在开发过程的所有程序、文件及记录标准化，特定本程序。 ② 作业程序：本作业程序由研发部门负责维护，经总裁审查批准后实施，其修订亦同。 • 新产品开发应成立项目小组，决定项目负责人及组织分工，由项目负责人负责项目控制、协调及程序管理； • 对决定委托公司外部资源进行时，由项目小组拟定外包契约，经总裁室审查批准，项目负责人监控； • 新产品使用新技术前应经适当评估； • 新产品开发过程使用各项标准应经适当规划及测试； • 系统分析和系统设计； • 程序设计和产品测试； • 产品开发执行过程的版本及开发环境应适当管理； • 开发过程的开发文件保管及管理依据质量文件管理行业程序所规范的内容执行。 ③ 控制重点：开发中项目是否定期监控进度及预算执行；产品开发中使用的各项标准是否经适当管理；系统分析和系统设计是否经适当审查；软件开发的产品识别方式是否明确制订；是否保留开发记录，证明产品开发的著作所有权；产品开发完成是否具备测试记录，以验证产品质量；开发过程的文件及记录是否依据质量文件管理办法妥善保存及管理

续表

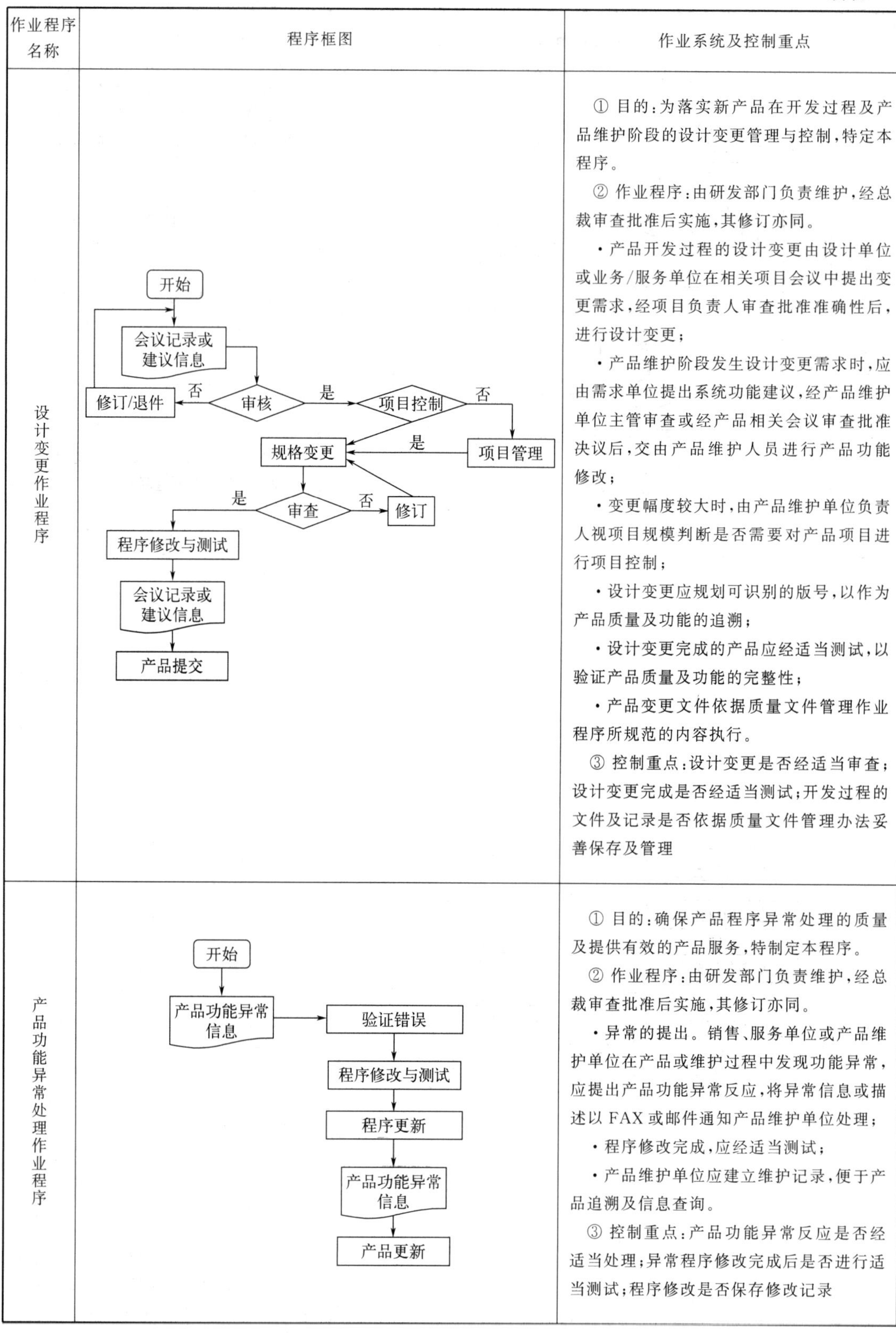

作业程序名称	程序框图	作业系统及控制重点
设计变更作业程序	（见上图）	① 目的：为落实新产品在开发过程及产品维护阶段的设计变更管理与控制，特定本程序。 ② 作业程序：由研发部门负责维护，经总裁审查批准后实施，其修订亦同。 • 产品开发过程的设计变更由设计单位或业务/服务单位在相关项目会议中提出变更需求，经项目负责人审查批准准确性后，进行设计变更； • 产品维护阶段发生设计变更需求时，应由需求单位提出系统功能建议，经产品维护单位主管审查或经产品相关会议审查批准决议后，交由产品维护人员进行产品功能修改； • 变更幅度较大时，由产品维护单位负责人视项目规模判断是否需要对产品项目进行项目控制； • 设计变更应规划可识别的版号，以作为产品质量及功能的追溯； • 设计变更完成的产品应经适当测试，以验证产品质量及功能的完整性； • 产品变更文件依据质量文件管理作业程序所规范的内容执行。 ③ 控制重点：设计变更是否经适当审查；设计变更完成是否经适当测试；开发过程的文件及记录是否依据质量文件管理办法妥善保存及管理
产品功能异常处理作业程序	（见上图）	① 目的：确保产品程序异常处理的质量及提供有效的产品服务，特制定本程序。 ② 作业程序：由研发部门负责维护，经总裁审查批准后实施，其修订亦同。 • 异常的提出。销售、服务单位或产品维护单位在产品或维护过程中发现功能异常，应提出产品功能异常反应，将异常信息或描述以 FAX 或邮件通知产品维护单位处理； • 程序修改完成，应经适当测试； • 产品维护单位应建立维护记录，便于产品追溯及信息查询。 ③ 控制重点：产品功能异常反应是否经适当处理；异常程序修改完成后是否进行适当测试；程序修改是否保存修改记录

续表

作业程序名称	程序框图	作业系统及控制重点
质量文件管理作业程序	开始 → 文件公布 → 特殊文件需求 → 业务联系单 → 审核（否：返回；是：文件质量收发登录表）→ 文件资料查收 → 业务联系单、文件质量收发登录表	① 目的：为使本公司文件管理与控制能落实执行，制定文件的建立、发行、变更及保密与安全的程序，以有效管理各项质量文件，特定本程序。 ② 管理内容：由研发部门负责维护，经总裁审查批准后实施，其修订亦同。 • 开发阶段所完成的各项技术资料及质量记录、产品功能建议单、产品功能异常单及会议记录等资料，应视资料储存特性由项目负责人或产品维护负责人定义储存资料的方式，并妥善保存； • 为让全体员工充分分享现有信息，项目小组及产品维护单位可将分享统一公布； • 非分享的记录或资料，属技术机密者，发生调阅需求时，应由需求单位填写业务联系单，由资料保管单位主管授权批准，才能取得资料，资料如有归还必要性，则保管单位应登录在质量文件收发登录表中进行追踪管理； • 资料文件归还时，应在质量文件收发登录表记录。 ③ 控制重点：产品文件是否定义储存方式，并根据储存方式落实执行；是否设置文件管理与控制人员，负责质量文件的管理；属于技术机密文件的申请是否具备申请记录，申请是否具备适当审核；管理与控制文件的收发是否登录在质量文件收发登录表

(3) ERP 产品服务的技术要求

为了 ERP 产品服务，至少应建立独立的 ERP 服务部，以区别于产品研发部门。服务部基本人员包括工程师、顾问、服务专员、系统分析师和程序员。

表 4-23 是 ERP 产品服务的各项工作。

表 4-23　ERP 产品服务的各项工作

服务名称	适用阶段	服务提供者	服务对象	服务内容及目的说明
系统集成与安装	实施	ERP 服务部工程师	用户信息部门技术工程师	将 ERP 安装到用户的服务器里，调试网络及周边设备等，确保软件能够正常在用户的整体环境中顺利执行
教育培训	实施，维护	ERP 服务部顾问	用户使用部门信息部门人员	通过事先设计好的教材及步骤，让学员了解 ERP 标准功能及操作方式，以便学员学成后能够顺利操作系统并有助于系统实施工作的执行
系统实施	实施	ERP 服务部顾问	用户使用部门信息部门人员	通过事先设计好的实施辅导流程及信息工具的协助，以科学、系统的方法，按照计划使用户可顺利将 ERP 导入企业内使用

续表

服务名称	适用阶段	服务提供者	服务对象	服务内容及目的说明
热线服务	维护服务	ERP服务部服务人员	用户使用部门信息部门人员	以训练有素的服务人员，接受用户对软件使用方面的各种询问，为用户解答问题，提供指导，以确保ERP在用户处可顺利使用
二次开发	实施，维护	ERP服务部分析师，程序员	用户使用部门信息部门人员	因用户企业本身特殊情况导致标准软件功能无法满足需求时，由专门技术人员与用户讨论并确定其需求内容，将需求转化为程序规格后，拟定适合该用户使用的个性化程序，以弥补标准软件无法满足用户的情况
线上诊断	维护	ERP服务部工程师，服务人员	用户信息部门技术人员	经MODEM及遥控软件，以在线方式为用户软件运行环境进行必要检查，以判断异常发生原因后，采取必要措施为用户排除软件使用上的各种疑难问题，使ERP能在用户处顺利运行
版本更新	维护	ERP服务部服务人员，ERP产品研发中心	用户信息部门技术人员	因法令修改，经营环境变化或软件技术进步所导致ERP软件在功能及技术上无法满足用户需求，由产品研发部门针对用户需求，事先开发出新版本的软件，再为用户更新软件，使用户处的ERP维持在最新状态，确保ERP在用户处顺利运行
技术培训	维护	ERP服务部分析师，程序员	用户信息部门技术人员	针对规格较大，购买ERP程序源代码及开发技术培训课程的用户，针对其信息部门的技术人员，提供经设计的完整培训课程，使用户技术人员也拥有ERP系统的技术能力，以便就近为用户提供各种服务，使ERP在用户处能更顺利运行

(4) ERP产品功能的技术要求

与MES产品功能的技术要求类似，ERP产品功能等技术要求也采用评分的方式进行。评分的内容包括：环境与用户界面、系统整合、系统管理、基本信息、存货、采购、营销、BOM（物料清单）、工单、工艺、MRP（物料需求计划）、成本、人力资源、品质保证、经营决策、总账、自动分录、应收、应付、固定资产等20项，各项都为100分。各项还细分为若干分项，并有分值和权重值。详细信息见有关规范。

4.5 工业互联网平台

4.5.1 工业互联网体系架构

(1) 工业互联网平台部署

图4-35是工业互联网平台部署的示意图。

工业互联网平台指可集成工厂内部和/或工厂外部的各种数据、服务、用户等各类资源，在此基础上提供工业数据集成分析、应用支撑能力和基础应用能力，以支撑各种工业互联网应用。它是构建产业生态的重要基础。从实施部署看，工业互联网平台既可部署在工厂内部，也可部署在工厂外部。从功能看，工业互联网平台应提供功能、性能、安全等基本通用要求。而对不同企业，则可根据各自产品和市场定位，选择实现其部分能力，因此，具体的功能、性能、安全等的实现和技术选择需要与具体应用领域相结合。

(2) 工业互联网平台参考架构

图4-36是工业互联网平台的参考架构。

从功能实现看，工业互联网平台架构分为边缘连接、云基础设施、基础平台能力、基础

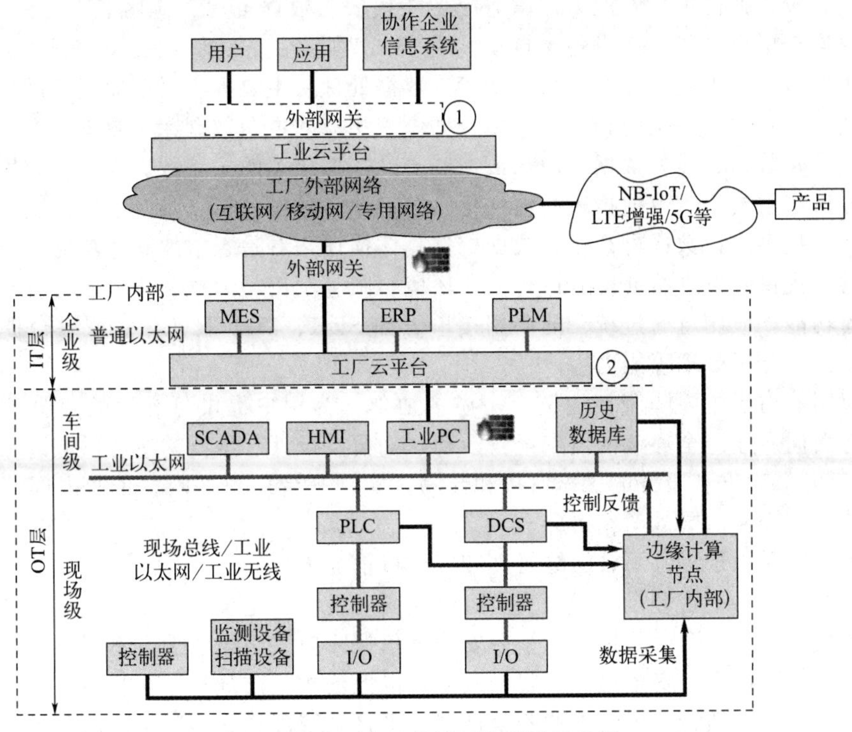

图 4-35　工业互联网平台部署示意图

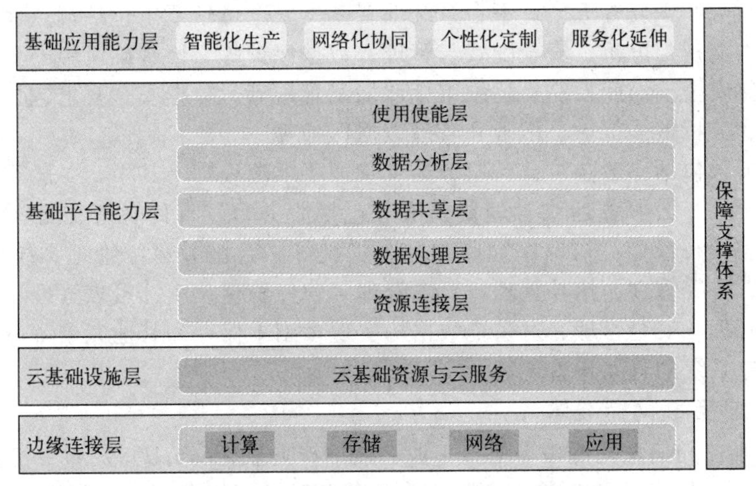

图 4-36　工业互联网平台参考架构

应用能力及保障支撑体系等。

边缘连接层提供靠近边缘的分布式网络、计算、存储及应用等智能服务。

云基础设施层提供虚拟化计算、存储和网络资源，及基础框架（如 Hadoop、OpenStack、Cloud Foundry）、存储框架（如分布式文件系统 HDFS）、计算框架（如 MapReduce、SPARK）、消息系统等支撑能力。它提供云资源及云资源管理、运行和云服务调用相关的框架支撑。工业互联网应用可调用这些资源和支撑能力。

基础平台能力层提供数据采集、处理和服务的通用基础功能。工业互联网平台采用功能模块化设计，并能进行服务化封装，以方便不同功能模块之间的相互调用。实现工业互联网平台时，具有较强弹性可扩展能力，以适应功能模块、数据资源、应用能力灯的不断发展。其中，资源连接层负责与生产设备、自动化系统、智能产品、边缘网关及外部数据源进行对接，主要包括接入管理功能和数据采集功能。数据处理层主要提供对工业互联网数据的初步清洗、存储，并将数据与主题相关联，使数据进入相应的主题数据库。数据共享层主要提供物理数据、经营数据、能力数据、用户数据、产品数据相关的主题数据库，供数据分析层调用。数据分析层主要提供数据报表、可视化、知识库、数据分析工具及数据开放功能，为各类决策的产生提供支持数据可视化、数据挖掘具体描述，看是否增加其他功能。应用使能层向应用开发者提供开发支撑环境、运行支撑环境、服务调用与编排、业务运行管理和多租户管理等支撑功能，应用可通过统一的调用接口（如 SDK、Web 服务）获取平台提供的云基础设施、数据、分析处理等能力。

基础应用能力层主要围绕产业链上下游的协作，为用户提供可重用的微服务或行业服务，它支持面向产业链全环节的生产经营活动（如研发设计、生产制造、供应链和物流、产品运维等），开展数据和服务的供需对接和交易，实现平台用户之间、企业内部及不同企业间的信息共享和服务协同。

保障支撑体系用于提供平台运维管理和安全可信能力。

从安全实现看，平台建设与平台安全可信应同时设计、建设、验收和运营。平台建设方需在建设方案中考虑安全可信措施，平台安全可信保障应采用与建设方不同的安全能力提供方，进行平台风险识别、安全设计、安全服务，以保证相互监督和相互制衡。

安全可信要求包括管理视角下的安全计划、平台系统部署基本安全可信要求、云基础设施安全可信要求、数据安全要求等。基础应用能力的安全可信应制订的计划活动有：识别、保护、检测、响应和恢复等五个。平台系统部署基本安全可信要求包括端点保护、通信和连接保护、安全性监视与分析、安全配置与管理、数据保护等。云基础设施安全可信要求包括租户隔离、存储安全、访问控制、运维审计和漏洞管理等。数据安全要求包括一般要求、接入安全、监控和分析数据保护、配置和管理数据保护等。

运维管理要求包括一般要求、云服务运维管理要求流程等。其中，一般要求指物理资源和业务资源的要求。云服务运维管理要求流程包括服务台、事件管理、问题管理、变更管理、配置管理、发布管理、知识库管理和报表管理等。云服务运维管理系统应提供监控管理、权限管理、告警管理、拓扑管理、日志管理、软件管理、统计报表管理、资产管理、工单管理、计费管理、安全管理、对系统数据均实现多副本保存和其他冗余备份机制及可实现云服务运维管理系统的自动化管理等。

4.5.2 工业互联网标准体系

2019 年在工业和信息化部指导下，工业互联网产业联盟（AII）发布《工业互联网标准体系（版本 2.0）》。该标准指出，工业互联网作为新一代信息技术与制造业深度融合的产物，日益成为新工业革命的关键和深化“互联网＋先进制造业”的重要基石，对未来工业发展产生全方位、深层次、革命性影响。“工业互联网、标准先行”，标准化工作是实现工业互联网的重要技术基础。2019 年颁布的第 2 版修订了工业互联网标准体系框架及重点标准化方向，梳理了已有工业互联网标准及未来要制定的联盟标准，形成统一、综合、开放的工业互联网标准体系。

图 4-37 是新版的工业互联网标准体系。它包括基础共性、总体和应用等三大类标准。

(1) 基础共性标准

基础共性标准主要规范工业互联网的通用性、指导性标准，包括术语定义、通用需求、架构、测试与评估、管理等标准。表 4-24 是基础共性标准的内容。

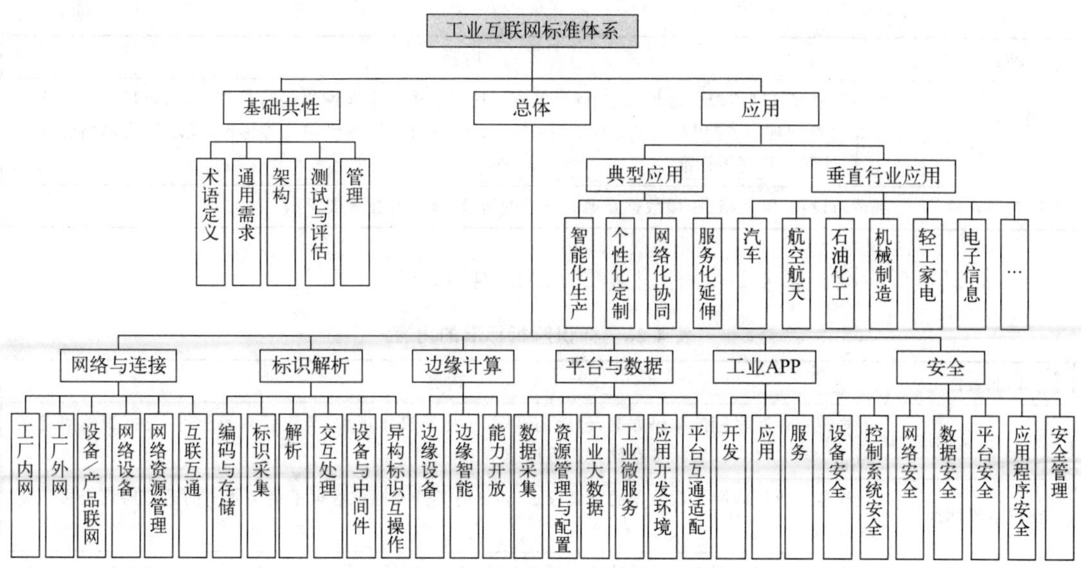

图 4-37　工业互联网标准体系

表 4-24　基础共性标准的内容

标准名称	内容
术语定义标准	规范工业互联网相关概念，为其他各部分标准的制定提供支撑，包括工业互联网场景、技术、业务等主要概念定义、分类、相近概念之间关系等
通用需求标准	规范工业互联网通用能力需求，包括业务、功能、性能、安全、可靠性和管理等方面的需求标准
架构标准	包括工业互联网体系架构及各部分参考架构，以明确和界定工业互联网的对象、边界、各部分的层级关系和内在联系
测试与评估标准	规范工业互联网技术、设备/产品和系统的测试要求，及工业互联网应用领域、应用企业和应用项目的成熟度要求，包括测试方法、评估指标、评估方法等
管理标准	规范工业互联网系统建设及运行相关责任主体及关键要素的管理要求，包括工业互联网系统运行、管理、服务、交易、分配、绩效等方面的标准

(2) 总体标准

① 网络与连接标准。表 4-25 是网络与连接标准的内容。

表 4-25　网络与连接标准的内容

标准名称	内容
工厂内网络标准	规范工业设备/产品、控制系统、信息系统之间网络互联要求，包括工业以太网、工业无源光网络(PON)、时间敏感网络(TSN)、确定性网络(DetNet)、软件定义网络(SDN)及工业无线、低功耗无线网络、第五代移动通信技术(5G)工业应用等关键网络技术标准
工厂外网络标准	规范连接生产资源、商业资源及用户、产品的公共网络(互联网、专网、VPN 等)要求，包括基于多协议标签交换(MPLS)、光传送网(OTN)、软件定义网络(SDN)等技术的虚拟专用网络(VPN)标准，及长期演进(LTE)、基于蜂窝的窄带物联网(NB-IoT)等蜂窝无线网络标准
工业设备/产品联网标准	规范工业设备/产品联网所涉及的功能、接口、参数配置、数据交换、时钟同步、定位、设备协同、远程控制管理等要求
网络设备标准	规范工业互联网内使用的网络设备功能、性能、接口等关键技术要求，包括工业网关、工业交换机、工业路由器、工业光网络单元(ONU)、工业基站、工业无线访问(AP)等标准

续表

标准名称	内容
网络资源管理标准	规范工业互联网涉及的地址、无线频谱等资源使用管理要求及网络运行管理要求，包括工业互联网IPv6地址管理规划、应用和实施等标准，用于工业环境的无线频谱规划等标准，及工厂内网络管理标准、工厂外网络管理等标准
互联互通标准	规范跨设备、跨网络、跨城数据互通时涉及的协议、接口等技术要求

② 标识解析标准。表4-26是标识解析标准的内容。

表4-26 标识解析标准的内容

标准名称	内容
编码与存储标准	规范工业互联网的编码方案，包括编码规则、注册操作规程、节点管理等标准，及标识编码在条码、二维码、射频识别标签存储方式等标准
标识采集标准	规范工业互联网标识数据的采集方法，包括各类涉及标识数据采集实体间的通信协议及接口要求等标准
解析标准	规范工业互联网标识解析的分层模型、实现流程、解析查询数据报文格式、响应数据报文格式和通信协议等要求
交互处理标准	规范设备对标识数据的过滤、去重等处理方法及标识服务所涉及的标识间映射记录数据格式和产品信息元数据格式等要求
设备与中间件标准	规范工业互联网标识解析服务设备所涉及的功能、接口、协议、同步等要求
异构标识互操作标准	规范不同工业互联网标识解析服务之间的互操作，包括实现方式、交互协议、数据互认等标准

③ 边缘计算标准。表4-27是边缘计算标准的内容。

表4-27 边缘计算标准的内容

标准名称	内容
边缘设备标准	规范边缘云、边缘网关、边缘控制器等边缘计算设备的功能、性能、接口等要求
边缘智能标准	规范实现边缘计算智能化处理能力技术的相关标准，包括虚拟化和资源抽象技术、实时操作系统、分布式计算任务调度、边云协同策略和技术等
能力开放标准	规范基于边缘设备的资源开放能力、接口、协议等要求，及边缘设备之间互通所需的调度、接口等要求

④ 平台与数据标准。表4-28是平台与数据标准的内容。

表4-28 平台与数据标准的内容

标准名称	内容
数据采集标准	规范工业互联网平台对各类工业数据的集成与接入处理相关技术要求，包括协议解析、数据集成、数据边缘处理等标准
资源管理与配置标准	规范工业互联网平台基础资源虚拟化、资源调度管理、运行管理等技术要求，及工业设备和工业资源配置要求等
工业大数据标准	包括工业数据交换、工业数据分析与系统、工业数据管理、工业数据建模、工业大数据服务等标准
工业微服务标准	规范工业互联网平台微服务架构原则、管理功能、治理功能、应用接入、架构性能等要求
应用开发环境标准	规范工业互联网平台的应用开发对接和运营管理技术要求，包括应用开发规范、应用开发接口、服务发布、服务管理及资源管理、用户管理、计量计费、开源技术等标准

续表

标准名称	内容
平台互通适配标准	规范不同工业互联网平台之间的数据流转、业务衔接与迁移，包括互通共享的数据接口、应用进行移植和兼容的应用接口、数据及服务流转迁移要求等标准

⑤ 工业 APP 标准。表 4-29 是工业 APP 标准的内容。

表 4-29　工业 APP 标准的内容

标准名称	内容
工业 APP 开发标准	规范工业 APP 参考架构、工业 APP 开发方法、工业 APP 开发平台等相关标准
工业 APP 应用标准	规范工业 APP 的应用需求、应用模式、应用评价等应用特性的相关标准
工业 APP 服务标准	服务于工业 APP 生态建设，用于规范工业 APP 的知识产权、质量保证、流通服务、安全防护等相关标准

⑥ 安全标准。表 4-30 是安全标准的内容。

表 4-30　安全标准的内容

标准名称	内容
设备安全标准	规范工业互联网中各类终端设备在设计、研发、生产制造及运行过程中的安全防护、检测及其他技术要求，包括数据采集类设备、智能装备类设备(如 PLC、智能电子设备 IED 等)等。对每一类终端设备均包括但不限于设计规范、防护要求、检测要求等标准
控制系统安全标准	规范工业互联网中各类控制系统中的控制软件与控制协议的安全防护、检测及其他技术要求，包括数据采集与监视控制系统 SCADA、集散控制系统 DCS、现场总线控制系统 FCS 等安全标准
网络安全标准	规范承载工业智能生产和应用的通信网络与标识解析系统的安全防护、检测及其他技术要求，及相关网络安全产品的技术要求
数据安全标准	规范工业互联网数据相关的安全防护、检测及其他技术要求，包括工业大数据、用户个人信息等数据安全技术要求、数据安全管理规范等标准
平台安全标准	规范工业互联网平台的安全防护、检测、病毒防护及其他技术要求，包括边缘计算能力、工业云基础设施(包括服务器、数据库、虚拟化资源等)、平台应用开发环境、微服务组件等安全标准
应用程序安全标准	规范用于支撑工业互联网智能化生产、网络化协同、个性化定制、服务化延伸等服务的应用程序的安全防护与检测要求，包括支撑各种应用的软件、APP、Web 系统等
安全管理标准	规范工业互联网相关的安全管理及服务要求，包括安全管理要求、安全责任管理、安全能力评估、安全评测、应急响应等标准

(3) 应用标准

① 典型应用标准。表 4-31 是典型应用标准的内容。

表 4-31　典型应用标准的内容

标准名称	内容
智能化生产标准	面向工业企业的生产制造环节，制定通用业务应用等标准
个性化定制标准	面向个性化、差异化客户需求，制定通用的业务应用等标准
网络化协同标准	面向协同设计、协同制造、供应链协同等场景，制定通用的业务应用等标准
服务化延伸标准	面向产品远程运维，基于大数据的增值服务等场景，制定通用的业务应用等标准

② 垂直行业应用标准。垂直行业应用标准是依据基础共性标准、总体标准和典型应用

标准，面向汽车、航空航天、石油化工、机械制造、轻工家电、电子信息等重点行业领域的工业互联网应用，开发行业应用导则，制定技术标准和管理规范，优先在重点行业领域实现突破，同时兼顾传统制造业转型升级的需求，逐步覆盖制造业全应用领域。

习题和思考题

4-1 常规仪表控制系统的工程设计和集散控制系统的工程设计有哪些不同和相同的地方？

4-2 为什么 DCS 和 PLC 都采用共享显示、共享控制的图形符号？SIS 为什么采用原来的 PLC 系统的图形符号？

4-3 现场总线控制系统为什么可采用共享显示、共享控制的图形符号？工程设计时要注意什么？

4-4 DCS 工程设计时，操作画面应如何分页？

4-5 什么情况下选用 PLC，什么情况下选用 DCS？试举例说明。

4-6 设置报警点和联锁点时，DCS 工程设计中应注意什么问题？

4-7 DCS 的防雷和接地系统应如何设计？

4-8 DCS 工程设计时，对温度检测和控制回路，常用测温元件＋变送器（或一体化温度变送器）＋通用 AI 模件的方式、测温元件＋低电平模拟量输入模件的方式，试比较它们的优点和缺点。

4-9 为什么通常将 BPCS 与 SIS 分开设置？当某过程变量既要在 DCS 显示，又要用于 SIS 作为报警和联锁信号时，应如何进行设计？

4-10 DCS 或 PLC 中的反算功能有什么作用？在仪表回路图中如何体现？

4-11 DCS 中，串级控制系统的主控制器输出为什么不是 0～100%，而用副被控变量的量程和工程单位？

4-12 现场总线控制系统中，为什么常选 PID 功能模块与阀门定位器在同一现场总线仪表？

4-13 DCS 工程设计时，如何设计报警信号来区分重要报警和一般报警？如何设计首发报警和后发报警？

4-14 SIS 工程设计中，如何要求某控制回路的 SIL 等级是 SIL 3，在工程设计时应如何考虑测量仪表、逻辑控制器和最终元件的选用？

4-15 SIS 工程设计中的高安全性和高可用性设计时，可采用什么逻辑关系实施？试举例说明。

4-16 工业互联网平台标准体系框架的建立为什么很重要？该标准体系主要由哪些标准组成？

4-17 OPAS 标准中 DCN 可包括 DCS、PLC 等，它们通过什么进行数据交换？

4-18 实施 MES 和 ERP 时，应注意什么问题？

4-19 MES 产品研发的技术要求是什么？如何进行 MES 的实施？

4-20 ERP 与 MES 之间有什么联系？

第 5 章 工程施工验收

5.1 自动化仪表工程施工及验收

5.1.1 自动化仪表工程的施工图

(1) 安装图图形符号

表 5-1 是 HG/T 21581—2012《自控安装图册图形符号》的部分图形符号（HK00）。

表 5-1 自控安装图册图形符号

名称	图形符号	名称	图形符号	名称	图形符号
压力表	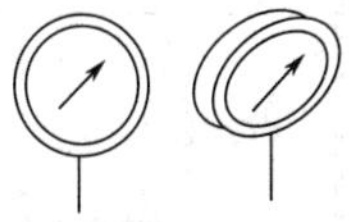	压力变送器		差压变送器	
二阀组与压力变送器组合	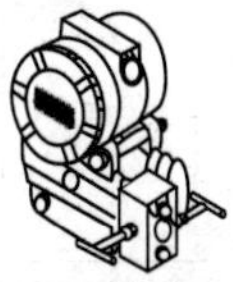	三阀组与差压变送器组合	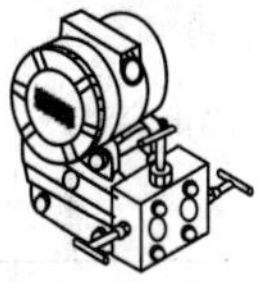	五阀组与差压变送器组合	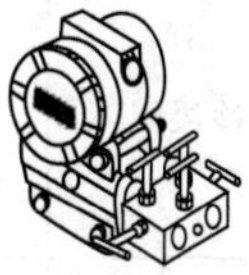
法兰式液位变送器	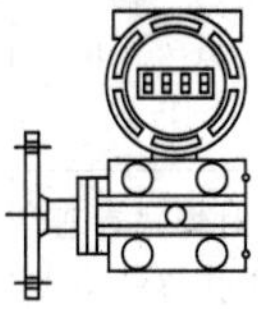	远程膜片密封差压变送器	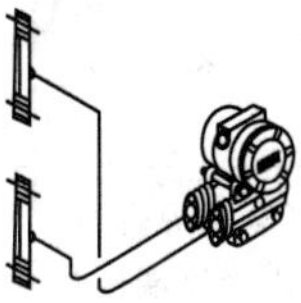	压力变送器	
温度变送器（分体式）		温度变送器（一体式）	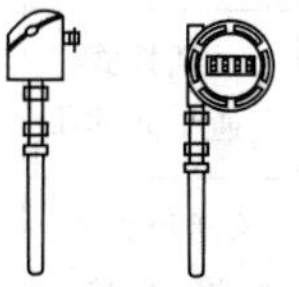	二阀组（压力变送器用）	
三阀组（差压变送器用）	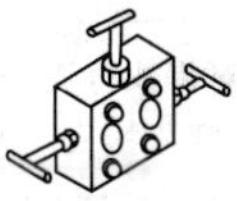	五阀组（差压变送器用）	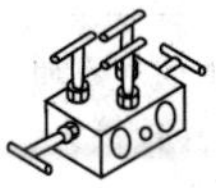	多路阀	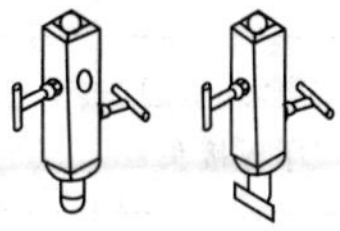
孔板(法兰取压)	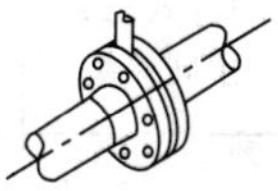	环室孔板（角接取压）	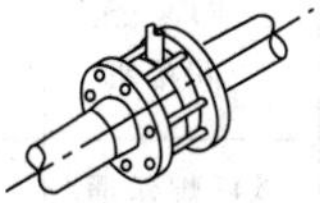	孔板（径距取压）	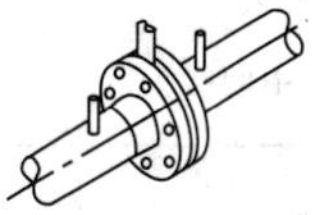
长颈喷嘴（径距取压）	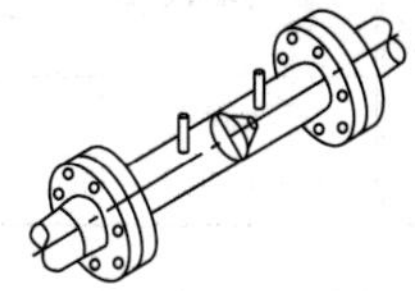	楔形流量计	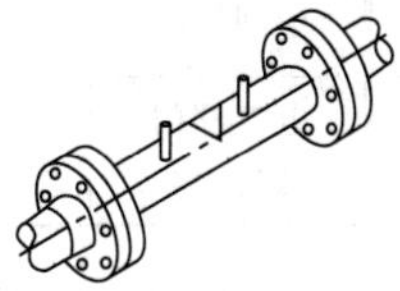	锥形流量计	

续表

名称	图形符号	名称	图形符号	名称	图形符号
均速管流量计		文丘里管流量计		弯管流量计	
平衡流量计		转子流量计		膜片压力表	
恒差继动器		浮筒液位计		空气过滤器减压阀	
分析取样过滤器		冷却罐		夹套式冷却器	
取源法兰短管		取源管接头		冷凝弯	
冷凝圈		隔离容器		分离容器	
冷凝容器		法兰		限流孔板	
卡套式直通焊接终端接头		承插焊直通焊接终端接头		对焊式直通焊接终端接头	
卡套式直通中间接头		承插焊式直通中间接头		对焊式直通中间接头	
卡套式直通螺纹终端接头		承插焊直通螺纹终端接头		对焊式直通螺纹终端接头	
卡套式直通穿板接头		承插焊直通穿板接头		对焊式直通穿板接头	
卡套式三通中间接头		承插焊三通中间接头		对焊式三通中间接头	
带丝堵三通		承插焊弯通中间接头		弯通终端接头	
压力表接头		电气阀门定位器	I/P	气动阀门定位器	P/P

续表

名称	图形符号	名称	图形符号	名称	图形符号
电气转换器		电伴热		蒸汽(热水)伴热	
接管式隔爆密封接头		隔爆密封接头		隔爆铠装电缆密封接头	
接管式防水密封接头		防水密封接头		防水铠装电缆密封接头	
隔爆密封接头挠性管		防水密封接头挠性管		防水挠性管	
疏水器		小型异径三通接头		防尘三通穿线盒	
防尘直通穿线盒		浇封式接头		护线帽	
双头短节		防爆活接头或电气活接头		填料函	

表 5-2 是施工图中阀门的图形符号，需注意，它与表 2-28 有所不同，例如，它还描述了其连接方式。

表 5-2　施工图中阀门的图形符号

名称	图形符号	名称	图形符号	名称	图形符号	名称	图形符号
角形阀		带法兰角形阀		截止阀		闸阀	
球阀		止回阀		外螺纹截止阀(带外套螺母及接管		内螺纹截止阀	
承插焊截止阀		卡套式截止阀		法兰式截止阀		对焊式截止阀	
卡套式闸阀		承插式闸阀		法兰式闸阀		对焊式球阀	
卡套式球阀		承插式球阀		法兰式球阀		气动控制阀	
双作用活塞执行机构切断阀		单作用活塞执行机构切断阀		电磁三通阀	S	堵头	

接线箱、仪表保温箱、仪表保护箱、仪表盘、仪表柜、现场盘、遮阳罩、支架等图形符号见有关规范。

(2) 自控安装图册

① 概述

a. 说明。自控安装图册见 HG/T 21581—2012，分上、下册。按使用要求分为工程图图册和典型图图册。

工程图图册各分册（HK01～HK05）均包含推荐图（用 T 表示）和任选图（用 R 表示）两种安装图。推荐图是在总结仪表安装设计经验的基础上，在安装连接方式、安装材料规格选择方面编制得较合理、成熟、可靠的安装图。任选图是为满足某些特殊仪表安装连接需要，及适应国情，与国际接轨需要而编制的安装图，例如，采用英制单位。推荐图与任选图都带仪表位号栏。

典型图图册（HK101～HK107）是仪表及仪表部件安装、仪表系统连接、仪表管路与线缆敷设等的通用图。典型安装图（用 D 表示）不带仪表位号栏。典型图图册增加了仪表箱（盘、柜）等安装图，增加组合连接安装图，它将取源部件、连接管路、伴热管线、保温（护）箱、仪表安装支架等绘制在一张安装图，以适应仪表安装设计技术发展的需要。

自控安装图册提供了仪表安装材料库。仪表安装材料代码规定为 9 位代码，即在原规定的 5 位代码基础上增加 4 位材质代码，其中 2 位是材料种类代码，2 位是材料材质代码。安装图上仪表安装材料选择，例如，导压管管径与材质、放空阀、排污阀型式与规格，测温仪表安装材料规格及仪表及管线绝热伴热材料规格等均作出唯一选择。一般情况下，自控安装图册推荐采用不锈钢材质的仪表管件与阀门。为节省工程投资，也可采用碳钢材质，管路连接图中编制了管件、阀门材质为碳钢材质的任选安装图。管路连接图中的管件、阀门尺寸等安装材料含有采用英制单位的任选安装图。例如，卡套式连接、$\left(\frac{1}{2}\right)''$管件等。

b. 压力等级。管道部件压力等级的 PN 系列和 Class 系列的对应关系见表 5-3。

表 5-3　PN 系列和 Class 系列的对应关系

PN	2.5	6	10	16	20	25	40	50	63	100	110	150	160	240	420
Class	—	—	—	—	150	—	—	300	—	—	600	900	—	1500	2500

为减少仪表安装材料品种规格，适应管道专业公称压力等级的一般用法，自控安装图册确定在工作压力不大于 16.0MPa 工况下，采用 PN63、PN160 两挡公称压力。大于 16.0MPa 工况下，采用 Class1500、Class2500 两挡公称压力。

c. Tube 管。由于 Tube 管（简称 T 管）比 Pipe（简称 P 管）有较多优势，例如，易于卡套式安装、强度质量比高、方便维护、有公制和英制之分、便于选用等，因此，自控安装图册推荐采用不锈钢 T 管。

Tube 管的壁厚用最小壁厚，Pipe 管的壁厚用公称壁厚。Tube 管制造检验要求比 Pipe 管高。

公制 T 管壁厚与工作压力（常温下）的关系见表 5-4。

表 5-4　公制 T 管壁厚与工作压力（常温下）的关系

壁厚/mm 压力/MPa 外径/mm	1.0	1.5	2.0	2.5
卡套式连接用 12	20.2	25.2	47.5	—
对焊式连接用 14	16.2	20.2	38.4	—
承插焊接连接用 18	—	15.1	29.3	37.4

自控安装图册推荐工作压力不大于 16.0MPa 的工况下，采用壁厚 1.5～2mm 的不锈钢管（承插焊连接 3mm）。工作压力在 16.0～25MPa 的工况，采用壁厚 2～2.5mm 的不锈钢管（承插焊连接 3～4mm）。工作压力在 25.0～42MPa 的工况，采用壁厚 3～4mm 的不锈钢管（承插焊连接 4～5mm）。选择管壁厚度时还应考虑工艺介质温度对导压管耐压强度的影响。

d. 仪表与管道（设备）之间的分界，按未安装仪表时管道为封闭系统考虑，即以工艺管道（设备）上仪表取压根部阀为分界线，根部阀由管道（设备）专业负责设计，根部阀后的管路由自控专业负责设计。根部阀是法兰式阀门时，管道（设备）专业还要负责法兰式阀门的法兰盖及垫片、紧固件。

e. 导压管水平敷设时，应有 1∶10～1∶100 的坡度，倾斜方向应保证能排出气体或冷凝液。导压管应按最短路径敷设，若导压管较长，需增加相应连接形式的中间接头。对承插焊连接方式的导压管，可在管路中增加安装对焊压垫式直通中间接头，其规格、材质与导压管阀件保持一致。被测介质不允许就地排放时，应将排放管接至工艺回收或放空系统。

f. 公称压力不小于 PN160 的工况下，管道专业将根部阀设置为双阀时，仪表排放阀也要设置成双阀或设置成单阀加管帽。

② 测量仪表管路连接图 根据测量仪表的类型，可分为流量、物位、压力、温度和绝热伴热等五类（HK01～HK05）。

a. 流量测量仪表管路连接图。表 5-5 是安装图册提供的流量测量仪表管路连接图一览表。

表 5-5 流量测量仪表管路连接图一览表（HK01）

图号	名称	图号	名称
法兰取压卡套式管路连接图(推荐图)		法兰取压对焊式管路连接图(推荐图)	
HK01-T111/T112	测量气体流量管路连接图(PN63/PN160)	HK01-T333/T334	测量蒸汽流量管路连接图(PN63/PN160,五阀组)
HK01-T121/T122	测量液体流量管路连接图(PN63/PN160,三阀组)	法兰式根部阀管路连接图(任选图)	
HK01-T123/T124	测量液体流量管路连接图(PN63/PN160,五阀组)	HK01-R411/R412	测量气体/液体流量(焊接终端/法兰终端)(卡套式)
HK01-T131/T132	测量蒸汽流量管路连接图(PN63/PN160,三阀组)	HK01-R413/R414	测量气体/液体流量(螺纹终端)(卡套式)
HK01-T133/T134	测量蒸汽流量管路连接图(PN63/PN160,五阀组)	HK01-R415/R416	测量气体/液体流量(焊接终端)(承插焊式)
法兰取压对焊式管路连接图(推荐图)		HK01-R417/R418	测量气体/液体(焊接终端/法兰终端)(对焊式)
HK01-T311/T312	测量气体流量管路连接图(PN63/PN160)	HK01-R419	测量蒸汽(焊接终端)(对焊式)
HK01-T321/T322	测量液体流量管路连接图(PN63/PN160,三阀组)	公称压力 Class 1500(PN260)、Class 2500(PN420)管路连接图	
HK01-T323/T324	测量液体流量管路连接图(PN63/PN160,五阀组)	HK01-R511/R512	测量气体/液体(承插焊式/对焊式) Class 1500
HK01-T331/T332	测量蒸汽流量管路连接图(PN63/PN160,三阀组)	HK01-R513/R514	测量气体/液体(承插焊式/对焊式) Class 2500

续表

图号	名称	图号	名称
英制单位管阀件管路连接图(任选图)		径距取压(D—$D/2$)管路连接图(任选图)	
HK01-R711/R712	测量气体/液体(卡套式)英制单位管阀件	HK01-R211/R212/R213	文丘里管/长径喷嘴/标准孔板测量气体(卡套)
HK01-R713	测量蒸汽(卡套式)英制单位管阀件	非标节流装置管路连接图(任选图)	
差压变送器安装在非推荐位置管路连接图(任选图)		HK01-R311/R314	均速管/弯管流量计测量气体(卡套)
HK01-R811	测量气体(差压变送器低于节流装置)(卡套式)	HK01-R312/R313	锥形流量计/楔式流量计测量液体(承插焊)
HK01-R812	测量液体(差压变送器高于节流装置)(承插焊式)	HK01-R315	平衡流量计测量气体(卡套)
法兰取压承插焊式管路连接图(推荐图)		碳钢管阀件管路连接图(任选图)	
HK01-T211/T212	测量气体流量管路连接图(PN63/PN160)	HK01-R611/R612	测量气体(对焊式)/液体(承插焊式)
HK01-T221/T222	测量液体流量管路连接图(PN63/PN160,三阀组)	HK01-R613	测量蒸汽(对焊式)
HK01-T223/T224	测量液体流量管路连接图(PN63/PN160,五阀组)	其他安装形式管路连接图(任选图)	
HK01-T231/T232	测量蒸汽流量管路连接图(PN63/PN160,三阀组)	HK01-R911	基地式差压计测量液体(对焊式)
HK01-T233/T234	测量蒸汽流量管路连接图(PN63/PN160,五阀组)	HK01-R912	隔膜密封差压变送器测量液体
角接取压管路连接图(任选图)		HK01-R913	湿气体流量测量(承插焊式)
HK01-R111/R112/R113	标准喷嘴测量气体(PN63)卡套/对焊/承插	HK01-R914	冲液法测量液体流量(承插焊式)
		HK01-R915	吹气法测量气体流量(卡套式)
		HK01-R916/R917	双变送器测量气体(卡套式)/液体(对焊式)
		HK01-R918	双变送器测量蒸汽(承插焊式)
		HK01-R919	三变送器测量气体(卡套式,DN>50)
		HK01-R920	三变送器测量气体(卡套式,DN≤50)

推荐图中节流装置均选用法兰取压，按管路连接方式分为卡套式、承插焊式和对焊式三类。任选图中分为 9 类，见表 5-5。导压管、管件和阀门材质，推荐图中选 304 不锈钢，任选图中有碳钢选项。

根部阀选型，推荐图中选 DN15 承插焊闸阀，任选图有 DN15 法兰式截止阀、内螺纹截止阀的选项。排放阀选用球阀。推荐差压变送器安装位置：测量气体时，变送器安装在节流装置上方；测量液体和蒸汽时，变送器安装在节流装置下方。

安装图册选用对焊式管阀件是对焊压垫式管阀件。因为采用承插焊直通螺纹终端接头与变送器连接时不便于拆卸维护和更换，在承插焊管路连接图中，导压管与变送器连接处均采用对焊式直通螺纹终端接头。

标准节流装置及均速管、平衡流量计、锥形流量计、楔形流量计等测量流量的取压口方位见表 5-6。均速管测蒸汽流量时，取压口方位在管道底部。

表 5-6 测量流量时取压口的方位

被测流体类型	气体	液体	蒸汽
取压口方位			

b. 物位测量仪表管路连接图。表 5-7 是物位测量仪表管路连接图一览表。

表 5-7 物位测量仪表管路连接图一览表（HK02）

图号	名称
物位测量仪表卡套式管路连接图(推荐图)	
HK02-T101	差压式测量常压设备
HK02-T102/T103	差压式测量有压设备(五阀组)PN63/PN160
HK02-T104/T105	差压式测量有压设备(三阀组)PN63/PN160
HK02-T106/T108	差压式测量有压设备(五阀组带分离容器/冷凝容器)PN63
HK02-T107/T109	差压式测量有压设备(三阀组带分离容器/冷凝容器)PN63
HK02-T110/T111	差压式测量低沸点介质(五阀组/三阀组)PN63
物位测量仪表对焊式管路连接图(推荐图)	
HK02-T301	差压式测量常压设备
HK02-T302/T303	差压式测量有压设备(五阀组)PN63/PN160
HK02-T304/T305	差压式测量有压设备(三阀组)PN63/PN160
HK02-T306/T308	差压式测量有压设备(五阀组带分离容器/冷凝容器)PN63
HK02-T307/T309	差压式测量有压设备(三阀组带分离容器/冷凝容器)PN63
HK02-T310/T311	差压式测量低沸点介质(五阀组/三阀组)PN63
HK02-T312/T313	差压式测量锅炉汽包水位(五阀组/三阀组)PN63
物位测量仪表钢带液位计在储罐上安装图(任选图)	
HK02-R101A/B/C	钢带液位计在球罐上安装图
HK02-R102A/B	钢带液位计在内浮顶罐上安装图
伺服液位计在储罐上安装图(任选图)	
HK02-R103/R104	伺服液位计/界面计/密度计在拱顶罐安装(带/不带稳波管)
HK02-R105/R106	伺服液位计在内/外浮顶罐上安装图(带稳波管)
差压式测量气柜高度安装图(任选图)	
HK02-R107A/B	差压式测量气柜高度(直行程)安装图
HK02-R108A/B/C	差压式测量气柜高度(旋转式)安装图
料位/液位变送器/料位/液位开关在设备上安装图(任选图)	
HK02-R109/R110	料位/液位变送器/料位/液位开关(法兰/螺纹式)
超声波液位/料位计在设备上安装图(任选图)	
HK02-R116	超声波液位/料位计在设备上安装图
磁致伸缩液位计在设备上安装图(任选图)	
HK02-R117	磁致伸缩液位计在设备上安装图(带旁通管)
双(三)差压式液位计测量有压设备液位管路连接图(任选图)	
HK02-R118/R119	双差压式液位计测有压设备液位(五/三阀组)PN63
HK02-R120/R121	三差压式液位计测有压设备液位(五/三阀组)PN63
放射性液位计/料位计在设备上安装图(任选图)	
HK02-R136/R137	单/多放射源和探测器
HK02-R138	棒放射源和点探测器
HK02-R139	射频导纳液位/料位计在设备上安装图

续表

图号	名称	图号	名称
外测液位计在设备上安装图(任选图)		物位测量仪表法兰式(包括螺纹式)管路连接图(推荐图)	
HK02-R140/R141	带稳波管和测量头连接座,(带校准/不带校准管)	HK02-T419/T424	远传膜片密封差压变送器(带/不带切断阀,扁平式)
物位测量仪表承插焊式管路连接图(推荐图)		HK02-T420/T421	远传膜片密封差压变送器(带切断阀,螺纹式,不带/带冲洗)
HK02-T201	差压式测量常压设备	HK02-T422/T423	远传膜片密封差压变送器(不带切断阀,法兰式,不带/带冲洗)
HK02-T202/T203	差压式测量有压设备(五阀组)PN63/PN160	HK02-T425/T426	差压液位变送器在有压设备上安装(带/不带切断阀,低压侧带远传膜片密封)
HK02-T204/T205	差压式测量有压设备(三阀组)PN63/PN160	雷达液位/料位计在设备上安装图(任选图)	
HK02-T206/T208	差压式测量有压设备(五阀组带分离容器/冷凝容器)PN63	HK02-R111/R112	雷达液位/料位计(带/不带导波管)(带锥体天线)
HK02-T207/T209	差压式测量有压设备(三阀组带分离容器/冷凝容器)PN63	HK02-R113	导波雷达液位计(杆式探头,带导波管)
HK02-T210/T211	差压式测量低沸点介质(五阀组/三阀组)PN63	HK02-R114/R115	导波雷达液位计/料位计(不带导波管,杆式/缆式探头)
HK02-T212/T213	差压式测量锅炉汽包水位(五阀组/三阀组)PN63	组合安装图(任选图)	
物位测量仪表法兰式(包括螺纹式)管路连接图(推荐图)		HK02-R122	雷达液位计(带稳波管)与差压变送器测量液位组合
HK02-T401	浮球液位开关(内装)	HK02-R123	伺服液位计与雷达液位计(带稳波管)测量液位组合
HK02-T402/T403	浮球(浮筒)液位开关(外装)(带排放/无排放)	公称压力 Class1500 差压式测有压设备液位管路连接图(任选图)	
HK02-T404	浮球液位开关	HK02-R124/R125	差压式承插焊连接(五阀组/三阀组,Class1500)
HK02-T405	UQD 电动浮球液位计	HK02-R126/R127	差压式对焊连接(五阀组/三阀组,Class1500)
HK02-T406/T407	外浮筒液位计(侧-侧式/底-侧式)	吹气法及冲液法测量液位管路连接图(任选图)	
HK02-T408/T409	外浮筒液位计(顶-底式/顶-侧式)	HK02-R128/R129	吹气法测量常压设备液位(限流孔板/吹气装置)
HK02-T410	内浮筒液位计(顶装式)	HK02-R130/R133	吹气法测量常/有压设备液位(吹气管与测量管分开)
HK02-T411/T414	差压液位变送器在常压设备上安装(带/不带切断阀)	HK02-R131/R132	吹气法测量有压设备液位(限流孔板/吹气装置)
HK02-T412/T413	差压液位变送器在有压或负压设备上安装(带切断阀和冷凝容器/分离容器)	HK02-R134/R135	冲液法测量有压设备液位(五/三阀组)
HK02-T415/T416	差压液位变送器在有压或负压设备上安装(不带切断阀和冷凝容器/分离容器)		
HK02-T417/T418	远传膜片密封差压变送器(带切断阀,法兰式,不带/带冲洗)		

连接方式的选择，优先选用卡套式，其次，选承插焊式，最后选对焊式。导压管管径见表5-4。阀组连接，首推五阀组，其次，选三阀组。导压管、管件和阀门材质，推荐图中选304不锈钢。

根部阀为承插焊DN15闸阀，法兰式仪表安装图中采用法兰球阀。排放阀除承插焊连接形式采用承插焊闸阀外，都选用球阀。与根部阀连接的直通焊接终端（异径）接头分卡套式、承插焊和对焊式三种形式。其一端与承插焊楔式闸阀焊接，另一端根据连接方式分别连接不同管径的导压管。承插焊直通螺纹终端接头与变送器连接时，为便于拆卸、维护和更换，导压管与变送器连接处均采用对焊式直通螺纹终端接头。

c.压力/压差测量仪表管路连接图。表5-8是压力/压差测量仪表管路连接图一览表。

表5-8 压力/压差测量仪表管路连接图一览表（HK03）

图号	名称	图号	名称
卡套式压力测量仪表管路连接图(推荐图)		承插焊式压差测量仪表管路连接图(推荐图)	
HK03-T111/T112	测量气体压力管路连接图(PN63/PN160)	HK03-T533/T534	测量蒸汽压差管路连接图(五阀组)(PN63/PN160)
HK03-T121/T122	测量液体压力管路连接图(PN63/PN160)	承插焊式连接方式压力表安装图(推荐图)	
HK03-T123/T124	测量液体压力管路连接图(二阀组)(PN63/PN160)	HK03-T701/T702	压力表(带排放阀)(PN63/PN160)
		HK03-T703/T704	压力表(无排放阀)(PN63/PN160)
HK03-T131/T132	测量蒸汽压力管路连接图(PN63/PN160)	HK03-T705/T706	带冷凝管压力表(带排放阀)(PN63/PN160)
HK03-T133/T134	测量蒸汽压力管路连接图(二阀组)(PN63/PN160)	HK03-T707/T708	带冷凝管压力表(无排放阀)(PN63/PN160)
对焊式压力测量仪表管路连接图(推荐图)		法兰式连接方式压力表安装图(推荐图)	
HK03-T311/T312	测量气体压力管路连接图(PN63/PN160)	HK03-T717/T718	隔膜压力表安装图(1/2)
		HK03-T719	隔膜压力表直接安装图
HK03-T321/T322	测量液体压力管路连接图(PN63/PN160)	变送器安装在非推荐位置的压力/压差测量仪表管路连接图(任选图)	
HK03-T323/T324	测量液体压力管路连接图(二阀组)(PN63/PN160)	HK03-R001/R002	测气体压力(变送器低于取压点)PN63(无/二阀组)
HK03-T331/T332	测量蒸汽压力管路连接图(PN63/PN160)	HK03-R003/R004	测液体压力(变送器高于取压点)PN63(无/二阀组)
HK03-T333/T334	测量蒸汽压力管路连接图(二阀组)(PN63/PN160)	HK03-R005/R006	测蒸汽压力(变送器高于取压点)PN63(无/二阀组)
承插焊式压差测量仪表管路连接图(推荐图)		远传膜片密封压力变送器的压力测量仪表管路连接图(任选图)	
HK03-T511/T512	测量气体压差管路连接图(三阀组)(PN63/PN160)		
HK03-T521/T522	测量液体压差管路连接图(三阀组)(PN63/PN160)	HK03-R007/R008	法兰式/扁平式远传膜片压力变送器Class1500
HK03-T523/T524	测量液体压差管路连接图(五阀组)(PN63/PN160)	HK03-R009	螺纹式远传膜片压力变送器PN63
HK03-T531/T532	测量蒸汽压差管路连接图(三阀组)(PN63/PN160)	HK03-R010	法兰式远传膜片密封装置,带冲洗,Class1500

续表

图号	名称
远传膜片密封压力变送器的压差测量仪表管路连接图(任选图)	
HK03-R011/R012	法兰式/扁平式远传膜片密封装置 Class1500
HK03-R013	螺纹式远传膜片压力变送器 PN63
HK03-R014	法兰式远传膜片密封装置,带冲洗,Class1500
法兰式根部阀管路连接图(任选图)	
HK03-R025/R026	测气体压力(法兰式截止阀)PN63/PN150
HK03-R027/R028	测液体压力(法兰式截止阀)PN63/PN150
HK03-R029/R030	测蒸汽压力(法兰式截止阀)PN63/PN150
承插焊式压力测量仪表管路连接图(推荐图)	
HK03-T211/T212	测量气体流量管路连接图(PN63/PN160)
HK03-T221/T222	测量液体压力管路连接图(PN63/PN160)
HK03-T223/T224	测量液体压力管路连接图(二阀组)(PN63/PN160)
HK03-T231/T232	测量蒸汽压力管路连接图(PN63/PN160)
HK03-T233/T234	测量蒸汽压力管路连接图(二阀组)(PN63/PN160)
卡套式压差测量仪表管路连接图(推荐图)	
HK03-T411/T412	测量气体压差管路连接图(三阀组)(PN63/PN160)
HK03-T421/T422	测量液体压差管路连接图(三阀组)(PN63/PN160)
HK03-T423/T424	测量液体压差管路连接图(五阀组)(PN63/PN160)
HK03-T431/T432	测量蒸汽压差管路连接图(三阀组)(PN63/PN160)
HK03-T433/T434	测量蒸汽压差管路连接图(五阀组)(PN63/PN160)
对焊式压差测量仪表管路连接图(推荐图)	
HK03-T611/T612	测量气体压差管路连接图(三阀组)(PN63/PN160)
HK03-T621/T622	测量液体压差管路连接图(三阀组)(PN63/PN160)
HK03-T623/T624	测量液体压差管路连接图(五阀组)(PN63/PN160)
HK03-T631/T632	测量蒸汽压差管路连接图(三阀组)(PN63/PN160)
对焊式压差测量仪表管路连接图(推荐图)	
HK03-T633/T634	测量蒸汽压差管路连接图(五阀组)(PN63/PN160)
对焊式连接方式压力表安装图(推荐图)	
HK03-T709/T710	压力表(带排放阀)(PN63/PN160)
HK03-T711/T712	压力表(无排放阀)(PN63/PN160)
HK03-T713/T714	带冷凝管压力表(带排放阀)(PN63/PN160)
HK03-T715/T716	带冷凝管压力表(无排放阀)(PN63/PN160)
其他连接方式压力表安装图	
HK03-T720	带冷凝管压力表(螺纹式多路阀)PN63
HK03-T721/T722	带冷凝管/虹吸管压力表(法兰式多路阀)PN63
HK03-T723	高压压力表安装图(Class1500)
HK03-T724/T725	带隔离容器压力表安装图($\rho_{隔}>\rho_{介}/\rho_{隔}<\rho_{介}$)PN63
HK03-T726/T727	压力表引远安装图(PN63)(二阀组/无)
HK03-T728/T729	压力表安装图(螺纹式二阀组/法兰式二阀组)
HK03-T730	压力表安装图(压力表截止阀)
压力变送器短安装图(任选图)	
HK03-R015	压力变送器短安装图 PN63
HK03-R016	压力表压力变送器共装管路连接图 PN63
公称压力 Class1500、Class2500 管路连接图(任选图)	
HK03-R017	双压力变送器测量气体,Class1500
HK03-R018	测量高压气体压力 Class1500
HK03-R019/R020	测量高压气体压力 Class1500/Class 2500 二阀组
HK03-R021/R022	测量高压气体压力 Class1500/Class 2500 三阀组
HK03-R023/R024	测量高压气体压力 Class1500/Class 2500 五阀组
带除尘器的压力测量仪表安装图(任选图)	
HK03-R031	带除尘器的压力测量仪表安装图 PN25

根部阀选型，推荐图中选 DN15 承插焊闸阀；任选图有 DN15 和 DN50 法兰式截止阀。特殊装置的仪表根部阀应符合管道专业统一规定。排放阀采用球阀。导压管管径见表 5-4。

推荐差压变送器安装位置：被测气体在管道取压点上方；被测液体、蒸汽在管道取压点下方。

压力表接头垫片材质推荐用 PTFE，如管道专业将根部阀设置为双阀时，仪表排放阀也设置为双阀或单阀加管帽。

对蒸汽和其他可凝性热气体，及介质温度超过 60℃的就地安装压力表，应选用带冷凝管（或虹吸管）的有关安装图。

d. 温度测量仪表安装图。表 5-9 是温度测量仪表安装图一览表。

表 5-9　温度测量仪表安装图一览表（HK04）

图号	名称
带套管双金属温度计安装图(推荐图)	
HK04-T111	螺纹套管固定(PN63)
HK04-T121/T122	焊接套管固定(PN63/PN160)
HK04-T131/T132	突面法兰套管固定(PN16/PN25)
HK04-T133/T134	突面法兰套管固定(PN40/PN63)
HK04-T135/T136	突面法兰套管固定(PN100/PN160)
HK04-T137	凹凸面法兰套管固定(PN63)
HK04-T138	衬(涂)层法兰套管固定(PN16)
螺纹连接的温包、双金属温度计安装图(任选图)	
HK04-R111	卡套螺纹固定温包(PN63)
HK04-R112	卡套螺纹固定双金属温度计(PN25)
HK04-R113	可动外螺纹固定双金属温度计(碳钢,不保温)
HK04-R114	可动外螺纹固定双金属温度计(耐酸钢,保温)
HK04-R115	可动外螺纹固定双金属温度计在钢肘管上(PN63)
HK04-R116	可动外螺纹固定双金属温度计在扩大管上(PN63)
HK04-R117	可动外螺纹固定双金属温度计在偏心扩大管上(PN63)
HK04-R118	可动内螺纹固定双金属温度计安装图(PN63)
HK04-R119	固定英制螺纹固定的双金属温度计安装图(PN63)
螺纹连接的装配式热电偶、热电阻安装图(任选图)	
HK04-R211	外螺纹固定的热电偶、热电阻(碳钢,不保温)

图号	名称
螺纹连接的装配式热电偶、热电阻安装图(任选图)	
HK04-R212	外螺纹固定的热电偶、热电阻(耐酸钢,保温)
HK04-R213	外螺纹固定的热电偶、热电阻在钢肘管上(PN63)
HK04-R214	外螺纹固定的热电偶、热电阻在扩大管上(PN63)
HK04-R215	外螺纹固定的热电偶、热电阻在偏心扩大管上(PN63)
HK04-R216	外螺纹固定的热电阻在风管上(PN63)
HK04-R217	外螺纹固定的高压热电偶、热电阻(PN100)
HK04-R218	英制螺纹固定的热电偶、热电阻(PN63)
带套管铠装热电偶、热电阻安装图(推荐图)	
HK04-T211	螺纹套管固定(PN63)
HK04-T221/T222	焊接套管固定(PN63/PN160)
HK04-T231/T232	突面法兰套管固定(PN16/PN25)
HK04-T233/T234	突面法兰套管固定(PN40/PN63)
HK04-T235/T236	突面法兰套管固定(PN100/PN160)
HK04-T237	凹凸面法兰套管固定(PN63)
HK04-T238	衬(涂)层法兰套管固定(PN16)
法兰连接的双金属温度计安装图(任选图)	
HK04-R121	突面法兰固定(PN40)
HK04-R122	突面法兰套管固定(Class1500)
HK04-R123	环连接面法兰套管固定(Class2500)

续表

图号	名称	图号	名称
法兰连接的装配式热电偶、热电阻安装图(任选图)		特殊用途热电偶安装图(任选图)	
HK04-R221	突面法兰固定(PN40)	HK04-R321	压簧固定式表面热电偶安装图(常压)
HK04-R222	突面法兰带套管固定,在铜管道、设备上(PN6)	HK04-R322	刀刃型铠装热电偶安装图(常压)
		HK04-R323	瓷保护套热电偶安装图(常压)
铠装热电偶、热电阻安装图(任选图)		HK04-R324	耐磨型热电偶安装图(Class300)
HK04-R311	卡套螺纹固定(PN63)	HK04-R325	吹气型热电偶安装图(PN100)
HK04-R312	突面法兰套管固定(Class1500)	HK04-R326	多点热电偶安装图(≤3点)(PN63)
HK04-R313	环连接面法兰套管固定(Class2500)	HK04-R327	多点热电偶安装图(>3点)(PN63)

测温元件的过程连接方式选择：温包、双金属温度计用直形连接头，高度 $H=140$mm，螺纹 M27×2；热电偶、热电阻用直形连接头，高度 $H=120$mm，螺纹 M27×2；法兰型钻孔保护管用法兰 DN40，螺纹 M20×1.5；紧固件用全螺纹螺栓和 II 型六角螺母。其他规格可从任选图选用。

直形连接头材质 304 不锈钢；垫片材质石墨；全螺纹螺栓材质 35CrMo；II 型六角螺母材质 30CrMo。其他材质可从任选图选用。

测温元件在肘管上安装时，其轴线必须与肘管直管段中心线重合；测温元件在管径小于 100mm 管道上安装时，应采用扩大管，偏心扩大管适用于水平管道安装；测温元件在管道、设备上的插入深度或保护套管长度，应根据具体工况计算确定。测温元件的保护管形式、规格、材质或与过程的连接方式、规格、材质，应根据具体工程设计规定选用。

测温元件在铸铁、玻璃钢、搪瓷、塑料等管道、设备上的安装方式可按在衬里管道、设备上的安装方式进行。

e. 仪表及仪表管路绝热、伴热安装图。表 5-10 是仪表及仪表管路绝热、伴热安装图一览表。

表 5-10　仪表及仪表管路绝热、伴热安装图一览表（HK05）

图号	名称	图号	名称
仪表管路伴热系统图(推荐图)		蒸汽伴热承插焊式连接图(推荐图)	
HK05-S001～S003	管路伴热连接图 管路伴热系统图(一、二、三)	HK05-T212	测量气体压力管路伴热(变送器高于取压点)
HK05-S004/S007	管路伴热连接图 管路伴热系统图(四/七)电伴热	HK05-T213/T216	测量液体/蒸汽压力管路伴热(变送器低于取压点)
HK05-S005	管路伴热连接图 管路伴热系统图(五)保温伴热	HK05-T214	测量气体压差管路伴热
		HK05-T215	测量液体压差管路伴热
HK05-S006	管路伴热连接图 管路伴热系统图(六)隔热	HK05-T221	测量气体流量管路伴热(变送器高于节流装置)
蒸汽伴热承插焊式连接图(推荐图)		HK05-T222/T223	测量液体/蒸汽流量管路伴热(变送器低于节流装置)
HK05-T211	压力表管路伴热		

续表

图号	名称
蒸汽伴热承插焊式连接图(推荐图)	
HK05-T231/T232	单/双法兰液位变送器管路伴热
HK05-T233/T235	差压式/带冷凝器差压式测量管路伴热
HK05-T234	外浮筒,浮球、浮子管路伴热
热水伴热承插焊式连接图(任选图)	
HK05-R211	压力表管路伴热
HK05-R212	测量气体压力管路伴热(变送器高于取压点)
HK05-R213/R216	测量液体/蒸汽压力管路伴热(变送器低于取压点)
HK05-R214	测量气体压差管路伴热
HK05-R215	测量液体压差管路伴热
HK05-R221	测量气体流量管路伴热(变送器高于节流装置)
HK05-R222/R223	测量液体/蒸汽流量管路伴热(变送器低于节流装置)
HK05-R231/R232	单/双法兰液位变送器管路伴热
HK05-R233/R235	差压式/带冷凝器差压式测量管路伴热
HK05-R234	外浮筒,浮球、浮子管路伴热
电伴热连接图(普通型)	
HK05-R411	压力表管路伴热
HK05-R412	测量液体压力管路伴热(变送器低于取压点)
HK05-R421	测量液体流量管路伴热(变送器低于节流装置)
HK05-R422	测量气体流量管路伴热(变送器高于节流装置)
HK05-R431/R432	单/双法兰液位变送器管路伴热
HK05-R433	外浮筒,浮球、浮子管路伴热
电伴热连接图(普通型)	
HK05-R434	差压式测量管路伴热
蒸汽伴热卡套式连接图(推荐图)	
HK05-T111	压力表管路伴热
HK05-T112	测量气体压力管路伴热(变送器高于取压点)
HK05-T113/T116	测量液体/蒸汽压力管路伴热(变送器低于取压点)
HK05-T114	测量气体压差管路伴热
HK05-T115	测量液体压差管路伴热
HK05-T121	测量气体流量管路伴热(变送器高于节流装置)
HK05-T122/T123	测量液体/蒸汽流量管路伴热(变送器低于节流装置)
HK05-T131/T132	单/双法兰液位变送器管路伴热
HK05-T133/T135	差压式/带冷凝器差压式测量管路伴热
HK05-T134	外浮筒,浮球、浮子管路伴热
热水伴热卡套式连接图(任选图)	
HK05-R111	压力表管路伴热
HK05-R112	测量气体压力管路伴热(变送器高于取压点)
HK05-R113/R116	测量液体/蒸汽压力管路伴热(变送器低于取压点)
HK05-R114	测量气体压差管路伴热
HK05-R115	测量液体压差管路伴热
HK05-R121	测量气体流量管路伴热(变送器高于节流装置)
HK05-R122/R123	测量液体/蒸汽流量管路伴热(变送器低于节流装置)
HK05-R131/R132	单/双法兰液位变送器管路伴热
HK05-R133/R135	差压式/带冷凝器差压式测量管路伴热

续表

图号	名称
热水伴热卡套式连接图(任选图)	
HK05-R134	外浮筒,浮球、浮子管路伴热
电伴热连接图(防爆型)	
HK05-R311	压力表管路伴热
HK05-R312	测量气体压力管路伴热(变送器高于取压点)
HK05-R321	测量液体流量管路伴热(变送器低于节流装置)
HK05-R322	测量气体流量管路伴热(变送器高于节流装置)

图号	名称
电伴热连接图(防爆型)	
HK05-R331/R332	单/双法兰液位变送器管路伴热
HK05-R333	外浮筒,浮球、浮子管路伴热
HK05-R334	差压式测量管路伴热
分析器取样管线伴热连接图(任选图)	
HK05-R511/R512	蒸汽伴热卡套式/承插焊式连接
HK05-R521/R522	热水伴热卡套式/承插焊式连接
HK05-R531/R532	电伴热(隔爆型/普通型)

伴热管线只考虑采用304不锈钢管线。推荐伴热是蒸汽伴热，分卡套式（管径$\Phi12\times1$）和承插焊式（管径$\Phi14\times2$）两种连接方式。任选图中列出热水伴热和电伴热两种方式。热水伴热分卡套式（管径$\Phi12\times1$）和承插焊式（管径$\Phi18\times3$）两种连接方式，承插焊式连接时，可根据当地温度具体情况选用管径$\Phi14\times2$或$\Phi22\times3$。电伴热分隔爆型和普通型，电伴热采用自限式方式。任选图还包括其他类型的典型伴热安装图。

保温材料按SH/T 3126—2013和HG/T 20514—2014的要求，岩棉毡推荐使用温度≤400℃，硅酸铝推荐使用温度≤900℃。保温层厚度可参照SH/T 3126—2013及HG/T 20514—2014的计算公式计算确定。

热水伴热宜用于被伴热介质是水或水蒸气、轻质油品、凝点较低的介质和高寒地区；蒸汽伴热宜用于被伴热介质是原油、渣油、蜡油、沥青、燃料油和急冷油等和非高寒地区；电伴热可用于需要对被伴热对象实现精确温度控制和遥控的场合，及没有蒸汽和热水源的场合。宜首选热水伴热，没有热水源场合或热水伴热无法满足要求时可采用蒸汽伴热，对环境洁净度要求较高或要求伴热系统实现精确温度控制或遥控和自动控制场合可采用电伴热。

f. 其他安装图。自控安装图册还包括标准节流装置安装图册（HK101）、现场仪表及仪表箱（盘/柜）安装图册（HK102）、气动控制阀/切断阀管路连接图册（HK103）、分析仪表系统管路连接安装图册（HK104）、仪表电缆保护穿管连接图册（HK105）、仪表电缆桥架安装图册（HK106）、仪表组合连接安装图册（HK107）及自控安装图册材料库等内容。详见有关资料。

5.1.2 安装示例

安装图册提供的安装图分三部分。最上面是图头，如图5-1所示。它包括图名、标准编号、图册号、安装图号、图册页号。中间是安装图，包括公称压力、管件连接方式及有哪些仪表位号采用该安装图，安装的管道或设备号等。下面是该安装图中列出的安装材料表，包括件号、材料代码、材料名称及规格、材料材质、数量及备注等。材料表与安装图的件号应一致，表5-11是材料表的示例。

安装图册作为工程图纸时，可将自控安装图册栏改为设计单位名称；将标准编号改为项目名称；图册号改为分项（装置）名称；图册页号改为工程图号（包括页号）。保留安装图号。

中华人民共和国行业标准 自控安装图册 INST. HOOK-UP	测量液体流量管路连接图(三阀组) HOOK-UP DRAWING OF LIQUID FLOW MEASUREMENT(3-VALVE MANIFOLD)	标准编号 STANDARD NO.	HG/T 21581-2012
		图册号 HOOK-UP NO.	HK01
		安装图号 INSTAL. NO.	HK01-T122
		图册页号 PAGE NO.	第 4 页 共 72 页 SHEET OF

图 5-1　安装图册的图头

表 5-11　安装图册的材料表示例

4	VM300SS12	三阀组 3-VALVE MANFOLD　PN63　DN5　(1/2)″NPT(F)	304	1	
3	FS125SS12	卡套式直通螺纹终端接头 F. T. THREA. END CONNECTOR PN63 FTΦ12/(1/2)″NPT(W)	304	2	
2	PS314SS12	无缝钢管 SEAMLESS STEEL TUBE　Φ12×1.5	304	(6m×2)	
1	FS303SS12	卡套式直通螺纹终端接头 F. T. THREA. END CONNECTOR　PN63 FTΦ12/ Φ12 PE	304	2	
V		承插焊闸阀 S. W. GATE VALVE　DN15 SW Φ23(<PN63)		2	管道专业提供
件号 NO	代码 CODE	材料名称及规格 MATERIAL DESCRIPTION	材料 MATERIAL	数量 QTY	备注 REMARKS
材料表 BILL OF MATERIAL					

(1) 流量测量仪表管路安装图示例

表 5-12 是流量测量仪表管路安装图示例。仅画出安装图中间的部分。

表 5-12　流量测量仪表管路安装图示例

类型	测量气体流量管路安装图	测量液体流量管路安装图	测量蒸汽流量管路安装图
卡套式连接方式三阀组带排放阀	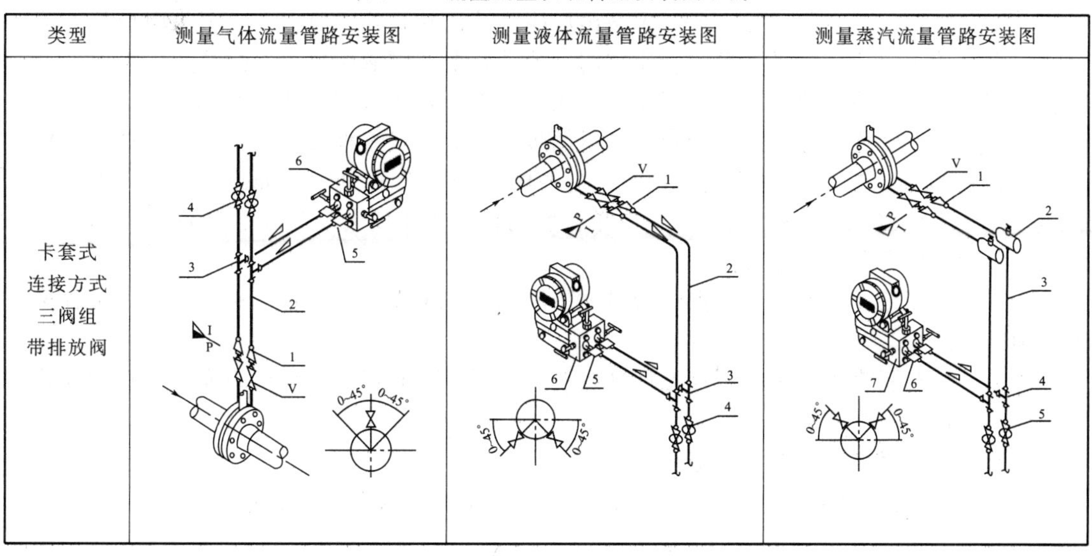		

续表

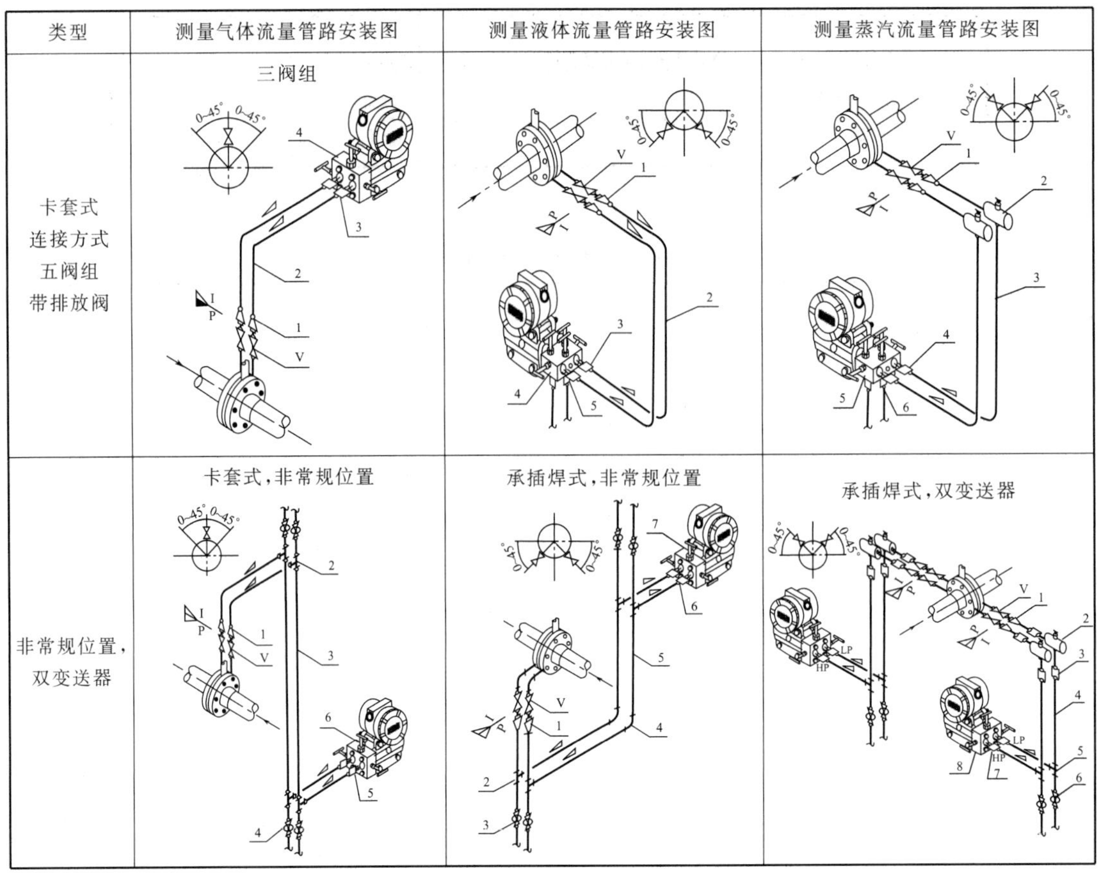

类型	测量气体流量管路安装图	测量液体流量管路安装图	测量蒸汽流量管路安装图
卡套式 连接方式 五阀组 带排放阀	三阀组		
非常规位置，双变送器	卡套式，非常规位置	承插焊式，非常规位置	承插焊式，双变送器

安装图中，斜三角形表示导压管有坡度，向尖的三角方向倾斜，其目的是引导凝液排到管道或排放阀，下同。P 和 I 分别表示管道专业和仪表专业，中间的线表示专业施工的分界线。即 P 是管道专业设计和施工的范围，而 I 是仪表专业施工和施工的范围。通常，根部阀后是仪表专业施工。根据选用的连接方式，有卡套式、承插焊式和对焊式等。可根据施工图图形符号（表 5-2）对安装图进行修改，实现所需连接方式。其他管路连接安装图可参见自控安装图册。蒸汽流量测量时，根部阀引出后应连接冷凝容器，应保证冷凝容器液位在同一高度。垂直管道上蒸汽流量测量时，流体向上流动，上游侧取压口引出的导压管需向上，使上、下游侧冷凝容器的液位在同一高度。V 表示根部阀，由管道专业安装和施工。

推荐图按管路连接方式分为卡套式、承插焊式和对焊式三种管路连接图。任选图分角接取压、径距取压、非标准节流装置、法兰式根部阀、公称压力 Class1500（PN260）和 Class2500（PN420）、碳钢管阀件、英制单位管阀件、差压仪表安装在非推荐位置和其他测量与安装形式的九种管路连接图。

图中，为了缩小图面，取压点的管口方位图与标准中提供的位置不一致，实际位置见标准图册。

安装图中材料表未列出，可参见标准图册，下同。对有毒、有污染介质，要在排放管上加管帽，下同。

(2) 物位测量仪表管路安装图示例

表 5-13 是物位测量仪表管路安装图示例。仅画出安装图中间的部分。

表 5-13　物位测量仪表管路安装图示例

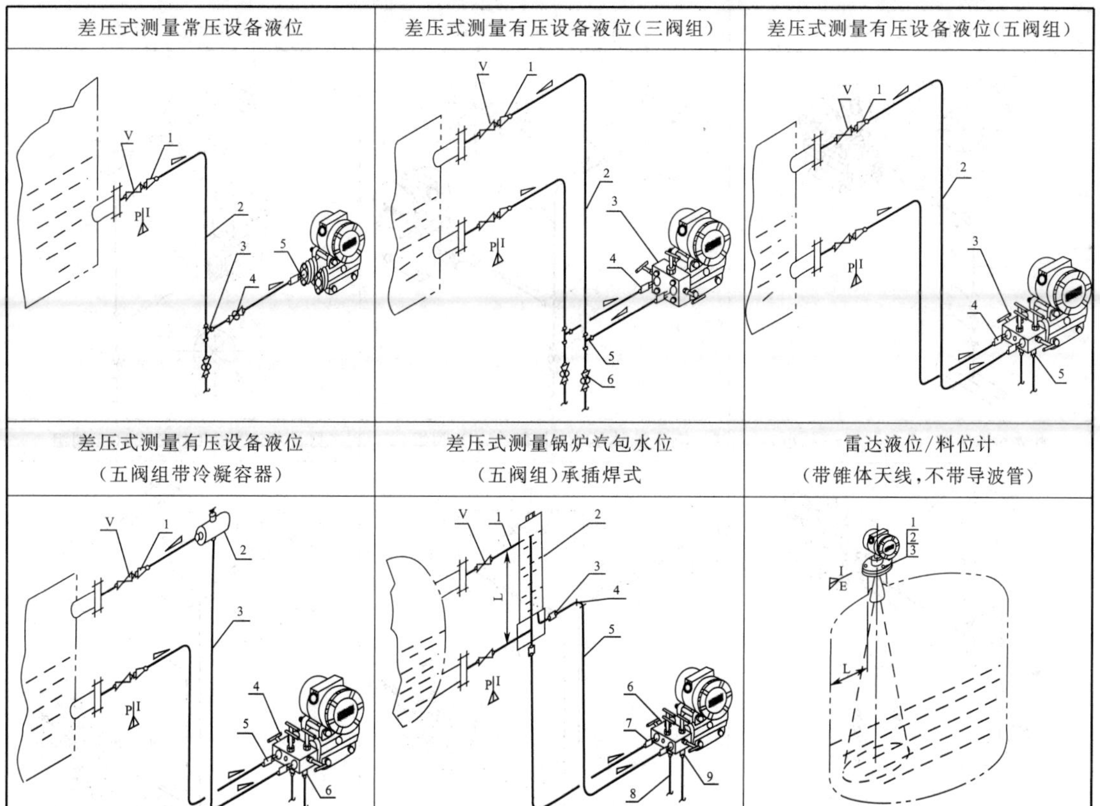

图中用 E 表示由设备专业负责。例如，雷达液位/料位计安装在设备上，其安装法兰由设备制造时完成。锅炉汽包水位测量时，是通过双室平衡容器（图中件号 2）引出，再用差压变送器间接测量其水位。采用带冷凝容器的差压变送器测量液位时，冷凝容器引出的压力连接到差压变送器的高压侧。需注意，选用液位变送器时，要有零位迁移和偏置。三阀组和五阀组应用时，需注意导压管坡度的不同。

推荐图有差压式测量设备液位、法兰式（含螺纹式）仪表、浮球/浮筒液位开关、外浮筒液位计、内浮筒液位计、差压液位变送器、远传膜片密封差压变送器、差压液位变送器低压侧带远传膜片密封等 8 类。任选图有钢带液位计、伺服液位计、差压法测量气柜（直行和旋转式）高度、料位/液位变送器/料位开关、液位开关、雷达液位/料位计、超声波液位/料位计、磁致伸缩液位计、双差压式、三差压式液位计、雷达液位计和差压变送器组合、伺服液位计和雷达液位计组合、公称压力 Class1500 差压式测量设备液位、吹气法和冲液法测量液位、放射性液位计/料位计、射频导纳液位/料位计、外测液位计等多种类型的管路连接安装图。比原版本增加了较多的安装图，便于设计人员选用。

(3) 压力/压差测量仪表管路安装图示例

表 5-14 是压力/压差测量仪表管路安装图示例。仅画出安装图中间的部分。

推荐图是安装连接方式、安装材料选择上比较合理、成熟、可靠的管路连接图。不管是测量压力还是测量差压，都有卡套式、承插焊式和对焊式三种连接方式。任选图是为满足某些特殊安装需要，及适应国情，与国际接轨需要而编制的管路连接图。

压力表接头的垫片材质推荐用 PTFE，温度高于 100℃时，建议采用金属垫片。

表 5-14　压力/压差测量仪表管路安装图示例

测量气体压力(卡套式)	测量液体压力(卡套式)	测量蒸汽压力(卡套式)
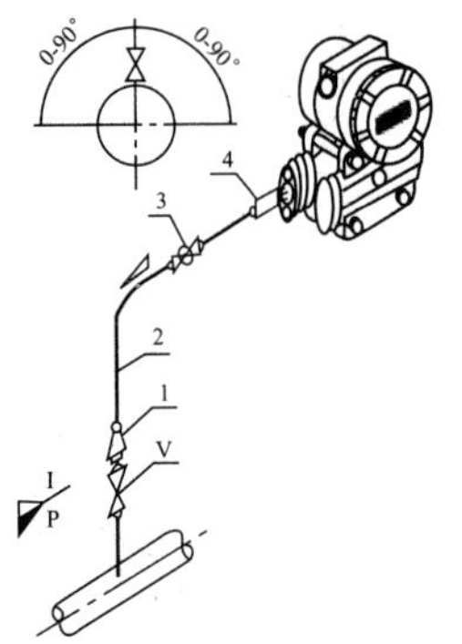 0-90° 0-90° 4 3 2 1 V I P	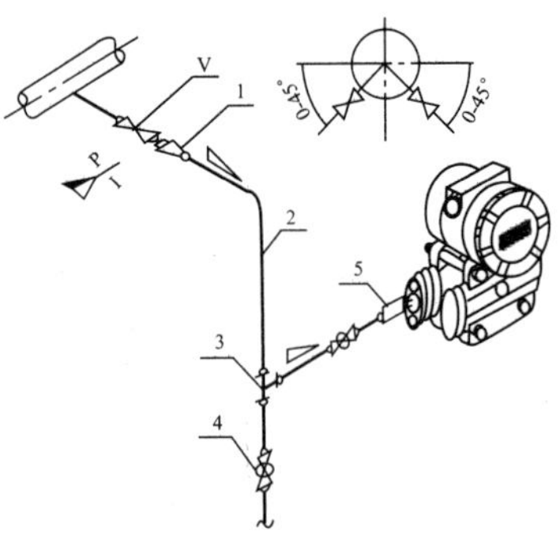 V 1 P I 0-45° 0-45° 2 5 3 4	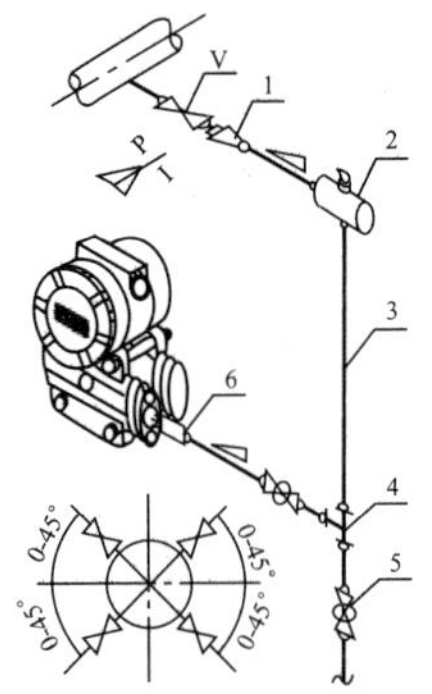 V 1 P I 2 3 6 4 5 0-45° 0-45° 0-45° 0-45°
测量气体压差(卡套式)(三阀组)	测量液体压力(卡套式)(五阀组)	测量蒸汽压力(卡套式)(五阀组)
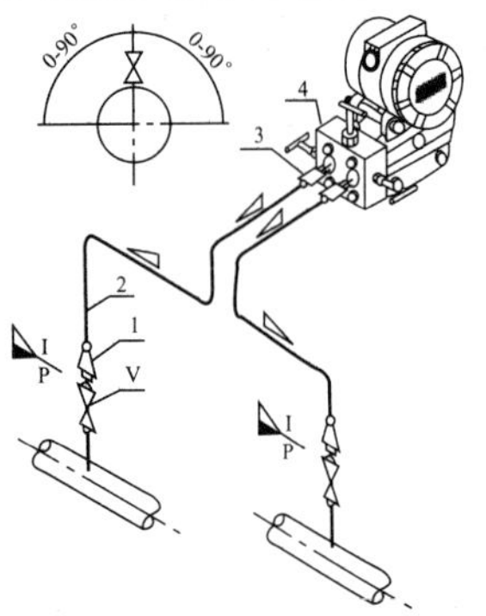 0-90° 0-90° 4 3 2 1 V I P I P	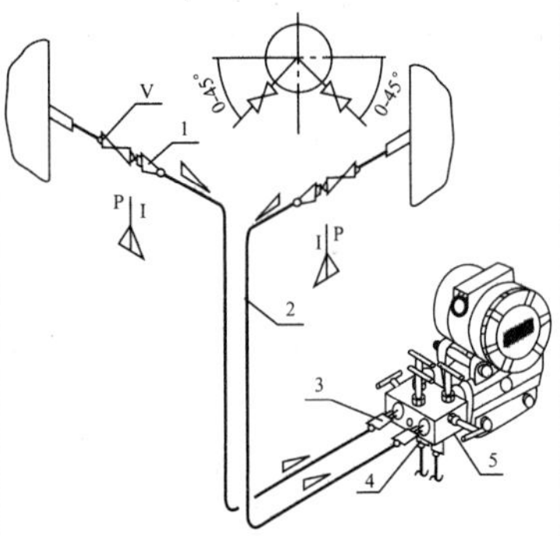 V 1 0-45° 0-45° P I I P 2 3 4 5	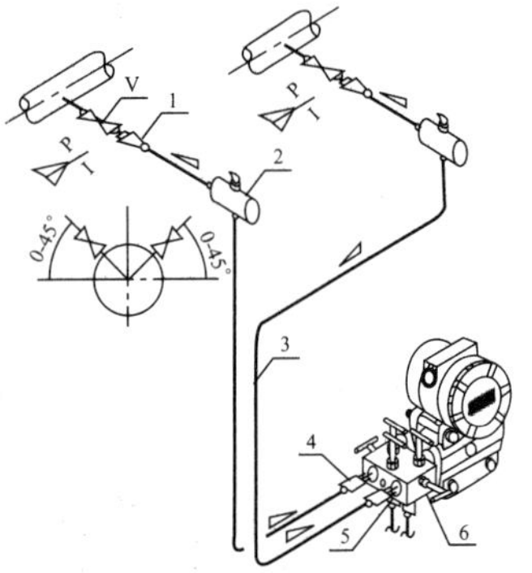 V 1 P I P I 2 0-45° 0-45° 3 4 5 6
带隔离容器压力表(对焊式)	带隔离容器压力表(对焊式)	带除尘器的压力表(对焊式)
被测介质密度小于隔离液密度，3 是隔离容器 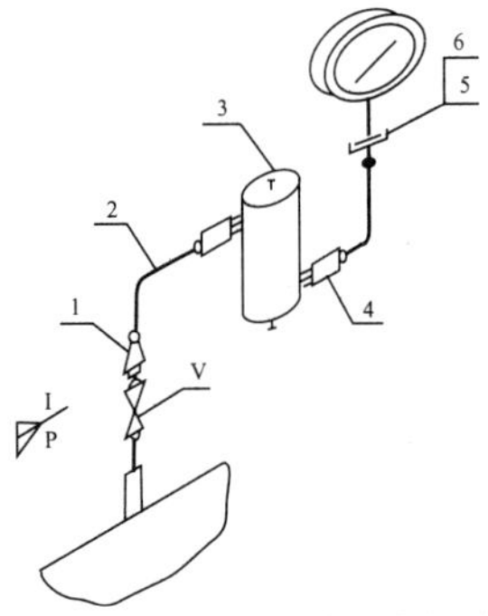	被测介质密度大于隔离液密度，3 是隔离容器 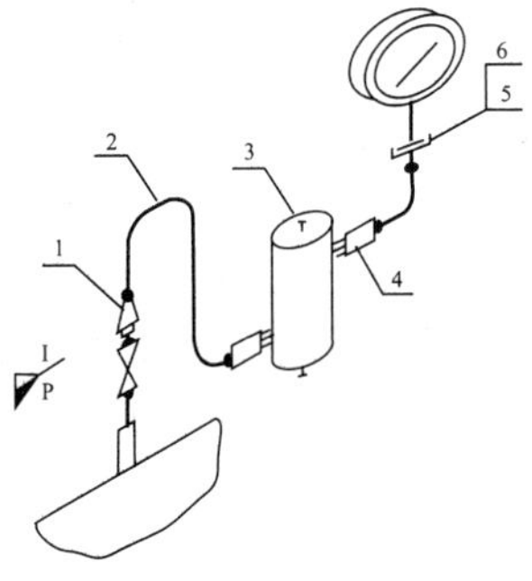	6 是旋风除尘器，2 和 3 是堵头和四通 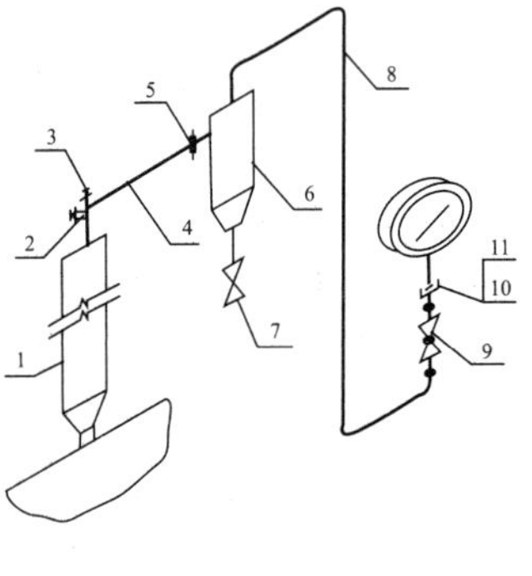

安装图示例也分为压力测量仪表、压差测量仪表及压力表三类。连接方式有卡套式、承插焊式和对焊式三类。压力等级以 PN63 和 PN160 为例，对 Class1500 和 Class2500 也有示例，如任选图有其他压力等级的示例。所采用管件材质均选用 304 不锈钢。导压管规格、根部阀的选用、安装坡度及其他规定等要求都与流量测量相同。推荐变送器安装位置，对气体介质，安装在取压点下方；对液体和蒸汽介质，安装在取压点上方。压力测量的取压口方位的范围与流量测量的取压口方位的范围有些区别，见表 5-15。导压管水平敷设时，应根据不同介质保持一定坡度，其倾斜方向应保证能排出气体（对测量液体的管线）或冷凝液（对测量气体的管线）。

表 5-15 测量压力时取压口的方位

被测流体类型	气体	液体	蒸汽
取压口方位	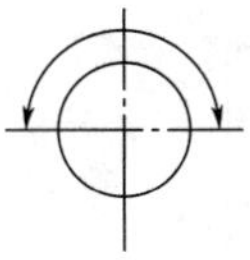	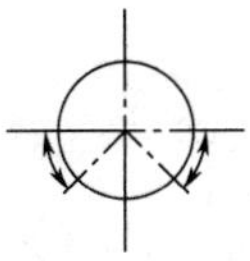	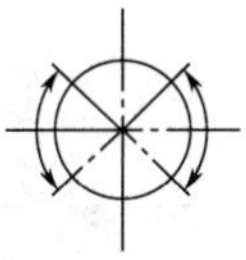

(4) 温度测量仪表安装图示例

表 5-16 是温度测量仪表管路安装图示例。仅画出安装图中间的部分。

表 5-16 温度测量仪表安装图示例

双金属温度计，螺纹套管固定，PN63	双金属温度计，焊接套管固定，PN160	双金属温度计，突面法兰套管固定，PN63
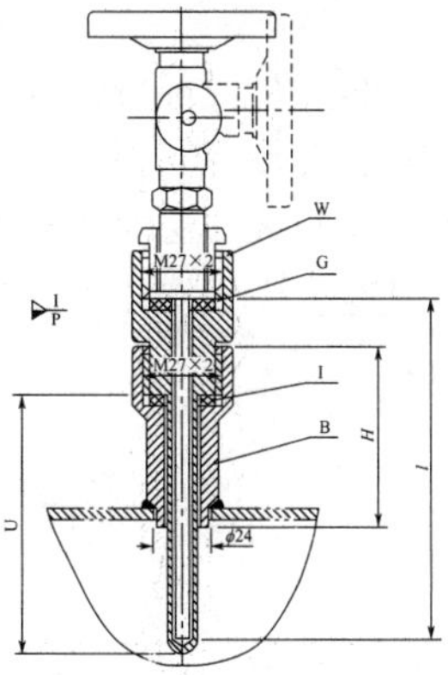	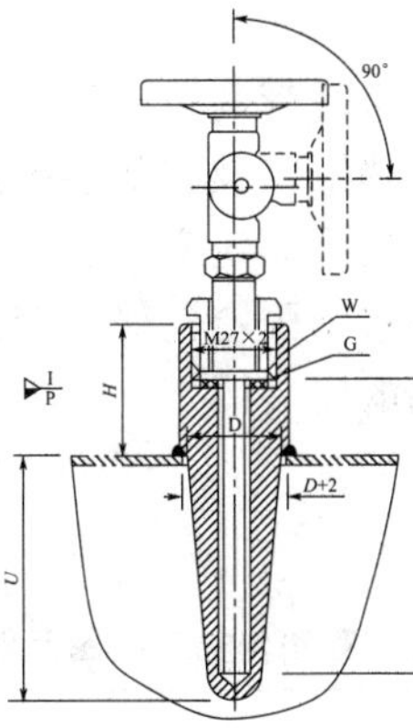	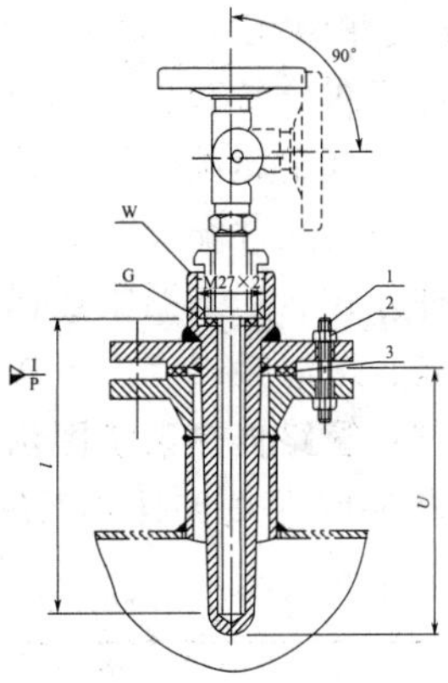
铠装热电偶、热电阻，螺纹套管固定，PN63	铠装热电偶、热电阻，焊接套管固定，PN63	铠装热电偶、热电阻，突面法兰套管固定，PN63
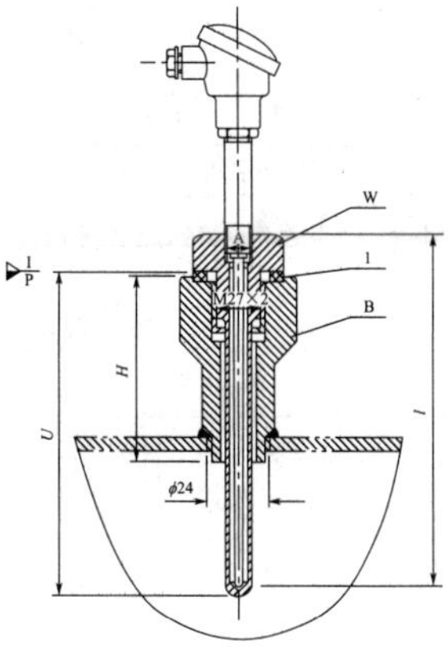	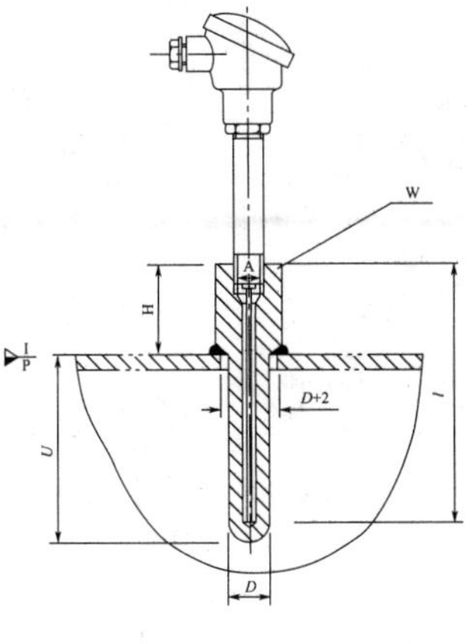	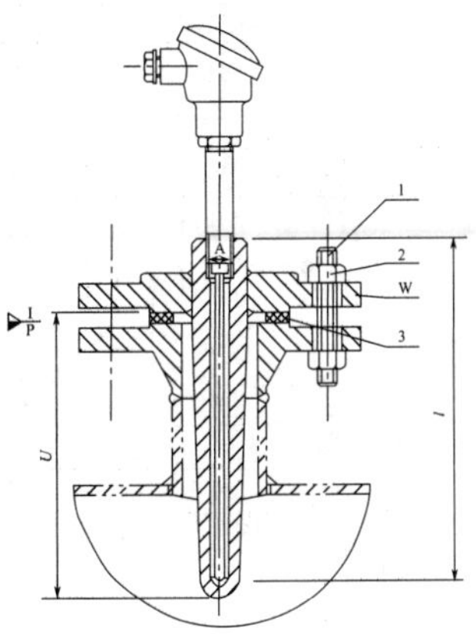

续表

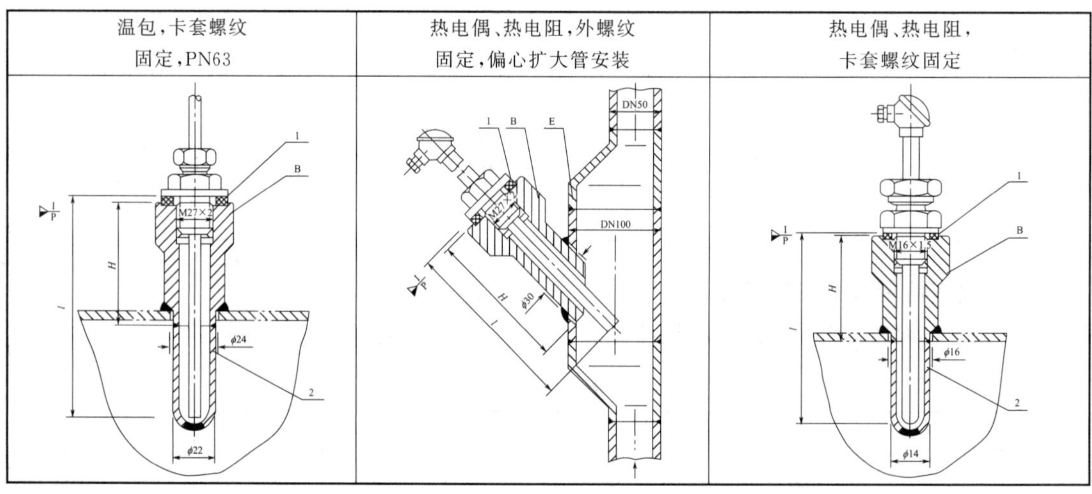

安装图中，W 是套管，G 是垫片，B 是直形连接头，H 是连接头高度，D 是连接头直径，l 是测温元件的插入长度。

推荐图分带套管的双金属温度计和带套管的铠装热电偶、热电阻的安装两部分。任选图分温包，双金属温度计，普通热电偶、热电阻及其他热电偶、热电阻的安装等三部分。本版本简化测温元件安装方式，提供螺纹连接头固定安装、钻孔保护管插入安装和法兰固定安装等三种方式。任选图中还提供法兰加填料函固定瓷保护套热电偶、用连接头固定压簧式表面热电偶、用焊接固定刀刃式表面热电偶的安装图。

(5) 管路伴热系统图示例

表 5-17 是管路伴热系统图示例。

表 5-17 管路伴热系统图示例

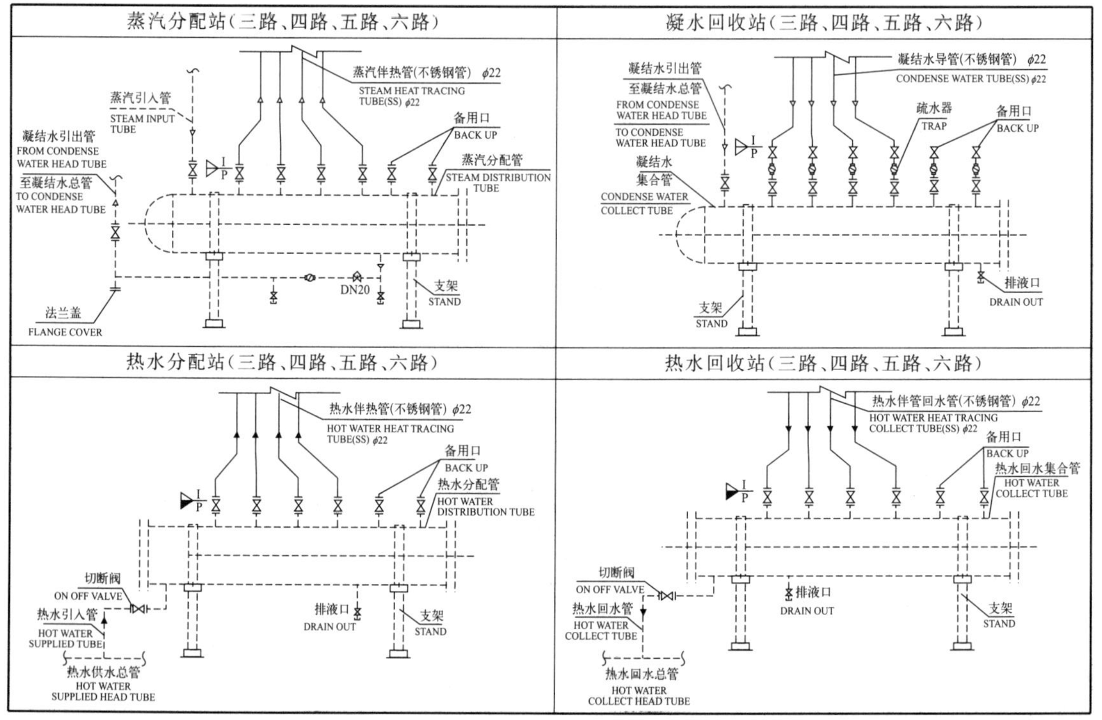

没有提供电伴热的安装图，因为它是将电伴热带缠绕在被伴热的管道上。

推荐伴热为蒸汽伴热。蒸汽伴热分 $\Phi12\times1$ 卡套式和 $\Phi14\times2$ 承插焊式两种连接方式。蒸汽伴热管从蒸汽管根部阀引出，沿导压管从上向下伴热，最后经截止阀和疏水器排放。安装在仪表保温箱内的仪表，经导压管引入的蒸汽伴热管在箱内伴热，然后，经截止阀和疏水器排放。

蒸汽管的根部阀、排放的截止阀和疏水器由管道专业施工。与导压管一起的伴热管线由自控专业施工。

任选图提供了热水伴热和电伴热。热水伴热分 $\Phi12\times1$ 卡套式和 $\Phi18\times3$ 承插焊式两种连接方式。根据当地温度具体情况，承插焊的蒸汽伴热可用 $\Phi14\times2$ 或 $\Phi22\times3$ 伴热管线。热水伴热管从热水管根部阀引出，沿导压管从下向上伴热，最后经截止阀到回收管。电伴热分隔爆型和普通型，采用自限式伴热。

(6) 材料库材料代码

材料库材料代码由 9 位字母、数字组成，见图 5-2。

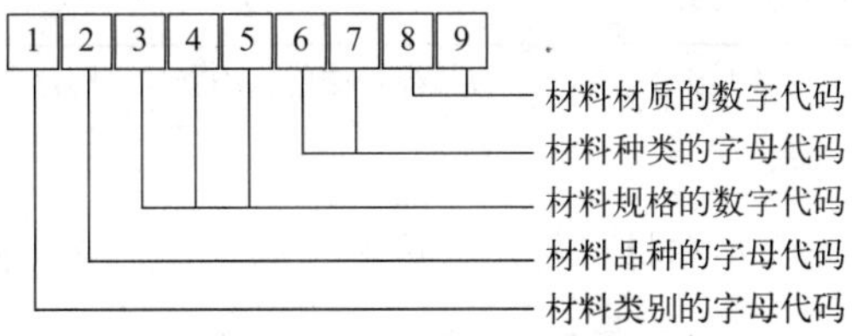

图 5-2　安装图册材料库的材料代码含义

材料类别（第 1 位）字母的含义见表 5-18。材料品种（第 2 位）字母的含义见表 5-19。

表 5-18　材料类别字母的含义

字母	名称	含义	字母	名称	含义
B	仪表箱，盘，柜	包括仪表箱，仪表盘，仪表柜(台)等	P	管材	包括塑料管、铝管、钢管、铜管等
C	辅助容器	包括冷凝器、冷却器、过滤器、分离器等	S	型材	包括角钢、圆钢、槽钢等
E	电气连接件	包括穿线盒、接线管、电缆管卡、电加热器等	T	紧固件	包括法兰、垫片、螺栓、螺母等
			U	其他	包括电伴热带等
F	管件	包括镀锌铸铁(钢)管件、卡套管件、焊接管件等	V	阀门	包括球阀、闸阀、多路阀、阀组等

表 5-19　材料品种字母的含义

字母	名称	字母	名称	字母	名称	字母	名称	字母	名称
第一字母 B		第一字母 B		第一字母 S		第一字母 C		第一字母 T	
BC	仪表柜	BT	仪表(操作)台，支架	SP	钢板	CF	过滤器	TB	螺栓、螺柱、螺钉
BE	供电箱	第一字母 S		SS	钢带(丝)或铝带	CM	其他	TF	法兰、法兰盖
BG	一般用仪表保护箱	SA	角钢	第一字母 C		CP	分离容器	TG	垫片、透镜垫
BH	仪表保温箱	SB	圆钢	CB	双室平衡容器	CS	隔离容器	TN	螺母
BP	仪表盘	SC	槽钢	CC	冷凝器，冷却器	CV	汽化器	TW	垫圈
BS	遮阳罩	SF	扁钢	CD	除尘器	CW	洗涤器	第一字母 E	
								EB	穿线盒

续表

字母	名称	字母	名称	字母	名称	字母	名称	字母	名称
第一字母 E		第一字母 U		第一字母 F		第一字母 V		第一字母 P	
EC	电缆管卡、扎带	UD	分配器	FM	其他②	VS	电磁阀	PW	镀锌焊接钢管
EF	挠性管	UT	电伴热带，蒸汽伴热、热水伴热等	FN	短节、接头	VT	疏水器	第一字母 V	
EH	电加热器			FS	卡套式接头	第一字母 P		VB	球阀
EJ	接线箱	第一字母 F		FW	承插焊接头	PA	铝管	VC	单向阀
EN	锁紧螺母	FA	阻火器	FX	其他管件	PC	铜管，气动管(缆)	VG	闸阀
EP	护线帽	FB	对焊是接头	FZ	镀锌管件	PP	胶管、塑料管	VI	仪表气动管路用阀
ET	接头	FF	管件①	第一字母 V		PS	无缝钢管	VJ	截止、节流、止回阀
EU	电气活接头	FL	压环式接头	VN	针阀	PT	伴热管(缆)	VM	多路闸阀、阀组

① 包括管接头、弯头、大小头、堵头及管帽等；②包括保护套管、冷凝管、限流孔板、填料函、分配器、汇集器、填料旋塞等。

材料种类（第 6 和第 7 位）和材料材质（第 8 和第 9 位）字母的含义见表 5-20。

表 5-20 材料种类（第 6 和第 7 位）和材料材质（第 8 和第 9 位）字母的含义

6,7 位	8,9 位	组合代码	含义	6,7 位	8,9 位	组合代码	含义
IR（铁）	11	IR11	灰铸铁	IR（铁）	14	IR14	白心可锻铸铁
	12	IR12	球墨铸铁		0～10		不用
	13	IR13	黑白可锻铸铁		15,16		不用
CS（优质碳素结构钢）	10	CS10	10 号钢	CS（优质碳素结构钢）	36	CS36	35Mn
	11	CS11	铸钢		40	CS40	40 号钢
	12	CS12	锻钢		41	CS41	40Mn
	15	CS15	15 号钢		45	CS45	45 号钢
	19	CS19	低碳钢，镀锌钢		46	CS46	45Mn
	20	CS20	20 号钢		50	CS50	50 号钢
	21	CS21	20G		51	CS51	50Mn
	22	CS22	20Mn	CS（碳素结构钢）	61	CS61	Q215
	23	CS23	20R		62	CS62	Q235A
	25	CS15	25 号钢		63	CS63	Q235B
	26	CS26	25Mn		64	CS64	Q235C
	30	CS30	30 号钢		65	CS65	Q235D
	31	CS31	30Mn		66	CS66	Q255
	35	CS35	35 号钢		67	CS67	Q275

续表

6,7 位	8,9 位	组合代码	含义	6,7 位	8,9 位	组合代码	含义
SS（不锈钢）	11	SS11	0Cr18Ni10Ti(321)	SS（不锈钢）	41	SS41	1Cr13Mo
	12	SS12	0Cr18Ni9(304)		42	SS42	2Cr13(420)
	13	SS13	0Cr17Ni12Mo2(316)		43	SS43	1Cr16Ni2(431)
	14	SS14	0Cr17Ni14Mo2(316L)		44	SS44	1Cr11Ni2W2MoV
	15	SS15	1Cr18Ni11Ti(321H)		45	SS45	0Cr17Ni4Cu4Nb(630)
	16	SS16	1Cr18Ni9i(302)		46	SS46	0Cr17Ni7Al(631)
	17	SS17	00Cr19Ni10(304L)		51	SS51	12CrMo
	18	SS18	0Cr18Ni12Mo3Ti(316Ti)		52	SS52	15CrMo
	20	SS20	合金钢		53	SS53	20CrMo
	21	SS21	2Cr23Ni13(309)		54	SS54	30CrMo
	22	SS22	2Cr25Ni20(310)		55	SS55	33CrMo
	23	SS23	1Cr16Ni35(330)		56	SS56	35CrMo
	24	SS24	0Cr15Ni25Ti2MoAlVB(660)		57	SS57	42CrMo
	25	SS25	0Cr23Ni13(309S)		58	SS58	35CrMoA
	26	SS26	0Cr25Ni20(310S)		59	SS59	15CrMoR
	27	SS27	0Cr19Ni13Mo3(317)		60	SS60	40Cr
	28	SS28	0Cr18Ni11Nb(347)		61	SS61	12CrMoV
	29	SS29	2Cr25N(446)		62	SS62	35CrMoV
	30	SS30	0Cr13Al(405)		63	SS63	12Cr1MoV
	31	SS31	0Cr13(410S)		64	SS64	25Cr2MoVA
	32	SS32	1Cr17(430)		65	SS65	25Cr2MoVA
	33	SS33	1Cr5Mo(502)		81	SS81	钛合金
	34	SS34	9Cr18Mo(440C)		82	SS82	莫内尔合金
	35	SS35	1Cr11MoV		83	SS83	哈氏合金 B
	36	SS35	1Cr12Mo		84	SS84	哈氏合金 C
	37	SS37	2Cr12MoVNbN(600)		85	SS85	镍合金
	38	SS38	1Cr12WMoB		86	SS86	因科镍合金
	39	SS39	2Cr12NiMoWV(616)		87	SS87	司太立合金
	40	SS40	1Cr13(410)	NM（非金属）	11	NM11	石墨或复合石墨
AL(铝)	11	AL11	铝		12	NM12	聚四氟乙烯或复合体
	12	AL12	铝合金		13	NM13	聚乙烯
CA（铜合金）	11	CA11	紫铜(T3)		14	NM14	聚氯乙烯
	12	CA12	黄铜(H62)		15	NM15	橡胶
LE	11	LE11	铅		16	NM16	氟塑料
GL	11	GL11	玻璃		17	NM17	耐酸橡胶石棉
NM（非金属）	20	NM20	尼龙 1010		18	NM18	金属缠绕复合体
	21	NM21	长纤玻璃聚酯(GRP)		19	NM19	聚碳酸酯

示例：FS303SS12 表示管件，卡套式，采用 304 不锈钢，数字代码 303 表示压力等级 PN63，FT $\Phi12/\Phi22$；VM300SS13 表示阀组，三阀组，不锈钢 316 材质，数字代码 300 表示压力等级 PN63，DN5，(1/2)″NPT（F）接头；PS314SS12 表示无缝钢管，材质 304 不锈钢，数字代码 314 表示 $\Phi12\times1.5$；CB003SS12 表示双室平衡容器，PN63，304 材质。

材料规格的 3 位数字代码详见材料库的有关规定。

5.1.3 自动化仪表工程的施工

自动化仪表工程施工应根据现行国家标准和有关部颁标准等规定执行。

(1) 基本规定

① 自动化仪表工程的施工应按照施工图纸和仪表安装使用说明书的规定。若设计无规定，则需符合下列规定。设备和材料的型号、规格和材质应符合设计规定，并应具有产品质量证明文件。修改设计必须经原设计部门同意，并应出具相关文件。

② 应做好与建筑、电气、工艺设备、管道等专业施工的配合工作。应按照设计文件对专业分工和分界的规定进行施工。

③ 仪表工程中的电气设备、电气线路及电气防爆和接地工程的施工，应符合国家标准有关规定。

④ 仪表工程中的供气系统的吹扫、供液系统的清洗、管子的切割方法、采用螺纹法兰连接高压管的螺纹和密封面的加工及管路的连接等应符合现行国家标准的规定。仪表工程所采用设备及主要材料应符合现行国家或部颁标准的有关规定。自动化仪表工程中的焊接施工应符合现行国家标准的规定。

⑤ 待安装的仪表设备应按其要求的保管条件分类妥善保管，仪表工程所用主要材料应按材质、型号及规格分类保管。

⑥ 自动化仪表工程的施工应符合国家现行有关标准的规定。仪表工程施工组织设计和施工方案应已批准，对复杂、关键仪表设备的安装和试验工作应督促施工单位编制施工技术方案。施工前，施工单位应参加施工图设计文件会审。施工中的安全技术措施应符合国家现行有关标准的规定。施工前应对施工人员进行技术交底。监视和测量设备应按规定时间间隔进行标定或在使用前进行校准和/或验证。

⑦ 自动化仪表工程应对施工过程进行质量控制，施工现场应有健全的质量管理体系、质量管理制度和相应施工技术标准。应按工序和质量控制点进行检验。与相关专业之间应进行施工工序交接检验。

⑧ 自动化仪表工程的工程划分、质量控制点确定、质量检验和验收记录表格，均应在施工方案或质量计划中明确。其质量验收应在施工单位自检合格基础上进行，检验项目的质量应按主控项目和一般项目进行检验和验收。

(2) 取源部件的安装施工

取源部件的安装施工通常由设备和管道专业安装和施工，自控专业提供指导和有关安装规定。仪表取源部件的结构尺寸、材质和安装位置应符合设计文件规定。设备上的取源部件应在设备制造的同时安装，管道上的取源部件应在管道预制、安装的同时安装。在设备或管道上安装取源部件的开孔和焊接工作，必须在设备和管道防腐、衬里和压力试验前进行。高压、合金钢、有色金属设备和管道上开孔时，应采用机械加工方法。易受损坏的取源部件，安装时应采取防护措施。在砌体和混凝土浇筑体上安装的取源部件，应在砌筑或浇筑的同时埋入，埋设深度、露出长度应符合设计和工艺要求。若无法同时安装，应预留安装孔。安装孔周围应按设计文件规定的材料填充密实、封堵严密。安装取源部件时，不应在焊缝及其边缘上开孔及焊接。当设备及管道有绝热层时，安装的取源部件应露出绝热层外。取源阀门与设备或管道的连接不宜采用卡套式接头。取源部件安装完毕，应与设备和管道同时进行压力试验。

① 流量取源部件。标准节流装置的上下游直管段长度应符合标准的规定，规定的直管段内表面应清洁、无凹坑，不得设置其他检测元件。节流装置上游侧安装温度计时，其与节流装置之间的直管段距离应符合规定：温度计套管直径$\leqslant 0.03D$时，不应小于$5D$（$3D$）；温度计套管直径在$0.03D \sim 0.13D$时，不小于$20D$（$10D$），括号内的值是流量附加极限相对误差$\pm 0.5\%$。一般，节流装置下游侧安装温度计，这时，与节流装置之间的直管距离应符合不小于$5D$。

夹紧节流装置的法兰安装应与工艺管道焊接后管口与法兰密封面平齐，法兰与工业管道轴线垂直，垂直度允许偏差1°，法兰与工业管道同轴，同轴度允许偏差t为：$t \leqslant 0.015D(1/\beta - 1)$，$\beta$是径比。对焊法兰内径必须与工艺管道内径相等。

节流装置取压口方位选择见表 5-6。取压孔直径选择：角接取压模式时$\Phi 4 \sim 10$mm；法兰取压和其他取压模式时$\Phi 6 \sim 12$mm。取压口位置符合各取压模式的规定，上下游取压孔直径应相等，除角接取压模式，与上下游侧端面形成夹角$\leqslant 3°$外，其他取压模式，取压孔轴线应与工艺管道轴线相垂直。均压环取压模式时，取压孔应在同一截面均匀设置，上下游侧取压孔数量必须相等。

均速管、文丘里式皮托管和皮托管等流量检测元件取源部件轴线必须与工艺管道轴线垂直相交，其上下游侧直管段长度符合仪表安装使用说明书规定。

② 物位取源部件。物位取源部件应安装在物位变化灵敏且检测元件不应受到物料冲击的部位。内浮筒液面计及浮球液面计采用导向管或其他导向装置时，导向管或导向装置应垂直安装，并保证导向管内液流畅通。双室平衡容器安装时应复核制造尺寸，检查内部管路的严密性；单室平衡容器安装时，平衡容器宜垂直安装，安装标高符合设计规定；补偿式平衡容器安装时，应有防止因工艺设备热膨胀而损坏的措施。安装浮球液位报警器用的法兰与工艺设备之间的连接管长度应保证浮球能在全量程范围内自由活动。其他液位计的安装应符合各自仪表说明书的规定。

③ 压力取源部件。压力取源部件安装位置应选在被测物料流束稳定的地方。当压力取源部件和温度取源部件在同一管段时，压力取源部件应安装在温度取源部件的上游侧。压力取源部件的端部不应超出工艺设备或管道内壁。测量带有灰尘、固体颗粒或沉淀物等浑浊物料压力时，取源部件应倾斜向上安装，在水平管道上应顺物料流束成锐角安装。测量温度高于 60℃的液体、蒸汽和可凝性气体压力时，就地安装的压力表取源部件应带环形或 U 形冷凝弯。取压口方位选择见表 5-15。

④ 温度取源部件。温度取源部件与管道相互垂直安装时，取源部件轴线应与管道轴线垂直相交。与管道呈倾斜角度安装时，宜逆物料流向，取源部件轴线应与管道轴线相交。在管道肘管安装时，宜逆物料流向，取源部件轴线应与肘管直管段中心线重合。取源部件安装在 DN$<$100 的管道时，应设置扩大管，扩大管的安装方式应符合设计文件的规定，偏心扩大管适用于水平管道安装。

⑤ 分析取源部件。分析取源部件安装位置应选在压力稳定、灵敏反映真实成分变化、具有代表性的被分析样品的部位。安装方位符合规范要求。被分析气体含固体或液体杂质时，取源部件轴线与水平线之间的仰角应大于 15°。

(3) 仪表设备安装

就地安装仪表应安装在光线充足、操作和维护方便的地方，距离地面宜 1.2～1.5m。

不应安装在振动、潮湿、易受机械损伤、有强磁场干扰、高温、温度变化剧烈和有腐蚀性气体的地方。就地显示仪表应安装在有关的手动操作阀门附近便于观察仪表示值的位置。

仪表安装前应外观检查，部件完整、附件齐全，并按设计规定检查其型号、规格、材质及附件。设计规定需要脱脂的仪表，应经脱脂检查合格后才能安装。仪表安装时不应敲击及振动，安装后应牢固、平正。

直接安装在工艺管道上的仪表，例如，节流装置和控制阀等，宜在工艺管道吹扫后，压力试验前安装，若必须与工艺管道同时安装时，应在工艺管道吹扫时拆下仪表，用短管连接，吹扫后再将短管拆下，将仪表安装。仪表外壳上标注的流向箭头应与工艺管道内流体流动方向一致。仪表法兰的轴线与工艺管道轴线一致，固定时应使其受力均匀。安装完毕，与工艺系统一起进行压力试验。

仪表和电气设备的接线盒引入口不应朝上，以避免油、水及灰尘进入盒内，否则，应采取密封措施。接线应校对仪表和电气设备标志牌文字和端子编号、标号等，应正确无误，剥绝缘层时不应损伤线芯，多股线芯端头宜烫锡或采用接线片，锡焊应使用无腐蚀性焊药，接线片与电线的连接应压接或焊接，连接处应均匀牢固、导电良好，并留有适当余度。接线应正确，排列应整齐、美观。受振动影响时，应加弹簧垫圈。线路补偿电阻应安装牢固，拆装方便，其阻值允许误差为$\pm 0.1\Omega$。

① 流量检测仪表的安装

a. 节流装置安装。安装前的外观检查包括孔板入口和喷嘴出口边缘应无毛刺、圆角和可见损伤，应按设计数据和制造标准规定测量验证其制造尺寸。安装前应进行清洗，清洗时不应损伤节流件。节流件在管道吹洗后安装。安装方向应使孔板锐边或喷嘴曲面侧迎向被测流体流向，环室孔板，应“+”号侧在被测流体上游侧；如用箭头标志时，应与被测流体流向一致。排放口位置，液体介质在管道正上方，气体或蒸汽在管道正下方。节流件端面垂直于管道轴线，允许偏差为1°。安装节流件的密封垫片内径不应小于管道内径，夹紧后不得突入管道内壁。节流件与管道或夹持件同轴，其轴线与上、下游管道轴线之间的不同轴线误差e_x符合下列规定：$e_x \leqslant 0.0025D/(0.1+2.3\beta^4)$。

b. 差压计或差压变送器的安装。按自控安装图册要求，正确连接导压管，正压室与被测流体上游侧根部阀连接，负压室与下游侧根部阀连接，导压管倾斜方向、坡度和隔离容器、冷凝容器、沉降容器、集气器等的安装应符合安装图册的规定。

c. 均速管流量计安装时，总压测孔应迎向被测流体流向，角度允许偏差≤3°。检测杆垂直于管道中心线，其与中心线的偏差、与轴线不垂直的偏差均应≤3°。保证流量计上下游直管段长度符合设计规定。

d. 转子流量计的安装。应安装在无振动的管道，其中心线与铅垂线之间夹角应不超过2°。被测流体自下而上流动，上游直管段长度不宜小于2D。

e. 涡轮流量计和涡街流量计信号线应使用屏蔽线，上下游直管段长度应符合设计规定。涡轮流量计的前置放大器与变送器之间距离不宜＞3m。涡街流量计的放大器与流量计分开安装时，其距离不应＞20m。

f. 电磁流量计安装时，其外壳、被测流体和管道连接法兰之间应等电位联结，并应接地。垂直管道安装时，被测流体应自下而上；水平管道安装时，两测量电极不应在管道正上方和正下方。应保证被测流体完全充满管道。流量计上游直管段长度和安装支撑方式应符合设计文件的规定。

g. 椭圆齿轮流量计安装时，其刻度盘面应处于垂直平面内，椭圆齿轮流量计和腰轮流量计安装在垂直管道时，被测流体应自下而上。

h. 超声波流量计上下游直管段长度应符合设计文件规定，水平管道安装时，换能器位置应在与水平直线成45°夹角范围内。被测流体管道内壁不应有影响测量精度的结垢层或涂层。

i. 质量流量计的安装应保证被测流体完全充满管道，宜安装在水平管道。测量气体时，箱体管应置于管道上方；测量液体时，箱体管应置于管道下方。垂直管道安装时，被测流体应自下而上。其支撑安装方式应符合设计文件的规定。

j. 靶式流量计的中心应与管道轴线同心，靶面应迎向被测流体流向，且与管道轴线垂直，上下游直管段长度应符合设计文件的规定。

② 物位检测仪表的安装

a. 浮力式液位计的安装高度应符合设计文件规定。浮筒液位计安装时应使浮筒呈垂直状态，垂直度允许偏差为2mm/m。浮筒中心应处于正常操作液位或分界液位的高度。

b. 钢带液位计导向管应垂直安装，钢带应处于导向管中心，并应滑动自如。

c. 差压计或差压变送器测量液位时，仪表安装高度不应高于下部取压口。当用双法兰差压变送器、吹气法及利用低沸点液体汽化传递压力的方法测量液位时，不受本规定限制。

d. 超声波物位计不应安装在进料口上方，传感器宜垂直物料表面，信号波束角内不应有遮挡物，物料最高物位不应进入仪表盲区。

e. 雷达物位计不应安装在进料口上方，传感器应垂直物料表面。

f. 射频导纳物位计不应安装在进料口上方，传感器中心探杆和屏蔽层与容器壁（或安装管）不得接触，应绝缘良好。安装螺纹（或法兰）与容器应连接牢固、电气接触良好。

g. 音叉物位计两个平行叉板应与地面垂直安装，叉体不应受到强烈冲击。

h. 称重式物位计安装与称重仪表的安装要求相同。

i. 核辐射式物位计安装应符合现行国家有关放射性同位素工作卫生防护标准的规定，并在安装现场应有明显警戒标识。

③ 压力检测仪表的安装　现场安装的压力表不应固定在有强烈振动的设备或管道上。测量低压的压力表或变送器的安装高度宜与取压点高度一致。测量高压的压力表安装在操作岗位附近时，宜距操作面1.8m以上，或在仪表正面加设安全保护罩。

④ 温度检测仪表的安装　双金属温度计、压力式温度计、热电偶、热电阻等接触式温度检测仪表的测温元件应安装在能准确反映被测对象温度的部位。测温元件安装在易受被测物料强烈冲击的位置时，应采取防弯曲措施。多粉尘部位安装测温元件时，应采取防磨损的保护措施。表面温度计的感温面与被测对象表面应紧密接触，并应固定牢固。压力式温度计的温包应全部浸入被测对象中。

⑤ 机械量检测仪表的安装

a. 电阻应变式称重仪表安装时，负荷传感器的安装和承载应在称重容器及其所有部件和连接件安装完成后进行。负荷传感器的安装应呈垂直状态，传感器主轴线应与加荷轴线相重合，各传感器受力应均匀。有冲击性负荷时应按设计规定采取缓冲措施。称重容器与外部的连接应为软连接。水平限制器的安装应符合设计文件规定。传感器的支承面与底面均应平滑，不得有锈蚀、擦伤及杂物。

b. 测力仪表安装时应使被测力均匀作用到传感器受力面上。

c. 测量位移、振动、速度等机械量的仪表安装时，测量探头的安装应在机械安装完毕，被测机械部件处于工作位置时进行，探头的定位应按产品说明书和机械设备制造厂技术文件的要求确定和固定。涡流传感器测量探头与前置放大器之间的连接应使用专用同轴电缆，该电缆阻抗应与探头和前置放大器相匹配。安装中应保护探头和专用电缆不受损伤。

d. 电子皮带秤安装位置与落料点距离应符合设计文件规定，秤架应安装在皮带张力稳定、无负荷冲击的位置，秤内活动部件不得有卡涩现象。

e. 测宽仪、测厚仪、平直度检测仪检测位置的安装应符合设计文件规定，台架应水平。核辐射式仪表的安装应符合国家现行有关放射性同位素工作卫生防护标准的规定，安装现场应有明显警戒标识。

⑥ 成分分析和其他检测仪表的安装

a. 分析取样系统预处理装置应单独安装，并宜靠近传送器。被分析样品的排放管应直接与排放总管连接，总管应引至室外安全场所，其集液处应有排液装置。

b. 湿度计测湿元件不应安装在热辐射、剧烈振动、有油污和水滴的位置，无法避开时，应采取防护措施。

c. 可燃气体检测器和有毒气体检测器的安装位置应根据所检测气体的密度确定。气体密度大于空气密度时，安装位置在距地面 200～300mm；气体密度小于空气密度时，应安装在泄漏区域上方。

d. 噪声测量仪表的传声器安装位置应有防止外部磁场、机械冲击和风力干扰的措施。

e. 辐射式火焰探测器的探头上小孔应在安装时对准火焰，并应采取防止炽热空气和炽热材料辐射进入探头的措施。

⑦ 执行器的安装

a. 控制阀安装位置应便于观察、操作和维护。其执行机构应固定牢固，操作手轮应处在便于操作的位置。执行机构的机械传动应灵活，并应无松动和卡涩现象。执行机构连杆的长度应能调节，并应使调节机构在全开到全关范围内动作灵活，平稳。当调节机构随同工艺管道产生热位移时，执行机构与调节机构相对位置应保持不变。

b. 气动及液动执行机构的连接管线和线路应有伸缩余度，不得妨碍执行机构的动作。液动执行机构安装位置宜低于控制器。当高于控制器时，液动执行机构和控制器间最大高度差不应超过 10m，且管道的集气处应有排气阀，靠近控制器处应有止回阀或自动切断阀。

c. 电磁阀进出口方位应安装正确。安装前应检查线圈与阀体间的绝缘电阻。

⑧ DCS 和 PLC 综合控制系统的安装

a. DCS 和 PLC 综合控制系统安装前应具备下列条件：基础底座应安装完毕；地板、顶棚、内墙、门窗应施工完毕；空调系统应已投入运行；供电系统及室内照明应施工完毕并已投运；接地系统应已施工完毕，接地电阻符合设计文件规定。

b. DCS 和 PLC 综合控制系统安装就位后应达到产品要求的供电条件、温度和湿度，并保持室内清洁。

c. 插件检查、安装、试验过程中应有防止静电的措施。

5.2 自动化仪表工程的验收

5.2.1 仪表工程质量评定

(1) 仪表设备和材料检验质量验收

仪表设备和材料到达现场后，应进行检验或验证。开箱后，外观检查包括包装和密封良好；型号、规格、材质、数量与设计文件规定应一致，并应无残损和短缺；铭牌标志、附件、备件应齐全；产品技术文件和质量证明书应齐全。仪表盘、柜、箱开箱检查还包括表面平整、内外表面涂层完好；外形尺寸和安装尺寸、盘、柜、箱内所有仪表、电源设备及所有部件的型号、规格符合设计文件规定。放射性仪表还应包括对放射源标识的检查，及放射源处于关闭锁定状态等。分析仪表还应检查配套的试验标准样品名称、数量、样品浓度应符合设计文件规定；试验样品应包装完好、无泄漏。

仪表安装和使用前应进行检查、校准和试验。仪表设备的性能试验应符合仪表试验的有关规定。包括仪表试验的试验室条件；对单台仪表的校准和试验；仪表电源设备的试验；综合控制系统（DCS 和 PLC）试验；回路试验和系统试验等。详见《自动化仪表工程施工及质量验收规范》的有关条款。

(2) 施工质量验收的划分

仪表工程施工质量验收按单位工程、分部工程和分项工程划分。单位工程由分部工程组成。分部工程由分项工程组成。分项工程的划分符合下列要求：

① 仪表工程为厂区、车间、站区、单元等单位工程中的分部工程时，应按仪表类别和安装工作内容划分为仪表盘柜箱安装、仪表设备安装、仪表试验、仪表线路安装、仪表管道安装、脱脂、接地、防护等。

② 主控制室的仪表分部工程分为盘柜安装、电源设备安装、仪表线路安装、接地、系统硬件和软件试验等。仪表回路试验和系统试验应划入主控制室的仪表分部工程。

③ 大中型民用建筑工程中，应按楼层、跨间或区间划分分项工程，线路安装和仪表试验可单独划分为分项工程。对小型工程可划分为现场仪表及线路管道安装、控制室仪表安装、仪表试验等分项工程。

④ 大中型机组、设备由制造厂成套供应，且作为一个分部工程时，其配套仪表和控制系统安装、试验可划分为一个分项工程。

(3) 施工质量验收的检验数量

① 通常，用于高温、低温、高压、易燃、易爆、有毒、有害物料的取样部件的安装，计量、安全监测报警和联锁系统的取源部件安装，应全部检验。其他取源部件，按温度、压力、流量、物位、分析等用途分类，各抽检 30%，且不少于 1 件。

② 用于高温、低温、高压、易燃、易爆、有毒、有害物料的仪表设备安装，计量、安全监测报警和联锁系统的仪表设备安装，应全部检验。其他仪表设备应按类型各抽检 30%，且不少于 1 件。

③ 用于高温、低温、高压、易燃、易爆、有毒、有害物料的仪表管道安装，计量、安全监测报警和联锁系统的仪表管道安装，应全部检验。其他仪表管道应按类型系统抽检 30%。

④ 用于高温、低温、高压、易燃、易爆、有毒、有害物料的仪表设备单台校准和试验，计量、安全监测报警和联锁系统的仪表单台校准和试验，应全部检验。其他仪表的单台校准和试验，应按系统各抽检 30%，且不少于 1 件。

⑤ 管道安装应全部检验。其他仪表管道应按类型系统抽检 30%。

⑥ 单独设置的仪表盘、柜、箱安装应抽检 20%，且不少于 1 件。成排设置的仪表盘、柜、箱安装应抽检 30%，且不少于 1 件。

⑦ 应全部检验的内容还有：仪表电源设备的安装和试验；脱脂工程；仪表接地工程；爆炸和火灾危险区域内的仪表安装工程；隔离与吹洗防护工程；综合控制系统的试验；仪表回路试验和系统试验。

⑧ 防腐、绝热、伴热工程应按系统抽检 30%。

(4) 仪表设备和材料检验质量验收

仪表设备和材料检验质量按表 5-21 的检验项目进行验收。

表 5-21 仪表设备和材料检验质量验收

序号	检验项目	检验内容	检验方法
1	主控项目	仪表设备和材料应具有产品技术文件和质量证明文件，特征数据应符合设计文件规定	检查产品技术文件和质量证明文件
2	主控项目	仪表设备铭牌标志应清晰牢固，附件、备件应符合设计文件规定	观察检查，清点设备备件
3	主控项目	仪表盘、柜、箱内仪表、电源设备及部件型号、规格应符合设计文件规定	观察检查，核对内部仪表设备数据
4	主控项目	放射性仪表的放射源应处于锁闭状态，固定装置安全可靠	仪表检查，观察检查
5	主控项目	分析仪表配套的试验标准样品，数量和浓度应符合设计文件规定，应包装良好，无泄漏	观察检查，核对标准样品数量和浓度标识
6	主控项目	仪表设备和材料按保管条件分区、分类保管	观察检查
7	一般项目	仪表设备和材料数量、标识、几何尺寸应符合设计文件规定，应无残损或短缺，标识清晰完整	观察检查，用尺测量检查

(5) 取源部件安装的质量验收

取源部件安装一般可按表 5-22 的有关项目进行验收。

表 5-22 取源部件安装的质量验收

序号	检验项目	检验内容	检验方法
1	主控项目	取源部件结构尺寸、材质和安装位置应符合设计文件规定	检查合格证、质量证明书，核对设计文件
2	主控项目	取源部件的开孔和焊接工作必须在设备和管道防腐、衬里和压力试验前进行	检查施工记录
3	一般项目	取源部件安装完毕，应随同设备和管道进行压力试验	检查压力试验记录
4	一般项目	砌体和混凝土浇筑体上安装的取源部件，埋入深度、露出长度应符合设计文件规定，安装孔周围应用设计文件要求的材料填充密实，封堵严密	观察检查

各类取源部件的具体验收规定见施工要求或有关施工验收规范的要求。

(6) 仪表设备安装的验收

仪表设备安装一般可按表 5-23 的有关项目进行验收。

表 5-23 仪表设备安装的质量验收

序号	检验项目	检验内容	检验方法
1	主控项目	现场仪表安装位置应符合仪表设备安装的有关规定	核对设计文件和观察检查
2	主控项目	仪表安装应牢固、平正，不应承受非正常外力	观察检查
3	主控项目	设计文件规定需脱脂的仪表，应经脱脂检查合格后安装	核对设计文件，检查脱脂记录
4	主控项目	直接安装在设备和管道上的仪表安装完毕应进行压力试验	检查施工和压力试验记录

续表

序号	检验项目	检验内容	检验方法
5	主控项目	仪表毛细管敷设应有保护措施，其弯曲半径不应小于50mm	观察检查
6	主控项目	核辐射式仪表在安装现场应有明显警戒标识	观察检查
7	一般项目	仪表接线箱(盒)应采取密封措施，引入口不宜朝上	观察检查
8	一般项目	仪表铭牌和仪表位号标识应齐全、牢固、清晰	观察检查

仪表盘、柜、箱和各类检测仪表的具体质量验收规定见有关施工要求和验收规范的要求。

(7) 仪表线路安装的质量验收

仪表线路安装一般可按表5-24的有关项目进行验收。

表5-24　仪表线路安装的质量验收

序号	检验项目	检验内容	检验方法
1	主控项目	电缆电线绝缘电阻试验应采用500V兆欧表测量，100V以下线路采用250V兆欧表测量，电阻值不应小于5MΩ	检查电缆绝缘试验记录
2	主控项目	线路周围环境温度超过65℃或线路附近有火源时，线路敷设应采取隔热和防火措施	观察检查
3	一般项目	线路应横平竖直，整齐美观，固定牢固，不宜交叉	观察检查
4	一般项目	线路敷设符合不影响操作和妨碍设备、管道维护，避开运输、人行通道和吊装孔；不宜敷设在高温设备和管道上方；不宜敷设在具有腐蚀性液体设备和管道下方，与绝热设备和管道绝热层之间距离应大于200mm，与其他设备和管道表面间距离应大于150mm	观察检查，用尺测量检查
5	一般项目	线路从室外进入室内应有防水和封堵措施，线路进入室外的盘、柜、箱时，宜从底部进入，并应有防水密封措施	观察检查
6	一般项目	线路终端接线处、建筑物伸缩缝和沉降缝处应留有余量	观察检查
7	一般项目	电缆不应有中间接头。需要中间接头时，接头形式应在接线箱(盒)内，宜压接。采用焊接时，应采用无腐蚀性焊药	观察检查和检查施工记录
8	一般项目	线路敷设完毕，芯线和线路标识应进行校线和标号，测量绝缘电阻，线路终端应加标志牌，地下埋设的线路应有明显标识	观察检查

仪表线路安装、仪表支架制作和安装、电缆桥架安装、电缆导管安装、电缆、电线和光缆的敷设、仪表线路配线、仪表管道安装、脱脂等工程的验收等见有关规范要求。

(8) 电气防爆和接地施工的验收

爆炸和火灾危险环境仪表装置质量验收项目见表5-25。

表5-25　爆炸和火灾危险环境仪表装置质量验收

序号	检验项目	检验内容	检验方法
1	主控项目	安装在爆炸危险环境的仪表、仪表线路、电气设备和材料，其规格型号必须符合设计文件规定，防爆设备必须有铭牌和防爆标识，并在铭牌上标明国家授权机构颁发的防爆合格证编号	观察检查，核对标志和合格证

续表

序号	检验项目	检验内容	检验方法
2	主控项目	防爆仪表和电气设备电缆的引入应采用防爆密封圈密封或用密封填料封固，外壳上多余孔应防爆密封，弹性密封圈的一个孔应密封一根电缆	观察检查
3	主控项目	本安电路和非本安电路共用一个接线箱时，不得共用一根电缆或同穿一根电缆导管	观察检查
4	主控项目	采用芯线没有分别屏蔽的电缆或无屏蔽导线时，两个及以上不同回路的本安电路敷设不得共用同一根电缆或同一根电缆导管	观察检查
5	主控项目	本安电路和非本安电路在同一电缆桥架或同一电缆沟道内敷设，应采用接地的金属隔板或绝缘板隔离，或分开排列敷设，其间距应大于50mm，并应分别固定牢固	观察检查
6	主控项目	本安电路和非本安电路共用一个接线箱时，本安电路和非本安电路接线端子之间应采用接地的金属板隔开	观察检查
7	主控项目	仪表盘、柜、箱内本安电路与关联电路或其他电路的接线端子之间间距不得小于50mm，当间距不符合要求时，应采用高于端子的绝缘板隔离	观察检查
8	主控项目	电缆导管之间及电缆导管与接线箱(盒)穿线盒之间的连接，应采用螺纹连接，螺纹有效啮合部分至少5扣，螺纹处应涂电力复合脂，不得用麻、绝缘胶带、涂料等，并应采用锁紧螺母锁紧，连接处应保证良好电气连续性	观察检查
9	主控项目	电缆桥架或电缆沟道通过不同等级爆炸危险区域的分隔间壁时，分隔间壁处必须做充填密封	观察检查
10	主控项目	仪表盘、柜、箱内本安电路敷设配线应与非本安电路分开，应采用有盖汇线槽或绑扎固定，线束固定点应靠近接线端	观察检查
11	主控项目	电缆导管穿过不同等级爆炸危险区域的分隔间壁时，分界处电缆导管和电缆之间、电缆导管和分隔间壁之间应做充填密封	观察检查
12	主控项目	电缆导管与仪表、检测元件、电气设备、接线箱连接，或进入仪表盘、柜、箱，应安装防爆密封管件，并充填密封	观察检查
13	主控项目	对爆炸危险区域的线路连接，必须在设计文件规定采用的防爆接线箱内接线。接线必须牢固可靠、接地良好，并应有防松脱装置	观察检查

接地质量验收的有关项目见表5-26。

表5-26 接地质量验收

序号	检验项目	检验内容	检验方法
1	主控项目	供电电压高于36V的现场仪表外壳、仪表盘、柜、箱、支架、底座等不带电金属部分应做保护接地	观察检查
2	主控项目	仪表及控制系统工作接地包括信号回路接地和屏蔽接地，及特殊要求的本安电路接地。接地系统的连接方式和接地电阻值应符合设计文件规定	观察检查，检查施工记录
3	主控项目	仪表回路应只有一个信号回路接地点	观察检查
4	主控项目	保护接地的接地电阻符合设计文件规定	观察检查，检查施工记录
5	主控项目	信号回路接地点应在显示仪表侧，当采用接地型热电偶和检测元件已接地的仪表时，显示仪表侧不应再接地	观察检查
6	主控项目	铠装电缆的铠装两侧应进行保护接地	观察检查
7	主控项目	仪表及控制系统的工作接地、保护接地应共用接地装置	观察检查

续表

序号	检验项目	检验内容	检验方法
8	主控项目	中间接线箱内主电缆分屏蔽层与二次电缆屏蔽层的连接，在中间接线箱内，主电缆分屏蔽层应用端子将对应的二次电缆屏蔽层进行连接，不同屏蔽层应分别连接，不应混接，并应绝缘	观察检查
9	主控项目	仪表盘、柜、箱内各回路的各类接地与接地干线和接地极的连接应符合图 3-28 的规定，接地汇流排应采用铜材，并用绝缘支架固定。接地总干线与接地体之间应焊接	观察检查
10	一般项目	仪表保护接地系统应接到电气工程的保护接地网上，连接应牢固可靠，不应串联接地	观察检查
11	一般项目	接地系统的连线应采用铜芯绝缘电线或电缆，并采用镀锌螺栓紧固	观察检查
12	一般项目	控制室、机柜室内的接地干线采用扁钢时，扁钢间应进行绝缘	观察检查
13	一般项目	接地线颜色应采用绿、黄两色或绿色	观察检查

(9) 隔离与吹洗质量验收

隔离与吹洗质量验收见表 5-27。防腐、绝热质量验收见表 5-28。伴热质量验收见表 5-29。

表 5-27　隔离与吹洗质量验收

序号	检验项目	检验内容	检验方法
1	主控项目	膜片式隔离器安装位置宜紧靠监测点	观察检查
2	主控项目	隔离容器应垂直安装，成对隔离容器的标高应一致	测量检查

表 5-28　防腐和绝热质量验收

序号	检验项目	检验内容	检验方法
1	主控项目	仪表管道涂刷涂料前，应清除表面铁锈、焊渣、毛刺和污物	观察检查
2	一般项目	仪表管道、支架、仪表设备底座、电缆桥架、电缆导管、固定卡等外表面防腐蚀涂层涂刷应符合设计文件规定	观察检查
3	一般项目	仪表管道焊接部位涂刷应在管道系统压力试验后进行	观察和检查施工记录
4	一般项目	仪表管道绝热层厚度应符合设计文件规定	观察检查
5	一般项目	测量低温仪表、管道及管道支架等均应保冷，不得外露	观察检查

表 5-29　伴热质量验收

序号	检验项目	检验内容	检验方法
1	主控项目	采用蒸汽伴热时，应单独供汽，伴热系统之间不应串联连接；伴热管的集液处应有排液装置；伴热管连接宜焊接，固定不应过紧，应能自由伸缩。接汽点应在蒸汽管顶部	观察检查
2	主控项目	采用热水伴热时，应单独供水，伴热系统之间不应串联连接；伴热管的集气处应有排气装置；伴热管连接宜焊接，固定不应过紧，应能自由伸缩。接水点应在热水管底部	观察检查
3	主控项目	采用电伴热时，电热线敷设前应进行外观和绝缘检查，绝缘电阻值不应小于 1MΩ；电热线应均匀敷设，并固定牢固；敷设电热线时不应损坏绝缘层；仪表管道系统各部件的伴热应无遗漏	观察和检查绝缘记录
4	一般项目	重伴热的伴热管道应与仪表及仪表测量管道直接接触；轻伴热的伴热管线与仪表及仪表管道不应与仪表及仪表测量管道直接接触，并应加以隔离	观察检查

5.2.2　综合控制系统试验

DCS 和 PLC 在回路试验和系统试验前在控制室内对系统本身进行试验。内容包括组成系统的各操作站、工程师站、控制站、PC 和管理计算机、总线和通信网络等设备的硬件和软件进行有关功能试验。

综合控制系统的试验是在本系统安装完毕，且供电、照明、空调等有关设备均已投运条件下进行。

硬件试验项目包括：盘柜和仪表制造的绝缘电阻测量；接地系统检查和接地电阻测量；电源设备和电源插卡各种输出电压测量和调整；系统中全部设备和全部插卡的通电状态检查；系统中单独的显示、记录、控制、报警等仪表设备的单台校准和试验；通过直接信号显示和软件诊断程序，对装置内模块插卡、控制和通信设备、操作站、控制站、计算机及外部设备等进行状态检查；对输入、输出模块插卡校准和试验等。

软件试验项目包括：系统显示、运算处理、操作、控制、报警功能的检查试验；系统诊断、维护功能的检查试验；系统冗余功能的检查试验；系统总线、网络通信功能的检查试验；系统记录、打印、拷贝等功能的检查试验；与工程有关的组态数据的检查确认；控制方案、控制和安全联锁程序的检查等。

(1) 综合控制系统的试验

① DCS 的试验。DCS 的试验内容如下：系统通信功能试验；系统操作画面功能试验；模拟输入进行运算功能、控制功能、报警联锁功能试验，并在操作站应查看对应功能显示，同时，应测量相应控制输出值；系统冗余功能、断电恢复功能试验；系统报表打印、拷贝、历史数据查询等功能试验；工程师站操作、维护、修改功能检查试验等。

② PLC 的试验。PLC 的试验内容如下：模拟输入条件下进行逻辑、控制功能试验，同时应检测逻辑控制输出；具有模拟量控制的系统应进行模拟量输入和模拟量输出试验，同时应进行运算、控制功能试验。

③ FCS 的试验。FCS 的试验内容如下：系统通信线路检查，通信功能检查试验，总线地址分配检查；总线系统供电检查试验；系统操作画面功能试验；模拟现场总线设备进行系统运算、控制、报警联锁功能检查试验，应进行操作画面试验；进行系统冗余功能检查试验；进行系统报表、打印、历史数据查询等功能检查试验；进行工程师站操作、维护、修改功能检查试验。

(2) 回路试验和系统试验

① 回路试验。回路试验应根据现场情况和回路复杂程度，按回路位号和信号类型合理安排。回路试验应做好试验记录。综合控制系统可先在控制室内与现场线路相连接的输入输出端为界进行回路试验，再与现场仪表连接进行整个回路试验。

② 检测回路试验。在检测回路信号输入端输入模拟被测变量的标准信号，回路显示仪表部分的示值误差，不应超过回路内各单台仪表允许基本误差平方和的平方根值；温度检测回路可在检测元件输出端向回路输入电阻值或毫伏值模拟信号；现场不具备模拟被测变量信号的回路，应在其可模拟输入信号的最前端输入信号进行回路试验。

③ 控制回路试验。控制器和执行器的作用方向应符合设计文件要求；通过控制器或操作站的输出向执行器发送控制信号，检查执行器全行程动作方向和位置应正确。执行器带定位器时应同时试验；控制器或操作站上有执行器开度和起点、终点信号显示时，应同时进行检查和试验。

④ 报警系统的试验。系统中有报警信号的仪表设备，包括各种检测报警开关、仪表报警输出部件和接点，应根据设计文件规定的设定值进行整定。报警回路的信号发生端模拟输

入信号，检查报警灯光、声响和屏幕显示应正确。报警点整定后宜在调整器件上加封记；报警的消音、复位和记录功能应正确。

⑤ 程序控制系统和联锁系统的试验。程序控制系统和联锁系统有关装置的硬件和软件功能试验应已完成，系统相关回路试验应已完成后才能进行本试验。系统中各有关仪表和部件的动作设定值需根据数据文件规定进行整定；联锁点多、程序复杂的系统，可先分项、分段进行试验，再进行整体检查试验。程序控制系统的试验应按程序设计步骤逐步检查试验，其条件判定、逻辑关系、动作时间和输出整体等均应符合设计文件规定；进行系统功能试验时，可采用已试验整定合格的仪表和检测报警开关的报警输出接点直接发出模拟条件信号。系统试验中应与相关专业配合，共同确认程序运行和联锁保护条件及功能的正确性，并应对试验过程中相关设备的装置的运行整体和安全防护采取必要措施。

5.2.3 DCS和PLC的验收测试

DCS和PLC是综合自动化控制系统。它的验收分为出厂验收测试（FAT）和现场验收测试（SAT）、现场综合测试（SIT）。对应工厂各相应级的FAT、SAT和SIT之间的相互关系见图5-3。

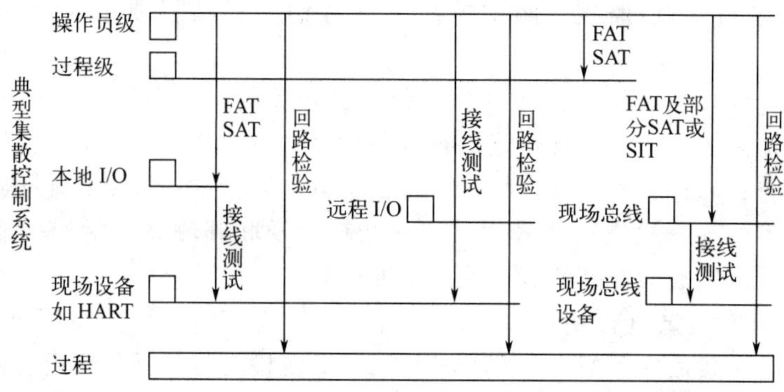

图5-3 对应于工厂各个相应级的FAT、SAT和SIT之间的相互关系

(1) 出厂验收测试

出厂验收测试（FAT）是用于验证供应商提供的系统及其配套系统是否符合技术规范要求而开展的一系列活动。

① 实施FAT之前必需的准备工作。供应商应完成所有内部测试，并提供可供复查的测试报告，准备好所有相关文件以备FAT测试时使用。

业主/总承包商需要准备的文件包括：各种规范；各种已签协议；功能规划；因果图；顺序功能图；操作画面及其相关文本；控制说明；仪表索引（例如仪表位号、描述、I/O类型、量程、工程单位）；报警信息列表（例如仪表位号、报警类型、分类原则）；设定值、控制、作用和安全说明；联锁清单［例如每个传感器/执行器、软件（DCS）和硬件（ESD）上的联锁］。

供应商需要准备的文件包括：系统文件；使用手册、系统数据资料、证书；系统设计说明；硬件设计说明；接口说明；I/O清单和位号命名约定；操作画面打印清册；内部测试报告；典型回路（硬件和软件）移交清单（分为硬件、软件、应用软件和许可权）；测试计划。

② 出厂验收测试。FAT主要由供应商实施，买方监督。如需买方实施某些FAT，则需事先在工程项目合同中说明。FAT包括：工程项目相关的供货范围；从信号源开始的与应用软件相关的自控系统功能；系统相关的功能；供应商提供适当的测试条件。

a. 本地/远程 I/O 的测试方法。常用方法是使用仿真设备在 I/O 模块上强制本地/远程 I/O。也可根据合同/规范要求选用下列方法测试：使用软件仿真在处理器上进行 I/O 强制；使用软件仿真在 I/O 模块上进行 I/O 强制；使用外接在现场端子上的仿真设备进行 I/O 强制（它包括端子接线、过程接口、互联线、系统缆线和 I/O 模块的测试）。

b. 总线接口的测试方法。常规测试是测试每一指定类型现场设备是否符合相关标准。测试方法是建立一个网段，测试所有链接到该网段的相关设备，网段选择由双方共同认可；对具有分散控制功能的系统，应测试所有相关网段；涉及的尚未组建网段的信号应进行仿真；所有网段的所有相关文件、数据表、图（负荷率、循环时间、结构）都应复查。

c. 子系统连接的测试。常规测试是对子系统连接本身和所选回路的测试，借助于子系统仿真设备实施。信号值在仿真设备/自动化系统中强制/监视。特殊架构（例如冗余）、通信介质（例如玻璃光缆或铜缆）等应采用尽可能接近实际运行的方式测试。其他测试方法根据合同/规范要求，包括：通过自动化系统对子系统进行仿真测试，信号在自动化系统中进行强制/监视；只包括处理器及其连接设备的子系统可进行实际通信测试，信号在子系统中仿真；如果是完整的子系统，且连接设备和自动化系统均可使用，则既可在子系统，也可在自动化系统对 I/O 进行强制/监视。测试方法应在考虑工程项目要求后对每一子系统单独制定。

d. 测试检验。测试分系统特性测试、工程项目相关的供货范围和应用软件检验。系统特性测试包括启动测试、系统常规功能检查（硬件冗余和诊断）。工程项目相关供货范围检查包括：文件检查；软件、硬件规格数量检查；机电安装检查；接线和端子检查。应用软件检验包括：人机界面显示检查；位号测试；复杂功能及联锁测试；附加功能（具体项目确定）测试；与子系统的通信连接测试；系统功能检验。

e. FAT 复查。在测试过程期间，可进行纠正及复检。如果不能在测试过程期间进行，则在双方同意后，可延后到 FAT 结束后进行。FAT 复检内容包括复查内容确认、工作计划/进度表、执行复查工作、完成复检工作、复查完成通知。

f. FAT 文件。FAT 过程中产生的所有文件都有签名和标注日期；完成复查不符合项清单；记录被测试软硬件真实情况，并对完整系统和应用软件进行备份；记录余量和系统负荷率；提供一份所有可用图形画面的索引和彩色备份。

(2) 现场验收测试

现场验收测试（SAT）是用来验证不同供应商提供系统的安装是否符合应用规范和安装指南要求而开展的一系列活动。

现场验收测试是系统运抵买方现场并完成安装后进行的。其目的是验证系统经运输和安装后功能正常。买方和供应商共同制定一份包含测试项目和实际进度的测试进度表。进度表至少包括：测试启动会议（文档检查、进度表等）；供应商文件检查；软硬件清单核对；机电安装检查（接地、供电、网络等）；启动/诊断检查（开启电源，初始化/启动控制器，执行诊断检验）；下载软件等。表 5-30 是 SAT 检验表。

表 5-30　现场验收测试检验表

编号	说明	查验结果	备注
1	控制系统文件检查	□P　□F　□NA	
2	硬件规格数量检查	□P　□F　□NA	
3	软件规格数据检查(正确的软件/固件版本等)	□P　□F　□NA	

续表

编号	说明	查验结果	备注
4	机电安装检查 接地系统正确连接 供电系统正确连接 网络系统正确连接	□P　□F　□NA □P　□F　□NA □P　□F　□NA □P　□F　□NA	
5	启动/诊断检查 相关硬件的上电 调试/初始化相关硬件并进行诊断检查	 □P　□F　□NA □P　□F　□NA	
6	下载软件	□P　□F　□NA	
7	完成 SAT 证书	□P　□F　□NA	

注：P 表示合格；F 表示不合格；NA 表示不适用。不一致之处记录在不符合项表，按启动会议确定的协议分类及处理。

现场验收测试检验表需要签名。

(3) 现场综合测试

现场综合测试（SIT）是用来验证不同系统是否已整合成为一个完整的系统，并且所有部件已按要求正常协同工作而开展的一系列活动。

现场综合测试应由买方在每一系统成功通过 SAT 后进行。SIT 的目的是为确保两个或多个独立系统整合后能够实现工程项目控制方案所要求实现的功能。例如，以下类型系统进行整合时，能够而且应该进行 SIT：拥有各自独立的 DCS/PLC 或单元控制器的成套单元；使用非常规 I/O 信号与 DCS/PLC 进行通信的在线分析系统；ESD 系统；不同厂商和品牌的 DCS/PLC 系统的组合；DCS 与上一层工厂网络的整合；其他需要进行 SIT 的系统整合。

SIT 的主要内容是测试自动化系统和子系统之间的通信和相互作用，以保证正常有效地实现功能。

买方和供应商共同制定一份包含测试项目和实际进度的测试进度表。进度表至少包括：测试启动会议（文档检查、进度表等）；供应商文件检查；软硬件清单核对；机电安装检查（系统之间的通信连接等）；诊断检查（观察系统间的通信、波特率等）；如果需要和可行，下载软件。表 5-31 是 SIT 进度表。

表 5-31　现场综合测试进度表

所要测试的系统：

主系统：____________________

子系统：____________________

编号	说明	查验结果	备注
1	控制系统文件检查	□P　□F　□NA	
2	机电安装检查 系统间正确安装连接(串口连接,以太网、光纤等) 通信波特率正确设置(硬件上的拨码开关、软件设置等)	 □P　□F　□NA □P　□F　□NA	
5	验证不同系统之间的系统 I/O 信号之间的通信正常	□P　□F　□NA	
7	自动化系统中的子系统画面是按照规范要求设立的	□P　□F　□NA	

注：P 表示合格；F 表示不合格；NA 表示不适用。

签名：

5.2.4 SIS的验收测试

SIS的验收测试包括工厂验收测试、工厂联合测试和现场验收测试。

(1) 工厂验收测试

工厂验收测试包括下列内容：制造厂提供验收测试程序、测试内容及步骤；验收测试报告文件、测试用标准仪器检查；全部工程文件检查；硬件测试及检查；系统冗余和容错功能检验；系统在线可维护性测试，包括在线更换卡件、在线修改及下装软件；应用程序的逻辑功能测试；验收测试完成及测试报告签字。

(2) 工厂联合测试

工厂联合测试包括下列内容：与BPCS的工厂联合测试宜在BPCS制造厂进行；与BPCS工厂完成SIS通信测试、软件画面测试等；与其他控制系统的工厂联合测试宜在SIS制造厂进行；工厂联合测试完成及测试报告签字。

(3) 现场验收测试

现场验收测试包括下列内容：编制现场验收测试程序、测试内容及步骤；检查工程设计文件及有关资料；系统安装、系统各类连接及通电条件检查；检查各项冗余功能及在线更换卡件功能；操作站显示画面联合测试；辅助操作台紧急停车及报警功能检查；系统网络功能测试；系统诊断功能测试；现场验收测试完成及测试报告签字。

SIS工程文件包括下列内容：系统硬件规格书；系统软件规格书；系统配置图；机柜步骤及接线图；系统供电图；系统接地图；负荷计算表；功耗计算表；输入、输出卡点分配表；组态编程文件（源程序、功能逻辑图等）；操作维护手册。

习题和思考题

5-1 取源部件的根部阀为什么要推荐用球阀？

5-2 测量气体流量时，导压管敷设时应注意什么？测量液体流量时，导压管敷设时应注意什么？

5-3 什么情况下用三阀组？什么情况下用五阀组？如果用五阀组的情况下使用了三阀组，应如何弥补？

5-4 温度检测元件的插入长度和被测物料的管道管径有关吗？什么情况下要用扩大管？

5-5 测量液位时采用双法兰差压变送器，如何设定其量程？

5-6 测量液位时什么情况可用单法兰差压变送器测量？

5-7 测量压力时，如果被测介质较黏稠，如何解决？如果被测介质温度较高，如何解决？

5-8 仪表施工过程中，导压管的敷设为什么很重要？举例说明导压管敷设不当会造成什么影响。

5-9 二线制差压变送器如何接线？四线制差压变送器如何接线？

5-10 测量蒸汽流量时，为什么要用平衡容器？安装时应注意什么？

5-11 现场总线仪表的接线为什么是并联连接到现场总线，而常规仪表是串联连接到检测回路的？

5-12 现场总线仪表的供电电源是如何连接到仪表的？常规智能仪表又是如何获得供电电源的？

5-13 通常对仪表和工艺、管道、设备之间的施工分界是如何界定的？

5-14 仪表信号线路的敷设与供电线路的敷设有什么不同的要求？

5-15　仪表的防雷和接地与一般电气设备的防雷和接地有什么不同要求？

5-16　测试仪表的输入信号应如何进行？测试仪表的输出信号又应如何进行？

5-17　控制回路应如何进行验收测试？

5-18　DCS、PLC 的现场验收测试主要有哪些内容？如何进行？

5-19　报警联锁系统应如何进行验收测试？程序控制系统应如何进行验收测试？

5-20　现场综合测试主要有哪些内容？如何进行？

第 6 章 毕业设计

6.1 毕业设计的目的和要求

工业生产过程自动化专业学生的毕业设计是培养工程师工程实践的重要内容。工程设计能力与理论分析能力、表达能力和动手能力不同，它是将思维形式的知识转化为客观上还未存在的可以实现的物质实体的一种创新能力，因此，它是认识客观世界并创造客观的能力培养，毕业设计是高等教育的重要实践环节。

(1) 毕业设计的目的

自控工程毕业设计的基本教学目标是培养学生综合应用所学仪器仪表知识、控制工程知识等专业知识和基本绘图技能，提高分析和解决实际应用问题的能力，并对自控工程设计能力有一定的实践。通过本毕业设计，使学生能够巩固已学知识，能够与其他有关知识，例如，工艺、绘图、机械、建筑、消防、安全等知识结合，完成有关实际问题的基础工程设计。

本毕业设计的主要目的如下：

① 使学生能够回顾已经学过的基础知识、基础理论和有关专业知识，使这些知识能够有机结合。

② 着重培养学生独立工作能力和创新能力。例如，为每位学生提供不同的设计条件，不同的控制方案，结合毕业设计课题，使学生能够独立完成有关设计任务。例如，让学生上网搜索有关仪表制造商的产品资料，根据设计条件独立完成设计工作等。

③ 加强学生对 AutoCAD 绘图软件、Excel 图表编辑软件、Word 文本编辑软件等知识的应用能力，完成有关管道仪表流程图、仪表回路图、完成仪表说明书、技术规格说明书、仪表数据表等设计文件。针对不同设计条件独立完成节流装置设计计算和控制阀设计计算等。

④ 通过毕业设计任务，使学生对工程设计有一个概貌了解，对先进性、可靠性、安全性、实用性、经济性等设计中的问题有综合分析和考虑，从而创新地完成毕业设计任务。

(2) 毕业设计的要求

本次毕业设计的基本要求如下：

① 掌握工业生产过程自控工程设计的基本任务、内容和要求。能够根据设计条件，统筹兼顾，综合分析和考虑，选用合适仪表，完成仪表数据表、仪表回路图、技术规格说明书等的编写。

② 根据控制方案的设计要求，完成管道仪表流程图的绘制、复杂控制系统图的绘制。

③ 根据提供的设计条件，计算节流装置和控制阀的有关数据，完成节流装置和控制阀的设计选型。

④ 对工艺、建筑、电气、消防等专业的有关知识有一定了解，结合仪表选型，完成控制室布置图、复杂控制系统原理图等的绘制。

⑤ 完成仪表数据表、DCS 或 PLC 技术规格书、仪表选型说明书等设计文件。

6.2 毕业设计的指导

(1) 毕业设计的选题

应结合实际工业生产过程进行毕业设计的选题，确保达到本专业毕业设计的基本要求。为此，对毕业设计的选题进行如下考虑：

① 选题应与实际工业生产过程结合。因此，学生根据提供的工艺流程图进行自控工程设计。根据本专科学生的知识结构，分几种工艺流程图和不同的控制方案。

② 选题应每个学生独立完成。为此，对仪表位号编制，规定仪表位号的三位数字分别由学生所在班级号和学号的最后两位数字组成。使用表2-10中的*由三位数字组成的原则，第一位数字是班级号，例如，2班的数字为2。第二和第三位数字是学生学号的最后两位数字，例如，某学生学号是2138，则仪表位号的第二和第三位数字是3和8。因此，该学生选用的流水记录仪表的位号是FR-238。而仪表位号后面的流水号是该类型被测变量或引发变量的流水号，例如FR-23801等。对计算题，采用学号的个位数字和十位数字及百位数字分别表示不同的工艺参数，例如，流体流速（或流量）、工艺管道管径、流体密度或黏度的组合等。其目的是使每个学生都有不同的设计条件，需要独立完成计算。对控制方案，也提供不同组合的方案，指导老师可根据毕业设计的要求，安排不同学生完成不同控制方案，并在管道仪表流程图用不同图形符号进行描述。

③ 对学有余力的学生，可自行完成计算程序的编写、不同工艺参数对设计选型的影响等课题的研究，从而培养学生自学和创新能力。

(2) 毕业设计任务书

毕业设计任务书在毕业设计条件中已经分别提交，因此，不同班级、不同学号的学生可直接根据设计条件，进行有关毕业设计工作。指导教师可根据学生的学习能力，选用不同工艺过程的自控设计任务。本书提供了几套不同的毕业设计深度的任务书，可供不同毕业设计要求的学校和学生选用。

(3) 毕业设计评阅和答辩

毕业设计答辩前，由指导教师对毕业设计文件（含表格和图纸）进行评阅。对毕业设计文件的内容、学生对基础和专业知识的应用情况进行评审，例如，设计图纸是否符合标准规范的要求、对绘制图纸的质量、文字表达、计算和结果、分析和选型等进行考评，特别应考察学生的创新和独立工作能力，并给出相应的成绩。

毕业设计的答辩是在指导教师评阅后，交答辩小组教师再检查后进行的。答辩组织工作由院（系）负责，成立专业答辩委员会，并根据学生数量分成若干答辩小组。答辩小组由3～7名具有指导教师资质的教师组成。通常，学生讲解其毕业设计的主要内容和有关的选型考虑、控制方案的实施方法等，及有关的创新思路和建议等。讲解时间约15～20min。答辩教师根据学生讲解的内容和毕业设计任务书的要求进行提问，时间约10～15min。

各院（系）和专业应在答辩前制订统一的答辩程序及组织有关答辩场地、时间、人员、纪律等。需要答辩的学生可在规定地点集中，提前10min到达，便于答辩。

(4) 毕业设计的成绩评定

学生毕业设计的成绩单应注明毕业设计题目，评分按优、良、中、及格和不及格五级评分。

应根据各答辩小组对每位学生毕业设计的评分结果、指导老师的评分进行协调和平衡，控制优秀和不及格学生的人数。对不及格学生的毕业设计应由专业答辩委员会进行评估，并确定是否应重做或补充。

6.3 毕业设计任务书

下面根据毕业设计内容的难度和设计深度，分为若干组毕业设计任务书。

(1) 锅炉工艺过程的自控工程设计

工业锅炉是常见的动力设备，在大多数工业生产过程中被大量应用。常见的蒸汽锅炉工艺流程见图 6-1。

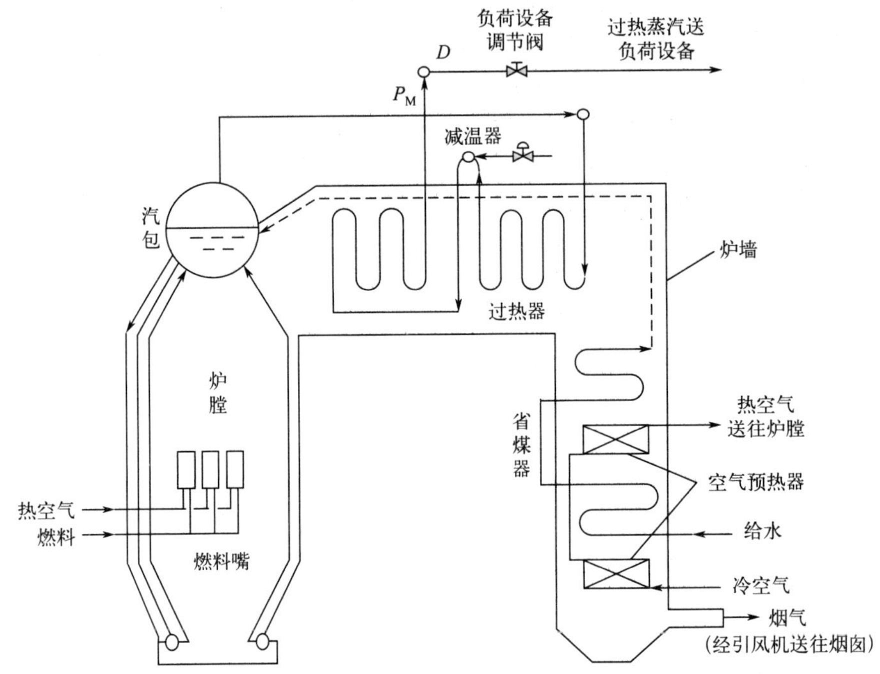

图 6-1　锅炉的工艺流程图

① 工艺过程简介：锅炉是用水产生蒸汽的设备。锅炉炉管（水冷壁）内与炉膛内循环流化的高温物料进行热交换，产生饱和蒸汽，饱和蒸汽被埋置在高温烟道内的过热器进一步加热，降温降湿后获得过热蒸汽送后续的负荷设备。

锅炉内的汽水循环是自然循环，它依据低温进水端与高温加热端的温度差形成汽水密度产生的压差，促进炉水在管内自然循环。

整个工艺过程包括点火系统、输煤系统、排渣系统、汽水系统、风烟系统、吹灰系统、煤气燃烧系统和脱硫系统。

② 自控工程设计任务：某沸腾流化床锅炉的自控工程设计。

a. 基本检测点（进 DCS 显示）：沸中温度（正常操作温度 800～900℃）、沸下温度（正常操作温度 800～900℃）、炉膛下端温度（正常操作温度 1200℃）、炉膛出口温度（正常操作温度 1000℃）、过热器进口烟气温度（正常操作温度 1000℃）、过热器出口烟气温度（正常操作温度 900℃）、省煤器出口烟气温度（正常操作温度 500℃）、烟气出口温度（正常操作温度 400℃）、冷空气入口温度（正常操作温度常温）、热空气出口温度（正常操作温度 350℃）、风压（正常操作表压 15～20kPa）、炉膛下部压力（正常操作表压－1～1kPa）、炉膛出口压力（正常操作表压－1～1kPa）、给水压力（正常操作表压 0.5MPa）、燃油入口压力（正常操作表压0.65MPa）（需要下限报警，下下限联锁切断燃油进料阀）、锅炉汽包液位（正常50%，液位量程0～1500mm）、给水、燃料油在正常操作时的流速（或流量）及管径见表6-1。过热蒸汽流量（正常操作流量6t/h）、绝压［正常操作表压1.2MPa（G）］和温度（正常操作温度180℃）检测。过热蒸汽正常操作密度2.857kg/m^3，等熵指数1.2674，蒸汽动力黏度3.44E－2mPa·s。

b.指导老师可根据毕业设计要求，增减检测点和有关工艺参数。

工艺设计提供的设计条件是根据所需过热蒸汽压力、温度和体积流量确定其密度和质量流量，然后，根据物料平衡原理，确定给水的质量流量。并根据给水压力和温度，确定其管径（考虑给水损耗）。同样，工艺设计提供的设计条件是根据所需过热蒸汽的热焓，确定所需总热量，然后，根据燃油的热值，确定所需燃油质量流量和管径（考虑过热器等设备所需热量）。其他设计条件也需要有关数据，这里，为便于学生能独立完成自控工程设计，表6-1提供的数据并非根据物料平衡和能量平衡所确定，为此，在此说明。此外，为安全运行需要设置的一些报警和联锁点也未列出，仅对燃油压力报警作为示例以了解设计过程。

需注意，测温元件的插入深度应考虑炉膛内耐火材料的厚度（例如，假设厚度为200mm），对流过小管径的介质温度，除了采用肘管安装外，一般要设置扩大管。

表6-1 沸腾流化床锅炉的给水和燃油的流速和管径

学号个位	0	1	2	3	4	5	6	7	8	9
给水流速/(m/s)	1.2	1.5	1.8	2.0	2.5	3.0	2.6	2.5	1.8	1.4
给水管径/mm	Φ57×3.5	Φ57×3.5	Φ76×4	Φ89×4.5	Φ89×4.5	Φ108×4	Φ108×4	Φ89×4.5	Φ89×4.5	Φ76×4
燃油流速/(m^3/h)	1.0	1.1	1.2	1.3	1.4	1.5	1.4	1.3	1.2	1.1
燃油管径/mm	Φ57×3.5	Φ76×4	Φ57×3.5	Φ57×3.5	Φ89×4.5	Φ89×4.5	Φ76×4	Φ57×3.5	Φ57×3.5	Φ57×3.5

干触点（DO）：开风门信号、开燃油切断阀信号、开给水切断阀信号；

干触点（DI）：风门关闭信号、风门打开信号、燃油切断阀全开信号、燃油切断阀全关信号、给水切断阀全开信号、给水切断阀全关信号。

c.就地检测点：给水压力、燃油压力。

d.控制方案：

方案1：锅炉汽包单冲量控制（根据汽包液位控制给水量）；燃油与空气比值控制（燃油为主动量，空气为从动量组成单闭环比值控制）。

方案2：锅炉汽包双冲量控制（根据汽包液位和给水量组成液位为主被控变量、给水流量为副被控变量的串级控制系统）；燃油与空气比值控制（燃油为主动量，空气为从动量组成双闭环比值控制）。

方案3：锅炉汽包三冲量控制（根据汽包液位和给水量组成液位为主被控变量、给水流量为副被控变量的串级控制，并以蒸汽量为前馈信号组成串级-前馈控制系统）；燃油与空气变比值控制（燃油为主动量，空气为从动量组成双闭环比值控制，以烟道气氧含量作为前馈信号，组成变比值控制系统）。

方案4：锅炉汽包三冲量控制（根据汽包液位和给水量组成液位为主被控变量、给水流量为副被控变量的串级控制，并以蒸汽量为前馈信号组成串级-前馈控制系统）；燃油与空气组成逻辑提量和减量的比值控制系统（引入蒸汽压力作为提量和减量的信号，实现逻辑提量时先增空气量，再增燃油量；减量时先减燃油量，再减空气量的控制系统）。

方案5：锅炉汽包三冲量控制（根据汽包液位和给水量组成液位为主被控变量、给水流量为副被控变量的串级控制，并以蒸汽量为前馈信号组成串级-前馈控制系统）；燃油与空气组成逻辑提量和减量的比值控制系统（引入蒸汽压力作为提量和减量的信号，实现逻辑提量时先增空气量，再增燃油量；减量时先减燃油量，再减空气量的控制系统）；燃烧过程防回火的选择性控制（燃油进炉膛压力低时，为防止回火，燃油压力控制器输出下降，三通电磁阀切断低选器到燃油控制阀的通路，使燃油控制阀关闭，防止回火故障发生，实现安全保护功能）。

指导教师可根据毕业设计要求，给不同学生提出不同控制方案，学生画出上述设计条件下的管道仪表流程图（采用 DCS 或 PLC 实现）。

e. 计算节流装置：计算给水流量的节流装置。设计条件：给水流量和管径数据见表 6-1。给水入口压力为 0.55MPa（A），大气压根据学校所在地大气压确定。入口温度为室温，水密度设为 $1g/cm^3$；黏度 $\mu=0.78\ E-3Pa\cdot s$（为便于了解计算过程，提供的数据是近似值，精确值可参考 3.8 节，根据温度和压力值计算确定）。径比根据学生学号的十位数字 x 计算：$\beta=\begin{cases}0.4+0.05x, x<5\\0.4+0.05(1-x), x\geqslant 5\end{cases}$。例如，学生的学号十位数字是 3，则径比是 0.55；学生学号的十位数字是 7，则径比仍为 0.55。管道材料 A3，节流件材料 304 不锈钢，管道粗糙度 $K=0.02$mm。学号十位数是奇数的采用 D-D/2 取压方式。学号十位数是偶数的采用法兰取压方式。

确定给水体积流量的刻度流量值 q_V，流出系数 C 和选用的差压变送器量程 Δp。学有余力者可根据节流装置上游有一个 90°弯头，下游有一个控制阀，确定上下游的直管段长度及永久压损。

也可根据最大刻度流量确定差压变送器的最大差压值（径比可设置在 0.5 左右）。计算流出系数 C、确定径比和标准孔板的开孔直径。

f. 计算控制阀：计算燃油流量的控制阀。设计条件：燃油流量和管径数据见表 6-1。入口燃油绝对压力为 620kPa，控制阀出口绝对压力 300kPa；入口密度 $0.9g/cm^3$；黏度 $80mm^2/s$；入口温度 25℃；燃油入口处饱和蒸汽压为 1.2kPa；热力学临界压力 25000kPa。

根据学号个位的数字选用控制阀：0 和 1 分别选用球形控制阀，单孔，柱塞型阀芯，流开和流关；2 和 3 分别选用球形角阀，柱塞型阀芯，流开和流关；4 和 5 分别选用角行程，偏心球形阀芯的控制阀，流开和流关；6 和 7 分别选用角行程，偏心锥形阀芯的控制阀，流开和流关；8 和 9 分别选用 70°转角和 60°转角的中心轴式蝶阀。假设压降比为 0.3。

由于该控制阀用于流量控制回路，因此，控制阀流量特性选用线性流量特性。

指导教师可根据毕业设计要求，选用阀前或阀后有缩径管或扩径管，一般控制阀口径比接管公称系列值大 1～2 挡，例如，控制阀公称直径是 DN50，则接管扩大一挡是 DN65 等。也可设置接管管径与控制阀公称直径相同。

指导教师也可安排学生选用等百分比流量特性的控制阀，或不同的压降比数值。

设计要求：计算控制阀流量系数 K_V；确定控制阀额定流量系数；确定实际开度。

g. 编写仪表数据表。根据设计条件完成仪表数据表。以温度、压力、流量、液位为例，指导教师可根据毕业设计要求，安排学生对不同类型检测仪表各编写 1～3 个仪表数据表。

h. 绘制仪表回路图。根据设计条件完成仪表回路图。以 AI、AO、DI、DO 为例，指导教师可根据毕业设计要求，安排学生对不同信号类型各绘制 1～2 个仪表回路图。

i. 编写 DCS 规格书。DCS 规格书包括下列内容：概述、买卖双方职责及供货范围、DCS 配置及功能要求、DCS 技术要求、DCS 软件要求、电源及接地、端子柜和安全栅/隔离器柜、备品备件及专业工具、文件资料、工程管理、测试和验收、培训及附录。扫一扫第 4

章DCS技术规格书的二维码，可见到标准提供的DCS规格书示例。指导教师可根据毕业设计要求，安排学生仅编写DCS规格书的部分内容，例如，DCS配置及功能要求、DCS技术要求、DCS软件要求等。

(2) 常减压装置工艺过程的自控工程设计

常减压装置是加工原油的第一个装置，常减压装置一般包括三个部分，即初馏部分、常压部分和减压部分。图6-2是常减压装置工艺流程图。

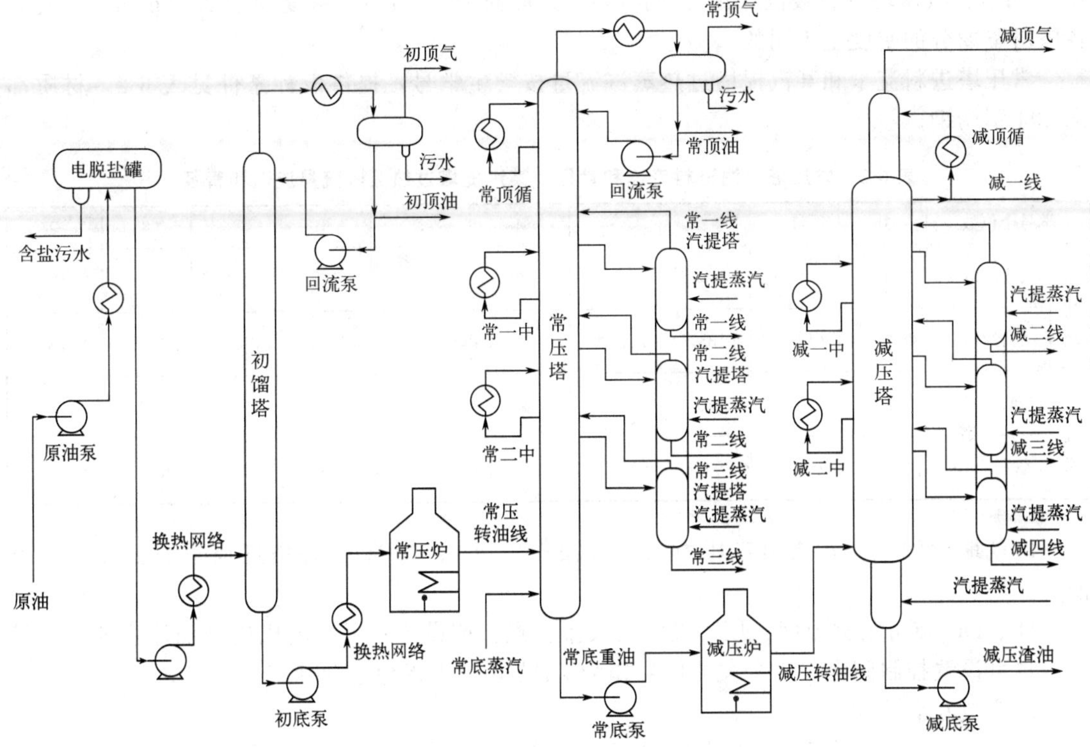

图6-2 常减压装置工艺流程图

① 常压塔工艺简介。原油经原油泵送换热器，经换热后原油温度升到230～240℃，送电脱盐罐，用水溶解原油中的盐分，脱盐脱水后的原油经泵和换热器再进初馏塔。

初馏塔（闪蒸塔）塔顶获得初馏点约130℃馏分作为重整原料。初馏塔塔底馏分经泵送常压加热炉，预热到360～370℃，进入常压塔，经常压塔侧线和汽提塔，分别抽出煤油（常一线）、轻柴油（常二线）、重柴油（常三线）等液相组分。常压塔底的重油经泵送减压炉加热到约390℃，进入减压塔。减压塔顶为减顶气，减压侧线和各自的汽提塔分别获得航空润滑油（减一线）及各润滑油（减二、三和四线）。减压塔底渣油作为丙烷脱沥青或沥青原料。

② 自控工程设计任务：本毕业设计是常减压装置自控工程设计。采用DCS或PLC实施。

a. 检测点：进DCS的检测点：进电脱盐罐原油温度（正常操作温度230℃）初馏塔进料温度（正常操作温度220℃）、初馏塔塔顶温度（正常操作温度215℃）、初馏塔回流温度（正常操作温度215℃）、常压塔进料温度（正常操作温度350℃）、常一线出料温度（正常操作温度180℃）、常二线出料温度（正常操作温度256℃）、常压塔塔顶温度（正常操作温度106℃）、常三线出料温度（正常操作温度315℃）、常压塔塔底温度（正常操作温度344℃）、常压塔各汽提塔过热水蒸气温度（正常操作温度350℃）、减压塔进料温度（正常操作温度355℃）、减压塔顶温度（正常操作温度80℃）、减一线出料温度（正常操作温度147℃）、减二线出料温度（正常操作温度233℃）、减三线出料温度（正常操作温度296℃）、减四线出料温度（正常操作温度320℃）、减压塔底温度（正常操作温度296℃）、减压塔塔顶压力（真空度为2.67～10.67kPa）、减压塔各汽提塔过热水蒸气温度（正常操作温度390℃）、初馏塔塔釜液位（正常液位50%，量程1200mm）、常压塔塔釜液位（正常液位50%，量程1500mm）、减压塔塔釜液位（正常液位50%，量程1300mm）、密度均取0.85g/cm^3（实际各塔塔釜馏分的密度是不同的）。

常压塔进料流量和某汽提塔过热蒸汽流量按学生学号，提供设计条件见表6-2。材质都选304不锈钢。

表6-2　常压塔原油进料流速和管径、某汽提塔过热蒸汽流量流速和管径

学号个位数		0	1	2	3	4	5	6	7	8	9
常压塔	流速/(m/s)	40	50	60	70	80	90	100	120	140	150
	管径/mm	Φ108×4	Φ108×4	Φ133×4	Φ133×4	Φ159×4.5	Φ159×4.5	Φ219×6	Φ219×6	Φ273×7	Φ273×7
汽提塔	流速/(m^3/h)	30	35	40	50	80	90	40	45	40	35
	管径/mm	Φ89×4	Φ89×4	Φ89×4.5	Φ108×4	Φ133×4.5	Φ133×4.5	Φ108×4	Φ89×4	Φ89×4	Φ76×3.5

b.就地检测点：各泵出口压力（正常操作表压0.5MPa）、各塔进塔进料温度、塔釜液位。

DI、DO点可根据温度、压力设定有关报警点，或设置若干泵电机启动和停止的开关量点，也可设置控制阀全开或全关的信号作为DI点，可由指导老师确定。

c.控制方案：

方案1：初馏塔顶温度控制塔顶回流量（单回路控制）；常压塔各侧线温度控制侧线回流量（单回路控制）；减压塔各侧线温度控制侧线回流量（单回路控制）。

方案2：初馏塔顶压力控制初顶气排放量（单回路控制）；各常压塔汽提塔液位控制各侧线进料量（单回路控制）；各常压塔汽提塔出料定值控制（单回路控制）；各减压塔汽提塔液位控制各侧线进料量（单回路控制）；各减压塔汽提塔出料定值控制（单回路控制）。

方案3：常压塔常中一进料定值控制（单回路控制）；常中二进料定值控制（单回路控制）；减压塔减中一进料定值控制（单回路控制）；减中二进料定值控制（单回路控制）；

方案4：常压塔塔顶温度与回流量组成串级控制；常压塔塔釜液位与馏出量组成串级控制系统；减压塔塔顶温度控制回流量（单回路）。

指导老师可将控制方案组合。由于常减压装置的加热炉流程没有绘出，因此，对加热炉的控制方案未列出，指导老师可根据毕业设计要求，增加加热炉出口温度的有关控制方案。此外，常压塔是只有精馏段的精馏塔，因此，控制方案比较简单，复杂控制应用则需要建立数学模型，这里并未列出。

学生根据上述设计条件绘制管道仪表流程图。

d.计算节流装置：计算常压塔进料流量的节流装置。设计条件：进料流量和管径数据见表6-2。进料入口压力为0.1MPa（G），大气压根据学校所在地大气压确定。入口温度为350℃，进料原油密度为0.858g/cm^3；入口进料黏度μ=12.4mPa·s。径比根据学生学号

的十位数字 x 计算：$\beta=\begin{cases}0.7-0.05x，x<5\\0.7-0.05(1-x)\ x\geqslant5\end{cases}$。例如，学生的学号十位数字是 4，则径比是 0.5；学生学号的十位数字是 7，则径比为 0.55。管道材料 304，节流件材料 304 不锈钢，管道粗糙度 $K=0.04\text{mm}$。学号十位数是偶数的采用 D-D/2 取压方式。学号十位数是奇数的采用法兰取压方式。

确定常压塔进料体积流量的刻度流量值 q_V，流出系数 C 和选用的差压变送器量程 Δp。学有余力者可根据节流装置上游有两个在同一平面的 90°弯头（S 形结构），下游仅有温度计套管测温，确定上下游的直管段长度及永久压损。

也可根据最大刻度流量确定差压变送器的最大差压值（径比可设置在 0.5 左右）。计算流出系数 C、确定径比和标准孔板的开孔直径。

e. 计算控制阀：计算某汽提塔过热蒸汽流量的控制阀。设计条件：汽提塔过热蒸汽流量和管径数据见表 6-1。汽提塔过热蒸汽绝对压力为 0.3MPa，控制阀出口绝对压力 0.25MPa；流体密度 1.14g/cm^3；流体黏度 $0.02\text{mm}^2/\text{s}$；阀前流体温度 420℃；阀出口处流体饱和蒸汽压为 150.0kPa；热力学临界压力 22055kPa；

根据学号个位的数字选用控制阀类型：0 和 1 分别选用球形控制阀，单孔，柱塞型阀芯，流开和流关；2 和 3 分别选用球形角阀，柱塞型阀芯，流开和流关；4 和 5 分别选用角行程，偏心球形阀芯的控制阀，流开和流关；6 和 7 分别选用角行程，偏心锥形阀芯的控制阀，流开和流关；8 和 9 分别选用 70°转角和 60°转角的中心轴式蝶阀。假设压降比为 0.35。

该控制阀用于流量控制回路，因此，选用控制阀流量特性为线性流量特性。

指导教师可根据要求，选用阀前或阀后有缩径管或扩径管，一般控制阀口径比接管公称系列值大 1～2 挡，例如，控制阀公称直径是 DN40，则接管扩大一挡是 DN50 等。也可设置接管管径与控制阀公称直径相同。

指导教师也可安排学生选用等百分比流量特性的控制阀，或不同的压降比数值。

设计要求：计算控制阀流量系数 K_V；确定控制阀额定流量系数；确定实际开度。

f. 编写仪表数据表。根据设计条件完成仪表数据表。以温度、压力、流量、液位为例，指导教师可根据毕业设计要求，安排学生对不同类型检测仪表各编写 1～3 个仪表数据表。

g. 绘制仪表回路图。根据设计条件完成仪表回路图。以 AI、AO、DI、DO 为例，指导教师可根据毕业设计要求，安排学生对不同信号类型各绘制 1～2 个仪表回路图。

h. 编写 DCS 规格书。DCS 规格书包括下列内容：概述、买卖双方职责及供货范围、DCS 配置及功能要求、DCS 技术要求、DCS 软件要求、电源及接地、端子柜和安全栅/隔离器柜、备品备件及专业工具、文件资料、工程管理、测试和验收、培训及附录。详见上述。指导教师可根据毕业设计要求，安排学生仅编写 DCS 规格书的部分内容，例如，DCS 配置及功能要求、DCS 技术要求、DCS 软件要求等。

(3) 聚氯乙烯工艺过程的自控工程设计

聚氯乙烯是最通用的塑料品种之一，广泛应用于国民经济各个领域。聚合过程是在有搅拌的反应器内进行的，采用间歇操作。图 6-3 是悬浮聚合法的聚合釜。

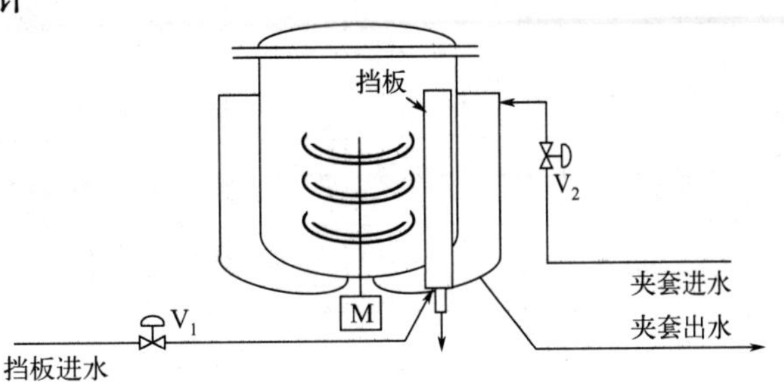

图 6-3　聚氯乙烯聚合釜

① 工艺过程简介。聚合反应开始，95℃热水直接加入夹套，并在釜内添加引发剂，不同牌号的树脂，对温度、原

料量等有不同的要求，即配方程序不同。聚合反应开始后，就要向夹套通入冷却水，根据需要可增大冷却水量，直到达到最大的经济流速。这时，可向釜内的挡板内供水，并按反应温度调节供水量。当挡板也达到最大经济流速时，表示已经达到该聚合釜的最大移热能力。

② 自控工程设计任务：本毕业设计是聚氯乙烯聚合釜装置自控工程设计，采用 DCS 或 PLC 实施。

a. 进 DCS 的检测点：釜温（正常操作温度根据不同牌号而改变，最高温度不超过 150℃）3 点、夹套温度（正常操作温度根据不同牌号而改变，最高温度不超过 150℃）3 点、进挡板水温（正常操作温度室温）、夹套进水和出水温度（正常操作温度的最高温度不超过 150℃）、釜液位（正常操作 50%，高度为 2000mm）、釜压（正常操作绝压 1.8MPa）、搅拌电机转速（正常转速 60～140rpm）、控制阀 V_1 和 V_2 的模拟输出信号、控制电机转速的模拟信号。现场检测点为釜温和夹套温度。搅拌电机开停信号，电机温度高报警，釜温高报警。

b. 控制方案：

方案 1：手动控制。即操作员根据釜温和夹套温度，经 DCS 输出模拟信号来调节控制阀 V_1 和 V_2 的开度。釜温和夹套温度采用三取二报警（高限）。转速由操作员手动输出，经变频器控制电机转速。

方案 2：釜温和夹套温度取中值，用中值组成以釜温为主被控变量、夹套温度为副被控变量的串级控制系统。挡板进水定值控制（单回路控制）。

方案 3：釜温和夹套温度取中值，用中值组成以釜温为主被控变量、夹套温度为副被控变量的串级控制系统。釜温为主被控变量、挡板进水量为副被控变量组成串级控制系统。釜温和夹套温度采用三取二报警（高限）。

方案 4：釜温取中值，用中值组成以釜温和挡板进水的选择性控制系统（当反应生成热很大时，夹套控制阀全开，直到夹套进水达到最大经济流速。釜温控制器输出低，高选器选中挡板流量控制器的输出，使挡板进水流量控制阀开到最大经济流速）。

聚合釜的升温控制采用逻辑控制与 PID 控制结合的方法进行。根据不同配方所确定的升温温度确定直接加热温度设定值、PID 切换点等。逻辑控制与 PID 控制结合方式是指：升温阶段，釜温控制器以 PD 控制，使釜温迅速到达升温温度设定点，一旦釜温达到该温度，釜温控制器将切换 PD 控制为 PID 控制，并以该牌号的目标温度作为设定温度进行调节，直到聚合过程结束。

指导老师可将控制方案组合，并添加有关的报警功能。

聚氯乙烯聚合釜装置生产过程是批量控制的示例。因此，也可安排学生按批量控制的方法进行工程设计。不同牌号的产品有不同的温度设定和 PID 参数等，可供学有余力的学生选用。

c. 计算节流装置：计算夹套进水量的节流装置。设计条件：根据表 6-3 确定设计条件。

表 6-3 聚合釜夹套进水和挡板进水流量及管径

学号个位		0	1	2	3	4	5	6	7	8	9
夹套	流速/(m/s)	3.0	3.5	4.5	4.5	5.5	4.5	4.5	3.5	3.5	2.5
	管径/mm	Φ108×4	Φ108×4	Φ133×4	Φ159×4.5	Φ159×4.5	Φ273×6	Φ219×5	Φ219×5	Φ159×4.5	Φ133×4
挡板	流速/(m/s)	2	2.5	3.0	3.5	4.0	4.5	5.0	4.5	4.0	3.5
	管径/mm	Φ133×4	Φ133×4	Φ133×4	Φ159×4.5	Φ159×4.5	Φ273×6	Φ273×6	Φ159×4.5	Φ133×4	Φ108×4

给水入口压力为1.55MPa（A），大气压根据学校所在地大气压确定。入口温度为室温，水的密度为997kg/m^3；黏度$\mu=0.893$mPa·s。径比根据学生学号的十位数字x计算：$\beta=\begin{cases}0.45+0.05x, & x<5\\ 0.45+0.05(1-x), & x\geqslant 5\end{cases}$。例如，学生的学号十位数字是3，则径比是0.6；学生学号的十位数字是7，则径比仍为0.6。工艺管道材料A3，标准孔板材料304不锈钢，管道粗糙度$K=0.04$mm。学号十位数是奇数的采用法兰取压方式。学号十位数是偶数的采用D-D/2取压方式。

确定给水体积流量的刻度流量值q_V，流出系数C和选用的差压变送器量程Δp。学有余力者可根据节流装置上游有一个90°弯头，下游有一个控制阀，确定上下游的直管段长度及永久压损。

d. 计算控制阀：计算挡板进水控制阀。设计条件：根据表6-3确定设计条件。

挡板进水绝对压力为2.8MPa，控制阀出口绝对压力2.0MPa；流体密度0.997g/cm^3；运动黏度0.889mPa·s；阀前流体温度25℃；阀出口处流体饱和蒸汽压为11830kPa；热力学临界压力22055kPa。

根据学号个位的数字选用控制阀：0和1分别选用球形控制阀，单孔，柱塞型阀芯，流开和流关；2和3分别选用球形角阀，柱塞型阀芯，流开和流关；4和5分别选用角行程，偏心球形阀芯的控制阀，流开和流关；6和7分别选用角行程，偏心锥形阀芯的控制阀，流开和流关；8和9分别选用70°转角和60°转角的中心轴式蝶阀。假设压降比为0.3。

指导教师可根据毕业设计要求，选用阀前或阀后有缩径管或扩径管，一般控制阀口径比接管公称系列值大1～2挡，例如，控制阀公称直径是DN100，则接管扩大一挡是DN125等。也可设置接管管径与控制阀公称直径相同。

指导教师也可安排学生选用等百分比流量特性的控制阀，或不同的压降比数值。

设计要求：计算控制阀流量系数K_V；确定控制阀额定流量系数；确定实际开度。

e. 编写仪表数据表。根据设计条件完成仪表数据表。以温度、压力、流量、液位为例，指导教师可根据毕业设计要求，安排学生对不同类型检测仪表各编写1～3个仪表数据表。

f. 绘制仪表回路图。根据设计条件完成仪表回路图。以AI、AO、DI、DO为例，指导教师可根据毕业设计要求，安排学生对不同信号类型各绘制1～2个仪表回路图。

编写DCS规格书。DCS规格书包括下列内容：概述、买卖双方职责及供货范围、DCS配置及功能要求、DCS技术要求、DCS软件要求、电源及接地、端子柜和安全栅/隔离器柜、备品备件及专业工具、文件资料、工程管理、测试和验收、培训及附录。详见上述。指导教师可根据毕业设计要求，安排学生仅编写DCS规格书的部分内容，例如，DCS配置及功能要求、DCS技术要求、DCS软件要求等。

(4) 交通信号灯控制系统

根据当地实际交通信号灯的情况，设计交通信号灯控制系统。

① 设计要求。东西南北方向的路口各有红灯、黄灯和两个绿灯（用于直行和左转），并有行人的红灯、黄灯和绿灯。根据实际观察的时序，设计PLC控制系统，完成控制要求。

② 设计内容：完成PLC选型，包括I/O点数及内存数量等；完成PLC编程；完成PLC技术规格书；完成仪表回路图；完成模拟交通信号灯系统的实际装置制作（也可用单片机实现）；完成毕业设计说明书及有关设计文件的编制；完成逻辑系统图。

学有余力的学生可设计智能时间调整程序，即根据不同方向上所需通行车辆的多少，智能计算有关通行时间（智能通行算法可自行设计）。国外也有设计行人按路口通行按钮，提前结束某方向的通行时间，实现手动切换的方式。

(5) 门禁控制系统

某博物馆根据馆内空间及疫情的要求，当参观人数的计数值达到某规定值（原正常参观量的 75%）的 80%时，发出警告信号，当达到规定值时，发出停止信号，自动关闭进门闸机。它对参观人员的出口同样有计数，当馆内总参观人数小于规定值的 70%时，发出可进参观信号，并自动打开进门闸机。此外，对参观人员的体温进行红外检测，发现有超过规定温度的参观人员时将发出超温报警信号，便于管理人员处理。

① 设计要求。根据上述要求，设计有关控制系统。

② 设计内容：选用 PLC；确定所需 I/O 点，完成有关编程工作；完成 PLC 技术规格书；完成仪表回路图；完成毕业设计说明书及有关设计文件的编制；完成逻辑图。

学有余力的学生可设计预约优先放行，但需要提前 10min 报到，过时则放弃或等待规定时间等约束条件。

参考文献

[1] GB 2625—81，过程检测和控制流程图用图形符号和文字代号.
[2] HG/T 20636.1—2017，化工装置自控专业设计管理规范 自控专业的职责范围.
[3] HG/T 20636.2—2017，化工装置自控专业设计管理规范 自控专业与其他专业的设计条件及分工.
[4] HG/T 20636.3—2017，化工装置自控专业设计管理规范 自控专业工程设计的任务.
[5] HG/T 20636.4—2017，化工装置自控专业设计管理规范 自控专业工程设计的程序.
[6] HG/T 20636.5—2017，化工装置自控专业设计管理规范 自控专业工程设计质量保证程序.
[7] HG/T 20636.6—2017，化工装置自控专业设计管理规范 自控专业工程设计文件的校审提要.
[8] HG/T 20636.7—2017，化工装置自控专业设计管理规范 自控专业工程设计文件的控制程序.
[9] HG/T 20637.1—2017，化工装置自控专业工程设计文件的编制规范 自控专业工程设计文件的组成和编制.
[10] HG/T 20637.2—2017，化工装置自控专业工程设计文件的编制规范 自控专业工程设计用图形符号和文字代号.
[11] HG/T 20637.3—2017，化工装置自控专业工程设计文件的编制规范 仪表设计规定的编制.
[12] HG/T 20637.4—2017，化工装置自控专业工程设计文件的编制规范 仪表设计说明的编制.
[13] HG/T 20637.5—2017，化工装置自控专业工程设计文件的编制规范 仪表请购单的编制.
[14] HG/T 20637.6—2017，化工装置自控专业工程设计文件的编制规范 仪表技术说明书的编制.
[15] HG/T 20637.7—2017，化工装置自控专业工程设计文件的编制规范 仪表安装材料的统计.
[16] HG/T 20637.8—2017，化工装置自控专业工程设计文件的编制规范 仪表辅助设备及电缆的编号.
[17] HG/T 20638—2017，化工装置自控工程设计文件深度规范.
[18] HG/T 20639.1—2017，化工装置自控专业工程设计用典型图表 自控专业工程设计用典型表格.
[19] HG/T 20639.2—2017，化工装置自控专业工程设计用典型图表 自控专业工程设计用典型条件表.
[20] HG/T 20639.3—2017，化工装置自控专业工程设计用典型图表 自控专业工程设计用标准目录.
[21] GB/T 7665—2005，传感器通用术语.
[22] GB/T 25475—2010，工业自动化仪表 术语 温度仪表.
[23] GB/T 26815—2011，工业自动化仪表术语 执行器术语.
[24] GB/T 38617—2020，工业自动化仪表术语 物位仪表术语.
[25] GB/T 17611—1998，封闭管道中流体流量的测量 术语和符号.
[26] HG/T 20505—2014，过程测量与控制仪表的功能标志及图形符号.
[27] HG/T 20507—2014，自动化仪表选型设计规范.
[28] HG/T 20508—2014，控制室设计规范.
[29] HG/T 20509—2014，仪表供电设计规范.
[30] HG/T 20510—2014，仪表供气设计规范.
[31] HG/T 20511—2014，信号报警及联锁系统设计规范.
[32] HG/T 20512—2014，仪表配管配线设计规范.
[33] HG/T 20513—2014，仪表系统接地设计规范.
[34] HG/T 20514—2014，仪表及管线伴热和绝热保温设计规范.
[35] HG/T 20515—2014，仪表隔离和吹洗设计规范.
[36] HG/T 20516—2014，自动分析室设计规范.
[37] HG/T 20573—2012，分散型控制系统工程设计规范.
[38] HG/T 20699—2014，自控设计常用名词术语.
[39] HG/T 20700—2014，可编程序控制器系统工程设计规范.
[40] HG/T 21581—2012，自控安装图册.
[41] GB 50093—2013，自动化仪表工程施工及质量验收规范.
[42] SH/T 3005—2016，石油化工自动化仪表选型设计规范.
[43] SH/T 3006—2012，石油化工控制室设计规范.
[44] SH/T 3018—2018，石油化工安全仪表系统设计规范.
[45] SH/T 3019—2016，石油化工仪表管道线路设计规范.
[46] SH/T 3020—2013，石油化工仪表供气设计规范.
[47] SH/T 3021—2013，石油化工仪表及管道隔离和吹洗设计规范.

[48] SH/T 3081—2019，石油化工仪表接地设计规范.
[49] SH/T 3082—2019，石油化工仪表供电设计规范.
[50] SH/T 3092—2013，石油化工分散控制系统设计规范.
[51] SH/T 3097—2017，石油化工静电接地设计规范.
[52] SH/T 3126—2013，石油化工仪表及管道伴热和绝热设计规范.
[53] SH/T 3164—2012，石油化工仪表系统防雷工程设计规范.
[54] SH/T 3174—2013，石油化工在线分析仪系统设计规范.
[55] DL/T 701—2012，火力发电厂热工自动化术语.
[56] DL/T 5175—2003，火力发电厂热工控制系统设计技术规定.
[57] DL/T 5190.4—2019，电力建设施工技术规范 第 4 部分：热工仪表及控制装置.
[58] DL/T 5227—2020，火力发电厂辅助车间系统仪表与控制设计规程.
[59] DL/T 5428—2009，火力发电厂热工保护系统设计技术规定.
[60] DL/T 5512—2016，火力发电厂热工检测及仪表设计规程.
[61] GB/T 50493—2019，石油化工可燃气体和有毒气体检测报警设计标准.
[62] GB/T 4208—2017，外壳防护等级（IP 代码）.
[63] GB 3836.1～GB 3836.20，爆炸性环境的系列标准（含 GB/T 标准）.
[64] GB/T 20438.1—2017，电气/电子/可编程电子安全相关系统的功能安全 第 1 部分：一般要求.
[65] GB/T 20438.2—2017，电气/电子/可编程电子安全相关系统的功能安全 第 2 部分：电气/电子/可编程电子安全相关系统的要求.
[66] GB/T 20438.3—2017，电气/电子/可编程电子安全相关系统的功能安全 第 3 部分：软件要求.
[67] GB/T 20438.4—2017，电气/电子/可编程电子安全相关系统的功能安全 第 4 部分：定义和缩略语.
[68] GB/T 20438.5—2017，电气/电子/可编程电子安全相关系统的功能安全 第 5 部分：确定安全完整性等级的方法示例.
[69] GB/T 20438.6—2017，电气/电子/可编程电子安全相关系统的功能安全 第 6 部分：GB/T 20438.2 和 GB/T 20438.3 的应用指南.
[70] GB/T 20438.7—2017，电气/电子/可编程电子安全相关系统的功能安全 第 7 部分：技术和措施概述.
[71] GB/T 21109.1—2007，过程工业领域安全仪表系统的功能安全 第 1 部分：框架、定义、系统、硬件和软件要求.
[72] GB/T 21109.2—2007，过程工业领域安全仪表系统的功能安全 第 2 部分：GB/T 21109.1 的应用指南.
[73] GB/T 21109.3—2007，过程工业领域安全仪表系统的功能安全 第 3 部分：确定要求的安全完整性等级的指南.
[74] GB/T 50660—2011，大中型火力发电厂设计规范.
[75] SJ/Z 11362—2006，企业信息化技术规范 制造执行系统（MES）规范.
[76] SJ/T 11293—2003，企业信息化技术规范 第 1 部分：企业资源规划系统（ERP）规范.
[77] GB/T 25109.1—2010，企业资源计划 第 1 部分：ERP 术语.
[78] GB/T 26335—2010，工业企业信息化集成系统规范.
[79] GB/T 33007—2016，工业通信网络 网络和系统安全 建立工业自动化和控制系统安全程序.
[80] GB/T 33009.1—2016，工业自动化和控制系统网络安全 集散控制系统（DCS）第 1 部分：防护要求.
[81] GB/T 33009.2—2016，工业自动化和控制系统网络安全 集散控制系统（DCS）第 2 部分：管理要求.
[82] GB/T 33009.3—2016，工业自动化和控制系统网络安全 集散控制系统（DCS）第 3 部分：评估指南.
[83] GB/T 33009.4—2016，工业自动化和控制系统网络安全 集散控制系统（DCS）第 4 部分：风险与脆弱性检测要求.
[84] GB/T 33008.1—2016，工业自动化和控制系统网络安全 可编程序控制器（PLC）第 1 部分：系统要求.
[85] 工业和信息化部，国家标准化管理委员会. 工业互联网综合标准化体系建设指南. 2019.
[86] T 11/AII 001—2017，工业互联网产业联盟标准. 工业互联网平台 通用规范. 2017.
[87] T 11/AII 001—2018，工业互联网产业联盟标准. 工业互联网平台 接口模型规范. 2018.
[88] T 11/AII 002—2018，工业互联网产业联盟标准. 工业互联网平台 应用管理接口要求规范. 2018.
[89] ANSI/ISA-5.1—2009，Instrumentation Symbols and Identification.
[90] ANSI/ISA-5.2—1992，Binary Logic Diagrams for Process Operations.
[91] ANSI/ISA-5.3—1983，Graphic Symbols for Distributed Control/Shared Display Instrumentation，Logic and Computer.